中煤科工集团西安研究院有限公司
国家科技重大专项课题（2011ZX05041-001） 资助出版

煤矿井下随钻测量
定向钻进技术与装备

石智军 李泉新 姚 克等 著

科学出版社
北 京

内 容 简 介

本书以"十二五"国家科技重大专项课题 2011ZX05041-001 课题研究成果为基础,结合后续技术改进完善和推广应用工作,对煤矿井下随钻测量定向钻进技术与装备进行了详细论述和系统介绍。本书共分 9 章,第 1 章综述了煤矿井下定向钻进技术装备发展现状和随钻测量定向钻进的技术原理、特点和优势;第 2 章详细介绍了煤矿井下全液压坑道定向钻机,重点介绍了 ZDY12000LD 型定向钻机及相应的试验检测平台、虚拟现实培训平台和钻机参数监测系统;第 3 章介绍了矿用有线随钻测量系统和测量探管检测校验台;第 4 章介绍了矿用无线随钻测量系统,主要包括矿用泥浆脉冲无线随钻测量系统和矿用电磁波无线随钻测量系统;第 5 章介绍了煤矿井下定向钻进用钻具和钻杆试验平台;第 6 章介绍了矿用泥浆泵车与冲洗液循环处理系统;第 7 章论述了煤矿井下近水平定向钻进工艺技术,主要包括滑动定向钻进、复合定向钻进和地质导向钻进三种工艺方法;第 8 章详细介绍了定向钻孔事故处理工艺技术及配套钻具;第 9 章详细介绍了煤矿井下随钻测量定向钻进技术与装备在瓦斯抽采、水害防治、地质异常体探查和防灭火等领域的典型应用实例。

本书可作为从事煤矿井下定向钻进装备设计人员、定向钻孔施工人员参考用书,也可作为钻探技术人员培训的辅导教材。

图书在版编目(CIP)数据

煤矿井下随钻测量定向钻进技术与装备 / 石智军等著. —北京:科学出版社, 2019.10
 ISBN 978-7-03-062316-4

Ⅰ. ①煤⋯ Ⅱ. ①石⋯ Ⅲ. ①随钻测量–定向钻进–技术②随钻测量–定向钻进–装备 Ⅳ. ①P634.7

中国版本图书馆 CIP 数据核字(2019)第 205928 号

责任编辑:焦 健 / 责任校对:张小霞
责任印制:吴兆东 / 封面设计:北京图阅盛世

科学出版社 出版
北京东黄城根北街 16 号
邮政编码:100717
http://www.sciencep.com

涿州市般润文化传播有限公司印刷
科学出版社发行 各地新华书店经销

*

2019 年 10 月第 一 版　开本:787×1092　1/16
2025 年 3 月第二次印刷　印张:25 1/4
字数:586 000
定价:328.00 元
(如有印装质量问题,我社负责调换)

序

  我国煤炭资源丰富,据统计,埋深2000m以浅的煤炭资源总量约5.57万亿t,约占国内化石能源总量的95%,"富煤、贫油、少气"的资源赋存条件决定了煤炭在我国能源消费结构中的主导地位。然而我国煤炭资源分布差异大,煤层赋存地质条件复杂多变,开采条件极其复杂,煤炭开采受煤与瓦斯突出、矿井突水、冲击地压等灾害威胁严重,安全开采难度大。近年来,依靠科技进步,我国煤矿安全生产形势持续稳定好转,在我国煤炭产量逐年增加的同时百万吨死亡率从2005年的2.76降至2018年的0.093。但是,煤炭安全开采形势依然严峻。

  煤矿区井下钻探作为煤矿事故预防、治理并服务于安全高效采煤最直接、有效的技术手段之一,在煤矿区瓦斯(煤层气)抽采、水害防治和隐蔽致灾地质因素探查等领域发挥着巨大作用,对保障煤矿安全生产、增加清洁能源供给、减少温室气体排放等具有重要意义。

  我国煤矿区井下钻探技术装备经过半个多世纪的发展,取得了长足的进步,形成了系列化钻探技术装备,对于促进我国煤矿安全生产起到积极的推动作用。然而煤矿井下传统常规回转钻进技术装备存在钻孔轨迹不可控、覆盖范围小、钻孔利用率低等缺点,无法满足煤矿井下钻孔高效精准钻进的需求。2003年我国部分煤矿企业开始引进国外的随钻测量定向钻进技术与装备,因其可实现钻孔轨迹的实时控制,在井下瓦斯抽采方面取得了显著的应用效果,但因我国煤矿地质条件复杂,以及购置成本高、维修服务滞后等,国外的定向钻探装备在我国煤矿区推广应用缓慢。

  "十一五"以来,依托国家科技重大专项课题的支持,针对我国煤矿井下定向钻进技术薄弱、国产化定向钻探装备不足等突出问题,中煤科工集团西安研究院有限公司(以下简称西安研究院)在国内率先开始研究煤矿井下随钻测量定向钻进成孔工艺方法和配套钻进装备。针对新形势下煤矿安全高效生产对定向钻进技术装备的发展需求,基于我国复杂煤层赋存地质条件和井下巷道布置特征,结合现场工程实践研制开发了大功率定向钻进装备,包括大功率系列化定向钻机、系列化泥浆泵(车)、螺杆钻具、防爆型随钻测量系统、钻杆、钻头及事故处理钻具等;总结形成了煤矿井下近水平定向钻进工艺技术,包括钻孔轨迹设计及控制技术、滑动定向钻进技术、复合定向钻进技术、基于方位伽马的地质导向定向钻进技术及钻孔事故处理技术。

  经过近十多年的发展,西安研究院依靠引进、消化吸收再创新的方式,实现了井下随钻测量定向钻探技术与装备关键核心技术自主可控,打破了国外技术垄断,显著提升了煤矿井下国产化钻探技术装备水平。为了系统总结我国煤矿井下随钻测量定向钻进技术与装备的最新研究成果和实践经验,促进大功率定向钻进技术与装备在煤矿井下定向钻孔施工中的推广应用，作者组织撰写了《煤矿井下随钻测量定向钻进技术与装备》一书。

该书作者长期从事煤矿区钻探技术与装备的研究工作，在煤矿井下坑道钻探装备设计及定向钻成孔工艺技术等方面积累了丰富的经验。该书以国家科技重大专项课题研究成果为基础，全面介绍了西安研究院在煤矿井下随钻测量定向钻进技术与装备方面取得的最新进展和突出成就，通过典型应用案例验证了所开发的大功率定向技术与装备的先进性和可靠性。该书理论性较强，同时兼顾可读性和实用性，是一本介绍煤矿井下随钻测量定向钻进技术与装备的专著。

该书内容丰富、论述科学、资料翔实，是从事煤矿井下瓦斯抽采、水害防治及隐蔽致灾因素探查等领域科研人员和管理人员的有益参考用书。该书的出版可为我国煤矿井下复杂煤岩层高效成孔提供重要借鉴和启示，也可为煤矿企业、科研机构、高等院校等相关学者提供参考。愿该书的出版能为广大科研人员、工程技术人员提供帮助，推动煤矿井下坑道钻探技术升级换代，提高煤矿井下钻孔施工技术水平。

中国工程院院士
2019 年 3 月

前　言

安全是煤矿生产的重中之重，党中央、国务院高度重视煤矿安全生产工作，出台了一系列的政策措施加强煤矿安全生产和科技创新工作，随着煤炭行业供给侧结构性改革和煤炭安全科技进步持续推进，煤矿安全生产形势持续稳定好转，然而煤矿安全事故总起数和死亡人数与世界先进采煤国家相比差距依然较大，煤矿安全生产形势依然很严峻。煤矿井下坑道钻探是进行瓦斯、水害和火灾等安全事故预防、治理的有效手段，在井下瓦斯抽采、水害防治和隐蔽致灾地质因素探查等领域发挥着巨大作用，对保障煤矿安全生产具有重要意义。

"十一五"期间，为了解决井下国产化钻探技术装备无法实现精确定向的难题，突破国外技术装备的垄断，西安研究院在国内率先开展了煤矿井下随钻测量定向钻进技术与装备研发，相继研制出多种适用于不同用途的系列化定向钻机、有线随钻测量系统和配套钻具，形成了煤矿井下近水平随钻测控定向钻进工艺技术体系，并成功推广应用于煤矿井下瓦斯高效抽采和水害防治工程，实现了煤矿井下坑道钻探从"受控钻进"向"精确定向钻进"的跨越。"十二五"期间，针对新形势下煤矿安全高效生产对瓦斯抽采和灾害防治的迫切需求，西安研究院依托国家科技重大专项课题相继开发了系列化紧凑型大功率定向钻机、系列化泥浆泵（车）、防爆型无线随钻测量系统等装备，以适应我国大部分煤矿狭窄巷道的客观条件，且满足对定向钻机大扭矩输出和复合驱动的需要；总结形成了煤矿井下近水平复合定向钻进技术和基于方位伽马的地质导向定向钻进技术，解决了中硬及复杂破碎煤岩层深孔定向钻进难题，进一步提升了国产化钻探技术装备水平。

本书的研究成果已在国内煤矿企业得到广泛推广应用，取得了显著的应用效果，钻孔深度不断突破。2012年在陕西彬长大佛寺矿达到1212m，2014年在晋城寺河矿达到1881m，2017年年底、2019年年初和2019年9月在神东保德矿分别达到2311m、2570m和3353m，创造了世界上最新的煤矿井下定向钻孔孔深纪录；同时，复杂破碎煤岩层定向钻进成孔获得突破，成孔深度和成孔率显著提高，极大地拓展了定向钻进技术与装备在煤系地层中的适应范围。为推动我国煤矿井下定向钻进技术与装备进一步发展，促使井下坑道钻探行业技术进步，作者组织国家科技重大专项课题主要科研人员及技术人员着手撰写本书。本书汇集西安研究院在煤矿井下定向钻进技术与装备等方面最新科研成果，深入浅出、理论与实践相结合，涵盖了煤矿井下定向钻进理论、机具设备、轨迹测控系统等方面研究内容，并全面介绍了相关典型应用案例，保证了本书的先进性、系统性和实用性。

全书共分为9章，总体思路、提纲和内容的统筹工作由石智军负责，各章主要内容及编写人员分工如下：第1章综述了煤矿井下定向钻进技术装备发展现状和随钻测量定向钻进的技术原理、特点和优势，由石智军、李泉新、方俊、刘飞负责；第2章介绍了煤矿井下全液压坑道定向钻机，重点介绍了ZDY12000LD型定向钻机及相应的试验检测平台、虚拟现实培训平台和钻机参数监测系统，由姚克、方鹏、张锐、李晓鹏负责；第3章介绍了矿用有线随钻测量系统和测量探管检测检验台，由方俊、高珺、毕志琴、陈刚、褚志伟负责；第 4 章介绍了矿用无线随钻测量系统，主要包括矿用泥浆脉冲无线随钻测量系统和矿用电磁波无线随钻测量系统，由方俊、褚志伟、高珺、毕志琴、温榕负责；第 5 章介绍了煤矿井下定向钻进用钻具和钻杆试验平台，由田东庄、董萌萌、王传留、曹明、贾明群等负责；第 6 章介绍了矿用泥浆泵车与冲洗液循环处理系统，由刘建林、张占强、王四一负责；第 7 章介绍了煤矿井下近水平定向钻进工艺技术，主要包括滑动定向钻进、复合定向钻进和地质导向钻进三种工艺方法，由李泉新、石智军、刘飞负责；第 8 章介绍了定向钻孔事故处理工艺技术及配套钻具，由许超、石智军、王传留负责；第 9 章介绍了煤矿井下随钻测量定向钻进技术与装备在瓦斯抽采、水害防治、地质异常体探查和防灭火等领域的典型应用实例，由许超、张杰、胡振阳、王鲜等负责。

各成员所编写的内容由石智军、李泉新、姚克、方俊、刘建林汇总修改，最后由石智军、李泉新、姚克统一定稿。本书在编写过程中，得到西安研究院相关部门和北京合康科技发展有限责任公司的支持，特别是袁亮院士在百忙之中给予关怀和支持，并为本书作序。刘卫卫、金鑫、黄寒静、崔岩波、徐保龙、陈果等同志在资料整理、插图绘制、公式验证及排版等方面做了大量工作，在此一并表示衷心感谢！

由于作者的水平有限，书中难免有不足之处，望读者批评指正。

作　者

2019 年 3 月

目 录

序
前言

第1章 煤矿井下近水平定向钻进技术 ·· 1
1.1 煤矿井下近水平定向钻进技术分类 ·· 1
1.2 煤矿井下近水平定向钻进技术现状 ·· 7
1.3 煤矿井下近水平定向钻进装备发展现状 ···································· 9
1.4 煤矿井下近水平定向钻孔用途 ·· 15

第2章 煤矿井下全液压坑道定向钻机 ·· 22
2.1 ZDY12000LD 型定向钻机设计 ·· 22
2.2 钻机性能检测 ·· 58
2.3 钻机参数监测系统 ·· 61
2.4 定向钻机虚拟现实培训平台 ·· 67

第3章 矿用有线随钻测量系统 ·· 75
3.1 矿用有线随钻测量系统概述 ·· 75
3.2 防爆计算机 ·· 78
3.3 有线随钻测量探管 ·· 83
3.4 系统测量软件 ·· 90
3.5 基于自然伽马的矿用有线地质导向随钻测量系统 ···························· 95
3.6 测量探管检测校验台 ··· 101

第4章 矿用无线随钻测量系统 ··· 108
4.1 矿用泥浆脉冲无线随钻测量系统 ··· 108
4.2 矿用电磁波无线随钻测量系统 ··· 131

第5章 煤矿井下定向钻进用钻具 ··· 150
5.1 有线随钻测量中心通缆钻杆 ··· 150
5.2 无线随钻测量钻杆 ··· 158
5.3 无磁钻杆 ··· 162
5.4 定向钻进 PDC 钻头 ·· 166
5.5 螺杆钻具 ··· 176
5.6 通缆式送水器 ··· 187
5.7 钻杆弯扭复合疲劳试验机 ··· 190

第6章 煤矿井下定向钻进用冲洗液及其循环处理系统 ····························· 197
6.1 煤矿井下定向钻进用冲洗液及其特点 ····································· 197
6.2 矿用泥浆泵概述 ··· 199

6.3 矿用泥浆泵车 ……………………………………………………………… 203
6.4 煤矿井下冲洗液固控技术装备 ………………………………………… 214
6.5 孔口装置 ………………………………………………………………… 239

第7章 煤矿井下近水平定向钻进工艺技术 …………………………………… 243
7.1 定向钻孔轨迹设计方法 ………………………………………………… 243
7.2 滑动定向钻进技术 ……………………………………………………… 254
7.3 复合定向钻进技术 ……………………………………………………… 266
7.4 地质导向钻进技术 ……………………………………………………… 286

第8章 定向钻孔事故处理工艺技术及配套钻具 …………………………… 291
8.1 定向钻孔常见钻孔事故及预防和处理 ………………………………… 291
8.2 套铣打捞技术与配套装备 ……………………………………………… 302
8.3 事故打捞工具及安全接手 ……………………………………………… 307
8.4 事故预防与处理典型案例 ……………………………………………… 311

第9章 井下定向钻进技术与装备典型工程应用实例 ……………………… 322
9.1 瓦斯抽采定向钻进技术应用 …………………………………………… 322
9.2 水害防治定向钻进技术应用 …………………………………………… 354
9.3 地质异常体探查及防灭火定向钻进技术应用 ………………………… 382

参考文献 ………………………………………………………………………… **393**

第1章 煤矿井下近水平定向钻进技术

我国是一个以煤炭为主体能源的国家，煤炭在我国能源消费结构中的主导地位长时间内不会改变，但复杂的煤层赋存地质条件给煤矿安全生产带来了严重威胁。随着煤炭开采范围的扩大、开采强度和开采深度的增加，煤与瓦斯突出、矿井突水、冲击地压等灾害发生频率和强度愈发增大，煤矿安全生产面临着新的严峻挑战。煤矿井下定向钻孔作为煤矿事故预防、治理并服务于安全高效采煤最直接、有效的技术手段之一，在煤矿区煤层气（瓦斯）开发、水害防治、隐蔽致灾地质因素探查和应急救援等领域发挥着巨大作用（石智军等，2008）。

20世纪70年代末至90年代末，我国煤矿区井下钻探以回转钻进工艺技术装备为主，即钻进过程中钻机带动钻杆和钻头回转切削煤岩层成孔。这种钻进方法存在着施工精度低、施工进度慢、钻孔轨迹不可控、无法沿目标煤岩层延伸、无效进尺多、钻孔利用率低等缺点，导致在瓦斯抽采和水害防治等方面存在治理盲区；此外采用回转钻进工艺技术只能施工单孔，不具备施工多分支孔的能力，要使钻孔覆盖整个工作面，就需要施工大量钻孔，不仅劳动强度大、施工周期长，而且由于封孔点多、质量难以控制，不能满足煤矿瓦斯高效抽采和灾害防治的需求（石智军，2007）。

煤矿井下定向钻进技术能够保证钻孔轨迹在预定层位中的有效延伸，提高钻孔目标地层的钻遇率，在煤矿井下瓦斯治理方面可增加钻孔瓦斯抽采效率和抽采量，进而提高矿井瓦斯治理水平；在水害防治方面可提高钻孔钻遇含水层的有效孔段占比，实现煤矿井下水害隐患超前区域探查和治理；在地质异常体探查方面可提高钻孔钻遇地质异常体的概率，获取精确的地质异常体空间位置，为采掘作业提供安全保障。此外，定向钻进技术可进行多分支孔施工，施工的钻孔能均匀覆盖整个工作面，具有钻孔轨迹控制精度高、钻进效率高、覆盖范围广、钻孔利用率高等优点，现已成为我国煤矿区瓦斯高效抽采、水害防治和地质异常体探查的主要技术途径。

1.1 煤矿井下近水平定向钻进技术分类

煤矿井下近水平定向钻进技术是指利用钻孔自然弯曲规律或采用专用工具使近水平钻孔轨迹按设计要求钻进至预定目标的一种钻探方法，即有目的地将钻孔轴线由弯变直或由直变弯。此技术可认为是定向钻进技术的一个分支，是相对于垂直孔定向钻进技术而言的，国内外学术界普遍认为近水平孔是指钻孔倾角在±10°范围内的钻孔。自20世纪90年代以来，近水平定向钻进技术在我国煤矿受到普遍重视，并取得了突破性进展，为保证煤矿安全高效生产和综采技术的推广应用提供有力保障。最初的近水平定向钻进采用稳定组合钻具配套单点测斜仪来实现，随着定向造斜工具、钻孔轨迹测量技术的发展，特别是微电子、微型计算机和航空航天技术的引入，使煤矿井下孔底动力造斜钻具（螺杆钻具）和随钻测量仪器不断更新换代，极大地促进了煤矿井下定向钻进技术与装备的发展。煤矿井下定向钻进逐渐由单点测量发展为多点随钻测量，由单一造斜发展为连续造斜，由单孔定向钻进发展为单孔多分支钻进，实现了定向钻进的实时轨迹测量和钻孔轨迹连续控制。

在煤矿井下实施钻探作业往往受井巷条件限制，首先要求钻探设备和工具能够适应井下狭小空间运输、搬迁和使用，其次煤矿井下钻探施工环境恶劣，钻探设备处于高瓦斯、粉尘和潮湿环境当中，对设备的防爆和防潮等性能要求严格，煤矿安全生产规程要求所有用于煤矿井下的机电设备和仪器必须具备煤矿安全认证。长期以来，煤矿生产由于受特殊生产条件、粗放型生产管理模式等因素影响，煤矿企业对设备能力和技术水平要求较低，这在一定程度上影响了井下近水平定向钻进技术与装备的发展应用。目前煤矿井下近水平定向钻进技术根据所用的钻具类型和钻进方式不同可分为稳定组合钻具定向钻进技术和随钻测量定向钻进技术。

1.1.1　稳定组合钻具定向钻进技术

稳定组合钻具定向钻进技术是在回转钻进的基础上通过在近钻头处的钻杆之间布设稳定器实现钻进过程中的轨迹控制（郝世俊，2007）。稳定组合钻具由钻头、稳定器和短钻杆按照不同的组合形式连接组成。通过在稳定器之间连接不同直径和长度的钻杆，组成不同的组合钻具，利用钻杆自身的重力、给进力、离心力及其弯矩所形成的挠曲变形对与其刚性连接的钻头产生作用，使钻孔轨迹上仰、下斜或保直钻进，以达到控制钻孔方向的目的。一般而言，和钻头连接的稳定器直径接近或等于钻头外径，钻杆柱上连接的稳定器直径较与钻头连接的稳定器直径小 0.5mm 左右。对于普通的煤系地层，多使用表面淬火的螺旋槽型稳定器。稳定器两端可镶焊硬质合金切削齿，既可以破碎孔壁掉块，又可以在钻头严重磨损后起到扩孔作用，保证稳定组合钻具的正常钻进和顺利起下钻具。当使用同级钻杆的大一级稳定器直径磨损后，也可重新加工外表面作为下一级稳定器。实际上就是同一级稳定器，直径磨损 1mm 后仍具有定向作用，只是定向效果有所降低。

稳定组合钻具根据其对钻孔倾角的影响，可分为使钻孔上仰、保直、下斜三种类型，其结构如图 1.1 所示，其工艺原理如下。

1）上仰组合钻具

钻进过程中，在近钻头稳定器的支撑作用下，钻杆自重使稳定器后方的钻杆向下弯曲，在钻压和离心力作用下弯曲加剧，促使钻头切削孔壁上侧岩体导致钻孔轨迹上仰。应使用侧出刃较大的钻头来实现造斜钻进。从理论上讲，钻头正转切削孔壁上侧岩体使钻孔向上偏斜的同时，应有向左偏斜的趋势，但上仰孔实际施工中却呈现向右偏斜的趋势，其原因是钻进速度较快时，近水平孔中颗粒粗大的岩、煤粉不易冲离孔底，堆积在钻头后方，钻杆左侧形成较大的岩屑楔，钻进过程中在摩擦力作用下迫使钻杆向右上方偏移。岩屑楔对上仰孔起加大倾角弯曲强度的作用，对下斜孔则起减少倾角弯曲强度的作用。

2）保直组合钻具

稳定器等间距布置于钻头后方各根钻杆之间，整个钻柱在钻孔中保持"满、刚、直"的效果。钻进过程中钻头不切削或很少切削孔壁，从而使钻孔轨迹沿原方向延伸。一般情

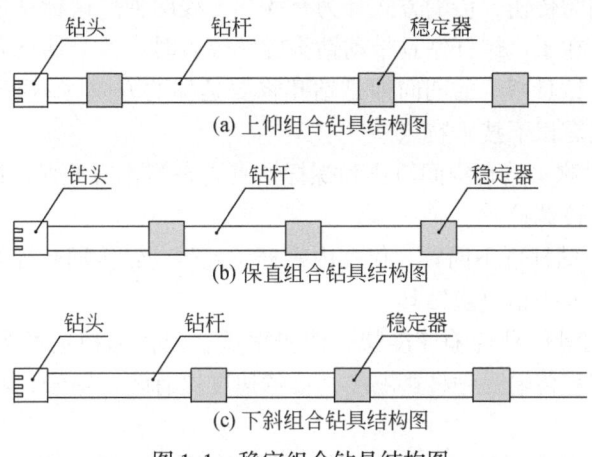

图 1.1 稳定组合钻具结构图

况下,钻头后紧接第一个稳定器可产生强保直效果,而钻头后接一根长 1~1.5m 的短钻杆后再安装第一个稳定器将产生弱保直效果。为了提高保直钻进效果应尽量使用侧出刃小或无侧出刃的钻头。

3) 下斜组合钻具

在保直组合钻具的基础上,将第一个稳定器位置后移,增大其与钻头间距,利用稳定器的支撑作用,减小整个钻具对钻头及与之连接钻具的束缚,增加其自由度,充分发挥第一个稳定器前方钻杆的自重作用,并作用于钻头使钻孔轨迹产生下斜趋势。为了加大下斜效果,在钻头后可连接细钻杆及加重钻杆,进一步增加钻头对下侧孔壁的切削力。

稳定组合钻具定向钻进技术工艺原理简单、钻具成本低、地层适用性强、操作方便,能够满足对定向精度要求不高的定向钻孔的施工要求,其主要具有以下特点。

(1) 在钻具回转状态下能够实现钻孔倾角的粗放调节,但不能调节方位角,钻孔轨迹控制精度低。

(2) 可以增加钻孔在目标地层中的延伸距离,提高钻孔利用效果。

(3) 不同的稳定组合钻具具有不同的轨迹调控规律,应根据钻孔轨迹控制需要,选择合适的稳定组合钻具。

(4) 钻进过程中应根据不同孔段的轨迹控制需要,起下和更换钻具组合,而起下钻次数增多会造成钻进效率降低。

1.1.2 随钻测量定向钻进技术

随钻测量定向钻进技术是采用先进随钻测量装置和带弯接头的螺杆钻具以孔底切削碎岩钻进方式实现钻孔轨迹随钻控制。其中螺杆钻具是以高压冲洗液为传递动力介质的一种孔底动力钻具,在螺杆钻具前端带有 0°~3° 的结构弯角,一般煤矿井下近水平钻孔施工采用 1.25° 弯角的螺杆钻具。定向钻进过程中通过钻机动力头正转孔内钻杆来调整螺杆钻具弯接头的朝向,使其朝向预定方向,能满足不同定向钻进需要,即可控制钻孔的倾角和方位,达到定向钻进的目的。随钻测量装置可实现钻进过程中螺杆钻具工具面向角和钻孔轨迹参数的实时监测与传输,传输方式分为有线和无线两种。这种钻进技术与传统的回转钻进技术的不同之处在于:螺杆钻具带动钻头旋转碎岩时,整个钻杆和螺杆钻具的外壳是不旋转的,因此螺杆钻具弯头的朝向即是钻孔将要延伸的方向(石智军等,2012)。随钻测量定向钻进技术具有以下技术特点。

(1)可随钻实时测量钻孔空间轨迹和螺杆钻具姿态等孔内工程参数,实现钻孔精确空间定位,指导钻孔轨迹调控。

(2)钻进过程中钻杆可不回转,仅孔内螺杆钻具带动钻头回转碎岩,钻孔轨迹调控能力强、精度高,不需要提钻更换钻具。

(3)有线随钻测量信号传输速度快、误码率低,但传输稳定性受限于中心通缆式钻杆;无线随钻测量信号传输受钻杆影响小,传输速度比有线传输慢,测量过程中存在一定的误码率。

(4)有线随钻测量需要特制的中心通缆钻杆,钻具成本高,地层适应性较差;无线随钻测量对钻杆结构无特殊要求,可选用外平钻杆和异形钻杆等常规钻杆,钻具成本低,地层适应性强。

目前煤矿井下以有线随钻测量定向钻进技术为主,其配套装备由定向钻机、泥浆泵(泥浆泵车)、定向钻头、螺杆钻具、下无磁钻杆、测量探管、上无磁钻杆、中心通缆式钻杆、送水器、通信电缆、孔口防爆计算机等组成,其系统连接如图1.2所示。钻进过程中主要采用螺杆钻具配套随钻测量系统实现钻孔轨迹的实时测量和控制。钻进施工作业普遍采用清水作为冲洗液并进行开式循环,清水由泥浆泵加压后经高压管线、送水器、钻杆柱内通孔进入钻孔内,在孔底驱动螺杆钻具带动钻头破碎煤岩层后携带钻渣屑沿钻杆柱与孔壁之间的环状间隙流出钻孔,气液分离后瓦斯进入抽采管路,污水与钻渣屑进入沉渣池,随后排出钻场。

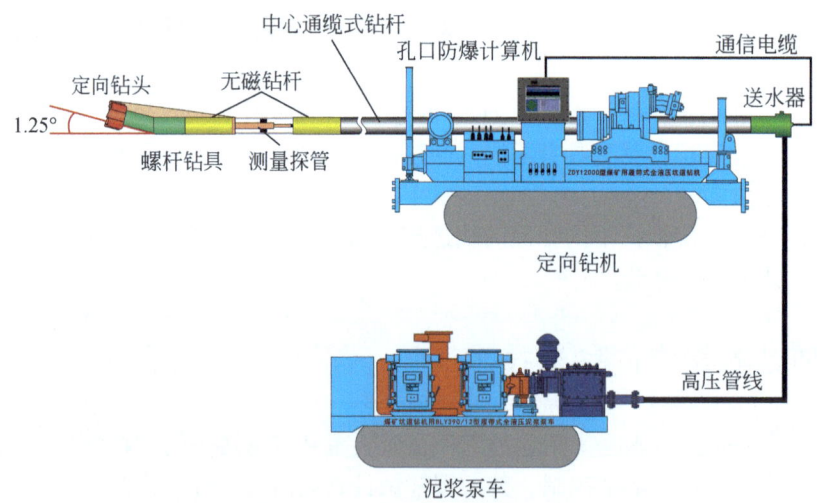

图1.2 随钻测量定向钻进系统连接示意图

1. 定向钻机

定向钻机主要用于提供给进、起拔和回转动力、夹持和拧卸孔内钻具,为保证定向钻进过程中螺杆钻具工具面向角不变，定向钻机应具有主轴制动功能。另外，因其在井下坑道内使用，需满足《煤矿坑道勘探用钻机》（MT/T 790—2006）、《爆炸性环境第1部分：设备通用要求》（GB 3836.1—2010）及《煤炸性环境第2部分：由隔煤外壳"d"保护的设备》（GB 3836.2—2010）的相关规定。目前煤矿井下定向钻机主要有整体式和分体式两种，适应不同巷道断面需求。定向钻机应具有以下特点：

(1) 钻机具有较大的输出扭矩、给进/起拔能力和转速输出变化范围。
(2) 钻机具有反扭矩制动功能，钻进液压控制系统便于操控，工作安全可靠。
(3) 便于实现顺序动作和功能联动，机械化程度高，方便进行起、下钻具作业。
(4) 自动化程度高，便于搬迁运输。
(5) 可无级调速，通过油压表随时监视执行机构工作负载的大小，可及时进行调整，工艺适应性较强。

2. 泥浆泵

泥浆泵的主要功能是将静压水转变为高压水驱动孔底螺杆钻具工作，是定向钻进孔底碎岩动力的主要来源，其泵压、排量应满足孔深、孔径及螺杆钻具工作需要。目前煤矿井下适用于定向钻进的泥浆泵泵量为 160~500L/min。为了满足井下搬迁、移动方便需要，一些较大功率的泥浆泵可安装在履带平台或胶轮平台上组成泥浆泵车。

3. 螺杆钻具

螺杆钻具是一种以高压泥浆（或清水）为动力介质，把液体压力能转化为机械能的容积式孔底动力钻具。钻孔施工过程中采用带弯接头的螺杆钻具配备随钻测量仪器，通过调整螺杆钻具弯接头的朝向，可实时控制钻孔轨迹延伸方向，实现钻孔的受控定向和侧钻开分支钻进。

目前煤矿井下定向钻孔施工一般选择 Φ73mm 和 Φ89mm 规格螺杆钻具，其结构弯角的大小应根据钻孔施工要求选择，施工只有主孔而无分支的定向钻孔时推荐使用 1°~1.25°弯角的螺杆钻具；施工带有一个分支孔或多分支定向钻孔时则推荐使用 1.25°~1.5°弯角的螺杆钻具；强造斜时可选用 1.75°弯角的螺杆钻具。

4. 随钻测量系统

随钻测量系统一般由孔内测量探管和孔口防爆计算机组成，可实时对钻孔轨迹参数进行精确测量和计算，其工作原理是：孔内测量探管采用三个用于敏感地球重力加速度的加速度传感器、三个用于敏感地球磁场的磁传感器作为传感器组，当探管接收到测量指令后开始工作，传感器组感受其输入量，并与其放大电路一起将输入量变换成与之对应的输出电压；CPU 采样测量电压和基准电压后采用运算放大器对传感器测量信号进行整形和滤波，获得传感器原始测量数据；然后根据倾角、工具面和方位角与重力加速度和磁场强度的关系公式计算出钻孔轨迹参数的实测值；再通过信号传输通道实时传递至孔口防爆计算机，经相关软件对数据进行接收处理后绘制并显示钻孔轨迹。

根据随钻测量信号传输方式，分为有线随钻测量技术和无线随钻测量技术。其中有线随钻测量技术以中心通缆式钻杆为有线传输通道，采用载波传输方式将随钻测量数据实时传递至孔口防爆计算机，具有信号双向传输、传输速度快、工作时间长等优点。

无线随钻测量技术传输方式以泥浆脉冲或电磁波信号传输为主，其中泥浆脉冲信号传输采用水力脉冲作为数据传输方式，以钻杆内水力通道为传输通道，以钻杆内高压冲洗液为信号载体，当孔内探管测量出钻孔轨迹参数后，通过防爆驱动短节控制脉冲发生器产生压力脉冲波，压力脉冲波以钻杆内的冲洗液为载体传到孔口，由压力传感器接收并传给防爆计算机进行解码显示；而电磁波信号传输以钻杆和煤系地层为传输通道，以电磁波为信号载体，当孔内探管测量出钻孔轨迹参数后，通过发控短节将随钻测量数据发出，经地层和钻杆传输至孔口后，由接收电极和防爆计算机接收、解码和显示。无线传输方式降低了对钻杆结构和密封性的要求，但需要定期对电池进行充电，传输速度慢于有线传输方式。

5. 钻杆

钻杆是孔内钻具的基本组成部分，其主要作用是传递钻压、扭矩和输送冲洗液，并靠钻杆的逐渐加长使钻孔不断加深。井下近水平定向钻进中采用的钻杆主要根据随钻测量系统而定，若采用有线随钻测量系统则需要专用的中心通缆式钻杆，若采用无线随钻测量系统则可采用井下坑道钻探用常规钻杆。定向钻进过程中钻杆需满足相应的技术要求：①钻杆在钻进过程中受到拉、压、弯、扭等多种作用，还会受到振动及冲击载荷的影响，钻杆的连接螺纹由于反复拧卸也会磨损，因此要求钻杆必须有足够的强度；②为了精确测量和控制钻孔轨迹，应尽量减少冲洗液能量在传递过程中的管路损耗，因此要求钻杆内径必须足够大。

中心通缆式钻杆两端设置有绝缘支撑挡环与孔用弹性挡圈，用于固定钻杆体内的中心通缆装置，使中心通缆装置与钻杆构成一体式钻杆。中心通缆装置由通缆母接头、绝缘支撑挡环、绝缘连接体、中间导线、通缆公接头及变径弹簧等构成；中间导线的外部设置绝缘连接体，其两端分别为通缆母接头和通缆公接头，在公接头上设置变径弹簧，与内圆锥面的母接头连接，钻杆螺纹连接的同时通缆公母头也连接在一起，用于传输测量信号。

6. 无磁钻杆

无磁钻杆主要起到隔磁的作用，由于目前井下采用的随钻测量系统主要采用磁性传感器测量钻孔方位。钻进过程中受地磁场的作用，钻具被磁化，对随钻测量系统产生磁干扰。为了将磁力影响降到最低程度，应在随钻测量系统两端安装一定长度的无磁钻杆。无磁钻杆一般分为三部分，即上无磁钻杆、仪器无磁钻杆及下无磁钻杆。上无磁钻杆防止上部钻杆对测量仪器磁方位角的影响，下无磁钻杆防止螺杆钻具对测量仪器磁方位角的影响。根据地磁场强度分区，上下无磁钻杆长度各为3m才能满足要求，但如果配套的螺杆钻具为无磁材质时，下无磁钻杆长度可以相应缩短至1m。

7. 钻头

钻进过程中，钻头是破碎岩石的主要工具，钻头在旋转时主要起冲击、压碎和剪切破碎煤岩层作用，因钻遇地层岩性、结构、强度的差异性和复杂性，对钻头的结构型式和使用性能提出了更高的要求，所以钻头必须能够适应软、中、硬等各类地层。

目前，我国煤矿井下钻孔常用钻头主要有硬质合金钻头、人造金刚石复合片钻头（简称PDC钻头）和金刚石钻头。其中，金刚石钻头应用较少，硬质合金钻头由于使用寿命较短已经逐渐被PDC钻头所代替，PDC钻头在软至中硬地层中钻进具有其他钻头无可比拟的优势，在煤矿井下各种钻孔施工中得到广泛的推广应用，取得了良好的综合效益。

1.2 煤矿井下近水平定向钻进技术现状

近年来，随着我国煤炭工业的快速发展，煤矿井下定向钻进技术以其独有的优势在煤矿安全和地质勘探领域得到较大规模的推广，特别是在煤矿井下煤层气（瓦斯）抽采钻孔、水害防治钻孔、地质勘探孔等施工中发挥着越来越重要的作用。随着煤矿开采水平的延伸，地质条件日趋复杂，煤矿安全生产对各类钻孔的施工技术和装备要求不断提高，不但要求钻孔施工装备具有较高的钻进效率，还同时需要对钻孔轨迹精确测量和控制。定向钻进技术以其钻进效率高、钻孔深度大、钻孔轨迹可测控、一孔多分支、单孔抽采瓦斯浓度高、钻孔瓦斯抽采区域面积大等优点，已成为煤矿井下钻孔高效施工的主要技术手段。国内定向钻进技术和装备经多年发展研究，已形成了适合于2000m以上钻孔施工的技术及配套装备，实现了长钻孔轨迹的实时测量及控制，在国内30多个矿区进行了推广应用，取得了较好的使用效果。

1.2.1 国外井下定向钻进技术现状

在煤矿井下采用稳定组合钻具控制钻孔方向的方法最先始于20世纪70年代的美国，但应用效果最好的却是德国，并且推广应用于钾盐矿。1999年德国Wirth公司用稳定组合钻具在某钾盐矿完成了孔深2223m的地质勘探孔，2003年该公司网站发布了钻成2700m的水平勘探孔的消息，这是目前世界范围内最深的井下近水平定向钻孔。日本利根钻探公司采用该技术也取得显著成效，曾在20世纪80年代初钻成2150m的近水平勘探孔。

煤矿井下采用螺杆钻具实现定向钻进技术于20世纪80年代起始于英国，当时其设备能力可以达到1000m，但因为煤层松软和钻进工艺问题，实际施工的最大孔深只有635m。从80年代中期开始，该方法成为澳大利亚施工瓦斯抽采孔和地质勘探孔的主要手段，成效也最为显著，钻孔深度一般在700m左右。最大孔深纪录不断刷新，2002年威利朗沃钻井公司在煤层中完成了钻孔深度1761m的定向钻孔；2017年澳大利亚Metropolitan煤矿完成了钻孔深度2151m的定向钻孔。该技术的优点是控制钻孔弯曲方向的能力较强，但是由于螺杆钻具的扭矩较小、价格较高、钻孔直径也较小，其相对钻孔成本较高。该技术主要应用于井下瓦斯抽采钻孔施工，在水害防治方面也有所应用，但在其他方面应用较少。

1.2.2 国内井下定向钻进技术现状

我国煤矿井下水平定向钻进技术的研究始于20世纪90年代初。1993年煤炭科学研究总院西安分院在大同矿务局四台矿施工地质异常体的近水平勘探钻孔，采用以稳定组合钻具为主、局部孔段使用国产螺杆钻具纠斜钻进的方法，孔深达到302.5m。由于受当时国内螺杆钻具、测斜仪器等制造技术落后的限制，西安分院当时放弃了螺杆钻具定向钻进的技术途径，在接下来的10余年时间里，倡导并积极推进以稳定组合钻具为主要手段的煤矿井下近水平定向钻进技术，并取得了良好的效果，分别于1999年、2000年和2002年完成603m、721m和865m的煤矿井下近水平定向钻孔，创造了当时国内煤矿井下定向钻孔施工深度的纪录。

鉴于国外采用螺杆钻具进行定向钻孔施工的成功案例，国内一些煤矿企业先后从美国、澳大利亚等国进口了数台套千米定向钻机，2003年山西亚美大宁能源有限公司采用澳大利亚的VLD定向钻机完成1002m的瓦斯抽采定向钻孔后，国内一些类似煤层条件的矿井也相继引进VLD钻机进行瓦斯抽采定向钻孔施工，并取得成功应用，如晋城寺河矿2006年完成主孔深度1005m的瓦斯抽采孔，神华宁煤集团在白箕沟矿采用同一机型完成了一个1023m的半煤半岩瓦斯抽采孔。虽然部分煤矿企业通过引进国外技术和装备在煤矿井下随钻测量定向钻孔施工方面取得了成功应用，但是由于进口设备昂贵、服务滞后，在后期使用过程中，设备故障、配件供应等原因往往给生产带来很大的麻烦，加之进口定向钻进装备的配套钻具和钻进工艺很大程度上不适合我国煤矿的复杂地质条件，经常出现断钻、掉钻等孔内事故，严重影响生产进度和施工安全。

从2005年起西安研究院率先研究煤矿井下千米瓦斯抽采钻孔施工装备及工艺技术，开发出螺杆钻具定向钻进技术和分支孔钻进技术，为近水平瓦斯抽采定向长钻孔的施工提供技术支持，并在现场工业性试验中完成了最大主孔孔深811.8m、分支孔孔深211.8m的钻孔施工，创造了使用国产钻机、钻具、仪器和工艺施工瓦斯抽采定向钻孔的纪录。

2006～2012年，西安研究院依托国家发展和改革委员会项目创建了煤矿井下近水平随钻测控定向钻进技术体系，开发了多级无稳孔底侧向分支孔钻进技术，构建了"集束型"瓦斯均衡抽采钻孔布置模式与地面井下立体化煤层气抽采模式。2008年采用ZDY6000LD型定向钻进装备在陕西亭南煤矿完成了孔深1046m的定向长钻孔施工；2010年采用ZDY6000LD（A）型定向钻进装备在山西寺河煤矿完成了孔深1059m的定向长钻孔施工；2011年采用ZDY6000LD（A）型定向钻进装备在山西保德煤矿完成了孔深1111.6m的定向长钻孔施工；2012年采用ZDY6000LD型定向钻进装备在陕西大佛寺煤矿完成了孔深1212m的定向长钻孔施工。2008年为实现碎软煤层定向钻进成孔，西安研究院依托"十一五"国家科技重大专项课题开始了井下小曲率梳状钻孔钻进技术与装备的研究，研制出适合碎软煤层瓦斯抽采的小曲率梳状钻孔钻进成套装备，开发了梳状分支孔钻进工艺，提出了碎软煤层长距离瓦斯预抽及顶底板远距离卸压的梳状钻孔瓦斯抽采模式，形成了梳状钻孔轨迹设计及施工技术。在这期间中煤科工集团重庆研究院有限公司、北方交通重工集团、太重煤机有限公司及晋煤集团金鼎煤机矿业有限责任公司凭借自身较强的装备制造能力也研制生产了系列化定向钻机，进一步丰富了煤矿井下定向钻进装备类型。

2012～2018年，为适应大型工作面瓦斯高效抽采需要，西安研究院依托"十二五"国家科技重大专项开发了煤矿井下长钻孔枝状钻孔群的钻进工艺方法、煤岩层复合定向钻进工艺技术、无线随钻测量系统和系列化大功率定向钻机。钻机输出转矩达到12000N·m以上，给进/起拔能力达到250kN，能够进行大直径钻孔施工，并可配套使用多种规格的常规钻杆、通缆钻杆和打捞钻具，具有较强的工艺适应性。随后中煤科工集团重庆研究院有限公司和晋煤集团高宝钻探技术有限公司也先后开发出大功率定向钻机，输出扭矩15000～20000N·m，进一步提升了井下定向钻进装备的施工能力。

2014年晋煤集团寺河煤矿采用ZDY12000LD型定向钻进装备在煤层中完成了深度1881m定向钻孔，终孔直径Φ120mm；在顶板岩层中完成了最大孔深为1026m顶板高位定向钻孔，钻孔终孔直径Φ153mm；2017年神东保德煤矿采用ZDY12000LD型定向钻进装备完成了主孔深度2311m的本煤层定向钻孔，钻孔终孔直径Φ120mm；2019年神东保德煤矿钻成了主孔深度2570m、3353m的本煤层定向钻孔，钻孔终孔直径Φ120mm，创造了新的世界纪录。

国内煤矿井下定向钻进技术与装备自2008年在我国试验成功以来，已在国内30多个矿区近百座煤矿进行了推广应用。主要应用于煤矿井下瓦斯抽采、水害防治、隐蔽致灾地质因素探查及应急救援工程等方面，累计施工钻孔数百万延米。不但为煤矿企业的安全生产提供了保障，同时也提高了矿井瓦斯抽采利用率，为煤矿企业带来可观的经济效益。

1.3 煤矿井下近水平定向钻进装备发展现状

钻探施工是目前煤矿井下消除安全隐患，保障安全生产的最直接、有效的方法之一。钻进工艺技术和钻进装备是井下钻探的两个重要组成部分，两者结合密切、互为依托、整体推进，构成一个有机的整体。井下钻进工艺技术的研究是指导钻进装备研发的依据，而钻进装备又是钻进工艺技术得以实现的基础。煤矿井下定向钻进装备主要包括定向钻机、泥浆泵（泥浆泵车）、钻具及随钻测量装置等，其发展直接影响井下钻进工艺技术的推广应用。

1.3.1 煤矿井下定向钻机国内外研究现状

20世纪90年代中期起我国一些煤矿企业陆续从美国、澳大利亚进口千米定向钻机，如美国的LHD-15型钻机、澳大利亚的LMC-75型和UDR系列钻机，分别在松藻、调兵山（原称铁法市）、淮南、抚顺、平顶山等地的煤炭企业试用。但由于这些区域煤矿地质条件复杂，煤层松软，进口钻机配套钻杆壁薄，强度有限，使用中经常发生钻杆折断和螺杆钻具掉落等孔内事故，成孔率较低。而在山西晋城地区由于煤层地质条件简单，澳大利亚VLD-1000型定向钻机取得了较好的应用效果，如图1.3所示。

陕西华电榆横煤电有限责任公司小纪汉煤矿引进Fletcher公司的千米定向钻机LHD-15用于施工瓦斯抽采钻孔，如图1.4所示。该钻机采用两体式布局，钻车没有动力，执行机构安装在钻车上，液压泵站和泥浆泵安装在泵车上，需钻车、泵车同时搬迁，整体尺寸较大，不适用巷道断面较小的矿井。澳大利亚Industrea公司生产的IDS-1000型定向钻机，如图1.5所示，有整体履带式和分体式两种结构，可满足不同现场使用需要，但未见国内煤矿采购该钻机的报道。国外主要定向钻机型号及性能参数见表1.1。

图 1.3　VLD-1000 型钻机　　　图 1.4　LHD-15 型钻机　　　图 1.5　IDS-1000 型钻机

表 1.1　国外定向钻机性能参数表

性能参数	VLD-1000	LHD-15	IDS-1000
钻孔深度/m	1000	1524	1000
额定转矩/N·m	低速 3048，高速 2286	3390	正转 1720，反转 3750
额定转速/(r/min)	低速 200~600，高速 250~1200	300	正转 0~350，反转 80
钻杆直径/mm	71	71	71
给进/起拔力/kN	150	224	150
给进/起拔行程/mm	1800	1800	1800
整机功率/kW	90	90	90
整机外形尺寸（长×宽×高）/m	4×2.1×1.66	4.7×2.3×2	4.3×2×1.6

西安研究院自 2005 年开始结合科研项目和用户实际需求积极开展定向钻进配套技术与装备的研发与应用，目前已形成 ZDY 系列定向钻机成套技术和装备并实现规模化生产应用。ZDY 系列定向钻机以煤矿井下巷道条件及施工目的作为系列化研制的依据，从钻机整体结构布局、整机外形尺寸和产品配套等方面综合考虑，满足不同巷道条件下的使用需求。ZDY 系列定向钻机结构布局型式及主要特点见表 1.2，分整体式（紧凑型、一体型和多功能型）和两体式（钻车和泵车）两种结构。受大多数矿井对钻机需求的限制，各种结构布局型式的钻机均需满足尺寸小、功能强、能力大、重量轻的要求，部分矿井更是提出了个性化的改造设计要求，以适应狭小的巷道条件和特殊的钻孔施工需要（表 1.3~表 1.5）（方鹏等，2018）。

表 1.2　ZDY 系列定向钻机结构布局型式

结构布局型式		结构布局描述	代表机型	特点
整体式	紧凑型	外配泥浆泵+控制电柜+防爆计算机	ZDY6000LD ZDY4000LD	结构紧凑，整体尺寸小，适用范围广
	一体型	带泥浆泵+控制电柜，外配防爆计算机	ZDY6000LD（A）	现场使用节约辅助时间，宽度尺寸较大，适宜较宽的巷道
	多功能型	带泥浆泵+控制电柜+防爆计算机+急停开关+瓦斯闭锁装置	ZDY6000LD（B）	

续表

结构布局型式		结构布局描述	代表机型	特点
两体式	履带钻车+胶轮泵车	带泥浆泵+控制电柜+防爆计算机	ZDY6000LD（F）	结构紧凑，安全性高
	履带钻车+履带泵车	带泥浆泵+控制电柜+防爆计算机+急停开关+瓦斯闭锁装置	ZDY4000LD（A）ZDY12000LD ZDY15000LD	结构紧凑，安全性高，机动性强

表1.3 ZDY系列定向钻机技术性能参数（中深孔定向钻机）

参数类别	ZDY4000LD	ZDY4000LD（A）	ZDY6000LD
钻孔深度/m	600		800
额定转矩/N·m	1050~4000	1000~4000	1600~6000
额定转速/(r/min)	70~240	100~350	50~190
最大给进/起拔力/kN	123	150	180
整机功率/kW	55		75
外形尺寸（长×宽×高）/m	3.1×1.45×1.7	3.6×1.3×1.7	3.38×1.45×1.8

表1.4 ZDY系列定向钻机技术性能参数（千米定向钻机）

参数类别	ZDY6000LD（A）	ZDY6000LD（B）	ZDY6000LD（F）
钻孔深度/m	1000		
额定转矩/N·m	1600~6000		
额定转速/(r/min)	50~190		
最大给进/起拔力/kN	180		
整机功率/kW	90	75	90
外形尺寸（长×宽×高）/m	3.5×2.2×1.9	3.8×1.45×1.8	3.23×1.36×1.86
			2.87×1.41×1.5

表1.5 ZDY系列定向钻机技术性能参数（超深孔定向钻机）

参数类别	ZDY12000LD	ZDY15000LD
钻孔深度/m	1500	2000
额定转矩/N·m	3000~12000	3500~15000
额定转速/(r/min)	50~150	40~135
最大给进/起拔力/kN	250	300
整机功率/kW	132	
外形尺寸（长×宽×高）/m	4.2×1.6×1.9	

中煤科工集团重庆研究院有限公司研制的ZYWL系列煤矿用近水平定向钻机是其承担的"十一五"国家科技重大专项项目的科技成果，产品技术性能参数见表1.6，典型的

ZYWL-6000D 煤矿用近水平定向钻机如图 1.6 所示，主要用于煤矿井下顺煤层定向长钻孔及煤层顶、底板岩层定向钻孔施工，通过高精度孔底随钻测量系统测量并传输的数据进行精确定位，显示钻孔轨迹并纠偏，同时也能实现分支孔施工。

表 1.6 ZYWL 系列定向钻机技术性能参数

参数类别	ZYWL-4000D	ZYWL-6000DS	ZYWL-6000D	ZYWL-13000DS
钻孔深度/m	500	1000	1000	1500
额定转矩/N·m	4000～1050	6000～1400	6000～1400	13000～3000
额定转速/(r/min)	50～250	50～200	50～200	45～150
最大给进/起拔力/kN	160/210	160/160	160/160	280/280
整机功率/kW	55	75	90	132
外形尺寸（长×宽×高）/m	3.48×1.48×1.7	3.7×1.45×2.0	3.6×2.1×1.85	4.18×1.6×2.1

图 1.6 ZYWL-6000D 定向钻机

1.3.2 煤矿井下定向钻进用钻具国内外研究现状

煤矿井下定向钻进用钻具主要由钻杆、螺杆钻具和钻头等组成。其中钻杆主要分为中心通缆式有线随钻测量钻杆、无线随钻测量钻杆和打捞钻杆；螺杆钻具主要采用 Φ73mm 和 Φ89mm 的液驱螺杆钻具，将空气螺杆钻具应用于煤矿井下定向钻井并开展了部分试验研究；钻头主要采用胎体式 PDC 钻头，开发了适用于不同地层和不同规格的系列定向钻头。

1. 钻杆

国外煤矿井下定向钻进以有线随钻测量为主，采用的定向钻杆一般是在绳索取心钻杆的基础上增加信号传输的中心通缆及固定装置改造而成，钻杆直径一般为 Φ69.9mm。对于处理定向用打捞钻杆则是大一级的 Φ89mm 绳索取心钻杆。这类钻杆由于接头部分螺纹强度较低，所以对定向钻进的使用条件较高，一般用于中硬以上煤层钻孔施工，而对于碎软煤层和顶板复杂岩层，则无法使用，也未见用于底板注浆加固硬岩钻孔施工。

我国于 20 世纪 70 年代起，一些研究机构开始研究煤矿井下专用钻杆。研制出

Φ42mm 和 Φ50mm 热镦粗外平钻杆，钻杆两端为母螺纹，通过与两端均为公螺纹的接头连接，用于煤矿井下钻机试验与钻进工艺技术研究，并制定了煤矿坑道钻探用常规钻杆行业标准。90 年代初开始，相关单位将摩擦焊接技术运用到国内煤矿坑道钻杆的研制生产中，陆续研制出 Φ42mm、Φ50mm、Φ63.5mm、Φ73mm 及 Φ89mm 高强度摩擦焊接式外平钻杆，为定向钻进钻杆的研制奠定了基础。

2005~2009 年，国内研究机构开展了井下近水平定向长钻孔用随钻测量钻杆的研究工作，在借鉴国外煤矿井下随钻测量钻杆结构型式的基础上，研制出 Φ73mm 中心通缆式有线随钻测量钻杆及送水器，实现了孔底测量探管与孔口监视器的双向通信。2011 年进一步完善了 Φ73mm 中心通缆式钻杆，提高了钻杆信号传输的可靠性，并开发出具有螺旋结构的 Φ73mm 中心通缆式钻杆。为了满足煤矿井下复合定向钻进工艺需求，2012~2018 年先后研制出 Φ89mm 中心通缆式钻杆及与无线随钻测量系统配套使用的 Φ73mm、Φ89mm 高强度高韧性钻杆。

2007 年为了提高井下定向钻进事故处理能力，研制出 Φ95mm 打捞钻杆，用于 Φ73mm 随钻测量钻杆事故处理。2013 年研制出 Φ102mm 与 Φ127mm 高强度摩擦焊接式打捞钻杆，通过镦粗工艺将管体两端加厚，分别加工公、母螺纹，用于套铣打捞 Φ73mm 和 Φ89mm 随钻测量钻杆，显著提升了定向钻进事故处理能力。

2. 螺杆钻具

美国在 20 世纪 50 年代初期就开始研制螺杆钻具，美国 Dyna 公司在单螺杆泵的基础上研发了单螺杆钻具 Dyna Drill，1962 年开始生产，并于 1968 年起正式对外出售。随着螺杆钻具研发技术水平的提高，加之新材料、新工艺的不断出现，螺杆钻具的工作寿命得到了很大提高。目前，美国的螺杆钻具总体使用寿命一般为 200~300h，其中 Navi Drill 螺杆钻具的使用寿命最长，其推力轴承使用寿命为 200h、驱动轴寿命为 200h、径向轴承寿命为 280~300h、万向轴寿命为 400~500h、转子与定子寿命为 400~700h。Navi Drill 小直径螺杆钻具，采用粉末冶金人造聚晶金刚石止推轴承，使用寿命为 250~300h。1966 年苏联钻井科学技术研究院彼尔姆分院开始研制多头螺杆钻具。目前，在欧美一些国家，绝大部分大、中曲率半径水平井的定向造斜和水平井段都靠螺杆钻具完成。除了常规的液驱螺杆钻具外，国外于 1960 年开始进行空气螺杆钻具测试研究工作，空气螺杆钻具是用气体、泡沫等可压缩流体钻进定向井及各类特殊工艺井的必需工具。例如，美国 Bake Hugtes 公司，拥有尺寸较为齐全的空气螺杆钻具系列产品。

国外螺杆钻具主要用于石油天然气钻井作业中，而用于煤矿井下定向钻孔施工最具代表性的是美国 IDS 公司和 REI Drilling 公司生产的 Φ73mm 和 Φ89mm 常规螺杆钻具和无磁螺杆钻具。目前，国外煤矿井下主要采用液驱螺杆钻具进行定向钻孔施工，空气螺杆钻具的应用情况未见相关报道。

我国在螺杆钻具研究方面起步较晚，自 20 世纪 70 年代末 80 年代初才开始使用引进国外的 Dyna Drill 和 Navi Drill 螺杆钻具，到 1978 年，石油工业部石油勘探开发科学研究院通过立项开始研制多头螺杆钻具，通过技术引进、消化吸收并结合我国的自主研发及制造能力，螺杆钻具生产形成了一定的规模，1982 年我国成功推出了第一台三头螺杆钻具。目前，常规螺杆钻具已形成规格化和系列化产品，各主要生产厂家包括大港油田集团中成机械制造公司、北京石油机械厂、贵州高峰石油机械厂、天津立林石油机械有限公司等。研发机构主要包括中国石油勘探开发研究院、中国石油大学（华东）、西南石油大学等。但是国内生产的螺杆钻具在工作寿命、耐磨性、特种螺杆钻具的设计与制造方面与国外还存在一定差距，其主要表现在输出的功率较小、使用寿命短，尽管有少数生产厂家研制出大功率超长螺杆钻具，但仍存在诸多难题需要突破。

国内螺杆钻具主要针对石油天然气钻井作业而开发。20世纪90年代初期，通过对石油天然气钻井用螺杆钻具进行小型化改制设计，开始将地面钻井采用的螺杆钻具引入煤矿井下定向钻进中，其整体结构与工作原理基本相同，但受限于当时的研发水平及制造水平未应用成功。2003年我国煤矿企业和研发机构开始引进美国Φ73mm螺杆钻具，并成功应用于煤矿井下，螺杆钻具使用寿命达到了300h以上。随着基于螺杆钻具纠斜的定向钻进技术在国内煤矿企业推广应用，国内螺杆钻具研发机构开始研制适用于煤矿井下定向钻进的Φ73mm和Φ89mm螺杆钻具，逐渐代替国外螺杆钻具并广泛应用于煤矿企业。

空气螺杆钻具作为关键的欠平衡钻井工具在地面空气钻井中得到广泛应用，国内关于空气螺杆钻具的理论研究和产品开发起步晚。2002年中国石油天然气集团公司立项研制空气螺杆钻具，并作为国家"十五"科技攻关项目，2002年由北京石油机械厂生产的试验样机被送往苏里格气田，进行了天然气开发直井空气螺杆钻具钻进试验并获得初步成功。2016年开始为解决煤矿井下碎软煤层定向钻进技术难题，西安研究院与国内螺杆钻具生产企业合作开发出Φ73mm小直径空气螺杆钻具，在碎软煤层定向钻进过程中取得较好的应用效果。

3. PDC钻头

PDC钻头的研究和应用始于石油钻井领域，20世纪80年代美国GE公司成功开发了PDC切削齿，并将其用于石油钻井行业、地质矿产勘探行业的钻头产品设计。国外PDC钻头的研究主要以斯伦贝谢（Schlumberger）、哈里伯顿（Halliburton）、贝克休斯（Baker Hughes）三大综合石油服务公司为代表，在钻头的开发和改进方面做了大量工作，针对在坚硬岩石中钻进用的PDC钻头，不仅研制了高性能PDC切削齿，而且还针对不同工况条件开发了新型PDC钻头，如混合式钻头、快速硬地层钻头、双切削结构钻头、新型孕镶金刚石钻头等。

我国石油PDC钻头研究始于20世纪90年代，开始PDC钻头的研发生产以进口为主，随着国家"九五"、"十五"科技攻关项目的实施，PDC切削齿的生产逐步实现了国产化和系列化，PDC钻头的研发生产以胜利油田、江汉石油钻头股份有限公司等为代表，逐步形成石油行业标准，实现了国产化生产，目前国产PDC钻头不仅广泛地应用于石油、天然气勘探和开发领域，同时在地质勘探、岩土工程、煤矿安全等多个领域也开始应用。

我国煤矿PDC钻头技术研究起于20世纪90年代中后期，主要从学习和消化石油PDC钻头技术入手，但早期因国内PDC切削齿主要依靠进口，成本较高，而煤矿钻孔施工成本普遍很低，限制了石油PDC切削齿在煤矿区的应用。进入21世纪，随着煤矿生产效率提高，以及煤矿经营形势的好转，煤矿企业加大了对安全生产的投入，同时随着煤矿安全生产对钻孔施工要求的提高，逐步开始使用新型钻机和钻具，PDC钻头逐步开始替代硬质合金钻头在煤矿区的应用。研制出适合Ⅳ~Ⅵ级细砂岩的6类规格（Φ55~Φ94mm）的

13 种复合片钻头，其钻头结构、焊接工艺及质量达到了国内的先进水平。2006 年开展了胎体式 PDC 钻头模具成型工艺的研究，引入了软模成型工艺批量化制造钻头模具，实现了胎体式 PDC 钻头大规模生产。在此基础上根据定向钻进施工的地层要求，先后开发了适合定向钻进的 Φ96mm、Φ98mm、Φ108mm 及 Φ120mm 定向钻头。同时设计了平底型、平角刮刀型和弧角刮刀型等不同结构型式的定向钻头，分别适用于不同地层定向钻进。

1.3.3 矿用随钻测量系统国内外研究现状

矿用随钻测量系统的研究伴随着随钻测量定向钻进技术的推广应用而展开，国外煤矿井下以有线随钻测量系统为主，即采用特制的中心通缆式钻杆为信号传输通道进行信号传输，代表性产品有澳大利亚 VLD 公司的 DGS 系统，该系统采用一次性锂电池筒供电方式，单节电池筒工作时间约 30 天且不可重复使用，于 2003 年引入国内并得到大量推广应用。

20 世纪 90 年代初我国开始研究井下钻孔测斜仪，首先是借鉴地矿系统的 XJS-35 型测斜仪并对其进行了改造，测斜仪方位角测量靠磁针定向，倾角测量采用悬锤原理，定时锁止靠机械钟，用于钻孔轨迹的单点测量。2001~2006 年对 CQ-1A 型磁球定向测斜仪进行了改造，开发出多点即时测斜仪，用于钻孔轨迹的单点测量。

2005 年我国开始煤矿井下随钻测量系统的研究，开发出基于孔底可充电电池供电和基于孔口防爆计算机供电的矿用有线随钻测量装置。2011 年开始，为解决煤矿井下随钻测量系统信号传输必须依赖专用通缆钻杆而不能采用常规钻杆的技术限制，先后开发出矿用泥浆脉冲无线随钻测量装置和矿用电磁波无线随钻测量装置，进一步丰富了随钻测量系统种类。鉴于现有测量装置只能测量钻孔参数，无法探测钻孔周围地层信息的问题，2013 年开展了矿用地质导向随钻测量技术的研究，以方位自然伽马为地层识别依据，采用有线方式进行信号传输，研制出基于自然伽马的矿用有线地质导向随钻测量装置，实现了煤矿井下随钻测量由"有线传输"向"无线传输"、由"几何参数测量"向"地质参数测量"的跨越。

1.4 煤矿井下近水平定向钻孔用途

在煤矿生产过程中，随钻测量定向钻进技术因其能够实时监测控制钻孔轨迹的延伸方向，主要用于瓦斯抽采、水害防治、地质异常体探查和井下应急救援等。不同的钻孔用途，钻孔布置方式存在一定的差异。

1.4.1 瓦斯抽采定向钻孔

目前煤矿井下主要采用近水平定向钻孔进行瓦斯抽采。在高瓦斯矿井和煤与瓦斯突出矿井中，从瓦斯治理和利用的角度出发，需要在煤层及其顶板或底板中布置一系列的钻孔用于抽采瓦斯，以确保生产安全（申宝宏等，2007）。根据定向钻孔使用条件和布孔方式的不同，其应用方式可分为本煤层集束型定向钻孔群采前预抽瓦斯、碎软煤层梳状定向钻孔卸压抽采瓦斯、顶板高位定向钻孔采动抽采瓦斯及井上、井下联合瓦斯抽采钻孔四种形式。

1. 集束形定向钻孔群

集束形定向钻孔群是指在一个钻场内施工多个多分支定向钻孔,其主孔开孔点孔段相对集中,钻孔或分支孔方位呈扇形、花束形展开或平行延伸,主孔深度也基本相同的钻孔集合体。当煤层普氏硬度系数大于1,赋存条件好,地质构造简单,煤层中易成孔时,可利用清水作为冲洗介质在煤层中施工集束型定向钻孔群进行瓦斯抽采;当煤层普式硬度系数小于1,煤层较松软时,可利用空气作为冲洗介质在煤层中施工集束型定向钻孔群进行瓦斯抽采,其抽采方式主要分为单孔抽采和主孔与分支孔联合抽采。

集束形定向钻孔群是目前国内应用最多、技术最成熟的定向钻孔瓦斯抽采方式,其钻孔布置方式如图 1.7 所示。

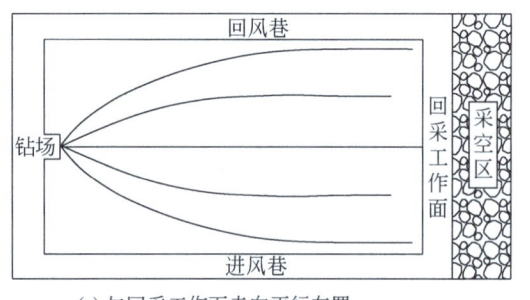 

(a) 与回采工作面走向平行布置　　　　　　(b) 与回采工作面走向垂直布置

图 1.7　集束形钻孔平面示意图

2. 梳状定向钻孔

松软突出煤层由于结构松散、透气性差,在本煤层钻进过程中容易出现喷孔、瓦斯突出、孔壁坍塌等事故,钻孔深度十分有限,严重制约煤矿安全生产,影响掘进和采煤效率。虽然空气定向钻进技术一定程度上能解决碎软煤层钻进成孔问题,但遇到极碎软煤层时也无法成孔。为解决极碎软煤层钻进成孔难的问题,可先在煤层顶底板岩层中布置近水平定向长钻孔,再通过前进式或后退式形式施工梳状分支孔进入松软突出煤层中实现碎软煤层瓦斯抽采。按照梳状定向钻孔与松软突出煤层的空间关系,梳状定向钻孔可分为底板梳状钻孔和顶板梳状钻孔。

底板梳状钻孔是在煤层底板选定的层位施工近水平定向钻孔,在已施工的主孔中通过开分支的方式向上进入煤层,分支孔进入煤层后通过对钻孔轨迹的精确控制使其尽可能在煤层中延伸,从而增加煤层段钻遇率,然后提钻在底板继续钻进一定距离后向上开分支进入煤层,采用"前进式"开分支工艺钻进其他分支孔,直到达到设计孔深,最终形成的底板梳状钻孔如图 1.8 所示。

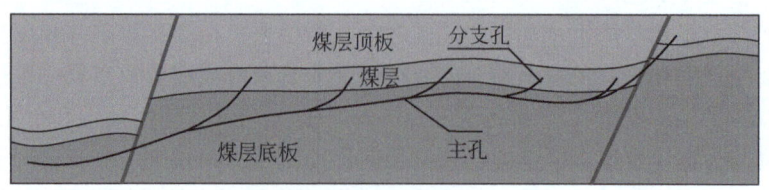

图 1.8　底板梳状钻孔示意图

顶板梳状钻孔首先从煤层向顶板距离开采煤层冒落带高度 3~5m 处，施工近水平定向钻孔，使钻孔轨迹尽量按照设计方向在顶板裂隙带范围内水平延伸，达到主孔设计深度终孔；提钻时调整螺杆钻具的工具面向角，使其造斜面朝下方进行造斜钻进，使钻孔轨迹保持最小半径延伸直到煤层，为尽量避免出现煤层中卡埋钻具事故，应严格控制穿煤深度，采用"拐弯后退式"开分支工艺钻进其他分支孔，最终形成的顶板梳状钻孔如图 1.9 所示。

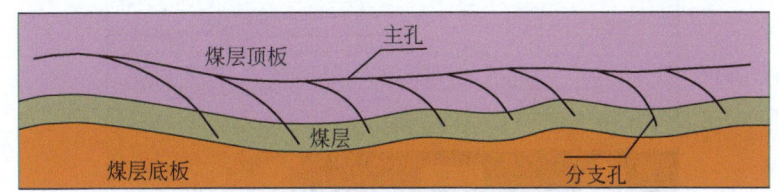

图 1.9　顶板梳状钻孔示意图

梳状定向钻孔主要适用于在顶底板岩性相对完整、地质构造简单的地层钻进成孔。在有条件的矿井，为了强化煤层瓦斯的抽采效果，可对梳状钻孔进行分段压裂，以增强煤层的透气性。

3. 顶板高位定向钻孔

目前煤层顶板采动瓦斯抽采主要有顶板高抽巷抽采和顶板高位钻孔抽采两种方法。这两种方法虽然抽采工艺不同，但是抽采原理相近。煤层开采后顶板岩层发生移动和破断，形成具有一定分布规律的采动裂隙，主要为离层裂隙和贯通裂隙，采动裂隙的发育扩展导致本煤层及邻近层瓦斯卸压解吸并积聚在顶板裂隙带内。随着工作面的持续推进，采动裂隙充分发育，在采空区四周形成有利于瓦斯流动和存储的"O"形圈，并且随着工作面推进而向前移动。将顶板高抽巷或高位钻孔布置在"O"形圈内，可有效抽采裂隙带内瓦斯，从而降低上隅角瓦斯浓度，保证工作面安全回采。

顶板高抽巷瓦斯抽采技术能对顶板裂隙带内瓦斯进行集中抽采，具有卸压范围广、瓦斯抽采流量大等优点，但在煤矿实际生产过程中，高抽巷施工工程量大、施工维护成本高，限制了该技术的推广应用。而顶板高位定向钻孔由于其施工周期短、成本低、布孔灵活、覆盖范围广而得到广泛推广应用。顶板高位大直径定向钻孔施工设计要遵循以下两个原则：一是高位大直径定向钻孔主要用于抽采顶板裂隙内卸压瓦斯，为确保最佳瓦斯抽采效果，依据采动裂隙发育及瓦斯运移规律，应保证钻孔轨迹布置在采动裂隙"O"形圈内并沿工作面走向有效延伸。二是钻进过程中，煤层顶板岩层在冲洗液反复冲刷作用下，孔壁岩体强度大幅降低，钻孔可能出现局部或整体性结构失稳，尤其是软弱岩层，为确保高位定向钻孔的成孔率及后期抽采期间钻孔的完整性，应尽量选择岩体强度高、结构相对完整的地层作为高位定向钻孔的布孔层位。

顶板高位定向钻孔施工时，首先利用巷道内钻场，在工作面回采之前，以大倾角上仰开孔钻进至煤层顶板；然后以随钻测量技术为依托施工先导孔，利用随钻测量定向钻进技术进行造斜钻进，通过对实钻钻孔轨迹的实时准确测量和精确控制，使钻孔进入工作面回采后的采空区"O"形圈内裂隙带并沿其延伸；先导孔完成后，下入扩孔钻具组合增大钻孔直径，提高与裂隙带接触面积。由于其施工钻孔长，且主要孔段均在"O"形圈裂隙带内延伸，钻孔可长期稳定存在，以工作面回采时顶板形成的采动裂隙作为通道，能够有效抽采工作面煤壁释放的瓦斯，从而实现工作面采空区瓦斯区域抽采，原理如图 1.10 所示。

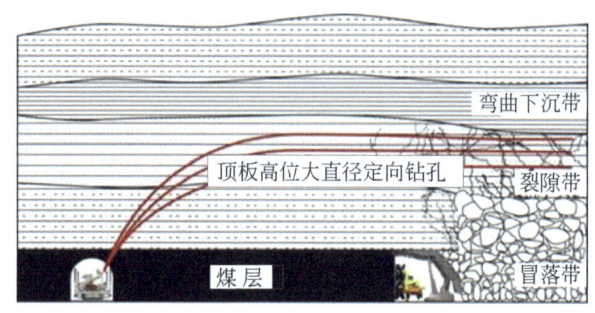

图 1.10　顶板高位定向长钻孔抽采采空区瓦斯原理图

4. 井上、井下联合瓦斯抽采钻孔

煤矿区地面直井与井下近水平定向钻孔联合抽采技术的核心思想是充分利用地面抽采直井和井下近水平长钻孔施工技术的各自优势，将井下集束型水平长钻孔群定向穿越地面直井压裂区域，建立地面井下煤层气（瓦斯）立体化抽采通道，进而利用井下钻孔排水并控制水位、地面直井进行煤层气无动力排采，实现采气、排水分离作业，原理如图 1.11 所示。

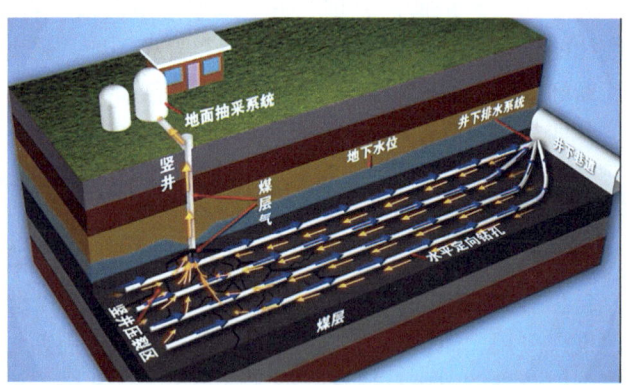

图 1.11　井上、井下联合瓦斯抽采示意图

地面井下立体化抽采通道具有地面多分支水平井的特点，有利于煤矿区煤层气的高效开发。而与地面多分支井相比，地面井下立体化抽采通道在井下施工沿煤层钻孔的技术成熟、施工难度相对较低，风险小，且施工过程中不存在储层伤害等问题。

井下定向钻孔应等间距平行布置，钻孔终孔位置应选择在直井压裂区域内，井下近水平定向钻孔孔口封孔严实、耐压能力高。

1.4.2　水害防治定向钻孔

煤矿井下近水平定向钻进技术应用于井下水害防治主要体现在顶底板水体疏放、老空水定点探放及煤层底板隔水层加固改造。在该技术未应用于煤矿井下水害防治之前，国内外煤矿一般采用常规钻孔进行水害防治，存在以下问题：①钻孔轨迹不可控，钻孔为直孔且多以发散形式布置，易造成防治水盲区，为保证防治水效果必须设置大量钻孔，导致钻孔浪费，钻探工作量大，施钻人员劳动强度高；②钻孔钻遇含水层的有效孔段较短，钻遇含水体和裂隙带的概率较低，探放水和注浆效果不好；③常规回转钻进技术不具备轨迹随钻测量装置，不能准确计算出钻遇出水点位置，不能实现老空积水定点探放；④钻孔孔深一般较浅，只能边掘（边采）边进行水害隐患探查与治理，在未形成工作面运顺和回顺前，无法实现超前防治，给煤矿安全高效开采带来一定的压力。

而采用定向钻进技术进行水害防治是以随钻测量技术为依托，通过对实钻轨迹的实时测量和精确控制，保证定向孔在目的层位延伸或精确中靶，并可进行分支孔施工，提高钻孔覆盖面积，成孔后用于探放水或者高压注浆，从而疏放掉含水层或老空区中水体、加固隔水层或改造含水层，降低水害发生概率，保障煤矿安全高效生产。

该技术具有以下优点：①在工作面未形成之前即可在主巷道内对工作面煤层和顶底板进行定向孔施工，减少了钻探工作量，避免了水害防治盲区，实现区域煤层及顶底板中含水体超前探查和治理；②增加钻孔钻遇含水层的有效孔段，提高了钻孔钻遇导水裂隙概率；③可实现高精度精确中靶，且能准确计算含水体坐标位置，为后续钻孔设计和施工提供准确的技术资料；④可同时对煤层顶底板地质构造进行超前探测。

用于水害防治的定向钻孔因作用不同其布孔方式也有所差异，疏放水定向钻孔主孔应主要布置在含水层内，但在疏放老空水时应在老空区附近设计两个以上的分支孔，用于确定疏放钻孔是否与老空区含水体的最低点贯通。在含水层改造或隔水层加固时，定向钻孔一般等间距布置，布孔间距应根据单孔注浆扩散半径确定，钻孔布孔方式如图 1.12 所示。

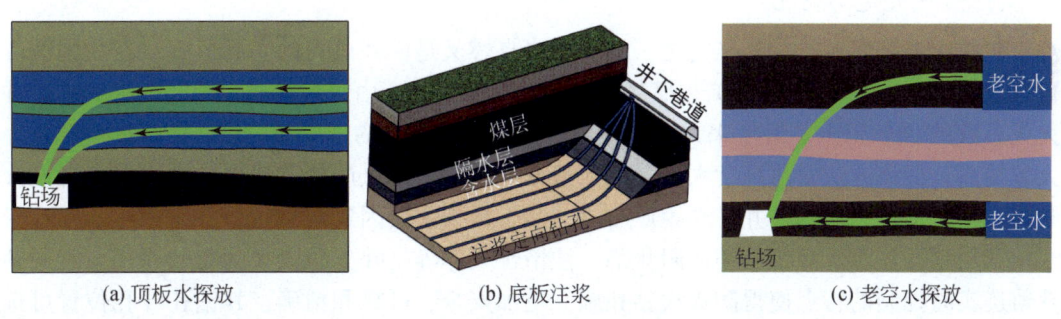

(a) 顶板水探放　　　　　(b) 底板注浆　　　　　(c) 老空水探放

图 1.12　定向钻孔防治水害原理示意图

1.4.3　地质异常体探查定向钻孔

煤矿井下煤层走向、煤层厚度及煤层中的地质异常等信息多在地面钻孔探测及巷道掘进获得。地面钻孔能够获得大范围煤层信息，对于局部范围的煤层信息准确性低；巷道掘进只能获得揭露的煤层信息，不能超前探测煤层信息。

定向钻孔可超前探测煤层地质信息，当利用定向钻孔探测井下煤层工作面的构造情况（断层、破碎带及陷落柱等）及煤层顶底板倾向、走向及标高等情况时，可采用前进式开分支工艺进行施工，即以先施工的钻孔为主孔，在主孔内施工多个分支钻孔探测煤层构造情况及确定煤层顶底板标高。

1. 地质构造探测

首先，利用随钻测量定向钻进技术精准定位的功能，计算出钻遇地层构造点的三维坐标；其次，利用定向开分支技术在已探明构造点的钻孔后部设计多个分支孔，当分支孔钻遇构造区域时计算出此点的三维坐标；最后，通过对获知的多组三维坐标点数据进行分析，即可勾勒出此区域的地质构造的空间分布。

2. 工作面煤层走向及煤层厚度探测

工作面煤层走向的探测可通过下述方法实现：在主孔中按照一定的距离设计多个探顶（底）分支钻孔，当分支钻孔钻遇煤层顶（底）板时，通过随钻测量仪器的测量数据计算出钻遇顶（底）板相应点的上下位移，并转化为该点的相对标高，然后，将多个探顶（底）分支钻孔的顶（底）板相对标高顺序连在一起可计算出钻遇煤层的倾角，最后，根据煤层倾角与走向的关系即可推断出工作面煤层的走向。煤层厚度的探测可通过上述方法在获知主孔某一点的分支钻孔的顶板和底板相对标高后，将该点的顶板和底板标高相减即可得出煤层厚度。

1.4.4 其他工程定向钻孔

定向钻进技术除用于煤矿井下瓦斯抽采、水害防治及地质异常体探查外，在井下防灭火、应急救援和工程应用方面也显示出来极大的优势。

1. 防灭火定向钻孔

矿井火灾是煤矿的主要灾害之一，而煤炭自燃又是矿井火灾的主要形式。在我国国有重点煤矿中，有56%以上的矿井都存在自燃发火的危险，由煤炭自燃而引起的火灾占矿井火灾总数的90%以上。近年来，综采放顶煤技术得到大力的推广和应用，使煤矿生产效率大幅提高，但该方法冒落高度大、采空区遗留残煤多、漏风严重，使得矿井煤炭自燃发火频繁发生，已成为制约矿井安全生产与进一步发展的主要因素之一。

利用钻孔注水、灌浆、喷洒阻化剂、注惰性气体等是井下防灭火的有效途径，定向钻孔轨迹实时控制的特点使得防灭火钻孔施工更加安全、可靠和精确，其钻孔开孔位置可选择在较安全地带，将钻孔终孔点布置在发火区位置，设计定向钻孔。其布置形式如图1.13所示。

2. 应急救援定向钻孔

煤矿井下常发生透水、冲击地压及冒顶等事故，工作人员被困在灾区，而救援人员又无法靠近灾区时，尽快建立直达灾区的通道进行施救及消除灾情，是煤矿应急救援主要任务。

钻孔开孔点应布置在安全巷道内，根据矿井地质资料和井巷布置资料设计钻孔与事故点对接，钻孔布置形式如图1.14所示。井下定向钻孔可实现绕障碍物直达事故巷道，实现应急救援通道的快速构建，为煤矿应急救援提供有力的技术装备支撑。

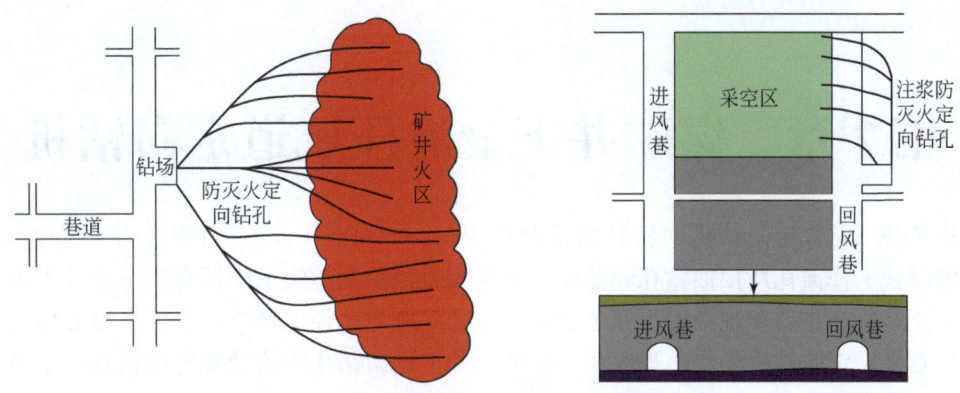

图 1.13　防灭火定向钻孔轨迹平面布置图

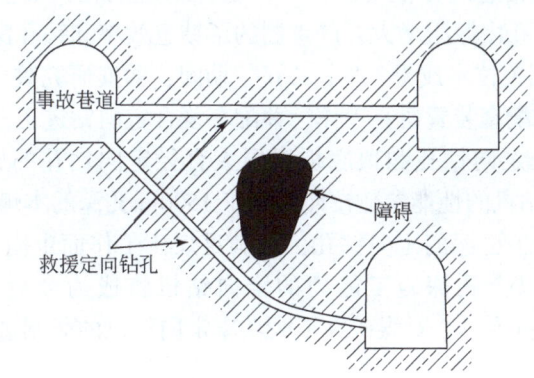

图 1.14　井下救援定向钻孔轨迹剖面布置图

3. 工程定向钻孔

为满足现代煤矿高产条件下矿井通风的需要，回风巷由原来的 1~2 条发展为 3~4 条或者更多。巷道之间间隔一定距离会设置联络巷，实现矿井通风和其他工程需要。有些煤矿企业为减少联络巷施工成本，采用大直径钻孔代替联络巷，为了确保钻孔能够精确连接两条巷道，首先采用随钻测量技术装备施工先导孔，然后采用多级扩孔的方法形成大直径钻孔，钻孔成孔原理如图 1.15 所示。

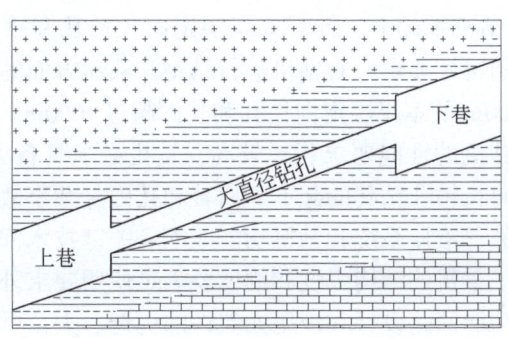

图 1.15　巷道连接定向钻孔示意图

第 2 章　煤矿井下全液压坑道定向钻机

煤矿井下常规定向钻机回转转矩普遍在 3000~6000N·m，近十年的生产实践表明，在国内超长工作面瓦斯预抽钻孔和顶底板岩层大直径钻孔的施工中还存在一些技术难题需要进一步解决，主要表现在以下几个方面：钻孔深度和孔径需要进一步提高以确保高效瓦斯抽采效果；定向钻机集成化程度相对较低，井下定向钻孔事故处理专用钻具与工艺技术不配套，处理孔内事故的能力有待进一步提升；配套泥浆泵流量小、压力低、可靠性较差，无法满足深孔定向钻进的性能要求；滑动定向钻进成孔弯曲强度大，钻孔轨迹不平滑，易造成钻杆屈服，孔内摩阻增大，严重制约了钻进效率和钻孔深度的提升。

基于"十一五"相关技术成果，"十二五"期间，西安研究院开展了煤矿井下大功率全液压坑道定向钻机和配套装置研究工作，并配套复合定向钻进工艺技术进行定向钻孔施工，实现了本煤层超长定向钻孔和顶底板岩层大直径定向钻孔的施工目标（石智军等，2015；姚克，2016）。钻机的性能参数按照能施工 1500m 孔深的本煤层定向钻孔进行设计，但实际情况可能需要施工更深的定向钻孔，以满足煤矿工作面走向长度不断增加的需要，因此研制具备 3000m 以上孔深施工能力的定向钻机将成为今后的发展方向。本章以 ZDY12000LD 型定向钻机为例，对煤矿井下大功率定向钻机的研制进行介绍。

2.1　ZDY12000LD 型定向钻机设计

2.1.1　定向钻机总体布局

钻机是进行钻探施工的主体设备，其性能的好坏直接影响钻探施工的成孔、效率、质量、成本和安全。制定钻机的总体技术方案，需要明确长钻孔施工的钻探工艺技术需求，通过总结和分析国内外履带式全液压坑道钻机及现有定向钻机在研制、使用方面的经验，在 ZDY 系列全液压坑道钻机基础上，针对本煤层定向长钻孔和顶底板岩层定向钻孔高效钻进对钻机各执行部件的特性要求，对钻机进行结构和液压方面的创新设计。

要实现孔深超过 1500m 的本煤层定向钻孔和孔深超过 1000m、孔径 Φ153mm 的顶底板硬岩钻孔施工，对定向钻机的性能要求相对较高，钻机必须具备大扭矩输出、强给进/起拔的能力要求以满足定向长钻孔钻具的起下、回转和孔内复杂事故处理，因此需重点解决整机结构布局、关键部件、液压系统和钻机功能匹配等关键技术问题。首先要保证钻机具有足够的动力配置，除了整机的结构强度和刚度要满足使用要求外，还要重点考虑钻机实现复合定向钻进的液压功能回路设计和液压元器件的优选、大范围机身调角装置结构、液压系统及油路板的设计、主轴定向制动、多种工艺方法的切换及防止误操作安全措施等关键技术问题；其次钻机还要有较强的事故处理能力和可配套扩展功能，使钻机具有结构紧凑、布局合理、功能丰富、性能可靠、操作简单的特点。

1. 钻进方式

不同的钻进方式对钻机的结构参数有不同的要求，井下钻孔施工常规钻进方式可分为两种：一种是钻机的回转器驱动钻杆回转，由钻杆带动钻头来破碎煤岩层，此时钻机回转功率主要消耗在克服钻杆转动所受到的摩阻和钻头破碎岩石上，钻孔越深、钻杆直径越大，消耗在钻杆回转上的功率也越大；另一种是钻杆不回转，高压水或高压风直接驱动孔底螺杆钻具旋转带动钻头来破碎煤岩层，这种钻进方式没有钻杆回转的功率消耗，可以相对地减少对钻机回转能力的要求。但单纯利用孔底螺杆钻具进行滑动钻进存在孔内摩阻大、钻孔弯曲强度大、排渣不畅等缺点。通过近年来两种钻进方式在我国煤矿井下的应用效果对比分析，结合孔口回转和孔底螺杆钻具旋转的复合驱动方式可以有效解决以上两种钻进方式存在的不足，实现定向长钻孔高效快速钻进。因此，大功率定向钻机必须要满足适用上述三种钻进工艺方法，以提高钻机的适应能力和应用范围。

在破岩工具方面，根据煤矿井下钻孔施工多在煤层中全面钻进的特点，选用PDC钻头碎岩钻进，这种钻进工艺在近几年煤矿井下坑道钻探实践中，已被证明是高效、低耗、实用的钻进方法，对钻机来说，要求其回转系统具有低转速、大扭矩的输出性能，给进/起拔系统具有强大给进/起拔能力。

2. 结构布局

结构布局及传动方式的选择是履带式钻机设计中首先要解决的问题，不仅直接关系到履带钻机总体尺寸大小、结构型式，而且影响到履带行走性能；还关系到钻机性能好坏、制造难易、成本高低、使用及维修保养的方便程度。

目前，国内煤矿井下定向钻机配套的泥浆泵主要有两种安装形式：一是同钻机所有部件一同整体式布局在履带车体平台上，这种安装形式会增大钻机外形尺寸，影响使用范围，同时装机功率明显增加，导致钻进装备的现场适应性受到诸多限制；二是采用泥浆泵单元独立设计，与钻机主机分开布置，即分体式布局，这种安装形式一般采用钻机和泵车两体布局，相比整体布局而言，外形尺寸更加小巧紧凑，现场搬迁、运输灵活，能够满足多数巷道施工需要。

随着煤矿井下钻孔施工深度的增加，势必导致施工设备的功率越来越大，其体积也会逐渐增大，受煤矿井下狭窄巷道尺寸限制，采用多体化、分体式布局的钻进装备是解决大功率需求条件下与狭窄巷道空间矛盾的主要措施。为此，将大功率定向钻进装备分解为钻车、泥浆泵车两体式布局，以提高钻探装备在煤矿井下运输和使用的适应性，满足国内大多数煤矿的使用要求。

钻机采用整体式结构，由主机、操纵台、泵站、履带车体和稳固装置五大部分组成，各部分之间用高压胶管和螺栓连接。为了能有效地缩小履带车体的宽度尺寸，方便井下运输和移动，并尽可能增大钻机的给进行程，钻机的中心轴线与双履带平行布局，主机放置在履带车体一侧、操纵台和泵站两部分放在履带车体另一侧。同时要考虑各执行部件操作时的可视性，操纵手把操作的舒适性和整体美观性。流量计、急停开关设计安装在操纵台上，便于钻进施工过程随时观察和操作。根据定向钻进施工需要，防爆计算机集成安装在操纵台右侧，便于随时观测钻孔数据。设计中考虑到煤矿罐笼和井下巷道运输条件，钻车的宽度尺寸设计为1.6m，整机结构紧凑，能够满足大多数煤矿的实际运输要求。为了缩短钻进中"倒杆"的辅助时间，采用较长行程的给进装置；动力头部分采用双马达驱动的大通孔式结构，满足大扭矩、小体积的需要；操纵台布置于钻车前端靠近孔口的位置；采用多级油缸直推式调角装置，调角范围大且操作方便，缩短辅助作业时间，减轻工人劳动作业强度。

泥浆泵车履带车体上集成安装有泥浆泵单元、操纵台和泵站三部分，各部分之间用高压胶管连接。为了缩小履带车体外形尺寸，泥浆泵车采用紧凑式布局，同时为了便于集中控制和提高钻场施工的安全性，泥浆泵车上配套安装有能分别控制钻机和泥浆泵车的电磁起动器、瓦斯传感器和断电仪、LED照明灯和急停开关。泥浆泵单元采用远程操作方式，可通过泥浆泵车操纵台和钻机主操纵台分别对泥浆泵单元进行控制（孙保山，2014；姚克等，2017）。

3. 液压传动系统

液压传动系统结合国内外现有定向钻机和现场实际施工需要，创新设计具有自主知识产权、满足复合定向钻进施工要求的新型液压系统。采用恒功率控制、负载敏感、恒压变量和比例先导控制等液压技术，实现与钻机结构和钻进工况相匹配的功能，控制精度高、节能效果明显。配套设计功能完善的各种功能保护回路，有效降低了钻机故障率，钻机操作简单，维护方便。在定向功能设计方面创新研制主轴制动及过载保护装置，使钻机满足孔口回转钻进、螺杆钻具定向钻进和复合定向钻进等多种钻进方式需要，提高钻机的工艺适应性和操控性。

4. 配套泥浆泵车压力及流量

针对ZDY12000LD型定向钻机施工大直径长钻孔的要求，其孔底动力钻具采用4级或5级Φ89mm螺杆钻具，最大输出扭矩达到1813N·m，根据螺杆钻具的工作特性分析，并结合钻进工艺技术分析及钻探施工经验，冲洗液最大流量达到400L/min、最大压力达到13MPa时，可满足施工深度超过1500m的中硬煤层定向钻孔的技术要求和经济性要求（姚克等，2016）。基于上述因素考虑，选择大功率的泥浆泵才能满足对大流量、高压冲洗液的需要，但大功率泥浆泵体积和尺寸相对较大，井下设备搬迁困难。因此，提出将泥浆泵单元相关部件有机组合到一起，同液压动力单元集成到可自行走的履带车体上的总体设计思路。同时泥浆泵车可满足其他类型大直径钻孔施工要求，实现"一机多用"。根据理论计算煤矿井下实际需要，最终确定泥浆泵车输出流量大于350L/min且可快速无级调节流量，最高输出压力大于12MPa，整车宽度不超过1.3m。

5. 钻车和泵车结构

ZDY12000LD型定向钻机装备设计为钻车和泵车两体式布局，分别具备独立行走功能，可以大大提高装备的适应性，搬迁方便、现场布置灵活。钻车由主机、泵站、操作台、防爆计算机、流量计、履带车体、稳固装置等组成；泵车由泥浆泵、电磁启动器、瓦斯监测断电仪、机车灯组件等组成。装备外形结构如图2.1所示。

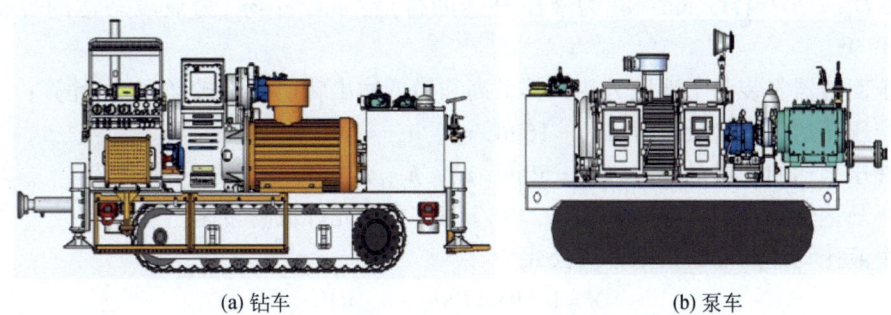

(a) 钻车　　　　　　　　　　(b) 泵车

图 2.1　ZDY12000LD 型定向钻机装备结构示意图

2.1.2　结构及主要参数

钻机的主要技术参数由用途和所采用的钻进工艺决定。ZDY12000LD 型定向钻机主要用于煤矿井下大直径瓦斯抽采定向长钻孔、大直径高位定向钻孔及其他工程孔的施工，具备施工 1500m 定向长钻孔的能力，并可适用回转钻进、定向钻进和复合钻进等多种钻进工艺方法，钻机的主要技术参数主要体现在钻机单元和泥浆泵单元两方面，综合反映钻机的用途及其所适用的钻进工艺方式，本节主要对钻机单元设计进行论述。

1. 钻机参数

钻机设计中需要确定主轴转速与转矩、给进行程、给进与起拔能力、液压系统工作压力、钻机功率、履带参数、机身倾角调整范围和主轴通孔直径等关键性能参数。以下就上述参数加以说明。

1) 主轴转速与转矩

a. 参数确定

钻机主轴转速是根据钻进工艺需求确定的，钻机的用途及其采用的钻进工艺是决定输出扭矩和转速的关键因素。考虑到处理钻进过程中不可避免发生的埋钻、卡钻和掉钻等孔内事故，需要通过回转大直径打捞钻杆来处理事故。根据设计计算和以往设计经验，回转器具有 12000N·m 输出转矩即可有效处理孔内事故，而转速最高可达到 150r/min，在选定液压马达之后，适当调整传动比，使钻机具有相对应合适的转速。

b. 转速与转矩的计算

根据钻机工况，通过比较国内外同类型产品，选用进口 A6V160 型液压马达。该液压马达为国外引进产品，性能先进，质量可靠，使用寿命长。主要性能参数为：理论排量 50~160mL/r，额定工作压力 40MPa，最高转速 3100r/min（在最大排量时）、4900r/min（在非最大排量时），液控变量控制方式，斜轴式轴向柱塞马达结构型式。

液压马达的输出转速：

$$n_\mathrm{m}=\frac{Q_\mathrm{m}}{q_\mathrm{m}}\cdot\eta_\mathrm{mv}\times10^3 \tag{2.1}$$

式中，Q_m 为液压马达的输入流量，管道输送效率按 90% 计；Q_B1 为液压泵的输出流量，

$Q_m = 90\% Q_{B1} = 202.41 \text{L/min}$;$q_m$ 为液压马达的排量,mL/r;η_{mv} 为液压马达的容积效率,取 $\eta_{mv} = 0.95$。

系统回转器安装两个液压马达,其最高和最低输出转速根据式(2.1)计算:

当液压马达的排量最大时($q_m = 16\text{mL/r}$),$n_{min} = 600.9 \text{r/min}$;

当液压马达的排量最小时($q_m = 50\text{mL/r}$),$n_{max} = 1922.9 \text{r/min}$。

液压马达转数范围在 600.9~1922.9r/min,小于允许最高转速。

单个液压马达的输出扭矩计算公式为

$$M = 1.59 \times \Delta P \times q_m \times \eta_{mm} \times 10^{-1} \tag{2.2}$$

式中,M 为单个液压马达的输出扭矩,N·m;ΔP 为回转系统的工作压力差,$\Delta P = 26\text{MPa}$;η_{mm} 为液压马达的机械效率,$\eta_{mm} = 0.95$。

液压马达的最大和最小输出扭矩根据式(2.2)计算:

当排量 q_m 最大时,$M_{max} = 628.4 \text{N·m}$;

当排量 q_m 最小时,$M_{min} = 196.4 \text{N·m}$。

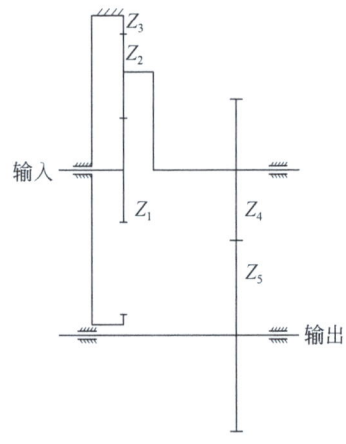

图 2.2 回转器传动示意图

回转器的传动部分采用二级减速机构,第一级为行星齿轮,第二级为一对斜齿轮,传动机构结构如图 2.2 所示。

回转器采用行星轮架减速系统,由中心轮、行星轮、内齿圈构成,行星轮的个数为 3,行星轮架的传动比为 3.724。

回转器大小齿轮的传动比为 3.16,两级传动的总传动比 $i_{总} = 11.768$。考虑到齿轮的传动效率,变速箱一级行星齿轮传动的传动效率取 $\eta_1 = 0.96$,二级齿轮副的传动的传动效率取 $\eta_2 = 0.98$,则可计算得出主轴的输出扭矩和输出转速。

(1)当马达排量最小时,主轴的输出扭矩最小,输出转速最大:

$T_{min} = 196.4 \times 11.768 \times 0.96 \times 0.98 \times 2 = 4348.8 \text{N·m}$;

$n_{zmax} = 1922.9 \div 11.768 = 163.4 \text{r/min}$。

(2)当马达排量最大时,主轴的输出扭矩最大,输出转速最小:

$T_{max} = 628.4 \times 11.768 \times 0.96 \times 0.98 \times 2 = 13914.5 \text{N·m}$;

$n_{zmin} = 600.9 \div 11.768 = 51.1 \text{r/min}$。

主轴的输出转数及转矩范围见表 2.1。

表 2.1 ZDY12000LD 定向钻机技术性能参数

范围	转速/(r/min)	扭矩/N·m
高速范围	5~163.4	4348.8
低速范围	5~51.1	13914.5

2) 给进行程

对于履带钻机来说,给进行程的大小取决于两个因素,一是履带车体的长度尺寸,为使履带钻机在井下行驶自如,适应小转弯半径的要求,应要求其车体长度尽可能短;二是钻进速度,给进行程大,可以减少倒杆次数,缩短钻进中"倒杆"的辅助时间,提高钻进效率。给进行程还与给进机构的类型以及给进、起拔能力的大小等因素有关。同时动力头式钻机的给进机构还兼作提升机构,所以还要考虑钻机在起下钻具时的需要。但行程过大,不仅降低了钻机井下行走的灵活性,而且会使履带车体尺寸加长、重量加大。综合考虑上述因素,钻机给进行程拟定为1200mm。

3) 给进与起拔能力

钻机的给进与起拔能力首先应满足正常钻进的要求,此外,起拔能力还要能满足处理一些钻孔事故。因为在近水平孔施工中,孔内容易出现卡钻、埋钻等突发事故,因此要求钻机必须具有比正常情况下大得多的起拔能力。总结以往的施工经验,并结合施工1500m长距离定向钻孔需要,根据初步选型计算确定的钻机给进力与起拔力均为250kN,可处理不十分严重的卡埋钻事故。

4) 钻机功率

根据钻机的设计转速、给进和起拔速度的要求及国内现有产品的情况,钻车选用进口液压泵A11VO190。其性能参数为:公称排量0~190mL/r,设定排量0~160mL/r,额定压力35MPa,额定转速2500r/min,结构型式为轴向柱塞泵,最大输出流量:

$$Q_{B1} = q_{B1} \cdot n \cdot \eta_{BV1} \times 10^{-3} \tag{2.3}$$

式中,q_{B1}为主泵的每转最大排量,$q_{B1}=160$mL/r;n为主泵的实际转速,$n=1480$r/min;η_{BV1}为主泵的容积效率,$\eta_{BV1}=0.95$,由式(2.3)得$Q_{B1}=224.9$L/min。

主泵的驱动功率按下式计算:

$$N_{B1} = \frac{P_1 \cdot Q_{B1}}{60 \cdot \eta_B} \tag{2.4}$$

式中,P_1为主泵系统的额定压力,$P_1=28$MPa;Q_{B1}为主泵的最大流量,Q_{B1}为224.9L/min;η_B为主泵的总效率,取$\eta_B=0.90$。由式(2.4)得$N_{B1}=116.6$kW。

钻机动力单元采用电动机直接驱动主泵,所需功率应为116kW以上。

确定钻机的功率是选择动力机的依据,也是计算各传动件尺寸及进行强度校核的依据。由于钻机在实际工作中极少同时出现泵的最高压力和最大排量的工况,根据钻探设备设计理论,结合现有的防爆电机的功率参数,选用YB315M-4矿用隔爆型电动机,其主要技术参数为:输出功率132kW,额定转速1480r/min。

5) 机身倾角调整范围

本章所提及的钻机主要用于施工煤矿井下中硬煤层和顶底板硬岩钻孔,综合现场使用需要,钻机角的调整范围设计为-10°~+20°,由于钻杆长度规格一般为3m,如果机身倾角过大则会受限于井下狭窄巷道空间,加接钻杆不方便,所以通过调整钻机主轴倾角并结合带弯孔底螺杆钻具造斜的方式进行钻孔倾角调整,可满足钻孔施工要求。

6) 主轴通孔直径

钻机的主轴通孔直径主要由配套钻杆的外径决定,钻杆直径和结构型式直接影响动力头与给进装置的尺寸及回转、起下钻具所需的功率。钻机主轴通孔设计为 Φ135mm，可以通过直径在 Φ73～127mm 的常规钻杆、中心通缆钻杆和打捞钻具等，更换不同规格的卡瓦可实现不同作业工况下夹紧钻具的需求，扩大钻具的使用规格，提高钻机处理孔内事故的能力。

主要结构设计以此作为基本参数，再根据钻机设计的相关计算方法及现有液压元件的技术资料，进行详细计算和适当调整，确定 ZDY12000LD 型定向钻机的主要技术参数见表 2.2。

表 2.2　ZDY12000LD 型定向钻机基本性能参数表

钻机部件		主要性能	参数
钻车	回转器	额定转矩/N·m	3000～12000
		额定转速/(r/min)	50～150
		回转额定压力/MPa	28
		主轴制动转矩/N·m	2000
		主轴通孔直径/mm	135
		配套钻杆直径/mm	73/89/102/127
	给进装置	主轴倾角/(°)	−10～20
		最大给进/起拔力/kN	250
		给进/起拔行程/mm	1200
		给进额定压力/MPa	21
	行走装置	行走速度/(km/h)	2.2
		爬坡能力/(°)	15
		接地比压/MPa	0.09
		额定压力/MPa	26
		额定流量/(L/min)	2×60
	液压泵站	电机额定功率/kW	132
		油箱容积/L	500
		Ⅰ泵额定压力/MPa	28
		Ⅱ泵额定压力/MPa	26
		Ⅲ泵额定压力/MPa	21
		Ⅰ泵额定流量/(L/min)	190
		Ⅱ泵额定流量/(L/min)	71
		Ⅲ泵额定流量/(L/min)	28
	整机	重量/kg	9000
		外形尺寸（长×宽×高）/mm	4200×1600×1900
泵车	泥浆泵	泥浆额定流量/(L/min)	390
		泥浆额定压力/MPa	12

续表

钻机部件		主要性能	参数
泵车	行走装置	行走速度/(km/h)	2.2
		爬坡能力/(°)	15
		接地比压/MPa	0.082
		额定压力/MPa	26
		额定流量/(L/min)	2×60
	液压泵站	电机额定功率/kW	110
		油箱容积/L	380
		额定压力/MPa	28
		泵额定流量/(L/min)	190
整机		重量/kg	5500
		外形尺寸（长×宽×高）/mm	3250×1300×1760

2. 钻机结构设计

ZDY12000LD 型定向钻机采用两体式布局结构设计，分为钻车和泵车两部分，采用履带驱动方式，将钻进操作单元和泥浆泵单元分别集成安装在两个履带车体平台上，分别具备独立行走功能。其中钻车单元（图 2.3）采用整体式结构，由主机、操纵台、泵站、履带车体、稳固装置、防爆计算机、踏板七部分组成。

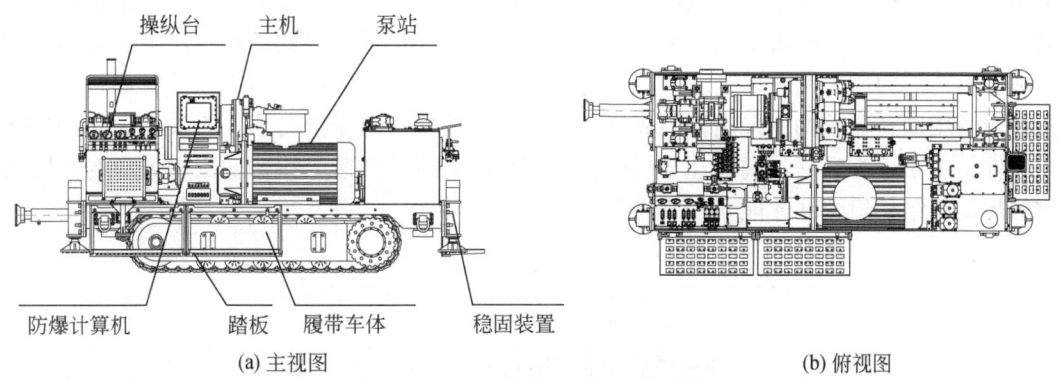

(a) 主视图　　　　　　　　　　　(b) 俯视图

图 2.3　ZDY12000LD 型定向钻机钻车

钻车的各部分之间用高压胶管和螺栓连接，结构紧凑，可靠性高。钻机的宽度尺寸设计到 1.6m 以内，结构紧凑，能够满足大多数煤矿运输和使用的实际要求。操纵台布置在钻机前端方便施钻人员随时观察孔口情况；钻机仰俯角可在较大范围内自动调整，满足急倾斜煤层顺层孔和穿层孔的施工要求；钻机主机给进行程达 1200mm，有效减少了钻进施工的辅助时间。钻机关键零部件采用模块化设计，提高钻机的可靠性和通用性，并结合现有系列化定向钻机的成熟结构进行创新设计。

ZDY12000LD 型钻车主机是完成钻进功能的主要载体，如图 2.4 所示，由回转器、给进装置、夹持器和调角装置四部分组成。

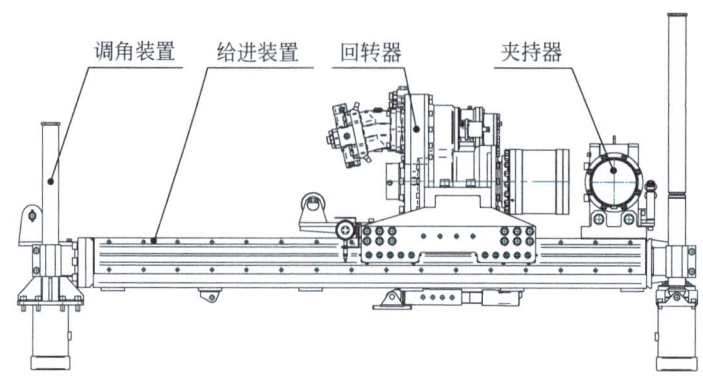

图 2.4 ZDY12000LD 型定向钻机主机

回转器安装在给进装置上，完成对钻具的抱紧和回转；给进装置通过前后两组立柱加横梁的结构固定连接在履带车体上，通过给进油缸实现起下钻功能；调角装置采用多级液压油缸直推式结构，两个多级液压油缸分别安装在前后两组立柱的中间，便于大角度的仰俯角调整，同时还可以实现钻机水平开孔高度的调节，操作方便；夹持器配合液压卡盘，可以实现拧卸钻杆和防掉钻功能。

1）回转器

回转器驱动钻具回转，是钻机的关键核心部件，如图 2.5 所示，首先用于夹持钻杆并将液压马达和给进装置输出的动力传递给钻杆，带动其回转和给进从而实现钻孔施工，其次用于配合夹持器拧卸钻杆。其回转转矩和转速是回转器的关键参数，反映了钻机的钻深能力和用途，结合中硬煤层大功率定向钻进施工需要，回转器应具备将液压马达输出的转速和转矩转换为适合钻进工艺要求的功能。考虑到煤矿井下的特殊施工条件，经过方案比较选用液压回转器结构，采用性能先进、可靠性高的斜轴式变量马达作为其能量转换的输入元件，由于该类型马达属高速小扭矩，要实现回转器的低速大扭矩输出，就应与大降速比的传动箱结构组合，才能实现其功能。

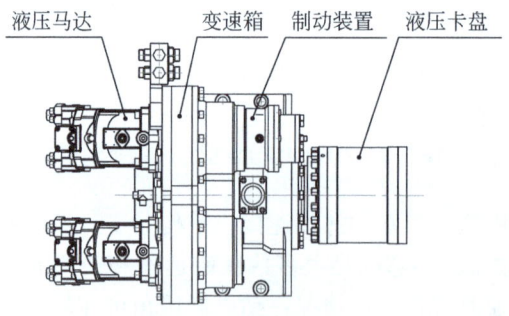

图 2.5 回转器结构图

为了使回转器有较理想的转速和转矩的调节范围，提高回转器输出转速的调节灵活性，设计中采用两组液控方式调节排量的 A6VM160HD1D 型变量马达，通过齿轮减速带动主轴和液压卡盘回转，利用变量马达调节排量使回转器实现转速和扭矩的大范围无级调速,有利于提高钻机的功率利用率。回转器由液压马达、变速箱、液压卡盘和主轴制动装置等组成。回转器的变速箱采用行星齿轮和圆柱斜齿轮两级减速结构对液压马达进行减速,并采用液控变量马达,实现对输出转矩和转速的大范围无级调节。回转器采用主轴通孔式结构,通孔直径设计为 Φ135mm,可以通过 Φ73mm、Φ89mm 中心通缆钻杆和 Φ102mm、Φ127mm 的打捞钻具。

a. 液压卡盘结构

液压卡盘是钻机回转器的重要部件,具体功能是在回转钻进及起下钻时夹紧钻杆随同回转器一起运动。卡盘的工作条件最为恶劣,既要能承受轴向载荷和回转转矩,又要频繁地开合动作,其额定扭矩参数应保证正常钻进和自动拧卸钻杆时所需要的扭矩,并且是正反两个方向均能承受。同时外界环境也非常恶劣,在实际钻进工作中,经常有各种岩屑或者煤渣堆积于此,其性能的好坏直接影响到钻机的正常使用。

胶筒式液压卡盘结构如图 2.6 所示,其工作原理是:高压油经主轴及卡盘后端盖上的小孔进入胶筒外侧的密封腔中,胶筒中部受到径向的压力而收缩,迫使卡瓦组向中心移动而夹紧钻杆。回油时,卡瓦组在弹簧的作用下,自动复位而松开钻杆。在胶筒的中部设有支撑环,它顶住胶筒外缘形成高压油腔的密封,并限制其变形的范围。滑板的作用是防止胶筒挤入卡瓦体之间。这种卡盘的特点是:没有增力机构,机械效率高;不用轴承,结构紧凑,外形尺寸及重量小,转动惯量小;承受油压的面积大,因而卡紧力大;夹持范围大,可自动对中,当卡瓦和钻杆受到一定磨损后,夹紧力不受影响。

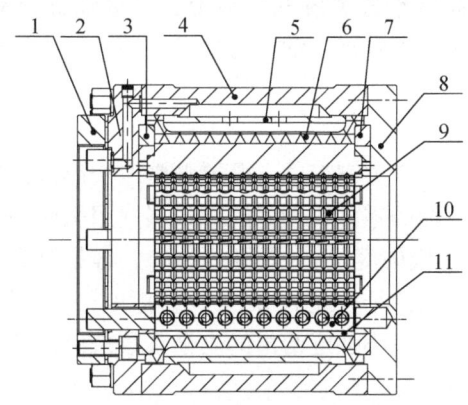

图 2.6 胶筒式液压卡盘结构图

1. 传拉盘;2. 后盖;3. 端压环;4. 卡盘体;5. 支撑环;
6. 胶筒;7. 传扭盘;8. 前盖;9. 卡瓦;10. 弹簧;11. 滑板

b. 卡盘夹紧能力计算

液压卡盘夹紧力包括径向夹紧力和轴向夹紧力,液压卡盘兼顾机械拧卸钻具功能,因此还需要进行卡盘传递扭矩能力的计算。

(1) 径向夹紧力:

$$F' = \pi D L p_{max} - 4\sqrt{2} F_i Z \tag{2.5}$$

式中,D 为胶套受压直径,$D=230$mm;L 为胶套受压宽度,$L=187$mm;p_{max} 为液压系统作用于胶筒的最大工作压力,$p_{max}=26$MPa;F_i 为每个弹簧的最大复位力,$F_i=542$N;Z 为每组复位弹簧的个数，$Z=10$。由式（2.5）得，$F'=3480.6\text{kN}$。

（2）轴向夹紧力：

$$F=f\cdot F' \tag{2.6}$$

式中，f 为卡瓦与钻杆的摩擦系数，卡盘卡瓦作用于钻杆表面单位面积上的压力（350~400N/mm²）小于钻杆材料的屈服极限（850~950N/mm²），可取 $f=0.15$。

由式（2.6）得，$F=522.09\text{kN}$，轴向夹紧力大于钻机的提升能力，能可靠地夹紧钻杆。

（3）卡盘传递扭矩能力的计算：

$$M=F\cdot\frac{d}{2} \tag{2.7}$$

式中，d 为钻杆直径，$d=89\text{mm}$。

由式（2.7）得，$M=23233\text{N}\cdot\text{m}$，卡盘传递扭矩大于回转器的最大输出扭矩，可保证正常工作。

此外，回转器的设计应妥善处理润滑与密封问题，因采用全液驱动，可以重点强化密封和防尘措施，进一步确保在大扭矩输出下的工作可靠性。

液压卡盘为油压夹紧、弹簧松开的胶筒式结构，压力油经箱体上的滤油器和主轴配油装置油道进入卡盘体，配油装置的泄漏油通过变速箱后经回油滤油器回到油箱。

为了使钻机具备实施定向钻进技术的功能，在钻机回转器的第一传动轴上设计了钻杆制动抱紧装置，当采用螺杆钻具实现定向钻进工艺时，可通过抱紧装置将主轴有效抱紧。回转器采用卡槽式连接安装在给进装置的拖板上，给进油缸带动拖板沿机身导轨往复运动，实现钻具的给进或起拔。回转器主轴为通孔式结构，使用钻杆的长度不受钻机给进行程的限制。

c. 胶筒

胶筒是胶筒式卡盘中的一个关键零件，既要频繁地变形以传递径向力，又要起密封作用，因此也是卡盘中容易损坏的零件。胶筒的材料多选用优质的丁腈耐油橡胶，邵氏硬度控制在 70~75HA（HA 为邵氏硬度），太硬则弹性差，容易撕裂，太软则容易挤入端面间隙中，使胶筒过早损坏。胶筒的结构型式和尺寸直接决定了整个卡盘的整体结构和尺寸，胶筒的设计都是以最大载荷、最小强度给出的安全系数来保证结构的可靠性。

d. 制动装置及仿真分析

制动装置的功能是克服螺杆钻具钻进时的反扭矩，应能在 360°范围内的任意点锁定钻杆柱，使螺杆钻具在钻进过程中的工具面向角不发生变化，以适应钻进各种方向钻孔的需要。结构性能优良的制动装置可保证定向钻孔施工的顺利实施以及定向钻孔的控制精度，对制动装置具体要求如下：

（1）夹紧后的同心度好，夹紧机构应具有自锁性能；
（2）夹紧时，有足够的、始终保持不变的夹持力；
（3）定向制动装置的夹紧动作应迅速有力，松开动作应完全彻底；
（4）夹持力分布均匀，夹紧时不应损伤轴表面；
（5）结构紧凑简单，外形尺寸小，使用安全，操作方便。

制动装置是钻机实施定向钻进工艺时的重要装置，采用湿式摩擦盘式常开式结构，通过主动摩擦片与被动摩擦片的相互挤压实现主轴的制动功能。制动装置的结构如图 2.7 所示。其基本工作原理是：压力油进入油缸腔内，推动活塞杆移动，压盘在活塞杆的推动下挤压主动摩擦片，使主动摩擦片与被动摩擦片相互接触，直到夹紧，从而使拨盘无法转动，实现主轴制动的目的。压力油卸去后，在弹簧力的作用下，活塞杆反向移动，压盘不受挤压，在油膜的作用下，主动摩擦片与被动摩擦片自然分开，从而松开心轴，并保持常开状态。

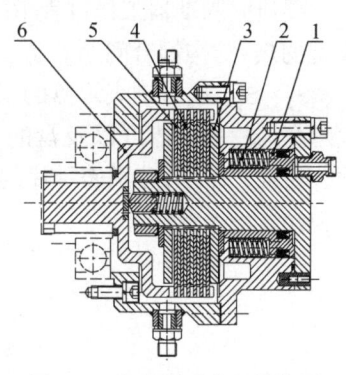

图 2.7　定向制动装置结构图
1. 活塞杆；2. 弹簧；3. 压盘；
4. 被动摩擦片；5. 主动摩擦片；
6. 拨盘

相比斜面增力机构式制动装置的结构型式，摩擦盘式制动装置具有体积小制动力矩大，性能更加可靠的优点。此类型制动装置利用轴向压力使圆盘表面压紧，实现制动，属于停止式制动器，其制动轴不受弯矩，结构紧凑，径向尺寸小，制动性能稳定。制动装置摩擦盘要求在很高的剪力和温度条件下工作，能够吸收动能并将动能转化为摩擦内能，因此，其工作温度和温升速度是影响性能的重要因素。摩擦面温度过高时，摩擦系数会降低，不能保持稳定的制动转矩，并加速摩擦元件的磨损，严重情况下影响钻机的定向效果。

制动装置制动过程中的温度场/应力场的变化规律对制动性能有很大影响，摩擦热导致摩擦材料发生热降解、黏结剂气化，摩擦系数发生变化，制动性能降低，出现热衰退现象；也使金属对偶件发生局部材料的相变与热变形，出现局部热点。局部热点的出现导致制动压力不均匀分布的进一步发展，这反过来又促进局部温度进一步升高，使制动器出现热弹性不稳定现象。由于摩擦热的产生与接触压力的大小直接相关，而温度分布的不均匀性导致物体的热变形差异又直接影响接触状态或接触压力，接触状态的改变反过来影响摩擦热流输入强度，因此，制动装置的热问题属于应力场与温度场耦合问题。

基于盘式制动器的结构特点，使用有限元软件对非线性有限元多物理场方法，在充分考虑移动热源且速度可变效应影响、摩擦片之间摩擦界面间热流耦合的基础上，根据摩擦片的实际几何尺寸（图 2.8），建立制动工况下三维瞬态热-结构耦合的计算模型，对制动器工作过程中的温度场及应力场进行数值模拟，揭示制动过程中制动盘瞬态温度场/应力场的分布规律，为制动装置结构设计及选择摩擦副材料提供重要理论依据。

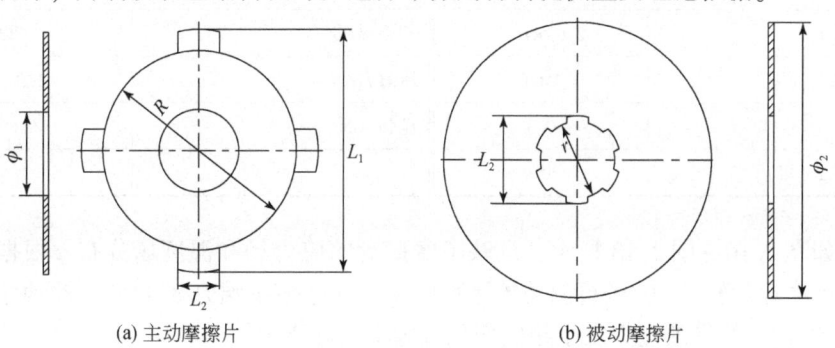

(a) 主动摩擦片　　　　　　(b) 被动摩擦片

图 2.8　摩擦片尺寸图

要研究制动器工作过程中的温度场，必须建立摩擦生热模型，而摩擦生热问题是一种典型的热-结构耦合问题。制动器热传导的有限元计算模型简图如图2.9所示。图2.9中S_1、S_2、S_3、S_4分别表示盘的工作表面、中心平面、外圆侧面以及内圆侧面，d_1、d_2分别表示盘与片的总厚度以及盘的一半厚度，A_1、A_2、A_3分别表示片的摩擦工作表面、侧表面、背面，r_1、r_2分别表示片的内、外半径，r_3、r_4分别表示盘的内、外圆半径，θ为摩擦片包角。

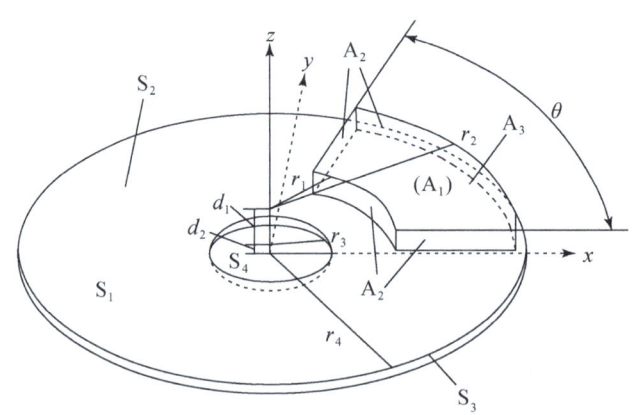

图2.9　制动器热传导的有限元计算模型简图

利用非线性有限元程序模拟主动及被动摩擦片的温度分布、热变形和接触应力，考虑初始应力场对温度场的影响，并考虑因温度场分布不均匀而导致接触应力场发生的变化，且对盘片之间的热流分配采用理论分析来确定。目的是分析制动盘瞬时温度场的分布特征及制动盘工作面的应力循环历程，在建模中将被动摩擦片视为固定不动，对含一个摩擦面的制动盘半盘上的60°扇形区域进行瞬态传热分析。有限元模型的材料参数见表2.3，共采用了20750个单元和33280个节点，选用八节点六面体单元进行计算。

表2.3　计算材料参数表

参数	数值	参数	数值
密度/kg·m³	7850	摩擦系数（20℃时）	0.37
热传导系数/[W/(m·K)]	48	摩擦系数（100℃时）	0.38
弹性模量/Pa	2.09×10^{11}	初始温度/℃	20
热膨胀系数/(1/℃)	1.1×10^{-5}	压紧力/N	1.3×10^4
泊松比	0.3	压强/(N/cm²)	89
比热/[J/(kg·℃)]	452		

结果如图2.10~图2.13所示，反映了摩擦盘的应力场和温度场分布。根据分析结果可知，主动摩擦片转动60°进行制动的过程中，主动摩擦盘温升8.43℃，被动摩擦盘温升11.72℃，所产生的等效应力发生相应变化且远不到许用值。

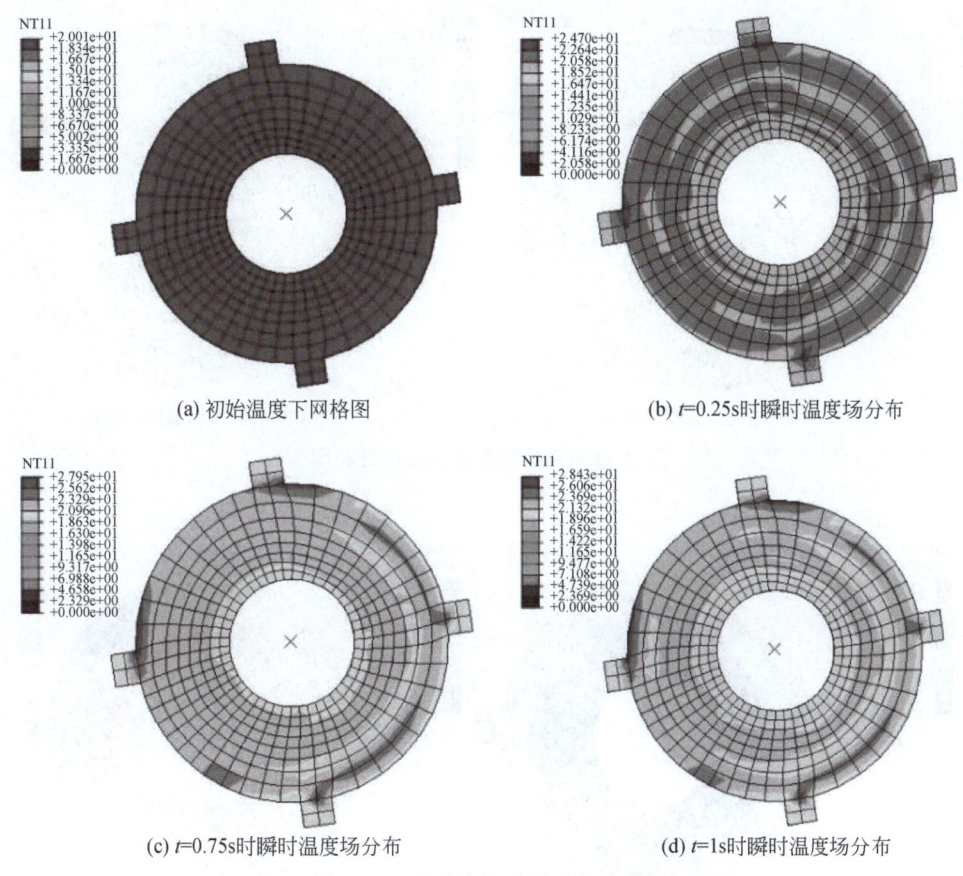

(a) 初始温度下网格图　　(b) t=0.25s时瞬时温度场分布

(c) t=0.75s时瞬时温度场分布　　(d) t=1s时瞬时温度场分布

图2.10　主动摩擦片温度场分布图

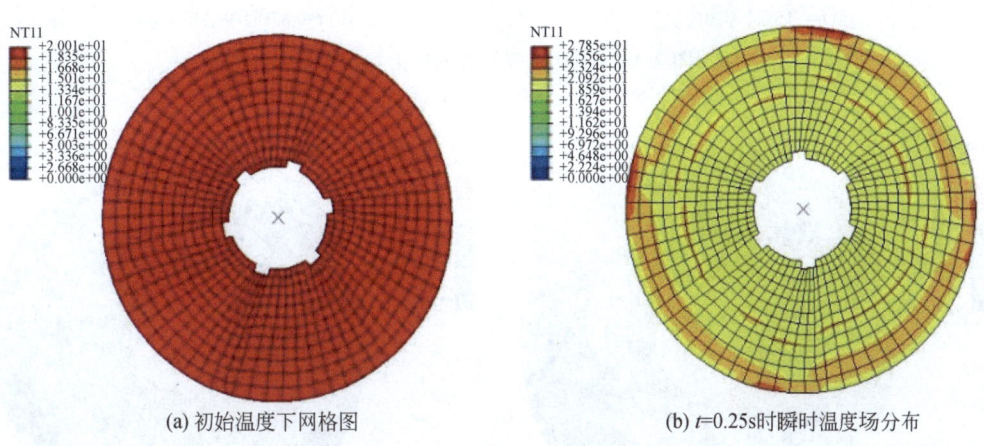

(a) 初始温度下网格图　　(b) t=0.25s时瞬时温度场分布

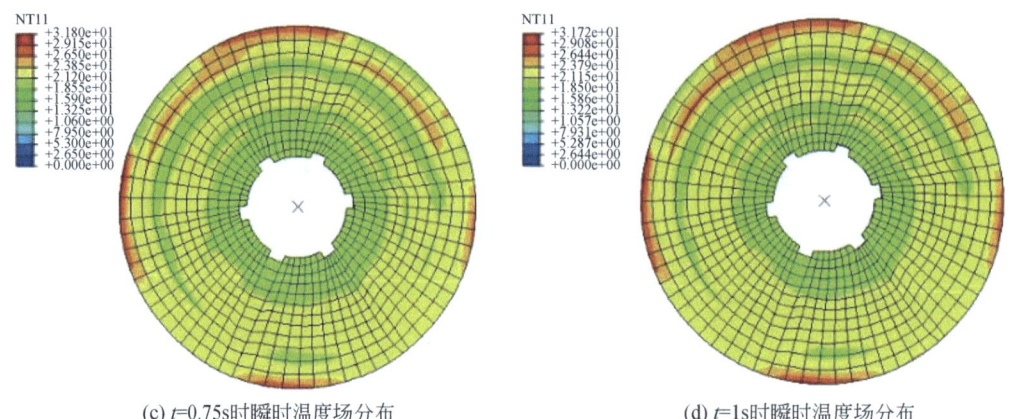

(c) $t=0.75s$时瞬时温度场分布　　　　　　(d) $t=1s$时瞬时温度场分布

图 2.11　被动摩擦片温度场分布图

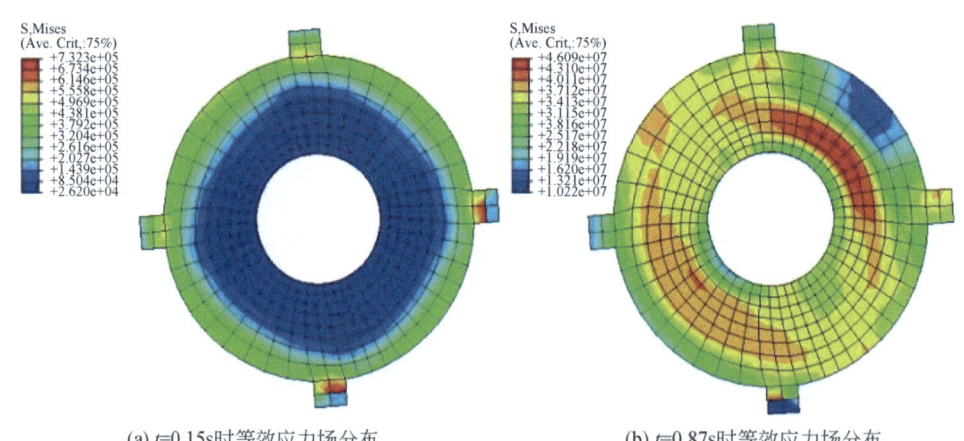

(a) $t=0.15s$时等效应力场分布　　　　　　(b) $t=0.87s$时等效应力场分布

图 2.12　主动摩擦片等效应力场分布图

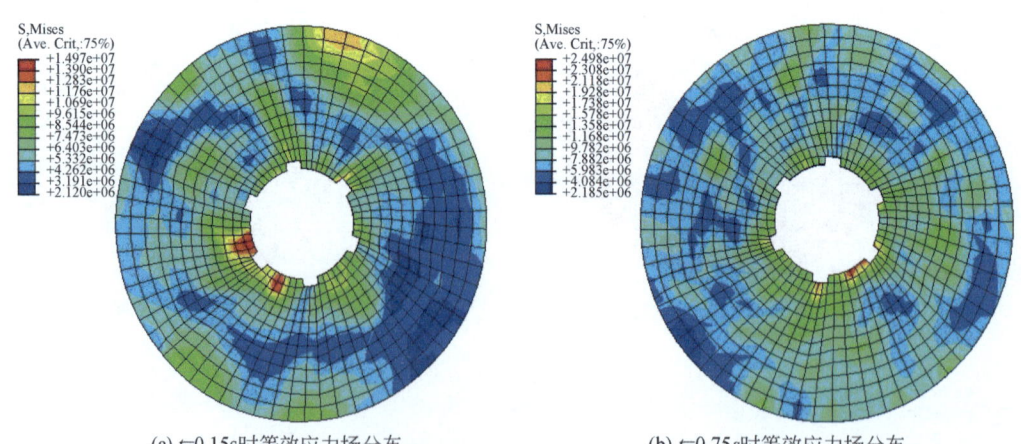

(a) $t=0.15s$时等效应力场分布　　　　　　(b) $t=0.75s$时等效应力场分布

图 2.13　被动摩擦片等效应力场分布图

通过了解制动过程中盘体的最高温度和温度分布,以及制动过程中不同时刻的热应力分布,为制动装置结构设计及选择摩擦副材提供了理论依据。最终,选用10对摩擦盘,摩擦盘材料为15#淬火钢,硬度56~62HRC(HRC为洛氏硬度),其许用压强60~100N/cm², 摩擦系数0.05~0.10,许用温度<120℃,特点是贴合紧密,耐磨性好,导热性好,热变形小,可以判定制动装置的设计性能可靠。

制动过程中,制动盘的温度/应力场之间存在耦合关系,制动盘中应力最大值并非出现在温度梯度最大或温度值最大的时刻,这是由于热应力的产生既与温度梯度有关,也与温度值有关,这为摩擦盘热结构耦合研究奠定了基础。

2)给进装置

动力头式钻机给进装置的类型有多种,不同类型的给进机构具有不同的结构特点、工作性能和适用范围。

钻机的给进装置除了具有可以实现回转器的往复移动、承载回转转矩,完成起、下钻具工序,回转钻进工序以及在钻进过程中控制孔底压力以满足钻头连续破岩的要求等基本功能外,还要在出现孔内事故时能进行强力起拔。给进装置结构型式直接决定钻机的给进性能参数并影响钻机的重量,而起、下钻具的效率是影响现场钻孔施工的主要因素之一,因此对于给进装置而言,在有限机身长度内增大给进行程或提高给进速度是一种行之有效的设计方案。根据钻机定位深孔定向钻进施工需要,给进装备要求结构简单,性能可靠,给进、起拔能力大,为此钻机给进装置采用油缸直接给进型式,并采用1200mm长行程结构。

a. 给进装置结构设计

给进装置由给进机身、给进油缸、V形块、调整螺栓、托板、竖板等零部件组成,如图2.14所示。为了减小给进装置的结构尺寸,并使其具备250kN输出能力,采用两根双杆双作用油缸设计,活塞杆两端固定在机身的前后两端,通过连接螺栓将V形块、托板和竖板连接一起,两根并列双杆双作用给进油缸带动拖板和回转器沿机身导轨移动,改善了缸筒的导向性,延长了油缸的使用寿命。给进机身通过经折弯一定角度的钢板焊接而成,整体钢性好,可靠性高。给进机身导轨创新设计为V形,较之以往卡槽式导轨,摩擦力小且通过调整螺栓自动补偿由于使用磨损产生的间隙,装配维护方便,并可单独拆卸竖板更换动力头,给生产使用和更换部件带来了很大的便捷。油缸活塞杆固定在机身两端的挡板上,后挡板与支撑座有机融为一体,有效地利用机身的长度和宽度,并增加了机身的刚度。

b. 给进装置的计算

① 油缸工作时的最大负荷

以 Φ89mm 钻杆在倾角-10°钻进孔深1500m时的负荷计算:

$$G = K \cdot H \cdot q \cdot g \cdot (f\cos10° + \sin10°) \tag{2.8}$$

式中,H 为钻孔深度,m,$H=1500$m;q 为每米钻杆质量,kg/m,$q=25.73$kg/m;g 为重力加速度,$g=9.8$m/s²;K 为卡钻系数,取 $K=1.5$;f 为钻杆与钻孔孔壁之间的摩擦系数,取 $f=0.3$。由式(2.8)得,$G=266.1$kN。

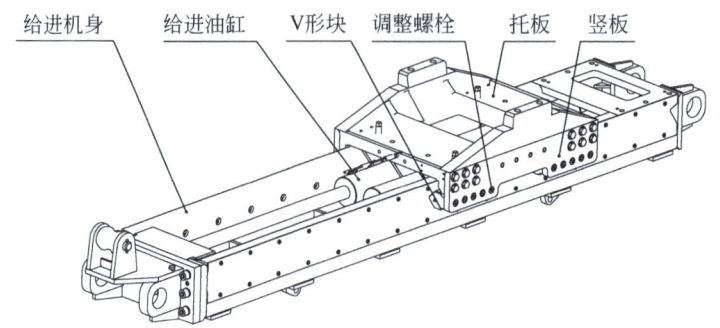

图 2.14 给进装置结构图

② 油缸的提升能力

$$F = 2P_{max} \cdot \frac{\pi}{4}(D^2 - d^2) \quad (2.9)$$

式中，P_{max} 为油缸最大工作压力，$P_{max} = 28\text{MPa}$；D 为油缸内径，m，$D = 0.11\text{m}$；d 为活塞杆直径，m，$d = 0.055\text{m}$。由式（2.9）得，$F = 299\text{kN}$。$F > G$，可以满足起拔钻具的要求。

由于给进起拔液压系统的背压及回转器的质量比较大，拧卸钻杆容易造成钻杆丝扣的拉伤和挤坏，针对这一问题，在设计拧卸钻杆油缸主动浮动液压回路基础上，设计了回转器拖板与油缸机械浮动式连接结构（图 2.15），即拖板与油缸的安装面留有一定的间隙 L（约 10mm），使钻杆在拧卸丝扣时，仅克服回转器的浮动移动阻力，从而有效地避免钻杆被拉伤和损坏，提高钻杆的使用寿命。

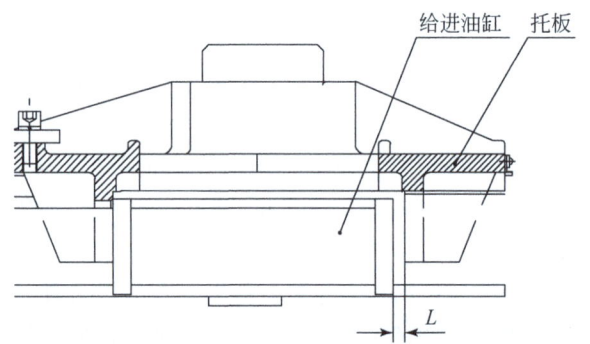

图 2.15 拖板与油缸浮动式连接结构图

c. 拖板设计及仿真分析

（1）托板受力分析

拖板是钻机给进装置中的重要部件，主要将给进油缸的给进、起拔力传递给安装在其上的动力头，并克服动力头的反转扭矩，沿给进机身上的导轨前后运动。拖板的优化设计具有提高钻机的给进效率和保护钻机导轨的作用，并可在保证强度的前提下尽量减少体积质量和对薄弱环节进行强化设计。

结合钻机的实际钻探工艺，近水平定向钻孔施工时，托板受力最恶劣情况发生在钻孔发生埋钻或卡钻事故需要强力起拔的情况下，由于钻机同时满足回转钻进需求，在考虑托板受力最恶劣情况时增加了钻机的最大转矩，其受力情况如图 2.16 所示。

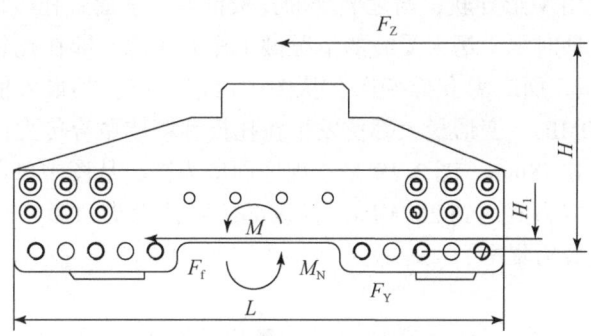

图 2.16 钻机起拔时受力示意图

F_Z 为钻具对托板的反作用力;F_f 为滑块与 V 形导轨间摩擦力;F_Y 为油缸对托板作用力;H 为主轴中心到滑块的距离;H_1 为滑块到油缸中心;L 为托板长度;M 为滑块对托板的力矩;M_N 为钻机最大转矩

由图 2.16 可知,H_1 越小则对附在托板上的附加扭矩越小,本结构可忽略不计。通过计算,V 形导轨和滑块间的摩擦力约为 15kN;结合钻进工艺,给进机身的最大起拔力为 250kN;主轴中心到滑块的距离 H 为 367mm,由于起拔力和钻具反作用力引起的力矩 M,此处不专门进行计算,在有限元仿真分析时,对模型进行简化并附加相应的约束条件则可体现到托板力学分析结果中。

(2)托板有限元计算模型建立及仿真分析

运用三维设计软件的拉伸、旋转、扫描等特征创建方式建立拖板的三维实体模型。在建模过程中,充分利用各零部件之间的位置关系和连接关系,选择合适的草绘平面、参照平面及特征的生成方式,即通过合理地设定各零件之间的父子关系,可以尽量减少部件上的定位尺寸,提高设计效率。根据对托板在实际施工时的受力分析,提取出如图 2.17 所示的托板简化模型,省略了滑块、连接螺栓和销轴等零件,保留托板和竖板,通过合适的耦合约束使之传递力及扭矩。

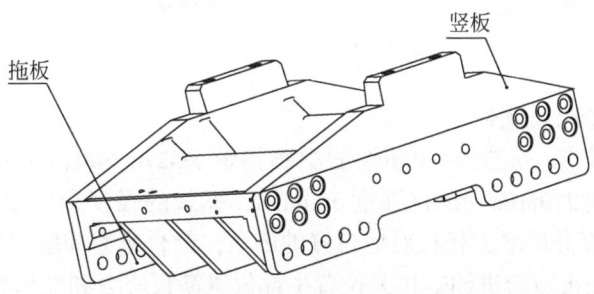

图 2.17 托板简化模型

将简化后的托板模型转化为中性文件格式,导入有限元分析软件中,托板和竖板通过施加耦合作用,来替代和简化连接螺栓和销轴的作用。根据结构所用的材料,在材料定义中密度为 $7.8 \times 10^{-9} T/mm^3$,材料的弹性模量和泊松比分别取 2.06GPa 和 0.3,对实体模型进行网格划分,选择选择单元类型为隐式线性三维应力减缩积分 C3D8R 并检验网格划分的质量。

钻机给进装置使用V形导轨,与之装配的托板借鉴了卡套式托板设计的经验,对托板在发生卡钻等事故处理时承受最大受载的情况做了充分考虑,即在托板起拔端做了加强筋设计。图2.18是托板正面应力和应变图,从图中可以看出,其最大值为85MPa,只有极小部分的应力超过80MPa;变形最大部位发生在托板和箱体贴合传力面最下端和托板后端的筋板中部,最大值0.18mm。图2.19是托板底面应力图,从图中可以看出,只有少数筋板底部和开口边缘处应力值达到260MPa,且该部位对托板受力影响较小,可通过增大相应位置的倒角来消除应力集中。

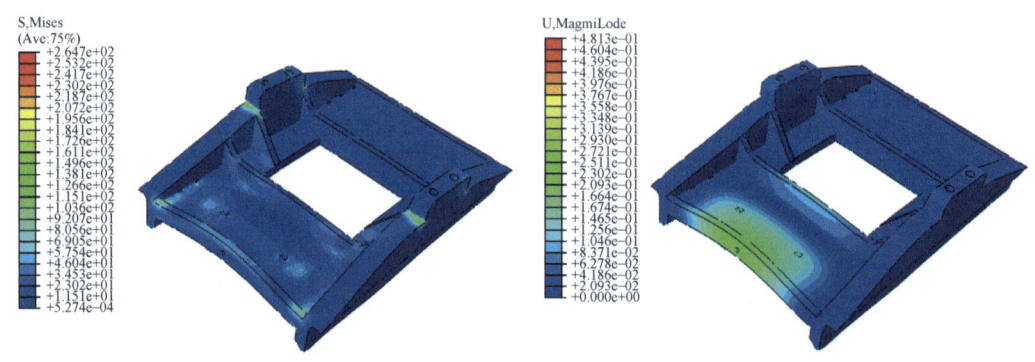

图2.18 托板正面应力和应变图

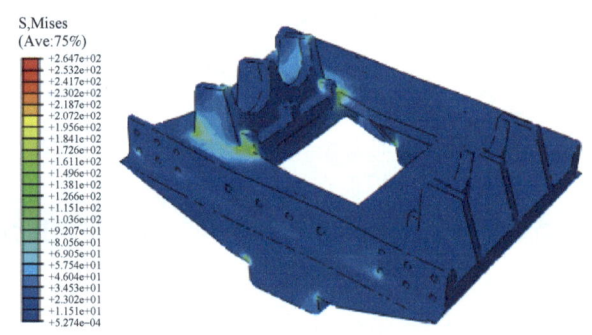

图2.19 托板底面应力图

(3)仿真分析结果及优化

托板材料选用具有一定韧性和塑性的中碳铸钢ZG270-500,切屑性良好,焊接性尚可,其许用抗拉强度270MPa,抗拉强度500MPa,托板的强度和应变完全满足设计需求。超过80MPa的应力部分可增大托板对应位置的倒角,结合应力和应变分析,对拖板进行进一步轻量化设计。托板与给进油缸接触位置中部位置筋板应力和变形较小,对实际工况影响较弱;可在托板后上部两筋板间加一筋板,形成一个工字形筋板,在保证安全可靠性的同时有效保护给进起拔双作用油缸的密封性。

3)夹持器

夹持器作为一种孔口装置,是钻机的重要部件,需要在起下钻、拧卸钻杆以及处理孔内事故时全部承载孔内钻具的重力和钻具的反扭矩,其工作的可靠性及夹持动作的灵敏性，直接决定钻探辅助工序的安全和效率。液压夹持器与液压卡盘配合实现机械拧、卸钻杆。夹持器固定在给进装置机身的前端，液压夹持器因其具有使用安全方便、夹紧力大而且可调等特点被广泛采用。

a. 夹持器的结构

承载类型是夹持器设计的基础，由于该钻机可以大角度调角，因此其承载由钻具的重量和扭矩及反扭矩两种负载类型承担。液压夹持器采用弹簧夹紧、油压松开的常闭结构型式，出于安全考虑，夹持器一般采用常闭式结构。普通常闭式夹持器的结构也有增力型和直接型两大类。增力型的工作可靠，弹簧尺寸小，松开卡瓦时的初始压力低，有利于实现联动和提高液压系统效率，但卡瓦磨损对夹持力的影响很大，且因通孔较小需整体侧翻让开孔口。直接型的夹紧力完全取决于弹簧的张力。为确保在卸钻杆时将钻杆夹死，就要求弹簧张力很大，相应地松开卡瓦所需的初始压力值也高。为实现液压联动，必须利用背压造成较大的假负荷，因而也就降低了液压系统的效率。增大油缸的作用面积，也可降低初始压力，但这会使夹持器的尺寸和重量增加。

为合理地解决上述矛盾，钻机采用复合式液压夹持器结构，即在碟形弹簧夹紧、油压松开的常闭式结构基础上增加夹持副油缸。同时为了解决定向钻进施工时粗径钻具和螺杆钻具的装卸问题，特别设计了如图2.20所示的顶部开放式大通孔复合式夹持器。

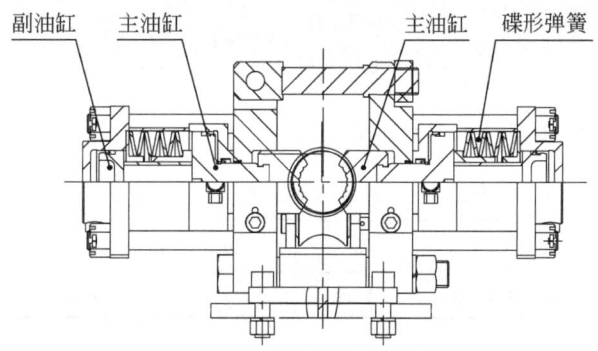

图2.20 顶部开放式大通孔复合式夹持器结构图

b. 夹持器的工作原理

夹持器采用复合夹紧方式，工作原理是由碟形弹簧夹紧，副油缸增力夹持，主油缸打开的复合夹紧方式，即自然状态下靠碟簧组夹紧钻具，主油缸进入高压油可以打开夹持器，副油缸进入高压油实现强力夹紧钻具。设计计算时按机身在最大倾角时钻杆在自重作用下不下滑的条件确定弹簧的张力，以使用小规格的弹簧。为保证卸钻杆时夹死钻杆，在夹持器上再设一个副油缸，当回转器反转时，有压力油进入副油缸产生一个附加推力，使夹紧力为碟形弹簧的张力和副油缸的推力之和，即能可靠地夹紧钻杆。松开夹持器时，副油缸已卸压，主油缸的推力只需克服碟形弹簧的张力即可，所以液压夹持器的开启压力低，有利于液压系统的压力协调，提高液压系统的效率。

c. 夹持器的设计计算

下面就夹持器的设计计算过程进行详细介绍。

(1) 碟形弹簧的作用力

$$P = \frac{4E}{1-\mu^2} \cdot \frac{t^4}{K_1 \cdot D^2} \cdot K_4^2 \cdot \frac{f}{t} \cdot \left[K_4^2 \cdot \left(\frac{h_0}{t} - \frac{f}{t}\right)\left(\frac{h_0}{t} - \frac{f}{2t}\right) + 1 \right] \quad (2.10)$$

式中,μ 为材料泊松比,$\mu = 0.3$;f 为碟形弹簧变形量,碟形弹簧的预压变形量 $f_1 = 0.83\text{mm}$,工作点的变形量 $f_2 = 1.67\text{mm}$,最大变形量 $f_3 = 2.33\text{mm}$;E 为材料弹性模量,$E = 2.06 \times 10^5 \text{N/mm}^2$。

式 (2.10) 中计算系数:

$$K_1 = \frac{1}{\pi} \cdot \frac{\left(\frac{C-1}{C}\right)^2}{\frac{C+1}{C-1} - \frac{2}{\ln C}}, \quad K_4 = \sqrt{-\frac{C_1}{2} + \sqrt{\left(\frac{C_1}{2}\right)^2 + C_2}} \quad (2.11)$$

式中,

$$C = \frac{D}{d} = 1.95$$

$$C_1 = \frac{\left(\frac{t'}{t}\right)^2}{\left(\frac{1}{4} \cdot \frac{H_0}{t} - \frac{t'}{t} + \frac{3}{4}\right)\left(\frac{5}{8} \cdot \frac{H_0}{t} - \frac{t'}{t} + \frac{3}{8}\right)} = 21.49$$

$$C_2 = \frac{C_1}{\left(\frac{t'}{t}\right)^3} \left[\frac{5}{32}\left(\frac{H_0}{t} - 1\right)^2 + 1\right] = 26.37$$

夹持器选用的碟形弹簧基本参数见表 2.4。

表 2.4 夹持器选用的碟形弹簧参数表

D	d	t (t')	h_0	H	$P_{f=0.7h_0}$	$f_{f=0.75h_0}$	σ_{II} 或 σ_{III}
160mm	82mm	10 (9.4) mm	3.5mm	13.5mm	139kN	2.625	1340N/mm²

根据上述公式计算:$K_1 = 0.684$,$K_4 = 1.079$。

从而可以得到:碟形弹簧的预压变形量 $f_1 = 0.83\text{mm}$,$\sigma_{\min} = \sigma_{\text{III}1} = 445.57 \text{N/mm}^2$;工作点的变形量 $f_2 = 1.67\text{mm}$,$\sigma_{\text{III}2} = 863.85 \text{N/mm}^2$;最大变形量 $f_3 = 2.33\text{mm}$,$\sigma_{\max} = \sigma_{\text{III}3} = 1169.5 \text{N/mm}^2$,根据碟形弹簧的疲劳应力,可以查得对应的弹簧使用寿命应为 $N = 10^5$,基本满足使用要求。

单片碟形弹簧的变形量:$f' = 2.33 - 0.83 = 1.5\text{mm}$,碟簧采用对合组合形式,$n = 7$。单边变形量:$S = f' \cdot n = 1.5 \times 7 = 10.5\text{mm}$,即夹持器的开口范围为 21mm。

ZDY12000LD 定向钻机钻孔倾角范围为 $-10° \sim 20°$,所需夹紧力为 F_1:

$$F_1 = G \cdot \sin 20° / (2 \cdot f) \quad (2.12)$$

式中,G 为钻杆的重量,$G = 252.2\text{kN}$;钻杆与孔壁摩擦系数为 0.5;f 为夹持器卡瓦与钻杆间的摩擦系数,由于夹持器卡瓦作用于钻杆表面单位面积的压力(1050~1100N/mm²)大于钻杆材料的屈服极限,可取 $f = 0.3$。

由式 (2.12) 可得:$F_1 = 71.87\text{kN} < P_2 = 91.7\text{kN}$,可以保证夹持器在钻机工作时有效地

夹紧钻杆。

(2) 夹持器反扭矩能力

夹持器除了夹持钻具，还需要配合液压卡盘实现机械拧卸钻具使用需要，为此还需要校核其反扭矩能力，计算公式如下：

$$F_1 = G \cdot \sin 20° / (2 \cdot f) \tag{2.13}$$

式中，M 为钻机的最大输出扭矩，$M = 12000\text{N} \cdot \text{m}$；$d$ 为钻杆直径，$d = 89\text{mm}$；f 为夹持器卡瓦与钻杆间的摩擦系数，$f = 0.3$。

在拧卸钻具时，夹持器的副油缸和碟形弹簧同时工作，其最大夹紧力：

$$F = \frac{\pi \cdot D_2^2}{4} \cdot p_{\max} - \frac{\pi \cdot D_1^2}{4} \cdot p_0 + P_2 \tag{2.14}$$

式中，D_1、D_2 为夹持器主、副油缸活塞直径，$D_1 = D_2 = 160\text{mm}$；$p_{\max}$ 为夹持器主、副油缸的最大工作压力，$p_{\max} = 28\text{MPa}$。p_0 为系统背压，$p_0 = 0.3 \sim 0.5\text{MPa}$，取 $p_0 = 0.5\text{MPa}$；P_2 为碟形弹簧工作点的作用力，$P_2 = 91.7\text{kN}$。

由式（2.14）可得：$F = 624.2\text{kN} \geqslant F_2$，故在反转卸扣时，可满足夹紧要求。

夹持器采用顶部开放式两边对称布置形式，松开螺栓可以翻开上拉杆，实现夹持器顶部开放，可以直接通过粗径钻具。同时，夹持器可以在底座上左右浮动，实现自动对中。夹持器底板上设计了与夹持器通孔同心的铜质定位拖轮，保证夹持器开口增大钻进时对钻具有导向作用。利用钻机可进行机械化拧卸钻杆操作，可以缩短辅助时间，提高钻进效率，减轻工人劳动强度。

4) 调角装置

为了使钻机具有较高的工艺适应性，拓宽钻机在煤矿井下钻探施工范围，钻机需具备较大的机身倾角调节范围，且可以实现正负角度灵活调整，不需要借助其他辅助装置。另外受操作舒适性的限制，钻机的中心开孔高度不宜过高，考虑到上述因素，钻机的调角装置设计为双支点双油缸直接对顶的调节方式，调角装置主要由两个调角多级油缸、横梁、立柱、中撑杆和斜撑等部件组成。结构如图 2.21 所示。

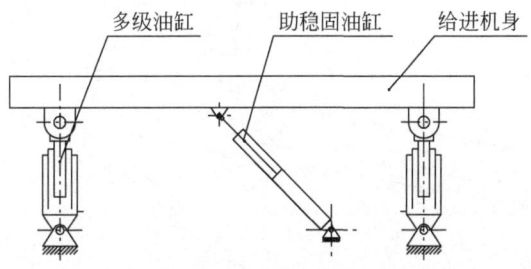

图 2.21 调角装置结构图

调角装置前后支撑部分主要由后立柱和前立柱组成，后立柱与履带车体之间通过多组螺栓固定式连接，前立柱通过销轴与支座铰接连接。两个多级油缸分别通过铰接的方式固定在给进机身前后横梁上，位于给进机身后方的多级调角油缸向上推动可实现调俯角操作；位于给进机身前方的多级调角油缸向上推动可实现调仰角操作。调整完机身倾角后，辅助稳固油缸可对机身进行辅助支撑，使其更加可靠。多级调角油缸采用大行程结构，能实现给进机身较大调角范围。该调角装置的特点是正负调角范围大，简单可靠，同时该调角装置还能实现双油缸的同时动作，完成对钻机水平开孔高度的快速调节。

立柱通过螺栓竖直固定在车体上，没有自由度。松开横梁夹头体上的螺栓，机身前端的横梁通过夹头体可沿立柱竖直上下方向调整，撑杆铰接在车体上，可以围绕销轴旋转，机身后端的横梁通过夹头体可沿立柱轴向方向调整，因此，通过前后两个多级油缸，机身前后可以自由上下调整，实现了机身的大角度调整，钻机的调角过程快捷、可靠、省力，可以缩短钻探辅助时间，减轻劳动强度。

由于 ZDY12000LD 型定向钻机定位为深孔钻机，具备施工 1500m 定向长钻孔的能力，同时必须具备处理孔内事故的能力，因而要求回转器具有大输出扭矩，给进装置具有大给进力，回转器输出 12000N·m 扭矩和给进装置输出 250kN 给进/起拔力直接施加到钻机调角装置上。因此，对于立柱和横梁组成的部件进行 CAE（computer aided engineering）分析十分必要。在设计阶段借助计算机辅助设计建立虚拟模型，再现模型的真实自由度，分析调角装置的实际调整角度和运动模拟；对结构强度至关重要的立柱，通过 CAE 仿真分析了调角装置在极限状态下的应力和应变情况。

后立柱为固定式连接结构，钻机施工过程中，给进装置的给进力、起拔力通过给进机身主要作用到后立柱上，导致其成为钻机关键受力部件。

图 2.22 所示为钻机呈 φ 角度调角姿态时的状态，此时，假设钻机处于最大外负载作用条件，分别受到 12000N·m 扭矩和 250kN 的最大轴向力作用。钻机的施工角度为 φ，极限工况之一为液压卡盘夹紧孔内钻具，同时克服反扭矩以最大起拔力进行强力起拔。若对全部关键机构或部件组成的模型进行 CAE 分析，将会使模型网格划分数量巨大，关键部件之间的关联关系复杂，导致计算对硬件设施的需求很高，计算过程也将耗时很长，因此需对数字样机分析模型进行合理分解和简化，将后立柱和后横梁视为一个部件，给进机身作为一个部件进行单独分析，此处不再单独进行说明。

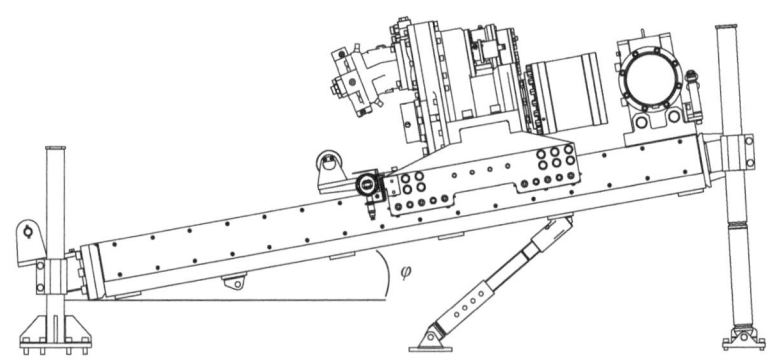

图 2.22 钻机调角到 φ 角度的调角姿态

5）操纵台

钻机操纵台是钻机的控制中心，由多种液压控制阀、压力表及液压管件组成，如图 2.23 所示。钻机行走、转向、动力头回转、给进起拔、机身调角稳固等动作的控制和执行机构之间的各种配合动作均可以通过操纵台上的控制阀实现。操纵台的设计需要充分体现液压系统的功能要求和人机工程设计原理，符合多数操作者的使用习惯。为使钻机布局合理，结构紧凑，按不同的工作状态，钻机操纵台分为主操纵台、行走操纵台和副操纵台三部分。

主操纵台在钻机钻进时使用，设在履带车体前方左侧，便于观察孔口及钻进情况；行走操纵台负责钻机行走时的操控，设在履带车体后方中间位置，符合操作及驾驶习惯；副操纵台位于防爆计算机下方，控制设在车体四角位置的稳固装置和调角装置的油缸，用于车体的稳固及给进机身倾角的调整。

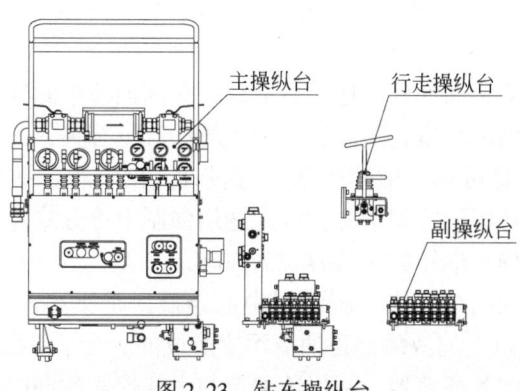

图 2.23　钻车操纵台

主操纵台集成有多重功能控制阀组，主要由马达排量调节阀组、三联阀组、流量计组件、回转转矩控制阀组、限压阀组、功能保护阀组、三泵功能保护阀组、慢进压力控制阀组、节流调速阀组、卸钻操作阀组等组成。

主操纵台上设有水泵控制、快速回转、快速进给、慢速回转、慢速进给、卸钻操作、夹持器控制、卡盘控制、主轴制动、快速回转转矩控制、慢速回转转矩控制、Ⅲ泵功能转换、马达排量调节控制共十三个操作手把；溢流阀调压（给进、起拔、Ⅲ泵压力控制）、减压阀调压、起拔节流阀调压、马达排量调节六个调节手轮；水泵压力、给进压力、起拔压力、Ⅰ泵系统压力、Ⅱ泵系统压力、Ⅲ泵系统压力、Ⅰ泵回油、Ⅱ泵回油八块压力表；以及操作警示牌。

行走操纵台由主操纵台分油供给高压油工作，设有两个履带行走操作手把，分别控制左右履带片的前进与后退，并可配合实现履带左右拐弯。

副操纵台由一个七联多路阀，其中一联控制钻机前顶油缸、两联控制机身前后的调角油缸，其余四联控制稳固装置四只油缸的伸缩，实现钻机的稳固和钻孔开孔倾角的辅助调整。钻机正常钻进时，上述油缸均不工作；进行定向钻孔施工时，回转钻进相关动作也均不工作，具有有效保护主要执行结构的作用。

6）泵站

泵站（图 2.24）是钻机的动力源，为整机提供压力油，由电机泵组和油箱等部件组成，两者之间通过液压胶管进行连接，电动机通过泵座和弹性联轴器带动液压油泵工作，液压油泵从油箱吸油并排出高压油，经操纵台各操作阀的控制和调节使钻机的各执行机构工作。

a. 电机泵组

电机泵组是整机的动力装置，为整机提供压力油，主要由电机、联轴器、液压泵等部分组成。根据液压系统设计需要，钻机配备三个液压泵，并采用同轴串联方式，即三个泵采用一个输入轴，通过泵座与电机固联，具有传动可靠、结构紧凑的特点。

设计中采用串泵与法兰式电机泵座直接连接结构，梅花型弹性联轴器安装在泵座内，抗冲击性好，对同轴性要求相对较低，且易损件寿命较长，对于部件紧凑设置的整体式机型意义明显。

b. 油箱及过滤系统

油箱在液压系统中除了储油外，还起着散热、分离油液中的气泡、沉淀杂质等作用。

油箱设计首先需要确定容量，油箱容量与系统的流量有关，一般容量可取最大流量的3~5倍。此外，油箱容量可结合散热需求进行设计。由于履带钻机的整体尺寸有限，并且井下方便提供强制冷却用的冷却水源，因此选用强制水冷方式进行油液冷却，并尽可能地减小油箱体积。最终确定油箱的有效容积为500L。

其次，油箱的另一功用是过滤液压油液中的杂质，是提高液压系统可靠性的重要环节，液压机械多达60%以上的故障都是油液污染造成的。为了保证在煤矿井下恶劣条件下油液的清洁，要先设置空气滤清器，在保证油箱与大气连通的同时防止粉尘进入油箱。在液压泵的进油口设置有吸油滤油器，防止杂质混入液压回路。同时在主要的回油口设置过滤精度为10μm的高压油过滤器。为了更好地过滤磨损的铁屑等杂质，油箱设计了专用的磁性滤油器，并在油箱中固定安放了永久性磁铁。采用了以上众多手段后，油液的清洁度有了充分保证，不仅降低了钻机的故障率，也提高了油液的使用寿命。

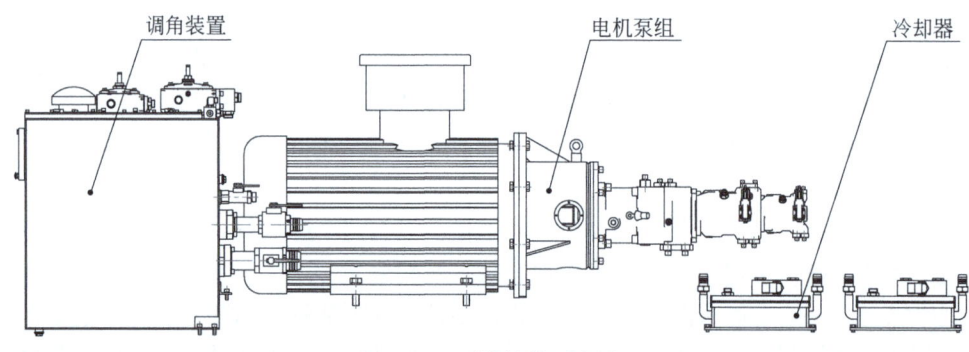

图2.24 泵站结构示意图

7) 履带车体

履带车体的设计中首要考虑钻机整体布局方式，在此前提下优化结构，使其刚性强、重量轻，且尽量使外形尺寸最小，以便广泛适应大多数煤矿巷道条件。

钻机的主机、泵站、操纵台、稳固装置等部件均需要布置在履带车体平台上，同时考虑到较大的倾角调整范围，因此要求履带车体平台必须具有足够的空间位置和强度。钻机的给进行程已经选定为1200mm，且钻机主机与履带平行布置，因此钻机的长度主要由给进机身的长度来确定。

a. 车体平台

车体平台的宽度除了要考虑布置元件的空间需求，同样要考虑一般矿井运输条件。结合国内各大矿区井下运输条件，确定钻机的宽度尺寸应控制在 1600mm 以内，能满足大多数狭窄巷道的搬迁运输需要。结合履带钻机驱动特点，选用液压式履带底盘，主要由驱动轮、导向轮、支重轮、履带总成、履带张紧装置、行走减速机及纵梁组成。两片履带的纵梁通过两横梁刚性焊接在一起，构成车架。车体平台用来固定安装主机、泵站和操纵台等部件，通过多组螺栓连接到履带总成的两组横梁上。

b. 履带底盘

履带底盘主要由驱动轮、导向轮、支重轮、履带总成、覆带张紧装置、行走减速机及纵梁组成。两片履带的纵梁通过两横梁刚性焊接在一起，构成车架。考虑到煤矿井下复杂的行走运输情况，该钻机在履带承重梁结构强度、履带板材质和厚度、驱动马达减速机等关键部件均进行了强化设计，履带底盘如图 2.25 所示。

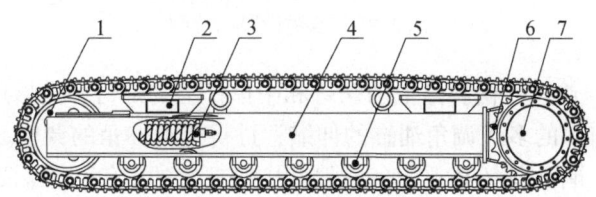

图 2.25 履带底盘结构图

1. 导向轮；2. 横梁；3. 覆带张紧装置；4. 纵梁；5. 支重轮；6. 驱动轮；7. 行走减速机

钻机平台与车架的横梁通过螺栓连接为一个整体，且车架横梁上的螺栓连接板是与钻机平台螺栓连接后进行现场焊接，可避免两平台的螺栓连接板由加工或焊接变形等因素造成的安装困难，可以降低加工生产的难度。

8）稳固装置

ZDY12000LD 型定向钻机自重约为 9000kg，最大给进/起拔力为 250kN，最大输出扭矩 12000N·m，钻机的自重不足以克服其工作时产生的反作用力，因此有必要设置支撑稳固系统来提高钻机的稳固能力。

稳固装置（图 2.26）主要由下接地装置和稳固调角油缸组成，其强度和刚度对保证整车正常钻孔施工具有重要意义。稳固油缸设在车体四角位置，共四组，均可以单独动作，车体稳固方便可靠，适应性强。在车体前端设有一根前顶稳固油缸，用于强力起拔时的辅助支撑，该类型稳固装置在现场施工时的履带车体稳固方式如下。

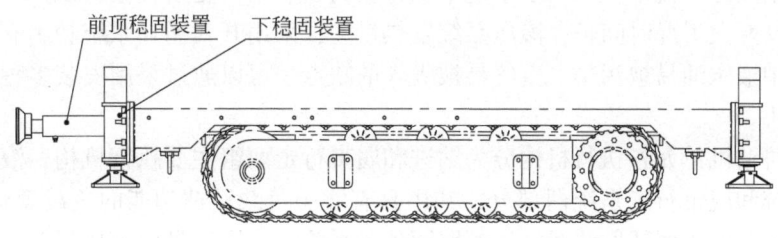

图 2.26 稳固装置

（1）将稳固车体处地面处理平整，拆开机身下方辅助支撑的销轴。

（2）调整好车体位置后，把泵分流操作手把置于稳固调角位置，分别操作稳固调角油缸手把，将下面四个油缸杆伸出至底板使履带不受力。

（3）钻机四角必须设置地锚，共计八处。在钻机下稳固装置稳固到位后，需要通过增加地锚确保钻机可靠稳固，防止钻进施工过程中钻机移位。必要时需将地面硬化处理，保证地锚的强度，地锚设置如图 2.27 所示。设置地锚时应该确保导链与地面的夹角小于 30°。

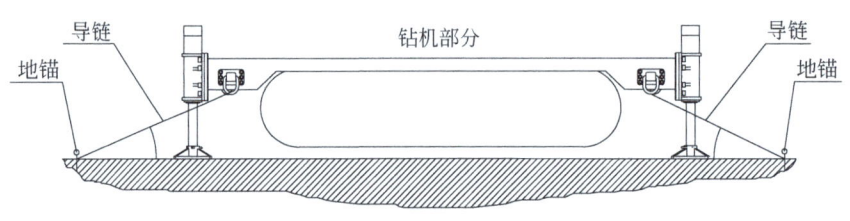

图 2.27 地锚设置示意图

（4）调仰角时，首先拧松斜撑上的螺钉和中撑杆上的螺钉，然后通过操纵台上操作手把来控制给进装置前部的多级调角油缸的伸缩，进行机身仰角的调整。

（5）调俯角时，首先拧松横梁上的螺钉和中撑杆上的螺钉，然后通过主操纵台上操作手把来控制给进装置尾部的多级调角油缸的伸缩，进行机身俯角的调整。

（6）将机身下方辅助支撑的销轴插回原位，使其有效支撑住机身。

2.1.3 液压系统设计

定向钻机性能与液压系统的设计、元件的选用有很大关系。液压系统的设计在充分分析国内外现有钻机液压系统的基础上，结合我国实际情况进行创新，设计具有自主知识产权的钻机液压系统，满足钻机操作方便和运行可靠的使用要求。结合 ZDY12000LD 型定向钻机使用需求，设计了适用于中硬煤层施工的复合定向钻进用多功能逻辑保护液压系统，采用负载敏感和恒功率控制技术，使其具有显著节能和操控性好的特点。

1. 液压系统技术特点

1）液压系统的型式

液压传动系统按其液压油的循环方式不同，分为开式循环系统和闭式循环系统两种。对于履带式全液压钻机来说，由于系统中执行机构多、动作复杂，钻机工作时的正常钻进和起、下钻具两大工况时间长，液压系统发热量大，采用开式循环系统较为有利。至于开式循环系统中液压油易被污染、空气易被吸入的缺点，可以通过采用安装多种滤油器和空气滤清器解决。

按工况将钻机单元各执行机构分为钻进和履带行走两组主要执行机构，液压系统对应分为钻进系统和履带行走系统两部分，共用具有液压负载反馈功能的负载敏感多路阀组。其中钻进系统又分为回转回路和钻进回路两个子系统。为了满足中硬煤层深孔定向钻进施工需要，将主要钻进系统设计为快速和慢速两种模式，分别由两组液压泵、阀实现对钻机主执行部件——回转器和给进装置的控制。钻车液压系统组成如图 2.28 所示。

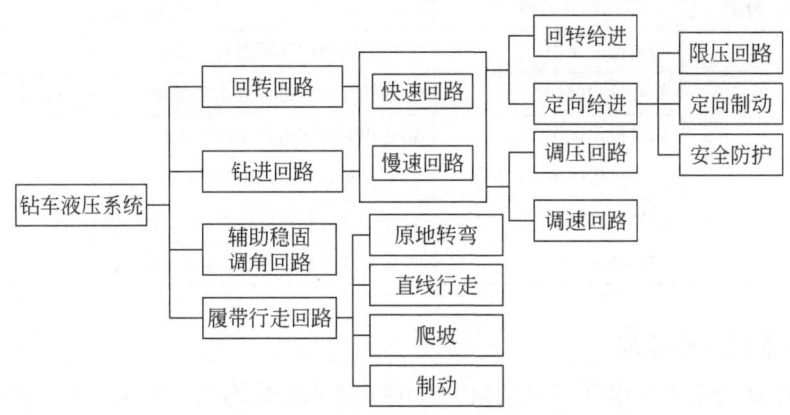

图 2.28 钻车液压系统组成

履带行走系统与快速钻进回路共用一组负载敏感多路阀,慢速钻进回路单独设置一组负载敏感多路阀。左右履带的行走由一组先导手动阀控制负载敏感多路阀中的两联工作联,设置独立操纵单元;快速回转与快速给进由一组先导手动阀控制负载敏感多路阀中的四联,慢速回转与慢速给进则由另一组先导手动阀控制单独的一组负载敏感多路阀,并与钻机回转、给进有关的功能阀组设置另一组独立操纵单元(分为快速钻进单元和慢速钻进单元),两操纵单元共同形成钻机的主操纵台;钻机的各稳固油缸、调角油缸和辅助动作由另一手动多路换向阀组成副操纵台,这样便于按功能分区,以降低误操作的可能性;同时减少了油路的回路长度,降低了管道压力损失。

2) 液压系统功能回路

钻机液压系统功能回路设计是系统设计的核心,具体功能回路配置见表 2.5,回转系统和给进系统针对常规回转钻进和定向钻进两种工况分别配套设计快、慢两档操作模式,满足回转钻进、复合钻进、工具面调节等多种施工要求,精确控制螺杆钻具工具面向角从而实现钻孔轨迹的精确调整。同时针对快慢两档的回转系统单独设置转矩限制模块,定向钻进和上钻杆丝扣时扭矩限在 3000N·m,回转扩孔和拧卸钻杆时自动到额定扭矩,增强了钻机分别进行回转钻进和定向钻进的功能适应性,并起到安全保护的作用。钻机具备拧卸钻杆时的油缸主动浮动功能,相比被动油缸浮动模式可有效保护钻杆,防止丝扣损坏。采用集成油路板、插装阀设计方案,提高整机可靠性。

表 2.5 钻机液压系统回路功能配置表

	分类	回路名称	回路功能
液压系统回路	功能回路	回转和钻进快慢速切换	满足回转钻进、复合定向钻进和工具面调节
		卡盘单动	单独控制液压卡盘的张开和夹紧
		夹持器单动	单独控制夹持器的张开和夹紧
		卡转联动	回转器正反转时卡盘自动夹紧钻杆

续表

分类		回路名称	回路功能
液压系统回路	保护回路	定向钻进保护	定向钻进时回转回路自动闭锁
		钻杆丝扣保护	上卸钻杆时给进油缸主动浮动
		钻进操作保护	钻进相关操作时行走操作闭锁
		行走操作保护	行走操作时钻进相关操作闭锁
		防掉钻杆保护	拧卸钻杆丝扣时夹持器先夹紧马达后反转
		稳固油缸保护	外因导致过载超压时油缸自动卸荷

2. 液压系统工作原理

钻机液压系统采用了串联三泵结构，其中Ⅰ泵和Ⅱ泵均采用了负载敏感泵，Ⅰ泵主要为履带行走回路、快速钻进回路与快速回转回路提供压力油；Ⅱ泵主要为慢速钻进回路与慢速回转回路提供压力油。Ⅲ泵采用恒压变量控制方式，主要为钻机关键执行机构以及稳固调角机构供油。

钻机液压系统设计上充分考虑了各种功能保护回路，增加了钻机操作的舒适性，主要液压元件均选用国外先进定型产品，性能先进，稳定可靠。钻机液压系统原理如图2.29所示，该液压系统采用三泵开式循环系统，并采用负载传感变量、恒压变量、恒功率控制和比例先导控制方式，实现改善回转工况、给进工况和节能的目的。回转和给进分别供油，同时设立快速钻进和慢速钻进两种工况，回转参数和给进参数可以独立调节而不相互干扰。由变量泵和变量马达构成的调速系统可进行无级调速，转速和转矩可应不同工况要求在大范围内调整，钻机对不同钻进工艺的适应性较强。

电动机（1）启动后，Ⅰ泵（3）经吸油滤油器（2）吸入低压油，输出的高压油经过高压过滤器（12）过滤后进入主操纵台多路换向阀（28），Ⅰ泵压力表（46）指示Ⅰ泵压力。多路换向阀（28）由六联组成，其中第1和第5联合流控制回转器马达（31）、第2和第6联合流控制给进油缸（30）、第3和第4联分别控制左履带行走马达（35）和右履带行走马达（36）。六联阀都处于中位时，Ⅰ泵卸荷，回转器马达（31）和给进油缸（30）均处于浮动状态，左履带行走马达（35）、右履带行走马达（36）处于制动状态。回油经冷却器（6）和回油滤油器（9）回到油箱，Ⅰ泵回油压力表（51）指示回油压力，可反映Ⅰ泵回油滤油器的脏污程度。

Ⅱ泵（4）经吸油滤油器（57）吸入低压油，输出的高压油经过高压过滤器（13）过滤后进入主操纵台多路换向阀（29），Ⅱ泵压力表（47）指示Ⅱ泵压力。多路换向阀（29）由两联组成，其中第1联控制给进油缸（30），第2联控制回转器马达（31），用于正常钻进时的油缸进给和马达回转动作。两联阀都处于中位时，Ⅱ泵卸荷。回油经冷却器（7）和回油滤油器（11）回到油箱，Ⅱ泵回油压力表（52）指示回油压力，可反映Ⅱ泵回油滤油器的脏污程度。

Ⅲ泵（5）经吸油滤油器（56）吸入低压油，输出的高压油至分流功能换向阀（14），Ⅲ泵压力表（48）指示Ⅲ泵压力。分流功能换向阀（14）置于前位时，Ⅲ泵高压油至由七联阀组成的稳固装置控制阀（43），右起第1~第3联分别控制机身前、后调角油缸（45）

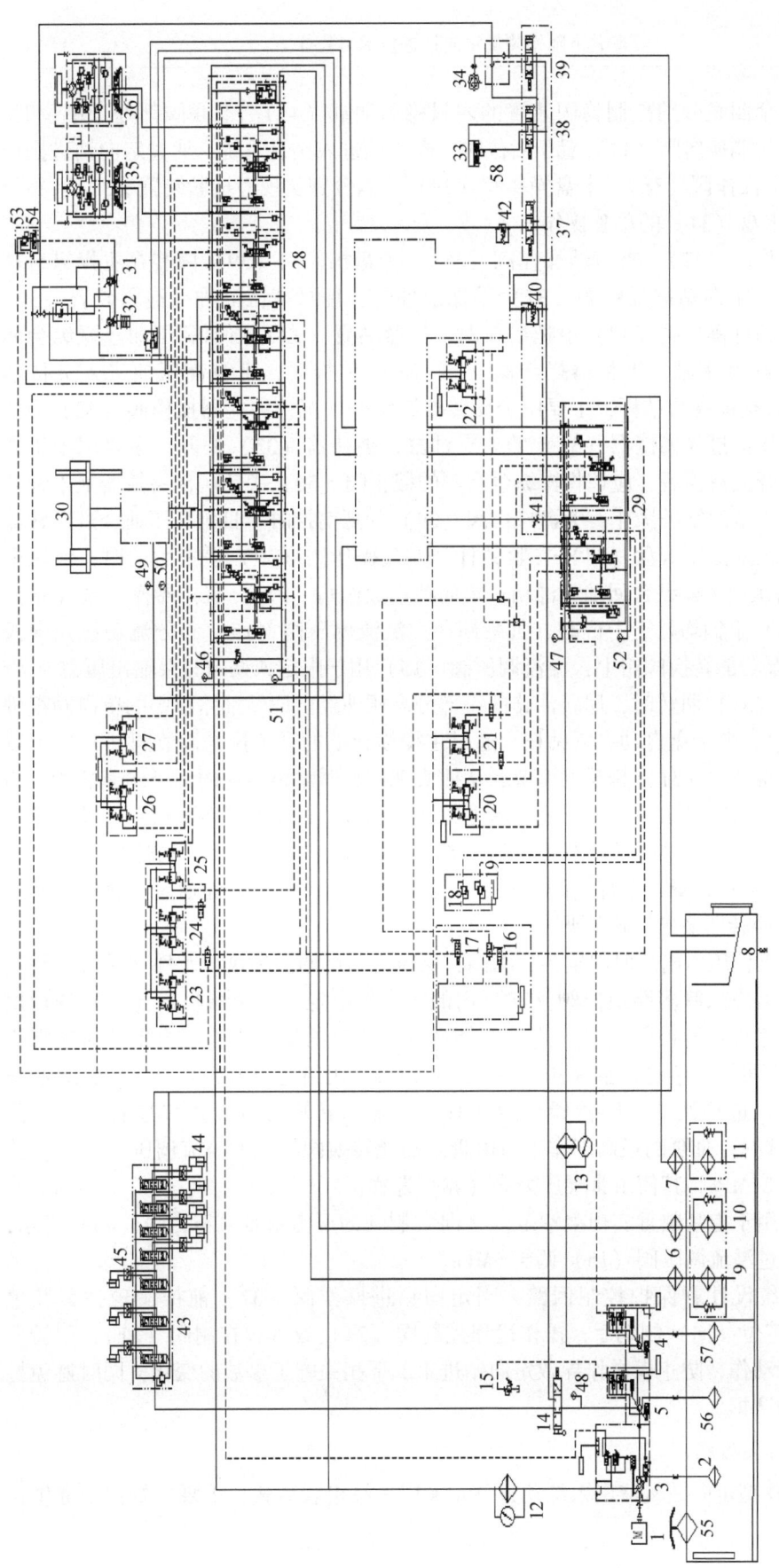

图 2.29 ZDY12000LD 定向钻机液压系统原理图

1.电动机；2.吸油滤油器；3.Ⅰ泵；4.Ⅱ泵；5.Ⅲ泵；6.冷却器；7.冷却器；8.泄油截止阀；9.回油滤油器；10.回油滤油器；11.回油滤油器；12.高压过滤器；13.高压过滤器；14.分流功能换向阀；15.溢流调压阀；16.慢速转矩转换阀；17.快速转矩转换阀；18.给拔压力调节阀；19.起拔压力调节阀；20.远程控制阀；21.远程控制阀；22.远程控制阀；23.远程控制阀；24.远程控制阀；25.远程控制阀；26.远程控制阀；27.远程控制阀；28.多路换向阀；29.多路换向阀；30.给进油缸；31.回转器马达；32.抱紧装置；33.夹持器；34.卡盘；35.左履带行走马达；36.右履带行走马达；37.定向钻进操作阀；38.夹持器操作阀；39.卡盘操作阀；40.调角油缸；41.节流阀；42.减压阀；43.稳固装置控制阀；44.稳固油缸；45.调角装置控制阀；46.Ⅰ泵压力表；47.Ⅱ泵压力表；48.Ⅲ泵压力表；49.给进压力表；50.起拔压力表；51.Ⅰ泵回油压力表；52.Ⅱ泵回油压力表；53.马达排量调节阀；54.马达排量调节阀；55.空气滤清器；56.吸油滤清器；57.吸油滤清器；58.截止阀

和前顶油缸，其余四联分别控制稳固装置的四只稳固油缸（44）。七联阀都处于中位时，Ⅲ泵卸荷。分流功能换向阀（14）置于后位时，高压油进入钻进系统，通过定向钻进操作阀（37）、夹持器操作阀（38）、卡盘操作阀（39）可以分别实现对抱紧装置（32）、夹持器（33）、液压卡盘（34）的单独操作。

定向钻进操作阀（37）、夹持器操作阀（38）、卡盘操作阀（39）固装在主操纵台右侧三联油路板上。定向钻进操作阀（37）手把前推时，Ⅲ泵高压油进入抱紧装置（32）抱紧主轴，定向钻进操作阀（37）手把后拉时，抱紧装置（32）内部高压油经操纵台回油到油箱，从而松开主轴；夹持器操作阀（38）手把前推时，Ⅲ泵高压油进入夹持器（33）的副夹油缸辅助夹紧钻杆，主要用于反转拧卸钻杆工况，夹持器操作阀（38）手把后拉时，Ⅲ泵高压油进入夹持器（33）的主夹油缸，夹持器（33）松开，主要用于正常钻进工况，当打开夹持器后，应该将操纵台右侧的截止阀（58）关闭，使夹持器处于常开状态，进而进行正常的钻进操作；卡盘操作阀（39）手把前推时，Ⅲ泵高压油经过回转器箱体上的滤油器进入液压卡盘（34）夹紧钻杆，卡盘操作阀（39）手把后拉时，液压卡盘（34）内部高压油经操纵台回油到油箱；定向钻进操作阀（37）、夹持器操作阀（38）、卡盘操作阀（39）手柄均处于中位时，Ⅲ泵卸荷。溢流调压阀（15）和分流功能换向阀（14）集成在Ⅲ泵功能转换阀组上，溢流调压阀（15）用于限定或调节Ⅲ泵输出压力。

回转器马达（31）回转时，回转油路的一部分高压油经由回转油路板中的单向阀组进入液压卡盘（34），使卡盘自动夹紧钻杆。通过主操纵台上的马达排量调节阀（53）可以远程实现对回转器马达（31）排量的调节，从而实现回转器输出转速的无级调速功能。为避免误操作造成对回转器马达（31）输出转速的随意调节，在主操纵台上设置了马达排量调节控制阀（54），当马达排量调节控制阀（54）的手轮处于里位时，马达排量调节阀（53）操作失效，马达排量调节控制阀（54）的手轮处于外位时，才能通过马达排量调节阀（53）实现对回转器输出转速的调节。

Ⅰ泵的最高工作压力出厂时限定为28MPa，该压力不可调，各执行元件（油缸、马达等）最高工作压力由六联多路换向阀（28）内的安全阀限定，回转器马达（31）的输出转矩可以通过快速转矩转换阀（17）进行两档选择。Ⅱ泵的最高工作压力出厂时限定为26MPa，该压力不可调，给进油缸（30）的压力可以分别由给进压力调节阀（18）和起拔压力调节阀（19）进行调节，回转器马达（31）的输出转矩可以通过慢速转矩转换阀（16）进行两档选择。Ⅲ泵的最高工作压力由Ⅲ泵功能转换阀组上的溢流调压阀（15）控制，限定压力为21MPa，其值由Ⅲ泵压力表（48）监视。

定向钻进时用于抱紧装置实现主轴定位（向）制动的压力由Ⅲ泵压力表（48）显示，应将制动压力通过溢流调压阀（15）调至6MPa。

钻机液压系统设计有保护控制回路，当定向钻进操作阀（37）前推实现抱紧装置（32）对主轴的定位（向）制动后，操作远程控制阀（24）或远程控制阀（21），回转器马达（31）均无动作，防止误操作导致定向钻进工况下相关施工参数的变化，同时避免抱紧装置（32）的磨损。

3. 三泵系统及功能

ZDY12000LD型定向钻机液压系统动力单元采用三泵串联型式，Ⅰ泵主要用于提供快速回转与给进动作，Ⅱ泵主要用于提供慢速回转与给进动作。正常钻进时，主要通过慢速给进方式实现定向钻进，因此Ⅱ泵采用了恒压变量泵，该泵根据负载需要提供恒定的流量，在达到压力设定点时泵量自动减小，仅输出保持设定压力所需的流量，基本无溢流损失，具有很好的节能效果，在复杂地层给进力需要不停变化时效果更明显。Ⅲ泵采用远程压力控制方式，主要用于液压夹紧与制动机构动作控制。

Ⅰ泵的系统压力出厂时已限定，限定压力为28MPa，其压力不可调，各执行元件（油缸、马达等）最高工作压力由多路换向阀内的安全阀限定。Ⅱ泵的系统压力出厂时已限定，限定压力为26MPa，可以通过配套控制阀的远程LS溢流调压阀进行压力调节，其值由压力表监视。Ⅲ泵的工作压力由Ⅲ泵油路板上的溢流调压阀进行调节，其值由压力表监视。定向钻进时用于主轴制动装置实现主轴定位（向）制动的压力由压力表显示，应将制动压力通过手动溢流阀调至最高限定压力为21MPa。

4. 双变量容积调速系统

钻机液压系统的回转回路采用变量泵与变量马达组成的双变量容积调速系统。这种系统可使转速和扭矩在较大范围内无级调节，功率利用率高，回路刚性好，易于满足多种钻进工艺的要求。

选用的A11VLO190变量泵排量为0~190mL/r，相配的A6VM160HD1D液控变量马达排量为45~160mL/r，因此回转器的调速范围为：当油泵排量最大时，调节油马达的排量，回转器输出转速可在50~150r/min进行调节，同时输出扭矩可以在12000~3000N·m变化，维持钻机的输出功率不变。若将油马达排量调到最大，再调节油泵排量，回转器输出转速可从50r/min降至5r/min，输出扭矩恒为12000N·m，在这种情况下，钻机的输出功率随转速降低而变小。

5. 特殊功能和保护回路

结合定向钻进施工需要，为了简化操作、减少操作失误、缩短起下钻作业时间，钻机各执行机构操作均设计为单动模式，相比以往钻机具备的各种联动功能，该钻机的操作更加简单、直观，符合定向钻进过程中对关键夹持机构灵活调节的操作目的。同时为了增加钻机的操作安全性，防止误操作造成对钻机关键部件的损坏，在钻车单元的液压系统中部分关键执行机构上设置了机构间的联动功能及丰富的功能保护回路。

(1) 卡转联动功能：回转器正、反转时，回转油路中的部分高压油通过单向阀组进入液压卡盘，使卡盘自动卡紧钻杆。

(2) 反转增压功能：回转器反转时，部分高压油进入夹持器的副油缸，以增加夹持器的夹紧能力使之可靠夹紧钻杆。

(3) 钻进系统和履带行走系统切换功能：通过该回路能实现正常钻进时，履带行走功能失效，而在搬迁运输过程中，钻进系统也无法工作，有效保护了操作人员的安全。

(4) 定向钻进保护功能：通过在制动装置后端设计液控换向阀，当进行定向钻进施工时，高压油的作用使主轴制动装置抱紧主轴，同时高压油将切断回转系统先导控制手柄的控制油，使得主轴抱紧时操作回转控制手把失效，有效保护了制动装置，防止了误操作造成对制动装置零部件的损坏。

（5）防掉钻保护功能：在回转回路反转油路中设置有顺序阀块，确保通过钻机动力头机械拧卸钻杆丝扣时夹持器能优先夹紧孔内钻具，然后动力马达才能带动钻具反转，防止了误操作导致掉钻事故。

（6）拧卸钻杆油缸主动浮动功能：当通过钻机动力头机械拧卸钻杆时，控制动力头马达回转的控制油同时推动功能回路中的液控换向阀动作，从而控制给进油缸运动，并确保油缸运动速度与钻杆螺纹丝扣旋进速度相匹配，实现拧卸钻杆时的油缸主动浮动，相比被动油缸浮动模式可有效保护钻杆，防止丝扣挤压损坏。

（7）动力头输出转矩切换功能：针对快慢两档的回转系统单独设置转矩限制模块，增强了钻机分别进行回转钻进和定向钻进的功能适应性，并起到安全保护的作用。

（8）稳固油缸超压卸荷保护功能：在稳固油缸上设计安全保护阀块，当外因引起超压过载时油缸自动卸荷，提高了钻机的安全性。

2.1.4 外观造型设计

目前，我国用于煤矿井下的全液压坑道钻机的技术性能与国外同类型产品之间的差距正在逐渐缩小，但在工业造型设计方面与国际领先企业还存在一定差距。因此，通过工业造型设计提升煤矿坑道钻机的产品形象是减少这一差距的必然选择。

工业造型设计自20世纪60年代伴随着我国各行各业的蓬勃发展，已经在我国的各个领域都有了不同程度的应用与研究，尤其是在轻工业领域中的设计与研发发展时间长、应用范围广，技术已经相对成熟，但在煤矿设备尤其是在煤矿坑道钻机产品的设计中，工业造型设计的研究开展时间相对较短，研究基础比较薄弱，应用实例也相对较少。好的工业产品需要从事多年装备研发的技术人员、产品造型工程师、机械加工和制造工程师以及模具工程师组成的研发团队共同参与完成，是具有不同专业知识交叉、工作经验、创新远景和理念的科研团队共同努力的结果。

基于此，从"十二五"国家科技重大专项研究开始，西安研究院结合ZDY12000LD型定向钻机研究，特别对钻机外观造型进行了全新设计，并对定向钻机类产品的系列化造型设计进行了规范和探索，组织编写系列履带钻机外观造型设计企业标准。钻机产品经过多次大型行业装备展会和现场工业性试验，以及后续长时间实际生产应用表明，经过工业造型设计的产品得到用户的高度认可，也为企业品牌形象的树立奠定了坚实的基础（姚克等，2018）。

1. 造型风格与设计方案

外观造型设计是技术与艺术的复合体，是科学和艺术结合的设计活动，既与技术有关又与美学有关，其实质是对工业产品的实用功能和装饰美感二者之间不断协调和统一的过程，更是一个受各种因素限制的综合性设计过程。

钻机造型设计属于工业设计范畴，工业设计不能仅局限于外部造型、色彩与装饰，必须考虑功能、结构、材料、工艺、人机工程学等多方面因素，必须遵循"功能第一、形式第二"的原则，形式追随功能，并不是造型设计人员的随意发挥。优秀的钻机产品不仅要以逐渐完善的强大功能和可靠性来满足市场需求，而且还应重点考虑用户的情感需求，更要满足用户的审美需求与操作体验，使用户能够简单、舒适地操作钻机。

西安研究院定向钻机产品多使用上小下大,下宽上窄的整体履带式造型,以体现产品的稳重大气。一般而言,这种整体形态可以有效降低重型机械的视觉重心,尤其对于深孔定向钻机,这种稳重的设计风格可以令履带钻机有一种牢牢扎根地面的稳定感;钻机整体涂装多采用亮色和高对比度为主的配色体系,视觉感官醒目,能加强产品的厚重感。同时,从机械本身的体积和高度因素考虑,这种形式的设计也更加贴切工程技术的实际要求和使用的安全性,所以整体形态仍然需要在保持西安研究院钻机产品固有风格和特色的基础上进行创新设计。

通过对国内外相关产品的调研分析,在收集整理澳大利亚 Valley Longwall 公司、瑞典 Altas Copco 公司等国外标杆产品图片,并对其工作环境、外形、涂装进行分析总结后,结合钻机现状及未来发展趋势,通过造型设计理论和人机工程学等理论对定向钻机结构、布局、操作及人机工程方面进行论证并改进,对现有产品存在的问题进行分析:操纵台区域的仪表应易于观察且被防护;操纵台工作区域功能划分应符合用户的操作习惯和认知特性;操作方向、定位、力度大小和功能等信息的引导应简明易懂;操作手柄的距离、高度和大小等应合乎美学原则并易于控制而不易出现误操作;安全标志和警示应准确鲜明。这些论证分析工作为造型方案设计打下了基础,也基本确定了造型设计的要求和目标。

经过对钻机的形态、涂装和表面材质进行设计,最终确定了西安研究院定向钻机"厚重稳定、实用简洁、美观精致"的造型风格要求,初步创建出产品风格、品牌形象和西安研究院系列定向钻机族元素特征库,通过钻机的造型设计体现"以人为本"的设计理念,实现安全性、便利性、可靠性和高效性的操作需要,形成西安研究院独特的产品设计体系和设计风格。同时也期望通过造型设计使高技术水平的品牌产品在外观上有较大提升,体现企业文化,最终加强品牌战略的发展力度。

整个设计及应用过程经过了包括确定基本造型、确定基本涂装样式和完成造型及细节设计几个重要步骤,具体步骤如图 2.30 所示。在整个设计过程中,方案经过多次评审,以及不断的改进和完善,最终达到对产品设计的完美要求。

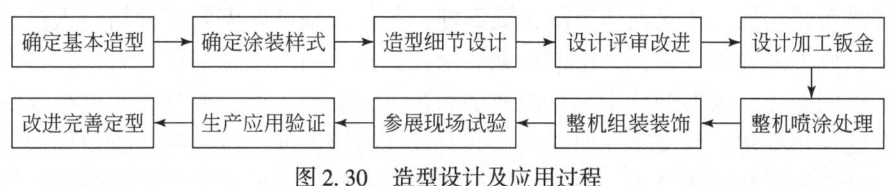

图 2.30 造型设计及应用过程

2. 涂装样式与色彩搭配

西安研究院经过多年的钻探技术与装备研发生产和推广应用,已形成了一定的传统特色和产品类型,不同种类的钻机外部结构差异较大,原有产品按照系列结构型式和产品定位不同,具有不同的配色风格,基本具有产品形象系列化的特征:分体钻机以红色为主体色,部分黑色搭配红色;地面工程钻机以工程黄为主体色;履带钻机以白色为主体色的配色风格。

在充分考虑决定色彩设计要素的功能和安全因素、企业文化和理念、产品形象因素和环境色彩因素四方面的属性后,设计中沿用继承了西安研究院履带钻机的配色风格,并强化了其配色风格使之更鲜明突出，确立了一套完整的装饰及配色涂装方案：履带式定向钻机整体采用白色主调，搭配红黑装饰条纹，局部加强筋和镂空均为横向条纹，线条以直线为主，曲线为辅，体现稳重、简洁、大方的特点，并将单位徽标更好地融入钻机的配色体系。其中，白色占 80% 以上，黑色占 10% 以上，部分红色搭配主要用于边沿轮廓和关键部件，在复杂施工环境中，这样的配色搭配能起到醒目警示的作用。因为黑色具有稳重扎实之感，并具有极强的防污性，因此钻机履带底盘和其余连接部分均采用黑色涂装，同时，作为连接部件的黑色也能有效地在视觉上分割其他两组涂装。经过造型设计的 ZDY12000LD 型定向钻机外形如图 2.31 所示。

图 2.31　ZDY12000LD 型定向钻机造型效果图

3. 主要造型与细节设计

定向钻机为整体履带式结构，集成了包括动力头、给进装置、夹持器、油箱、电机泵组、主操纵台、防爆计算机、稳固装置、踏板、行走操纵台、冷却器等主要结构部件。由于结构部件较多，钻机的外观造型应该整齐划一，轮廓分明，具有厚重和稳定的整体形态。另外，对于关键部件需要结合整机效果进行必要的造型和装饰设计，使其形成一个完整的视觉形态。造型设计过程中多次对原结构进行了必要调整，并且对包括压力表、温度计、过滤器和流量计等液压附件进行了选型更换，选用外观规整、表面质量处理较佳的产品。

1）主操纵台

主操纵台是钻机人机交换环节的关键部件，各种造型设计需要充分结合人机工程学原理。前面板件上装饰黑红条纹，增强视觉效果；操作手柄统一采用黑色着色，与操作铭牌原色形成鲜明对比；圆形调节手轮采用文字和箭头的表示方式，通过箭头的粗细变化体现调节参数的大小变化，与文字说明呼应，具有较强的辨识度，可以有效避免误操作；操纵台上方设计有弧形扶手和拉手，便于操纵台的转动操作，并可防止外侧误碰手柄等事故发生。主操纵台上方的防护栏采用折线元素和镂空纹路，配合整机利落的折线风格，两端镂空使得整体感觉美观、轻巧，整体风格更加统一，而且网格造型起到遮挡保护操作台的作用，同时不影响向上的视线；为避免操纵台下方油管外露显得凌乱，下方设计护板，横条装饰条纹显得宽阔，视觉上尺寸更狭长。

2）防爆计算机

防爆计算机为定向钻机的重要部件，整体布置在利于观察和操作的位置，而且进行必要的包裹保护；计算机采用一定倾斜角度的固定安装方式，可有效提高操作者观察计算机屏幕的舒适性；下部分支撑座采用工字形结构，类似讲台式造型，左右对称，露出电动机的转向识别观察孔，对称设计美观稳重；侧面留有线槽，方便安装操作。

3）副操纵台与冷却器

副操纵台和冷却器布置在机身和车体平台之间，便于操作和维护；两组手动多路换向阀主要用于操作钻机稳固油缸升降和给进装置俯仰角的调整等辅助动作，操作时不仅要易识别不能出现误动作，而且工作时还要防止误碰及意外砸落等事故。该部分设计将副操纵台与冷却器两者统一进行处理，配合整机方案，采用三段式折线风格造型，通过外形尺寸的变化，增强盒式结构造型的立体感和层次感；为了提高副操纵台手柄的辨识度，此处铭牌指示文字与手柄一一对应，能有效避免误操作。冷却器处留有出水管孔，能提高冷却水管安装与拆卸的便捷性，下方采用镂空设计方便散热，增强了实用功能。

4）电动机护板装饰

隔爆型电动机使用时要考虑通风散热、防止上方大量水的溅落和浸泡，设计中使电动机护板与操作台底部护板风格相呼应，对电动机起到遮挡作用，整体效果更加美观。条纹斜挖孔起到散热作用和装饰作用，横条纹显得稳重，也和钻机风格保持统一。另外这样布置造型还可使电动机产生的冷却风在钣金件形成的通道内冷却液压泵及操纵台下方的液压管路，而且不会直接吹向施钻人员，提高了操纵的舒适性。

5）踏板

踏板作为现场操作人性化的附属装置，设计离地200mm以上高度，可供身兼数职的司钻人员实钻时无障碍平顺行走，有利于舒适地操作钻机和防爆计算机、观察孔口和钻场等钻机周围主要工作区域，钻机移位时可快速收起，节省了钻机的占地空间。踏板配合整机采用折线风格，踏板上表面采用平整式结构，提高行走的舒适性，踏板横梁与加强筋经过一体化设计，相比传统加强筋的结构形态更加美观实用。

6）行走操纵台

行走操纵台的造型设计主要为实现操作行走手柄时能可靠安全地控制手柄的力度，以控制钻机行走的速度和方向。为了提高产品的延续性，行走操纵台最终设计为固定式布局结构，通过螺钉安装在钻机后端油箱上，要求小巧，方便操作。

横梁可用于承受操作者手的重量，钻机行走时可将手搭在上面操作，更省力可靠和人性化，即使是巷道非常不平也能实现钻机行走的良好操控。急停开关布置在行走操纵台右侧下方距离人手较近的位置，采用半包的形式可以防止误碰，同时也能兼顾紧急情况下快速反应的需要。

4. 设计加工与后期处理

1）钣金件的设计加工

造型设计需重点考虑钣金件的连接、安装、刚性、强度、加工及喷漆、喷塑等问题，有时为了便于安装支撑结构件，需要适当调整产品部分结构的安装位置，出于易拆装、不易损坏变形等实用功能要求，钣金件的数量宜少不宜多，而且连接的方式尽量少用螺钉，采用插卡的方式现场应用起来最为方便，不至于因丢失连接螺钉螺母影响实际使用效果。钣金件设计中的折弯、百叶窗、沉槽等造型需充分考虑实际加工的可操作性，有些尺寸的百叶窗和沉槽等结构需要定制专门的冲压模具才可实现。

2）整机喷涂处理

喷漆之前需对所有外露的加工件表面进行检查评估，确定需要打磨修正的部位和程度,主要包括焊缝、棱边和尖角等,然后展开精雕细琢的打磨,打磨后涂抹腻子使各工件表面光滑平整,之后在烤漆房按照设计图样进行喷漆。

3)整机组装装饰

为了能在涂装上更好地加强稳定感、品牌感,在底座边沿镶焊装饰片,使底座显得稳重的同时增加稍许的灵动。红色的拉环醒目且起到颜色点缀,操作注意事项、各类警示标志和红色的反光警示条装饰在提高设备安全性的同时也为钻机增光添彩,以亮红色涂装在运动部件卡盘和车身主体上,通过富有装饰性艺术语言的色带样式,很好地表现了产品本身运动与作业方式。企业英文简称"CCTEG"、企业名称及LOGO涂装在醒目位置,以彰显企业品牌形象。

5. 应用与完善

工业造型设计是技术与艺术结合的设计活动,是对实用功能和装饰美感二者之间不断协调统一的综合性设计过程,涉及结构设计、造型设计、钣金件加工、喷漆、组装和装饰处理等必要工序,各工序之间相互协调且具有重要联系。

ZDY12000LD型定向钻机完成研制后,先后多次参加了煤炭行业装备展览会,经过工业造型设计的产品得到了市场用户的高度认可,整机外形美观,操作维护安全、简便、舒适,装饰及色彩醒目美观,总体厚重稳定、实用简洁、美观精致。

在此基础上,对定向钻机类产品的系列化造型设计进行了规范和探索,组织编写系列履带钻机外观造型设计企业标准,将外观工业造型设计的设计规范加以引导,积极应用在后续定向钻机新产品的设计开发中。

2.2 钻机性能检测

钻机性能检测是检验钻机性能、控制产品质量的关键环节,整个过程在国家安全生产西安勘探设备检测检验中心钻机整机性能综合实验台上进行。性能检测依据企业标准《ZDY12000LD型煤矿用全液压坑道钻机技术条件》(Q/MKYX 065—2014)中的相关规定对钻机的基本要求、安全性、行走性能、空载运转性能、负载运转性能、过载性能、温升、整机传动效率及噪声进行测试。该标准参照煤炭行业标准《煤矿坑道勘探用钻机》(MT/T 790—2006)、《煤矿用全液压钻车通用技术条件》(MT/T 199)中的相关规定,结合近年来煤矿用履带行走设备的相关要求制定(方鹏,2019)。

2.2.1 性能参数测试

ZDY12000LD定向钻机其输出能力较常规履带钻机有大幅提升,最大转矩≥12000N·m,最大给进起拔力≥250kN,定向主轴制动转矩≥2000N·m。

1. 检测仪器设备

钻机的型式试验主要检测钻机的基本要求、钻机安全性、空载运转性能、负载试验、过载性能、温升、整机传动效率和噪声等内容,所用仪器设备见表2.6。要求测试的钻机参数、测量范围允许误差及显示位数见表2.7。

表2.6 试验用设备仪器

仪器设备名称	型号及规格	准确度等级
数字温度显示仪	XMZ-104	0.1℃
电涡流测功机	CW150型,额定吸收功率150kW	0.5
功率变送器	JCP-03型,0~100kW	0.2
拉压力传感器	BLR-1型,0~300kN	0.5
转矩/转速传感器	JC2C型,2000 N·m,1500r/min	0.2
数字式声级计	HS5633型,40~130dB(A)	Ⅱ
压力变送器	DYB-12型,0~30MPa	0.2
压力表	YK60,0~40MPa、0~2.5MPa	1.5
钻机性能测试仪	ZC-1型	

表2.7 测试参数、测量范围及允许误差

测试参数	单位	测量范围	允许误差
转矩 M	N.m	0~2000/5000/15000	≤1%
转速 n	r/min	0~1500/1200/400	≤1r/min
给进力 F_1	kN	0~150/300	≤1%
起拔力 F_2	kN	0~150/300	≤1%
输入功率 P_1	kW	0~50/100	≤1%
输出功率 P_2	kW	0~100	/
效率 η	%	0~100	/
系统压力 P	MPa	0~20/30/40	≤1.5%
回油压力 P_0	MPa	0~3	≤1.5%
油温度 t_1	℃	0~100	≤1℃
油泵温度 t_2	℃	0~100	≤1℃
机壳温度 t_3	℃	0~100	≤1℃
马达温度 t_4	℃	0~100	≤1℃
环境温度 t_0	℃	-20~100	≤1℃
流量 Q	L/min	0~200	≤0.5%

注：(1) 表中"输出功率"和回转工况的整机"效率"由计算机自动算出；
(2) 钻机工作时的噪声测量由人工完成，表中未列入；
(3) 表中的允许误差除"输出功率"、"效率"和"流量"3项外均取自MT/T 790—2006。

2. 主要检测内容及结果

1) 钻机基本要求

经观察，钻机外表面无飞边、毛刺、损伤等缺陷。非加工平滑表面已用腻子抹平，并已打磨平整。钻机除导轨、胶管、铜管外，均作了涂漆处理，涂漆均匀牢固，无锈斑、皱皮、剥落、裂纹、流挂、气泡等缺陷。钻机的油泵已作出明显的转向标志。钻机各仪表和控制手把的位置易于操作者观察和方便操作，钻机操作指示铭牌清晰完整、固定牢固。钻机外观符合基本要求。

2）钻机安全性

该钻机配备 YBK2-312M-4 型矿用隔爆型电动机作为动力机，符合《爆炸性气体环境用电气设备第 1 部分：通用要求》（GB 3836.1—2000）、《爆炸性气体环境用电气设备第 2 部分：隔爆型"d"》（GB 3836.2—2000）的规定，并具有国家指定单位颁发的检验合格证。钻机的运动部分也符合安全要求，不会造成人身伤害。高压胶管阻燃抗静电性能符合《液压支架用软管及软管总成检验规范》（MT/T 98—2006）的要求，符合煤矿井下防爆要求。

3）空载运转性能

钻机移位至试验台后按照钻机规范操作规程进行检查、加注液压油和润滑油、接电试运转、正常运转，并且按照技术条件中要求的试验方法逐步进行试验测试，验证钻机的各项性能。

4）负载试验

回转加载试验时，用试验钻杆将钻机回转器主轴与转矩转速传感器、回转加载装置连接起来，在停止给进的状态下，利用加载装置由低到高逐渐加载，测量回转器主轴输出转矩和转速。以电动机输入功率达到额定值为额定工况。

（1）液压马达排量调至最大，在电动机输入功率达到额定值 112.5kW 时测得的最大额定转矩为 12000N·m，对应的最小额定转速为 50r/min。

（2）液压马达排量调至最小，在电动机输入功率达到额定值 112.5kW 时测得的最小额定转矩为 3000N·m，对应的最大额定转速为 150r/min。

（3）给进/起拔试验时，将回转器主轴连接在拉压力测量装置上，在停止回转的状态下，利用给进/起拔加载装置由低到高逐渐加载，在系统压力达到 21.0MPa 时，测得钻机的最大给进力为 250kN，最大起拔力为 250kN。

5）过载性能

（1）调节 Ⅰ 泵安全阀压力至 31.5MPa。使回转器低速运转，利用回转加载装置由低到高逐渐加载，当输出转矩达到 13800N·m 时，回转器运转平稳，卡盘与钻杆之间未出现打滑现象，也未出现机件损坏和液压油渗漏现象，持续时间超过 5min。

（2）调节 Ⅱ 泵安全阀压力至 31.5MPa。调节 Ⅲ 泵安全阀压力至 24.2MPa。将回转器移至机身前端，在停止回转的状态下，利用给进/起拔加载装置由低到高逐渐加载，当 Ⅱ 泵系统压力为 31.5MPa，Ⅲ 泵系统压力为 24.2MPa 时，卡盘与钻杆之间未出现打滑现象，也未出现机件损坏和油液渗漏现象，持续时间超过 5min。

6）温升

钻机的负载试验和过载试验持续 90min，测试过程中使用冷却系统进行冷却。在环境温度为 30℃ 的情况下，油马达表壳最高温度 60.5℃；油箱中液压油温度为 56.1℃，温升 23.7℃；减速箱靠近高速齿轮处最高温度 58.1℃；油泵壳体表面最高温度 58.7℃。

7）整机传动效率

钻机整机传动效率在测试加载过程中定时测算，在额定工况下均超过40%，指标高于企业标准。

8）噪声

钻机在空载、负载及过载测试过程中最高噪声的声压级为90dB（A），未超过技术条件中的规定。

2.2.2 爬坡性能测试

履带式定向钻机的行走系统作为一套独立驱动系统，需要对其基本性能进行必要检测，为此，设计了履带钻机专用的爬坡能力试验台。其中爬坡行走试验区包括钻机行走准备调试区、15°坡道行走区、20°坡道行走区、水平混凝土地面-15°坡道平滑过渡区（8°）、水平混凝土地面-20°坡道平滑过渡区（10°）、钻机姿态调整区，防护装置主要为试验台的防雨雪顶棚，采用彩钢结构，顶棚材料为阳光板或耐力板。

ZDY12000LD定向钻机爬坡性能测试需要满足的基本要求为：钻机起动、制动、爬坡行走时运行灵活、平稳，无异常声响及卡滞现象，在15°以下坡道驻车后不自动下滑。根据表2.8所列出的钻机爬坡行走基本性能参数，在履带钻机性能试验台进行了爬坡性能测试，均达到基本要求。

表 2.8 钻机爬坡行走基本性能参数

电机电压/V	电机功率/kW	爬坡角度/(°)	额定压力/MPa	钻机质量/kg
1140/660	132	15	25	11000

2.3 钻机参数监测系统

钻机参数监测系统主要应用于钻进施工过程中钻进参数的实时监测和存储，便于实时对钻进工艺参数进行优化调整，并方便后期调用、查看。

2.3.1 总体方案

1. 系统技术要求

钻机参数监测系统用于配套ZDY12000LD定向钻机钻进参数的实时监测，方便后期随时调取监测数据用于对比分析。系统需要监测的钻机运行参数主要包括回转转速、回转转矩、给进速度、给进/起拔力、油箱液面高度、油液温度、水泵压力等，通过与钻机配接的外置传感器实现参数的实时采集。系统需兼顾随钻测量系统用防爆计算机集中显示功能，便于两个系统之间的协调通信和集成设计。

2. 总体方案及组成

钻机参数监测系统（以下简称钻参仪）由防爆计算机（以下简称计算机）、矿用本安型键盘（以下简称键盘）、数据存储器（以下简称存储器）、钻进参数采集器（以下简称采集器）、多种矿用本质安全型传感器（以下简称传感器）组成，其组成及连接框图如图 2.32 所示，钻参仪系统组成见表 2.9。

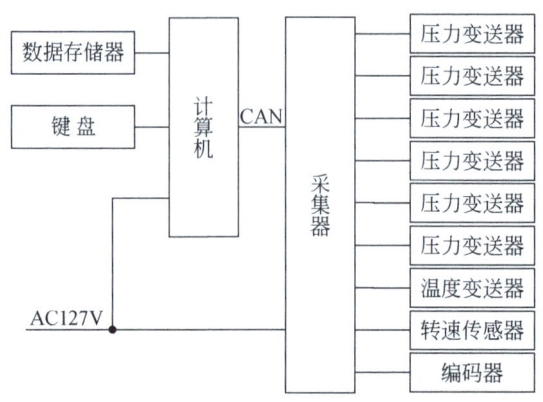

图 2.32　技术方案及组成图

表 2.9　钻参仪系统组成表

序号	名称	数量
1	YHD2-1000J 矿用隔爆兼本安型计算机	1
2	CJZ127（A）矿用隔爆兼本安型钻进参数采集器	1
3	KGY50 矿用本安型压力变送器	5
4	BYD1 矿用本安型压力变送器	1
5	GWD150 矿用本质安全型温度变送器	1
6	BQH24 矿用本安型编码器	1
7	GSC5000（B）转速传感器	1
8	YHD2-1000C 数据存储器	1
9	YHD2-1000P 矿用本安型键盘	1

钻参仪主要用于定向钻机运行数据监测，与随钻测量系统相对独立，但彼此都需要数据显示界面，可将两套系统的显示界面通过一台计算机运行。采集器设计独立的主机单元，用于采集各路传感器的参数，传感器经过采集器获取钻机运行参数后通过 CAN 总线发送到计算机显示。

钻参仪所有外部连接的电缆插头均采用快速可插拔形式，方便现场拆装。钻参仪的核心组成部件包括采集器和计算机集中安装在钻机操纵台区域，方便施钻人员随时观测钻机运行数据情况。各类传感器包括压力变送器、温度传感器、液位传感器、编码器和接近开关均按照参数监测需要安装在钻机各执行部件近端。

3. 工作模式与控制流程

钻参仪通过外部 AC127V 电源给配套的采集器和计算机供电，传感器均由采集器输出的本安电源供电，计算机给存储器和键盘供电。

4. 防爆控制方案

钻参仪各配接系统分别采用隔爆兼本安型以及本安型防爆控制方案，本安元件和隔爆系统之间通过安全隔离栅进行隔离。其中，采集器采用隔爆兼本安型，内部采用通用型PLC控制器核心模块，通过必要的安全隔离栅，以及壳体防爆设计达到防爆控制使用要求，配接计算机采用隔爆兼本安型。

2.3.2 监测系统设计与实现

1. 传感器

监测系统所有传感器选用本安型传感器，传感器的选型主要依据所测物理量和控制器类型进行选择，传感器的选型见表 2.10。

表 2.10 传感器选型表

序号	模块	参数名称	传感器类型
1	钻机参数	转速	编码器
		转矩	压力传感器
		给进/起拔力	压力传感器
		给进/起拔速度	转速传感器
2	泥浆泵参数	出水压力	压力传感器
3	油箱参数	温度	温度传感器
		液位	液位传感器

传感器类型直接决定其输出信号的类型，根据传感器的输出类型进行分类，温度和液位传感器输出信号为模拟量信号，压力变送器为 CAN 信号，接近开关和编码器采用数字量输出，主要传感器选型设计情况如下：

编码器用于将运动部件的角位移（码盘）转换成周期性的电信号，再将电信号转变成计数脉冲，通过脉冲的个数表示回转转速。

压力传感器用于将压力元件采集的压力信号转换为电压信号，具有 CAN 总线通信功能，配套选择 40MPa 和 5MPa 两种量程范围，输出信号为 CAN 信号。

接近开关用于检测给进和起拔速度，采用非接触式安装，当金属物体接近传感器的距离≤15mm 时，传感器立即动作，集电极闭合，否则集电极断开。

2. 主控制器

主控制器采用移动设备专用控制器，自带 CAN 通信接口，易于扩展。与普通 PLC 不同的是这种通用型 PLC 以高可靠性以及行业广泛采用的 CAN 总线为通信方式，能够抵抗强振动并能长时间作业。

3. 采集器结构

采集器结构设计采用隔爆兼本安型防爆形式，结构包括防爆壳体和内部安装支架。主控制器、本安电源、非安电源、安全栅、本安电路板及接线端子安装于箱体内部垂直支架上，固定在箱体底部，各配接设备使用电缆经喇叭口或快速接头引入腔体，接在对应的接线端子上。采集器外形结构如图2.33所示，采用上端盖打开方式，外围包括11个本安型快速插头和1个喇叭口。

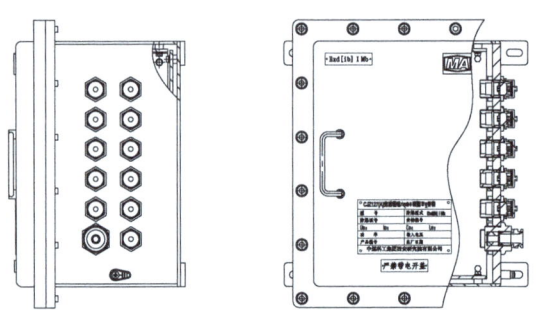

图 2.33 采集器外形结构图

1）隔爆面

采集器隔爆外壳体采用304不锈钢板焊接而成，壳体钢板厚度为5mm，接线端子面钢板厚度14mm，主腔与外部相通处采用隔爆面处理。采集器共设计有4种隔爆面形式：包括平面隔爆面、螺纹隔爆面、密封隔爆面和黏结隔爆面。

2）引入装置

采集器的引入装置分为密封圈式电缆引入装置与快速接插引入装置，如图2.34所示。密封圈式电缆引入装置（喇叭口）由接线口、密封圈和压紧螺母组成；快速接插引入装置（快速接头）是由安装板、螺纹套、YX插座、隔爆罩、压紧螺母和填充物组成。

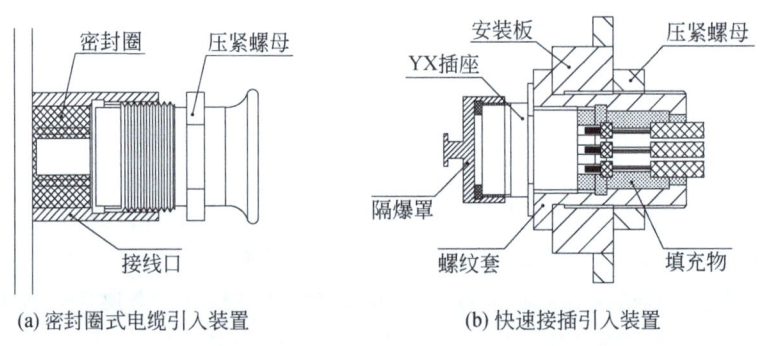

(a) 密封圈式电缆引入装置　　(b) 快速接插引入装置

图 2.34 采集器引入装置结构图

4. 采集器硬件电路

1）采集器硬件组成及电路原理

采集器的电路原理图如2.35所示。其硬件电路包括输出本安型电源、AC/DC电源模块、隔离安全栅、信号调理电路板和端子排。传感器全部为本安信号，经过隔离安全栅和信号调理电路板的隔离和调理后送入主控制器。

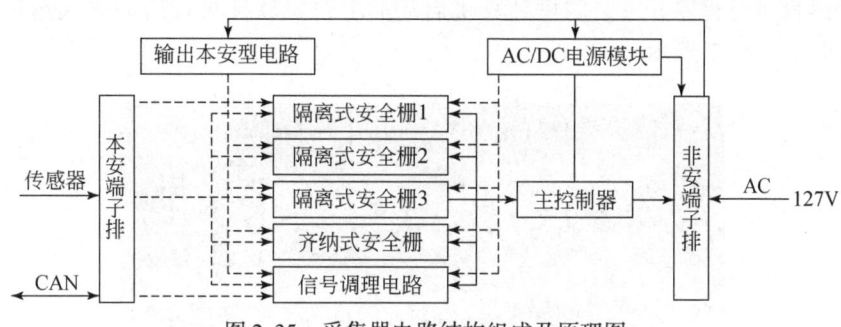

图 2.35　采集器电路结构组成及原理图

2）电源

采集器所使用的电源分为非安电源和本安电源两种类型。非安电源主要功能是将外部输入的 AC 127V 的电源变成 DC 24V 输出,给主控制器、安全栅和信号调理电路板供电。本安电源将外部输入的 AC 127V 电源变成本安 DC 12V 输出,给传感器和信号调理电路板供电。

3）采集器接口

采集器与外部元件接口分为快速接口与喇叭口两种类型,如图 2.36 所示。为了便于整体布局安装,所有接口均布局在采集器箱体的右侧面板上,共 12 个接口,其中 1 个喇叭口,其余均为快速接口,所有接口按照图纸对应连接。

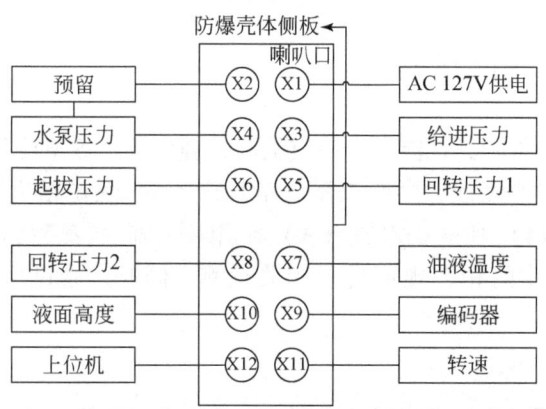

图 2.36　采集器接口布置图

4）信号调理电路

采集器通过外部非安电源输入后,经过过流和过压双重输出限能电路保护,输出为本安电源,采集器外部的非安信号经过隔离、变换成本安信号,以便于主控制器能处理。信号调理电路板针对编码器、接近开关的数字信号采用高速光耦隔离,CAN 信号采用磁耦隔离。

5. 钻参仪软件

钻参仪软件以 Windows 操作系统为基本平台,通过组态软件定制系统运行界面,基于

VC++设计语言进行程序开发。防爆计算机启动后上位机软件自行启动进入运行界面，系统运行界面如图2.37所示。

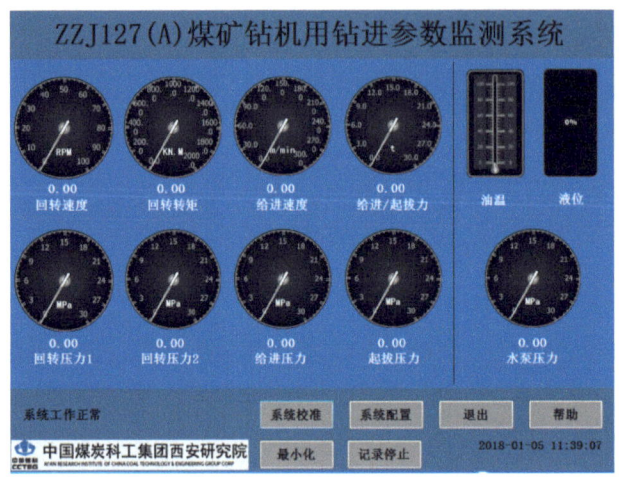

图2.37　钻进参数监测系统运行主界面

软件开启时便自动记录所采集到的各种参数，并以记事本文件保存在文件"Date"中，同时可设置所需保存参数及间隔时间；软件在运行过程中，可以设置每个参数报警数值，如超出正常参数区域，软件报警灯将进行报警，并提示报警信息。

2.3.3　监测系统性能试验

钻参仪性能试验是检验其性能和产品质量的关键环节，各项检验均由国家安全生产抚顺矿用设备检测检验中心完成，主要依靠《ZZJ127（A）煤矿钻机用钻进参数监测装置》（Q/MKYX 073.1—2014）和《CJZ127（A）矿用隔爆兼本安型钻进参数采集器》（Q/MKYX 073.2—2014）中的相关规定进行相关检测。同时，通过现场试验检验仪器的可靠性。

1. 性能检验

通过室内试验全面检测钻参仪运行状态，对精度要求较高的参数指标如压力和主轴转速进行检验和对比测试，钻参仪室内试验数据对比见表2.11。测试时对回转压力、给进压力和主轴转速分别进行测量，钻参仪监测数据与测量仪表的最大误差均在1.2%以内，满足标准规定要求。

表2.11　钻参仪室内试验数据对比表

分类		测量次数							最大误差/%
		1	2	3	4	5	6	7	
回转压力/MPa	钻参仪	1.43	2.88	4.23	5.49	7.03	9.51	10.62	1.15
	万用表	1.44	2.86	4.2	5.47	6.95	9.43	10.6	

续表

分类		测量次数							最大误差/%
		1	2	3	4	5	6	7	
给进压力/MPa	钻参仪	0.62	1.12	1.13	1.13	0.93	0.93	0.84	1.18
	万用表	0.62	1.11	1.12	1.12	0.92	0.92	0.85	
主轴转速 r/min	钻参仪	90	208	304	249	156	90	159	1.00
	测速仪	91	210	307	251	156	91	160	

2. 现场试验

钻参仪全称为"ZZJ127（A）煤矿钻机用钻进参数监测装置"，全部组成单元实物如图 2.38 所示，钻参仪配套 ZDY12000LD 型定向钻机安装。

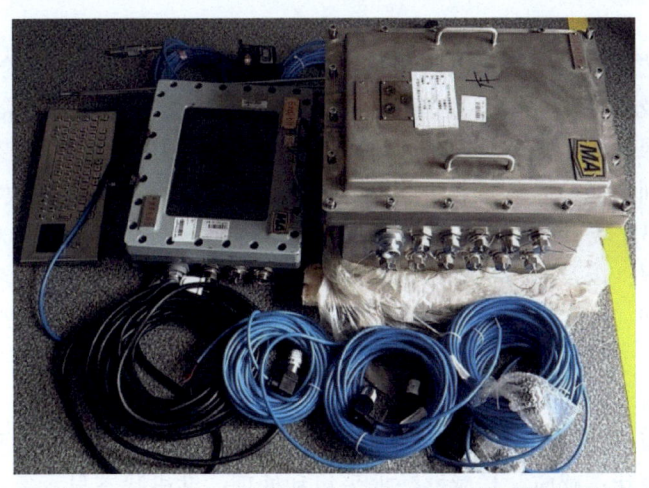

图 2.38　ZZJ127（A）煤矿钻机用钻进参数监测装置实物图

钻进参数通过钻参仪系统软件自动记录并存储到计算机后台数据库中，相关参数实时显示在计算机屏幕上，钻机操作人员能够清楚地掌握钻机工作状况。通过对软件系统的设置，可以方便地查看相关参数情况，也可以通过设置对个别参数进行重点监控。

现场试验在保德矿进行，完成了主孔深度 2311m 的钻孔施工，通过钻参仪对钻进施工过程中钻进参数情况进行全程监测。现场试验过程中，监测的钻进参数存在突变情况，提示钻孔内存在异常，钻机操作人员及时对钻进工艺参数进行调整，有效防止钻孔事故的发生。

2.4　定向钻机虚拟现实培训平台

定向钻探设备技术水平先进，可完成高精度钻孔任务，对工人素质要求较高。良好的钻机用前培训是提升工作人员钻机操作技能的重要措施。定向钻机操作规程要求使用单位应安排专人进行定向钻机的操作，且操作人员必须经过培训，考试合格，取得资格证后，持证上岗。操作人员应熟练掌握钻机的结构、性能、技术特征及工作原理,以保证设备的安全运行。

定向钻机虚拟现实培训平台作为煤矿全液压钻机模拟培训系统的重要组成部分,针对定向钻探施工的操作培训需求,利用传感技术、虚拟样机技术、虚拟现实技术、多媒体技术实现对煤矿全液压定向钻机结构、操作的仿真模拟,用于对钻机操作人员的培训过程,使受训学员能够直观、迅速地了解定向钻机装备的配套,掌握钻机结构原理及操作规程,并能够掌握处理典型钻机故障方法。利用培训平台一方面为每个学员对定向钻机的理论学习、实际操作提供逼真、科技化、经济实用的训练手段;另一方面能够使每个学员在实际使用定向钻机前通过虚拟平台和练习基础性操作,缩短煤矿企业培训周期,提高培训效率。

2.4.1 培训平台总体方案

按照钻探工艺及钻机岗前培训内容,定向钻机虚拟现实培训平台的功能主要分教学、操作培训、考核及培训管理等。教学功能分为"理论教学"和"动画演示"两个功能模块,利用多媒体课件与教案进行理论教学,涵盖钻探工程概论、钻探工艺及钻探装备等具体内容。操作培训功能分为"虚拟互动拆装"、"模拟操作"和"事故处理"功能模块,该功能提供2D、3D场景虚拟现实操作及操作规程演示,用于训练学员对钻机操作技能与规程的掌握与理解,以及熟悉常见钻进事故的处理方法。考核功能即"考试考核"功能模块,具有题库管理、试卷编组、考试管理等功能,用于考核学员的理论学习效果。培训管理即"培训管理"功能模块,能够对本培训平台的使用人员进行分级管理,不同的使用人员具有不同的身份和权限。

定向钻机虚拟现实培训平台设计了一套钻机模拟操作与多媒体硬件平台,在该平台上实现钻机操纵装置状态感应、传感器数据采集和处理、钻机状态显示等功能,主要包括模拟操纵台、数据采集设备、服务器和多通道呈现系统等部分。模拟操纵台利用数字电路模拟油路参数,利用传感器检测操作手柄、调节手轮和虚拟钻机工作的状态,实现对虚拟钻机的操作。数据采集设备用于采集并处理传感数据,并建立交互硬件操作平台与服务器之间的数据传输通道。多通道呈现系统能够将虚拟现实模型状态与交互信息通过多媒体系统呈现出来,用于钻机结构展示、机械系统仿真、模拟操作等。定向钻机虚拟现实培训平台总体结构如图2.39所示。

在定向钻机虚拟现实培训平台的软件系统中包括面向平台管理人员的培训管理软件和面向受训学员的虚拟现实操作软件。培训管理软件为平台的架构软件,全部功能均嵌入软件中。虚拟现实操作软件作为最主要的培训功能也嵌入培训管理软件中,是培训系统与学员之间的人机交互界面,能够给受训学员呈现出打钻实时参数、操作提示、教师指令、综合评判等相关信息。软件系统总体架构如图2.40所示。

第 2 章　煤矿井下全液压坑道定向钻机 · 69 ·

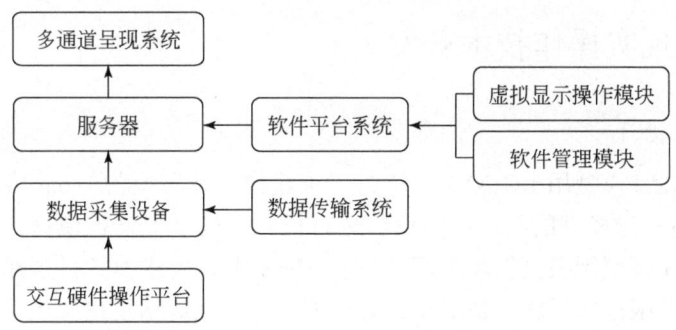

图 2.39　定向钻机虚拟现实培训平台总体结构图

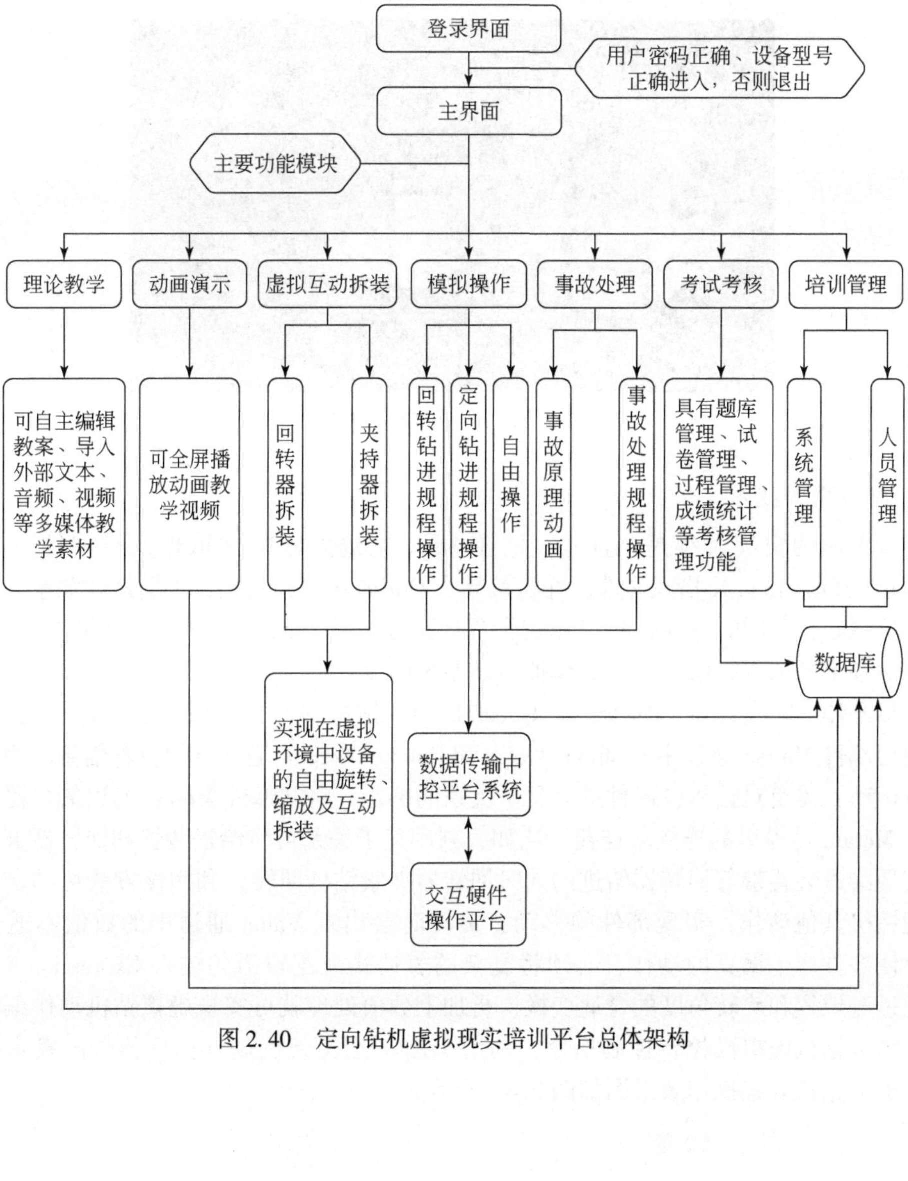

图 2.40　定向钻机虚拟现实培训平台总体架构

2.4.2 虚拟现实操作技术开发

1. 虚拟场景设计

首先将钻机设计模型用 UG NX7.5 进行三维建模，并转换为 .step 格式导入 Maya 中。在 Maya 中对所有三维模型的纹理、颜色等进行设置，使虚拟钻机模型达到较佳的视觉效果。钻场虚拟现实模型则根据钻场实际情况在 Maya 中直接建模。将搭建好的设备模型导入钻场模型中，并根据实际施工情况布置好模型，从而完成钻场虚拟模型搭建。最后在虚拟钻场中布置灯光，并进行细节修改，经过渲染后完成钻场虚拟现实模型的搭建。钻机虚拟现实中的钻场施工效果如图 2.41 所示。

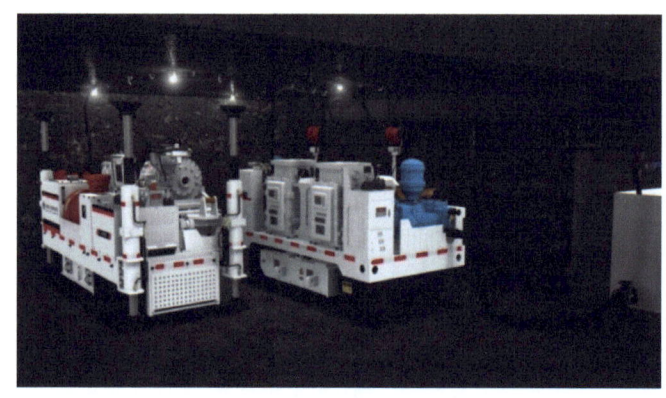

图 2.41 钻场施工效果图

2. 虚拟操作技术

虚拟操作的实现过程是：首先，把在 Maya 中建立好的虚拟现实模型统一转换为 Quest3D 能够适用的 .X 格式文件，并将其导入 Quest3D 中；其次，根据运动关系，进行虚拟交互控制制作，同时编写钻机操作逻辑程序，并设置不同工况下的设备仪表运行参数；最后，对各个环节进行整合，完成模拟培训系统的设计。

虚拟操作功能设计原理如下：在 Quest3D 中，钻机部件在虚拟环境下进行连续动作，只要改变部件 Motion 通道中 Position Vector 和 Rotation Vector 通道下的位置信息。为实现钻机整体运动，需要对钻机各部件进行父子关系的绑定，将父部件 Motion 通道的快捷方式与子部件 Motion 通道里的连接块连接。比如，利用父子关系可将给进装置和回转器绑定在一起，实现给进装置带着回转器给进的同时回转器夹紧钻杆回转，利用该方法可绑定其他部件实现钻机其他动作。实现部件的移动、旋转时会出现 Value 通道中的数值不适合的情况，要使部件产生逼真的动作，必须将复杂的表达式或逻辑语句输入 Expression Value 通道。经过对位置和旋转角度的合适变换，再加上数值处理就可实现虚拟钻机动作编程，之后需要结合钻机虚拟操控台控制指令，利用 Trigger 通道接受硬件操作信号触发虚拟钻机动作。虚拟钻机规程操作效果图如图 2.42 所示。

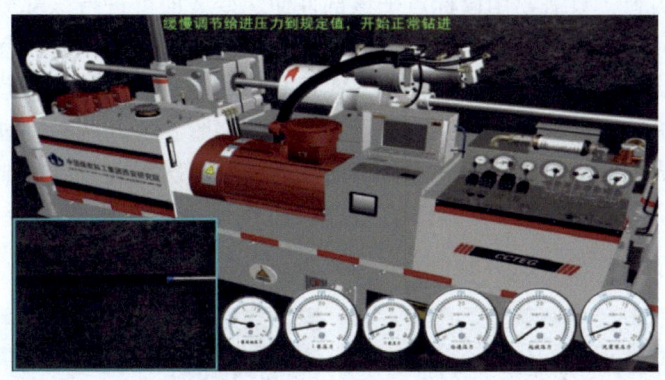

图 2.42　规程操作效果图

2.4.3　培训平台的使用

安装好定向钻机虚拟现实培训平台所需软件后就可以开始使用平台。双击软件图标后，输入用户名与密码进入如图 2.43 所示的主界面，界面上包括了平台全部功能，只需点击相应按钮即可开始使用。

图 2.43　定向钻机虚拟现实培训平台主界面

在"理论教学"功能模块中可以对使用教学素材进行理论教学，并对教学素材进行管理，主要功能包括："打开"、"新建"、"删除"、"目录编辑"、"导入素材"、"刷新"等，主要针对教学时使用的多媒体文件进行操作与管理，能够导入媒体视频、音频文件、调用幻灯片、PDF 文档、调用 word 文档、调用 excel 文档、图片文件、网页文件等各种格式教学素材。

"动画演示"功能模块是利用预先制作好的虚拟现实动画教学素材针对定向钻探工艺原理、定向钻机结构特点、定向钻进操作规程等环节进行直观的教学。

"虚拟互动拆装"功能模块能够把定向钻机的两种关键部件（回转器与夹持器）进行虚拟拆卸和装配。其中回转器拆装包括卡盘拆装、抱紧装置拆装以及齿轮箱拆装，操作者想要学习哪部分内容，只需要用鼠标点击该部件使之变蓝即可进行该部分的虚拟拆装，如图2.44（a）所示。图2.44（b）为夹持器的虚拟拆装效果图，界面上有4个子菜单可以点击，分别为拆卸、组装、加紧和松开，要实现具体功能只需鼠标点击菜单。拆卸和组装为夹持器的虚拟拆装；夹紧、松开用以显示夹持器的夹紧、松开两种动画状态，说明其工作原理。拆卸完成后点击组装，拆开零件按照先后顺序依次组装直到完成部件的组装。如果点击组装菜单没有反应，说明部件的零件没有拆卸完毕，检查是否有蓝色未拆卸的零件。

 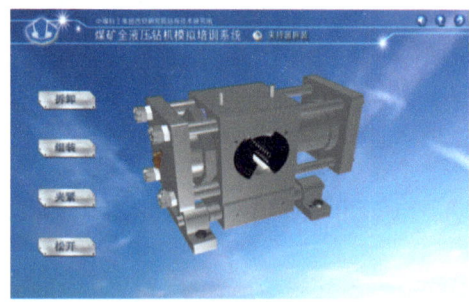

(a) 回转器　　　　　　　　　　　　(b) 夹持器

图2.44　回转器和夹持器虚拟拆装效果图

"模拟操作"功能模块包含"回转钻进规程操作"、"定向钻进规程操作"和"自由操作"三种培训模式。规程操作是指在特定施工工况下，按照规定的标准步骤，参照操作提示对虚拟钻机进行操作。包括了钻进工艺的全部操作训练内容，每种训练内容按照规范的钻探工艺编写，操作者必须按照文字提示逐步进行操作，否则不能进行下一步操作。目的是让操作者熟记操作规程，养成良好的钻机操作规范，虚拟操控主界面如图2.45所示。

 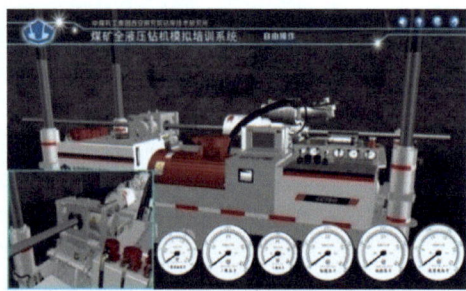

(a) "定向钻进规程操作"界面　　　　　　(b) "自由操作"界面

图2.45　钻进培训操作界面

以"定向钻进规程操作"中的"调整工具面向角"操作训练为例，点击界面中"调整工具面向角"按钮后进入初始状态界面。这个界面显示了钻机进行调整工作面向角时钻机的初始状态。图2.46为调整工具面向角操作初始界面，图中白色箭头表示对应的操作手把在正确的位置上；红色箭头表示对应的操作手把在错误的位置上，需要将手柄置于正确位置，才能进行该模块的下一步操作。进入下一步后界面会出现文字提示，操作者只需要按照文字提示操控对应的手把和按钮就可以完成该模块操作学习，调整工具面向角操作过程如图 2.46 所示。

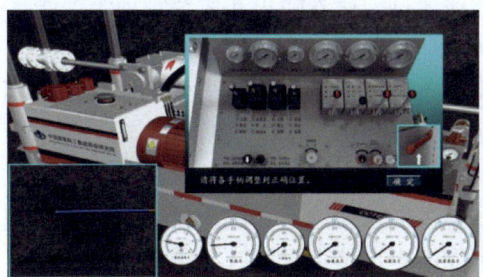
(a) 虚拟操作错误初始界面

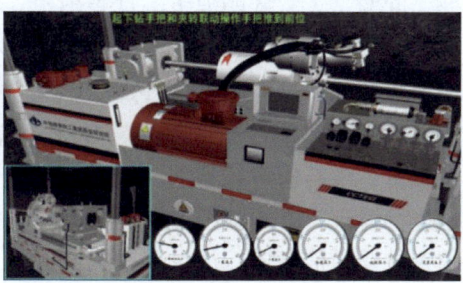
(b) 调整工具面向角步骤提示

图 2.46　调整工具面向角操作过程图

"模拟操作"功能模块中的"自由操作"模式是为了提高操作人员对钻机操作的熟练程度而设计的操作模式，"自由操作"培训时没有钻机虚拟操作初始界面，根据自己掌握的钻机操作知识自由操作钻机，操作有误时会出现操作错误提示，直到操作正确提示才会消失。"自由操作"界面如图 2.47 所示。

图 2.47　"自由操作"错误提醒状态

"事故处理操作"功能模块包括了强力起拔、公（母）锥打捞、套铣打捞和反丝打捞四种常见钻进事故处理方法，也采用规程操作模式进行训练。操作时左下角配有孔内的动画，方便操作者掌握孔内事故处理过程。事故处理操作与以上的规程操作流程类似，不再赘述。孔内事故处理界面如图 2.48 所示。

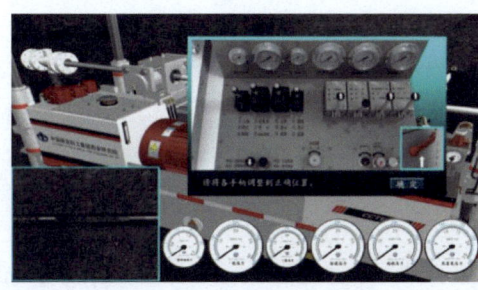
(a) 公（母）锥打捞界面

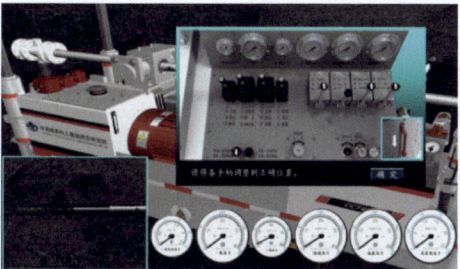
(b) 套铣打捞界面

图 2.48　孔内事故处理界面

"考试考核"功能模块为一种题库管理系统。与常见的题库系统类似，具备了试题分类存储、试题录入、试题编辑、试卷编组、在线考试、试卷输出和成绩管理等功能。

"培训管理"功能模块是整个平台的用户管理系统在"系统管理"功能模块中，能够对使用本平台的人员权限进行管理，不同身份的人员按照相应的需求使用平台中的不同功能模块，分为"系统管理管理员"身份、"教师"身份和"学员"身份。对于使用人员可进行按单位组织结构进行管理，方便使用单位对本单位人员培训管理，也可以按照教学从属关系进行管理，方便教师掌握学员信息和教学进度。在这个功能模块中，能够对使用本平台的人员登录信息进行记录和查询，同时也能够查询培训进度或教学进度。

第3章　矿用有线随钻测量系统

随钻测量系统主要用于煤矿井下近水平定向钻孔施工过程中的随钻监测，可随钻测量钻孔倾角、方位角及工具面向角等主要参数，同时可实现钻孔参数、钻孔轨迹的即时显示，便于施钻人员随时了解钻孔施工情况，并及时调整螺杆钻具工具面向角和工艺参数，使钻孔尽可能地按照设计轨迹延伸（石智军等，2013a，2013b）。

根据信号传输方式不同，随钻测量系统可分为有线随钻测量系统和无线随钻测量系统两大类，矿用有线随钻测量系统是煤矿井下定向钻进领域应用最多、技术最成熟的随钻测量系统。

3.1　矿用有线随钻测量系统概述

矿用有线随钻测量系统以特制的中心通缆钻杆作为信号传输通道，针对孔内电池筒供电的技术不足，提出采用孔口防爆计算机给孔内测量探管供电的技术思路（王清峰和黄麟森，2013；方俊等，2015），开发了 YHD2-1000（A）型矿用有线随钻测量系统。

3.1.1　有线信号传输原理与技术现状

有线信号传输是指钻进过程中利用电缆或特制钻杆作为信号传输通道、利用电流变化将孔底测量数据传递到孔口的信号传输方式。

与地面钻井领域信号传输方式不同，煤矿井下有线信号传输以特制的中心通缆钻杆作为信号传输通道，中心通缆钻杆主要由钻杆体和中心通缆装置组成，中心通缆装置又可分为信号传输装置、绝缘装置和支撑装置三部分。信号传输装置具有导电功能，绝缘装置和支撑装置将其固定在钻杆体中间，并与钻杆体绝缘。

矿用有线随钻测量系统由孔内设备和孔口设备组成，其中孔内设备由测量探管、无磁钻杆和其他配套设备等组成，而测量探管一般又由测量单元、信号传输单元和电源单元等组成。孔口设备由防爆计算机、键盘、存储器和其他配套设备等组成，其中防爆计算机一般又由信号接收单元、数据处理与显示单元、电源单元等组成。

如图 3.1 所示，矿用有线随钻测量系统使用时，孔内测量探管安装在螺杆钻具后的无磁钻杆内，孔口设备安装在钻机操纵台附近，中心通缆钻杆从孔底依次连接至孔口，并使用电缆与孔口设备相连。信号传输时，中心通缆钻杆相当于同轴电缆，钻杆体和信号传输装置构成信号传输回路，其中钻杆中心的信号传输装置作为信号线，钻杆体作为信号地，将孔内数据实时传输至孔口。有线信号传输具有传输速度快、可双向信号传输等优点，应用广泛。

矿用有线随钻测量系统的研究重点主要集中在孔内探管供电方式、信号传输方式和

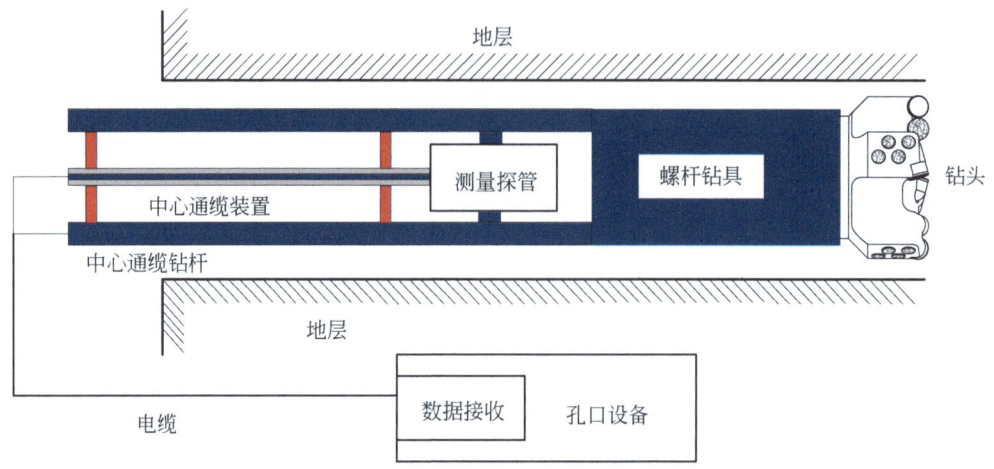

图 3.1 煤矿井下有线信号传输原理图

信号传输通道等方面，相关产品以 RS485 或 RS232 有线传输方式为主；传输通道为特制的中心通缆钻杆，供电方式为孔内电池筒供电，如澳大利亚 VLD 公司的 DGS 钻进导向系统（图 3.2）、西安研究院的 YHD1-1000（A）随钻测量系统（图 3.3）等。

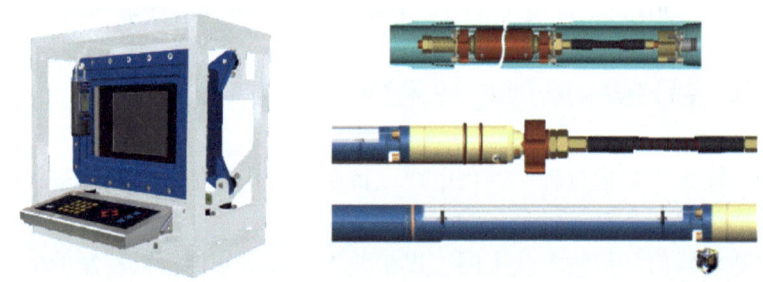

图 3.2 DGS 钻进导向系统图

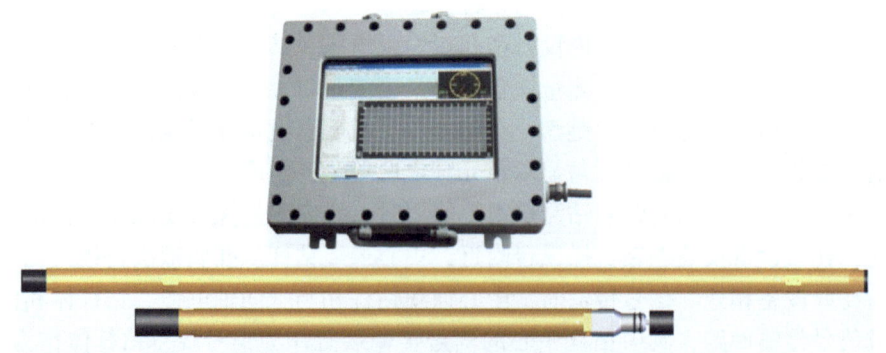

图 3.3 YHD1-1000（A）随钻测量系统图

但是采用孔内电池筒供电，存在以下不足：

（1）影响信号传输和工作稳定性。为保证长时间孔内工作，信号传输强度受到限制；随使用时间和钻孔深度增加电池筒电量减小，供电电压衰减且不平稳，影响测量信号上传，尤其是孔内涌出大量高压水时，测量信号不稳定。

（2）仪器易损坏。由于需要定期更换充电电池筒，因此频繁拆卸孔内仪器，仪器容易损坏。

（3）电池筒增加了仪器结构尺寸，从而使探管距离钻头较远，测量具有滞后性，需要提前预测钻孔轨迹变化；影响仪器安装固定；电池筒外径较大，钻杆内过流面积较小，影响钻进冲洗液流通。

（4）增加了使用和维护成本。测量探管维修、电池筒更换等使用成本高。

3.1.2 基于防爆计算机供电的矿用有线随钻测量系统

针对采用电池筒供电存在的不足，通过测量探管供电方式和信号传输技术创新，开发了基于防爆计算机供电的矿用有线随钻测量系统 YHD2-1000（A）。该系统由防爆计算机、防爆键盘、防爆数据存储器和防爆测量探管四部分组成，如图 3.4 所示，性能参数见表 3.1。其中孔口防爆计算机采用防爆键盘进行人机交互，采用防爆数据存储器进行文件导入导出，既可随钻实时接收和处理测量信号，又可为孔内测量探管供电。测量探管采用孔口防爆计算机提供的电源进行工作，采集钻孔倾角、方位角、工具面向角等数据后，通过中心通缆钻杆将数据发送到孔口，由防爆计算机进行接收和显示。测量完成后，断开通信线路，孔内测量探管即会停止工作。

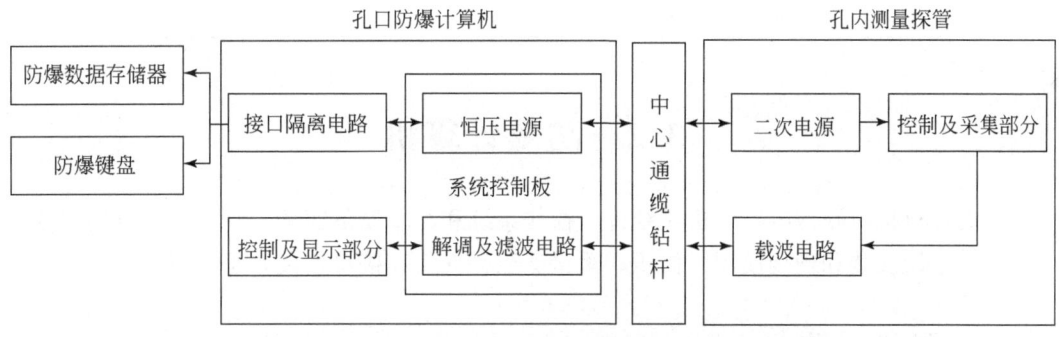

图 3.4　YHD2-1000（A）型矿用有线随钻测量系统组成

表 3.1　YHD2-1000（A）型矿用有线随钻测量系统性能参数

整体性能	传输距离	大于 1km		
	测量性能	项目	测量范围	允许误差
		倾角	−90°～+90°	±0.2°
		方位角	0°～360°	±1.5°
		工具面向角	0°～360°	±1.5°

续表

防爆计算机	显示器	12″高分辨率彩色液晶显示屏
	人机交互	键盘
	电源	外接127V交流供电，适应电压75%~110%波动
	外形尺寸	411mm×348mm×112mm
	重量	38kg
	防爆形式	矿用隔爆兼本安型，防爆标志为 Exd［ib］I
	工作温度	0~40℃
防爆键盘	防爆形式	矿用本安型，防爆标志为 EXibI
	外形尺寸	361mm×145mm×20mm（长×宽×高）
	重量	小于5kg
防爆数据存储器	防爆形式	矿用本安型，防爆标志为 EXibI
	外形尺寸	32mm×118mm（外径×高）
	重量	小于1kg
	平均传输速率	1.5Mbps
	存储容量	4G
测量探管	尺寸	Φ35mm×532mm 无磁黄铜
	重量	小于4kg
	工作电压	由计算机供电，工作电压 10~14V
	防爆形式	矿用本安型，防爆标志为 EXibI
	工作温度	0~40℃

3.2 防爆计算机

防爆计算机由硬件电路、机械结构、操作系统和配套设备四部分组成。设计时考虑加工工艺、系统安装和现场使用，体积和重量适当，安装和接口连接方便快捷。

3.2.1 硬件电路

1. 整体组成

防爆计算机硬件组成主要分为电源模块、液晶显示屏、硬盘、主控板、接口隔离电路板和系统控制板等，各部分通过数据线或电源线连接，如图3.5所示。计算机实时监测从各接口采集到的信息，发出相应的控制命令，控制设备的启/停。

2. 关键硬件模块

1）电源模块

电源模块可分为两部分，一部分为隔离后的本安电路和本安外设供电，主要包括接口

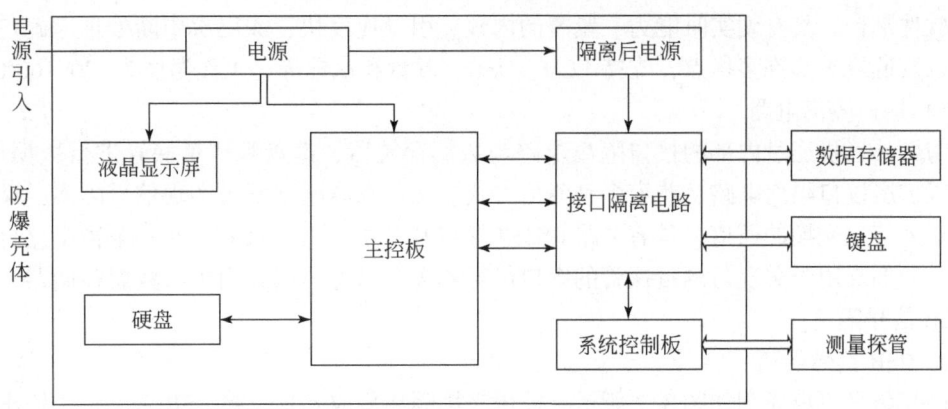

图 3.5 防爆计算机硬件组成框图

隔离电路板、存储器和键盘；另一部分为非本安电路供电，主要包括硬盘、液晶显示屏和主板等。电源模块输入电压为 AC 90~264V，经保险管进 AC/DC 转换器，输出电压 5V，总功率为 20W，可提供欠压、过流、过载等多重冗余保护，限制能量，保护后锁定，断电后恢复。

2）液晶显示屏

液晶显示屏采用 12 寸大尺寸本安型彩色液晶显示屏，分辨率支持 1024×768，既可显示图像又可显示数据，其正常工作电压为 12V，功率为 3.3W，主要由液晶屏幕、数字信号驱动电路、有机发光二极管背光阵列、背光供电电路和背光控制电路组成，如图 3.6 所示。数字信号驱动电路将由输入端输入的视频信号转换为调制信号输出给背光控制电路实现液晶屏幕的图像显示控制。

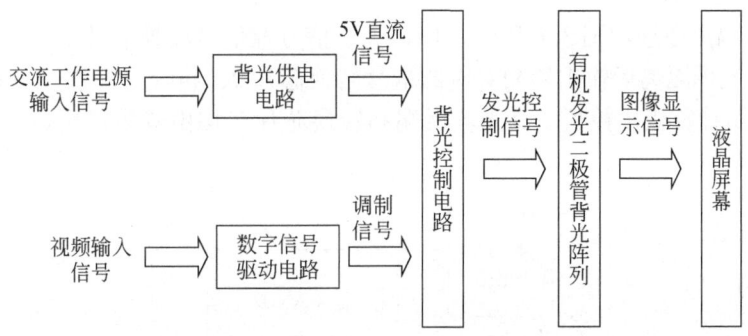

图 3.6 液晶显示屏组成结构框图

3）硬盘

硬盘主要功能是存储操作系统、程序以及数据，采用宽温的 64G 固态硬盘，接口类型为 SATA2（6Gbps），数据传输率读出为 560MB/s，写入为 430MB/s，相比传统硬盘具有启动快、读取延迟小、碎片不影响读取时间、写入速度快、无噪声、发热量低、体积小、重量轻和抗震动等优点。

4）主控板

主控板是计算机的核心单元，采用嵌入式计算机为管理控制核心，以 Windows XP 为通用软件平台，具有硬实时能力、紧凑的内核、引导速度快、深层次中断处理、确定的控制性以及低成本等许多优点，支持 LCD、USB、键盘和鼠标等，工作温度为 -20 ~ 60℃。

5）接口隔离电路

防爆计算机通过内部的接口隔离电路与数据存储器、键盘和测量探管进行数据通信，也可以扩展接口隔离电路，兼容多种通信方式。接口隔离电路既可实现信号隔离，又是计算机对外信息交换的通道，具有 1 路 RS232 接口和 2 路 USB 总线口。接口隔离电路分为两部分，一部分用于实现与测量探管的串口信号隔离，另外一部分用于与数据存储器和键盘的 USB 信号隔离。

a. USB 信号隔离

USB 信号隔离原理如图 3.7 所示，采用光耦隔离集成芯片，将 USB 上的输入输出信号直接隔离，并传送给计算机主控板，其光耦后端与双重过压过流 5V 保护电路连接。

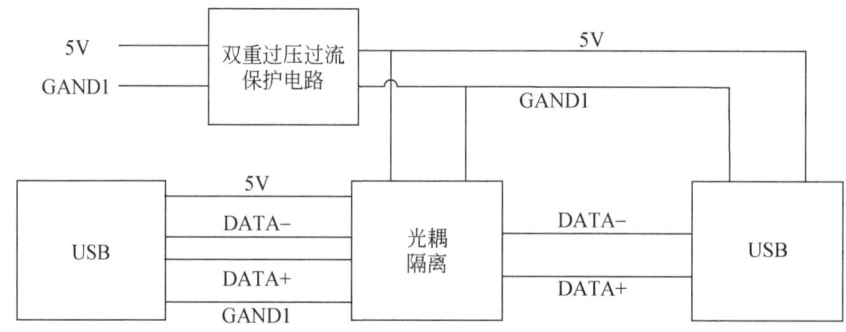

图 3.7　USB 信号隔离原理图

b. 串口信号隔离

串口信号隔离原理如图 3.8 所示。串口 232 信号经信号转换芯片 1 变换成 TTL 信号，TTL 信号再经光耦隔离后输出给相对应的信号转换芯片 2，再经过一次反变换，转为串口 232 信号传送给计算机主控板。其光耦后端和转换芯片 2 均由双重过压过流 5V 保护电路提供电源。

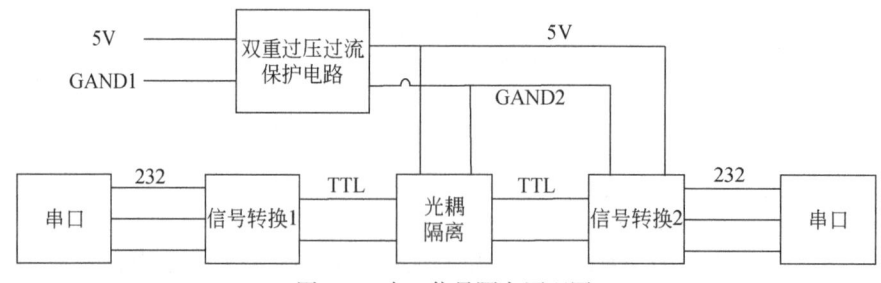

图 3.8　串口信号隔离原理图

6）系统控制板

系统控制板主要用于与孔内测量探管进行操作指令和测量数据的双向传输通信，其信号转换解调电气原理如图 3.9 所示，当接收到测量探管发回的测量数据时，R2 会产生约

1V 电压的跳变，通过 C17、C27 电容，并经过 U14 信号放大、U5 信号滤波、U6 信号整形，变为 RS232 TTL 电平信号，最后通过 RS232 串行信号转换芯片，转化成标准 RS232 电平，输入主控板，从而解调出准确的数据。

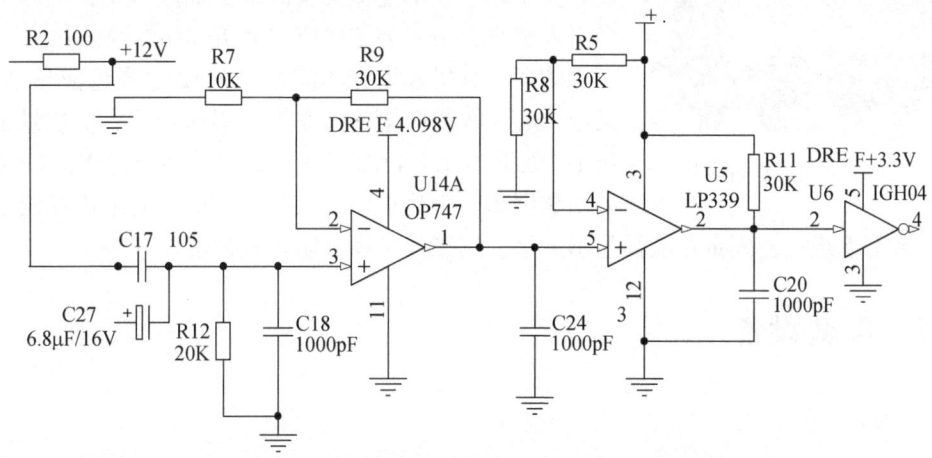

图 3.9　防爆计算机信号转换解调电气原理图

系统控制板还可通过中心通缆钻杆为孔内测量探管供电。为保证测量探管工作稳定性，其供电电压为恒压稳定值，电气原理如图 3.10 所示，通过 MAX629 芯片，将低压 5V 调制到输出高压稳定值。

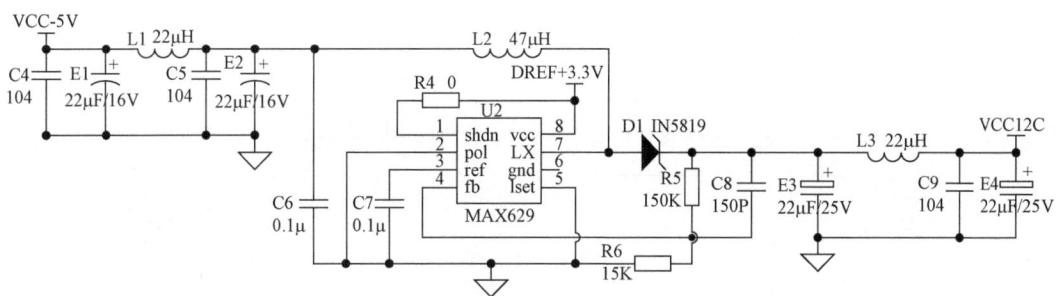

图 3.10　系统控制板恒压电源模块电气原理图

3.2.2　机械结构

防爆计算机机械结构上设计为一个隔爆壳体，各硬件电路模块合理、紧凑地安装在隔爆壳体内。防爆计算机实物如图 3.11 所示。

防爆计算机隔爆壳体主要由前盖和后盖组成，均由整块材料加工而成，无焊接。前后盖之间隔爆接合面宽度不小于 27mm，间隙不大于 0.2mm，表面粗糙度为 3.2μm，隔爆接合面边沿到孔边沿的距离不小于 9.5mm，壳体内部涂 1321 耐弧漆，隔爆面磷化处理，装配前涂敷防锈油。

图 3.11 防爆计算机实物

防爆计算机隔爆壳体后盖上设有三个快速接头插座和一个电缆引入装置,其中快速插头插座分别与防爆键盘、防爆数据存储器和信号传输线连接,每个快速接头插座上配有安全帽,在不连接插头时保护插座端子;电源采用电缆引入装置,引入装置底座与后盖体用螺纹连接。

防爆计算机隔爆壳体前盖镶嵌 12 寸彩色液晶显示屏,采用 15mm 特制钢化玻璃作为透明保护罩,受质量 1kg 重物 1m 处下落冲击表面完好;钢化玻璃与前盖之间接合面采用紫铜垫;钢化玻璃与液晶显示屏之间采用橡胶垫进行缓冲,采用绝缘挡板固定在液晶显示屏后,用螺丝紧固,防止其掉落。

3.2.3 配套设备

1. 防爆键盘

防爆键盘是防爆计算机实现人机交互和功能操作的工具,其将键盘和鼠标组合在一起,实现了按键信息输出、光标触摸移动等功能。

1)硬件电路

防爆键盘由触摸板、触摸按钮、触摸感应电路、矩阵电路、MCU1、MCU2、信号收发电路等组成,电气原理如图 3.12 所示。

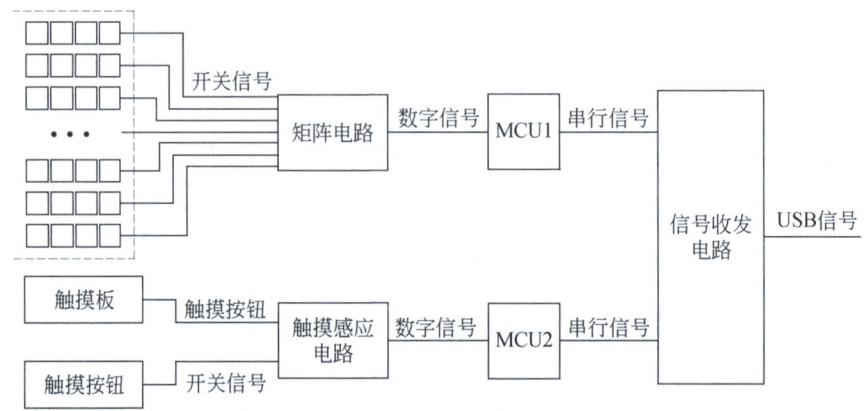

图 3.12 防爆键盘电气原理框图

键盘本体上的按键与矩阵电路连接,通过矩阵电路将按键的开关信号转换成数字信号,经 MCU1 处理后将串行信号输出至信号收发电路;触摸板与触摸感应电路连接,通过触摸感应电路将触摸板表面的滑动轨迹模拟信号转换成数字信号,经 MCU2 处理后将串行信号输出至信号收发电路;触摸按钮与触摸感应电路连接,通过触摸感应电路将触摸按钮的开关信号转换成数字信号,经 MCU2 处理后将串行信号输出至信号收发电路;信号收发电路将按键、触摸板和触摸按钮的信号最终转换为 USB 信号,通过有线方式传递给防爆计算机。

2)机械结构

防爆键盘左侧为全键盘按键,右侧设置一个触摸板和两个触摸按钮,采用不锈钢的按键和外壳,并进行了防水、防尘设计。防爆键盘引出电缆线采用内部加固和外部防松两种方式进行了结构强化,通过有线方式与防爆计算机连接,由防爆计算机供电工作。防爆键盘实物如图 3.13 所示。

2. 防爆数据存储器

防爆数据存储器具有数据和文件导入导出防爆计算机和普通计算机的功能。

1)硬件电路

防爆数据存储器硬件电路由两部分组成,一部分是接口隔离电路,保护存储器使用性能和安全性能不受外部电路影响;一部分是存储器本安控制电路,实现存储器使用性能。防爆数据存储器由防爆计算机供电工作,供电电压为 5V,工作时电压峰值为 3~9V,平均传输速率为 1.5Mbps,存储容量为 4G。

2)机械结构

防爆数据存储器由内部存储器、接口和外壳组成,外壳采用高强度不锈钢材料制作,接口采用 5 芯航空插头,可直接与防爆计算机连接使用,也可以通过一根转换线与普通计算机连接使用。防爆数据存储器实物如图 3.14 所示。

图 3.13 防爆键盘实物图

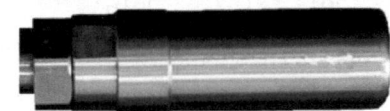

图 3.14 防爆数据存储器实物图

3.3 有线随钻测量探管

有线随钻测量探管采用孔口防爆计算机进行供电,通过优选关键元器件降低功耗、合理电气设计实现测量和信号传输、优化轨迹参数计算和补偿公式提高测量精度、小型化结构设计减少对钻进冲洗液流通影响、二次电源工作和信号载波传输技术确保供电和信号双向传输,实现了高精度测量、可靠信号传输和稳定工作(代晨昱等,2017)。

3.3.1 整体结构

有线随钻测量探管由传感器组、CPU 控制器、钻孔轨迹采集电路、信号调制电路、信号载波传输电路、本安二次电源电路等组成,电气原理如图 3.15 所示。

有线随钻测量探管的工作原理如下:测量探管由防爆计算机供电后,按照防爆计算机发送的操作指令工作;传感器组感受其输入量,与放大电路一起将输入量变换成与之对应的输出电压;CPU 采样传感器组输出电压和基准电压后经过数字滤波,计算出倾角、方

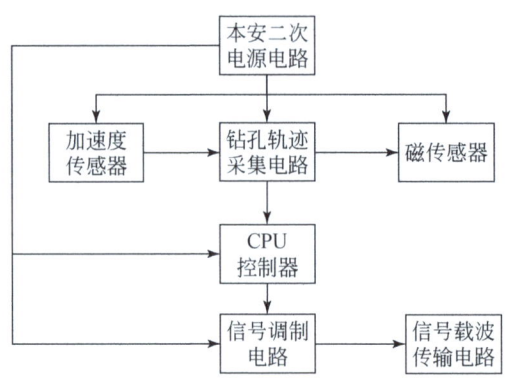

图 3.15 有线随钻测量探管电气原理框图

位、工具面向角等参数,然后以串行数字编码的形式,由信号调制电路和信号载波传输电路采用有线方式传输至孔口。

3.3.2 参数测量原理

钻孔轨迹参数主要包括钻孔倾角、方位角和工具面向角等参数,只要精确测得重力加速度和磁场强度沿探管测量坐标系各轴的分量,就可以计算出倾角、方位角和工具面向角(黄麟森,2015;江浩等,2016)。

有线随钻测量探管采用固联在探管管芯上的传感器组进行测量。传感器组由三个加速度传感器和三个磁传感器组成,如图 3.16 所示,加速度传感器和磁传感器分别安装于符合右手定则的 OX、OY、OZ 轴方向,彼此正交,构成捷联式系统。

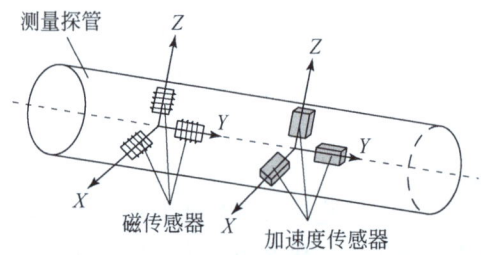

图 3.16 传感器组正交布置坐标系

根据欧拉定理,测量探管在钻孔内的任意姿态可用地理坐标系依次旋转方位角、倾角和工具面向角得到,每次旋转相当于一次坐标变换,其坐标变换矩阵如下所示:

$$\boldsymbol{K}_\alpha = \begin{bmatrix} \cos\alpha & \sin\alpha & 0 \\ -\sin\alpha & \cos\alpha & 0 \\ 0 & 0 & 1 \end{bmatrix} \tag{3.1}$$

$$\boldsymbol{K}_\theta = \begin{bmatrix} 1 & 0 & 0 \\ 0 & \cos\theta & \sin\theta \\ 0 & -\sin\theta & \cos\theta \end{bmatrix} \tag{3.2}$$

$$\boldsymbol{K}_\omega = \begin{bmatrix} \cos\omega & 0 & -\sin\omega \\ 0 & 1 & 0 \\ \sin\omega & 0 & \cos\omega \end{bmatrix} \quad (3.3)$$

根据式（3.1）~式（3.3）可知，地理坐标系与传感器组正交布置坐标系的变换矩阵为：

$$\boldsymbol{K}_0 = \boldsymbol{K}_\alpha \boldsymbol{K}_\theta \boldsymbol{K}_\omega = \begin{bmatrix} \cos\alpha\cos\omega - \sin\alpha\sin\theta\sin\omega & \sin\alpha\cos\omega + \cos\alpha\sin\theta\sin\omega & -\cos\theta\sin\omega \\ -\sin\alpha\cos\theta & \cos\alpha\cos\theta & \sin\theta \\ \cos\alpha\sin\omega - \sin\alpha\sin\theta\cos\omega & \sin\alpha\sin\omega - \cos\alpha\sin\theta\cos\omega & \cos\theta\cos\omega \end{bmatrix} \quad (3.4)$$

加速度传感器可以感受重力加速度在三个方向上的分量，由于重力加速度始终垂直向下，大小为 g，在其他方向数值为 0，则测量探管在钻孔内处于任意状态时，三个加速度传感器的输出值为

$$\begin{bmatrix} G_X \\ G_Y \\ G_Z \end{bmatrix} = \boldsymbol{K}_0 \begin{bmatrix} 0 \\ 0 \\ -g \end{bmatrix} \quad (3.5)$$

将式（3.4）代入式（3.5），可得

$$\begin{cases} G_X = g\cos\theta\sin\omega \\ G_Y = g\sin\theta \\ G_Z = -g\cos\theta\cos\omega \end{cases} \quad (3.6)$$

则可得

$$\begin{cases} \theta = \tan^{-1}\dfrac{-G_Y}{\sqrt{G_X^2 + G_Z^2}} \\ w = \tan^{-1}\dfrac{G_X}{-G_Z} \end{cases} \quad (3.7)$$

式中，θ 为钻孔倾角，(°)；w 为螺杆钻具工具面向角，(°)；G_X、G_Y、G_Z 为各重力加速度传感器真实测量值，m/s²。

磁传感器可以感受地磁场在三个方向上的分量，而地磁场矢量方向并不与真北方向重合，而是存在一个磁偏角，则测量探管在钻孔内处于任意状态时，三个磁传感器的输出值为

$$\begin{bmatrix} M_X \\ M_Y \\ M_Z \end{bmatrix} = \boldsymbol{K}_0 \begin{bmatrix} 0 \\ M_t\cos\delta \\ -M_t\sin\delta \end{bmatrix} \quad (3.8)$$

将式（3.4）代入式（3.8），可得

$$\begin{cases} M_X = M_t(\sin\alpha\cos\omega + \cos\alpha\sin\theta\sin\omega)\cos\delta + M_t\cos\theta\sin\omega\sin\delta \\ M_Y = M_t\cos\alpha\cos\theta\cos\delta - M_t\sin\theta\sin\delta \\ M_Z = M_t(\sin\alpha\sin\omega - \cos\alpha\sin\theta\cos\omega)\cos\delta - M_t\cos\theta\cos\omega\sin\delta \end{cases} \quad (3.9)$$

则可得

$$\tan\alpha = \frac{M_X\cos\omega + M_Z\sin\omega}{(M_X\sin\omega - M_Z\cos\omega)\sin\theta + M_Y\cos\theta} \tag{3.10}$$

将式（3.7）代入式（3.10），则可得

$$\alpha = \tan^{-1}\frac{(G_X M_Z - G_Z M_X)\sqrt{G_X^2 + G_Y^2 + G_Z^2}}{M_Y(G_X^2 + G_Z^2) - G_Y(G_X M_X + G_Z M_Z)} \tag{3.11}$$

式中，α 为钻孔方位角，(°)；M_X、M_Y、M_Z 为各磁传感器的真实测量值，μT；M_t 为大地磁场强度，μT；δ 为磁偏角，东磁偏角为正值，西磁偏角为负值，(°)。

根据传感器组测量得到的原始数据，通过式（3.7）~式（3.11）即可计算出正确的钻孔轨迹参数。

3.3.3 传感器选型与数据采集

1. 测量传感器选型

石油行业中随钻测量系统选用的重力加速度传感器通常为石英摆片挠性加速度传感器，磁方位角传感器选用磁通门传感器，两种传感器具有测量精度高、工作温度高等特性，但也存在体积大、功耗大等缺点，无法满足煤矿井下仪器对于传感器低功耗的要求。YHD2-1000（A）型矿用有线随钻测量系统选用的传感器如下所述。

1）倾角传感器

倾角传感器选用美国 Analog Devices 公司生产的基于 Mems 技术的 ADXL203 加速度传感器，组成了相互正交的传感器系统，其主要技术参数见表 3.2。

表 3.2 ADXL203 传感器技术参数

技术特性	参数
工作电压	3~6 V
工作温度	40~125℃
工作电流	0.7 mA
响应速度	20 mS
测量加速度	±1.7 g
灵敏度	1000mV/g（供电电压5V）
输出方式	模拟电压信号

2）磁方位角传感器

磁方位角传感器选用美国 Progressive Networks Inc 公司生产的三轴磁感应传感器及其控制器，组成相互正交的传感器系统，其主要技术参数见表3.3。

表 3.3　磁感应传感器技术参数

技术特性	参数
工作电压	2.2~5.0 V
工作温度	−20~70℃
工作电流	≤0.5 mA
测量范围	±1100 μT
分辨率	0.034 μT
输出方式	SPI

2. 传感器数据采集

采用多通道并行高速 AD 芯片进行高速数据采集,其采样精度为 12 位,输入信号包括 3 路加速度传感器、3 路磁传感器、1 路供电电压、1 路参考电压和 1 路温度传感器信号。

采用 MSP 系列的 16 位单片机作为 CPU 控制器,具有 1.8~3.6V 的低电压工作范围,功耗仅有 0.2mA(1MHz/2.2V),是 51 单片机的 1/10,不但运行速度提高、存储量变大,同时本身具有 12 位 AD 和 2048 字节存储器,能够节省独立 AD 芯片和存储芯片。

采用 OPA2333 作为运算放大器,具有零失调、低噪声和低功耗的优点,整形和滤波电路如图 3.17 所示,得到传感器测量原始数据。

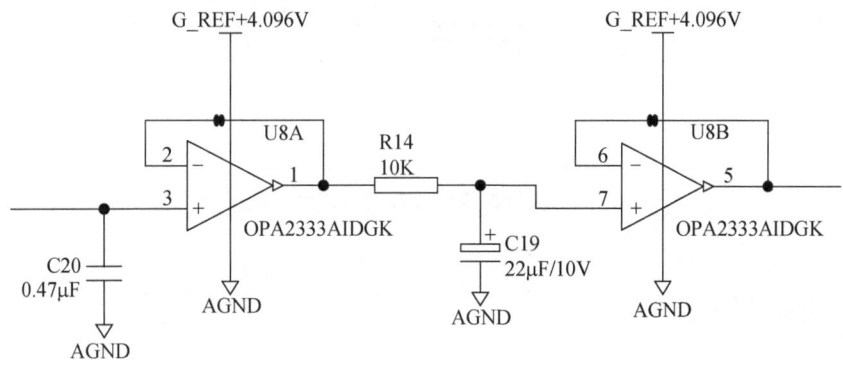

图 3.17　传感器测量信号整形和滤波电路电气原理图

3.3.4　信号有线载波传输

测量探管获得钻孔倾角、方位角和工具面向角等孔内工程参数后,需要将其传输至孔口。数据传输应该满足以下三个要求:①数据传输速度应快,以保证实时监控孔底螺杆钻具姿态并进行工具面调整;②由于在连接钻杆或其他设备时,有可能发生短路现象(即信号输出线与地短路),探管的信号输出应具有短路保护功能,即短路时不能损坏探管,不会产生火花。③随着钻杆的连接,信号的输出阻抗会发生变化,要求探管具有较强的信号输出能力,在较大的输出阻抗范围内能保证信号的有效输出,且具有较强的抗干扰能力。

通信线路设计时,将串行 TTL 电平转换成串行 RS232C 电平,以提高传输能力,确保具有足够的负载能力和驱动能力;同时考虑信号传输距离和抗干扰能力,数据传输波特率调整为600bps,并压缩数据传输格式,使得一个完整的数据包能在1s之内发送到孔口防爆计算机(梁晓军等,2015)。

测量探管信号发送时,需要将信号载波在电源线上进行数据传输,其电气原理如图3.18所示。V_{IN}为孔口防爆计算机的电源输出,通过通缆钻杆给孔底测量探管供电,孔底测量探管发送数据时,将测量数据编码成脉冲信号,通过控制开关K的开合输出电压脉冲信号,孔口防爆计算机检测输出电压的变化得到脉冲信号。K打开时,电压不变,K闭合时,电压降低。发送脉冲信号过程中,孔底测量探管负载RL由DC-DC模块电源输出供电,DC-DC模块电源选型宽电压输入定额输出产品,且脉冲信号变化引起的电压变化在DC-DC模块额定输入范围以内,不影响孔底测量探管其他部分的正常工作。

该信号传输方式可显著提高信号的抗干扰能力,主要体现在以下两个方面:①对钻杆的绝缘性要求降低,钻杆绝缘性不好时,只起到分流作用,对信号影响不大;②通信线路上的电流远大于以往有线随钻测量系统,能够有效抑制分布电容和电感的影响,确保数据传输准确。此外,为确保数据包中每个数据传输正确,通信协议中对每个参数均设定了传输校验码,可识别出传输错误的数据,避免错误数据显示和保存。

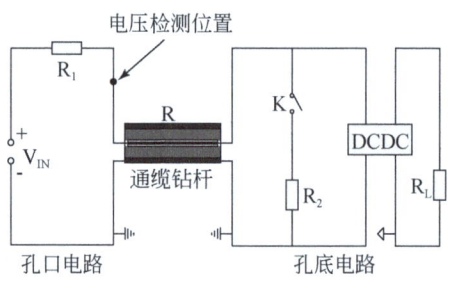

图3.18 测量探管信号载波传输电气原理图

3.3.5 机械结构

测量探管机械结构由连接套、扶正器、测量短节、安装套、护帽等组成,如图3.19所示。外壳全部采用无磁铍铜或黄铜管料加工,仪器结构和各连接螺纹均满足《爆炸性环境第1部分:设备通用要求》(GB 3836.1—2010)和《爆炸性环境第4部分:由本质安全型"i"保护的设备》(GB 3836.4—2010)要求,连接螺纹处均设计两个以上密封圈进行密封,保证能够承受12MPa以上的压力和冲刷;电路板采用三防漆,并采用密封胶胶封,在增加可靠性的同时起到减震的作用。

测量探管上设置有绝缘环和绝缘短节接头,将探管隔离成不导通三个部分,其中前端与中心通缆钻杆内的中心通缆装置连接并导通;中间与无磁仪器外管连接并导通,从而形成电压回路,保证通信正常;后端悬空并设置有调试接口,由扶正器使其居中并减震。

第3章 矿用有线随钻测量系统

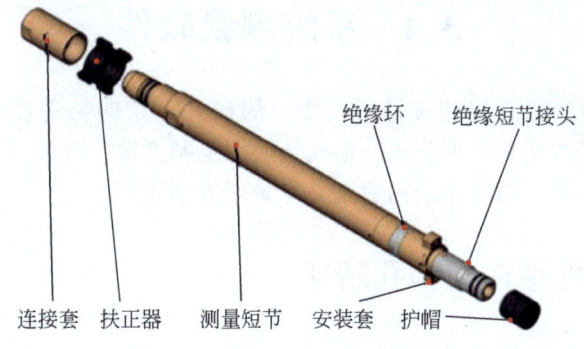

图 3.19 测量探管机械结构示意图

3.3.6 有线信号传输特性

有线随钻测量系统采用中心通缆钻杆进行信号传输，根据通缆钻杆的结构特征，可采用仿真线模拟钻杆，仿真线每 1km 网络应符合图 3.20 规定，仿真线分布电容为 60nF/km，分布电感为 0.8mH/km，分布电阻为 13.3Ω/km，其中 R 为每公里分布电阻的 1/2，L 为每公里分布电感的 1/2，C 为每公里分布电容。

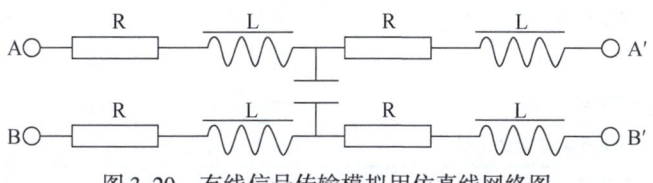

图 3.20 有线信号传输模拟用仿真线网络图

采用该系统在神东保德煤矿完成了主孔深度 2311m 的定向钻孔，信号传输电压变化如图 3.21 所示，电压衰减符合正常规律，至 2000m 时电压仍在 8V 以上，高于测量探管的最低工作电压，根据孔深与电压衰减情况拟合，理想情况下传输距离超过 3000m，可施工更深钻孔。

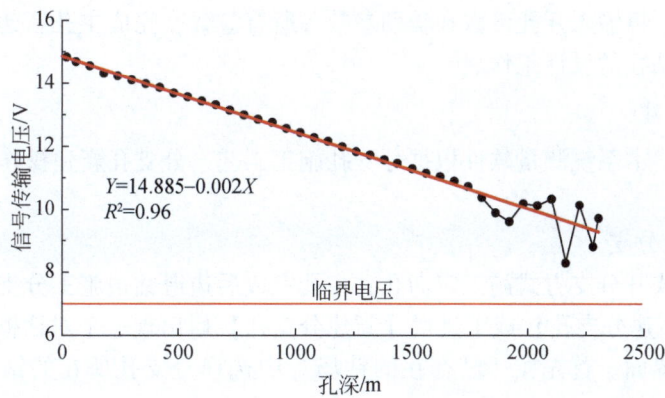

图 3.21 保德煤矿 2311m 定向钻孔信号传输电压随孔深变化图

3.4 系统测量软件

根据煤矿井下定向钻孔描述和计算模型、煤矿井下定向钻进技术要求和系统工作模式、钻孔轨迹描述参数及其计算公式、钻孔轨迹图绘制方法，开发了系统测量软件，具有钻孔轨迹数据实时显示、图形显示和数据文件管理等功能。

3.4.1 文件管理结构与钻孔新建

1. 文件结构管理

钻孔测量数据以文件的形式进行保存。系统测量软件采用多叉树数据文件存储方式，按施工钻场、主孔号和分支孔号将数据分级存储，保存时包括3级文件夹和多个文件。系统文件结构见表3.4。

表3.4 系统文件结构表

路径	路径下文件	含义
一级路径	以程序名命名的文件夹	程序安装路径
二级路径	项目8.ICO	软件图标
	CM-DDS（V5.0）.exe	软件可执行程序
	以钻场名命名的文件夹	钻场编号
	System.mdb	存储系统信息和钻场信息
三级路径	钻场编号.mdb	存储此钻场下的主孔信息
	以主孔名命名的文件夹	主孔数据文件夹
四级路径	主孔号.mdb	存储主孔的分支孔信息，主孔设计轨迹、实钻轨迹
	主孔号.mdb	存储分支孔的设计轨迹、实钻轨迹

2. 钻场与主孔新建

根据系统测量软件的文件管理结构，钻孔施工前应进行钻场和钻孔设计。其中钻场设计主要输入钻场编号和基本描述。钻孔设计时，首先在"已存在的钻场"中选择钻场；然后输入主孔编号；再输入开孔参数和辅助参数等所有参数，完成主孔新建工作；最后输入设计轨迹，完成钻孔的设计工作。

3. 分支孔新建

与以往不同，本系统测量软件根据分支孔施工工艺，分支孔新建操作可分为后退式和前进式两种方式。

1）后退式开分支

当采用后退式开分支方式施工定向孔，主孔完成后边退钻边施工分支孔时，单击菜单栏【文件】/【新建分支孔】或工具栏【新建分支孔】后出现一个对话框如图3.22所示，进入新建分支孔界面。首先在"已存在的钻场"中选择分支孔所在的钻场；其次在"此钻场下的所有主孔"下拉框中选择父孔所在的分支孔编号；再次在"此钻孔下的所有分支孔（含主孔）"下拉框选择分支孔的父孔；然后确定分支点：在父孔数据中点击对应孔深，则"分支点数据"框中显示分支点数据；输入分支孔编号后，点击【新建】键，完成新建分支孔，分支孔孔号为父孔号+分支孔编号。

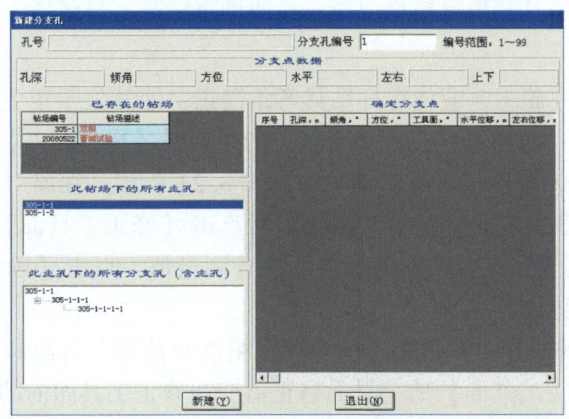

图 3.22　新建分支孔对话框图

2）前进式开分支

当采用前进式开分支方式施工定向孔，探顶后后退一定距离开分支继续钻进主孔时，点击菜单栏【文件】/【拆分当前孔的实钻轨迹】后出现如图 3.23 所示对话框，进入拆分当前孔的实钻轨迹界面。在当前孔的实钻数据中选择拆分点（拆分点为欲进行开分支操作的孔深），选择好后，拆分点的数据会在数字区显示，且拆分点及其以后数据转移到右侧分支孔表格区域内，当前孔只有拆分点及其以前数据，输入拆分后的分支孔编号后，选择【确定】即完成钻孔拆分工作，钻孔将回到当前孔欲进行开分支操作的孔深位置，进行开分支操作后，继续钻进的数据将保存在当前钻孔内。

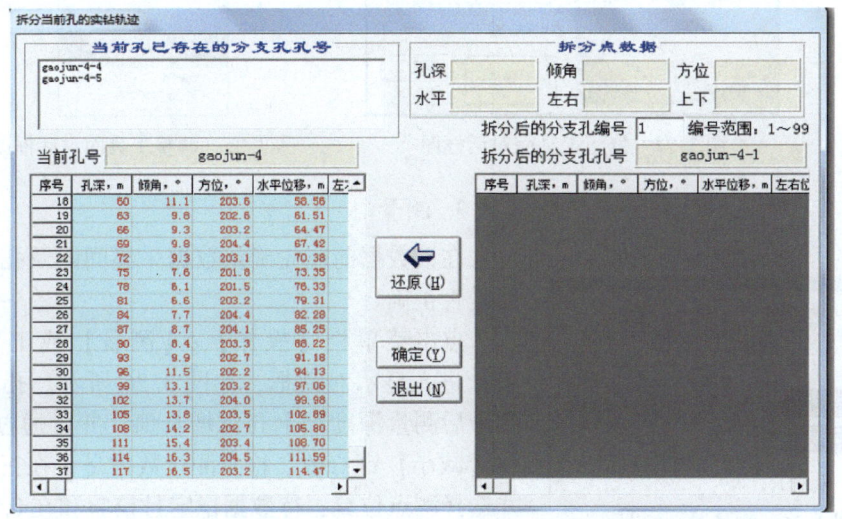

图 3.23　拆分当前孔的实钻轨迹对话框图

3.4.2 系统测量

根据有线随钻测量系统的工作模式进行系统测量操作，当为钻孔测量模式，发送倾角、方位和工具面等所有测量参数；当为工具面调整模式，只发送工具面测量数据。

1. 修正工具面

为了方便定向钻孔施工，应将螺杆钻具弯角摆正，使其位于正上方，并以该位置为工具面0°，修正工具面。具体操作步骤如下：点击菜单栏【操作】/【修正工具面】或工具栏【修正工具面】进入修正工具面对话框，如图3.24所示。在该对话框中工具面值显示值为实时显示的当前工具面值。待该数据稳定后点击【修正工具面】，工具面显示值变为0，工具面修正值变为修正工具面前的工具面探管测量值，点击【确认】键确认完成修正工具面并退出该显示界面。

【修正值清零】键通常在试验室内检测探管精度时使用，每次修正工具面前，建议先清零，这样点击【修正工具面】后工具面修正值变为修正工具面前的工具面显示值，便于检查修正是否正确。【修正值输入】键通常在防爆计算机损坏且探管已在孔内无法进行修正时，将原先的修正值输入。

2. 调整工具面

点击菜单栏【操作】/【调整工具面】或工具栏【调整工具面】进入如图3.25所示对话框。在该界面中实时显示当前的工具面值，转动钻杆，工具面值跟随变化，当工具面显示值达到想要调整到的工具面值后，工具面调整结束，点击【退出】，开始钻进。

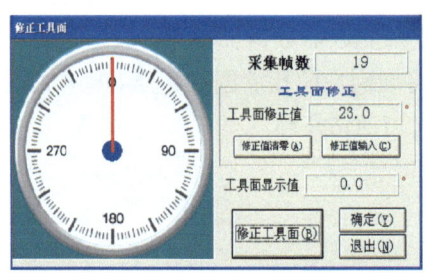
图3.24 修正工具面对话框图

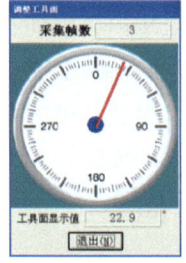
图3.25 调整工具面对话框图

3. 测量

在读数据前应先确认数据采集间隔及孔口参数设置是否正确。

点击菜单栏【操作】/【测量】或工具栏【测量】进入显示对话框，如图3.26所示。孔深为当前孔最后测量深度加上孔深增长值，并可通过【增加】和【减小】键修改。检查测量数据是否在正常范围内并选择测点位置，待数据稳定且校验和在0.99～1.01时，点击【保存】即可，同时操作界面消失。如果点

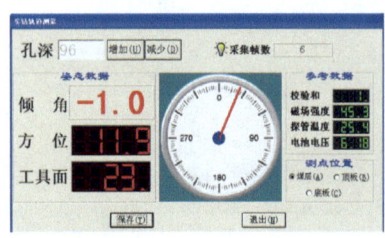
图3.26 测量对话框图

击【退出】将不保存当前数据。可在【测点位置】区域内选择钻遇地层岩性。

当发现钻孔数据错误时，可点击工具栏上的【删除末尾】，将删除当前钻孔的最后一行数据。数据删除后将不能恢复。

3.4.3 钻孔轨迹数据表格和图形显示

采集到的数据将会在表格中显示出来，并绘制出二维图，以方便技术人员进行对比观察，有效控制钻孔轨迹。

1. 钻孔轨迹数据表格显示

数据表格显示界面如图 3.27 所示，位于软件主界面的左上部，显示了钻孔的孔深、倾角、方位、工具面、水平位移、左右位移、上下位移、左右偏差、上下偏差、地层信息、距顶板、距底板、电池电压、校验和、磁场强度、探管温度、测量时间和测量日期。可以通过拖动上下滑块或左右滑块查看所有数据。

图 3.27 钻孔数据表格显示图

2. 钻孔轨迹图形显示

1）当前钻孔轨迹显示

钻孔轨迹图形显示界面如图 3.28 所示，位于软件主界面的下部，可显示孔深-左右、孔深-上下、设计轨迹、煤层顶板轨迹和底板轨迹，更为直观。可以通过工具栏上的【孔深-左右】或【孔深-上下】切换轨迹显示界面，并可通过【水平缩放】、【垂直缩放】、【同步缩放】、【图形移到】和【适应视图】调整图形显示范围和显示大小。

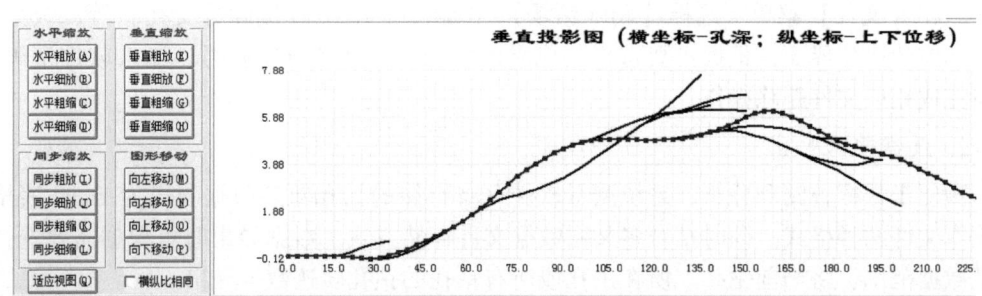

图 3.28 当前钻孔轨迹显示界面

2）与当前钻孔相关的所有孔的实钻轨迹显示

点击工具栏上的【实钻浏览】弹出浏览主孔下所有孔的实钻轨迹对话框，如图 3.29 所示。该对话框左上为曲线显示部分（当前选择孔的颜色为曲线设置中实钻轨迹的颜色，其他孔的颜色为曲线设置中分支孔的颜色，圆点为测量点，五角星为正在查看的点）；中间为当前选择孔的孔号以及查看的测点数据；下方的表格为选择孔的实钻轨迹数据，底色为蓝色的表示正在查看的点；右上为切换显示曲线类型和是否显示测点；右中为此主孔下分支孔的二叉树结构。

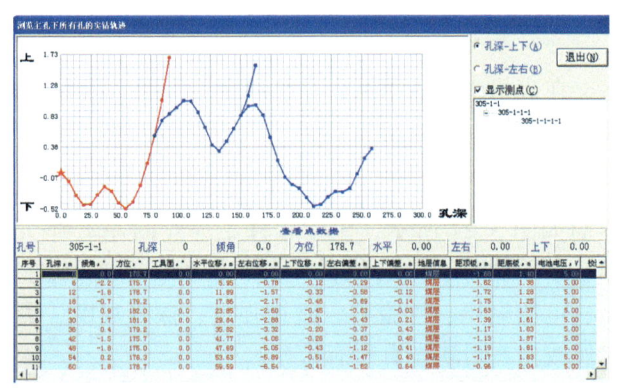

图 3.29　与当前钻孔相关的所有孔的实钻轨迹显示对话框图

可以通过点击实钻轨迹表格中的某一行或实钻曲线上的某一个测点查看该点的数据或轨迹。

3.4.4　文件操作

采集到的钻孔轨迹数据保存在数据库中，为了便于分析研究，设置了数据的导入、导出和删除功能。

1. 数据删除

长时间使用后，防爆计算机内将存储大量文件，影响其工作性能和文件查阅，因此系统测量软件设置了删除钻场、删除主孔和删除分支孔三种数据删除功能，以实现系统清理工作。在【文件】菜单下选择【删除钻场】、【删除主孔】、【删除分支孔】等二级菜单，进入相应的操作界面，根据需要选择要删除的钻场、主孔和分支孔号，输入软件密码后，即可完成相应文件删除操作。

2. 数据导入导出

为便于数据查阅和分析，系统测量软件可将存储的钻孔轨迹数据导出为 Excel 表格和数据库文件两种格式。同时结合多叉树数据文件存储方式，数据导出时可根据需要选择导出的数据范围，将当前钻孔、所在主孔或所有钻孔的钻孔轨迹数据导出。

以数据库文件导出的数据，可再次导入系统测量软件，既可避免了人为修改，又便于以数据和图形显示查阅。

3. 数据查看

当需要重新进入某钻孔施工或查看已施工钻孔数据时，可以通过点击菜单栏【文件】/【打开孔】或工具栏【打开孔】，出现图 3.30 所示对话框，根据钻场、主孔和分支孔选择欲查看或继续施工的钻孔并打开即可。

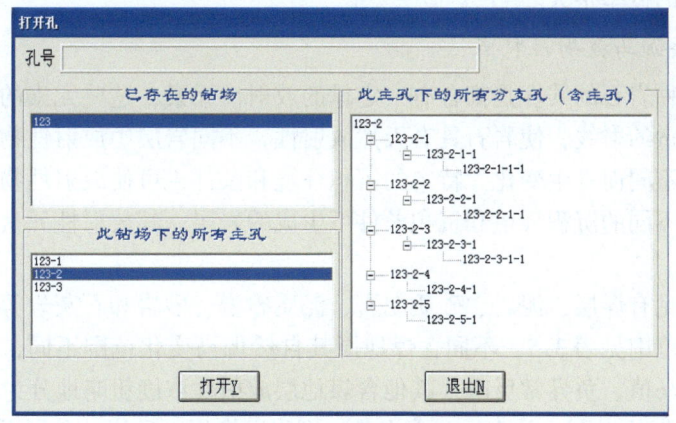

图 3.30　打开孔对话框图

3.5　基于自然伽马的矿用有线地质导向随钻测量系统

常规矿用有线随钻测量系统以倾角、方位角和工具面向角等钻孔轨迹参数检测为主，存在无法判识地层的不足。针对以上问题，研制了基于方位自然伽马的矿用有线地质导向随钻测量系统 YHD5-1000，利用含煤地层自然伽马评估近钻头位置处的地层信息，结合钻孔轨迹参数测量数据，控制钻孔沿着预定方向在目标地层中延伸，降低了分支孔施工数量，为提高煤层钻遇率、探明矿区地层地质信息、保障钻探施工安全及提高钻探施工效率提供了有效手段（孟召平等，2015；陈中山，2016）。

3.5.1　自然伽马测量原理与地层识别基础

1. 伽马射线及其与物质的相互作用

含煤地层中的放射性元素在衰变过程中放射出伽马射线，伽马射线的穿透能力强，能穿透几十厘米的地层、套管及仪器外壳。伽马射线与物质主要产生电子对效应、康普顿效应及光电效应等作用（骆庆锋等，2012）。

（1）电子对效应。电子对效应是当伽马光子的能量大于两个电子的静止能量时，与原子核的库仑场相互作用，转化为一个电子和一个正电子的现象。电子对效应可导致伽马射线强度减弱。

（2）康普顿效应。当伽马光子的能量为中等数值，即其能量不足以形成电子对，但较核外束缚电子的结合能大得多，就是说可以把束缚电子看成自由电子时，就可以产生康普顿效应。康普顿效应把伽马光子的部分能量传给电子，使电子和伽马光子向不同方向射出。

（3）光电效应。当光子与原子碰撞时，原子中的电子吸收光子的能量，并脱离原子形成光电子的现象称为光电效应。光电吸收系数与原子序数关系密切，低能伽马射线对重原子发生光电效应的概率很大。

2. 不同地层伽马放射性特点

自然界的各种岩石的共性是都含有一定量的放射性元素，这些元素的原子核在衰变过程中能释放出大量的射线，使岩石具有天然放射性。不同岩层中放射性物质的数量因地质年代沉积环境的不同而发生变化，特定的沉积环境和条件，可使放射性物质有规律地分布和聚集。因此在不同的沉积环境和沉积条件下生成的岩层，其放射性元素的含量是有明显差异的。

含煤地层常见有煤层、泥岩、砂质泥岩、泥质砂岩、砂岩和石灰岩等，常见含煤地层的自然伽马参数范围见表3.5，不同含煤地层其自然伽马变化范围不同，其中煤层在自然伽马上呈现低伽马值、负异常反映，其他含煤地层放射性浓度粗略地分为以下三类。

（1）放射性高的岩石：黏土岩、火山灰、钾岩、海绿石砂岩、独居石砂岩、钾钒矿砂岩等。

（2）放射性中等的沉积岩：砂岩、含少量泥质的碳酸盐岩等，砂岩随着岩性粒度的增大而降低。

（3）放射性低的沉积岩：石膏、岩盐、纯的石灰岩、白云岩和石英砂岩等。

表3.5 常见含煤地层自然伽马参数范围表

类型	自然伽马/API
煤	10～30
石灰岩	40～110
砂岩	40～120
泥质砂岩	70～300
砂质泥岩	100～220
泥岩	70～320

3.5.2 系统开发

1. 技术方案

基于方位自然伽马的矿用有线地质导向随钻测量系统设计由孔口防爆计算机和孔内测量探管组成，如图3.31所示。

防爆计算机采用矿井常用127V综保照明电源供电，通过有线传输通道为钻孔轨迹测量短节恒压供电，并下达操作指令控制孔内探管工作，接收探管上传的数据并进行计算、显示、绘图和管理。

孔内探管由方位伽马测量短节、伽马电池筒和钻孔轨迹测量短节三部分组成，其中伽马电池筒用于为方位伽马测量短节供电；方位伽马测量短节用于随钻测量地层自然伽马参数和伽马方位，并上传给钻孔轨迹测量短节；钻孔轨迹测量短节负责按照防爆计算机下达

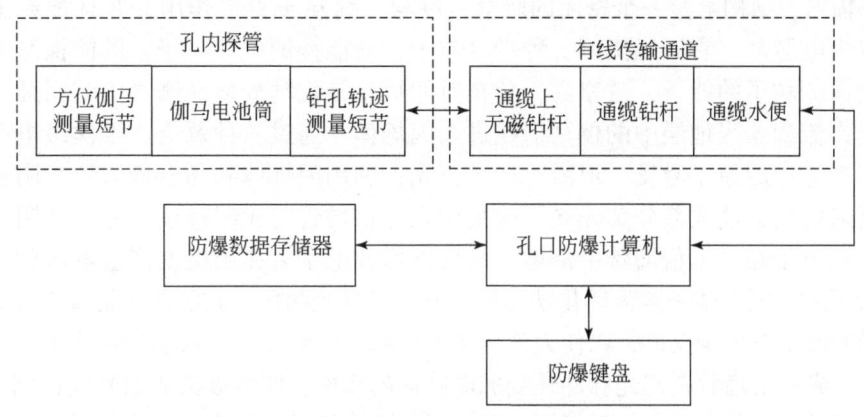

图 3.31　地质导向随钻测量系统技术方案

的操作指令测量钻孔轨迹参数（倾角、方位角和工具面向角），控制伽马测量短节测量地层自然伽马参数，并通过有线传输通道将测量的钻孔轨迹参数和地层自然伽马参数按预定的编码规则传送至孔口防爆计算机（方俊，2017）。

系统采用煤矿井下较为成熟的有线传输方式进行信号传输，利用中心通缆钻杆作为信号传输通道，数据传输速度快、效率高。

2. 自然伽马测量

方位伽马测量短节主要利用伽马射线穿透物质时发生的电子对效应、康普顿效应及光电效应等进行测量，主要由闪烁体、光电倍增管、信号放大电路、伽马采集模块、CPU 控制器和通信电路组成，如图 3.32 所示。

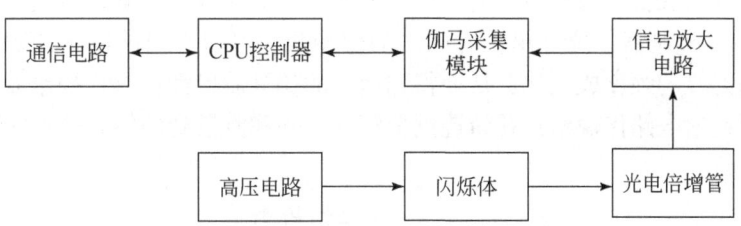

图 3.32　伽马测量短节电气组成原理图

闪烁晶体按化学性质分为无机晶体闪烁体和有机闪烁体。无机晶体闪烁体通常含有少量杂质的无机盐晶体，而有机闪烁体是苯环碳氢化合物。考虑到仪器尺寸、探测效率及光谱匹配等因素，选用属于无机晶体闪烁体的端窗型碘化钠单晶体作为探测晶体，具有尺寸小、探测效率较高、晶体透明性好等优点。

光电倍增管是一种灵敏度很高的光探测器，它由光阴极、电子光学输入系统、倍增系统及阳极组成。根据倍增极的几何形状和排列方式，光电倍增管分为聚焦型和非聚焦型（百叶窗式和盒栅式）。为了和闪烁晶体匹配，选用倍增极较大的百叶窗式非聚焦型光电倍增管，具有尺寸小、增益高、线性好、灵敏度高等优点。

闪烁体和光电倍增管组成了自然伽马探测器，其原理是利用荧光物质的闪烁现象记录自然伽马辐射，结构上是一个密闭的暗盒，可与入射粒子直接作用，并且把粒子损耗的能量转变为电脉冲。它既能探测各种带电粒子，又能探测中性粒子；既能探测粒子的强度，又能探测粒子的能量，效率高，分辨时间短，是伽马放射性测量中应用最广的探测器。其工作流程：当地层中的伽马射线进入闪烁体，通过三种效应产生次级电子；次级电子使闪烁体中的原子激发，退激时产生荧光；利用闪烁体和光电倍增管光阴极之间的光导和反射物质，使大部分荧光光子收集到光电倍增管的光阴极上；光子在阴极上打出光电子；光电子在光电倍增管中倍增，最后倍增的电子束在阳极上产生电压脉冲，此脉冲被记录下来。闪烁体一般为碘化钠晶体。光导是导光物质，它的作用是减少荧光在闪烁体射出光的面上发生全反射，以使大部分光子能射出闪烁体，并被引导到光电倍增管的光阴极上去。光电倍增管是把光脉冲转变成电脉冲的元件，能将极微弱的光成比例地转变成较大的电压脉冲，并且响应时间极快。伽马射线进入闪烁体后产生的光电子的运动情况如图3.33所示。

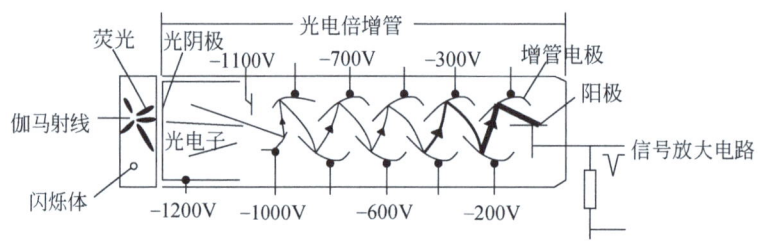

图3.33 自然伽马探测器内光电子运动情况示意图

光电倍增管接收到的电压脉冲信号只有几毫伏，经过前置放大、主放大器组成的信号放大电路处理，以及伽马采集模块的滤波、整形后，变成规则的脉冲电信号；规则的脉冲电信号进入CPU控制器，统计单位时间内的脉冲数，可得出当前电脉冲数的计数率，而计数率与伽马射线的强度成正比，从而得到地层的伽马放射性；CPU控制器将准确的地层伽马数值通过通信电路传输给钻孔轨迹测量短节，并和测量到的钻孔轨迹参数一起传递至孔口防爆计算机。

3. 方位伽马测量

由于伽马测量短节中的闪烁体是全方位的，为了能够测量某一方向上的地质信息，如图3.34所示，在闪烁体外部用壁厚3mm的铅纸包裹，并开有120°的窗口，只有落入此窗口的放射线才被接收。将窗口中心线引入外壳处，并做标记（王小龙，2016）。

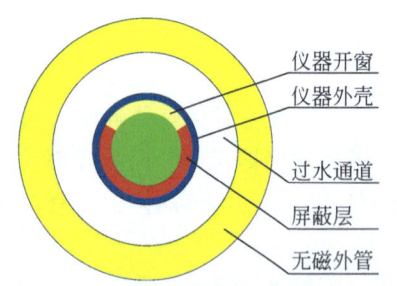

图3.34 方位伽马开窗结构设计示意图

实际使用时，将钻孔轨迹测量短节、电池筒、方位伽马测量短节连接后，将方位伽马测量短节标记处水平朝上，进行方位伽马修正。钻进过程中，每钻进一根钻杆，分别将伽马方位转到0°、90°、180°、270°，记录不同方位的伽马值，通过伽马数据比较，可确定当前所处的地层和钻进趋势。

4. 自然伽马测量准确性刻度

不同的自然伽马探测器和计数电路，测量得到的自然伽马数值差异很大，因此应对自然伽马测量短节进行刻度，确保不同仪器同一对象的测量数据具有可比性。伽马刻度一般采用两点刻度方法，其刻度方程见式（3.12）：

$$y = kx + b \tag{3.12}$$

式中，k、b 为刻度系数，也称仪器系数；y 为标定好伽马放射源的放射值；x 为自然伽马测量仪器的测量值。

具体刻度过程如下：将自然伽马测量短节安装在无磁钻杆内，放置在支架上，开机待仪器工作稳定后，将标定好的不同伽马放射源依次放置在自然伽马探测器四周，读取仪器测量结果并记录。每种伽马放射源读取 3 组数据并求取平均值。然后利用 Excel 的线性拟合功能对测量数据进行分析，求得刻度系数 k、b 的具体数值，即可完成仪器刻度工作。

5. 伽马电池筒研制

伽马电池筒负责给方位伽马测量短节供电，考虑单次测量功耗和实际测量次数，电池筒容量设计为 10Ah，采用 10 节 D 型镍氢充电电池串联组成，输出电压 DC12V。

伽马电池筒电池组输出端采用保护电路确保正常工作，其电气原理如图 3.35 所示，保护电路具有防止短路功能，既可满足较小电压损耗的要求，又可在短路时快速地关闭电源。

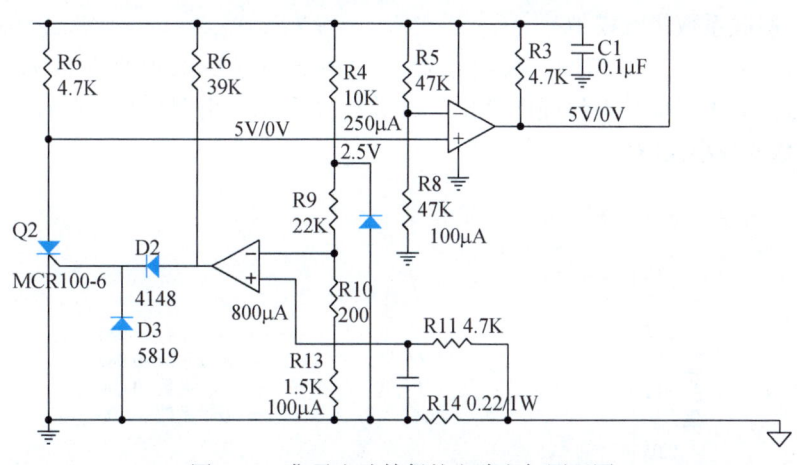

图 3.35 伽马电池筒保护电路电气原理图

伽马电池筒电池组输入端设置了防反充二极管和过放电限流电阻，确保电池组在过充电、外短路或反接时，电池组不爆炸、不起火。

3.5.3 方位伽马强度计算与围岩影响因素

1. 水平定向孔放射性地层伽马射线强度计算

煤矿井下定向钻孔一般近水平，与地面传统直井相比，地层自然伽马沿钻孔轴线的分布规律有很大的差别。假设水平孔段上层放射性地层厚度为 h，且地层轴向为有限厚、径向为无限远，钻孔半径为 r，孔内介质、围岩和地层的吸收系数都是 μ，如图 3.36 所示，单位体积元在孔内任意点 O 处引起的伽马射线强度通过式（3.13）计算得到。

$$J_r = \int_v \mathrm{d}J_r = \frac{aq\rho}{4\pi} \int_0^{+\infty} \int_{-\infty}^{+\infty} \int_{z_0}^{z_0+h} \frac{\mathrm{e}^{-\mu\sqrt{x^2+y^2+z^2}}}{x^2+y^2+z^2} \mathrm{d}x\mathrm{d}y\mathrm{d}z \quad (3.13)$$

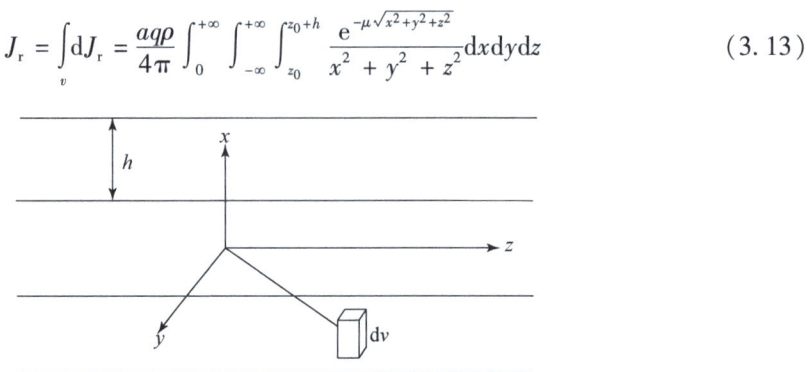

图 3.36　煤矿井下定向钻孔地层伽马射线沿钻孔轴线分布计算示意图

2. 自然伽马随钻测量围岩影响因素

自然伽马测量时，除受目标地层伽马射线正常影响外，围岩岩性及厚度和冲洗液吸收系数均对伽马测量曲线响应存在影响。通过数值计算，模拟分析了厚度相同、围岩吸收系数不同时，以及厚度和围岩吸收系数均不同时的伽马响应。

1）围岩吸收系数影响模拟

在孔中围岩介质厚度相同、吸收系数不同情况下，模拟吸收系数分别为 0.080、0.085、0.090、0.1 时伽马射线强度变化，如图 3.37 所示。由图可知，自然伽马射线强度随着吸收系数的减小而增大。

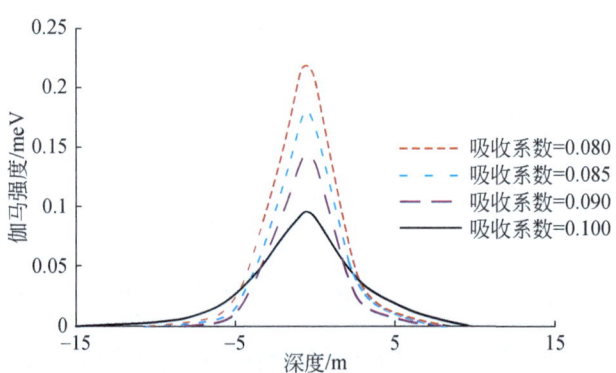

图 3.37　吸收系数不同围岩伽马射线强度变化模拟曲线图

2）围岩厚度对自然伽马影响模拟

假设孔中介质吸收系数均相同，目标地层、围岩和冲洗液吸收系数都为 0.15 时，以及目标地层和冲洗液的吸收系数为 0.15、围岩的吸收系数为 0.08 时，围岩厚度分别为 1m、3m 和 6m 的情况下，模拟自然伽马测量响应，如图 3.38 所示。图中，实线为围岩与目标地层和冲洗液吸收系数相同，虚线为吸收系数不同，围岩在 1m、3m 和 6m 时响应变化。由图可知随着围岩吸收系数的减小，伽马强度增大；当吸收系数相同时，伽马强度随围岩的增厚而变大。

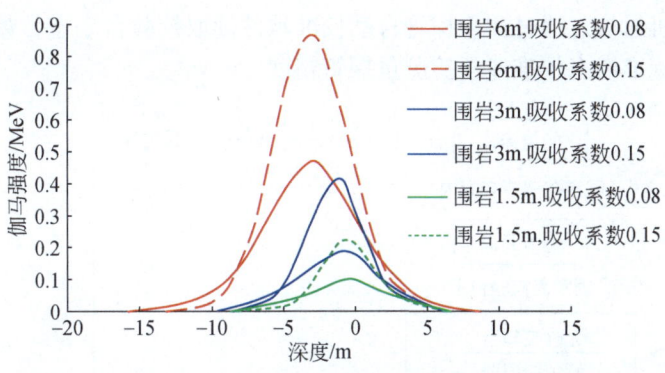

图 3.38　围岩 1.5m、3m 和 6m 与地层吸收系数变化模拟曲线图

3.6　测量探管检测校验台

测量探管检测校验台主要用于钻探用测量仪器测量精度的软件调校、出厂标定和检测检验，如煤矿井下定向钻进用随钻测量装置及探管、煤矿井下常规钻进用存储式测斜仪、地面钻井用测斜仪等。

3.6.1　概述

1. 技术方案

目前常用的测量探管检测校验台需要人工读取和调整刻度盘示值，既降低了调校效率，又降低了检验精度。针对以上问题，研制了一种自动检测校验台，由数显无磁校验台、校验台支撑架、校验台控制箱和计算机等组成，结构组成如图 3.39 所示，技术方案如图 3.40 所示：将测量探管利用调节套筒固定在无磁校验台上，转动测量探管姿态的同时，通过三个编码器将校验台姿态数据上传到计算机，应用软件补偿技术，按照自动校准软件的操作提示，通过转动一系列校验台姿态，自动计算探管的误差补偿参数并自动校准。当不需要进行调校时，可利用检测校验台实现精度检验。

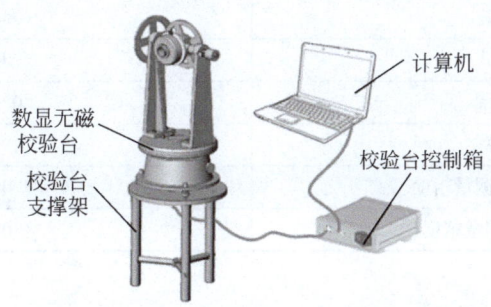

图 3.39　测量探管检测校验台组成示意图

2. 工作原理

连接数显无磁校验台、校验台控制箱、计算机；将探管夹持在校验台套筒中心位置，连接探管与计算机通信。通过测量探管自动校准软件读取校验台姿态参数和测量探管输出值，根据校验台标准姿态校准或校验测量探管精度。

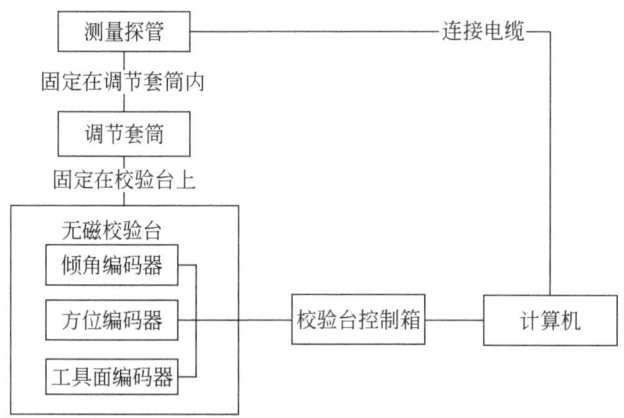

图 3.40 测量探管检测校验台设计框图

3.6.2 数据测量系统

测量探管检测校验台主要检测测量探管倾角、方位角和工具面向角三个参数，可将测量探管三维方向上的姿态变化转化为校验台上安装的传感器的脉冲或数字量信号。数据测量系统由传感器组和校验台控制箱组成。

1. 传感器组

采用相对式光栅编码器作为测量传感器，其输出的是数字信号，具有响应快、体积小、安装简单、测量精度高等优点。考虑倾角、方位角和工具面向角的测量精度要求不同，选择的编码器测量精度也不同，见表 3.6。

表 3.6 编码器工作参数表

项目	参数
工作电压	DC12V
工作电流	≤180mA
通信方式	RS485
测量范围	0°～360°
波特率	19.2kbps
倾角和方位角测量精度	0.022°
工具面向角测量精度	0.044°

2. 校验台控制箱

校验台控制箱内安装有数据采集板，主要作用是按照计算机指令读取光栅编码器数据，并发送给计算机，其电气原理如图 3.41 所示。

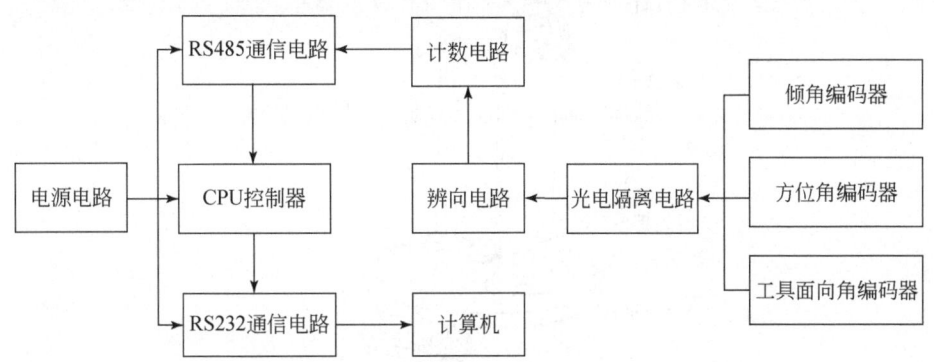

图 3.41　校验台控制箱内数据采集板电气原理图

由于光栅编码器的频率较高，为提高系统的抗干扰能力，光栅编码器输出信号需经光电隔离后才能进行辨向和计数处理，电路中采用光耦隔离芯片实现对于脉冲信号的光电隔离；选用正交解码芯片 LS7084 来判断光栅编码器是正转还是反转；计数电路用来累计光栅编码器输出的脉冲个数，然后通过接口电路传送给 CPU 控制器，再由 CPU 控制器传递给计算机。

通信电路的作用是按约定方式从光栅编码器读取数据并传输给计算机，校验台控制箱与计算机之间采用 RS232 进行通信，与光栅编码器之间采用 RS485 进行通信。

3.6.3　三轴无磁转台

1. 转台材料

为确保测量探管校验准确性，三轴转台应提供一个无磁测量环境，因此三轴转台全部采用铜、铝合金等无磁材料制造，材料的相对磁导率<1.01。

2. 校验台支撑架

检验台支持架主要用于为检验台摆放提供一个无磁稳固平台，由底部支架和台面组成。底部支撑由 3 根立柱和两个连接杆组成；3 个连接杆相互呈 120°连接在连接块上，并通过螺栓与三根立柱分别连接。台面设计为圆形，台面摆放在底部支架上，通过 3 个螺栓与三根立柱连接牢固。

3. 三轴无磁转台体

三轴无磁转台体采用立式结构，外框垂直于地平面，外框架结构为圆盘形，如图 3.42 所示。

底座具有调平功能，设置有 3 个水平调节支脚和 3 个水平指示器，通过调整水平调节支脚，使水平指示器的气泡居于中间位置，使转台体实现高精度调平。

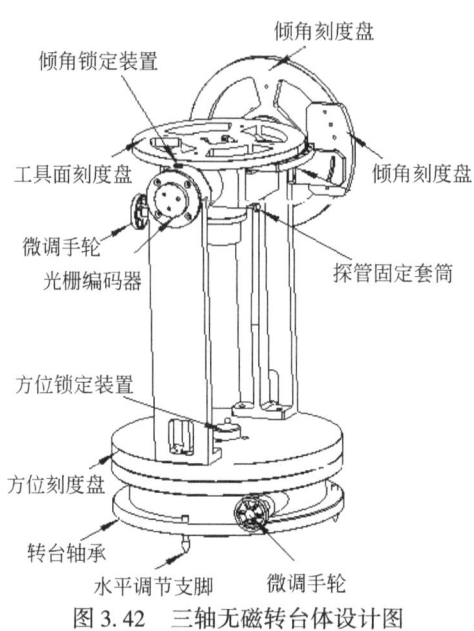

图 3.42 三轴无磁转台体设计图

转台轴承由 1 个推力/向心座圈、1 个推力/向心轴圈、1 个推力垫圈、2 个滚针保持架组件和 1 组向心圆柱滚子组成，具有很强的轴向和径向承载能力。

转台体三个轴均设置了微调和离合装置，进行角度调整时，先手动大范围快速旋转到目标位置附近后，然后使用微调手轮，对目标角度进行微调，逐次逼近目标值。同时，转台体三个轴方向上均设计了锁定装置，可任意进行角度旋转，也可在任何角度进行锁紧。

转台体在三个轴向上均设置了刻度盘，倾角和方位角读数精度达到 0.02°，工具面向角读数精度达到 0.04°。

转台体设置了测量探管固定套筒，以将测量探管固定在无磁校验台上。通过合理的套筒垫块结构设计，消除探管固定在套筒内出现的"跷板"现象，实现了测量探管与转台体固定套筒同轴固定。

3.6.4 测量校验软件

测量检验软件主要用于测量数据处理和显示，设计由系统设置、校验台检测和探管校准三部分组成。

1. 系统设置

系统设置界面如图 3.43 所示，包括控制箱通讯端口、探管通讯端口、连接探管类型、当地磁场强度、当地地磁倾角和方位校准等。探管类型可根据需要进行选择。当地磁场强度、当地地磁倾角用于辅助判断方位角测量准确性。

2. 校验台检测

校验台检测界面如图 3.44 所示，用于将校验台自动读数与三轴转台角度调整修改为一致。

第 3 章　矿用有线随钻测量系统

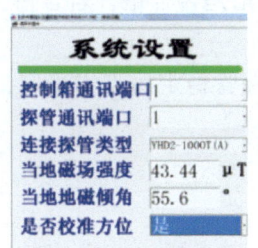 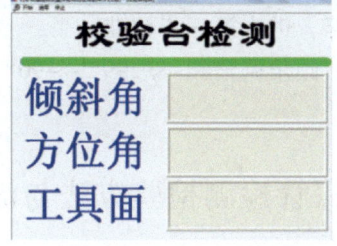

图 3.43　系统设置界面图　　　图 3.44　校验台检测界面

校验台校验时步骤如下：

（1）点击【开始】键，显示光栅编码器数据。

（2）将校验台倾角、方位角和工具面向角刻度盘调节到 0°。

（3）点击【清零】键，此时检测台检测界面显示的倾斜角、方位角和工具面数据与光栅编码器的读数精度相符。

（4）任意调整校验台倾角、方位角和工具面姿态，测量校验软件显示姿态与刻度盘调整的姿态基本一致。

（5）点击【停止】键，完成校验台检测工作。

3. 探管校准

探管校准界面如图 3.45 所示，用于对测量探管测量精度进行软件调教，显示有校验台测量的姿态参数、探管测量的姿态参数和探管传感器的原始参数等，探管校准验时步骤如下：

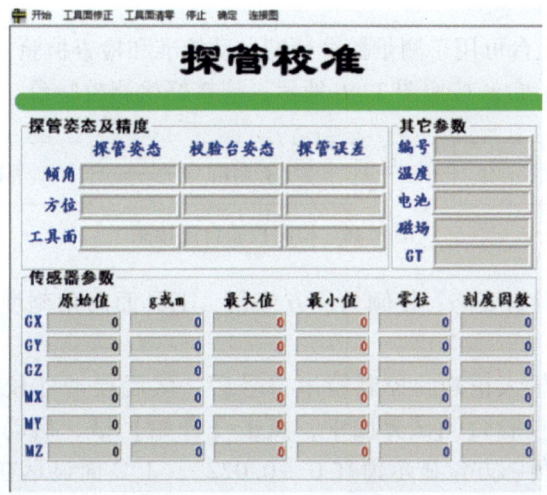

图 3.45　探管校准界面图

（1）连接测量探管，然后点击【开始】，启动探管和校验台工作，将校验台倾角调节到 $-89.97°\sim-90°$、工具面分别在 0°、90°、180°、270°时，探管倾角变化小于 0.15°则正常，否则说明探管固定不正，需重新固定。

（2）改变校验台姿态，检查探管的倾角和方位角是否合格，若合格，无须校准，点击【停止】；若不合格，进入第三步校准。

（3）将校验台倾角调整到-89.99°~-90°，待探管稳定后点击确定，用于消除装置的误差。

3.6.5 测量探管检测检验方法与流程

1. 测量探管检测检验方法

对于需自动校准的探管，检测校验台通过读取数显无磁校验台的校验台姿态以及探管实时返回的测量姿态，按照下列步骤完成探管的自动校准，从而保证探管的测量精度满足要求。

（1）自动获取探管传感器的零位和刻度因数。

（2）自动获取为进行软件自动补偿所需要的传感器姿态参数。

（3）自动进行软件校准。

（4）对探管的测量结果进行验证，并输出检验报告。

对于需进行测量精度检验的探管，自动校准系统通过读取数显无磁校验台的姿态以及探管实时返回的测量姿态，按照下列步骤完成探管的校验，从而确定探管的测量精度是否满足要求。

（1）自动获取探管传感器的零位和刻度因数。

（2）对探管的测量结果进行验证，并输出检验报告。

2. 测量探管检测检验流程

测量探管检测校验台可用于测量探管精度自动校准和检查检验，使用步骤如下。

（1）连接检测检验台。按照图3.46所示，连接好检测校验台。

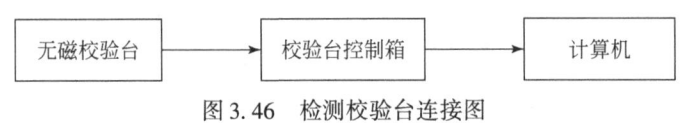

图3.46 检测校验台连接图

（2）调整检测校验台姿态，使倾角、方位角、工具面向角刻度盘均指向0°，打开校验台控制箱电源。

（3）启动软件，输入正确的控制箱串口号后，然后点击【校验台测试】键，进入校验台测试界面，在校验台测试界面中，点击【开始】键，启动校验台测试，屏幕显示编码器数据。若倾角、方位显示值在0°±0.022°、工具面显示在0°±0.044°，则无须调零，直接点击【停止】键即可，否则点击【清零】键，对倾角、方位、工具面编码器清零操作。

（4）连接与启动。将测量探管固定于数显无磁校验台上，使用探管通信电缆，按照图3.47所示连接计算机和测量探管，并连接好充电电池筒；启动"测量探管自动校准软件"，确定软件校准所需的姿态。根据探管姿态调校表，依次获取标准姿态下探管的传感器数据,并根据 24 个标准姿态下的探管传感器数据,计算该探管的正交补偿系数。

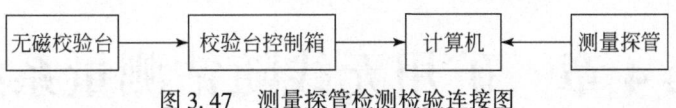

图 3.47　测量探管检测检验连接图

(5) 精度检测。对校准后的探管进行精度检测,记录校准后探管及无磁校验台的倾角、方位角和工具面向角读数,将两个读数进行误差对比,确定探管的测量精度。

第4章 矿用无线随钻测量系统

矿用有线随钻测量系统以特制的中心通缆钻杆为信号传输通道,可在为孔内仪器供电的同时实现钻孔内外信号双向通信,其传输速度快、传输数据多,推广应用广泛。但存在以下问题:①钻杆结构复杂,生产和使用成本高;②由于钻杆内部空间中通信组件的布设需要,钻杆采用大通孔结构,其接头部位的整体机械性能受到限制,故障或损坏较多;③适用于螺杆钻具滑动定向钻进,不满足定向钻孔高效复合定向钻进需要;④随钻测量装置对钻杆的绝缘性和连接性能要求较高,抗干扰能力差,当绝缘不好或连接电阻较大时,随钻测量信号传输衰减大,通信故障频繁(高珺,2016;范业活等,2016)。

无线随钻测量系统降低了对特制钻杆的要求,主要有泥浆脉冲、电磁波、声波、智能钻杆、光纤五种传输方式,其中以泥浆脉冲和电磁波技术较为成熟,在地面石油钻探领域应用广泛,但是由于地面油气钻探领域使用的随钻测量系统均是针对地面井钻探施工设计的,其孔径较大,施工的地层和环境较好;相对而言,在具有高湿度、粉尘和瓦斯爆炸性气体的煤矿井下,施工条件和环境相对较差,对仪器的电气性能、防爆性能要求更高,施工工艺和钻探参数差别较大,不能将地面随钻测量系统直接引入煤矿井下钻探施工中(马哲等,2007;朱桂清和章兆淇,2008)。

本章介绍了矿用泥浆脉冲式和电磁波式无线随钻测量系统的研究情况。由于无线随钻测量系统与有线随钻测量系统的区别主要为信号传输方式,参数测量原理、测量误差校验、孔口防爆计算机等内容基本相同,因此本章不再重复介绍,相关内容可参考第3章。

4.1 矿用泥浆脉冲无线随钻测量系统

泥浆脉冲是随钻测量信号传输最常用的方式之一,针对煤矿井下特殊施工环境和钻进技术要求,采用泥浆脉冲无线传输技术方案,以钻杆柱内环空间为信号传输通道,通过对孔内工程参数测量、泥浆脉冲载波信号传输、间歇工作模式设计与控制、孔口信号接收与解调处理等关键技术研究,研制了基于泥浆脉冲的矿用无线随钻测量装置YHD3-1500,实钻传输孔深达到3353m,为复合定向钻进技术的实现提供了基础支撑。

4.1.1 概述

1. 技术要求

1)井下防爆要求

煤矿井下处于高湿度、粉尘和瓦斯爆炸性气体环境下,施工条件相对较差,对仪器的电气性能和防爆性能要求更高,应按照Ⅰ类和Ⅱ类可燃性气体的要求进行制造和试验。

2) 泵量要求

煤矿井下定向钻进过程中泥浆泵排量一般为 150~300L/min，额定压力 8~12MPa；常规回转钻进过程中泥浆泵排量一般选择 90L/min 左右。为保证泥浆脉冲信号稳定传输，要求泥浆脉冲随钻测量系统能够在 90L/min 的小排量下产生稳定的脉冲信号，且产生的脉冲幅值不宜太大。

3) 尺寸和工作时间要求

煤矿井下施工钻场空间狭窄，大多数矿井巷道宽度小于 5m，井下定向钻孔直径一般为 98mm 或 120mm，所用钻杆直径一般为 73mm 和 89mm，因此对仪器结构尺寸要求更高。此外，煤矿井下定向钻进过程中随钻测量仪器使用频繁，对孔内探管工作时间提出了更高的要求。

2. 系统总体结构

根据装置总体技术要求，设计的矿用泥浆脉冲无线随钻测量系统的总体结构如图 4.1 所示。系统主要由孔口仪器和孔内仪器组成，孔内仪器包括脉冲发生器、防爆驱动短节、防爆充电电池筒和防爆测量短节，其中防爆测量短节和防爆驱动短节由防爆充电电池筒分开供电，防爆测量短节用于孔内工程参数的测量和孔内仪器工作状态的控制，防爆驱动短节用于控制脉冲发生器产生泥浆脉冲信号，脉冲发生器可将脉冲信号放大后通过钻进冲洗液传至孔口；孔口仪器包括防爆压力变送器和防爆计算机，其中防爆压力变送器用于采集泥浆泵的泵压变化信号，防爆计算机用于采集压力变送器电信号，并进行脉冲信号的处理和显示。

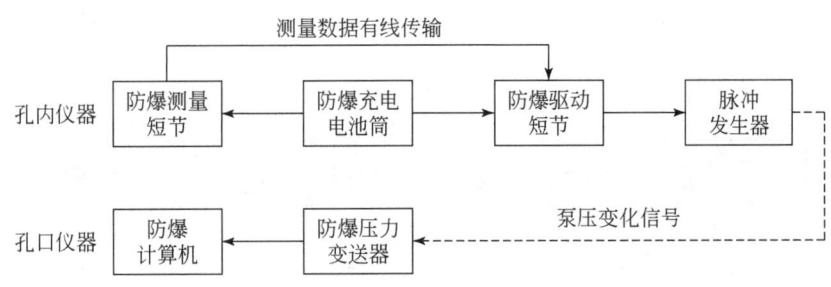

图 4.1 矿用泥浆脉冲无线随钻测量系统总体结构组成图

矿用泥浆脉冲无线随钻测量系统使用过程中的连接方式如图 4.2 所示。

3. 系统工作原理

矿用泥浆脉冲无线随钻测量系统的工作流程如图 4.3 所示，具体工作原理为：在采用螺杆钻具钻进的过程中，将探管连接在螺杆钻具后面，探管检测到泥浆泵停泵信号后，启动测量短节采集钻孔轨迹参数（倾角和方位角）和定向钻具状态参数（工具面向角）等孔内工程参数数据并进行编码。当检测到泥浆泵开泵信号后，驱动短节按照预先设置的编码规则有序地调整脉冲发生器水力通道的流道面积。流道面积的改变会产生流阻的变化，从而导致泥浆泵出口压力发生变化。安装在泥浆泵出口的压力变送器采集压力变化信号并传递到防爆计算机；防爆计算机按照预先设置的编码规则将压力变化曲线转换成钻孔轨迹

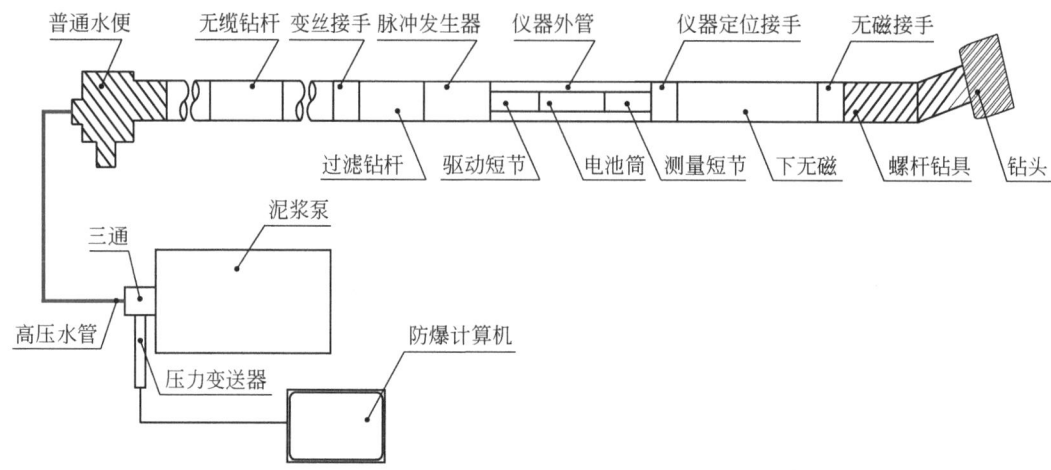

图 4.2 矿用泥浆脉冲无线随钻测量系统连接示意图

数据,并以数据表格和轨迹曲线的方式显示出来,为钻孔轨迹调整提供依据。数据传输完成后,测量探管停止工作,脉冲发生器内部流道恢复初始状态,泥浆泵压力恢复正常值,开始正常钻进(赵常青和刘凯,2014;朱利等,2014)。

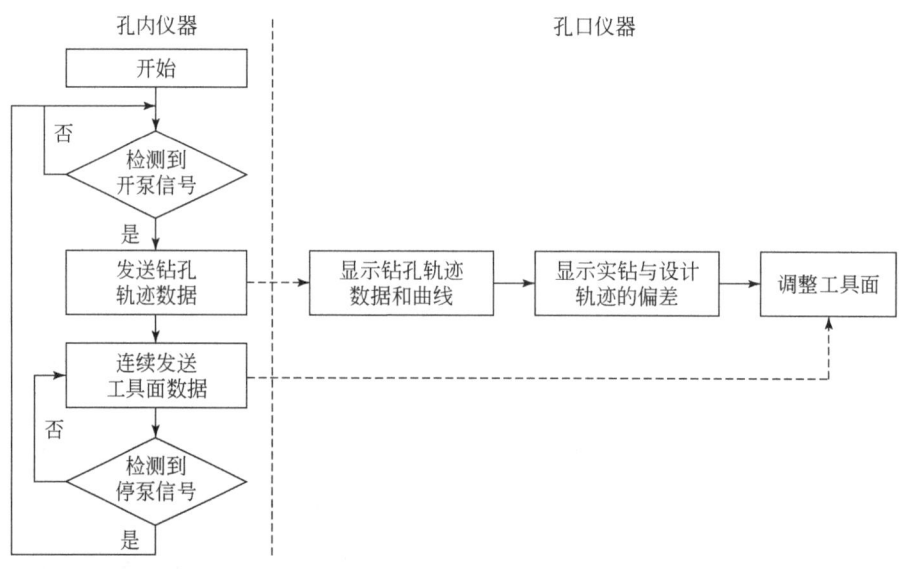

图 4.3 矿用泥浆脉冲无线随钻测量系统工作原理

4. 系统技术参数

针对煤矿井下特殊的施工环境和定向钻进技术要求,研制的 YHD3-1500 型矿用泥浆脉冲无线随钻测量系统实物如图 4.4 所示,性能参数见表 4.1。

第4章 矿用无线随钻测量系统

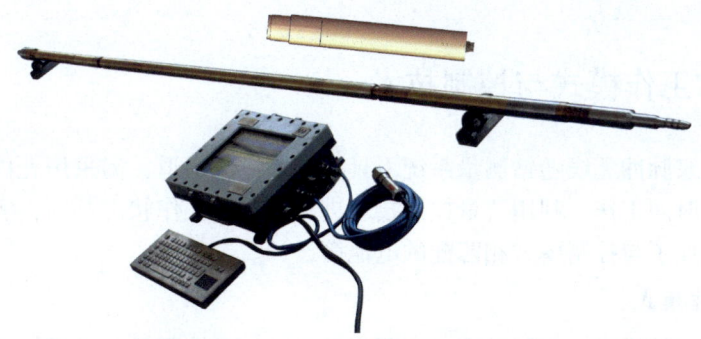

图 4.4　YHD3-1500 型矿用泥浆脉冲无线随钻测量系统实物图

表 4.1　YHD3-1500 型矿用泥浆脉冲无线随钻测量系统技术参数表

整体性能	传输距离	≥2.5km		
	测量性能	项目	测量范围	允许误差
		倾角	−90°～+90°	±0.2°
		方位角	0°～360°	±1.5°
		工具面向角	0°～360°	±1.5°
	配套钻杆	可与常规钻杆配合使用		
	信号传输方式	泥浆脉冲无线传输		
	最小启动泵量	90L/min		
	工作方式	流量控制，间歇工作		
防爆计算机	显示器	12″高分辨率彩色液晶显示屏		
	人机交互	键盘		
	电源	外接127V交流供电，适应电压75%～110%波动		
	质量	<40kg		
	防爆形式	矿用隔爆兼本安型，防爆标志为 Exd［ib］I		
系统测量软件	文件管理	多叉树数据文件管理		
	数据校验	可对传输数据进行检验，判断数据是否正确		
	钻进工艺	可满足前进式分支和后退式分支定向钻进工艺		
防爆键盘	防爆形式	矿用本安型，防爆标志为 EXibI		
	质量	<3kg		
存储器	防爆形式	矿用本质安全型，防爆标志为 EXibI		
	质量	<0.4kg		
	平均传输速率	1.5Mbps		
	存储容量	≥4G		
探管	外形尺寸	≤Φ45mm×3300mm		
	供电方式	由充电电池筒供电		
	防爆形式	矿用隔爆兼本安型，防爆标志为 Exd［ib］I Mb		
压力变送器	工作电压	DC 12～24V		
	输出信号	4～20mA		

4.1.2 间歇工作模式与控制技术

由于矿用泥浆脉冲无线随钻测量系统不具备有线供电通道,需采用孔内电源供电,为确保孔内仪器长时间工作,利用流量控制技术进行泥浆泵工作状态判断,实现了间歇工作模式控制,并完成了与控制模式相匹配的电池筒设计。

1. 间歇工作模式

煤矿井下定向钻进时,每钻进完一定距离后,可一次性测量并发送钻孔倾角和方位角等钻孔轨迹参数数据;同时由于要调整螺杆钻具工具面,控制钻孔延伸方向,因此还需要连续发送螺杆钻具工具面测量数据。结合煤矿井下定向钻进需求和长时间工作需要,孔内仪器采用间歇工作模式,即探管在停泵状态下测量静态数据(一般包括倾角、方位角、静态工具面向角),在开泵状态下先一次性发送静态数据,然后开始计时并只测量和发送动态数据(即螺杆钻具工具面向角),直至发送完成后,探管进入休眠状态,设计的工作流程如图4.5所示。

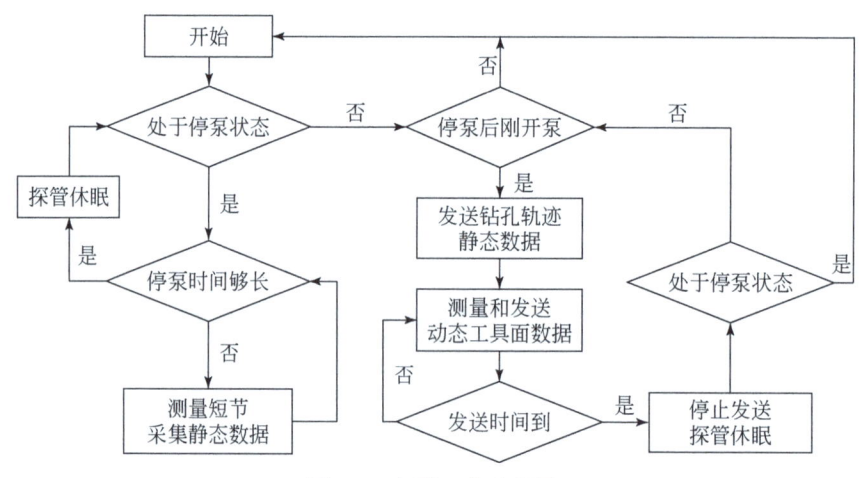

图4.5 间歇工作流程图

2. 流量控制技术

系统采用流量开关进行泥浆泵工作状态判断,并以此为依据实现间歇工作。流量开关设置在防爆测量短节内,利用霍尔开关与磁铁的霍尔感应效应进行工作,如图4.6所示,其工作原理是:流量开关外径与仪器外管内径相当,当泥浆泵向钻孔内提供冲洗液时,冲洗液从右向左流动,进入驱动骨架的水口并推动驱动轴向左移动,将驱动轴与驱动骨架分离错位,冲洗液从仪器左侧流出;停泵后,驱动轴在弹簧作用下复位,流量开关关闭。采用霍尔开关检测驱动轴的工作状态即可判断泥浆泵开停状态。

流量开关电气原理如图4.7所示。Power2和HER为控制CPU的输出端,当Power2为高电平时,Q3三极管导通,从而导通Q1三极管,开始对霍尔开关进行供电。若此时安装

第 4 章 矿用无线随钻测量系统

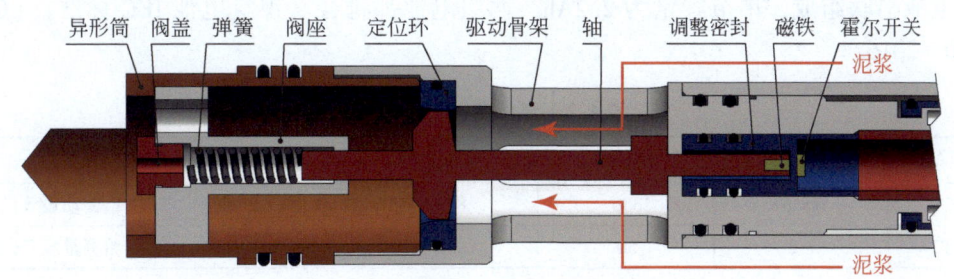

图 4.6 流量开关机械结构示意图

在驱动轴上的永磁铁距离霍尔开关的距离小于霍尔开关的敏感距离时，V+（即霍尔开关输出）为高电平，从而带动 HER 为高电平。CPU 检测到 HER 高电平时认为此时处于停泵状态。当距离大于敏感距离时，V+为低电平，从而带动 HER 为低电平。CPU 检测到 HER 低电平时认为此时处于开泵状态。

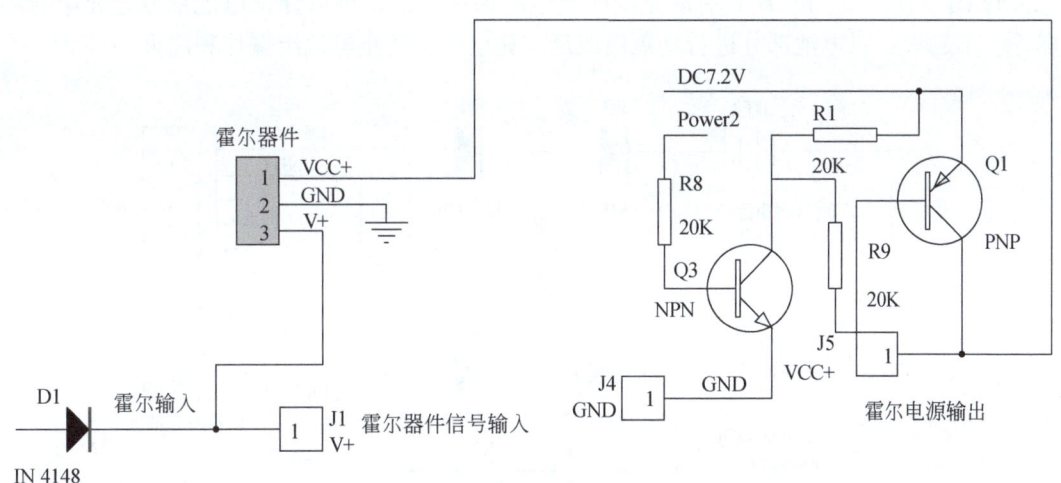

图 4.7 流量开关电气原理图

CPU 内部设有定时器，可以记录停泵和开泵的时间，当开泵时间大于设定值时认为开泵正常，此时按照预先约定的通信协议采集和发送测量数据；当停泵时间大于设定值时认为钻进已结束并正常，此时可以结束静态数据的测量并进入休眠状态，以降低功耗。

3. 充电电池筒

充电电池筒用于给孔内仪器供电，是影响孔内仪器工作时间的重要因素。由于测量短节和驱动短节工作电气参数差别较大，因此充电电池筒需要分开给测量短节和驱动短节供电。电池筒位于测量短节和驱动短节中间，其电气结构和机械结构均与测量短节和驱动短节配套。

电池采用镍氢充电电池，并采用串联方式构成电池组。充电电池筒内包含两组镍氢充电电池组，相应本安参数见表 4.2，其中一组为 BT1，负责给驱动短节供电，由 13 节 D 型充电电池串联组成，单节容量为 10Ah；一组为 BT2，负责给测量短节供电，由 6 节 AA 型充电电池串联组成，单节容量为2.2Ah，两组电池都符合《镍氢电池IEC标准》（GB/T 15100—2016）。

表4.2 充电电池筒本安参数

电源名称	工作电压/V	工作电流/mA	短路电流 I_o/mA	最高输出电压 U_o/V	备注
BT1	15.6	350	830	17	给驱动短节供电
BT2	7.2	50	910	9	给测量短节供电

为确定工作安全，充电电池筒内设置了充电电路和保护电路，具体如下。

1）充电电路

由于充电电池筒由两组镍氢充电电池组构成，两组电池组容量、电压和工作电流均不相同，因此每个电池组的充电电路不同，但可集中进行充电。

充电电路电气原理如图4.8所示，限流电阻R1、R2和R3具有过流保护功能，反向二极管D1、D2、D3和D4具有防止反向充电的保护功能，可以保证电池部分过充电时不爆炸、不起火；对电池部分进行外短路或反向充电时，防止电池组爆炸和起火。

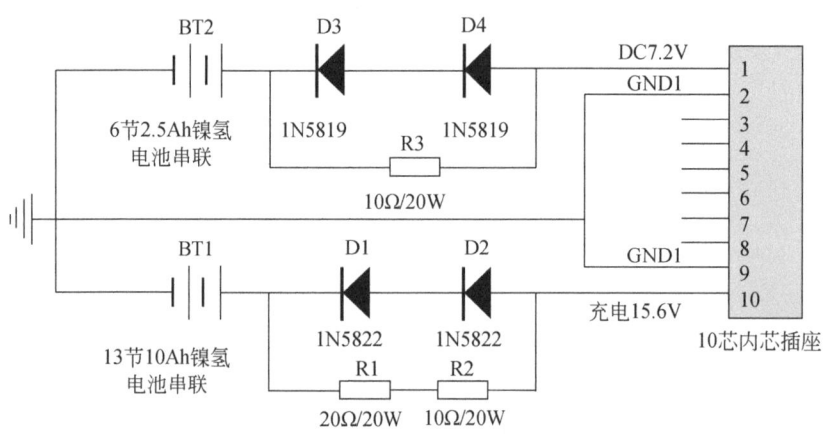

图4.8 充电电池筒充电电路电气原理图

2）保护电路

保护电路的作用是在负载短路时，立即启动保护，断开电源，防止负载短路电流过大引起电火花；当故障消除延迟一定时间后能够自动恢复。保护电路设计由电源、电流检测、开关控制、延时部分组成，工作流程如图4.9所示。当电流≥800mA立即保护并锁定，延迟1.5s后再次打开电源检测；保护电路本身功耗≤1.5mA，电池输出电压≤20V，短路保护反应时间≤1ms。

4.1.3 测量数据编码

测量数据编码是井下泥浆脉冲无线随钻测量系统信号高效传输的关键技术之一，编码方式设计的合理与否将会影响到泥浆脉冲信号传输的质量。目前，泥浆脉冲随钻测量系统

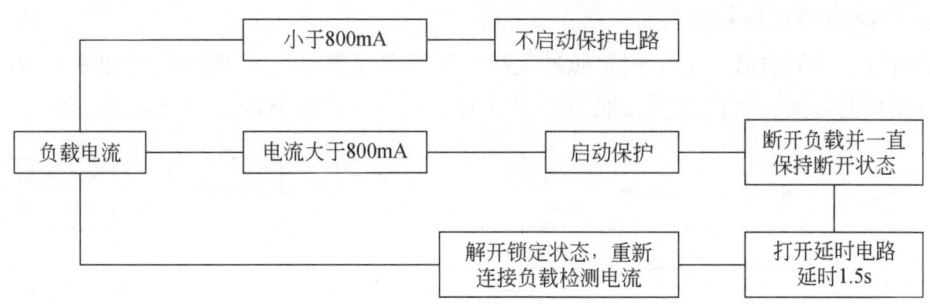

图 4.9 保护电路工作流程示意图

常用的编码方式有曼彻斯特编码、脉冲位置调制编码和组合编码,其中组合编码又称 PLM 编码,主要指在特定时间段内划分确定数量的脉冲位置(脉冲槽),并在脉冲位置上通过指定宽度的脉冲和脉冲间隔的组合进行测量数据的编码。该编码方式的优点是:在满足数据传输能力的前提下,脉冲数量少,有利于脉冲信号的识别和判别脉冲信号是否丢失;脉冲发射频率低,消耗电量少,可保证泥浆脉冲无线随钻测量系统具有长时间工作的能力。因此,矿用泥浆脉冲无线随钻测量系统选择组合编码作为数据编码方式。

1. 组合编码规则

组合编码的基本参数为 M 和 N,M 表示脉冲数量,N 表示脉冲布置位置的数量,即槽数。组合编码方式规定两个脉冲时间间隔不小于两个脉冲槽,并且最后两个脉冲槽不能布置脉冲。

T_P 为脉冲宽度,T_{MP} 为脉冲之间的最小间隔,T_P+T_{MP} 为泥浆脉冲的带宽,$T_P=T_{MP}$ 时泥浆脉冲信号的强度最大。

T_D 为脉冲槽的宽度,设定范围一般在 0.5~1s,其值大小代表了泥浆脉冲信号的分辨率,直接影响信号的传输速率和出错率。

$L=(T_P+T_{MP})/T_D$ 为转换系数,L 越大,泥浆脉冲信号强度越大,但脉冲时间较长。

T_W 为脉冲总时间,T_W 时间段内脉冲数量的最大值 $M_{MAX}=T_W/(T_P+T_{MP})$,T_W 为整数。T_W 时间段内的脉冲数量是确定的,因此可以根据脉冲个数对脉冲信号进行误码检验。

煤矿井下定向钻孔轨迹控制需要的参数主要包括倾角、方位角和工具面向角,泥浆脉冲测量数据组合编码的基本参数见表 4.3。通过在倾角、方位角和工具面向角对应脉冲槽上布置特定数量的脉冲,可以实现钻孔参数的数据编码。

表 4.3 组合编码基本参数

	倾角	方位角	工具面向角
槽数/个	21	21	13
脉冲数/个	5	5	3
槽宽/s	1	1	1
脉冲宽度/s	1	1	1
脉冲最小间隔/s	4	4	4

2. 组合编码数据传输特性

采用组合编码方式，井下泥浆脉冲无线随钻测量系统的数据传输格式如图 4.10 所示，检测到开泵信号后，孔内仪器按照组合编码的规则产生泥浆脉冲，如图 4.11 所示。

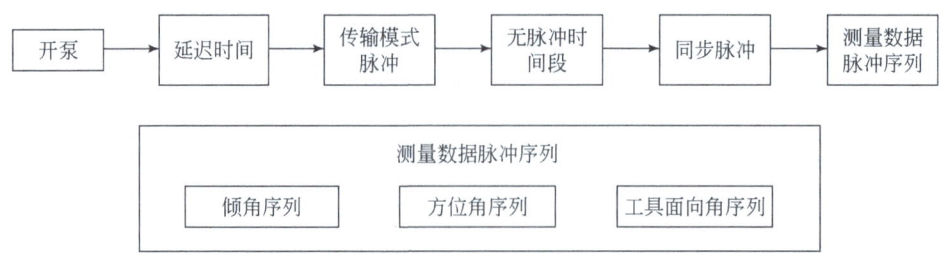

图 4.10 泥浆脉冲信号组合编码的传输格式图

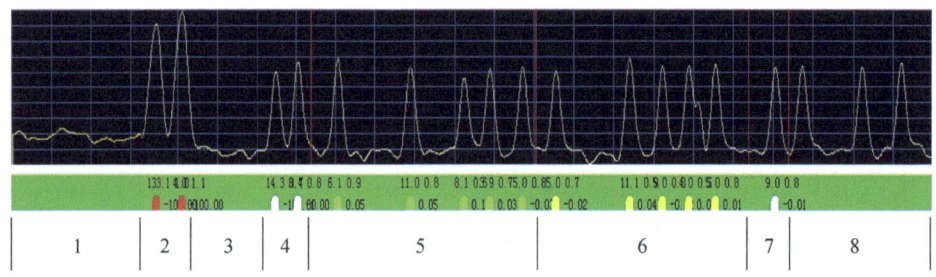

图 4.11 泥浆脉冲信号曲线示意图
1. 延迟时间；2. 传输模式脉冲；3. 无脉冲时间段；4. 静态同步脉冲；5. 倾角序列；
6. 方位角序列；7. 动态同步脉冲；8. 工具面向角序列

1）延迟时间

开泵后存在一段无脉冲延迟时间，其目的是判断开泵是否正常，排除泵压跳动引起的干扰；此外该时间段也可保证驱动短节有充足的充电时间，以产生满足设计要求的压力脉冲。

2）传输模式脉冲

延迟时间之后开始发送传输模式脉冲，其目的是保证孔内仪器和孔口软件对脉冲信号的发送模式进行统一，确保解码格式相同，传输模式脉冲由两个脉冲组成。

3）无脉冲时间段

发送同步脉冲 1 之后存在一段无脉冲时间，其目的是保证测量短节有充足的时间对钻孔轨迹测量传感器组获取的信息进行采集。

4）同步脉冲

无脉冲时间段之后发送同步脉冲，包括静态同步脉冲和动态同步脉冲两类，其中静态同步脉冲由两个脉冲组成，用于校正静态数据脉冲槽，以确保静态数据脉冲序列能够精确识别；动态同步脉冲由一个脉冲组成，用于对孔内仪器和孔口软件再次进行时间同步，以消除时间累积误差，避免动态脉冲信号解调出错。

5）测量数据脉冲序列

测量数据脉冲序列分为静态数据和动态数据，其中静态数据可根据需要选择数据类型，一般为倾角序列、方位角序列；动态数据主要用于螺杆钻具工具面调整，因此只需要发送工具面向角序列即可。

4.1.4 信号发射技术

测量数据由测量短节编码后传递给信号发射模块，由信号发射模块将测量数据发送至孔口。信号发射模块采用正脉冲传输方式，由驱动短节和脉冲发生器组成，驱动短节通过内部结构件的往复移动可以规律性地打开和关闭脉冲发生器中间的流道，从而控制脉冲发生器产生压力脉冲。

1. 信号传输方式优选

泥浆脉冲无线测量信号主要有正压力脉冲传输、负压力脉冲传输和连续压力脉冲传输三种传输方式。三种泥浆压力脉冲的优缺点对比见表 4.4，可以看出，正压力脉冲传输方式与其他两种方式相比相对成熟，已被商业化应用，并且煤矿井下钻进过程中常伴有瓦斯气体，同时部分钻孔有上仰孔段，为确保泥浆压力脉冲信号能稳定传输，选取正压力脉冲传输方式作为矿用泥浆脉冲无线随钻测量系统的信号传输方式。

表 4.4 三种泥浆压力脉冲优缺点对比表

脉冲传输方式	工作原理	传输速率	信号稳定性	应用情况
正压力脉冲	节流阀	0.5~3bit/s	稳定	商业化应用
负压力脉冲	溢流阀	较低	比较稳定	逐渐被淘汰
连续压力脉冲	旋转节流阀	5~12bit/s	一般	前景较好

2. 正压力脉冲泥浆脉冲信号载波传输整体结构

正压力脉冲的信号传输通道为孔内仪器上部钻杆柱的中部空间，其信号传输方向与泥浆流动方向相反。

为减少孔内仪器功率消耗，信号发射模块由防爆驱动短节和脉冲发生器两部分组成，其中脉冲发生器中设置有一个流道控制阀，防爆驱动短节设置有一个电磁阀和一个先导阀，流道控制阀由电磁阀控制的先导阀控制。如图 4.12 所示，使用时，防爆驱动短节连接头进入脉冲发生器对接座内，防爆测量短节得到孔内工程参数的数值后，按照约定编码协议，进行编码并控制防爆驱动短节中的电磁阀工作；电磁阀控制先导阀上移堵塞阀座，并在流道控制阀上下产生水压差，水压差使流道控制阀动作，从而减少冲洗液的通过面积，造成钻杆柱内环空间内冲洗液压力增加而产生正压力脉冲。

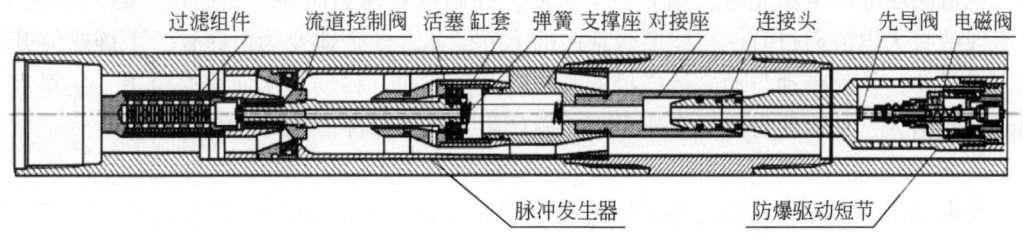

图 4.12 泥浆脉冲信号载波传输原理示意图

冲洗液正脉冲信号由流道控制阀产生，脉冲幅度的大小由先导阀控制，通过其对阀座的堵塞面积实现，脉冲宽度由电磁阀的作用频率控制。

3. 驱动短节

驱动短节的关键是电磁阀模块和硬件电路，用于按照测量短节的信号编码控制脉冲发生器产生压力脉冲。

1) 电磁阀

电磁阀可以控制脉冲发生器中心流道的开启和关闭，进而控制泥浆脉冲信号的产生，是驱动短节的关键部件。电磁阀由线圈骨架、缠绕在线圈骨架上的电感线圈以及上静磁体、动磁体组成，如图4.13所示。当电感线圈上通过电流时上静磁体、动磁体被磁化，由于同性相吸作用，上静磁体吸合动磁体，并带动其他连接部分移动，由于驱动短节外壳上有泄流孔，结构件移动时会堵塞泄流孔，从而阻塞流道，增大流阻。当电流消失时电磁铁磁性消失，由于复位弹簧作用，所有结构件恢复原状，流道恢复。脉冲幅值调整杆的作用是控制行程，从而控制堵塞流道的多少，影响出口泵压变化的大小，即影响信号幅度。上静磁体、动磁体、下静磁体、外壳的材料为纯铁，即软铁，构成完整电磁场回路，当电感线圈上的电流为0时可迅速消磁，从而防止误码的产生。

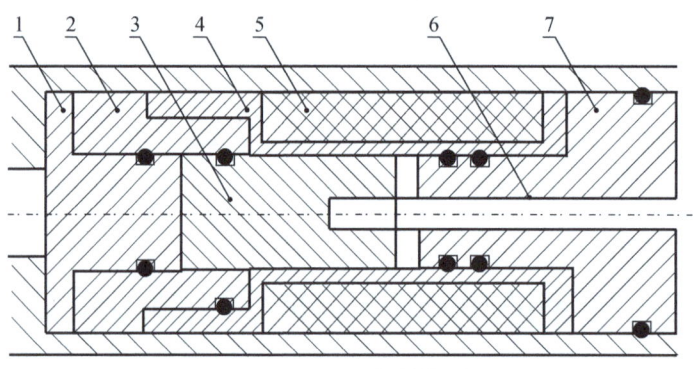

图4.13　电磁阀结构图

1. 下密封；2. 下静磁体；3. 动磁体；4. 线圈骨架；5. 电磁铁外壳；6. 脉冲幅值调整杆；7. 上静磁体

电磁阀结构中下静磁体、动磁体、电磁铁外壳和上静磁体均浸润在液压油中，以防止生锈，保证电磁力的最大化，且不会产生毛刺，活动自如。

2) 硬件电路

驱动短节硬件电路主要由充电电路和控制电路组成。当需要发送数据时，控制电路控制充电电路给储能电路充电，当充电结束后，控制电路控制储能电路通过电磁线圈放电，电磁线圈有大电流通过时使得线圈骨架内的上静磁体、动磁体变为电磁铁，上静磁体开始吸附动磁体，从而带动与动磁体连接的阀杆以及活塞向下移动，从而堵塞流道，使得水力通道流阻增大，从而使得出口泵压升高，以产生正压力脉冲。

a. 充电电路

充电电路主要完成储能电路的恒流充电功能，如图4.14所示。其通过可调升压芯片将充电电压调整到DC36 V，通过Q2三极管和R19/R16电阻控制充电电流在350mA左右，通过 CMOS 功率管完成储能电路的充电。

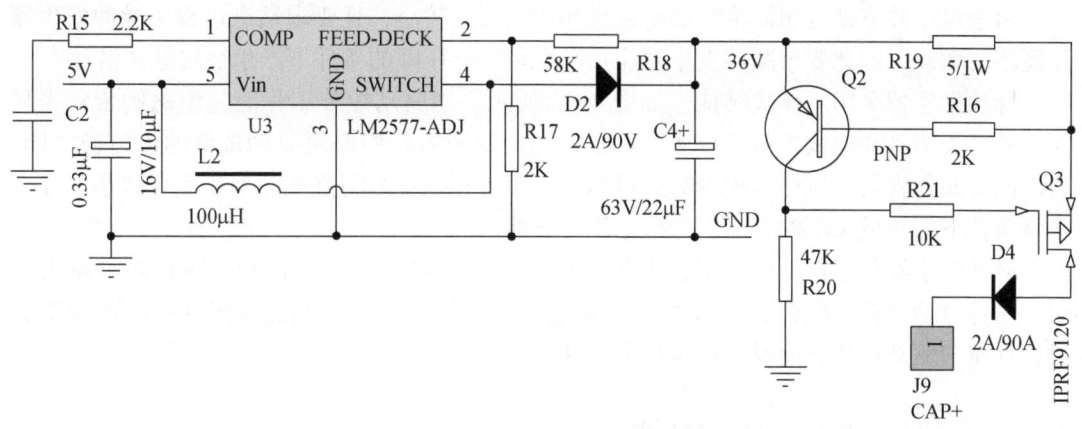

图 4.14　充电电路电气原理图

b. 控制电路

控制电路根据测量短节发送的指令控制充电电路给储能电路充电，并在充电结束后关闭充电电路，之后控制储能电路给电磁线圈放电，如图 4.15 所示。图中 VL 即测量短节信号输出线，当其为高电平时，U1/U10 光耦打开，其中 U1 光耦控制 Q1CMOS 功率管以及 R4/R0 限流电阻对电磁线圈 L1 进行小电流供电，以维持电磁铁性能的持续性，U10 光耦通过多个三极管给储能电路（CAP+端）进行大电流充电。当其为低电平时，U1/U10 光耦关闭，此时关闭小电流充电，储能电路通过 CAP+端给线圈 L1 进行供电。储能电路由 24 个并联的 470μF 大容量电容组成，其总电容量超过 10000μF，能够确保电磁铁的吸合力。

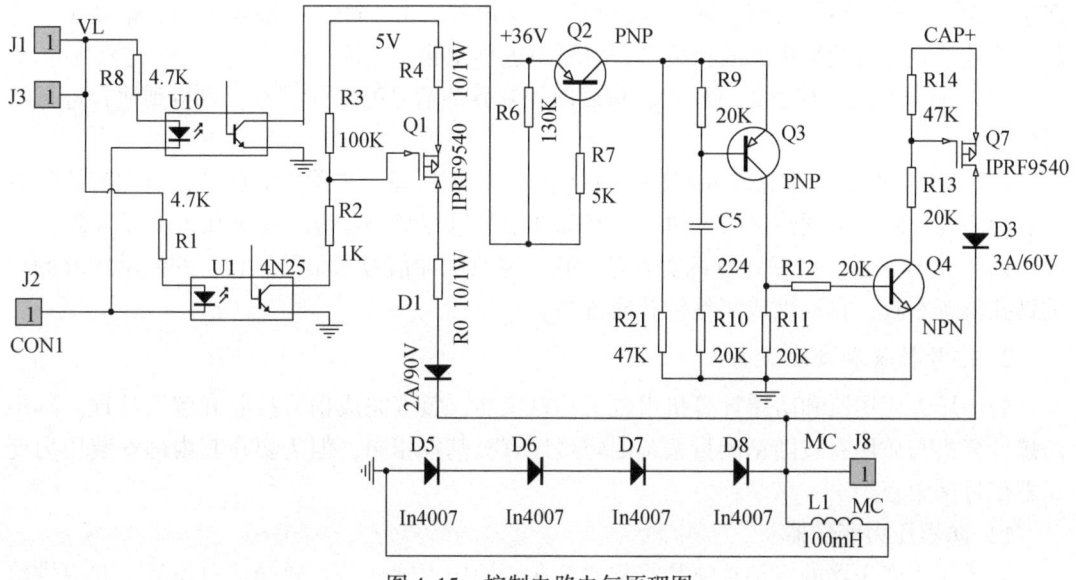

图 4.15　控制电路电气原理图

4. 脉冲发生器

由于煤矿井下钻进用泥浆泵额定泵量和额定泵压较小，且要求钻进过程中脉冲发生器压降不能太高，因此要求脉冲发生器应在小泵量、低压降的条件下产生稳定脉冲信号。

脉冲发生器采用一体式结构，如图 4.12 所示。当驱动短节工作时，电磁阀带动先导阀上移，关闭脉冲连接头与对接座之间的流道，造成阀杆中心至驱动短节的流道被关闭，流向阀头和外管之间流道的流量突然增加，而阀头和外管之间流道的面积变化较小，在小排量条件下即造成泵压的升高，产生正压力脉冲。

脉冲发生器位于仪器串上部，由驱动短节根据信号编码进行控制。驱动短节不工作时，一部分冲洗液从阀杆和外管之间的通道流过，另一部分冲洗液从阀杆中心的流道流过，并流向驱动短节，此时不产生压力脉冲。

4.1.5 信号接收和处理技术

信号接收和处理模块用于孔口脉冲信号的接收、处理和显示。其工作流程与关键设备如下所述。

1. 信号接收和处理流程

孔口泥浆脉冲信号接收和处理的流程如下：

（1）信号接收。采用防爆压力变送器将钻杆柱内的泵压变化转换成电压信号；采用防爆计算机采集防爆压力变送器输出的电压值并进行计算，获取钻杆柱内泵压数值，进而获得泥浆脉冲信号。

（2）信号滤波去噪。噪声会严重干扰孔口接收到的泥浆脉冲信号。其中噪声主要包含泥浆泵噪声、螺杆钻具噪声、随机噪声和反射噪声等。由于噪声一般频率高、幅度小、与脉冲信号独立，因此采用方波相关函数对噪声进行滤除。

（3）信号基线漂移校正。校正去噪后的泥浆脉冲信号的基线漂移，以得到适合进行解码的信号。

（4）信号解码。根据脉冲幅值大小调整脉冲检测压差，去除虚假脉冲，得到有效的泥浆脉冲序列；然后根据约定编码协议，对脉冲信号进行解码运算，得到孔内工程参数。

（5）信号显示。防爆计算机实时显示孔口泥浆脉冲信号采集的过程，并显示经解调后的钻孔轨迹参数，自动生成实钻钻孔轨迹图。

2. 信号接收和处理设备

防爆压力变送器和防爆计算机组成了孔口仪器，负责完成信号接收和解调处理。其中防爆计算机与矿用有线随钻测量系统的防爆计算机基本相同，但需要在其内部安装压力变送器信号采集板。

1）防爆压力变送器

防爆压力变送器的主要功能是将传递至孔口的压力脉冲信号转换成电信号，并提供给防爆计算机，采用 GPD60（A）矿用本安型压力变送器，如图 4.16 所示，其原理是在硅基片上采用离子注入并经激光修正形成惠斯通电桥，外界压力作用于传感器的隔离膜片上使膜片产生位移,通过膜盒内的硅油将压力传递到硅基片上,使惠斯通电桥的四支电阻中的两支因拉伸而阻值变小,另外两支因压缩而阻值变大,桥臂阻值的变化使电桥失去平衡这样就产生了一个与压力成正比的电压输出信号;传感器的毫伏信号经过集成放大电路处理转换成工业标准的 4~20mA 信号输出。

2) 防爆计算机内压力变送器采集板设计

压力变送器采集板主要由电源、采集电路、滤波电路、通信电路及 CPU 控制电路组成。

图 4.16 GPD60(A)压力变送器实物图

电源及采集电路负责将供电电路分成两路,一路稳压成 DC5V,负责给整个电路板供电,一路通过 DC 隔离电源升压成 DC12V,负责给压力变送器供电,由于压力变送器为二次仪表,其输出范围为 4~20mA,在回路中串联 200Ω 精密采样电阻,将其输出改为电压输出,范围为 0.8~4V,由于压力变送器的测量范围为 0~20MPa,则电压输出范围 0.8~4V 对应泵压范围 0~20MPa。电气原理如图 4.17 所示。

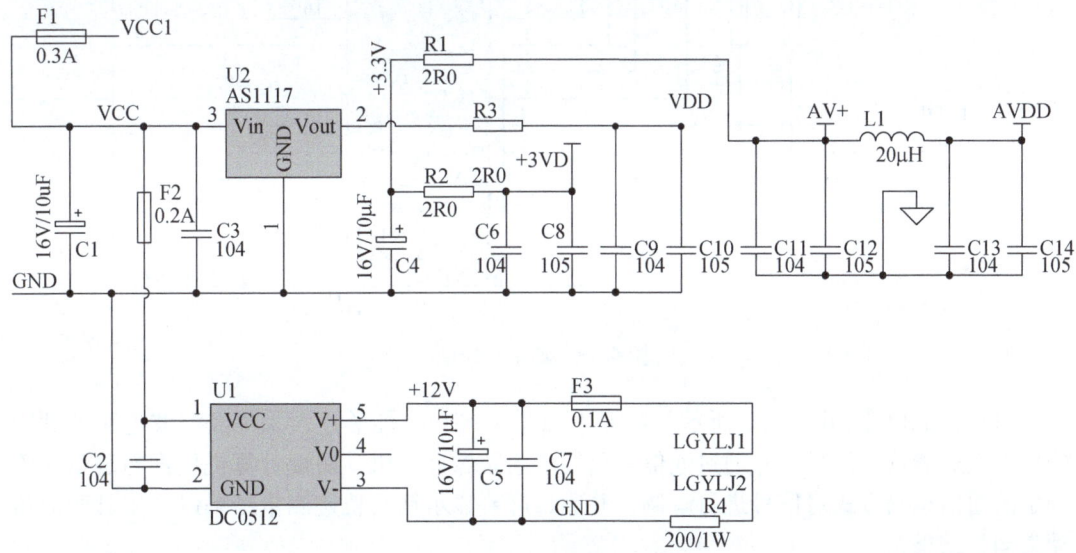

图 4.17 电源及采集电路图

滤波电路采用两级低通滤波器消除杂波,如图 4.18 所示,由于泥浆脉冲的信号宽度在最快发送频率速度下不低于 150ms,则时间常数应设计成 ≤7.5ms,选择电阻为 6.8kΩ、电容 1μF,则时间常数 $\tau \approx 6.8$ms。两级低通滤波电路相同,且每级低通滤波的输入端进行两次 RC 滤波,这样能够大幅度消除由泥浆泵输出不稳定造成的泵压变化,提高信号的强度和稳定性。

通信电路如图 4.19 所示,负责将 TTL 的串口电平信号转换成标准 RS232 电平信号,从而完成压力变送器采集板与防爆计算机串口之间的信号传输。

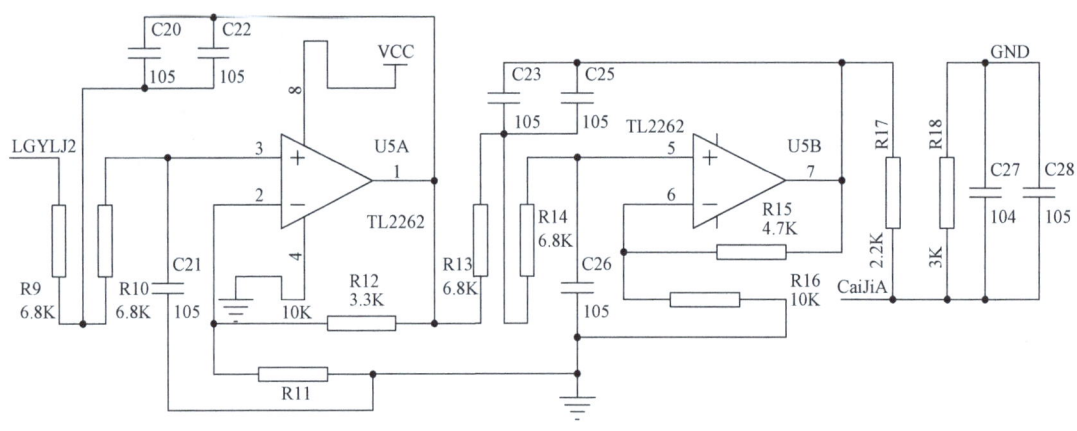

图 4.18 滤波电路图

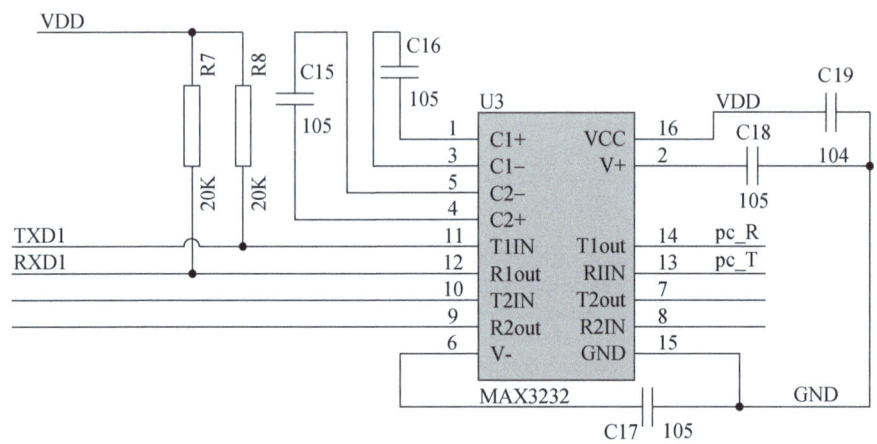

图 4.19 通信电路图

CPU 控制电路如图 4.20 所示,自带 A/D 输入端口,能够连续采集经滤波电路处理后的压力变送器输出信号,并通过通信电路发送给防爆计算机,防爆计算机依据与测量探管约定的通信编码方式对信号进行解调,并通过屏幕显示钻孔轨迹测量结果以及工具面向角动态调整结果。

3. 信号处理与显示

1)信号滤波去噪和基线漂移校正

a. 信号滤波去噪

泥浆脉冲信号传输过程中会受到多种噪声的干扰而导致孔口接收到的信号幅值较小,而夹杂的噪声信号幅值较大。其中噪声主要有:螺杆钻具噪声、泥浆泵噪声、随机噪声和反射噪声等。由于噪声一般频率较高,而泥浆脉冲信号频率较低,两者相对独立,因此采用方波相关函数对噪声进行滤除,取一个与组合编码类似的方波信号,如图 4.21 所示。利用方波相关函数可以有效滤除频率低于 0.5Hz 和大于 2Hz 的噪声信号,提高信噪比,有利于泥浆脉冲信号的解调,解调后的信号示意如图 4.22 所示(涂兵等,2010)。

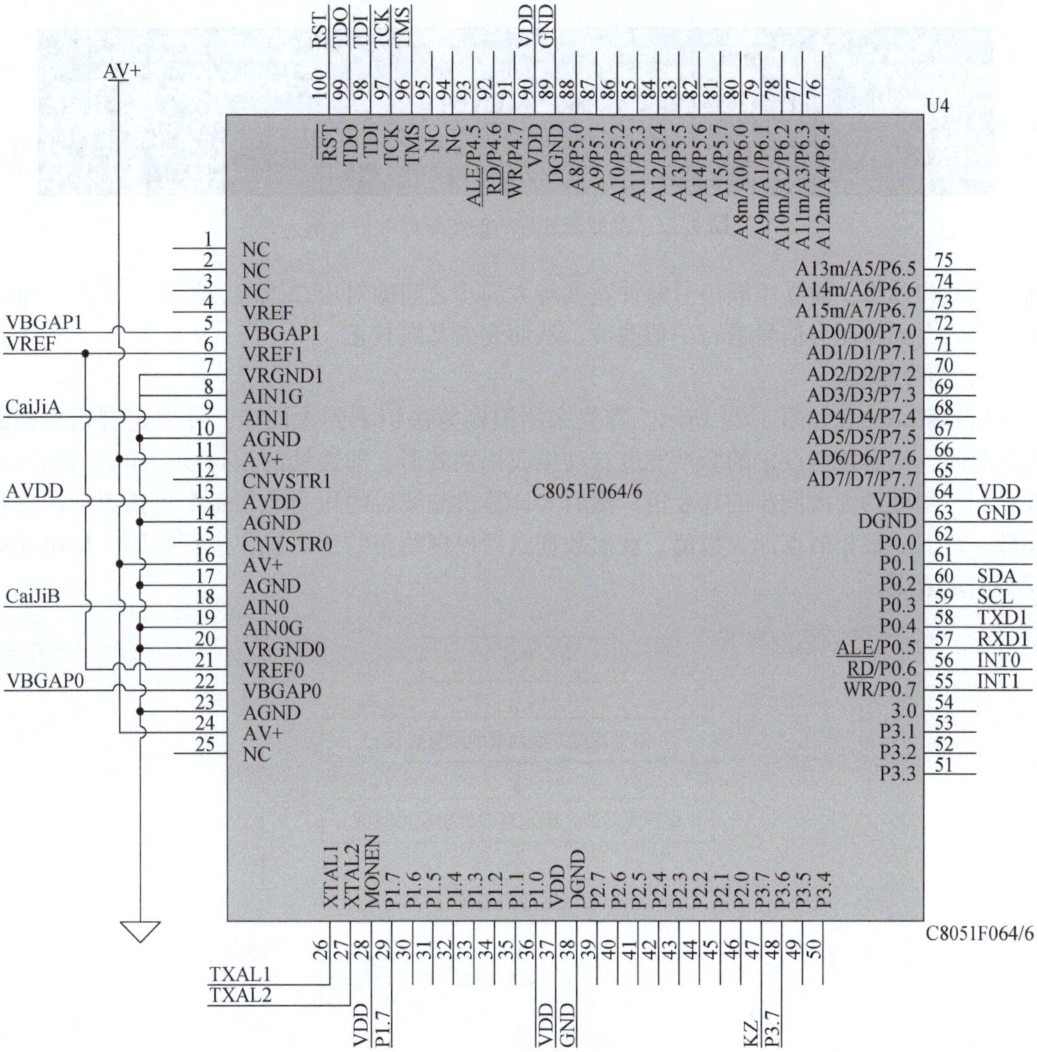

图 4.20 CPU 控制电路图

b. 信号基线漂移校正

信号解调的关键是找到大同步的基准线,基准线也就是计算机软件信号解码的同步线,即在大同步的基准线开始后固定的时间后即开始解调测量数据。由于大同步的脉冲宽度与有效信号脉冲宽度不一致,在孔内复杂环境下,有可能导致大同步基准线与有效信号之间的时间存在漂移,这样会导致信号解调错误。因此需要对大同步的基准线进行校准。

大同步的脉冲宽度是固定的,一般为 1.5s,而有效信号脉冲宽度根据现场应用情况,范围在 0.8~1.4s。因此校准的方法采用中值滤波和查表法,首先

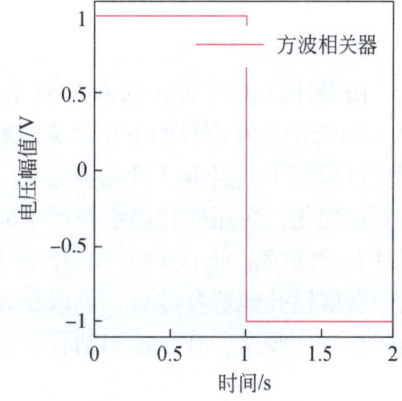

图 4.21 方波相关信号图

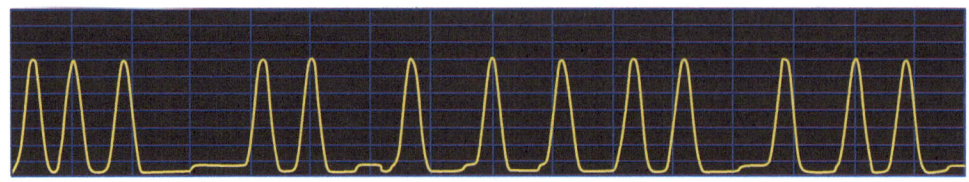

图 4.22　经滤波处理后的泥浆脉冲信号图

通过试验和计算，建立不同信号脉冲宽度与大同步之间的对应二维表，然后对应的二维表对采集的大同步压力信号进行中值滤波，从而完成基线校正。

2）信号解码

信号解码流程如图 4.23 所示，首先采用模糊算法识别到大同步，并确定有效数据的起始时间，然后按照设定的脉冲宽度自动生成识别波形，即连续的正弦波，频率与脉冲宽度相同，幅度约为大同步的 0.8 倍。然后与计算机滤波后的压力波在每个正弦周期内进行比较，留下的最相似点即为数值。获取数据点后根据约定的编码协议进行解码，即可获取原始测量数据。

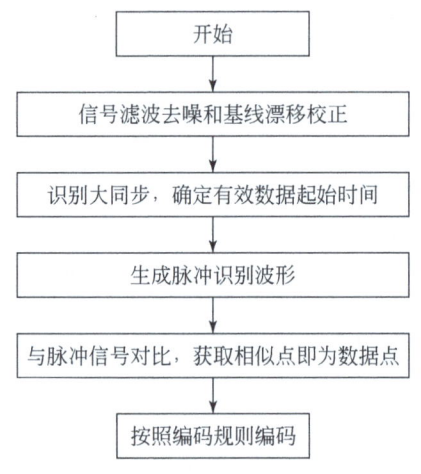

图 4.23　信号解码流程图

3）信号显示

防爆计算机内安装的系统测量软件，可以实时显示泥浆脉冲信号采集的过程，如图 4.24 所示，在该界面下可以完成数据测量、工具面修正和工具面调整等操作。其中数据测量过程如下：点击【开始测量】，同时开泵，开始对上传的泥浆脉冲信号进行解调，泵压开始变化，泵压变化曲线开始走动，菜单项变为【停止测量】；当静态测量数据显示完毕并开始连续显示工具面时，点击【保存测量数据】。

获取钻孔轨迹参数后，可以在表格中显示，也可以自动生成钻孔轨迹，以方便技术人员进行对比观察，有效控制钻孔轨迹。

第4章 矿用无线随钻测量系统

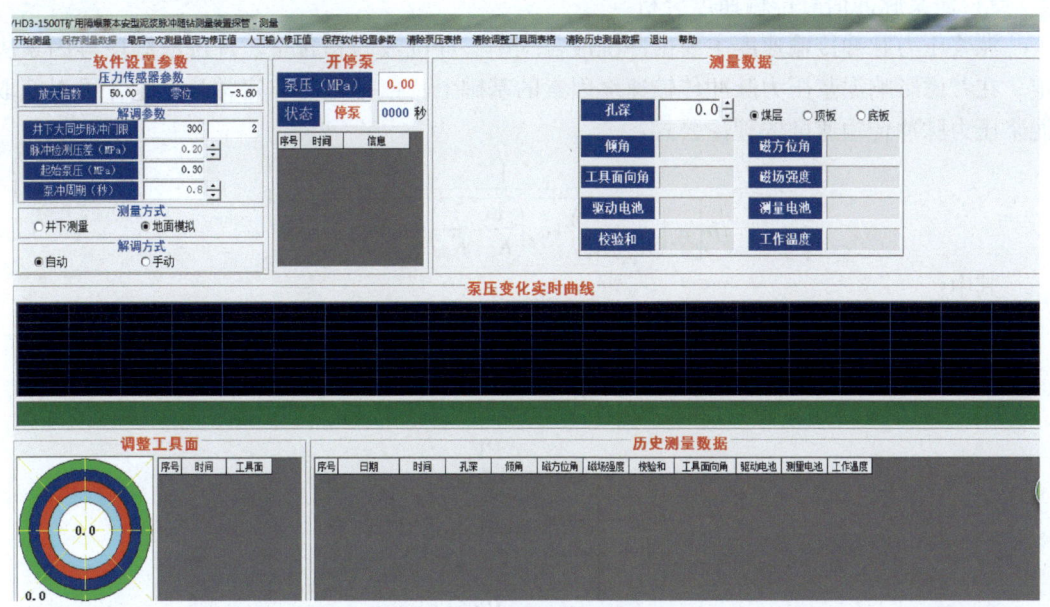

图4.24 数据采集界面图

4.1.6 信号传输模型分析

根据脉冲产生原理和信道特性,建立了泥浆压力脉冲信号传输的理论模型,深入分析了系统的信号传输特性(李泉新,2018)。

1. 信号传输模型与传输规律

1)泥浆脉冲信号传输模型

泥浆压力脉冲传输信道包括中心孔冲洗液、钻柱、外环空冲洗液和地层,如图4.25所示。图中的地层可以根据实际情况进行设定。多层圆柱波导模型可以进行适当的简化,以提高分析的效率。简化如下:①压力波速度远大于冲洗液流速,因此可以忽略冲洗液流速;②不考虑冲洗液的黏性;③钻柱可以简化为轴对称的弹性体;④与泥浆压力脉冲的波长相比,钻柱的半径可以忽略不计。

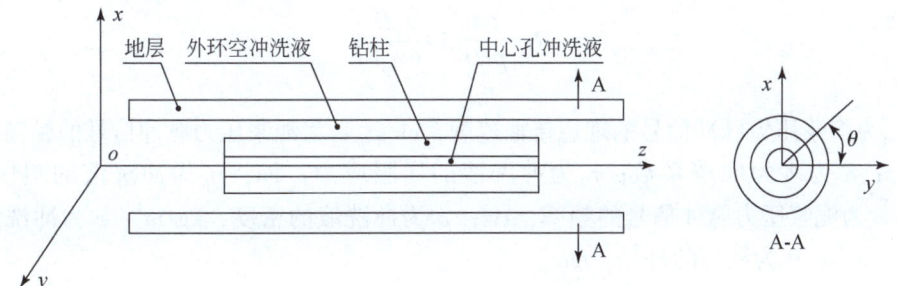

图4.25 泥浆压力脉冲信号传输信道示意图

2）泥浆脉冲信号传输速度分析

泥浆压力脉冲传输速度主要由冲洗液含气率、冲洗液固相含量、冲洗液温度等因素决定。在考虑影响泥浆压力脉冲传输速度因素的基础上，依据流体非定常流理论，可以获取泥浆压力脉冲传输速度的理论公式：

$$c_0 = \cfrac{1}{\sqrt{\rho\left[a_1\left(\cfrac{1}{K_p}+\cfrac{1}{K_1}\right)+a_g\left(\cfrac{1}{K_g}-\cfrac{1}{K_1}\right)+a_s\left(\cfrac{1}{K_s}-\cfrac{1}{K_1}\right)\right]}} \tag{4.1}$$

其中：

$$\rho = (1-a_g-a_s)\rho_1+a_g\rho_g+a_s\rho_s$$

$$K_g = -\frac{\Delta P V_g}{\Delta V_g}$$

$$K_1 = -\frac{\Delta P V_1}{\Delta V_1}$$

$$K_s = -\frac{\Delta P V_s}{\Delta V_s}$$

$$K_p = -\frac{\Delta P V_p}{\Delta V_p}$$

式中，c_0 为泥浆压力脉冲理想传输速度，m/s；ρ 为冲洗液的密度，kg/m³；K_p 为钻柱体积弹性模量，Pa；K_1 为液相体积弹性模量，Pa；a_g 为气相流体体积含量，%；K_g 为气体体积弹性模量，Pa；a_1 为液相流体体积含量，%；a_s 为固相流体体积含量，%；K_s 为固体体积弹性模量，Pa；ρ_1 为冲洗液中液体的密度，kg/m³；ρ_g 为冲洗液中气体的密度，kg/m³；ρ_s 为冲洗液中固体的密度，kg/m³；ΔP 为压力差，Pa；V_g 为冲洗液中气相体积，m³；V_1 为冲洗液中液相体积，m³；V_s 为冲洗液中固相体积，m³；V_p 为冲洗液体积，m³。

定向钻探所用冲洗液为气相、液相和固相三相混合的流体，冲洗液中各相含量的变化会对泥浆压力脉冲信号的传输速度造成影响。此外，冲洗液由于受到流体黏性剪切力作用，泥浆压力脉冲信号会产生黏频传输速度，其计算公式如下：

$$c_1 = \cfrac{c_0}{\left[1+\left(\cfrac{R_f}{w}\right)^2\right]^{\frac{1}{4}}\cos\left[\cfrac{1}{2}\left(\tan^{-1}\cfrac{R_f}{w}\right)\right]} \tag{4.2}$$

其中：

$$R_f = \cfrac{64}{\cfrac{\rho v D}{\eta_p}}\left(1+\cfrac{\tau_0 D}{6\eta_p v}\right) \tag{4.3}$$

式中，c_0 为泥浆压力脉冲信号的理想传输速度，m/s；c_1 为泥浆压力脉冲信号的黏频传输速度，m/s；R_f 为水力摩擦系数；τ_0 为冲洗液的屈服应力，Pa；η_p 为冲洗液的塑性黏度，Pa·s；w 为泥浆压力脉冲信号的频率，Hz；ρ 为冲洗液的密度，kg/m³；v 为冲洗液的平均流速，m/s；D 为钻杆的外径，mm。

运用上述公式可以研究泥浆压力脉冲信号传输速度的变化规律。煤矿井下钻探常用清水进行定向钻进，固相含量可忽略不计，因此主要分析含气率、水力摩擦系数和信号频率等因素对泥浆压力脉冲信号传输速度的影响（刘修善和苏义脑，2000；郑宏远等，2016）。

a. 冲洗液含气率对泥浆脉冲信号传输速度的影响

根据冲洗液的特点可以设定式（4.1）中的参数，其中冲洗液的水力摩擦系数设定为0.1，从而可以分析冲洗液含气率变化对泥浆压力脉冲信号传输速度的影响，如图4.26所示。从图中可以看出，泥浆压力脉冲传输速度随着冲洗液含气率上升而降低，并且其降低的幅度随着含气率的上升而减小。由于煤矿井下所用冲洗液为清水，含气率较低，因此对泥浆压力脉冲传输速度的影响较小（李红涛等，2012）。

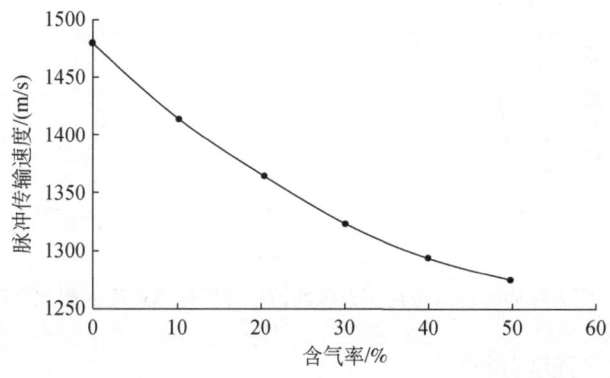

图4.26　冲洗液含气率对泥浆压力脉冲信号传输速度的影响规律曲线图

b. 冲洗液水力摩擦系数对泥浆脉冲信号传输速度的影响

选取含气率为2%的清水冲洗液，应用泥浆压力脉冲黏频传输速度的计算公式，可以分析冲洗液水力摩擦系数对泥浆压力脉冲传输速度的影响，分析结果如图4.27所示。从图中可以看出，冲洗液水力摩擦系数为0的情况下，泥浆压力脉冲的黏频传输速度等于理想传输速度。冲洗液水力摩擦系数不为0的情况下，泥浆压力脉冲信号的理想传输速度随着冲洗液水力摩擦系数增大而减小，同时，泥浆压力脉冲信号理想传输速度的衰减幅度随着冲洗液水力摩擦系数的增大而变大。

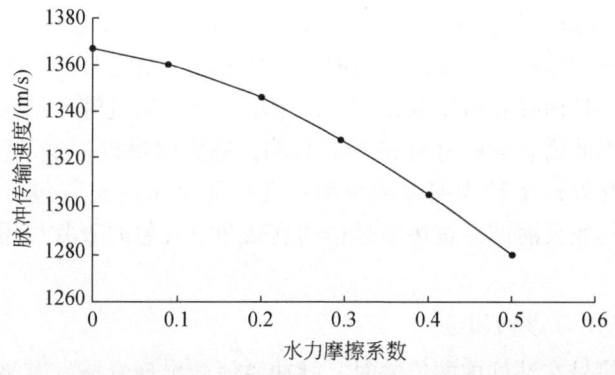

图4.27　冲洗液水力摩擦系数对泥浆压力脉冲信号传输速度的影响规律曲线图

c. 信号频率对泥浆脉冲信号传输速度的影响

选取含气率为2%、水力摩擦系数为0.1的清水冲洗液，采用式（4.2），可以分析泥浆压力脉冲信号频率对泥浆压力脉冲传输速度的影响，分析结果如图4.28所示。从图中可以看出，当压力脉冲信号频率较低时，压力脉冲信号的传输速度随着信号频率的升高而快速增大；当压力脉冲信号的频率较高时（$f>2\text{Hz}$），信号频率的变化对压力脉冲信号传输速度的影响较小，可忽略不计。综上所述，在满足泥浆压力脉冲工作条件的情况下，选取合适的信号频率能够提高泥浆压力脉冲信号的传输速度。

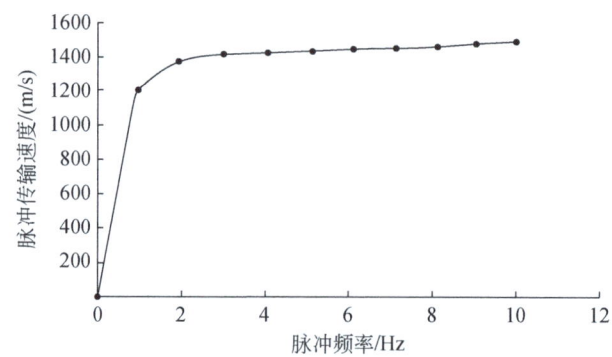

图4.28 压力脉冲频率对泥浆压力脉冲信号理想传输速度的影响规律曲线图

3）泥浆脉冲信号强度分析

脉冲发生器阀头半径大小、泵压、冲洗液排量和冲洗液密度是影响孔口泥浆压力脉冲幅值的主要因素。水力参数（泵压和冲洗液排量等）不变时，孔口压力脉冲幅值随着阀头半径的变大而变大。同一半径大小阀头的条件下，某一水力参数变化时，孔口压力脉冲幅值的变化规律如下：随着泵压的升高而变大；随着冲洗液排量的升高而变大；随着冲洗液密度（含气率降低）的升高而变大。

4）泥浆压力脉冲信号反射与透射分析

泥浆压力脉冲信号在传输的过程中会在传输信道发生改变的位置（钻杆连接处和孔身结构改变等位置）产生压力脉冲的反射和透射。正压力脉冲信号的反射和透射现象具有局部特点，与钻柱的长度相比，其轴向尺寸较小，因此可以忽略沿程阻力损失。

泥浆压力脉冲传输信道主要由地层、钻头、螺杆钻具、仪器串、脉冲发生器、钻杆、内环空和外环空组成。钻杆之间连接处的面积变化较小，对泥浆压力脉冲传输的影响可忽略；螺杆钻具的定子是由橡胶材质制作的，泥浆压力脉冲通过螺杆钻具传输时传输速度会发生较大的变化，因此需要分析螺杆钻具的影响；钻头喷嘴处冲洗液流道面积变化较大，泥浆压力脉冲会在此处产生较为明显的反射；孔口泥浆泵的空气包可以吸收孔底的反射波，因此可以认为孔底反射波经过传输过程的衰减和空气包的吸收作用后到达孔口时基本已完全衰减。

2. 信号衰减规律与影响因素

泥浆压力脉冲信号在钻柱内的传输时，脉冲幅值会出现衰减，其衰减主要受到钻柱参数、冲洗液黏度特性、信号传输深度、泥浆脉冲信号频率和泥浆脉冲信号传输速率等因素的影响。泥浆压力脉冲信号的衰减规律符合指数变化的特征，如式（4.4）所示。

$$P = P_0 \exp\left(-\frac{2x}{\alpha D}\sqrt{\frac{\pi \mu f}{\rho_m}}\right) \tag{4.4}$$

式中，P 为孔口泥浆压力脉冲信号的强度，MPa；P_0 为孔底泥浆压力脉冲信号的强度，MPa；x 为压力脉冲信号的传输距离，m；α 为压力脉冲信号传输速度，m/s；D 为钻柱内径，m；ρ_m 为冲洗液密度，kg/m³；μ 为冲洗液黏度，Pa·s；f 为泥浆压力脉冲信号的频率，Hz。

其中，压力脉冲的传输速度可由下式计算：

$$\alpha = \sqrt{\frac{B}{\rho}} \tag{4.5}$$

式中，B 为传输介质的体积模量，N/m²；ρ 为传输介质的密度，kg/m³。

各参数的变化对压力脉冲信号传输衰减的影响，具体如下所述。

1) 信号传输速度对泥浆脉冲信号衰减的影响

假设 $P_0 = 2$ MPa；μ 取水的黏度值，0.8949×10^{-3} Pa·s；ρ_m 取为 1×10^3 kg/m³；钻柱内径 D 取 0.035m；压力脉冲的频率 f 取为 0.25Hz。泥浆压力脉冲信号衰减规律如图 4.29 所示，从图中可以看出，钻孔深度不变时，压力脉冲幅值随着信号传输速度的降低而减小，并且随着孔深的增加，信号传输速度的变化对压力脉冲幅值的影响被放大；同时可以看出，信号传输速度不变时，压力脉冲幅值随着钻孔深度的增大而减小，近似表现为线性变化规律。

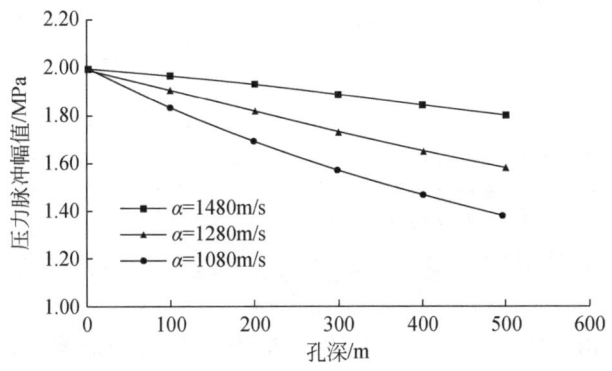

图 4.29 信号传输速度对泥浆压力脉冲信号传输衰减的影响曲线图

2) 钻柱直径对泥浆脉冲信号衰减的影响

假设 $P_0 = 2$ MPa；μ 取水的黏度值，0.8949×10^{-3} Pa·s；压力脉冲的频率 f 取为 0.25Hz；α 取 1.48×10^3 m/s；ρ_m 取 1×10^3 kg/m³。泥浆压力脉冲信号衰减规律如图 4.30 所示。从图中可以看出，钻孔深度不变时，压力脉冲幅值随着钻柱内径的减小而减小，但是钻柱内径的变化对压力脉冲幅值的影响没有因孔深的增加而被放大；同时可以看出，钻柱内径大小不变时，压力脉冲幅值随着钻孔深度的增加而减小。

3) 信号频率对泥浆脉冲信号衰减的影响

测量数据组合编码方式中脉冲和脉冲槽的长度可以根据泥浆脉冲信号传输速率的要求进行设定，因此泥浆脉冲信号的频率是不固定的，有必要分析信号频率对泥浆压力脉冲信

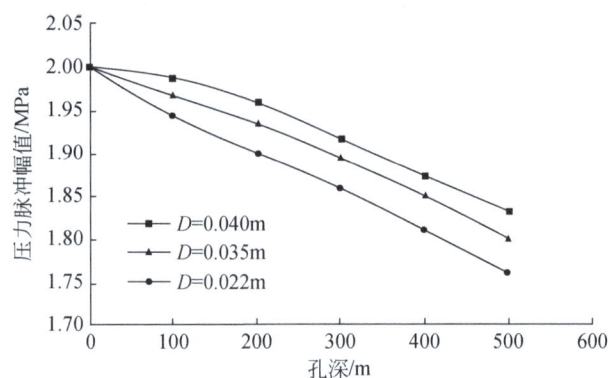

图 4.30　钻柱直径对泥浆压力脉冲信号传输衰减的影响曲线图

号衰减的影响。

假设 $P_0=2\text{MPa}$；μ 取水的黏度，$0.8949\times10^{-3}\text{ P}\cdot\text{s}$；$\alpha$ 取为 $1.48\times10^3\text{m/s}$；ρ_m 取为 $1\times10^3\text{kg/m}^3$；钻柱内径 D 取 0.035m。泥浆压力脉冲信号衰减规律如图 4.31 所示。从图中可以看出，钻孔深度不变时，压力脉冲幅值随着信号频率的增加而减小；信号频率不变时，压力脉冲幅值随着钻孔深度的增加而减小。

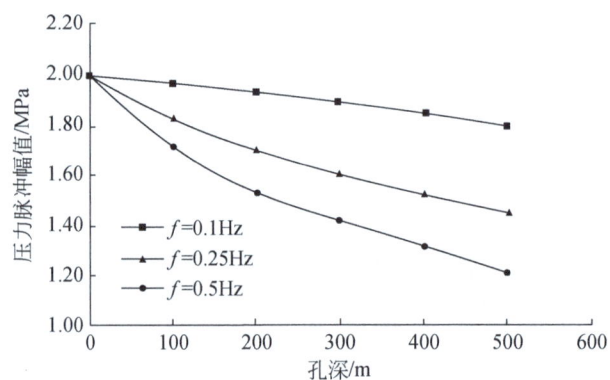

图 4.31　信号频率对泥浆压力脉冲信号传输衰减的影响图

3. 信号传输影响因素

泥浆压力脉冲信号在钻孔传输过程中和孔口接收时会受到多种因素的干扰，造成了信号解调难度的增加分析泥浆压力脉冲信号干扰因素的特性，有助于消除这些因素的干扰，提高信号的解调能力。

1）孔内干扰因素

泥浆脉冲随钻测量系统孔内仪器产生压力脉冲以传输孔内工程参数的同时，存在继续进行定向钻进的情况。如果给进压力过大使钻头吃入煤系地层过深，造成螺杆钻具的转速快速降低甚至停转，该情况会引起螺杆内冲洗液流通不畅而造成泵压的突然升高。此种情况引起的泵压升高的幅值大于压力脉冲信号的幅值，易使有用信号被噪声信号淹没，造成孔口信号无法解调。此外，钻头水眼堵塞和环空不畅等情况也会引起泵压的升高，造成孔口信号解调难度的加大。因此在孔内仪器工作过程中不应进行定向钻进作业而应将钻具提离孔底，保证孔内冲洗液流道保持通畅，以消除孔内冲洗液流道阻塞对泥浆压力脉冲信号的干扰。

2）孔口干扰因素

孔口最大的干扰因素是泥浆泵所产生的噪声。泥浆泵存在球阀座、活塞等易损零件，当某一零件损坏时会引起泥浆泵输出压力跳动，从而引发干扰噪声的生成。泥浆泵的干扰噪声会引起泥浆压力脉冲有用信号信噪比的降低，造成有用信号解调难度的增加。此外，泵冲也会对泥浆压力脉冲信号产生干扰。当泵冲不稳时，孔口产生的压力变化的幅值会大于有用信号的幅值，造成有用信号被淹没。更为严重的是，泵冲的频率如果与泥浆压力脉冲信号的频率相近，就会强烈干扰泥浆压力脉冲信号，极大增加了有用信号解调的难度。

4.2 矿用电磁波无线随钻测量系统

电磁波随钻测量系统以钻杆柱和含煤地层为信号传输通道，对钻进冲洗介质质量和钻探泥浆泵的工作稳定性要求低，数据传输速度较快。本节构建了煤矿井下电磁波信号传输模型，分析了信号传输规律与影响因素，通过对间歇工作模式设计与控制、测量数据编码技术、信号发射技术、信号接收与处理等关键技术研究，研制了基于电磁波传输的矿用无线随钻测量装置YHD4-1000，为煤矿井下复合定向钻进和空气定向钻进技术的实现提供了装备支撑（王家豪等，2015）。

4.2.1 概述

1. 系统技术要求

矿用电磁波无线随钻测量系统与矿用泥浆脉冲无线随钻测量系统一样，应满足尺寸和防爆要求，且其防爆要求更加严格。同时，还应满足以下技术要求。

(1) 煤安要求：电磁波发射功率应满足煤安要求。

(2) 使用时间：孔内仪器单次工作时间应至少满足1个定向钻孔施工。

(3) 数据传输速度：从回次钻进结束至接收到发射数据的时间≤2min（包括辅助测量时间，即从回次钻进结束开始，包括停泵、加杆、开泵、接收第一组发射数据等的时间）。

(4) 机械强度要求：绝缘短节是电磁波无线随钻测量系统的薄弱点，为保障孔内定向钻具安全，其抗扭能力≥12000N·m，抗拉能力≥30t，且可以满足2°/6m的弯曲度。

2. 装置总体结构

矿用电磁波无线随钻测量系统由孔内仪器和孔口仪器组成，如图4.32所示。其中孔内仪器有发控短节、充电电池筒、测量短节和无磁绝缘短节组成，测量短节和发控短节由充电电池筒分开供电，测量短节进行倾角、方位角、工具面和其他辅助参数测量，发控短节负责控制测量短节工作和向孔口发射电磁波信号；无磁绝缘短节将钻杆柱分成两部分，以构成完整的电磁波传输通道。孔口仪器由防爆计算机和信号接收电极组成，防爆计算机作为系统软件和控制操作平台，内部安装电磁波信号接收板，接收信号接收电极传来的电磁波信号，并进行钻孔轨迹计算、绘制、显示和保存。孔口信号接收电极与钻机和地层连接，用于接收从钻杆和地层传输来的电磁波信号。

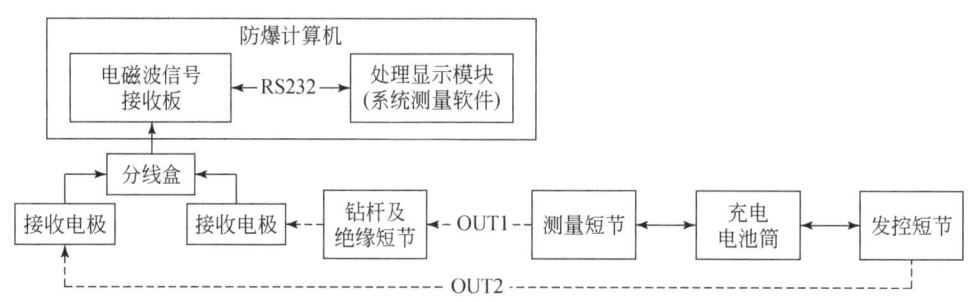

图 4.32　矿用电磁波无线随钻测量系统总体结构设计图

3. 装置工作原理

矿用电磁波无线随钻测量系统的工作原理如图 4.33 所示：测量短节、充电电池筒和发控短节连接组成孔内仪器，并根据预设工作模式及泥浆泵开停泵状态进行工作；当需要进行数据测量和传输时，测量短节将检测到的参数发送给发控短节，发控短节按预先设定的编码规则将测量数据通过绝缘短节上部钻柱和绝缘短节下部钻柱以电磁波无线方式连续发射出去，经上部钻柱和含煤地层将数据传递至孔口，安装在孔口含煤地层中及钻探装备上的接收电极采集上传的电磁波信号并通过有线方式传递给防爆计算机中的信号采集板，信号采集板按预先设定的编码规则对信号进行解调，得出正确的孔内工程参数数据后，通过防爆计算机内数据处理软件在屏幕上进行显示（江泽宇等，2017）。

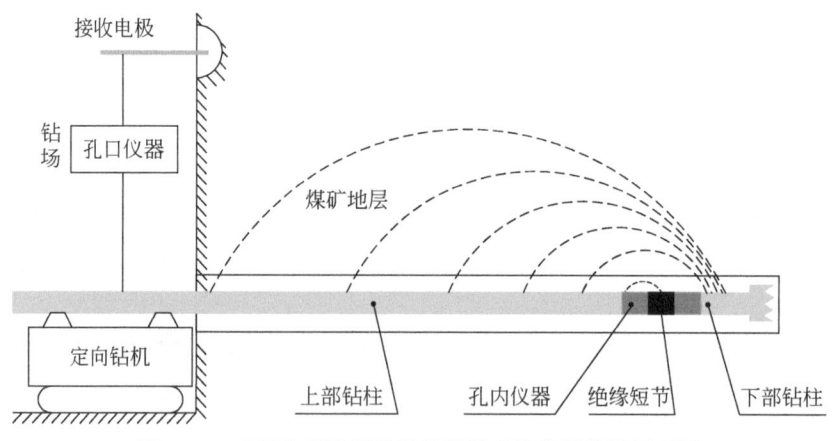

图 4.33　矿用电磁波无线随钻测量系统信号传输原理图

4. 系统技术参数

针对煤矿井下特殊的施工环境和定向钻进技术要求，研制的 YHD4-1000 型矿用电磁波无线随钻测量系统实物如图 4.34 所示，性能参数见表 4.5。

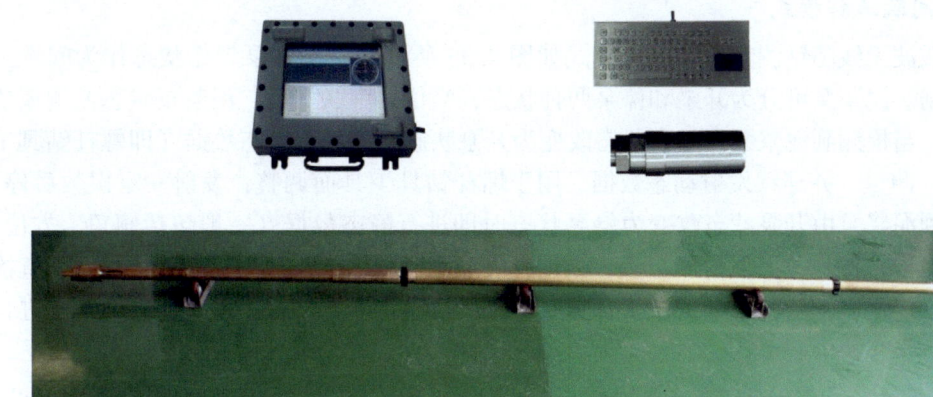

图 4.34 YHD4-1000 型矿用电磁波无线随钻测量系统实物图

表 4.5 YHD4-1000 型矿用电磁波无线随钻测量系统主要技术参数表

计算机	显示器	12″高分辨率彩色液晶显示屏			
	人机交互	键盘			
	电源	外接 127V 交流供电			
	防爆形式	矿用隔爆兼本安型,防爆标志为 Exd［ib］I			
	工作温度	0~40℃			
键盘	防爆形式	矿用本安型,防爆标志为 ExibI			
	工作温度	0~40℃			
存储器	防爆形式	矿用本安型,防爆标志为 ExibI			
	工作温度	0~40℃			
探管	尺寸	Φ43mm×3000mm 无磁黄铜			
	工作电压	由可充电电池筒供电,电池筒由两组电池组成			
	测量性能	项目	测量范围	允许误差	限制条件
		倾角	-90°~90°	±0.2°	/
		方位角	0°~360°	±1.5°	倾角±30°
		工具面向角	0°~360°	±1.5°	倾角±30°
	防爆形式	矿用隔爆兼本安型,防爆标志为 Exd［ib］I Mb			
	工作温度	0~40℃			

4.2.2 间歇工作模式与控制技术

电磁波无线随钻测量系统与泥浆脉冲无线随钻测量系统一样无供电通道,因此孔内仪器采用电池筒供电。为保证孔内仪器使用时间,提高电池筒的利用效率,采用间歇工作模式,并利用流量开关实现了泥浆泵工作状态判断和间歇工作模式控制(汪凯斌,2018)。

1. 间歇工作模式

电磁波无线随钻测量系统工作模式如图 4.35 所示,以泥浆泵工作状态作为间歇工作执行依据。泥浆泵可分为开泵和停泵两种状态,当仪器串联好后,泥浆泵状态监测模块开始工作,当检测到泥浆泵由停泵状态改变为开泵状态时即进行动态数据(即螺杆钻具工具面向角)测量,并连续发射动态数据,用于螺杆钻具工具面调整,发射一定次数后停止;当检测到泥浆泵由开泵状态改变为停泵状态时即进行静态数据(一般包括倾角、方位角、工具面向角)测量,并发射两组静态数据,发射完成后停止;数据发射过程中,一直检测泥浆泵工作状态,若泥浆泵工作状态发生改变,则停止当前发射,按改变后的状态进行数据发射。

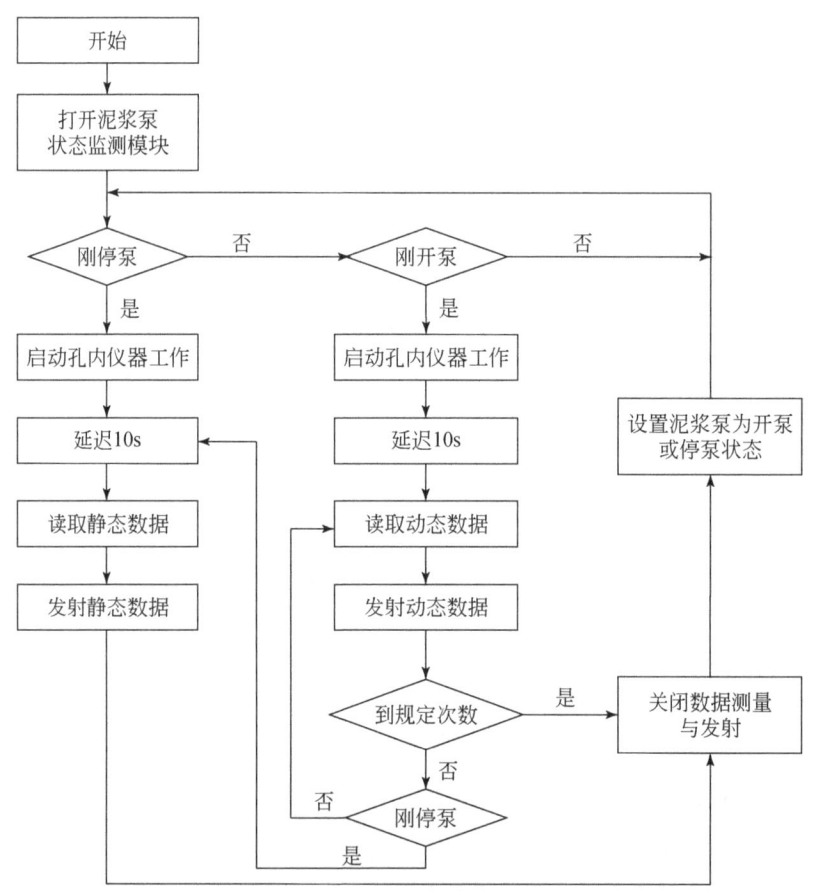

图 4.35 电磁波无线随钻测量系统控制和工作流程

2. 工作模式控制方式

电磁波无线随钻测量系统采用流量控制技术进行间歇工作模式,工作原理与泥浆脉冲随钻测量系统采用的技术相同。

3. 充电电池筒

采用充电电池筒为孔内测量短节和发控短节供电,电池筒位于测量短节和发控短节中间，其电气结构和机械结构与测量短节和发控短节配套。

电池采用镍氢充电电池，并采用串联方式构成电池组。充电电池筒内包含两组镍氢充电电池组，相应本安参数见表4.6：一组为BT1，负责给发控短节供电，由11节D型充电电池串联组成，单节容量为10Ah、最高开路电压为1.5V；一组为BT2，负责给测量短节供电，由6节AA型充电电池串联组成，单节容量为2.5Ah、最高开路电压为1.5V。

表4.6 电磁波无线随钻测量系统充电电池筒本质安全参数表

电源名称	工作电压/V	工作电流/mA	短路电流 I_o/mA	最高输出电压 U_o/V	备注
BT1	13.2	500	825	16.5	给发控短节供电
BT2	7.2	25	740	8	给测量短节供电

充电电池筒内设置有充电电路和保护电路，其中充电电路与矿用泥浆脉冲无线随钻测量系统电池筒的电气原理相同，如图4.9所示。保护电路分三种，对于测量短节电池组，采用20Ω/20W电阻限流保护；对于发控短节电池组，由于工作电流大、电压高，必须采用CMOS比较器和CMOS功率管来解决，其通过判断采集电阻（阻值很小）电压的变化，确定是否短路，若短路，则直接关闭CMOS功率管；另外，在发控短节工作时，实时监测发射电流，当发射电流大于0.5A时，关闭发射电路，迅速降低发控短节电池组输出电流。

4.2.3 测量数据编码

1. 测量数据编码原理

电磁波无线随钻测量系统采用曼彻斯特编码方法对数据进行编码，曼彻斯特编码是随钻测量信号传输过程中一种重要的编码方式，因其具有将数据与同步时钟统一编码、无直流漂移、抗干扰能力强、传输距离远的优点，被广泛应用于石油测井仪器通信中。

曼彻斯特编码用上升沿和下降沿来表示二进制数"0"和"1"，在编码中，将一个位周期的时间一分为二，发送"0"时，前半个位周期发送低电平，后半个位周期发送高电平，产生一个上升沿；发送"1"时，前半个位周期发送高电平，后半个位周期发送低电平，产生一个下降沿。对于一组数据"0110011"，曼彻斯特编码如图4.36所示。

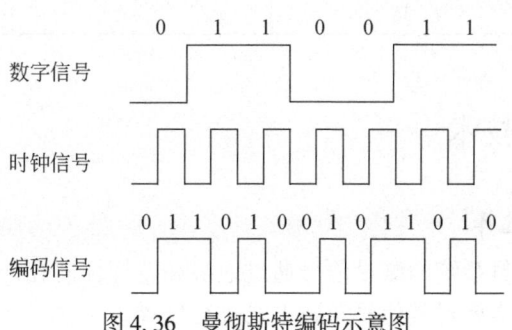

图4.36 曼彻斯特编码示意图

由图 4.36 可知，曼彻斯特编码是一种相位调制，编码中的"0"与时钟码相同，"1"与时钟码相反，因此在传输数据时不需要考虑时钟问题。在信号传输中，时钟信息可根据曼彻斯特编码本身特性获得，无须加上冗余信息，大大提高了系统信息传输效率。另外，经过编码之后的数据在通过地层信道传输至孔口时，可能会导致中心频率以及部分信号的占空比产生变化，以致信号发生畸变，而曼彻斯特编码的信号频率在一定范围内占空比会受到较小的影响，因此该编码方式在电磁波随钻测量信号传输中具有应用价值。

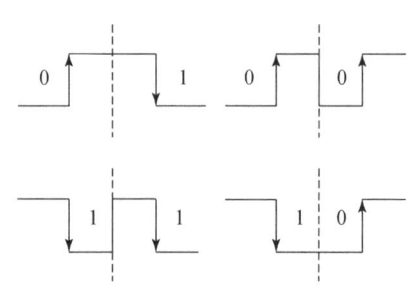

图 4.37 曼彻斯特编码的 4 种情况

在数据传输中，每帧数据包括开始标志、数据、校验和结束标志。根据曼彻斯特编码的机制，编码之后的数据有 4 种情况，如图 4.37 所示。无论发送什么数据，其编码后的数据高低电平均不会超过 2 位。根据这个特征，设置三位的高电平和低电平作为每一帧的开始标志和结束标志。校验位则采用将数据位累加之后对 65536 取余得出。接收到数据之后，将编码出来的数据位累加并对 65536 取余，然后与接收到的校验位数据进行对比，若数据一致，则判断接收的数据正确。

2. 测量数据编码格式

采用曼彻斯特编码，静态数据传输格式见表 4.7，动态数据传输格式见表 4.8，按照设计的间歇工作模式进行信号编码传输。

表 4.7 静态数据传输格式

起始位/bit	数据位/bit							校验位/bit	结束位/bit
	倾角	方位角	工具面向角	重力场矢量和	磁场强度	温度	电池电压		
3	16	16	16	16	16	16	16	16	3

表 4.8 动态数据传输格式

起始位/bit	数据位/bit	校验位/bit	结束位/bit
	工具面向角		
3	16	16	3

4.2.4 信号发射技术

1. 信号激励方式选择

电磁波无线随钻测量系统的测量信号通过地层和钻杆柱向孔外进行传输。为了提高电磁波信号的传输距离，需要对其信号激励方式进行选择。

电磁波的激励方式一般有水平电激励、垂直电激励、水平磁激励和垂直磁激励 4 种。

其中，垂直电激励与垂直磁激励满足钻杆作为天线的条件，且采用天线最大辐射方向垂直于孔口方向的方式能使天线在孔口方向上辐射能力最强，因此垂直磁激励效率低于垂直电激励。

垂直电激励通常有3种激励方式，如图4.38所示，第一种方式是把钻杆分成电气上、下绝缘的两个部分，形成一个非对称偶极子天线；第二种为以钻杆为支撑绕制的与钻杆轴向一致的线圈；第三种则是在钻杆上安装带磁芯的螺线环。从结构上来说，第一种方式需要用绝缘短节将钻杆分为上下两节，两节之间必须满足电气绝缘和钻孔施工要求的机械强度，绝缘体要能承受非常高的扭矩和压力，需采用特殊材料制作。第二种方式由于钻杆的影响，线圈有效面积变小，激励效果减弱。第三种方式受磁芯的尺寸、磁导率、线圈匝数、激励频率等因素影响，没有第一种方法直接、高效。因此，系统采用第一种激励方式。

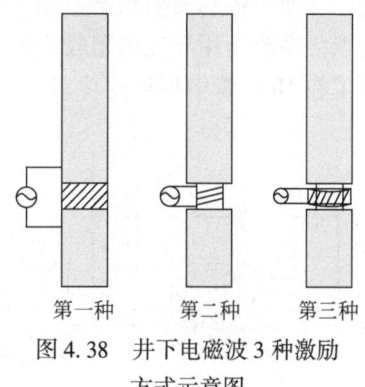

图4.38 井下电磁波3种激励方式示意图

2. 发控短节

电磁波信号发生装置由发控短节和无磁绝缘短节共同组成。其中发控短节用于控制所有孔内仪器的工作状态，根据测量需要控制测量短节启停，在接收到测量短节检测的孔内工程参数后，按预定的编码规则将数据调制成电流信号由无磁绝缘短节仪器两端发射到钻杆柱和煤系地层。

1）整体结构

发控短节由控制电路与发射电路组成，结构框图如图4.39所示，其中，控制电路包括单片机、泥浆泵状态监测模块和存储器等外围电路，主要负责系统工作流程控制，数据存储、编码以及控制发射信号的功能。发射电路将编码之后的信号进行放大，直接加载到无磁绝缘短节两端的发射天线上。

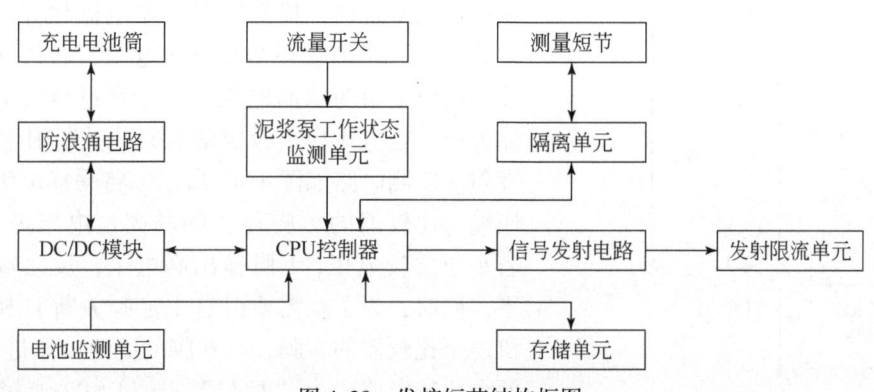

图4.39 发控短节结构框图

2）信号发射电路

电磁波的传输深度和信号的频率与地层电阻率等外界条件有关，在传输衰减一定的情况下,发射机的发射功率越大,传输深度越大。因此,要实现井下电磁波信号的远距离传输,必须增加发射机的发射功率。发射电路采用 H 桥进行功率放大,电路图如图 4.40 所示。H 桥由 4 片功率 MOS 管构成,本身具有很高的发射效率,既可以减少驱动电路的损耗,又便于控制发射状态。功率 MOS 管具有低驱动电流、开关速度快、热稳定性优良等优点。系统所用导通电阻较小的 N 沟道 MOS 管 NTD4804,导通电阻仅为 4mΩ,有效地降低了在 MOS 管中损耗的功率,提高了系统效率。

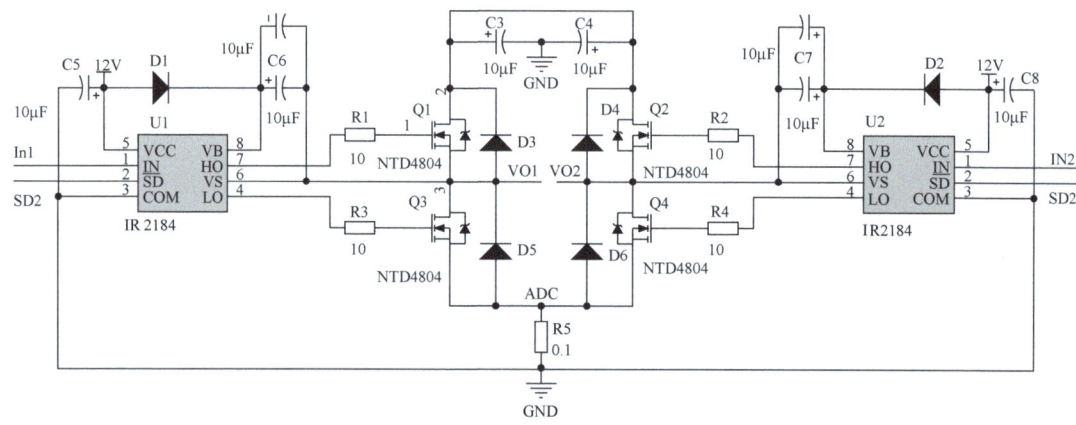

图 4.40 信号发射电路图

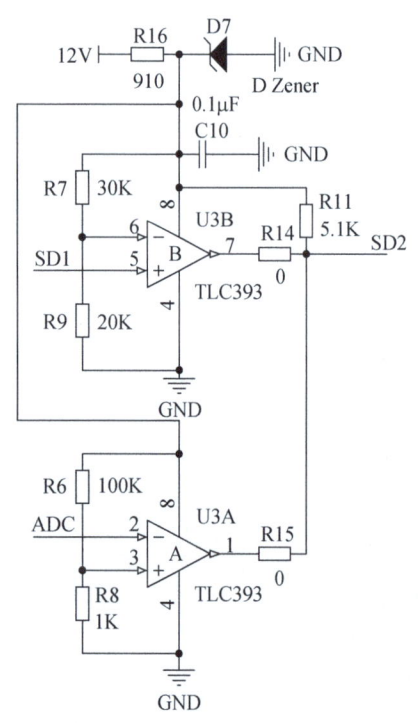

图 4.41 发射电流监测电路图

H 桥通过两个半桥驱动芯片 IR2184 控制。IR2184 是专用的高电压、高速的功率 MOSFET 和 IGBT 驱动芯片,内部可产生死区时间,防止 H 桥一侧的 MOS 管同时导通,导致短路。供电范围为 10~20V,控制端兼容 3.3V 和 5V 的逻辑电平,可使用单片机的 I/O 口直接控制,使用方便。

由于煤矿井下安全要求,信号发射功率应控制在一定功率之内。根据串联电路电流相等原理,在负载电路一端串联一个小阻值电阻,通过硬件方式检测采样电阻两端的电压来判断经过负载电路的电流大小,在电流超出设定阈值时,关断 H 桥,停止发射。监测电路如图 4.41 所示。将采样电阻上的电压输入比较器的 2 脚与 3 脚的固定电压进行比较,若小于比较电压,1 脚输出高电平,反之输出低电平。同时,为了在需要时自主控制关断 H 桥,单片机连至比较器的 5 脚,与 6 脚的固定电压进行比较,两个比较电路输出"相与",输出 SD2 连接至 H 桥驱动芯片的使能端,两路比较器同时输出高电平时,SD2 才会为高电平,才会打开 H 桥。

在工作过程中，若发射电流超过设定值，TLC393 的 1 脚会立刻变成低电平，由于比较器输出"相与"，SD2 变成低电平，单片机通过外部中断检测到 SD2 变成低电平之后，关断 H 桥，停止发射。

3. 绝缘短节

电磁波无线随钻测量系统信号发射时，为了形成一个完整的信号通路，需要采用绝缘短节将孔内钻杆柱分为绝缘的两部分，信号发射电路将发射电压施加在绝缘短节的两级即钻杆柱和钻头上，钻杆柱和钻头及地层构成信号电流回路。

绝缘短节采用中心通缆式结构，如图 4.42 所示，由外部绝缘组件和内部绝缘组件组成，其中外部绝缘组件由上金属导电杆和下金属导电杆通过丝扣连接组成，且在其相互连接的丝扣、台肩及内外壁上喷涂并形成了丝扣绝缘层、内绝缘层和外绝缘层。内部绝缘组件由下绝缘接头、中空绝缘杆、上绝缘接头、信号弹簧、定位挡圈、导电铜芯、信号挡圈和紧固螺母组成，下绝缘接头、中空绝缘杆和上绝缘接头依次通过丝扣连接，并由座键在上金属导电杆和下金属导电杆台阶内的两个定位挡圈固定；导电铜芯由下绝缘接头端进入并穿过中空绝缘杆，由紧固螺母和座键在上金属导电杆台阶内的信号挡圈限位拉紧；信号弹簧与导电铜芯连接构成内信号通路，通过信号挡圈和紧固螺母与上金属导电杆导通，并与下金属导电杆绝缘。以上结构减小了绝缘短节外径、增加了绝缘强度和机械强度，不需要辅助设备即可直接与孔内随钻测量装置探管连接，满足电磁波随钻测量信号发射特殊需要，有利于提高传输效率和传输深度。采用 CM140-45 型接箍拧接机对加工的中心通缆式无磁绝缘短节进行静扭试验，结果表明，绝缘层抗扭强度≥6000N·m，无磁绝缘短节整体强度≥12000N·m，满足井下定向钻进需要。

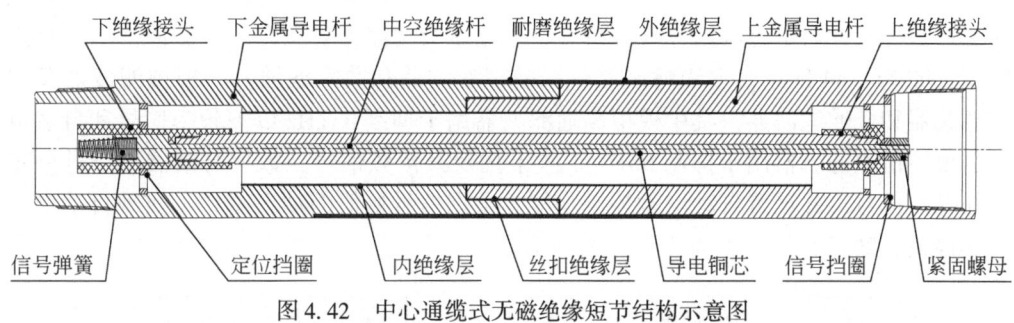

图 4.42 中心通缆式无磁绝缘短节结构示意图

4.2.5 信号接收和处理技术

1. 信号接收和处理方案

孔口信号接收与处理是无线信号传输的重要组成部分，由于电磁信号在传输过程中衰减很快，再加上噪声和回波等因素的干扰，孔口所接收到的电磁信号有时非常微弱，因此对信号接收与处理技术提出了很高的要求。

孔口信号接收与解调处理由防爆计算机和接收电极组成，整体结构如图 4.43 所示。

其中防爆计算机承担着信息接收提取、解码与显示的任务,通过安装在其内的信号采集电路板接收接收电极传递来的电磁波无线信号,采用放大、滤波和解码等方法对信号进行处理后,将解调得到的孔内工程参数按照通信协议发送给数据处理软件,进行计算、显示、绘图和管理;信号采集电路板采用双通道信号接收模式,双通道的 A/D 能够同步采集,增加冗余设计提高了仪器信号接收解码的有效性与可靠性,并结合双通道纠错算法确保信号解码准确率。接收电极由两根铜棒组成,用于分别接收通过钻杆和地层上传的电磁波随钻测量信号。

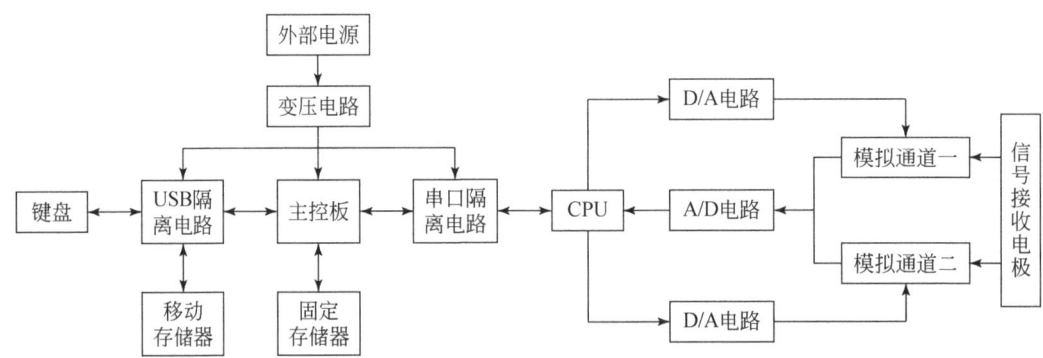

图 4.43 孔口信号接收与解调处理装置设计组成框图

2. 信号多级滤波器

电磁波信号噪声主要包括自然电位和操作钻机时动态产生且幅度随时间变化的工频干扰信号,其中工频干扰信号主要分布在 50Hz 工频以及其倍频附近,其幅度远大于电磁波随钻测量信号。针对电磁波信号噪声特点,采用多级滤波器对微弱的电磁波信号进行提取和解调,如图 4.44 所示。多级滤波器包括模拟滤波器和数字滤波器,模拟滤波器又包括高通滤波器和低通滤波器,其中模拟高通滤波器用于抑制 0.1Hz 以下频率信号和自然电位信号,模拟低通滤波器用于抑制 50Hz 工频干扰及其倍频信号,数字滤波器用于进一步抑制带外噪声信号,并设置自动增益控制功能,根据信号幅值的动态变化,实现自动增益解调(康厚清,2019)。

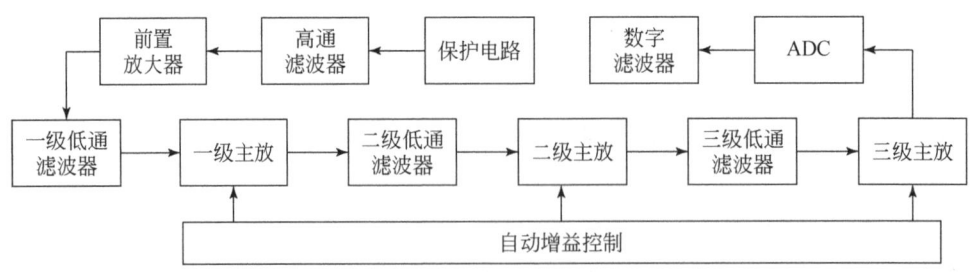

图 4.44 电磁波信号多级滤波器图

1) 模拟滤波器

高通滤波器采用交流耦合电路,主要目的在于抑制近似直流的自然电位信号,其电路如图 4.45 所示，考虑接收通道截止频率为 0.1Hz，基于电阻 R 和电容 C 的低频滚降，选用无极性、低泄漏的 3.3μF 陶瓷电容和 470kΩ 金属膜电阻。

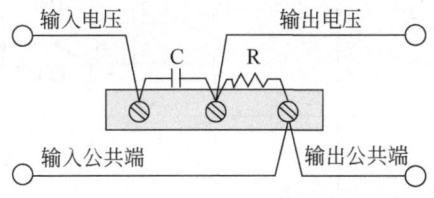

图 4.45　交流耦合电路图

低通滤波器采用 Sallen-Key 有源低通滤波方案，如图 4.46 所示，采用了部分正反馈而具有较大的品质因数，具有结构简单、通带增益、极点角频率和品质因素的表达式简洁等优点。一级低通滤波器带外抑制为-60dB，目标在于将钻场工频干扰信号幅度降低至毫伏级或以；二级、三级低通滤波器带外抑制为-40dB。

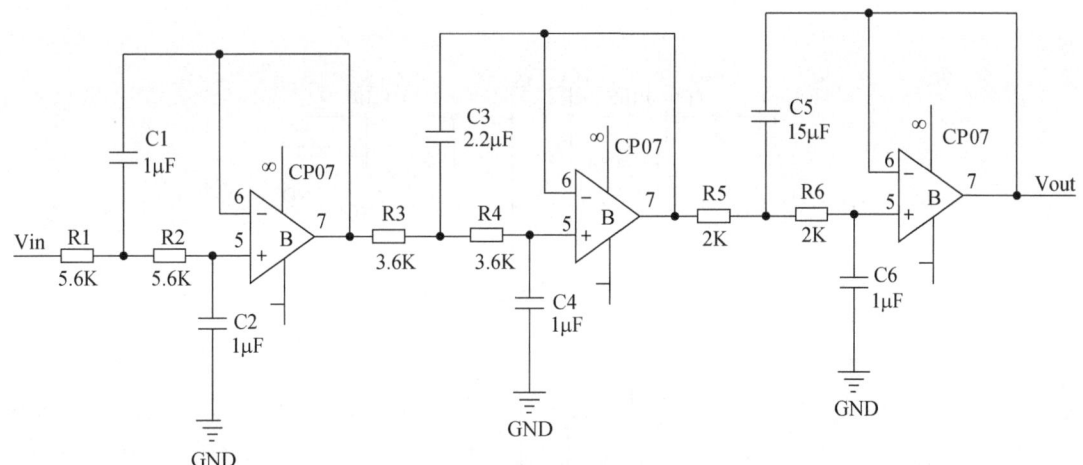

图 4.46　Sallen-Key 有源低通滤波电路图

Sallen-Key 有源低通滤波主要用于处理≤25Hz 的干扰噪声，针对 50Hz 工频及其倍频噪声，采用双 T 形结构的工频陷波电路，通过滑动变阻器，可以调整中心频率，使滤波效果更加理想，如图 4.47 所示。

2）自动增益控制

经 A/D 采样后的接收信号为双极性信号，对信号进行整周期采样时，由于信号以及噪声在整周期内幅值累加和近似为零，可将自然电位与仪器接收板内失调电压一起补偿进行调零处理。调零的目的并非完全消除直流偏移，而是在保证信号不发生饱和或截止的情况下接近零点。

接收信号调零之后，采用放大电路进行自动增益，放大电路包括一级、二级、三级主放大器，每级主放最大增益 100 倍，如图 4.48 所示。当接收信号经过模拟电路处理、AD 采样和数字滤波后，计算信号的峰值，依据峰值大小进行自动增益控制。

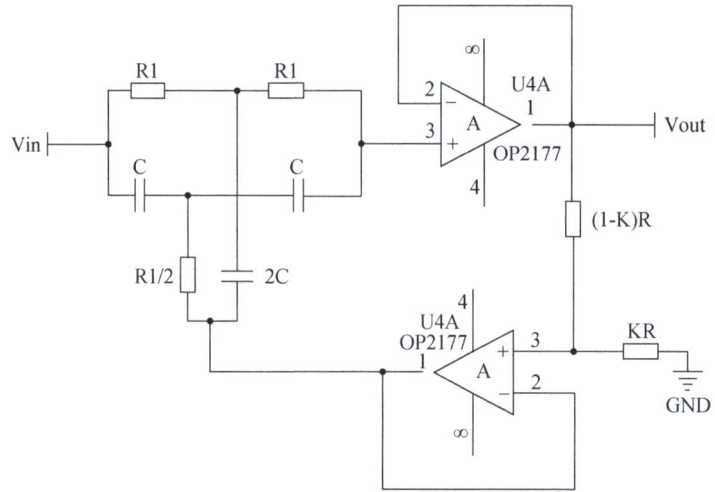

图 4.47 有源双 T 形结构陷波器图

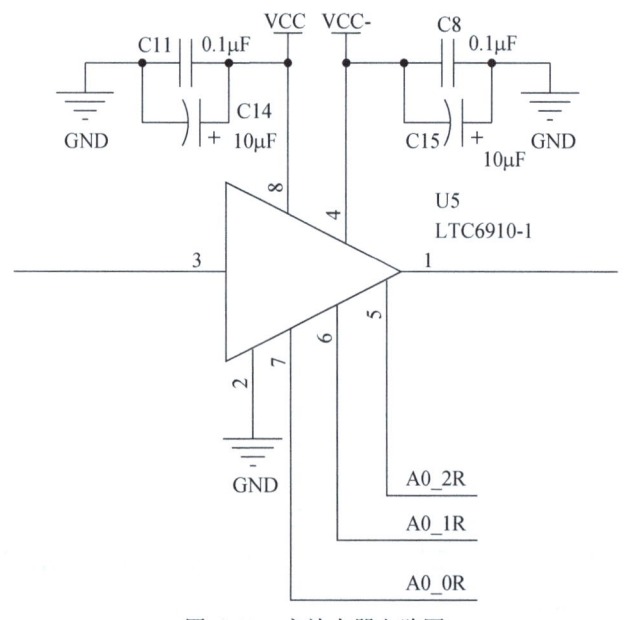

图 4.48 主放大器电路图

3）数字信号采集与滤波

在数字信号处理方面，由于用于解码的信号序列需要至少包含完整的一个周期，包括起始位、数据位与结束位，仪器需要保持连续采集状态。因此采用高精度数据连续采集方案，可实现 24 位 ADC 不间断的模数转换与曼彻斯特解码，同时实现了双通道同步采集功能，采集电路如图 4.49 所示。信号采集后，在极低的信噪比情况下，硬件滤波往往不够，装置采用 FIR 数字滤波器进行软件滤波，通过将 FIR 数字滤波器的阶数提高至 64 阶，保证阻滞衰减−60dB，如图 4.50 所示。经过滤波处理后的信号即可按照数据通信协议进行识别和解调,采用与孔内信号编码对应的曼彻斯特解码方式依次经过阈值提取、信号记录与识别、沿与时间窗口的判断三个步骤实现,数据解码算法具有稳定性高、响应速度快等优点。

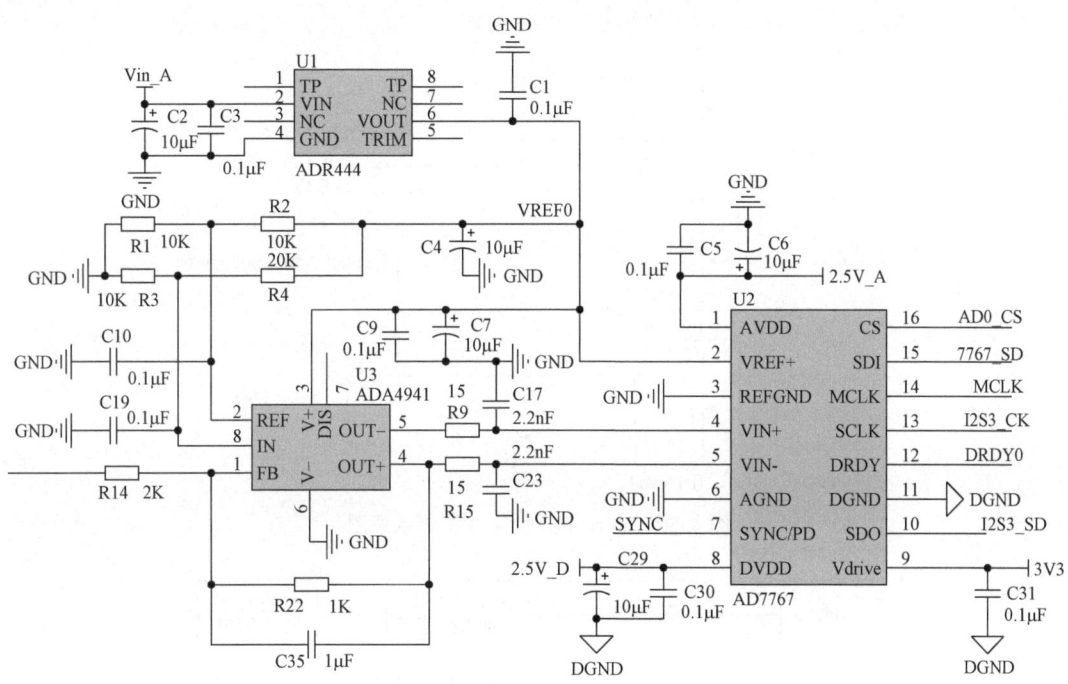

图 4.49 数字信号采集电路图

3. 信号解码

由于电磁波随钻信号到达孔口时往往是 mV 级甚至是 μV 级,系统软件采用曼彻斯特解码,通过识别沿的方式进行,可以有效地在大量噪声中提取微弱信号并正确解码。

1) 信号解码基础

电磁波随钻测量系统约定 NRZ 码转化为曼彻斯特码方式为 0 转为 01,1 转为 10,即数据上跳变表示 0,下跳变表示 1。一个数据帧包括起始位、数据位、校验和与结束位。

孔内仪器发射经曼彻斯特编码后的测量信号,工作状态分为静态数据发射和动态数据发射两种,相应的数据格式见表 4.7 和表 4.8。软件解码算法涉及处理沿点的时间信息,通过计算第一个沿点和最后一个沿点之间的时间宽度来分辨数据传输格式。

2) 信号解码方法

信号解码的基本思想为:ADC 以一定频率连续不断地采集数据点,数据点数量达到 n 点后集中进行一次处理。这涉及两组离散序列之间的连续性,因此需要数据拼接。由于 ADC 采样率一定,数字点间隔时间一定,脉冲宽度等时间信息会反映在数字点编号上,同时数字点包含有幅度信息,可由此进行上升沿与下降沿的判断,即可了解脉冲变化过程。图 4.51 所示为解码算法主流程。

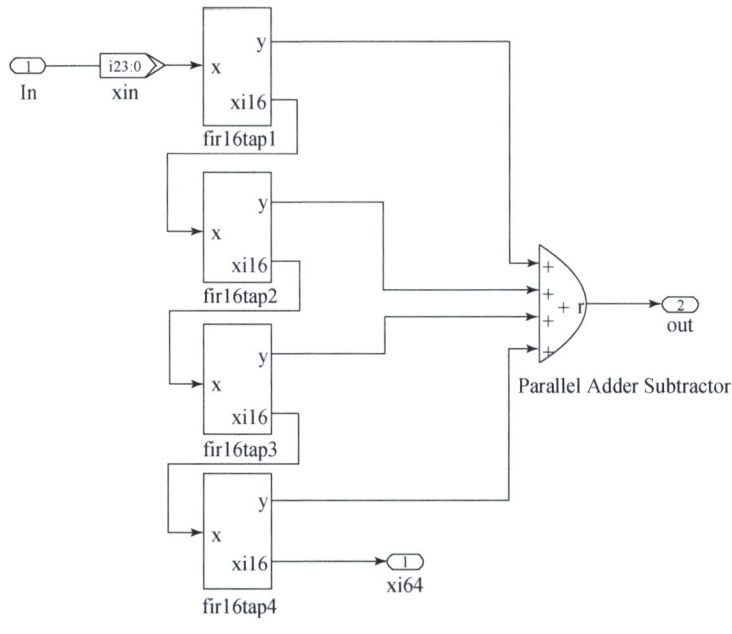

图 4.50 64 阶 FIR 数字滤波器示意图

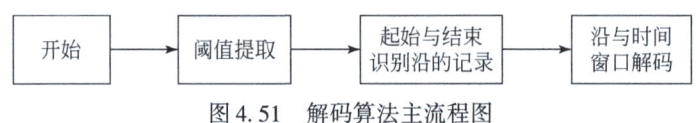

图 4.51 解码算法主流程图

a. 阈值提取

阈值的求取在本解码方法中至关重要,其涉及对起始位与结束位的正确判断,以及上升沿与下降沿的有效识别。

理想情况下,阈值相当于无直流漂移的信号零点。实际中,大地自然电位以及芯片内部失调电压的存在,导致阈值是不定的。求取算法上,为了保证阈值稳定,不易受脉冲等突变影响,采取了大量的样本基数,即

$$V_{\text{avg}} = \frac{1}{m}\sum_{j=0}^{m-1}\left(\frac{1}{n}\sum_{i=0}^{n-1}\text{out}[i]\right) \tag{4.6}$$

式中,V_{avg} 为所要求取的阈值,out[i] 为第 i 个数据点模数转换结果,使用 m 个移位寄存器保存每 n 点数据处理后的平均值,最后再求取平均值。

b. 信号的识别记录

接收信号识别需要保证正确识别起始位与结束位,并记录上升沿与下降沿,算法如图 4.52 所示。

c. 沿与时间窗口的判断

有效记录的沿点指包括此点在每组 AD 数据中的编号以及此沿点代表上升沿还是下降沿。时间信息已经包含在沿点中,依据两沿点间时间窗口进行编码。

某沿点前 3bits 长度的数据点均小于阈值一定程度,可以认为是 3 个低电平,即可认

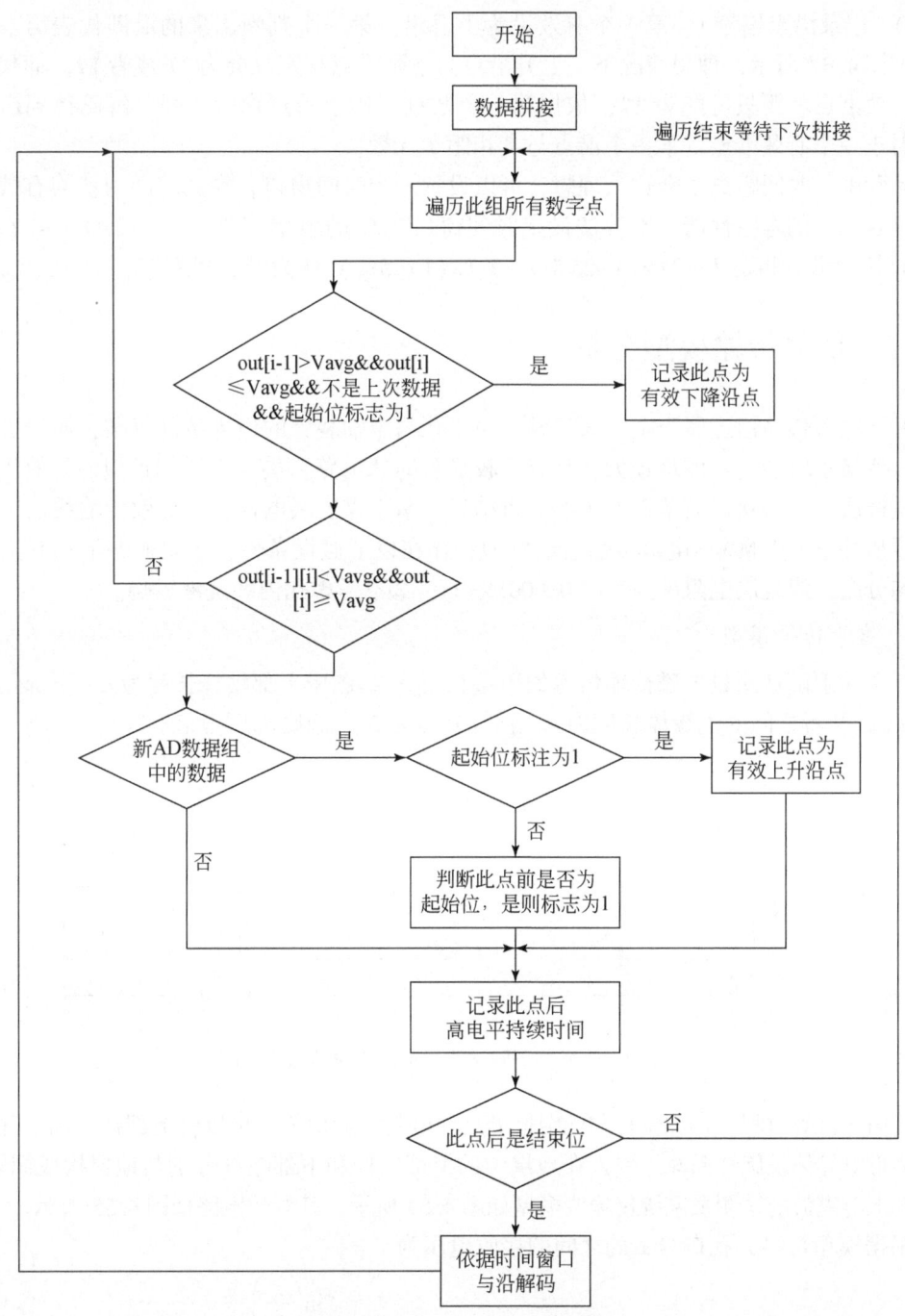

图 4.52 信号识别与记录流程图

为是起始位；同理，某沿点 3bits 长度数据点均大于阈值一定程度，可以认为是 3 个高电平的结束位。

寻找到起始位后，判断低电平持续时间，如果 $3T$ 就有上升沿跳变，则数据为 1，记录沿点编号 2，第一个有效沿为下降沿，T 代表一个位长度，为 0.5 周期；如果为 $4T$，则数据为0，记录沿点编号1，第一个有效沿为上升沿。第一个判断出来的沿即代表第一位数据。如图4.37所示，理想情况下，上升沿点与下降沿点相距只会为2T或者1T。而代表数据的有效沿点相距只可能为2T，依据第一个数据，逐个沿点比较，即可解码得到后面数据。对于一个有效沿点，下一个沿点与其相距T无效。

实际中，时间距离不会这么理想，可以设置一个时间窗口，在此范围内认为有效。窗口应该有一定的容错性能，本算法设定时间窗口25%的容错。即$T×(1-25\%) \sim T×(1+25\%)$认为沿点相距$T$；$2T×(1-25\%) \sim 2T×(1+25\%)$认为沿点相距$2T$。

4.2.6 信号传输模型分析

井下电磁传输信道属于全空间问题，由于孔内激励装置的边界条件复杂，属于极低频近场，严格求解场方程困难较大，具有比较显著的"电路"特点，采用近似的等效传输线法或电极法，容易获得简单而实用的分析结果。基于煤岩层电性，以等效传输线法为基础建立煤矿井下EM-MWD电磁传输信道模型，存在以下假设条件：①煤矿井下钻孔周围地层均匀分布，煤岩层电阻率为$2 \sim 200000\Omega \cdot m$；②不考虑孔内冲洗液影响。

1. 信号传输模型

煤矿井下随钻测量电磁传输信道如图4.53所示，图中上部钻杆长度为a，下部钻杆长度为Δa，两者之间的绝缘体长度为d，钻杆外径为$2b$，激励电压为V_t。

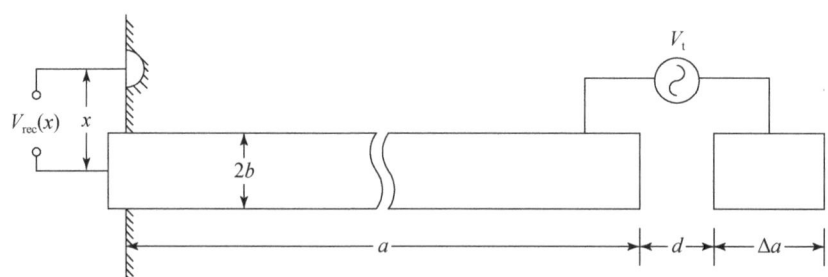

图4.53 煤矿井下随钻测量电磁传输信道示意图

为简化计算过程，得到钻杆与无穷远处之间电阻的近似值，可以将上部钻柱和下部钻柱均视为带电导体长旋转椭球。嵌入在地层中的上部钻杆和下部钻杆分别与地层构成同轴线，煤矿井下电磁波随钻测量系统传输线模型如图4.54所示，其等效电路如图4.55所示。

根据模型可得，孔口与x处之间的接收电压为

$$V_{rec}(x) = V_{rec}(\infty) - V_{x\infty} \approx V_{rec}(\infty) \frac{\ln\left(\dfrac{x}{b}\right)}{\ln\left(\dfrac{a}{b}\right)} \tag{4.7}$$

接收电流为

$$I_{rec} = \frac{V_t}{(Z'_1 + Z_2)\cosh(\gamma_1 a)} \tag{4.8}$$

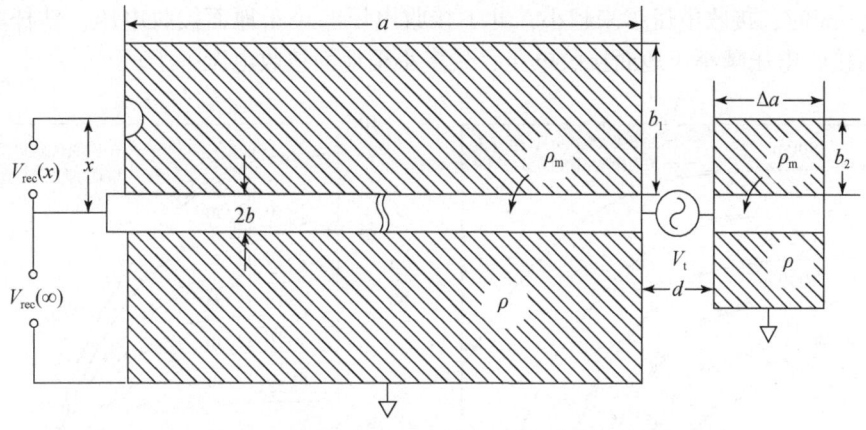

图 4.54 煤矿井下电磁波随钻测量系统传输线模型图

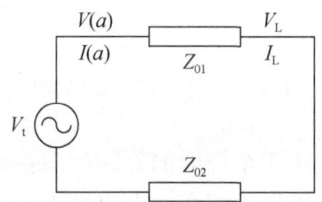

图 4.55 传输线等效电路

其中：

$$V_{rec}(\infty) = \frac{V_t Z_1}{(Z_1+Z_2)\cosh(\gamma_1 a)} \qquad (4.9)$$

式中，Z_1 为上部钻杆与地层构成的同轴线阻抗；Z_2 为下部钻杆与地层构成的传输线阻抗；r_1 为上部钻杆单位长度传输线的串联电阻。

2. 信号传输规律与影响因素

在计算时，磁导率 $\mu_0 = 4\pi \times 10^{-7}$ H/m，井下近水平定向钻进所用钻杆参数为：钻杆半径 $b = 36.5$ mm，钻杆壁厚 $\tau = 5$ mm，下部钻杆长度 $\Delta a = 5$ m，取孔口接收电极间距 $x = 50$ m，假定激励电压 $V_t = 12$ V。

1) 井下全空间对接收信号影响

将煤矿井下孔口接收电流与 Bhagwan 计算的电磁信号地面接收电流进行比较，如图 4.56（a）所示，横坐标为发射信号频率，纵坐标为接收电流绝对值与发射电压幅值的比值，煤岩层电阻率为 $10\Omega\cdot m$，钻杆长度 $500\sim3000$ m，钻杆越长接收电流越来越小，井下接收电流略小于地面接收电流，钻杆越长，井下接收电流越小于地面接收电流，最多小至地面接收电流一半。

将煤矿井下孔口接收电压与 Bhagwan 计算的电磁信号地面接收电压进行比较，如图 4.56（b）所示，横坐标为发射信号频率，纵坐标为孔口与无穷远处之间接收电压绝对值与发射电压幅值的比值，煤岩层电阻率为 $10\Omega\cdot m$，当钻杆电阻率从 $1\times10^{-7}\Omega\cdot m$ 升至

$5×10^{-7}Ω·m$ 时，接收电压越来越小，井下接收电压略小于地面接收电压，钻杆电阻率越大，井下接收电压越小于地面接收电压，最多小至地面接收电压一半。

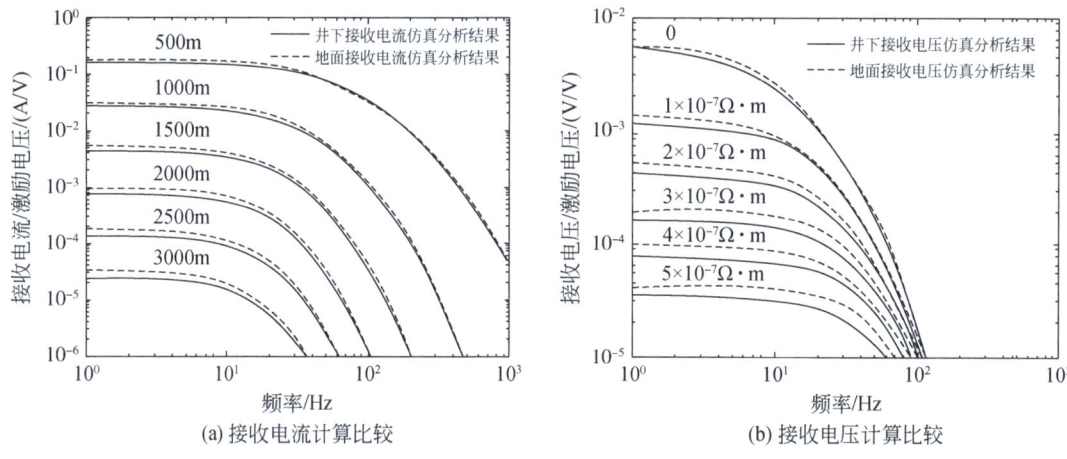

(a) 接收电流计算比较　　　　(b) 接收电压计算比较

图 4.56　半空间与全空间计算结果比较曲线图

全空间接收电流和接收电压小于半空间的原因如下：地面电磁波随钻测量系统发射场源处于井下，空气电阻率远大于地层电阻率，电流并未进入空气而是被反射到地下，反射电流在地面边界上增加了接收电极电压，而井下电磁波随钻测量系统发射场源处于孔内，电流始终在井下煤岩层中传输，在孔口巷道中未形成反射电流。

2）影响井下孔口电极检测电压的因素

假设煤矿井下钻孔周围煤岩层电阻率分别为 $2.5Ω·m$、$20Ω·m$、$200Ω·m$，钻杆长度 500～3000m，当钻杆电阻率为 $2.5×10^{-7}Ω·m$ 时，不同频率电磁发射信号在井下孔口电极检测电压如图 4.57 所示，横坐标为发射信号频率，纵坐标为距离孔口 50m 处电极与孔口电极间接收电压绝对值。从仿真结果可知：①煤岩层电阻率越大，孔口电极检测电压越大；②钻杆越长，孔口电极检测电压越小；③发射信号频率越高，孔口电极检测电压越小；④当煤岩层电阻率处于 200～200000Ω·m，发射信号频率 2～30Hz，钻杆长度在 2000m 以内时，孔口电极检测电压均较大。

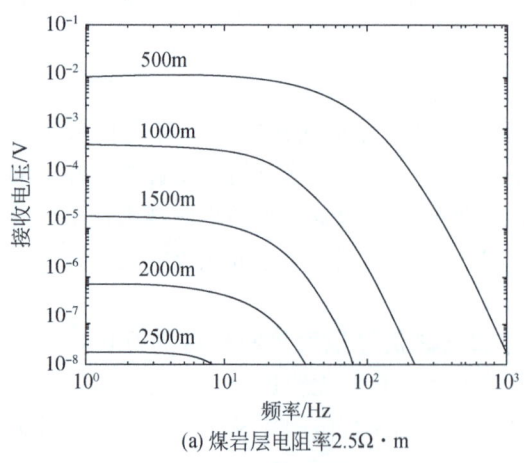

(a) 煤岩层电阻率 $2.5Ω·m$

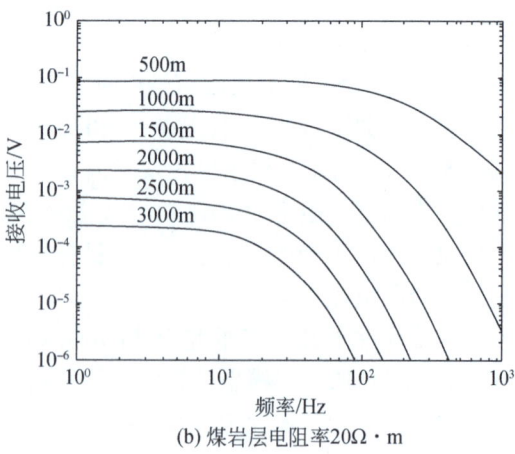

(b) 煤岩层电阻率 $20Ω·m$

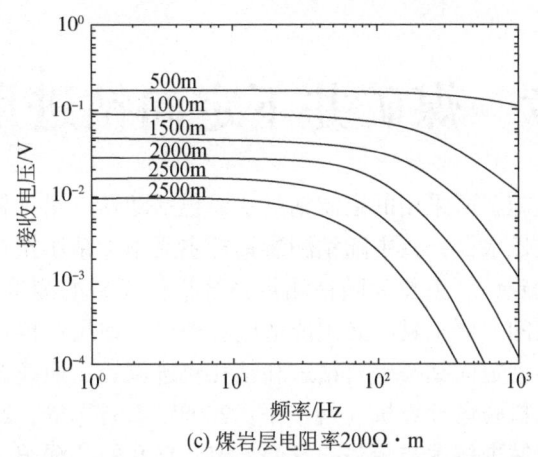

(c) 煤岩层电阻率200Ω·m

图4.57 煤矿井下电磁波随钻测量系统电压衰减曲线图

考虑到钻场噪声对微弱信号接收、处理、解码的影响，最小接收信号电压不低于微伏级，钻孔周围煤岩层以低电阻率最坏情况进行考量，适宜进行煤矿井下 EM-MWD 的条件为：①电磁发射信号频率不高于30Hz；②近水平电磁信号传输距离不大于2000m。下列任一条件发生变化且其他工作条件不变时将导致煤矿井下 EM-MWD 孔口接收电压变小：①钻杆电阻率增加；②钻孔周围煤岩层电阻率降低；③钻杆加长；④电磁发射信号频率增加。

第5章 煤矿井下定向钻进用钻具

煤矿井下定向钻孔施工所采用的定向钻具主要包括随钻测量钻杆、无磁钻杆、螺杆钻具、定向钻头和通缆式送水器，其中随钻测量钻杆主要用于钻压扭矩传递、随钻测量信号传输和冲洗液输送；无磁钻杆主要为随钻测量系统提供无磁的测量环境，保证测量精度；定向钻头是破碎煤岩层的主要工具，必须能适应各类煤系地层；螺杆钻具主要用于在高压冲洗液驱动下旋转并带动定向钻头碎岩钻进和钻孔轨迹调控；通缆式送水器主要将孔内输出的测量信号传递给孔口防爆计算机（姚宁平，2008；石智军等，2013a，2013b）。

随着煤矿井下定向钻进技术与装备的发展，定向钻孔的孔深纪录不断刷新，钻遇地层类型由中硬煤层扩展到碎软煤层和顶底板复杂岩层，钻孔结构类型不断丰富，这与井下定向钻具设计、加工工艺及测试手段的不断进步密不可分。煤矿井下定向钻孔增斜段、降斜段和稳斜段等不同部位的钻杆所受拉力、扭矩和弯矩等载荷交替变化、难以预测，尤其在近水平定向长钻孔施工时，钻进下斜孔或分支孔会产生附加的弯曲应力，极易引起孔内钻具的疲劳破坏。因此，煤矿井下定向钻进技术对随钻测量钻杆、定向钻头、螺杆钻具等的性能要求较高，使用前需通过试验平台检测各项性能，为钻孔安全施工提供保障。

5.1 有线随钻测量中心通缆钻杆

5.1.1 中心通缆钻杆结构设计

1. 设计要求

1）功能要求

有线随钻测量中心通缆钻杆简称有线随钻测量钻杆或中心通缆钻杆，主要配套采用螺杆钻具进行定向钻孔施工，除了具备传递钻机施加给钻头的钻压、承受孔底螺杆钻具的反扭矩、输送冲洗液等压力介质的功能外，还应能够传输孔底测量信号，确保孔底测量探管与孔口防爆计算机之间信号传输实时、高效、安全和稳定。同时，中心通缆钻杆还可作为防爆计算机对测量探管供电的通道，实现孔底与孔口设备之间双向通信。此外，在使用过程中，中心通缆钻杆的结构强度需满足回转钻进、滑动定向钻进和复合钻进等多种钻进工艺要求（田东庄等，2013）。

2）技术参数要求

中心通缆钻杆应满足如下技术参数要求：

（1）钻杆整体强度高，接头承载能力强，连接牢固，杆体材料不低于ZT590钢级要求，屈服强度不低于590MPa，延伸率不小于12%，接头材料不低于G105钢级要求，屈服强度不低于724MPa，延伸率不小于13%。

(2) 能够满足回转钻进、滑动定向钻进和复合钻进等工艺技术的需要,并具备处理孔内事故的能力。

(3) 内导线及插接式接头连接可靠,密封良好(耐压≥12MPa),信号传输稳定(传输长度1000m),导体电阻<0.5Ω,绝缘连接体电阻>10MΩ。

(4) 中心通缆装置的拆卸与安装应方便快捷,为减少冲洗液在钻杆内通道的沿程水力损失,应尽量采用内外平结构。

2. 结构设计

中心通缆钻杆主要包括钻杆体、信号传输导体、绝缘装置和支撑装置四个部分,通常将信号传输导体、绝缘装置和支撑装置统称为中心通缆装置,这决定了孔底测量信号传输的稳定性及可靠性。

中心通缆钻杆的总体结构设计主要包括钻杆杆体结构设计、钻杆接头结构设计以及中心通缆装置设计等。杆体采用中低碳铬锰钼合金结构钢,为了保证钻杆的连接强度,接头应采用比杆体性能更好的材料。

1) 钻杆体结构

钻杆体是将管体及公、母接头采用摩擦焊的方式连接而成,主要作用是传递扭矩、给进、起拔压力以及输送冲洗介质,是定向钻进过程中受力最复杂、工况最恶劣的部件,其性能好坏直接影响施工的安全性。

中心通缆钻杆采用如下结构:

(1) 钻杆体由公接头、母接头和管体通过摩擦焊接而成。

(2) 综合考虑钻杆性能及工人劳动强度,钻杆长度设计为3m,管体壁厚为5.6mm,外径规格包括Φ73mm和Φ89mm。

2) 钻杆接头结构

公接头螺纹是钻杆最薄弱的部位,为了提高中心通缆钻杆接头的螺纹强度以及螺纹连接的定心精度和连接刚性,在常规钻杆接头及螺纹基础上进行优化设计。钻杆接头采用梯形大螺距螺纹结构,增加接头螺纹齿高,增大螺纹连接的表面接触面积。同时适当减小接头通径,增加螺纹根部的截面积,提高螺纹承载能力,降低施工过程中钻杆脱扣的风险,满足随钻测量定向长钻孔施工对钻杆接头螺纹强度的要求。螺纹基本牙型及其主要尺寸如图5.1(a)所示。

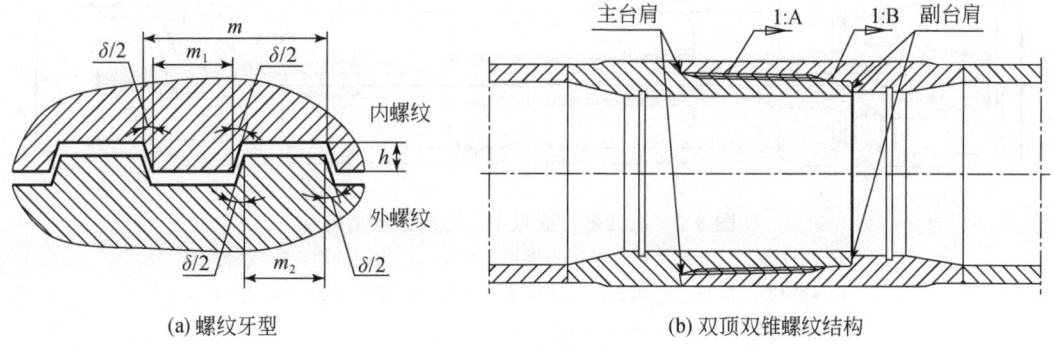

图5.1 钻杆接头结构

钻杆接头采用双顶双锥的内、外平结构，如图 5.1（b）所示。Φ73mm 和 Φ89mm 钻杆的接头外径分别为 Φ75mm 和 Φ91mm。在公、母接头螺纹的小端增加一个台肩，使公、母接头拧紧后通过主副两个台肩进行密封，同时增加了传递扭矩时接头连接处的接触面积，提高了钻杆接头螺纹的密封性能和承载能力。另外，主台肩面为斜面配合，减小了母接头的胀扣概率。

3）中心通缆装置结构

中心通缆装置主要由信号传输装置、绝缘装置和支撑装置三大部分组成（刘睿全，2013）。如图 5.2 所示为有线随钻测量中心通缆钻杆结构示意图。

a. 信号传输装置

信号传输装置由导线、接头和变径弹簧等组成，位于绝缘装置内侧，其作用是传递孔底与孔口设备之间的双向通信信号。在装卸钻杆时，信号传输装置会与高压介质通道连通，因此在导线两端的接头一个为内锥结构，另一个为柱体结构。变径弹簧直接安装在柱接头内，钻杆连接后弹簧另一端与锥接头实现锥面配合，既保证了密封性又易于连接。

b. 绝缘装置

绝缘装置由塑料公母接头和线管等组成，其作用是将信号传输装置与高压介质隔离，防止传输过程中信号损失，保证信号传输装置的通信稳定。

由于定向钻孔深度大、钻杆连接点多，钻杆在钻进过程中受到多种载荷的复合作用，因而变形较大。在塑料母接头外端设置两条加强筋，防止在使用过程中发生变形，产生喇叭口，在塑料公接头密封槽处增加缓冲槽可以保证塑料公、母接头配合部位的密封性。

线管主要是用来连接塑料公、母接头，支撑并保护内部导线。线管和塑料接头间的密封属于静密封，线管上设计两道 O 形密封圈以保证密封效果。

c. 支撑装置

支撑装置由稳定器、弹性挡圈及定位挡圈构成，起支撑与定位作用。由于需要通过中心通缆钻杆向孔底输送高压介质，因此中心通缆装置与钻杆体之间不但需要良好的密封性能，还要有足够的过流通道。支撑装置可在轴向和径向同时定位中心通缆装置，保证了冲洗介质的过流面积，减小了对线管的扰动，避免线管断裂造成信号传输装置与冲洗液介质导通，同时防止钻杆连接时信号传输装置和绝缘装置相互窜动。

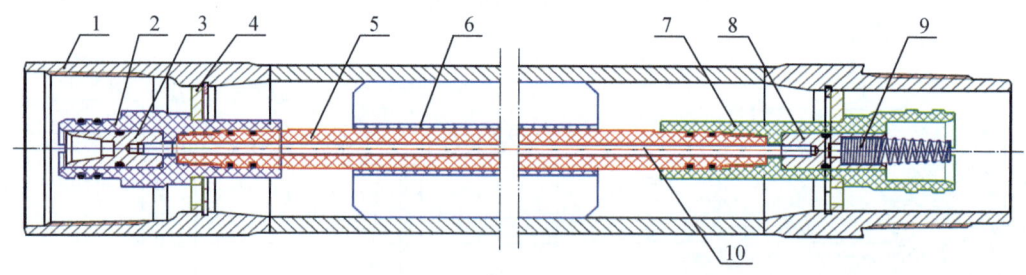

图 5.2 有线随钻测量中心通缆钻杆结构

1. 钻杆体；2. 塑料公接头；3. 不锈钢公接头；4. 定位挡圈；5. 线管；
6. 稳定器；7. 塑料母接头；8. 不锈钢母接头；9. 变径弹簧；10. 导线

5.1.2 中心通缆钻杆受力分析

随钻测量定向钻进工艺包括滑动定向钻进和复合钻进两种形式。滑动定向钻进过程中,定向钻机仅向钻具施加钻压,泥浆泵向孔底泵送高压介质驱动螺杆钻具带动钻头旋转碎岩,螺杆钻具工具面向角保持一个稳定的方向,钻具其他部分只产生轴向滑动,实现钻孔轨迹连续人工控制。复合钻进过程中,泥浆泵向孔底泵送高压介质驱动螺杆钻具带动钻头转动的同时,钻机动力头带动钻具在孔内回转(董萌萌等,2017)。

1. 中心通缆钻杆的工作状态

中心通缆钻杆在孔内的工作状态,根据钻进方法不同而有所差异,可以归纳为以下几种形式:

(1) 钻杆绕自身轴线旋转,即自转。
(2) 钻杆绕钻孔轴线旋转,即公转。
(3) 钻杆沿着孔壁反向滚动。
(4) 钻杆由于钻头齿间歇压入岩石产生震动而发生共振。
(5) 钻杆无规则的旋转摆动。

实际工况中,钻杆究竟采取何种形式运动还取决于钻杆的刚度是否均匀以及钻杆在孔内所受基本载荷和约束等。

2. 中心通缆钻杆受力分析

钻杆柱是一个弹性系统,在钻孔中的工作条件十分恶劣,受力状态也复杂多变,在不同的工作状态和位置所承受的载荷也各不相同。

1) 基本载荷

煤矿井下定向钻进过程中,中心通缆钻杆在孔内所受载荷主要分为:钻机所施加的轴向拉压力、扭矩、钻杆弯曲所产生的弯矩、离心力、卡瓦或孔壁施加的径向作用力及来自钻头的振动载荷等。

2) 基本假设

将钻杆弯曲的变节距空间螺旋简化为变节距的平面螺旋。受力分析时对模型作以下基本假设:

(1) 钻孔轨迹曲线是光滑空间曲线,钻孔内壁与轴线平行,横截面为圆形,钻柱横截面为圆环形。
(2) 钻具尺寸、材料性质和结构可任意变化,但每段钻具必须保持常量。
(3) 钻杆的应力-应变仍保持线弹性关系,变形前钻杆轴线与钻孔轴线重合,其钻具组合属于小变形体系。
(4) 忽略冲洗液等介质对钻杆的动态影响。

3) 分析流程

建立钻杆三维模型,根据钻杆在极限状态下所受外力,将其视为一端固定约束,另一端滑动铰支的压杆。采用理论计算和数值模拟相结合的方法对钻杆的安全性能进行校核。

根据理论计算求出在垂直于钻杆轴线方向的等效集中载荷 Q 及其他外载荷，然后通过数值模拟求解钻杆在轴向压力 P、扭矩 M 和等效载荷 Q 共同作用下的应力分布，受力分析流程图如图 5.3 所示。

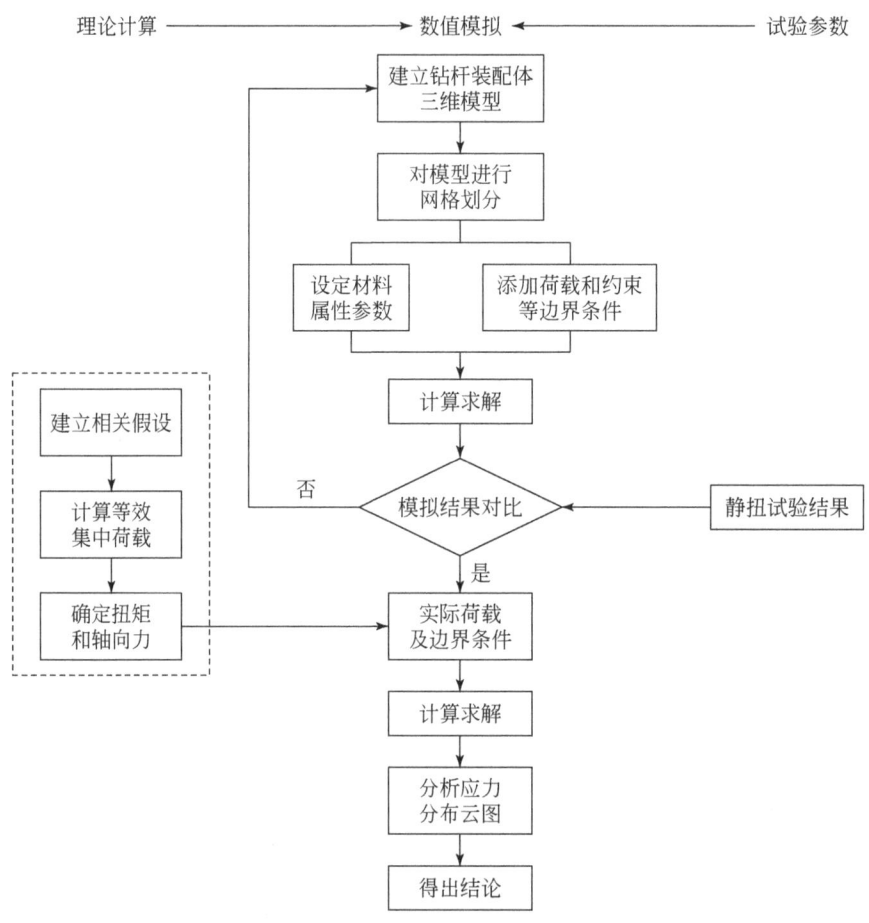

图 5.3　钻杆受力分析流程图

4）外载荷求解

将钻杆弯曲变形情况简化为一端固定，另一端滑动铰支的压杆在集中力 Q_1 和 Q_2 作用下产生弯曲，压杆长度为 l，Q_1 是钻孔弯曲使钻杆柱产生初始变形而等效的集中力，Q_2 是钻杆柱与孔壁的间隙在轴向力和离心力等作用下产生空间螺旋弯曲而等效的集中力，Q_1 和 Q_2 的合力为 Q。

初始变形等效集中力 Q_1 由式（5.1）求出：

$$Q_1 = \frac{48EJ_z y_{\max}}{l^3} \tag{5.1}$$

弯曲挠度 $y_{\max}$ 由式（5.2）求出：

$$y_{\max} = \frac{1.2D_0 - D}{2} \tag{5.2}$$

空间螺旋弯曲等效集中力 Q_2 由式（5.3）求出：

$$Q_2 = \frac{Q'_2 \cdot l_w}{l} \tag{5.3}$$

钻杆柱弯曲半波长 l_w 由式（5.4）求出：

$$l_w = \frac{3.65}{w}\sqrt{-0.5gz\cos\alpha + \sqrt{0.25(gz\cos\alpha)^2 + 2.68\frac{EJ_zg}{q}w^2}} \tag{5.4}$$

式中，l 为压杆长度，取 3m；E 为钻杆材料的弹性模量，取 $2.1\times10^8 \text{kN/m}^2$；$J_z$ 为钻杆端面的轴惯性矩，m^4；D_0 为钻孔直径，取 120mm；D 为钻杆直径，取 89mm；Q'_2 为最大弯曲挠度对应的集中载荷；最大弯曲挠度按弯强 1.5°/3m 计算；ω 为钻杆回转角速度，$2\pi n/60 \text{rad/s}$，n 取 100r/min；q 为钻杆自重，取 0.117kN/m；α 为钻孔倾角，取 0°；z 为在垂直孔中指校核断面在中性点以下的距离，近水平孔不存在中性点，指校核断面以深的长度，取 500m。

代入公式计算得出弯曲段受力等效为集中载荷 Q 为 6kN，垂直作用在钻杆中心位置。轴向力 P 取钻机的最大起拔力 250kN，作用于所选杆体的两端。扭矩 M 取钻机最大扭矩 12kN·m，作用于杆体一端，另一端固定约束。

忽略其他载荷，截取钻孔弯曲程度最大的一段钻杆进行分析，钻杆的变形及受力简化模型如图 5.4 所示。

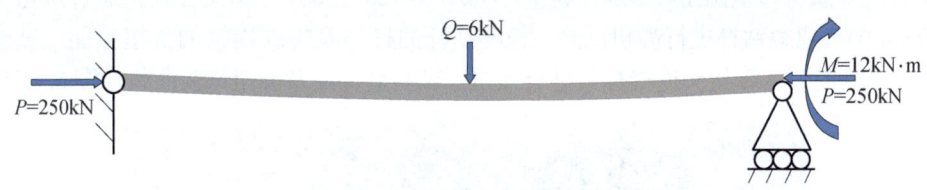

图 5.4　钻杆变形及受力简化模型

5）性能校验

以 Φ89mm 中心通缆钻杆为例进行数值模拟分析，钻孔直径取 Φ120mm，将中心通缆钻杆的三维实体模型导入网格划分软件中划分网格，然后根据理论计算结果给模型施加边界条件，输入材料物理属性参数，计算求解，求解结果与材料屈服强度对比，若不满足安全需求，则需要修改模型尺寸，直到满足要求（张幼振等，2010；狄勤丰，2012）。分析过程如下。

（1）三维模型的建立，绘制 Φ89mm 中心通缆钻杆的公接头、母接头及两根杆体装配后的三维实体模型。

（2）设定接头材料的物性属性。

（3）采用三维网格划分软件对钻杆接头及螺纹进行网格划分。

（4）施加边界条件并求解计算，根据钻杆受力分析，将钻杆装配体的一端固定，在另一端施加扭矩，中间接头连接处受弯曲横向集中载荷，求解计算。

（5）模拟结果分析，钻杆接头的应力云图分布如图 5.5 所示，可以判断接头最大应力的位置位于外螺纹的牙根处。最大应力 567MPa，小于接头材料的屈服应力 724MPa，说明中心通缆钻杆接头螺纹强度满足煤矿井下近水平定向长钻孔的施工要求。

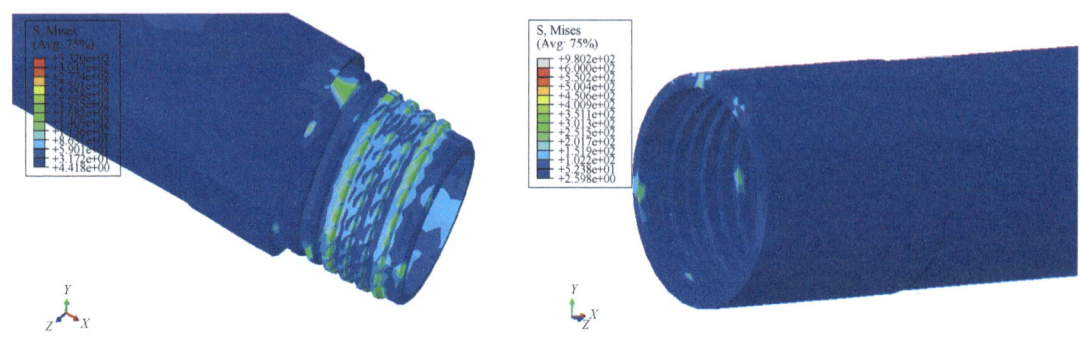

图 5.5　Φ89mm 中心通缆钻杆公接头和母接头受力云图

5.1.3　中心通缆钻杆性能检测

煤矿井下定向钻进对中心通缆钻杆要求高，其应具有高强度和高可靠性，同时信号传输安全稳定，因此使用之前需对中心通缆钻杆进行性能检测。中心通缆钻杆性能检测主要包括杆体的静扭性能检测、抗拉性能检测、密封性能检测和信号传输装置的导电性能检测等。

1. 静扭性能检测

根据《金属材料室温扭转试验方法》(GB/T 10128—2007) 相关公式，通过静扭试验机对 Φ89mm 中心通缆钻杆进行静扭试验，检测钻杆的杆体及螺纹连接的抗扭性能。试验过程中将两根钻杆的公、母接头连接拧紧进行强扭，试验后样品及静扭试验曲线如图 5.6 所示。

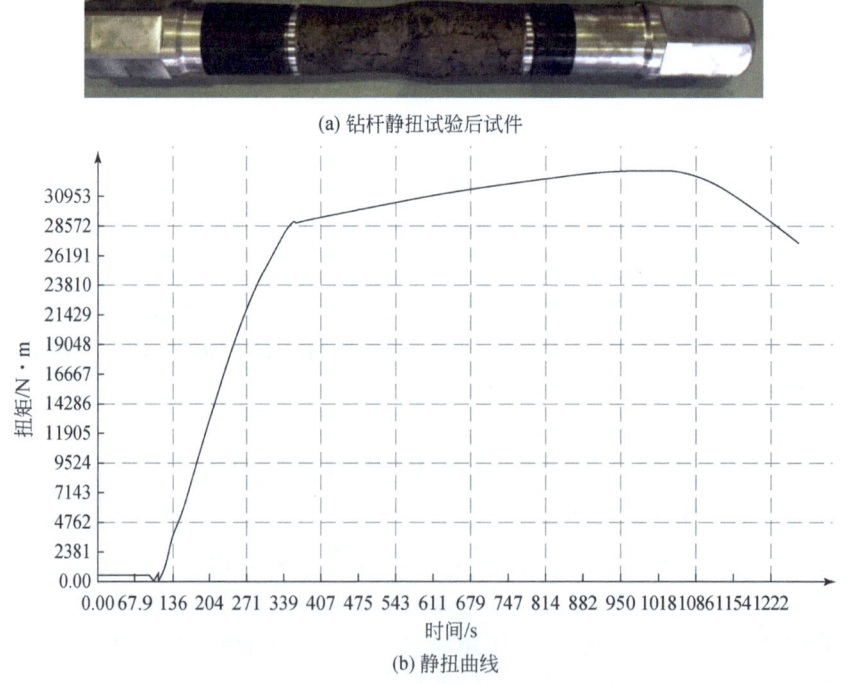

(a) 钻杆静扭试验后试件

(b) 静扭曲线

图 5.6　Φ89mm 中心通缆钻杆静扭试验后试件及静扭曲线

钻杆试件静扭试验结果表明，Φ89mm 中心通缆钻杆抗扭力矩达到 33016N·m，钻杆管体变形严重，而接头完好，超过了钻机可提供的最大扭矩 12000N·m，满足定向钻进施工需要。

2. 抗拉性能检测

钻杆体材料的抗拉性能应该不低于《钻探用无缝钢管》（GB/T 9808—2008）中 ZT590 的要求，公称外径应符合《煤矿坑道钻探用常规钻杆》（MT/T521—2006）的规定。钻杆抗拉性能采用复合加载试验系统（1500T）进行了测试，破坏后的试件如图 5.7 所示。试验结果表明，Φ89mm 中心通缆钻杆杆体承受拉力达到 1361.6kN，钻杆接头完好，管体断裂失效，抗拉断裂能力超过了钻机最大起拔能力 250kN，满足定向钻进施工需要。

图 5.7　拉伸断裂后的中心通缆钻杆

3. 密封性能检测

钻杆的密封性能检测方法如图 5.8 所示，任意连接 5 根钻杆，用手动加压泵对试验钻杆进行增压，使钻杆内水压达到 12MPa，然后关闭截止阀，保持 1h 后，分别读取两块压力表的数值；随后用万用表测量信号传输装置与钻杆外壁间的绝缘电阻。

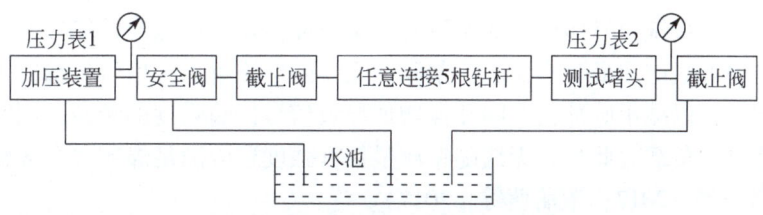

图 5.8　钻杆密封性能检测示意图

钻杆的密封性能检测如图 5.9 所示，保压 1h 后，压力表读数 10MPa，测量绝缘电阻大于 10MΩ。测试结果表明：中心通缆钻杆密封性强，满足煤矿井下定向钻孔施工要求。

(a) 打压过程　　(b) 压力表示数

图 5.9　钻杆密封性能检测

4. 信号传输装置导电性能检测

中心通缆钻杆信号传输装置主要尺寸、公差应符合相关要求,同时要保证信号传输的稳定性。

(1) 信号传输装置和绝缘装置在钻杆体中固定良好,若发生轴向窜动会影响绝缘装置的密封性及使用寿命,降低钻杆信号传输的可靠性和稳定性。

(2) 塑料接头装配到位,保证连接牢固,且距离钻杆体的端面距离在标准要求范围之内。

(3) 用万用表测量中心通缆装置电阻,单根钻杆信号传输装置导体电阻应小于 0.5Ω。对于测量结果不合格的,必须及时更换。

(4) 变径弹簧不能松动,保证使用时不能从公接头中脱出。

(5) 单根钻杆信号传输装置与钻杆外壁绝缘电阻应大于 $10M\Omega$。

5.2 无线随钻测量钻杆

5.2.1 钻杆结构设计

1. 结构设计要求

1) 功能要求

无线随钻测量系统信号传输方式主要有泥浆脉冲传输、电磁波传输以及声波传输,其中泥浆脉冲传输方式应用最为广泛,泥浆脉冲无线随钻测量系统信号传输要求钻杆中心内通孔过流面积大,以减小脉冲信号随孔深增加导致信号传输强度的衰减,同时降低信号传输过程中泥浆泵的负载。此外,无线随钻测量钻杆强度还应满足煤矿井下多种钻进工艺施工需要(董昌乐等,2017;董萌萌等,2017)。

2) 技术参数要求

无线随钻测量钻杆应满足以下几点要求:

(1) 钻杆整体强度高,材料不低于 G105 钢级要求,屈服强度不低于850MPa,接头承载能力强,屈服强度要高于杆体,满足 V150 钢级要求,一般不低于1034MPa。

(2) 钻杆内通径能够满足脉冲发生器产生稳定脉冲信号的要求。

(3) 适用于回转钻进、滑动定向钻进和复合钻进,钻杆弯曲强度应满足:钻孔倾角弯曲强度≤0.05rad/6m(3°/6m)、方位角弯曲强度≤0.035rad/6m(2°/6m)。

2. 无线随钻测量钻杆的结构设计

无线随钻测量钻杆结构设计主要包括钻杆杆体和接头两部分。

1) 钻杆杆体结构

结合无线随钻测量钻杆使用工况,设计的杆体结构具有以下三个特点:

(1) 公接头、母接头和杆体三个部分通过摩擦焊接而成。

(2) 钻杆采用内、外平结构,为增强钻杆承载能力,适当增加壁厚。

(3) 综合考虑钻杆性能及工人劳动强度，钻杆设计长度为3m，杆体壁厚为7mm，直径分别为Φ89mm和Φ73mm，具有较高强度、硬度和冲击韧性。

2）钻杆接头结构

Φ89mm和Φ73mm钻杆接头外径分别为Φ91mm和Φ75mm，为了提高钻杆的抗弯能力，钻杆接头一般采用双台肩组成的"双顶"结构，即在公、母接头的螺纹小端增加一个台肩，使公、母接头连接拧紧后，螺纹大端端面和小端端面均顶住配合，主副两个台肩共同进行密封，其中主台肩为斜面配合，接头带有一定锥度，减小母扣的胀扣概率；副台肩增加接头连接处的接触面积，提高整体强度和密封性能。

钻孔施工过程中，钻杆在孔内承受着拉、压、扭、弯、振动等多种载荷共同作用，极易在钻杆接头螺纹根部发生疲劳失效。因此，选择合理的螺纹参数对提高钻杆的整体强度十分重要。无线随钻测量钻杆螺纹牙型为大螺距偏梯形螺纹，如图5.10所示。与有线随钻测量中心通缆钻杆的梯形螺纹相比，该螺纹牙型兼有矩形螺纹传动效率高和梯形螺纹牙根强度高的特点。

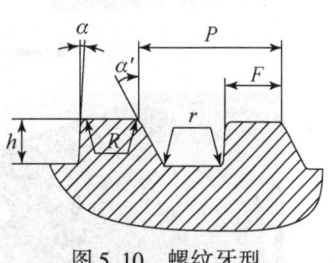

图5.10 螺纹牙型

无线随钻测量钻杆主要由公接头、母接头和管体组成，如图5.11所示。钻杆内部没有中心通缆装置，因而内通孔面积和强度均高于有线随钻测量通缆钻杆，对泥浆泵压影响相对较小，有利于泥浆脉冲信号的长距离稳定传输。在脉冲发生器后端连接过滤钻杆，防止冲洗液中杂质对泥浆脉冲仪器造成损坏。

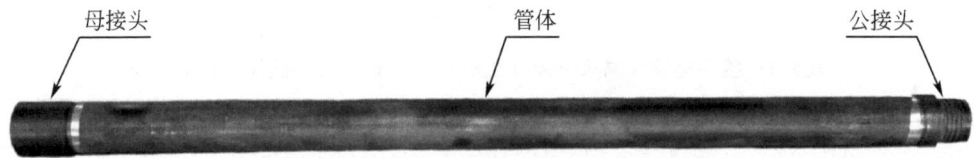

图5.11 无线随钻测量钻杆主体结构

5.2.2 无线随钻测量钻杆受力分析

为了检验钻杆的使用性能，分析钻杆螺纹的承载能力，结合无线随钻测量钻杆实际工况、基本载荷和所受约束，对Φ73mm无线随钻测量钻杆进行了理论计算和有限元受力分析。分析流程及方法与有线随钻测量钻杆相同。

模拟钻机最大起拔力250kN的轴向载荷，一端等效为固定约束，在另一端施加钻机最大额定扭矩12kN·m的扭矩，在钻杆中间两根钻杆接头部位施加等效集中载荷6kN。通过计算公母接头螺纹处（危险截面）的最大应力，并与接头材料的屈服强度对比，若不满足安全需求，则需要修改危险截面的横截面积，直到满足要求。

根据应力云图找出接头最大应力的位置，对高应力点进行强度校核。应力云图分布如图5.12所示，最大应力值及位置见表5.1。最大应力538MPa，小于材料的屈服强度

1034MPa，因此有限元数值模拟分析表明接头螺纹强度满足现场施工要求。

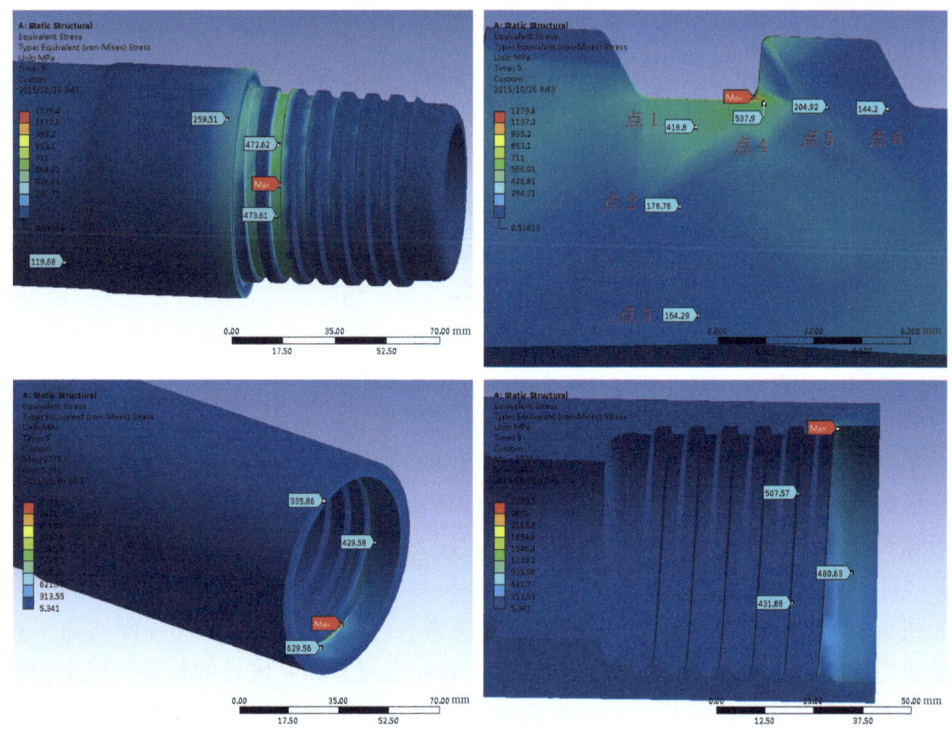

图 5.12　公母接头应力分布云图

表 5.1　接头螺纹大端第一齿（抗剪）和竖直方向（抗弯）应力值

抗弯应力/MPa			抗剪应力/MPa		
点 1	点 2	点 3	点 4	点 5	点 6
418.8	178.78	164.29	537.79	204.92	144.2

5.2.3　无线随钻测量钻杆性能检测

1. 静扭性能检测

为检测无线随钻测量钻杆杆体及螺纹连接的抗扭力学性能，利用静扭试验机对 Φ73mm 无线随钻测量钻杆进行测试试验，试验过程中将两根钻杆的公、母接头连接拧紧，试验后样品从接头处剖开如图 5.13 所示。

钻杆静扭试验结果表明：Φ73mm 无线随钻测量钻杆抗扭能力达到 17541N·m，超过了钻机可提供的最大扭矩 12000N·m，可以满足定向钻孔施工要求。

2. 抗拉性能检测

为检测钻杆抗拉性能是否满足大功率定向钻机施工要求，采用复合加载试验系统

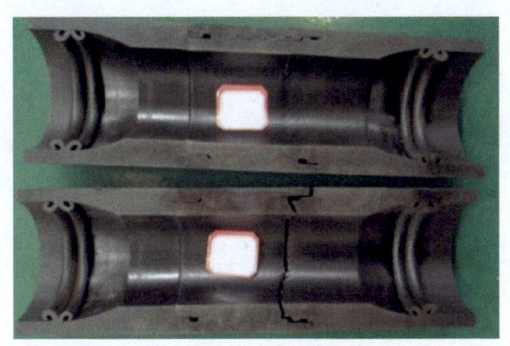

图 5.13 静扭试验前后样品对比

(1500T) 对 Φ73mm 无线随钻测量高强度钻杆进行了抗拉性能测试,试件破坏后如图 5.14 所示。

图 5.14 拉伸断裂后的无线随钻测量钻杆试验样品

Φ73mm 无线随钻测量钻杆抗拉能力达到 1159kN,钻杆接头完好,管体断裂失效,超过了钻机可提供的最大拉力 250kN,因此钻杆抗拉性能满足钻进施工需求。

3. 密封性能检测

无线随钻测量钻杆需要具有较高的密封性能,以保证泥浆脉冲测量信号传输的稳定性。为检验无线随钻测量钻杆的密封性能是否满足定向长钻孔施工要求,对钻杆的密封性能进行测试,试验过程如图 5.15 所示。

图 5.15 钻杆密封性能检测

首先任意连接五根钻杆,按照有线随钻测量钻杆密封性检测方法,手动打压至 8MPa,保压 2h 后压力表读数为 7MPa,表明无线随钻测量钻杆密封性强,满足煤矿井下定向钻进施工要求。

5.3 无磁钻杆

5.3.1 结构设计

1. 结构设计要求

1) 功能要求

无磁钻杆是煤矿井下定向钻具的重要组成部分,具有导磁率低的特性,为孔内测量系统提供不受钻具磁性干扰的无磁环境,探管处的磁场与附近的大地磁场几乎相等,因而能够准确分辨钻孔的地磁方向,确保测量系统的测量精度。随着定向钻孔深度的增加,钻进工况越复杂,无磁钻杆可能发生疲劳、腐蚀、氢脆断裂以及强度破坏,因而煤矿井下定向钻进对无磁钻杆材料性能的要求越来越高。

2) 技术参数要求

在煤矿定向钻进过程中,一方面无磁钻杆作为测量探管的载体,另一方面,无磁钻杆与随钻测量钻杆一样受力复杂,其结构和材料性能对安全施工有较大影响。因此,煤矿井下定向钻进用无磁钻杆应满足以下技术参数要求:

(1) 为避免磁场干扰,确保测量精度,无磁钻杆材料应具有良好的无磁性能,相对磁导率不高于 1.005H/m。

(2) 由于煤矿井下定向钻进工况复杂,无磁钻杆材料应具有较高的抗拉强度(≥800MPa)和抗扭性能(≥7500N·m)。

(3) 为保证使用安全,无磁钻杆材料应具备撞击和摩擦过程中不产生火花的性能。

(4) 无磁钻杆材料应该具有良好的机械加工性能,螺纹密封可靠。

(5) 无磁钻杆应具有良好耐腐蚀性能,煤成岩阶段生物降解、煤变质阶段微生物还原硫酸盐或后期热化学作用生成的硫化氢气体,化学活性大,且溶于水易生成硫酸,对钻具的腐蚀性极强。

2. 无磁钻杆的结构

有线随钻测量无磁钻杆一般由上无磁钻杆、探管外管和下无磁钻杆构成,泥浆脉冲无线随钻测量无磁钻杆由下无磁钻杆和仪器外管构成。无磁钻杆的设计主要包括钻杆材料优选和钻杆结构设计等。

1) 无磁钻杆材料

无磁钢、钛合金和铍铜为三种常用的无磁钻杆材料,其材料力学性能见表5.2。

表 5.2 无磁材料力学性能

材料	密度/(g/cm³)	屈服强度/MPa	抗拉强度/MPa	伸长率/%
铍铜	8.3	1105	1130	2.5
钛合金	4.5	920	991	5.5
无磁钢	7.8	≥992	≥1085	≥29

铍铜是目前煤矿井下定向钻进使用较广泛的无磁钻具材料之一，力学性能和无磁性一般都能满足煤矿井下安全钻进需求。然而，铍铜无磁钻杆由于脆性大，经常出现断裂、粘扣等问题，给施工带来了巨大安全隐患。

钛合金属于轻金属，在重锤敲击下具有引发火花的风险，因此煤矿井下无磁钻杆材料一般较少选择钛合金。

无磁钢具有屈服强度和塑性高、耐腐蚀性能良好及无磁性的特点，可采用摩擦焊与接头连接，获得至少与母材等强的摩擦焊接头。与其他两种合金相比，无磁钢价格相对低廉，是一种新型的无磁钻杆材料，在煤矿井下定向钻孔施工中应用越来越广泛。

2) 无磁钻杆结构

为了尽量确保孔底测量探管处于一个不受干扰的无磁环境，探管前后两端的无磁钻杆段的长度应分别不少于3m。无磁钻杆的结构通常设计成管料两端直接加工母螺纹，通过加厚的双公短接头连接。

有线随钻测量系统的无磁钻杆由上无磁钻杆、探管外管和下无磁钻杆组成，由管料两端直接加工同规格钻杆母螺纹而成。探管外管两端通过变径接头分别与上、下无磁钻杆连接。下无磁钻杆下端通过变径接头与螺杆钻具相连，上无磁钻杆上端通过变径接头与通缆钻杆连接。

泥浆脉冲无线随钻测量系统的无磁钻杆由下无磁钻杆和仪器外管构成，通过双公定位接头连接，接手内部设有键槽，起到定位的作用。下无磁钻杆下端通过双公接头与螺杆钻具连接，仪器外管上端通过双公接头与脉冲发生器和过滤钻杆相连。

无磁钻杆外径规格有 Φ76mm 和 Φ89mm 两种，其中有线随钻测量和无线随钻测量所用的 Φ76mm 无磁钻杆各部分尺寸参数见表 5.3。

表 5.3 无磁钻杆参数尺寸

参数	有线随钻测量无磁钻杆			无线随钻测量无磁钻杆	
	上无磁	探管外管	下无磁	探管外管	下无磁
外径/mm	76	76	76	76	76
内径/mm	59	58	59	57	57
长度/mm	2823	546	1983	3130	2823

5.3.2 钻杆性能检测

1. 静扭试验

为检测铍铜和无磁钢钻杆材料的抗扭能力，利用静扭试验机分别对铍铜和无磁钢材料进行测试，试验装置如图 5.16 所示。

图 5.16　静扭试验装置

铍铜和无磁钢钻杆试验材料规格尺寸见表 5.4，试件样品如图 5.17 所示。

表 5.4　试件规格尺寸

试件名称	外径/mm	内径/mm	长度/mm
双公长接手	75	48	310
双公短接手	75	52	210
双母外管	76	59	1000

(a) 铍铜钻杆试件

(b) 无磁钢钻杆试件

图 5.17　铍铜和无磁钢钻杆试件

铍铜材料制成的无磁钻杆静扭试验后试件破坏情况如图 5.18 所示，在扭矩作用下出现变形与破坏，破坏特征详见表 5.5。

图 5.18　部分铍铜钻杆试件破坏实物图

表 5.5 铍铜短接手试件静扭试验变形破坏特征

试件	破坏扭矩/N·m	破坏特征
1	8185	接头公螺纹根部断裂
2	17991	接头公螺纹根部断裂
3	7697	接头公螺纹根部断裂

铍铜材料制成的无磁钻杆施加扭矩后容易在杆体母螺纹端部发生胀扣，部分试样在接头公螺纹根部发生断裂。母螺纹破坏的初始阶段为母螺纹的外端侧发生轻微胀扣，随着扭矩的增加，胀扣程度加剧，最后当扭矩增大到临界值时发生撕裂破坏。铍铜接头公螺纹断裂过程与常规钻杆类似，首先在公螺纹根部诱发裂纹，随着扭矩增大，裂纹扩展并贯穿直至断裂。

无磁钢材料制成的无磁钻杆静扭试验结果如图 5.19 所示。

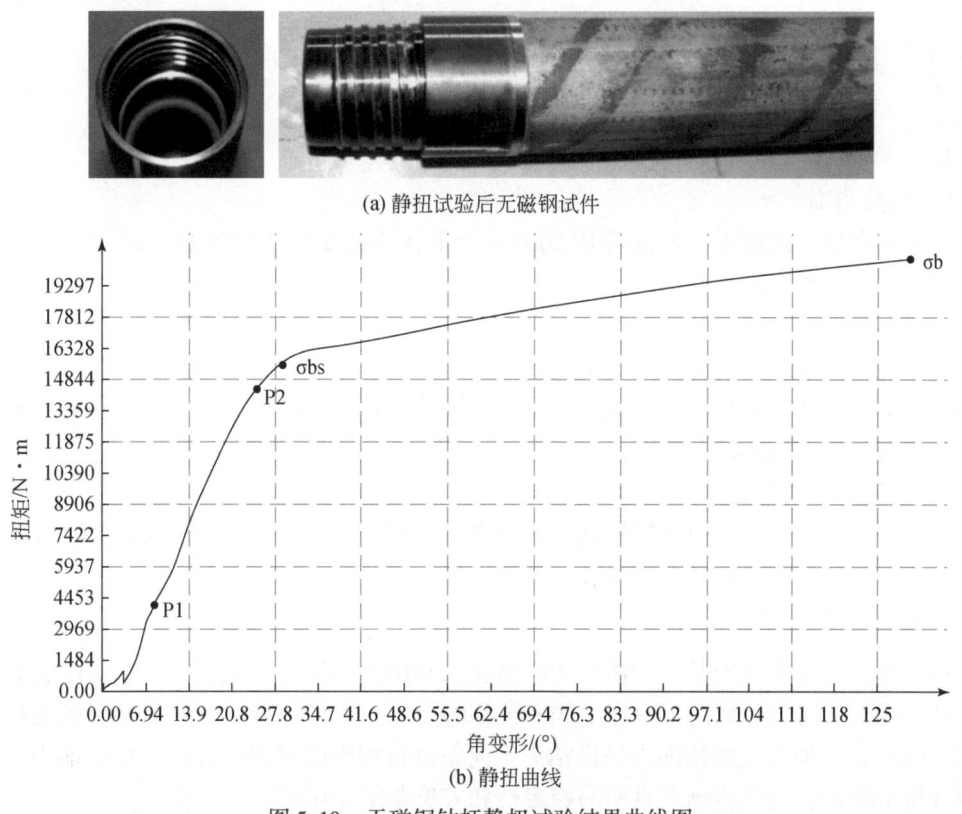

(a) 静扭试验后无磁钢试件

(b) 静扭曲线

图 5.19 无磁钢钻杆静扭试验结果曲线图

Φ75mm 无磁钢钻杆扭矩施加至 20.583kN·m 时，钻杆杆体发生变形，而接头螺纹保持完好，未发生粘扣和破坏。因此，无磁钢钻杆可满足井下定向长钻孔施工需求。

2. 拉伸试验

铍铜材料的无磁钻杆已在煤矿井下应用多年，抗拉强度可达 1000MPa 以上，因此抗拉强度可以满足煤矿井下定向长钻孔施工需求。

为检测无磁钢钻杆抗拉性能是否满足定向钻机的施工要求,采用复合加载试验系统(1500T)对Φ75mm无磁钢钻杆进行了抗拉性能试验,试验结果如图5.20所示。

图 5.20 拉伸断裂后的无磁钢钻杆

拉伸试验结果表明,无磁钢钻杆承受拉力至1094.9kN时,钻杆接头断裂失效,抗拉能力超过了大功率定向钻机最大起拔能力(250kN),满足定向钻孔施工需要。

5.4 定向钻进 PDC 钻头

5.4.1 基本原则

1. 定向钻进对钻头的要求

1)钻头寿命

由于定向钻孔深度大,最深可达2000m以上,为减少起下钻次数,减少辅助作业时间,定向钻头须具有较长的使用寿命。

2)导向性

由于定向钻进工艺要求,钻孔轨迹需要根据设计或者目标层位走向进行延伸,因此定向钻头必须具备良好的导向性。采用螺杆钻具进行造斜作业时,钻头对孔壁进行侧向切削,从而满足钻孔轨迹控制要求。

3)耐磨性和可靠性

定向钻孔深度大,在中硬煤层或顶底板岩层中长时间钻进时,容易造成钻头磨损失效,因此,定向钻头必须具有高耐磨性和可靠性。

2. PDC 钻头的导向性能

PDC钻头的导向性能是其造斜能力和方位漂移能力的综合反映。PDC钻头的造斜能力是指钻头受到轴向力和侧向力时产生侧向位移的能力,直接影响钻头定向钻进的速度和造斜率。PDC钻头的方位漂移能力是指钻头定向钻进过程中保持固有方位特性的能力,通常用漂移角来表征,直接影响工具面的稳定性和方位角的变化率。

3. PDC 钻头结构特征对其导向性能的影响

PDC钻头的剖面形状、切削结构和保径结构等特征会直接影响钻头在井下定向钻进中的导向性能。

1)剖面形状

PDC钻头剖面形状是钻头结构设计的重要部分,直接影响钻头的碎岩性能和导向性能。研究表明,钻头冠部剖面越扁平,造斜能力越好,且钻头的造斜能力随着内锥深度的减小而增强，平底钻头的造斜能力最好。但是内锥深度变浅会限制钻头的切削齿数量，进而影响钻头寿命。同样，外锥长度对钻头的造斜能力也有重要影响，其值越大，钻头切削剖面对侧向力的灵敏度越低，造斜能力越差。因此，应根据钻头的尺寸合理设计内锥和外锥尺寸。

2）切削结构

切削齿的后倾角对 PDC 钻头的导向性能具有重要的影响，增加切削齿后倾角能够提高钻头的导向性能，但会降低切削效率。

3）保径结构

PDC 钻头的保径长度对钻头的侧向切削能力影响较大，其长度越大，与地层的接触面积就越大，越有利于提高钻头的稳定性，减少钻头涡动的发生。然而长保径设计会降低钻头的造斜能力，同时随着钻头保径长度的增加，钻头向左漂移的幅度会增大，大大降低钻头的导向性能。保径长度过短则会造成钻头对钻孔的过度切削，使孔身质量变差。因此，应根据钻头的实际尺寸选择合适的保径长度。钻进过程中，保径宽度的增加不会对钻头的导向性能产生直接影响，但能够增强对工具面的控制作用，进而改善钻头的导向性能。然而，保径宽度过大则会减小排屑区域，使钻屑难以排出，容易形成泥包。

4. PDC 钻头设计原则

结合 PDC 钻头设计原理及定向钻进对钻头性能要求，并结合 PDC 钻头导向性能分析，制定定向钻进用 PDC 钻头设计原则如下：

(1) 切削齿能够完全覆盖孔底，从而保证钻头顺利钻进，而不致形成拉槽，影响钻进效率。

(2) 钻头整体结构要便于加工成型。

(3) 钻头采用合理的剖面形状及保径结构，保证钻头具有良好的导向性。

(4) PDC 切削齿在钻头外圈分布密，而在靠近中心的区域分布较疏，保证钻头单齿切削面积相近，磨损相对均匀。

5.4.2 钻头结构设计

目前煤矿井下用定向钻头主要采用平底型分散齿 PDC 钻头，该钻头结构简单、加工方便，在煤层及软岩钻进中取得了良好的应用效果。但是在中硬及硬岩钻进中，存在钻进效率降低、寿命变短等问题，为解决这一问题，在对钻头结构分析的基础上，从冠部形状、PDC 切削角度、水力系统等方面对定向 PDC 钻头进行改进。根据地层性质、主孔及分支孔施工特点，研制两种定向钻头，以满足不同的工况需求。其中弧角钻头切入岩石能力强，侧钻能力较弱，适用于煤层顶底板岩层钻孔施工；平角钻头侧切能力强，适用于中硬煤层多分支钻孔，尤其适用于开分支钻进（郭东琼，2011；孙荣军等，2014）。

1. 弧角钻头设计

1）钻头冠部形状设计

弧角型 PDC 钻头的冠部轮廓一般为内锥形结构，该剖面主要由内锥段与外锥段两部分组成,如图 5.21 所示。依据岩石特性,可调整内锥角的大小,一般内锥角的取值范围为 120°~160°,一般情况下,钻头内锥角度越大,钻头导向性能越好,跟随螺杆钻具调整方向的能力越强,但是过大的内锥角会导致钻头稳定性变差,容易产生涡动。外锥段一般根据岩层硬度,调整其长度,一般长外锥会提高钻头的使用寿命,但是钻进效率会随外锥增长而降低(候成等,2010;黄英勇等,2011)。

2) 刀翼结构设计

为提高钻头钻进效率,增大单刀翼钻头切削压力,弧角型钻头采用三刀翼结构。此外,由于在旋转钻进过程中,钻头的保径与孔壁之间存在较大的接触应力,可能导致钻头发生涡动和偏转。因此,应按照力平衡原则将 PDC 钻头的刀翼设计为非对称螺旋状,如图 5.22 所示。在旋转速度和径向力相等的条件下,螺旋刀翼更有利于延长钻头与孔壁的接触时间,分散指向孔壁的切削力,减小钻头保径与孔壁间的接触应力。

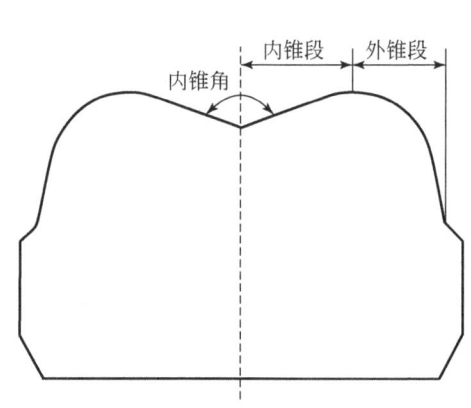

图 5.21 弧角型钻头的冠部形状

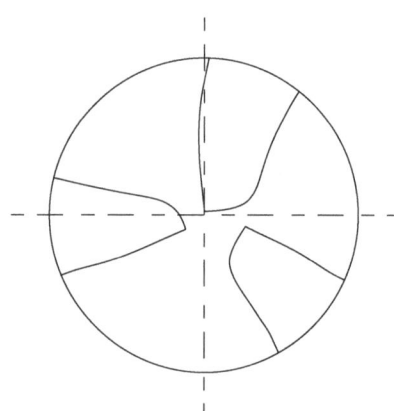

图 5.22 弧角型钻头刀翼结构示意图

3) 切削齿排布设计

为提高钻头钻进效率,可按以下几种原则设计:等切削、等磨损、等功率。现阶段关于 PDC 钻头布齿对磨损及切削功率的研究尚不完善,计算模型不够成熟,无法准确得出钻头每个切削齿的绝对磨损量或切削功率(邹德永等,2014)。因此采用等切削布齿原则设计。

根据等切削原理:

$$S_i r_i = S_{i+1} r_{i+1} \tag{5.5}$$

式中,S_i 为第 i 齿的切削面积;r_i 为第 i 齿的中心距。

根据式(5.5)可计算钻头外锥曲线,由钻头直径确定中心齿、保径齿和其他各齿的径向位置,得到反映切削齿分布密度和覆盖孔底情况的径向布齿图。设计时使切削齿能完全覆盖孔底,钻头外部分布密,而靠近中心的区域分布疏。图 5.23 为钻头设计的切削齿包络线与布齿情况。

4) 切削齿安装角度设计

通过分析钻进地层条件,综合考虑钻头的机械钻速、稳定性和使用寿命,得出 PDC 钻头应采用较小的切削齿后倾角,从内锥到外锥后倾角逐渐增大。合理的侧转角设计可以提高切削齿的清洗、排屑和防泥包能力。按照钻头设计参数，利用三维制图软件进行钻头的结构设计，得到钻头三维模型，如图5.24所示。

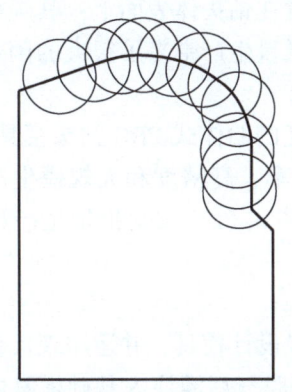

图5.23　弧角型钻头布齿图　　图5.24　弧角型钻头设计模型

2. 平角钻头设计

1）钻头刀翼结构设计

平角钻头是在常规定向钻头（单齿式平底钻头）的基础上进行了刀翼结构设计，两种刀翼结构如图5.25所示。平角钻头采用了刀翼式结构，增大了钻头布齿密度，提高钻头排泄能力，同时平底形的剖面布置使钻头具有较好侧钻能力。

2）切削齿安装角度设计

切削角决定了切削齿对地层作用力的方向，可根据地层情况，选择钻头的切削角和侧转角，切削角根据地层的不同，一般选用10°~30°，切削角越小，钻头吃入岩层的能力越强，但是钻头寿命会降低，所以应根据地层情况，综合选用。侧转角一般选用4°~6°。图5.26为设计的平角钻头三维模型。

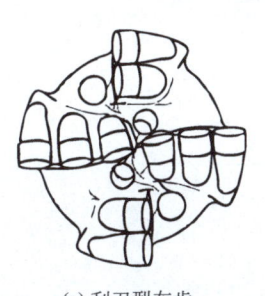
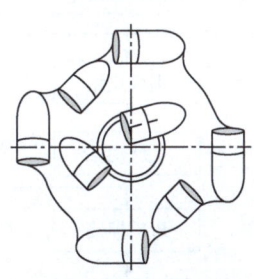
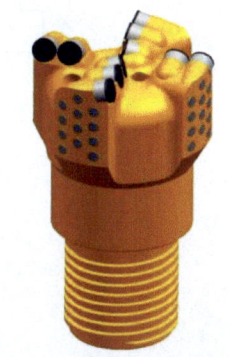

(a) 刮刀型布齿　　　　(b) 单齿式布齿

图5.25　平角钻头两种布齿方式　　图5.26　平角钻头设计模型

5.4.3　钻头加工技术

1. 基于软模成型的胎体钻头加工技术

目前，国内胎体式PDC钻头生产普遍采用粉末冶金方法，烧结后将PDC切削齿钎焊在钻头体上。该方法制造的钻头体,冠部是由预先制作的组合模具来成型的。因此,钻头体的冠部形状和尺寸主要取决于组合模具。由于钻头的类型和规格很多、钻头的冠部结构和尺寸多变,且切削齿即使按一定的方式布置在钻头体表面上,其规格和安装方位角度也不尽相同,故所需的模具也就千变万化,给批量生产带来了很大的困难,模具成型质量和效率严重制约了胎体式PDC钻头推广和发展。

为了能够方便、快捷地制作出各类高精度的胎体式PDC钻头模具,使钻头外形美观、一致性好、质量稳定,实现PDC钻头的高效率、高精度和大规模生产,西安研究院成功开发了一套软模成型工艺,较好地解决了胎体式PDC钻头批量生产过程中模具成型存在的问题。

1) 胎体钻头加工流程设计

软模成型工艺的要点是:①采用先进手段设计模具,并运用现代化的加工工艺制造出标准母模(基础模具)。②将调制好的硅橡胶脱气后灌注入基础模具内,待硅橡胶硫化后脱模,便得到与钻头胎体形状一致的橡胶模。③将橡胶模放入烧结钻头的石墨外套内,再将成型材料(陶瓷粉)混合成浆料,浇注到橡胶模与石墨模具形成的腔内,待浆料硬化后取出橡胶模,得到的陶瓷模就是采用无压浸渍法烧结钻头体用的模具。④陶瓷模制作完成后进行装料烧结可得到烧结胎体,对胎体进行后加工及焊接复合片后得到钻头。胎体钻头加工流程如图5.27所示。

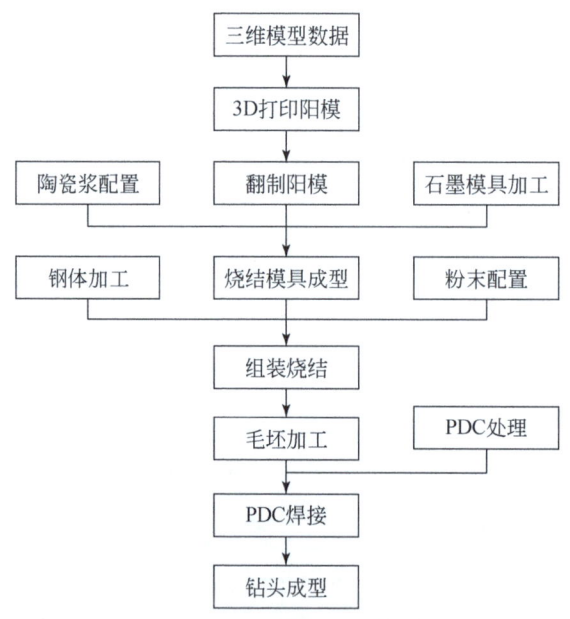

图5.27 胎体钻头加工流程图

2) 基于3D打印的钻头基础模具成型技术

目前,常用的基础模具成型工艺主要有两种:第一种是传统的机械加工与手工相结合,第二种是数控加工。传统机械加工是采用铣齿、修补、组合等方法进行模具加工,加工过程工人劳动强度大,精度与效率难以满足PDC钻头设计越来越高的布齿要求。数控加工虽然能够满足模具精度要求，但是在复杂曲面模具加工，尤其是深型腔加工过程中需要先分模加工再组合，对编程人员的技术水平有较高要求。另外，组合模具也会影响精度，且加工成本较高。为解决基础模具成型难，精度要求高的难题，西安研究院将3D打印技术引入钻头模具制造领域，并进行试验研究，取得了良好应用效果。

3D打印技术，即增材制造技术，是根据三维计算机数字模型，采用逐层堆积的方法形成零件，适合于个性化、小批量、形状复杂、中空等零部件制造。该技术能在几小时或几十小时内直接从CAD三维实体模型制作出原型，与图纸和计算机屏幕提供的信息相比，为快速成型提供了一个信息更丰富、更直观的实体。采用3D打印技术制造钻头基础模具，首先进行模型设计，然后将设计的三维模型转换为快速成型设备能识别的数据格式并采用专用软件进行诊断，根据需要的精度进行分层处理，最后输入打印参数进行打印。为提高表面质量通常需要对模具进行后处理。

利用3D打印技术加工的Φ98mm胎体式PDC弧角钻头模具如图5.28所示。

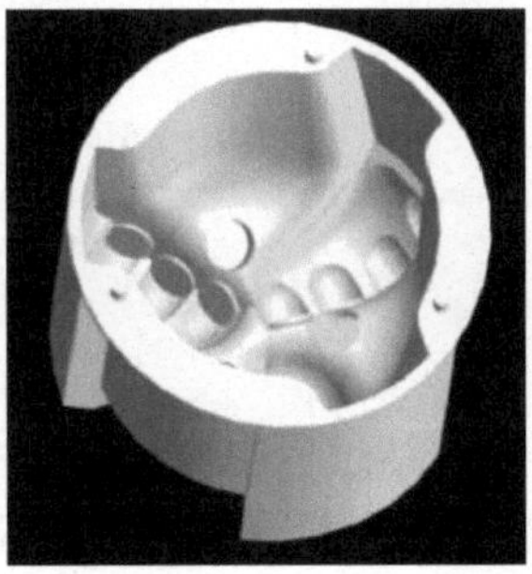

3）橡胶模具成型工艺

基础模具为橡胶模具成型提供了必要的工艺条件，利用橡胶材料硫化前的流动性和硫化后的柔韧性，将橡胶料灌注到基础模具型腔中进行定型并硫化，即可得到橡胶模具。

通过对比不同橡胶材料，优选有机硅橡胶作为制作橡胶模的原材料。该材料具有复制精度高、稳定性好、扩张强度大、收缩小、仿真性强、耐老化、对基础模无腐蚀等优点。固化后，硅橡胶模具能够准确复制，脱模时无破损、不开裂、不粘连，确保基础模具完整。

图5.28　3D打印钻头基础模具

制作橡胶模具的工艺过程：将橡胶液与稀释剂按比例均匀混合，经真空泵排气后灌入衬模与基础模具所形成的间隙中，整套模具在室温下放置24小时，待橡胶固化成型后，从基础模具中取出，就得到与设计钻头完全相同的橡胶模具（公模）。

4）陶瓷模具成型工艺

制造陶瓷模的原材料是陶瓷粉。陶瓷粉是多元组分的粉状物，加入一定量的水充分搅拌，成为浆液，在未凝固前有较好的流动性，经过约0.5h后凝固为具有一定强度的固体，烘干后强度进一步提高，在室温和高温下都具有合理的强度。陶瓷粉与橡胶公模配合使用，可实现钻头的母模造型。制造陶瓷模的步骤如下。

（1）制造外套模。外套模由石墨制成，其作用是：作陶瓷模的依托体，以保持陶瓷模的形状在烧结过程中不发生变化；烧结过程中产生CO气体，形成保护气氛。外套模的内部曲线与硅橡胶模外形轮廓相似，尺寸略大。

（2）将已插入模衬的橡胶模冠部朝上，然后罩上外套模，安装并调整橡胶模与外套模的相对位置。

（3）在橡胶模与外套模所形成的间隙中灌入陶瓷浆液，待陶瓷浆液凝固后，取出橡胶模，即可得到与基础模完全相同的陶瓷模。批量生产钻头时，只需重复制造陶瓷模。

5）钻头组装烧结

将称量好的粉末在三维混料机中充分混合后进行装模。装料时先在陶瓷模具中装入底料，再将清洗干净的钻头钢体装入模具中，并调整好位置，然后分批将粉末装模并振实，充分排出粉末间气体，避免烧结时出现喷粉，影响钻头的烧结质量。最后在上部装入浸渍焊料，入炉烧结（刁文庆和唐大勇，2013）。钻头装料示意图如图5.29所示。

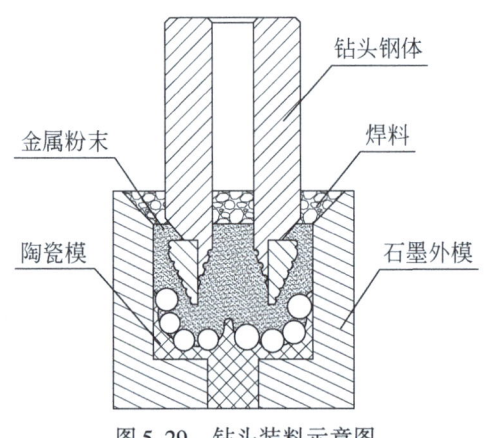

图5.29　钻头装料示意图

烧结过程中烧结温度主要由组成液相合金的液相出现温度决定，其烧结温度曲线如图5.30所示，烧结温度依次经历快速升温阶段、烧结阶段和冷却阶段。

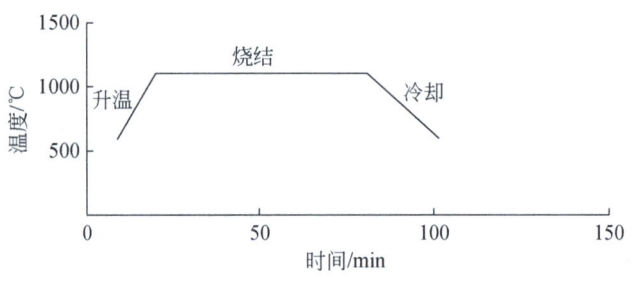

图5.30　钻头烧结温度曲线

钻头烧结过程中，为了减少粉末氧化时间，应迅速将炉温升至烧结温度，保温时间约为60min，在整个烧结过程中，温度测量点不能发生变化，否则烧结曲线将与设置的曲线产生偏差，影响钻头的烧结质量。烧结完成后，放入保温炉中保温一段时间后，随炉冷却。冷却后对钻头体退模，并进行机械加工并焊接PDC切削齿，加工完成的钻头如图5.31所示。

2. 基于UG-CAM的钢体钻头加工技术

1）钻头加工流程制定

由于弧角钻头及平角钻头冠部形状复杂，PDC切削齿角度参数较多，常规机械加工难以实现冠部成型，为完成冠部加工并保证加工精度，钻头钢体采用5轴加工中心进行加工。根据弧角及平角钢体式钻头体的结构特点，制定其加工流程如图5.32所示。

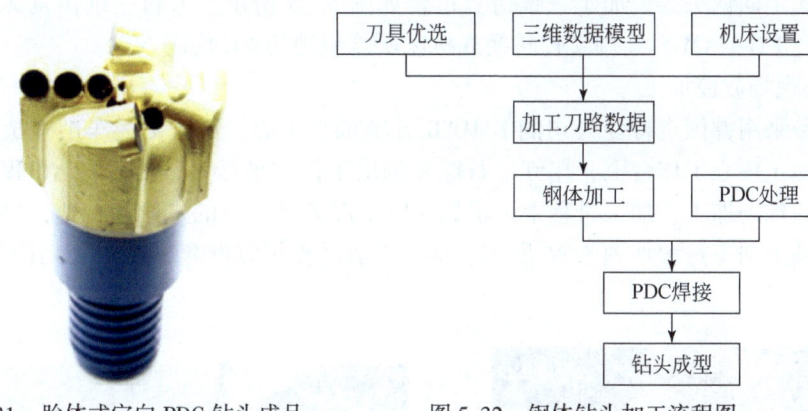

图 5.31　胎体式定向 PDC 钻头成品　　图 5.32　钢体钻头加工流程图

2）钢体加工

钢体加工包括流道加工和齿窝加工两部分，流道加工主要为钻头冠部开粗加工，即加工出钻头刀翼及流道。流道加工分粗加工和精加工两道工序。根据冠部形状及加工余量选用合适的刀具及加工方法，刀路图如图 5.33 所示。

齿窝包括切削齿窝和保径齿窝两种类型。齿窝是整个钻头的关键部位，其加工尤为重要。切削齿窝粗加工采用型腔铣命令，刀具选用平面铣刀。切削齿窝精加工采用区域铣削命令，刀路图如图 5.34。

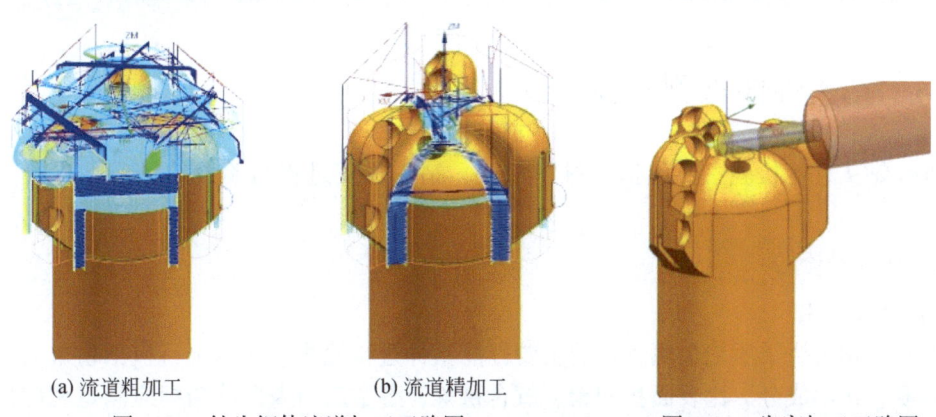

(a) 流道粗加工　　(b) 流道精加工

图 5.33　钻头钢体流道加工刀路图　　图 5.34　齿窝加工刀路图

3）刀轨三维仿真及 NC 代码生成

数控程序编制完成后所生成的刀轨数据，是机床所能识别 NC 代码的唯一信息载体，其正确与否直接影响零件加工质量的好坏。目前实际加工中使用的 NC 程序，在投入加工之前通常采用机床空运行和样件试切，完成 NC 程序的校验。但这种方法加工准备周期长，生产成本高，难以实现数控机床的高效率。而 UG-CAM 软件提供了类似于现实加工的三维仿真演示，用三维图形直观显示机床、刀具、工件以及辅助设备，在计算机上对检验程序进行编译，并驱动图形加工系统进行准实时加工，这种仿真演示有助于编程人员直观感受到现实加工过程，从而准确判断出加工中发生干涉及碰撞的部位。并且这种仿真演示免去了以往样件生产的材料损耗、刀具磨损、机床清理等，从而缩短生产准备周期，降低成本。钢体式定向钻头数控加工三维仿真过程如图 5.35 所示。刀轨三维仿真无误时,将刀轨数据通过 UG-CAM 后处理文件转换成机床所能识别的 NC 代码。

4)钻头现场数控加工

加工设备采用德国吉特曼公司的 DMU80 五轴加工中心。钻头毛坯车削完成后,将其定位在五轴加工中心工作台上,用红宝石探头测出工件的坐标系,然后将 NC 程序导入机床进行钻头的现场加工,加工过程中可根据实际情况调整刀具的进给和转速,进一步优化加工参数。钻头加工过程如图 5.36 所示。加工完成后在相应齿窝焊接 PDC 切削齿及保径,并保温清理。

图 5.35 钻头数控加工三维仿真

图 5.36 钻头现场加工图

5.4.4 钻头性能检测检验

PDC 钻头性能检验主要包括原材料检验、钻头加工过程检验及钻头成品检验三方面内容。

1. 原材料检验

1)金属粉末

对胎体钻头烧结所用金属粉末的主要性能指标进行检测。检测项目包括粉末的外观质量、粒度、化学成分、比表面积和碳、氧含量等,各金属粉末性能指标应满足相应标准的规定。该检验一般由具有相应资质的专业检验机构执行。

2)焊料及焊剂

对于烧结用粘接金属以及 PDC 焊接用钎焊料,其外观质量以及化学成分等性能参数应满足相应标准要求。

3)钢材检验

对加工钻头所用的圆钢、管材等钢材的抗拉强度、屈服强度、伸长率等力学性能进行测试,具体按《金属材料室温拉伸试验方法》(GB/T228—2002)进行。

4)基于微钻实验平台的 PDC 质量检验

PDC 的性能主要包括磨耗比、热稳定性、抗冲击性等,西安研究院主要采用以下方法进行检测。

磨耗比：按照《聚晶金刚石磨耗比测定方法》（JB/T 3235—2013）进行测定。

抗冲击性：通过冲击锤对夹在工装上的 PDC 钻头进行冲击，记录冲击次数，通过预定的冲击力，可以计算出冲击锤对 PDC 钻头做的功，以此评价 PDC 钻头的抗冲击性能。

热稳定性：目前采用马弗炉对 PDC 钻头的热稳定性进行检测，先将复合片放入温度为 750℃ 的马弗炉中灼烧，保温 15～20min 后取出放入保温盒中冷却至室温。检测其放炉前后的磨耗比损失，损失大的即为热稳定性能较差，反之则较好。这种方法所需时间较短，测试较为准确，实用性较强。

通过以上方法对 PDC 钻头性能进行检测，虽然在一定程度上解决了 PDC 钻头选型及质量评定的问题，但是 PDC 钻头使用工况远比试验条件恶劣，为了检验 PDC 钻头的综合切削性能，西安研究院研制了一套电液控制的微钻实验平台，如图 5.37 所示。该平台采用电液联合控制，实现了回转和给进的无级调速和钻进参数的实时显示，能够模拟钻头的实际钻进过程，为 PDC 钻头的性能分析提供详细的原始数据。

2. 钻头加工过程检验

1）钢体式钻头体

应按照设计图纸对钻头体外形尺寸和表面粗糙度进行检验。

2）钻头模具检验

弧角钻头各切削齿空间位置由中心距、切削角、侧转角以及周向角等参数组成。由于钻头冠部形状不规则，曲面形状复杂，采用常规方法难以检测，因此采用激光三维扫描仪对 3D 打印模具进行了扫描，生成的三维图像如图 5.38 所示，通过与三维模型对比，尺寸误差 ≤0.1mm，能够满足钻头加工精度要求。

图 5.37　微钻实验平台实物图

图 5.38　三维扫描生成模型

3）胎体式钻头体

首先观察烧结质量，确保胎体与钢体连接处及胎体本身不应有影响切削齿包镶的裂纹、空洞等缺陷，胎体表面应光滑，然后进行外形尺寸检验等。

3. 钻头成品检验

焊接质量检验主要有两种方法，一种是试样检验法，一种是实体检验法。

1）试样检验

试样检验是根据《金刚石复合片不取心钻头》（MT/T786—2011）煤炭行业标准要求，

钻头 PDC 齿与钻头体间钎缝剪切强度应不低于 160MPa。具体检验方法如下。

分别用 YG16 硬质合金和钻头体材料制成 Φ12mm×5mm 和 Φ16mm×20mm 的两个圆柱体，将其焊接面磨平，并用与产品相同的焊接材料及工艺将两部分试样焊接在一起。

在材料试验机上按图 5.39 的加载方式进行剪切试验，做 5 个试样，试验 5 次。

试验结果按式（5.6）计算：

$$\tau_b = 8.84\bar{p} \tag{5.6}$$

式中，τ_b 为剪切强度的数值，MPa；8.84 为由试样剪切面积和单位换算决定的系数，$1/mm^2$；$\bar{p}$ 为钎缝剪开时载荷的数值，kN，取 5 次试验结果的算术平均值。

2）实体检验

实体检验是将 PDC 钎焊到钻头体上，加工工装，如图 5.40 所示，利用万能试验机，进行剪切试验，测定钎焊强度。此方法更接近于 PDC 钻头的钎焊强度，测试数据更准确可靠。

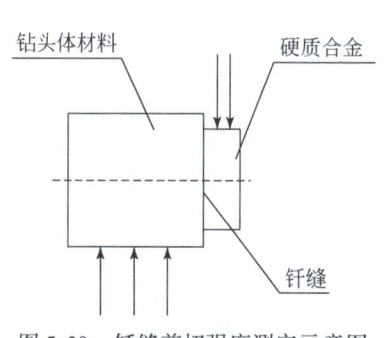

图 5.39　钎缝剪切强度测定示意图

图 5.40　实体钎缝剪切强度测定图

5.5　螺杆钻具

螺杆钻具是一种将液体的压力能转换为机械能的容积式正排量动力转换装置，在煤矿井下定向钻孔施工中，螺杆钻具与随钻测量系统配合，可精确控制钻孔轨迹，实现随钻测量定向钻进（苏义脑等，1985）。

5.5.1　螺杆钻具的结构与原理

1. 螺杆钻具基本结构

煤矿井下用螺杆钻具由马达总成、万向轴总成和传动轴总成三部分组成，其总体结构如图 5.41 所示。

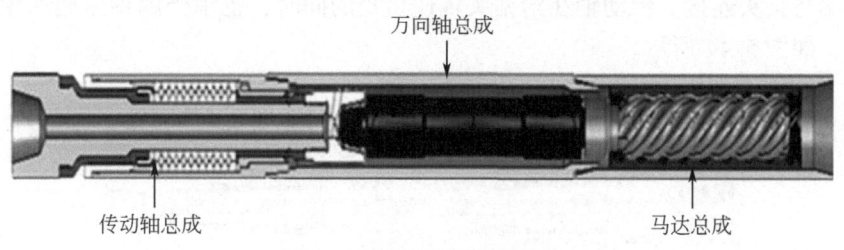

图 5.41　螺杆钻具总体结构

1）马达总成

马达总成是螺杆钻具的动力转换装置，把孔口泵送的高压介质的液压能转化为破碎岩石的机械能。

马达总成由定子和转子组成，如图 5.42 所示。定子由金属壳体和压注在其内壁上的丁腈橡胶衬套组成，衬套内孔是具有一定几何尺寸的螺旋曲面，螺距与转子螺距相等，但螺旋头数比转子多一个。转子外形呈长螺距螺旋状，一般进行热处理以提高机械强度，表面均匀镀硬铬层或喷涂碳化钨粉末。转子的上端为自由端，下端与万向轴轴壳连接。

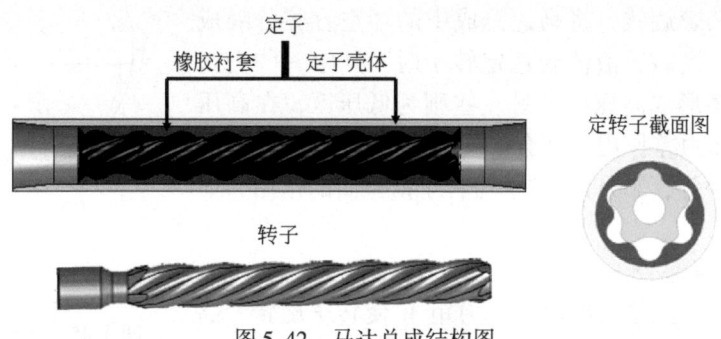

图 5.42　马达总成结构图

2）万向轴总成

万向轴总成结构如图 5.43 所示。万向轴上端和马达转子连接，下端和传动轴主轴连接。万向轴的作用是传递扭矩，承受转子旋转产生的轴向力，并将转子的行星运动转变成传动轴的定轴转动。弯壳体弯曲部位靠近钻头，在同等弯曲情况下，减小钻具在孔底的横向偏斜量，可以降低对孔壁的扰动。

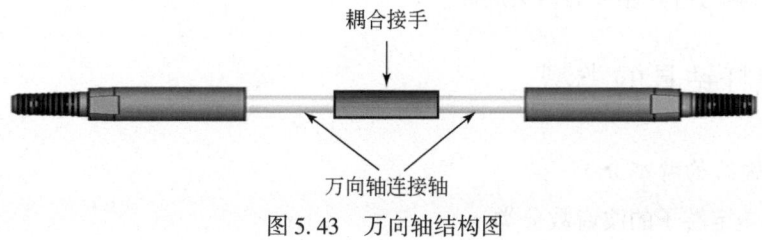

图 5.43　万向轴结构图

3）传动轴总成

传动轴总成主要由主轴、轴承组、轴承外管和阀帽等组成。传动轴主轴上端与万向轴连接，下端与钻头连接。传动轴在给钻头传递扭矩的同时，也承受因钻压而产生的径向和轴向载荷，如图 5.44 所示。

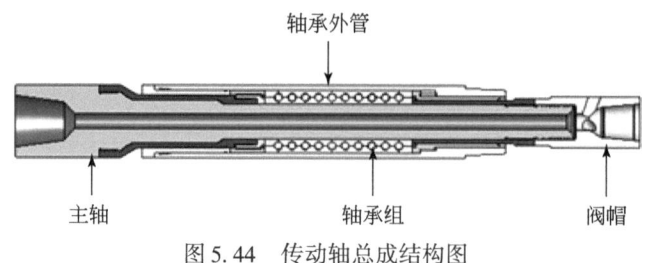

图 5.44　传动轴总成结构图

2. 螺杆钻具工作原理

1）力学条件

转子处于定子的包容之中，由于其螺旋头数比定子少一个，外表面螺旋波齿与定子内表面螺旋波齿不会完全啮合，而是呈有周期性的接触状态，且接触点沿螺杆轴向形成若干条连续的螺旋线，将马达总成中的环空容腔分隔成若干个密封腔，当高压液体到达定转子时，其中一些密封腔充满高压液体形成高压区，另一些则为低压区，在高压区和低压区的压力差作用下，会产生一个旋转力矩 M 使转子旋转（易先中等，2004）。定子与转子横截面的作用力如图 5.45 所示。

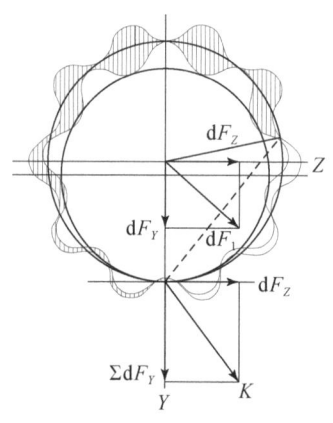

图 5.45　螺杆钻具定子与转子横截面的作用力图

2）连续性条件

在高、低压区压差的作用下，力矩 M 使转子旋转，高压腔沿轴向向前移动，在同一截面上表现为高压区减少、低压区增多。密封腔的移动是发生能量转换的必要条件，高压腔沿螺杆轴向向前移动的同时，内部高压液体推动转子旋转，直至马达总成的末端，液体释放，同时高低压腔消失。在输入端，新的高低压腔不断形成。螺杆钻具工作时，其内部同时存在若干个螺旋状的高、低压区，保证了转子的连续转动。万向轴将转子的行星运动转变为传动轴的定轴转动，将马达产生的扭矩传递给传动轴，从而驱动与其连接的钻头旋转。

5.5.2　螺杆钻具的类型

1. 按马达结构特征分类

1）按马达定转子的波齿数分类

螺杆钻具可分为单头和多头螺杆钻具，其中多头螺杆具有低转速、大扭矩的特征。目前井下常用的为 3/4、4/5、5/6 和 7/8 等型号螺杆钻具。

2) 按马达的"级"数分类

"级"数即定子-转子运动副所包含的定子导程的整数倍,单头多在3级以上,多头多在2级以上。级数越多,马达可输出的扭矩越大。

2. 按公称直径分类

按公称直径分类可同时为设计人员和用户根据钻孔尺寸来选择合适的螺杆钻具提供方便。煤矿井下常用的小直径螺杆钻具主要有 Φ89mm、Φ73mm 等。

3. 按万向轴壳体结构分类

按万向轴壳体结构可分为直螺杆钻具(无结构弯角)和弯壳体螺杆钻具(带结构弯角)。直螺杆钻具上方加配弯接头主要用于常规定向钻孔,弯壳体螺杆钻具主要用于近水平孔、多分支孔、大位移孔等。目前煤矿井下使用的螺杆钻具以弯壳体螺杆钻具为主,根据地层情况和钻孔轨迹曲率半径,可选择的弯壳体角度有 1°、1.25°、1.5°和 1.75°。

4. 按是否具有衬垫分类

按是否具有衬垫可分为带衬垫螺杆钻具和无衬垫螺杆钻具。衬垫对螺杆钻具在控制轨迹精度和开分支造斜中都起着重要作用。根据煤矿井下定向钻孔施工经验,在同等地层条件下使用带衬垫螺杆钻具,钻孔空间弯曲强度可达无衬垫螺杆钻具的2倍以上。目前衬垫有激光焊接和硬质合金压入两种形式,用户可根据地层情况与造斜强度合理选择是否需要衬垫以及衬垫的形式。

5. 按定子结构分类

按定子结构可分为外平螺杆钻具和螺旋外壳螺杆钻具。外平螺杆钻具主要用于地质条件良好的地层;螺旋外壳螺杆钻具的马达定子部分带有螺旋槽,在复合钻进时可提高排渣效果,主要用于碎软煤层和含有破碎带的岩层。

6. 按驱动介质分类

按驱动介质可分为冲洗液驱动螺杆钻具和空气螺杆钻具。冲洗液驱动螺杆钻具以高压冲洗液作为驱动介质,广泛应用于地质条件良好的煤岩层。空气螺杆钻具以压缩空气作为驱动介质,主要用于碎软煤层。

5.5.3 使用方法及注意事项

1. 使用方法

1) 下钻前检查

(1) 在孔口对螺杆钻具进行空载检测,确定螺杆钻具工作正常后再下钻。

(2) 按设计连接钻具组合,如使用可调弯壳体,则应将外管弯头标记朝正上方,以便随钻测量系统修正工具面向角。

2) 下钻

(1) 下放钻具时,需控制下钻速度,遇复杂地层时,需要启动螺杆钻具扫孔,以顺利通过复杂地层孔段。

（2）根据钻孔实钻轨迹调整螺杆钻具的工具面向角，以消除侧钻的影响。

（3）不可墩钻或将钻具直接下放到孔底。

3）钻进

（1）如果钻头已接触孔底，须提起0.3~0.6m。

（2）冲洗孔底，以防孔底堆积或沉淀的钻屑影响钻速或造斜。

（3）冲孔后，再把钻具上提0.3~0.6m，校对循环压力值。

（4）重新将钻具下入孔底并逐步加压，马达转矩增加，压力表数值升高，应注意压力表读数不得超出钻具的推荐使用范围。

（5）钻进时应合理控制给进压力，避免所需碎岩扭矩超过螺杆钻具输出扭矩，造成螺杆钻具制动。

（6）每次调整工具面向角时，应先将钻具提离孔底0.3~0.6m，调整后，应反复起下钻3~5次，消除钻具应力，使测量系统显示的工具面向角接近真实值。

4）起钻

（1）起钻时，应注意起钻速度，以防卡钻损坏螺杆钻具。

（2）螺杆钻具每次使用完后先将表面清理干净，放在保养架上夹持牢固。若暂停使用或长时间搁置不用，建议向螺杆钻具内注入少量矿物油防锈。

2. 注意事项

（1）施工人员必须认真学习螺杆钻具的结构原理和使用参数，掌握合理使用螺杆钻具的方法。

（2）技术人员根据地层结构、钻孔布置和钻场施工计划等选择合理的钻具组合，现场施工必须严格执行施工计划。

（3）对冲洗液的要求：根据钻探工艺的需要选择合适的冲洗液，使用循环清水时，必须限制其中各种硬质颗粒含量（粒径≥74μm的固相颗粒应控制在1%以下），避免其加速轴承、马达的磨损而降低螺杆钻具的使用寿命，同时注意冲洗液中不要混有各种气体，以防止在钻具的压力变化下容易产生"气蚀作用"，对定子橡胶产生较大的危害。

（4）钻头的水眼会造成额外的压力损失，同时为保证满足排屑和冷却的要求，建议不要随意更换配套钻头。

（5）对冲洗液流量的要求：冲洗液的流量决定螺杆钻具的输出转速，螺杆钻具有相应的工作流量范围，建议按照推荐参数进行选择，否则会降低钻具的工作效率和使用寿命。

（6）对泥浆泵压力的要求：要使螺杆钻具获得最佳的工作效率及寿命，应将钻具两端的压差控制在推荐的参数范围内。冲洗液在循环通路中，与钻杆、孔壁的摩擦以及流动阻力均会损失一定能量，表现为冲洗液压力的损失。可使用以下公式确定：钻进泵压=循环泵压+钻具负载压降。将钻头提离孔底，在额定流量下，泥浆泵压力表上的读数即循环泵压。

（7）螺杆钻具两端的压力降超过推荐范围时，螺杆钻具定子与转子间密封被破坏，冲洗液通过螺杆钻具水眼流出，螺杆钻具处于"制动"状态。冲洗液在螺杆钻具制动的情况下，仍可以循环流过钻具，如果螺杆钻具长时间或频繁处于制动状态，对螺杆钻具的寿命会有严重影响。要使螺杆钻具获得最佳工作效率,应将螺杆钻具两端的压差控制在推荐参数范围内。

5.5.4 常见失效形式与故障判断

1. 常见失效形式

螺杆钻具主要有马达总成故障、传动轴总成故障和万向轴总成故障三种常见失效形式(李明谦和赵红超,2008)。

1) 马达总成故障

(1) 螺杆钻具使用时间较长,马达总成部分的配合间隙变化,容易加快定子橡胶磨损、变形、掉块等。

(2) 冲洗液中含砂量较大会加速定转子的磨损,造成冲洗液压力损耗,从而降低马达总成输出转矩及寿命。

(3) 混有气体的冲洗液在钻具压力的变化下容易产生"气蚀作用",加速螺杆钻具的损坏,尤其是定子橡胶更容易被气蚀损坏。

(4) 在复杂地层定向钻进,当发生孔内事故时,强力回转、起拔可能造成定子外壳体扭断。

2) 传动轴总成故障

螺杆钻具在孔底受力情况复杂,传动轴在传递动力的过程中,承受轴向和径向载荷,易出现的失效形式很多,如止推轴承组断裂、径向轴承端面压溃、传动轴磨损、底部径向轴承脱扣等故障。

3) 万向轴总成故障

万向轴由于磨损严重或强力回转、起拔等,容易出现万向轴连接轴断裂、瓣体损坏、水帽与传动轴连接处螺纹变形咬合等故障。

2. 失效原因分析

造成螺杆钻具失效的原因主要有以下几点。

1) 地层因素

地层中普遍发育的节理裂隙、断层破碎带使其具有非均质性,在这种岩层中钻进时,螺杆钻具受力不平衡,易憋泵,负荷不稳定,径向和轴向冲击载荷对螺杆钻具产生较大的破坏作用。

2) 处理孔内事故

处理孔内事故时,强力回转和起下钻可能对螺杆钻具造成损伤。

3) 钻进参数

每种规格的螺杆钻具都有其推荐的使用参数,实际使用中,如随意调整钻进参数,超过其推荐的使用参数范围,会对螺杆钻具的使用寿命造成影响。

4) 操作不规范

钻压忽大忽小,造成螺杆钻具频繁、长时间制动,严重影响螺杆钻具的使用寿命。

3. 故障判断

螺杆钻具在使用过程中常见的故障判断方法见表5.6。

表5.6 故障判断法

异常现象	可能原因	判断及处理方法
压力表读数突然升高	马达失速	上提钻具0.3~0.6m,核对循环压力,逐步加钻压,压力表读数随之逐步升高,可确认是失速
	马达传动轴卡死,钻头水眼被堵	把钻头提离孔底,压力表读数仍很高,只能提出钻具检查或更换钻头
压力表读数慢慢增高(不指随钻孔深度增加而增大的正常压降)	钻头水眼被堵	把钻头提离孔底,再检查压力,如果压力仍然高于正常循环压力,可以试着改善循环流量或上下移动钻杆,如无效只得取出修理、更换钻头
	钻头磨损	继续工作,细心观察,如仍无进尺,只能取出更换钻头
	地层变化	稍提钻具,如果压力与循环压力相同,则可继续工作
压力表读数缓慢降低	循环压力损失变化	检查冲洗液流量
	钻杆损坏	稍提钻具,压力表读数仍低于循环压力,提出钻孔检查
无进尺	地层变化	适当改变钻压和循环流量(应在允许范围内)
	马达失速	压力表读数偏高,钻具提离孔底,检查循环压力,从小钻压开始,逐步增大钻压
	内部损坏	常伴有压力波动,稍提起钻具,压力波动范围小些,只能取钻具,检查更换
	钻头损坏	更换新钻头

5.5.5 螺杆钻具性能检测平台

1. 总体方案

1) 螺杆钻具测试原理

螺杆钻具属于容积式正排量动力转换装置,测试性能时持续向螺杆钻具输入高压介质使其正常运转,在螺杆钻具的动力输出端施加不同的制动扭矩,使其在不同的制动扭矩下稳定工作,检测其在不同工况下的输出扭矩、输出转速、循环流量和压力等主要性能参数。

2) 测试螺杆钻具规格及参数

当前我国煤矿井下定向钻进施工使用的螺杆钻具以 Φ73mm 和 Φ89mm 两种规格为主。煤矿井下常用的螺杆钻具参数见表5.7。

表 5.7 煤矿井下用螺杆钻具规格及参数

规格/mm	转速/(r/min)	扭矩/N·m	功率/kW	流量/(L/min)	马达压差/MPa
73	160~375	257	10	113~265	2.4
	215~325	447	18	189~378	3.2
89	124~187	1190	23.3	360~540	3.2
	124~300	1487	29.2	85~211	4.0

3) 检测平台组成及测试能力

螺杆钻具性能检测平台由机械装置和数据测试系统两部分组成。机械装置包括液动力循环装置、夹持固定装置和回转加载装置。液动力循环装置是螺杆钻具运转的动力源，夹持固定装置固定螺杆钻具，回转加载装置模拟孔底阻力扭矩。数据测试系统包括测试硬件和测试软件两大部分，用于检测和处理各项检测参数，检验人员通过测控柜来操作检测平台。检测平台布局如图 5.46。

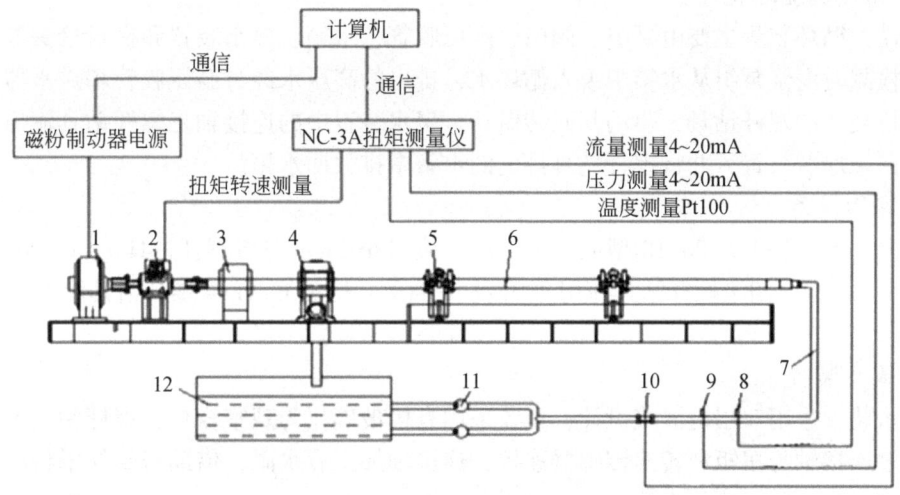

图 5.46 螺杆钻具性能检测平台布局示意图
1. 磁粉制动器；2. 转矩转速传感器；3. 轴承支撑；4. 聚水装置；5. 夹紧装置；6. 螺杆钻具；
7. 高压胶管；8. 温度传感器；9. 压力传感器；10. 流量传感器；11. 泥浆泵；12. 水箱

检测平台测试能力如下：①加载扭矩范围为 0~2000N·m；②转速测量范围为 0~450r/min；③压力测量范围为 0~10MPa；④流量测量范围为 0~600L/min；⑤入口介质温度为 0~100℃；⑥测试螺杆钻具规格为 Φ73mm、Φ89mm；⑦螺杆钻具长度范围可调；⑧台架主机外形（长×宽×高）为 4900mm×800mm×1040mm；⑨试验介质为高压清水。

2. 机械装置

机械装置包括夹持固定装置、液动力循环装置和回转加载装置。机械装置布置如图 5.47 所示。

1) 夹持固定装置

夹持固定装置由固定螺杆钻具的夹紧装置和固定台架组成，可夹持固定 Φ73mm 和

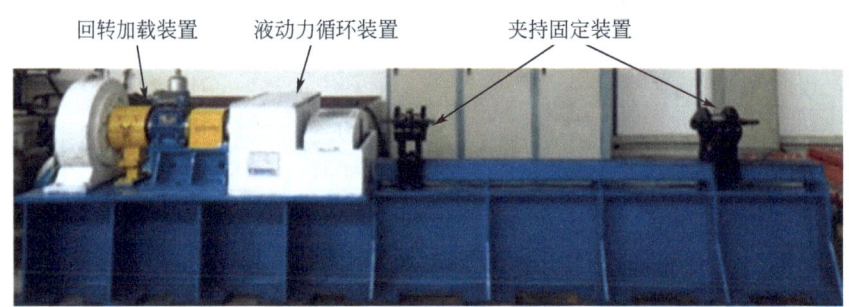

图 5.47　机械装置

Φ89mm 两种规格的螺杆钻具。根据螺杆钻具弯外管角度不同，夹持装置可在 0°～5°调节，并可沿固定台架前后滑动 90mm，使两端夹持固定的中心线与螺杆钻具传动轴轴线平行，保证与加载装置的同轴度。

2）液动力循环装置

液动力循环装置主要由泵组、阀门、高压胶管、水箱、聚水装置和密封接头等部件组成。在检测时泥浆泵组从水箱中吸入循环水，排出的高压水经过高压胶管和送水器进入固定在夹持装置的螺杆钻具，驱动其回转做功。聚水装置中的连接轴将螺杆钻具输出的扭矩传递给回转加载装置，并将螺杆钻具排出的水集中排放回水箱。

a. 泵组设备

检测平台采用 BW600/10 型泥浆泵供水，检测 Φ73mm 三级螺杆钻具使用 195L/min 档位，检测 Φ73mm 四级螺杆钻具使用 280L/min 档位，检测 Φ89mm 螺杆钻具使用 415L/min 档位。

b. 聚水装置

聚水装置采用双层内嵌式设计，顶盖采用有机玻璃作为观察窗口，螺杆钻具传动轴输出端通过连接轴与扭矩和转速传感器连接，连接轴加工有水眼，借助密封外罩将螺杆钻具流出的水汇集并输送到回水管路。

3）回转加载装置

回转加载装置由磁粉制动器、轴承支撑、联轴器、固定底座及防护罩组成。轴承支座、转速扭矩传感器和磁粉制动器之间通过联轴器连接，检测时螺杆钻具输出的转速和扭矩通过联轴器传递到扭矩转速传感器和磁粉制动器，可通过磁粉制动器对螺杆钻具施加制动扭矩，同时配合扭矩转速传感器检测螺杆钻具的输出扭矩和转速。

a. 磁粉制动器

磁粉制动器主要由内转子、外转子、激磁线圈及磁粉组成。接通直流电源后产生电磁场，工作介质磁粉在磁力线作用下形成磁粉链，把内转子、外转子连接起来，从而达到传递制动扭矩的目的。

b. 轴承支撑

传感器和螺杆钻具中间安装有轴承支撑，保证传感器测试数据不受频繁更换测试设备的影响。

c. 联轴器

磁粉制动器和轴承支座之间、螺杆钻具输出轴和轴承输入轴之间采用挠性联轴器,可以改善传感器的工作条件,保证测量精度,避免弹性轴损坏。

3. 数据测试系统

数据测试系统由硬件和软件两部分组成,包括各种传感器及相应的二级仪表、计算机、A/D、D/A、RS232 接口、I/O 卡和测控软件,可实现对试验数据的采集、试验过程的控制、性能参数的处理及性能预测等功能。

1)测试系统硬件

a. 传感器

针对螺杆钻具测试特点,按测试功能分别选择压力、流量、转速、扭矩、温度传感器。各种传感器在测试系统中的作用及布置如图 5.48 所示。

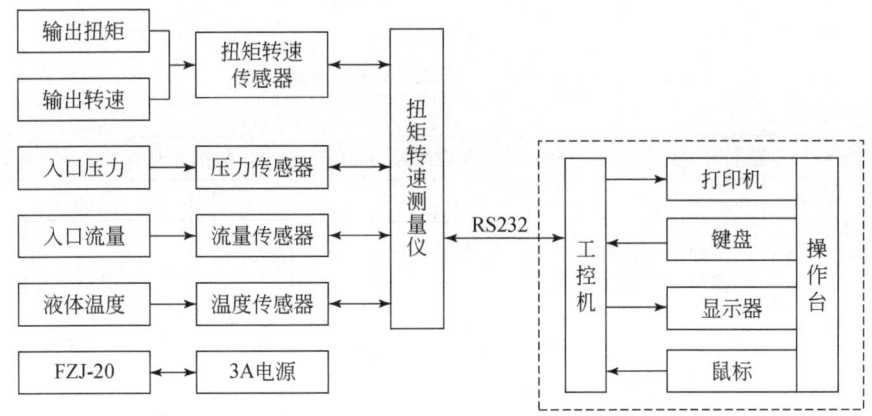

图 5.48 系统硬件布置示意图

(1) 扭矩转速传感器

采用 NJ2D 型扭矩转速传感器,性能参数如下:扭矩测量范围 0~2000N·m,扭矩测量精度±0.2%FS,转速测量范围 0~4000r/min,转速测量精度±1r/min。

(2) 压力变送器

采用 CYB13 压力变送器,性能参数如下:输出形式 4~20mA,供电电源 DC24V(12~32V),准确度±0.5%,介质温度-30~85℃,环境温度-20~85℃,响应时间≤100ms,防护等级 IP65。

(3) 涡轮流量传感器

采用 LWGY 系列涡轮流量传感器,性能参数如下:公称通径 50mm,精确度±0.2%FS,环境温度-20~50℃,介质温度-20~120℃,公称压力 25MPa,输出信号 4~20mA 二线制,通信接口选用 RS232 通信接口,供电电源 5~24VDC(外接)。

b. 扭矩转速测量仪

采用 NC-3A 扭矩仪,用高速数字信号处理器(DSP)、可编程逻辑芯片(CPLD)、仪表放大器和 16 位 A/D 转换器可同步存储 8 路模拟输入,输入信号可以在 0~5V、4~20mA、热电阻(PT100、Cu50 等)、热电偶或其他 mV 信号中选择,最快采样时间 1ms。

c. 计算机

计算机是数据测试系统的主要组成部分，系统采用研华工控机 IPC610，其具体配置情况如下。

CPU：Inter（R）Core（TM）2 Duo CPU E7500 @ 2.93GHz。内存：2.00GB。硬盘：280GB。显示器：19 英寸（1 英寸约为 2.54cm）液晶彩显。

2）测试系统软件

螺杆钻具性能测试系统软件能够实现对性能检验中各参数实时采集、计算处理和存储，并绘制采集任意参数的曲线。用户可以输入螺杆钻具的相关参数，根据采集到的数据计算出螺杆钻具的输入功率、输出功率及效率等主要性能参数。

a. 测试系统的结构

螺杆钻具综合性能测试系统分别由参数测控、参数配置、数据处理三个模块构成。测试软件总体结构显示了模块的调用关系，如图 5.49 所示。

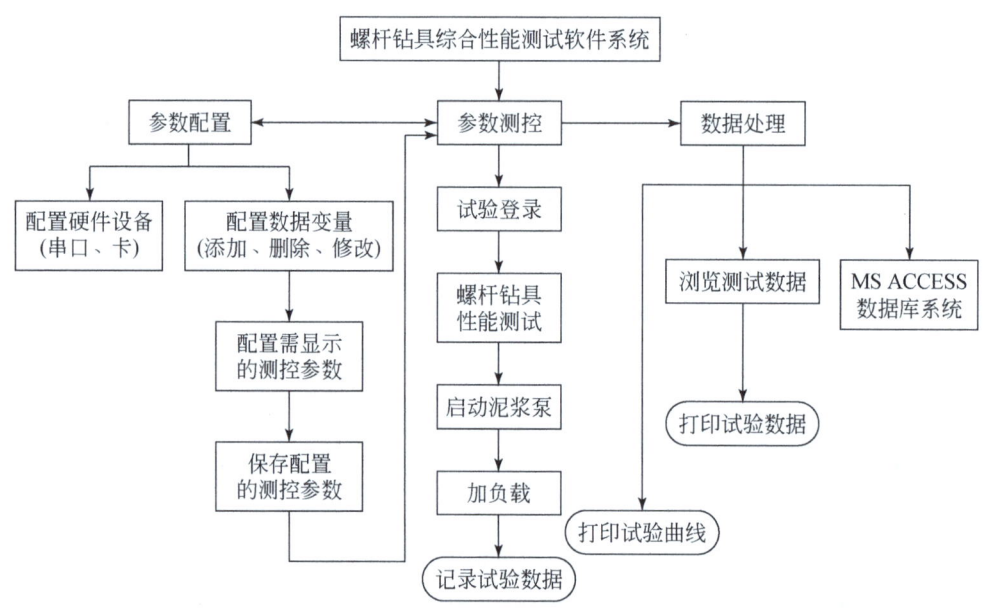

图 5.49　测试软件总体结构图

b. 参数测控模块

参数测控模块是螺杆钻具综合性能测试系统的主测控模块。操作人员在进入本模块后，先进行试验登录，输入必要的试验参数。设备参数包括被测设备型号、被测设备编号等相关参数，其他参数包括试验人员、试验日期、试验部门、试验项目等参数。

螺杆钻具性能试验有自动加载和手动加载两种模式，自动加载是自动调节励磁电流的大小，记录试验数据。手动加载是手动调节励磁电流的大小，记录试验数据。

c. 参数配置模块

参数配置模块功能是配置（添加、删除、修改）测控主界面的测控参数、通信设备等。操作人员只需将显示标签拖动到想要放置的位置，然后将此标签连接到要显示的数据变量，即可完成显示参数设置。操作人员还可以配置系统所用到的 CAN、COM 和 CARD 通信设备。当操作人员退出本模块时，系统会提醒操作人员是否保存当前配置，在点击"是"按钮后系统会将用户的当前配置保存成二进制文件。在下次进入系统时，会根据所保存的二进制文件来进行系统的初始化。参数配置模块的流程逻辑如图 5.50 所示。

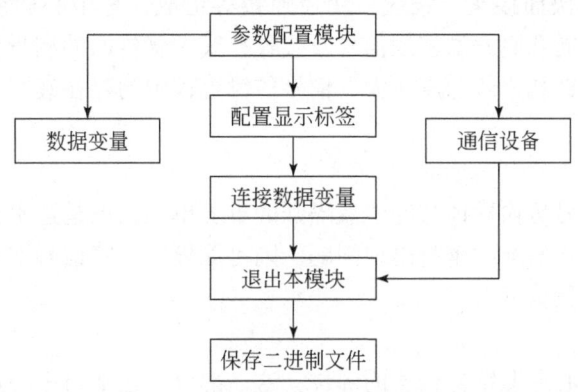

图 5.50　参数配置模块流程逻辑图

d. 数据处理模块

数据处理模块主要进行试验数据的后续处理，报表和曲线可以由操作人员自行定义，可以有目的地选择报表和曲线的打印。

5.6　通缆式送水器

5.6.1　结构设计

1. 通缆式送水器的设计要求

1）功能要求

通缆式送水器（又称中心通缆水便），是煤矿井下定向钻进施工的重要配套钻具，连接在通缆钻杆和孔口监视器之间，既能将钻杆输出的孔底测量信号传递给孔口监视器，也具有普通送水器的功能。

2）技术参数要求

为确保信号稳定、可靠传输，通缆式送水器的主要技术参数为：

（1）中心电阻<0.5Ω。

（2）绝缘电阻>2MΩ。

（3）密封性能好，静态密封耐压不低于10MPa，动态密封耐压不低于8MPa。

2. 通缆式送水器的结构

通缆式送水器按其各部分功能可分为介质输送部分、导体部分、绝缘部分及连接部分，如图 5.51 所示。

1）介质输送部分

介质输送部分是送水器连接钻杆与泥浆泵的枢纽，是向孔底输送冲洗介质的重要环节。

2）导体部分

导体部分主要由快插接头、铜线、变径弹簧等组成，是中心通缆式送水器的核心单元，也是孔口监视器向孔底发送控制信号及接收孔底探管传回的测量信号的重要节点，由于井下随钻测量定向钻孔一般深度较大，信号传输过程中的存在衰减，要求送水器的中心通缆装置内阻较小。

3）绝缘部分

绝缘部分是将信号传输导体与冲洗液隔开的重要单元，也是送水器中对密封要求最严格的一部分，如果送水器绝缘密封出现问题，则可能导致孔底信号严重衰减，进而使得孔口监视器无法获取测量信号。

4）连接部分

连接部分是与中心通缆钻杆相连的部位，这一部分还包括与中心通缆装置的连接和绝缘部分的连接。

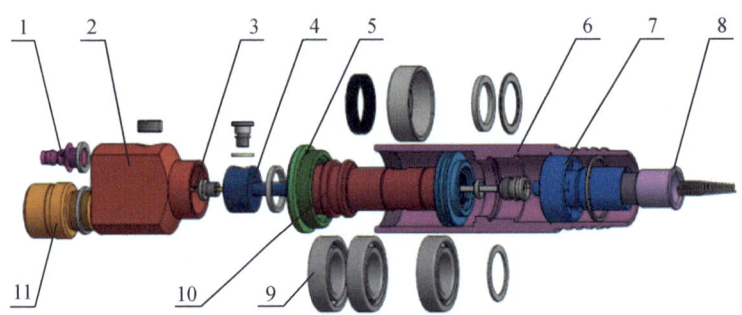

图 5.51　Φ73mm 送水器结构示意图

1. 快插接头；2. 管接头；3. 导线；4. 线管；5. 螺纹挡圈；6. 钻杆接头；
7. 护套；8. 绝缘护套；9. 轴承；10. 芯轴；11. 水管接头

5.6.2　性能检测

1. 密封性能检测

密封性能检测手段分为静态和动态（即旋转）打压两种方式，检验参数主要包括进水压力、保压时间和剩余压力，打压试验采用专用增压设备（手动试压泵）。为保证送水器密封性能，需对送水器进行静密封性能检测试验和动密封性能检测试验。

1）静态密封性能检测

将送水器与试压泵相连，手动加压至 10MPa，持续保压 4h，试验过程如图 5.52 所示，实验数据见表 5.8。

图 5.52　通缆式送水器静密封性能检测

表 5.8　通缆式送水器静密封性能

时间	中心电阻/Ω	绝缘电阻/MΩ	压力/MPa
1h 后	0.19	∞	9.6
4h 后	0.22	∞	8

2）动态密封性能检测

将通缆式送水器与试压泵相连，增压至 8MPa，转速 55r/min 持续旋转送水器，连续旋转持续 1h，试验过程如图 5.53 所示，试验数据见表 5.9。结果表明通缆式送水器密封性良好。

图 5.53　通缆式送水器动密封性能测试

表 5.9　通缆式送水器动密封性能参数表

时间	中心电阻/Ω	绝缘电阻/MΩ	压力/MPa
0.5h 后	0.1	∞	8
4h 后	0.22	∞	8

2. 信号检测

信号检测主要是检测装配过程中信号传输线的通断及与外管的绝缘性，保证测量信号传输稳定可靠，将万用表一端与通缆式送水器快插接头连接，另一端与变径弹簧连接，测量其电阻值，若中心电阻<0.5Ω，通缆式送水器信号传输正常；将万用表另一端与外管连

接后，若测量绝缘电阻>2MΩ，表明通缆式送水器测量信号无损失。

5.7 钻杆弯扭复合疲劳试验机

常用的钻杆试验检测设备包括钻杆拉伸试验机、钻杆扭转试验机、钻杆弯曲试验机、钻杆疲劳试验机等，煤矿井下地质钻杆的拉伸、静扭、抗弯等常规检测设备比较常见，但疲劳寿命检测设备较少，且功能不完善，有必要研制新型钻杆弯扭复合疲劳试验机，以达到下述目的（曹明，2014）。

（1）研究钻杆疲劳裂纹的产生和扩展规律，探索疲劳破坏的机理，为钻杆的设计、选材、加工和使用提供理论依据；

（2）通过在实验室模拟钻杆实际工况来测定材料服役的疲劳曲线，预测其疲劳寿命，找出钻杆结构的薄弱部位或危险元件，为合理使用和维护钻杆提供重要参考。

（3）研究钻杆材料疲劳抗力在外力作用下的变化规律，结合试验条件合理选择钻进规程参数，避免或减缓钻杆过早发生疲劳破坏，对工程实践具有指导意义。

5.7.1 疲劳试验加载方案

1. 功率流加载方式

疲劳试验转矩加载方式按能量传递方式通常可分为两类：开放式功率流加载和封闭式功率流加载。

1）开放式功率流加载

开放式功率流加载的工作原理如图 5.54 所示。系统的驱动装置为电机，模拟实际工况，通过安装在变速器输入和输出轴上的转矩转速传感器读取输入和输出参量，电机输出的功率除了小部分被试件损失外，其余全被测功机吸收。开放式功率流加载试验台具有结构简单、方法简单、通用性好的优点，但其功率相当一部分被测功机损耗，能耗高、浪费大。

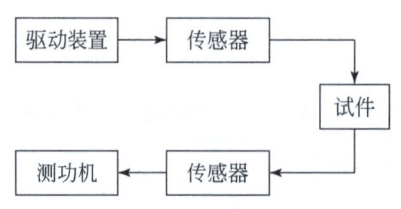

图 5.54 开放式功率流加载工作原理图

2）封闭式功率流加载

封闭式功率流加载系统主要由驱动装置、加载器、试验箱、输入检测器、输出检测器、控制装置和显示器等组成，如图 5.55 所示。经过一个循环以后，能量又回到了驱动装置，驱动装置仅提供系统的摩擦损失，功率除少部分被系统与试件损耗外，其余部分继续在系统内循环利用。与开放式功率流加载相比，封闭式功率流加载可以大大节省功率消耗，这对数量大、周期长的疲劳试验具有显著的优势。同时，由于不需要将机械能或电能转变为热能的耗能装置，所以封闭式试验台可以节省和简化冷却设备。

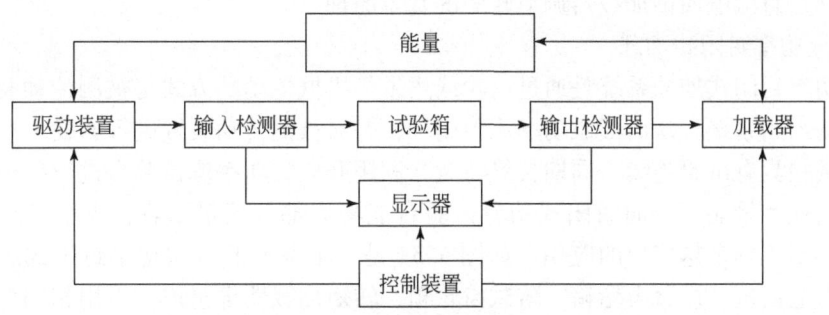

图 5.55　封闭式功率流加载工作原理图

根据能量转化的方式不同，封闭式功率流加载又分为电功率封闭式加载和机械功率封闭式加载两种类型。

a. 电功率封闭式加载

电功率封闭式加载是一种新型的、加载性能良好的节能型负载，可以将加载能量回馈到电网或驱动端，实现加载能量的循环利用。在额定转速以下可以保持恒转矩加载特性，在额定转速以上可以保持恒功率加载特性。图 5.56 为电网回馈加载原理图及其系统构成图。

电功率封闭式加载有交流变频电回馈加载和直流电回馈加载两种，交流变频电回馈加载器由一台变频电机和一台交流控制器组成；直流电回馈加载器由一台直流发电机和一台直流控制器组成。

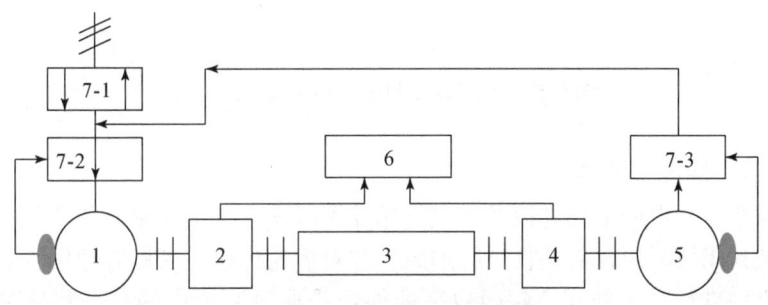

图 5.56　电功率封闭式加载

1. 驱动变频电机　2. 扭矩传感器　3. 初试变速箱　4. 扭矩传感器　5. 加载变频电机
6. 扭矩效率仪表　7. DJZJ 系列变频回馈加载控制器（含 7-1，7-2，7-3）

交流变频电回馈加载器是通过一台四象限矢量工程变频装置调节负载并进行能量回馈，其负载是由交流变频电机构成。交流电力测功机是由交流变频电回馈加载器与转矩传感器组成。交流变频电回馈加载器将交流信号通过矢量分析并将其分解成类似直流电机的磁通分量，与电流分量进行转矩控制。

直流电回馈加载器是利用交流发电机作为负载并将发出的电能通过其加载及回馈控制

器回馈给输入端,它和转矩传感器配接,组成直流电力测功机。直流电机的转矩与磁通和电枢电流成正比,如果励磁电流不发生变化,那么转矩仅仅只与电枢电流有关,且成正比例关系,这是直流电回馈加载器调节转矩的基本原理。

b. 机械功率封闭式加载

机械功率封闭式加载系统是通过齿轮或皮带等机械传动的方式将被测传动装置传递的能量重新输入给系统,从而形成功率流封闭环,并对被测传动装置进行加载。

疲劳试验具有试验连续、周期长等特点,利用开放式功率流试验台进行疲劳试验则不可避免会消耗大量能量,而封闭式功率试验台能将大部分能量回收,克服了能耗大的问题,所以得到了越来越广泛的应用。如图 5.57 是一个典型的机械功率封闭式加载系统简图,主要由电动机、被试齿轮箱、陪试齿轮箱、转矩加载器等组成。采用相同型号的被试齿轮箱和陪试齿轮箱,并利用传动轴将两齿轮箱的输入、输出轴相连,构成闭式系统,电机向封闭系统提供动力。封闭力矩大小通过转矩加载器调节,不会对封闭系统外部产生任何影响。机械功率封闭式加载试验台具有原理简单、性能可靠、能耗小等优点,是最早得到应用和发展的功率封闭式加载试验台,也是目前应用型最广泛的功率封闭式加载试验系统形式之一。

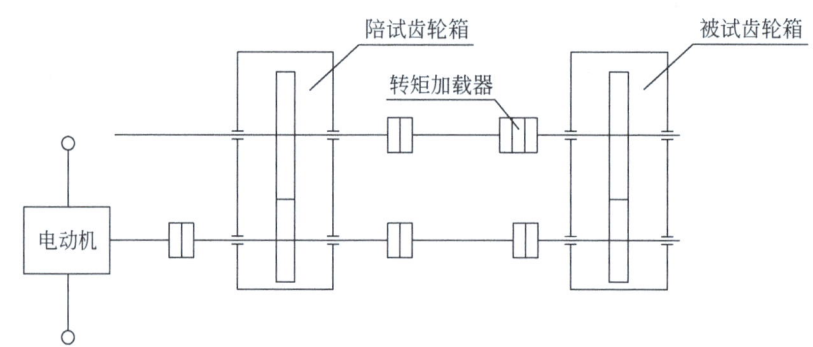

图 5.57　机械功率封闭式加载系统原理图

2. 疲劳试验机设计方案

综合考虑节能、电网平稳性以及系统可靠性等因素,机械功率封闭式加载应用更为普遍。采用机械封闭效率原理对钻杆进行加载,并对齿轮传递、摩擦等原因损耗掉的功率采用电液伺服机构进行功率补充。封闭效率的原理是通过装置中的一个特殊弹性部件来加载,用以获得为平衡此弹性件的变形而产生的内力矩,运转时,此内力矩相应做功而成为封闭功率。此方案的优点是节能、可靠性强,缺点是控制精度相对较差。本节重点介绍机械功率封闭式加载。

图 5.58 为机械功率封闭式加载的钻杆弯扭复合疲劳试验机设计方案。

5.7.2　疲劳试验机技术参数

根据煤矿井下定向钻进施工工况,结合钻杆力学分析结果,钻杆弯扭复合疲劳试验机

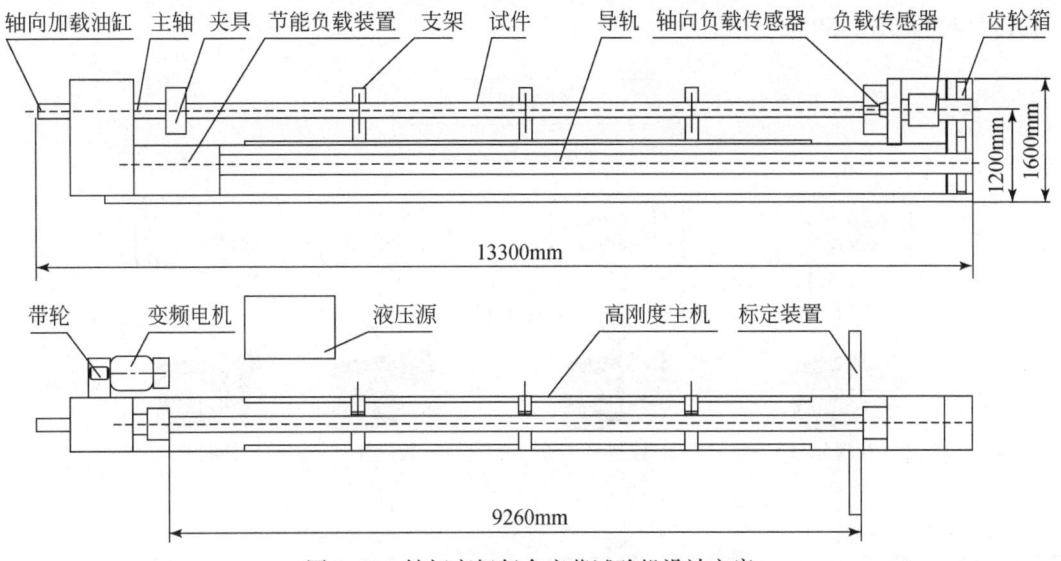

图 5.58 钻杆弯扭复合疲劳试验机设计方案

应满足以下条件：在交流电机驱动下，电液伺服系统给被测钻杆施加旋转扭矩载荷，全闭环伺服系统给被测钻杆施加轴向载荷，数字全闭环伺服系统给被测钻杆施加横向挠度，钻杆在负载力矩及轴向载荷、横向载荷的共同作用下匀速转动或变速转动，力矩、转速及轴向载荷、横向挠度由传感器及计算机测控系统监测，负载力矩、径向载荷及试验转速可调，也可以做变载荷疲劳试验。

钻杆疲劳试验平台主要技术参数如下。

(1) 最大转矩：15000N·m。
(2) 转矩测量范围：300~15000N·m，转矩静态测量精度：±1%（示值）。
(3) 轴向力测量范围：5~150kN，测量精度±0.5%。
(4) 负载力矩：300~15000N·m，任意调整。
(5) 两个横向挠度：-100~100mm，分辨率0.01mm。
(6) 试验转速：转速无级可调，精度±1%；0~10000N·m时，双向30~800r/min；10000~15000 N·m时，双向0~350r/min。
(7) 最大试件长度：9500mm，移动距离≥350mm。
(8) 试件直径：Φ42mm、Φ50mm、Φ63.5mm、Φ73mm、Φ89mm。
(9) 钻杆中部两处设置偏心加载定位装置，轴向位置、偏心距离可调，可调距离-100~100mm。

5.7.3 疲劳试验机控制系统

疲劳试验机控制系统由五个主要模块组成，分别是总控制模块、旋转-转矩控制模块（主旋转、主转矩控制）、径向加载控制模块（径向加载、径向监测）、轴向加载控制模块

（轴向加载、轴向监测）、转矩监测模块。除总控制模块外，其他每一模块都有一块控制卡与其对应，如图 5.59 所示。

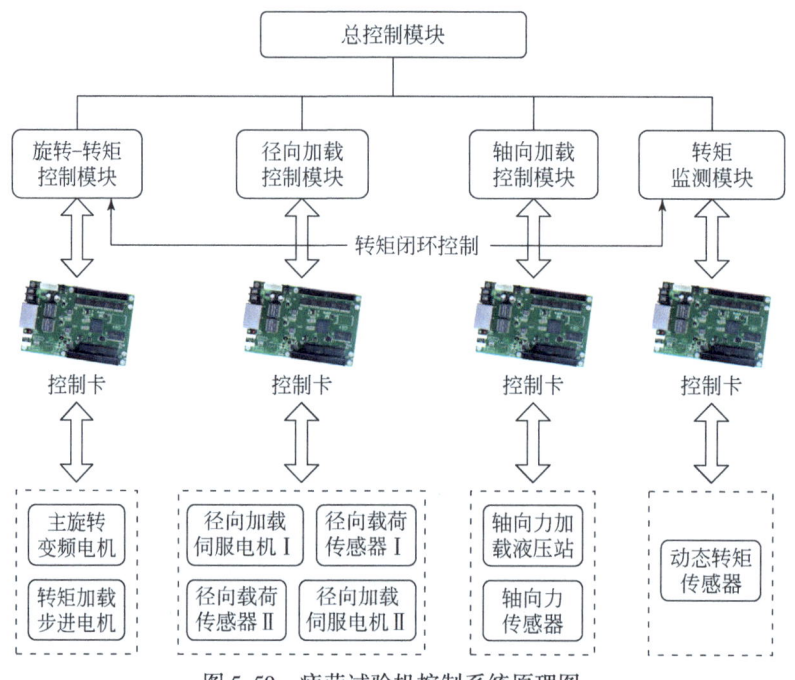

图 5.59 疲劳试验机控制系统原理图

控制模块的控制方式如下。

主旋转控制：由控制卡将用户输入的速度转换成 0~5V 模拟电压输入变频器，直接控制变频电机的旋转速度。

主转矩控制：由控制卡将用户输入的速度转换成脉冲信号，输入步进电机驱动器，直接控制步进电机的加载。当需要对转矩进行定载控制时，通过监测由"扭矩监控模块"传输过来的转矩值，将其与用户输入的目标值进行比较，从而自动调整加载频率。

径向位移控制：将用户输入的移动速度转换成脉冲信号输入伺服电机驱动器，控制伺服电机的运行。同时，控制卡采集伺服电机内部编码器的输出信号，并将其转换成位移量。当需要进行定位时，系统通过编码器的反馈自动调整输出频率来进行精确闭环定位。

轴向载荷控制：由控制卡发出模拟电压信号和开关信号对液压缸进行控制，同时采集轴向力传感器信号。需要对轴向力进行控制时，系统通过所采集到的轴向力值自动控制液压缸的动作。

图 5.60 为总控制模块界面图。

疲劳试验平台如图 5.61 所示。

钻杆弯扭复合疲劳试验平台成功研建后，根据煤矿井下钻探技术规范要求，对常用的 Φ63.5mm 和 Φ73mm 两种规格钻杆进行了疲劳试验检测。

六根 1.5m 长的 Φ63.5mm 外平钻杆依次连接组成试件，试验参数选取扭矩 3200N·m，

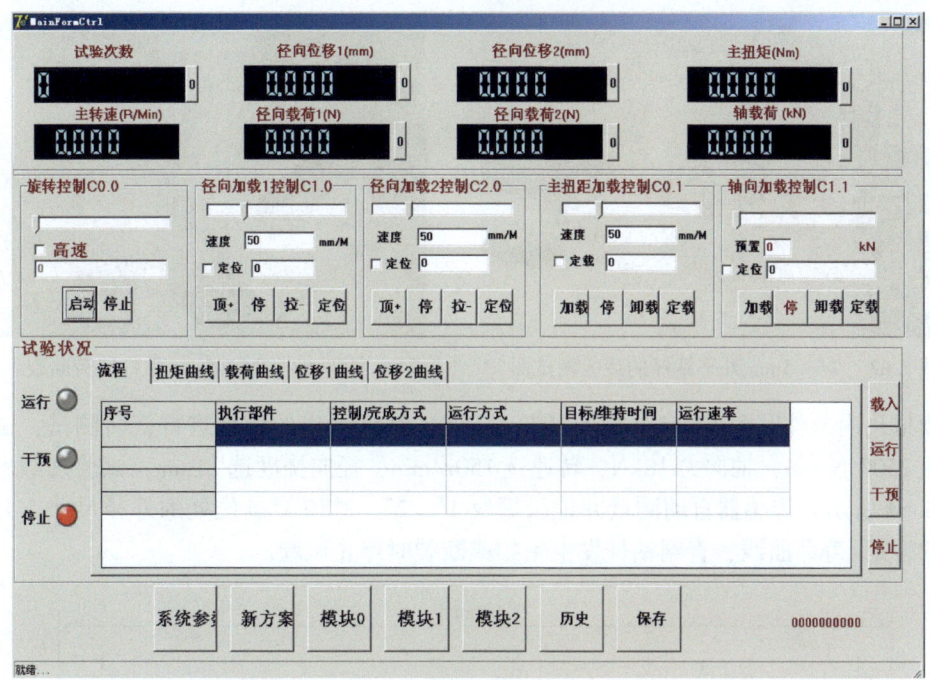

图 5.60　总控制模块界面图

图 5.61　钻杆弯扭复合疲劳试验平台

轴向力 25kN，转速 150r/min，径向挠度 25mm，采用四点式加载，试验过程如图 5.62 所示。传感器自动测量并记录钻杆公、母接头的外径尺寸，并显示试件的转矩-寿命曲线，直到钻杆发生粘扣或断裂时停止试验。

Φ63.5mm 外平钻杆发生疲劳断裂，根据钻杆转矩-寿命曲线，可预测其疲劳寿命为 51 万次，属于典型的高周疲劳。Φ63.5mm 外平钻杆疲劳寿命的仿真分析结果为 5.4×10^5 次，试验结果与仿真分析结果平均值误差为 5.6%，吻合度较高，证明弯扭复合试验机的准确性与可靠性。

疲劳断裂后的 Φ63.5mm 钻杆试样如图 5.63 所示。根据疲劳断裂分析，断裂位置主要集中在公接头的螺纹根部。在疲劳试验过程中，公接头的螺纹根部应力集中显著，易产生微裂纹，随着试验时间延长，裂纹不断扩展最终导致钻杆发生疲劳断裂（林元华等，2014；王想，2017）。

图 5.62　Φ63.5mm 外平钻杆的疲劳测试图　　　图 5.63　Φ63.5mm 钻杆疲劳断裂

模拟孔内条件对两根 4.5m 长的 Φ73mm 外平钻杆组成的试件进行旋转测试,试验选取扭矩 2500 N·m,轴向力 18kN,转速选 150r/min,径向挠度选 11mm,试验加载示意图如图 5.64 所示。传感器自动测量并记录螺纹 1#、2#、3# 和 4# 点位处的外径尺寸,并显示试件的转矩-寿命曲线,直到钻杆发生粘扣或断裂时停止试验。

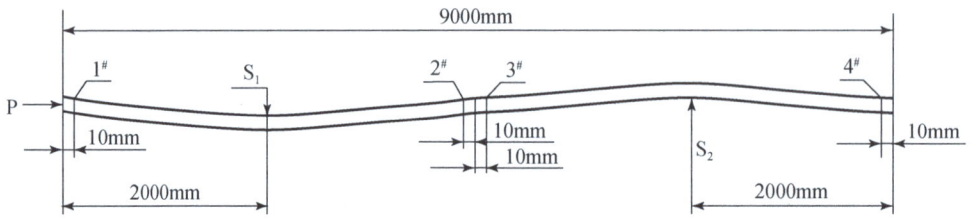

图 5.64　Φ73mm 钻杆疲劳试验加载示意图

Φ73mm 钻杆累计旋转 1005612 次而未发生断裂,1# 和 4# 点位外形尺寸基本没有变化,2# 和 3# 点位外径尺寸分别增大 0.05mm 和 0.03mm,发生轻微胀扣,如图 5.65 所示。Φ73mm 外平钻杆疲劳寿命超过 100 万次,累计旋转时间超过 110h,满足钻杆设计要求。

图 5.65　Φ73mm 钻杆疲劳试验后轻微胀扣

第6章 煤矿井下定向钻进用冲洗液及其循环处理系统

冲洗液与配套循环、处理系统是实施煤矿井下随钻测量定向钻进工艺的基础和关键，其中泥浆泵（包括泥浆泵车）作为动力源，其输出的高压冲洗液直接驱动孔底螺杆钻具工作，带动钻头回转切削碎岩，同时克服循环阻力、携带钻屑至孔外，因此，泥浆泵的性能在一定程度上决定了定向钻进装备的施工能力水平。固控系统是实现煤矿井下随钻测量定向钻进过程中冲洗液"闭式"循环、重复利用的基础，是定向钻进技术装备不断发展、完善的必然需求（葛玉平，2011）。

6.1 煤矿井下定向钻进用冲洗液及其特点

冲洗液（包含钻井液）工艺技术是钻进工程的重要组成部分，煤矿井下定向钻进因施工环境与地面钻探不同而具有明显的特殊性。

6.1.1 冲洗液（包含钻井液）工艺技术

1. 冲洗液/钻井液及其发展

钻井/孔冲洗（或吹洗）是钻进过程的重要组成环节。伴随着旋转钻进方式的应用，钻井/孔冲洗一般是流体介质在泵（或增压装置）的作用下形成井/孔内和地面的连续循环，由于使用的流体介质主要是液体，因此常称为冲洗液，俗称泥浆，在石油钻井行业称为钻井液。

钻井液/冲洗液在井/孔内循环的基本功能是将钻头碎岩的产物——岩屑携至地表、保持井/孔内清洁，冷却和润滑钻头、钻具，特殊情况下平衡地层压力、稳定井/孔壁。随着钻进技术的发展，钻井液/冲洗液还起到以下几方面的作用：①参与碎岩，包括射流切割直接破碎岩石、驱动孔底动力钻具带动钻头碎岩等；②输送岩矿心至地表，反循环连续取心钻进中将岩矿心连续不断地通过钻杆内孔输送至地表；③传递井/孔内测试信息等。

19世纪末至20世纪初开始进入现代化钻进阶段，随着世界石油业的发展和矿业的开发，钻进技术进入大发展时期，与之相适应的钻井液/冲洗液工艺也有了较大进步：从清水发展到泥浆，从传统的细分散泥浆发展到粗分散抑制性泥浆，随后发展到不分散低固相泥浆和无固相钻井液，并有了用于高温地热井泥浆和钻进深度达到10000m以上的超深井泥浆。

2. 煤矿井下冲洗液工艺

依据钻进方法特点，煤矿井下冲洗液工艺分为常规钻进和随钻测量定向钻进两大类。

1）常规钻进冲洗液工艺

煤矿井下常规回转钻进所用的冲洗液类型相对单一，以清水为主，其次为压缩空气，特殊情况下也采用泥浆、泡沫、雾化空气等作为冲洗介质钻进。

2）随钻测量定向钻进冲洗液工艺

煤矿井下随钻测量定向钻进技术以液动单弯螺杆钻具为核心钻具，它以高压液体作为动力介质，将流体介质压力能转化为旋转机械能实现碎岩钻进。目前，国内普遍采用清水作为冲洗液进行随钻测量定向钻进，"开式"循环：即清水由泥浆泵加压后经高压管线、送水器、钻杆柱中心孔进入钻孔内，在孔底驱动螺杆钻具做功后携带煤岩屑沿钻杆柱与孔壁之间的环状间隙流出钻孔，气液分离后瓦斯进入抽采管路，污水与煤岩屑进入沉渣池，之后排出钻场。

除清水外，有关煤矿井下随钻测量定向钻进用其他类型冲洗液的研究、报道较少。进口的澳大利亚 VLD-1000 型定向钻机系统配套了 TUFF 系列冲洗液添加剂产品（包括 TUFF-CRP、TUFF-DET、TUFF-LUBE 等），主要用于钻进易塌、水敏等复杂地层及处理卡钻、抱钻等孔内事故，多种添加剂产品具有润滑、护壁、增强排渣等功能。在国产随钻测量定向钻进技术装备推广过程中，针对复杂地层也尝试配置、应用了不同性能的冲洗液体系（冯美贵等，2016）。对于碎软煤层空气螺杆钻具定向钻进，则使用压缩空气作为冲洗介质，相关内容将在第 9 章应用实例中介绍。

6.1.2 煤矿井下清水冲洗液的工艺特点

煤矿井下随钻测量定向钻进技术在我国推广应用近 20 年来，普遍采用清水作为冲洗液、"开式"循环，这与井下的客观作业条件相适应：一方面，井下钻进施工现场通常都配套有供水、排污管道，具备实施"开式"循环的前提；另一方面，井下定向钻进工程量大，为控制钻进成本客观上要求机具，特别是孔底螺杆钻具的使用寿命足够长，而清水能够大幅降低冲洗液引起的钻进机具冲蚀、运动副磨损等。

在煤矿井下随钻测量定向钻进过程中，清水循环流动发挥的主要作用包括：①传递动力，即将泥浆泵输出的压力能传至孔底、驱动螺杆钻具旋转做功、带动钻头切削碎岩；②携带孔底钻屑至孔外，保证孔内清洁；③冷却钻具；④传输测量数据，在利用泥浆脉冲无线随钻测量系统进行钻进过程中，清水冲洗液作为信号传输载体以压力脉冲形式将孔底测量数据上传至孔口，实现测量数据无线传输。

近年来，随着煤矿井下定向长钻孔应用范围的扩大和配套钻进技术装备的升级，在钻遇的地层类型、一次成孔直径以及成孔深度能力等方面发生了改变，表现为：钻遇的地层由单一煤岩层扩展到煤层与顶底板岩层、一次成孔直径由 96mm 增大到 120mm、成孔深度能力由 1000m 提高到 3000m 以上，面对上述变化，随钻测量定向钻进采用清水冲洗液、"开式"循环的固有局限性日益显现。

1）"开式"循环用水量大，排污量大

钻进过程中，冲洗液"开式"循环需要不断地供应清水，同时需将孔内返出的污水及时排出钻场。而随着一次成孔直径的增大，钻进瞬时泵量由 200L/min 左右提高到了 300L/min

左右，同时矿井定向钻进装备数量的增加，用水量增大，给井下供水和排污系统造成一定压力，往往导致钻进与采掘作业相互影响，不能正常运行。

此外，"开式"循环条件下，排污系统一旦出现问题将导致钻场、巷道大量积水，影响钻进作业的正常进行。

2）清水的抑制性差，钻遇泥页岩类水敏性地层易引发缩径卡钻事故

随着定向钻进技术应用范围的扩大，在煤层顶底板岩层中施工的定向长钻孔数量越来越多，而煤层顶底板中常常发育着大量的泥岩、碳质泥岩、铝质泥岩等黏土类地层，这类地层往往都具有水敏性。定向长钻孔穿过水敏性地层后，由于清水冲洗液的抑制性差，孔壁地层中的黏土成分遇水膨胀将引起"缩径"，轻则导致环空内冲洗液流动阻力增大、泵压升高，严重时会引发卡钻事故。

3）清水黏度相对较低，携岩能力有限，不利于定向长钻孔施工

与泥浆体系相比，清水黏度低，携岩能力有限。此外，煤矿井下近水平定向长钻孔的环空返渣与孔眼清洁具有其特殊性：①近水平孔段内钻杆柱在自重作用下贴附在孔壁下侧形成较稳定的偏心环形排渣断面，导致钻杆柱周围冲洗液不均匀流动，不利于排渣；②钻渣屑在近水平定向长钻孔内运移存在推移运动、悬浮运动等多种形式，与地面垂直孔排渣存在本质区别；③煤矿井下定向长钻孔造斜孔段仍采取连续滑动方式施工，轨迹弯曲较严重，在"凹"形孔段内极易形成岩屑床，增大了钻具回转、滑动的阻力，同时使孔内清洁效果变差。

随着煤矿井下近水平定向长钻孔应用范围的扩展、平均成孔深度的增加，特别是整体下斜钻孔的增多，孔内清洁问题愈加突出，发生卡钻事故的概率增大，长时间辅助冲孔导致综合钻进效率降低，上述问题的解决都将依赖于冲洗液工艺技术及配套装备的不断发展。

6.2 矿用泥浆泵概述

泥浆泵（包括泥浆泵车）是煤矿井下随钻测量定向钻进冲洗液循环系统的核心组成部分，主要功能是在钻进施工过程中向孔内输送一定流量、压力的冲洗液，并维持持续循环流动，为孔底动力钻具提供流体压力能，同时冷却钻头、冲洗孔底、携带钻屑返出钻孔等，其性能的好坏一定程度上决定了钻进效率、成孔质量和施工能力水平。

6.2.1 概述

在地面钻探工程中，泥浆泵的使用已有100余年历史。20世纪60年代我国从美国引进泥浆泵用于钻进工程施工。钻进用泥浆泵早期的典型结构是双缸双作用泵，这种结构型式的泵传动效率低、输出流量和压力波动大、体积和重量大。20世纪70年代，引进国外三缸单作用泥浆泵，其具有体积小、重量轻、效率高、压力波动小等优点，同时我国也开展了三缸单作用泥浆泵的研制工作，经过几十年的不断完善与改进，逐步形成3NB系列、BW系列等成熟产品，并广泛应用于石油钻井和地质勘探等领域。

目前，我国生产钻进用泥浆泵的厂家主要有宝鸡石油机械有限公司、兰州兰石国民油井石油工程公司、衡阳探矿机械厂等。用于石油钻井领域的泥浆泵体积大，普遍具有输出能力强的特点，多不适用于煤矿井下作业环境。煤矿井下钻进施工常配套地面地质勘探的小型泥浆泵，为适应井下爆炸性气体环境对设备的特殊要求，使用防爆电机驱动。

煤矿井下钻探用泥浆泵普遍为往复式泵，由动力端和液力端两大部分组成，其中动力端一般包括传动离合装置、变速减速装置和曲柄连杆，功能是将动力机（如电动机）的回转运动转变为活塞（或柱塞）的直线往复运动，动力端部件间的相互位置决定着泵的总体结构型式。液力端的作用是通过活塞在缸套中作往复运动形成液缸容腔变化，实现液力端吸入和排出液体，完成能量转化。

目前，钻探用泥浆泵主要依据结构型式、驱动方式等进行分类。

依据结构型式，可分为以下四类。

（1）按照缸数分类：单缸泵、双缸泵、三缸泵等。

（2）按照液力端的工作机构分类：活塞式泵、柱塞式泵。

（3）按照作用方式分类：单作用泵、双作用泵。

（4）按照液缸的布置方案及相互位置分类：卧式泵、立式泵等。

依据驱动方式可分为电驱往复式泥浆泵和液驱往复式泥浆泵两大类。

图 6.1 所示为 3NB-320 型电驱往复式泥浆泵，其动力端主要零部件包括皮带轮、离合器、曲轴、箱体及其中的齿轮副、曲轴、连杆及十字头滑块；液力端由泵头体、缸套、活塞、活塞杆、吸入阀和排出阀等组成。该类型泵一般配套防爆电机，整机取得"矿用产品安全标志证书"后可直接在煤矿井下使用。图 6.2 所示为 BW-320F 型液驱往复式泥浆泵，这类泥浆泵的动力端一般无离合器、齿轮副等部件，通常不会单独申请取得"矿用产品安全标志证书"。

图 6.1　3NB-320 型电驱往复式泥浆泵　　　图 6.2　BW-320F 型液驱往复式泥浆泵

随着煤矿井下随钻测量定向钻进技术与装备在我国各大矿区的大范围推广应用，较之常规用于地面地质勘探的小型泥浆泵，煤矿井下随钻测量定向钻进作业配套泥浆泵应满足以下基本要求：①泵量输出能在较大范围进行调节，最好能实现无级调节；②具有较高的泵压输出能力；③工作可靠、便于维修保养；④井下运移、搬迁便捷；⑤整机外部不含有可导致碰撞产生火花的镁铝等轻质合金等。

6.2.2 煤矿井下定向钻进常用泥浆泵型号及参数

目前，煤矿井下随钻测量定向钻进常用的泥浆泵包括电驱往复式泥浆泵和液驱往复式泥浆泵两大类。

1. 电驱往复式泥浆泵

BW 系列泥浆泵在地质钻探行业得到了广泛应用。NB 系列泥浆泵是在 BW 系列泥浆泵基础上，针对煤矿井下作业环境特点专门研制的钻探用卧式三缸往复单作用活塞泵，常见的型号及参数见表 6.1。

表 6.1　NB 系列泥浆泵主要技术参数表

型号	3NB-250/6-15	3NB-320/8-30	3NB-300/12-45
结构类型	卧式三缸活塞泵	卧式三缸活塞泵	卧式三缸活塞泵
流量范围/(L/min)	250~52	320~118	300~96
最高压力/MPa	2.5~6	3~8	6~12
额定功率/kW	15	30	45
缸径/mm	80	80	80
行程/mm	100	110	110
外形尺寸（长×宽×高）/mm	1100×995×650	2190×855×1200	2020×1100×1130
质量/kg	500	1000	940

2. 矿用液驱往复式泥浆泵

1）国产液驱往复式泥浆泵

液驱往复式泥浆泵没有相关行业标准规定其统一型号，随着煤矿井下随钻测量定向钻进技术的发展，液驱往复式泥浆泵得到广泛应用，常见的型号及参数见表 6.2。

表 6.2　国产液驱泥浆泵常见的型号及技术参数

型号	BWF-320/8-30	BWF-300/12-45	YB-500
结构类型	卧式三缸活塞泵	卧式三缸活塞泵	卧式三缸活塞泵
最大流量/(L/min)	320　230　165　118	300　194　149　96	500　350　200　160
最高压力/MPa	4　5　6　8	6　9　12　12	5　6　9　10
额定功率/kW	30	45	45
缸径/mm	80	80	80
行程/mm	110	110	100
外形尺寸（长×宽×高）/mm	1195×496×1110	1195×496×1110	1120×1000×950
质量/kg	660	850	766

2）进口液驱往复式泥浆泵

目前用于煤矿井下定向钻进常用的进口泥浆泵有美国的 FMC-HD 系列产品（图 6.3）和德国的 SPECK 系列产品（图 6.4）。FMC-HD 系列泥浆泵设计采用重载曲轴及轴承，防磨损形式的活塞、活塞衬套、吸入阀和排出阀。FMC-HD 系列泥浆泵没有离合器，性能稳定、结构紧凑、整机体积较小。

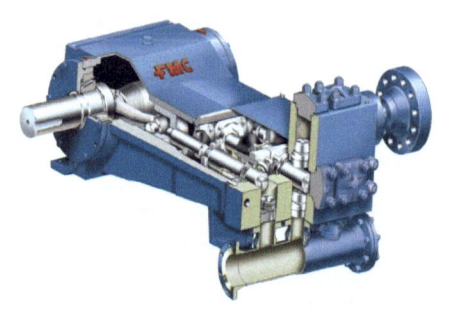

图 6.3 FMC-HD 系列三活塞泥浆泵

图 6.4 SPECK 系列三活塞泥浆泵

FMC-HD 系列三活塞泥浆泵型号与技术参数见表 6.3。

表 6.3 FMC-HD 系列泥浆泵型号与技术参数

型号	L11-HD	L12-HD	M13-HD	M14-HD
结构类型	卧式三缸活塞泵	卧式三缸活塞泵	卧式三缸活塞泵	卧式三缸活塞泵
最大流量/(L/min)	320	438	392	460
最大压力/MPa	14	14	14	14
最大功率/kW	65	100	120	142
柱塞直径/mm	76	70	64	70
行程/mm	70	76	83	89
外形尺寸（长×宽×高）/mm	827×508×395	890×593×401	1055×721×520	1185×1080×502
质量/kg	210	272	520	620

SPECK 系列高压柱塞泵型号与技术参数见表 6.4。

表 6.4 SPECK 高压柱塞泵型号与技术参数

型号	P80/285-200G	P80/400-140G	P80/500-100G
结构类型	卧式三缸柱塞泵	卧式三缸柱塞泵	卧式三缸柱塞泵
最大流量/(L/min)	285	400	500
最高压力/MPa	20	14	10
最大功率/kW	108	106	96

续表

型号	P80/285-200G	P80/400-140G	P80/500-100G
活塞直径/mm	55	65	76
行程/mm	72	72	72
质量/kg	340	340	335

6.3 矿用泥浆泵车

随着煤矿井下定向钻进工艺技术的发展、应用范围的扩大，本煤层超深定向枝状钻孔和顶底板岩层大直径定向长钻孔成为矿井本煤层瓦斯高效预抽、采动卸压抽采和水害防治等新途径。在煤层中施工定向长钻孔和大直径顶底板岩层钻孔，所需冲洗液流量大、压力高，对泥浆泵功率提出了更高要求。与此同时，煤矿井下常用的电驱动泥浆泵流量分档输出、钻进负载适应性差、井下移动搬迁不便，泵量、泵压能力尚不能完全满足超长定向钻孔、高位大直径孔施工需求。

6.3.1 泵车的组成及特点

泥浆泵车集成了液驱泥浆泵、电磁起动器、机车灯组件、甲烷传感器、操纵台、泥浆泵单元件等装置到有动力、可独立行走的履带平台上，采用整体履带式结构。系列泥浆泵车具有如下特点：

（1）履带式底盘，可独立行走；
（2）流量输出无级调节，压力自适应，流量和压力可实时监测；
（3）集成了瓦斯传感器和自动断电仪，钻场瓦斯超限时自动断电；
（4）泵车可单独操控，也可在钻机操纵台处远端操控；
（5）孔底螺杆钻具负载适应性强；
（6）输出压力波动小，可配套泥浆脉冲无线随钻测量系统。

具有以上特点的泵车，搬移运移便捷，泥浆泵车输出的流体介质流量和压力参数可以实时监测，方便司钻人员对钻进过程中参数和钻遇情况做到实时掌握；可以在钻机操作台对泥浆泵车进行操控，避免司钻人员操作的烦琐性；泵车具有甲烷传感器和断电仪，可以在钻场中瓦斯超限情况下自动断电，利于安全生产管理。泥浆泵单元配套蓄能器，将输出压力波动 ΔP 控制在 0.3MPa 以内，提高对泥浆脉冲无线随钻测量系统的适应性；具有多参数的电磁起动器，除满足泵车电机的供电需求外也满足照明系统、断电控制系统及配套钻机车上防爆计算机的供电需求。

6.3.2 泥浆泵车总体方案

根据施工工艺和钻进深度的需求，为了满足泥浆泵搬迁方便、工作可靠的要求，将泥浆泵单元相关部件有机组合到一起，同液压动力单元集成到可自行走的履带车体上，作为煤矿井下钻探用泥浆泵车的总体方案。需要解决的技术问题有：泥浆泵选型、总体布局设计、泥浆泵单元设计、主要零部件结构设计、能适应孔底螺杆钻具钻进负载动态性能需求的液压系统、安全防护设计及作业照明系统设计。总体方案设计应立足煤矿井下巷道实际运移搬迁要求，同等能力情况下，产品设计宽度尺寸比长度尺寸对泵车下井、钻场设计等的影响大，各部件的选用首先满足能力参数，此外应考虑相应的体积及外形尺寸。

以 BLY390/12 型煤矿井下钻探用泥浆泵车（图6.5）为例，泥浆泵车设计参数是根据孔底螺杆钻具和孔深孔径确定的。采用 4 级 Φ89mm 螺杆钻具，根据其特性曲线，并结合钻探工艺技术分析与计算，冲洗液的参数为最大流量 400L/min、最高压力 12MPa 时，可满足高效施工的技术要求。为了满足国内大部分矿井入井和井下运移要求，泵车整车宽度不超过 1.3m。

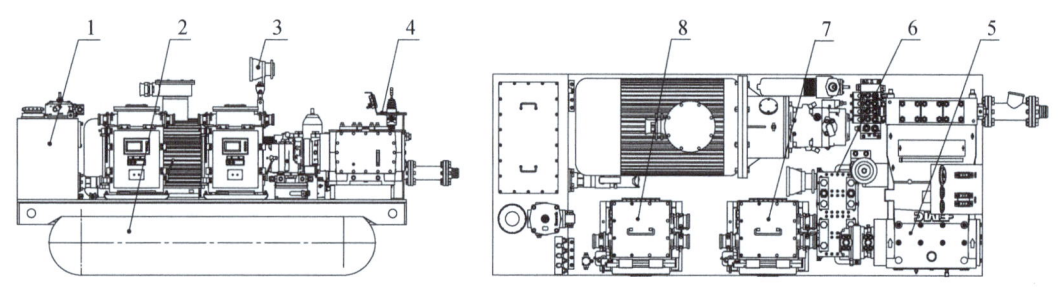

图 6.5 BLY390/12 型煤矿井下钻探用泥浆泵车
1. 泵车泵站；2. 履带车体；3. 机车灯组件；4. 操纵台；5. 泥浆泵组件；
6. 甲烷传感器；7、8. 电器起动器

BLY260/9 型、BLY390/12 型和 BLY460/13 型煤矿井下钻探用泥浆泵车基本参数见表 6.5。

表 6.5 BLY 系列泥浆泵车基本参数

类别	技术指标		型号与参数		
			BLY260/9	BLY390/12	BLY460/13
泥浆泵单元	额定流量/(L/min)		260	390	460
	额定压力/MPa		9	12	13
	吸水口直径/mm		64	76	76
	排水口直径/mm		32	35	35
液压泵站	油泵	排量/(mL/r)	75	190	190
		额定压力/MPa	28	28	28
	电动机	额定功率/kW	55	110	132
		额定转速/(r/min)	1480	1480	1480
		额定电压/V	1140/660	1140/660	1140/660

续表

类别	技术指标	型号与参数					
		BLY260/9		BLY390/12		BLY460/13	
行走装置	最大行走速度/(km/h)	2.0		2.0		2.0	
	爬坡能力/(°)	15		15		15	
	接地比压/MPa	0.048		0.048		0.048	
	额定压力/MPa	26		26		26	
	额定流量/(L/min)	120		120		120	
电磁起动器	输入额定电流/A	120		120		120	
	输入额定电压/V	1140/660		1140/660		1140/660	
	输出电流/A	200	1.7	200	1.7	200	1.7
	输出电压/V	1140/660	127	1140/660	127	1140/660	127
整机	质量/kg	3200		5200		5500	
	运输状态外形尺寸（长×宽×高）/mm	2500×1300×1760		3250×1300×1760		3300×1300×1760	

6.3.3 泥浆泵车结构设计

泥浆泵车采用整体履带式结构，集成了液驱泥浆泵、电磁起动器、操纵台、泥浆泵等装置到有动力、可独立行走的履带平台上。泥浆泵单元、液压泵站、瓦斯超限断电保护控制及照明系统是泵车结构设计的重点，人机交互设计贯穿在泥浆泵车设计各个部分，重点考虑了施钻人员的安全保护和操作舒适性、外观设计等方面。

履带平台包含车体平台和履带底盘两部分。液压泵站、操纵台和泥浆泵单元之间由高压胶管连接，通过螺栓固定在车体平台上。在考虑钻机车体平台整体设计布局的前提下，使其刚性强、重量轻，力求使外形尺寸最小，以便适应大多数煤矿下井和移运要求。履带底盘主要由驱动轮、导向轮、支重轮、履带总成、张紧装置、行走减速机及纵梁组成。两条履带的纵梁通过两横梁刚性焊接在一起，构成车架。车体平台与履带底盘的车架通过螺栓连接，车架横梁上的螺栓连接板是与车体平台螺栓连接后进行现场焊接，杜绝了由焊接因素造成的变形。由于履带底盘的各个部件已经高度标准化，其结构设计不再赘述。

1. 泥浆泵单元

泥浆泵单元设计主要包含液驱泥浆泵选型、配套驱动马达的选型和其他功能附件的选型设计。

泥浆泵选型一般根据工艺流程、泵量和泵压需求、冲洗液的性质以及配套型式确定。

（1）流量和压力是选泵的重要性能参数之一，直接关系到整套设备的能力。选择泥浆泵时，以最大流量为依据，兼顾正常流量，同时应该关注较大流量输出同时能提供的最高压力等泥浆泵的综合动态性能。BLY390/12型煤矿井下钻探用泥浆泵车所选的M13型泥浆泵性能参数见表6.6。

表 6.6 M13 型泥浆泵性能参数

输入转速/(r/min)	输出流量/(L/min)	输出压力/MPa	输入功率/kW
450	392	12	110
425	370	12	92
400	345	12	82
375	330	12	79
350	303	12	68

表 6.6 表明，泥浆泵输出流量随着输入转速增大而增大，最大转速为 450r/min，对应的输出压力取决于外部负载。泥浆泵的输入功率反映了其在不同转速下最大负载下的工作能力，一般情况下钻进负载是随机变化的，泥浆泵都在最大功率以内工作，为了防止憋泵和超过泥浆泵本身的设计压力承受能力，M13 型泥浆泵的输出压力 $P \leqslant 12 \text{MPa}$。

（2）冲洗液的性质包括物理性质和化学性质。物理性质有温度、密度、黏度，介质中固体颗粒直径和气体的含量等；化学性质主要指液体介质的化学腐蚀性和毒性等。目前井下定向钻进用的冲洗液普遍采用清水。

（3）配套型式。泥浆泵的配套型式包括两种，一种是泥浆泵配套在钻机上，为一体式配套使用，另外一种是泥浆泵独立布置于钻机整车之外。

液驱马达的选型是依据泥浆泵的输出参数，结合马达结构方式及效率，计算液驱马达动态性能，最终确定液驱马达的排量、压力等参数，进而结合具体型号的特性曲线可确定液压系统的基本参数。选定的液驱马达通过螺栓固定在泥浆泵的驱动输入轴的壳体座上，液压马达的外花键轴与泥浆泵输入轴的内花键连接，液压马达驱动泥浆泵的输入轴带动曲柄连杆结构，使得水泵的柱塞往复运动，改变吸水阀和排水阀的启闭，从而输出动力介质。

表 6.6 表示所选泥浆泵在输出介质最高压力（12MPa）情况下不同转速下的流量及功率参数，以此数据为基础，可以计算其他驱动马达的基本参数。

由式（6.1）、式（6.2）和表 6.6 的参数，可以计算得到液驱马达所需要输入扭矩 T。

$$P = \frac{2\pi \cdot T \cdot n}{60000} \tag{6.1}$$

$$n = \frac{V_g \cdot \Delta p \cdot \eta_{mh}}{20 \cdot \pi} \tag{6.2}$$

式中，T 为扭矩，$\text{N} \cdot \text{m}$；P 为功率，kW；n 为转速，r/min；V_g 为液压马达排量，mL/r；Δp 为压差，bar[①]；η_{mh} 为马达机械效率，一般取 0.9。

泥浆泵单元其他功能附件选型设计主要是考虑安全和必要的辅助功能，超压卸荷安全阀以及蓄能器等。

---

① 1bar=1×10^5 Pa。

图 6.6 所示为 BLY390/12 型泥浆泵车的泥浆泵单元,由泥浆泵、液压马达、蓄能器以及过滤器组成。为了缩小泥浆泵单元尺寸,对泥浆泵输入端进行了优化设计,并选用低速大扭矩 MVS37-M037 液压马达驱动泥浆泵,通过优化改造液驱泥浆泵,对三缸往复式泥浆泵的输入端、吸水口、排水口进行合理的技术设计,匹配低速大扭矩液压马达,通过花键与输入轴直接连接,省去了弹性联轴器座及过渡连接装置,结构紧凑。水路系统选型 AS5P360 蓄能器,吸收泥浆泵周期性输出的压力波动,减小对无线脉冲信号的干扰。为了避免孔底螺杆钻具被颗粒性杂质损伤,提高螺杆钻具使用寿命,同时也为了提高泥浆泵吸水阀、排水阀等易损件的使用寿命,在泥浆泵吸水管路中增设了过滤器。

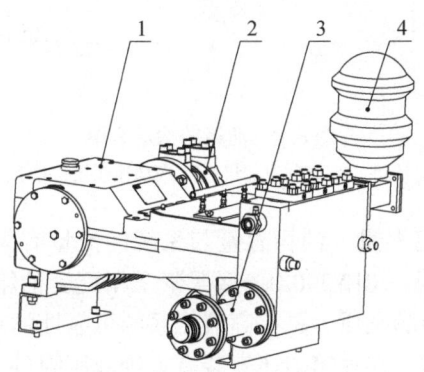

图 6.6 泥浆泵单元结构图
1. 泥浆泵;2. 液压马达;3. 过滤器;4. 蓄能器

2. 液压泵站

液压泵站(图 6.7)是泥浆泵车的动力源,为液压马达提供压力油,由油箱、电机泵组和冷却器三部分组成,通过液压胶管进行连接,电动机通过泵座和弹性联轴器带动液压油泵工作,液压油泵从油箱吸入低压油并排出高压油,经操纵台各操作阀的控制和调节使泵车的各执行机构工作。

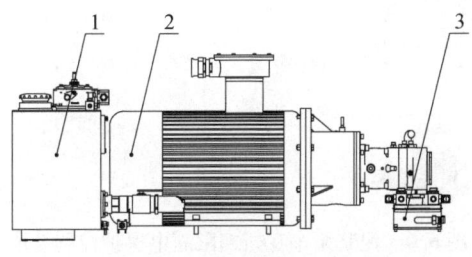

图 6.7 泵站结构示意图
1. 油箱;2. 电机泵组;3. 冷却器

液压泵站设计的主要依据是泥浆泵车的装机功率,而泵车的装机功率主要由泥浆泵单元的驱动功率和能量转化效率决定。经计算确定 BLY390/12 型泥浆泵车的装机功率为 110kW。结合电动机的标准,选用 YBK2-315S-4 型煤矿井下用隔爆型三相异步电动机。

油箱在液压系统中除了储油外,还起着散热、分离油液中的气泡、沉淀杂质等作用。

泥浆泵车的油箱（图6.8）通过底部和侧面连接板与车体平台连接，连接板隐蔽且安装方便，整体美观可靠；为了便于排污和清洗，在油箱底部和侧面设置有两个泄油口。

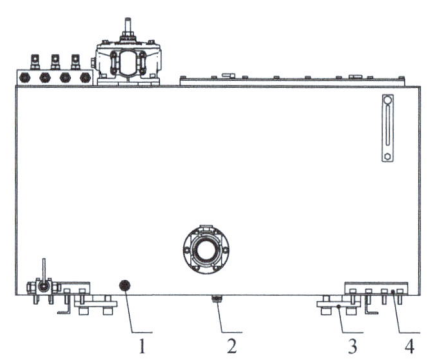

图6.8 油箱结构示意图
1.侧面泄油口；2.底部泄油口；3.底部连接板；4.侧面连接板

设计油箱首先需要确定容量。油箱容量与系统的流量有关，一般是系统最大流量的3~5倍。结合总体方案设计，BLY390/12型泥浆泵车配套油箱的容积为400L。此外油箱另一功用是过滤液压油液中的杂质，是提高液压系统可靠性的重要环节。为了保证设备在矿井恶劣条件下油液的清洁，在油箱上还安装有多种液压附件，如吸油滤油器、回油滤油器、冷却器、空气滤清器、磁铁等。

3. 瓦斯超限断电保护控制系统

瓦斯超限断电保护控制系统（图6.9）中的瓦斯传感器实现对瓦斯浓度连续监测，断电仪实现瓦斯浓度超限时断电保护，确保了设备在钻场瓦斯浓度超限情况下电源自动切断，电磁起动器提供多参数输出电源，遥控器可实现远程启停功能。

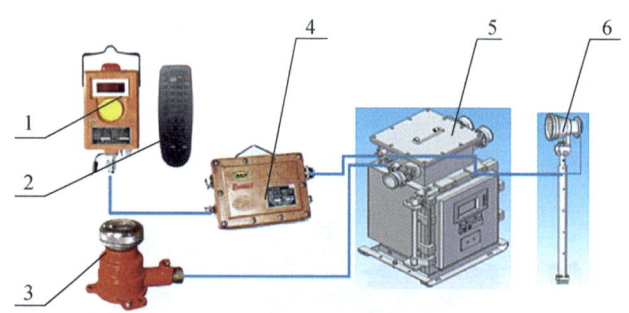

图6.9 泥浆泵车瓦斯超限断电保护控制系统
1.瓦斯传感器；2.遥控器；3.防爆急停按钮；4.断电仪；5.电磁起动器；6.机车灯

瓦斯超限断电保护控制系统的主要附件选型设计如下。

1）电磁起动器

瓦斯超限断电保护控制系统主要是控制电磁起动器（全称"矿用隔爆兼本质安全型真空电磁起动器"）的启停机。电磁起动器选型依据是：根据设备装机功率大小，结合矿用电压、电流等参数确定，同时兼顾考虑整机对电磁起动器的其他功能需求确定其型号，如是否给井下防爆计算机供电等。

BLY390/12型泥浆泵车选配的QJZ-200电磁起动器（图6.10）采用了微处理器高精度的数据处理及保护算法，保护精度高、反应速度快，尤其是可以多参数电源输出，满足泥浆泵车上其他设备供电的需要，其性能参数见表6.7。

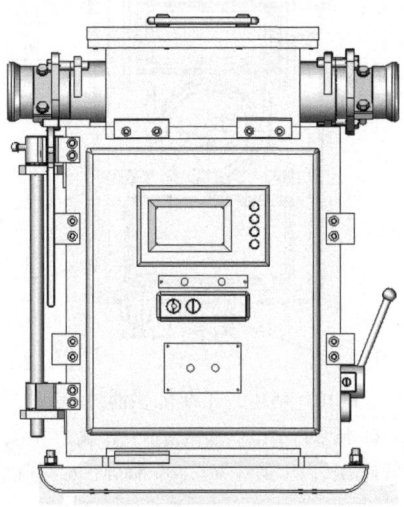

图6.10　QJZ-200电磁起动器

表6.7　QJZ-200电磁起动器性能参数表

型号	额定电压/V	额定电流/A	控制电动机最大功率/kW			引入电缆外径/mm		质量/kg
			380V	660V	1140V	主电路	控制电路	
QJZ-200	660/1140	200	100	170	270	Φ19~Φ51	Φ8~Φ13	≤200

2）瓦斯传感器

泥浆泵车瓦斯超限断电保护控制系统采用KJ101-45B型甲烷传感器（图6.11），它是由单片机控制的红外遥控智能型检测仪表，采用本安电路设计，适用于煤矿井下采掘工作面、回风巷道、机电硐室等有瓦斯爆炸气体环境，能够对瓦斯浓度进行连续检测。KJ101-45B型甲烷传感器具有检测灵敏度高、稳定性好、测量范围宽、兼容性强以及开机自检、非线性补偿、灵敏度校正、参数显示、免开盖调校等优点。该传感器采用下置式气室，能够避免淋水对检测元件的损害；仪器内部电路板与壳体之间的电气连接采用插接式结构，便于维修更换。

3）照明系统

照明系统由连接在电磁起动器上的机车灯组件（图6.12）组成，机车灯组件包括LED机车灯、灯座、旋转支架、底座等部件，为泥浆泵车提供现场照明。支架底座可以调节机车灯的高低位置，旋转支架可以调节机车灯的角度。

4. 人机交互设计

产品设计注重技术的同时，也应关注产品的形象设计和人机交互设计。

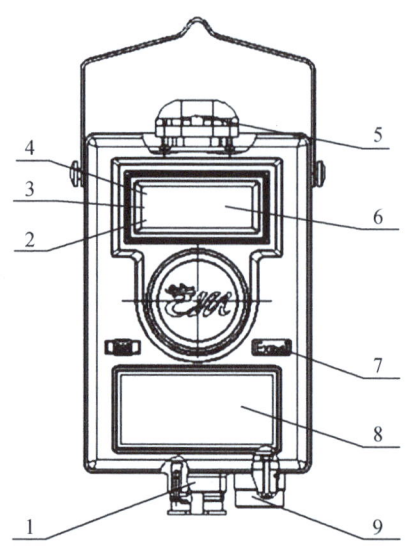

图 6.11　KJ101-45B 型瓦斯传感器外形结构示意图
1. 电缆插接头；2. 低浓指示；3. 通信指示；4. 高浓指示；5. 光报警器；
6. 数码管显示器；7. 防爆型式；8. 标牌；9. 黑白元件气室

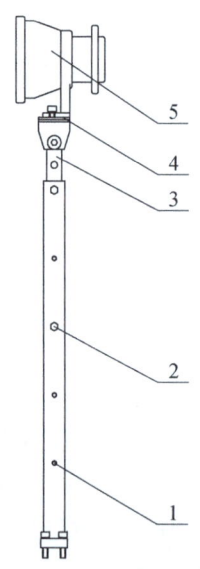

图 6.12　机车灯组件
1. 支架底座；2. 定位螺栓；3. 旋转支架；4. 灯座；5. LED 机车灯

产品形象设计是指从企业的角度对产品进行整体设计规划，使其在产品造型上产生稳定统一的产品形象，因而使企业的产品呈现出统一的族形态特征，成功的产品形象可以增强用户对企业的认同感，提高产品、企业在市场中的辨识度。

人机交互设计是以人-机械-环境为主要考虑因素，解决在特定的操作环境中如何让机械更加简便、舒适地操作问题，人机交互设计的应用范围十分广泛，目前已广泛应用于工程机械、车辆、飞机、航天器等方面的设计。

BLY 系列泥浆泵车的整体效果如图 6.13 所示。

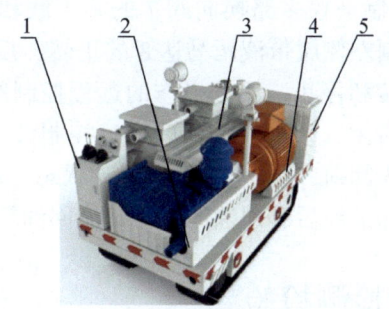

图 6.13　BLY 系列泥浆泵车的整体效果

1. 操纵台造型；2. 泥浆泵单元造型；3. 上封板；4. 电机座造型；5. 产品型号及企业 LOGO

6.3.4　液压系统设计

液压系统是泥浆泵车的核心，它直接决定了泥浆泵车的技术性能和工艺适应性。BLY 系列泵车的液压系统是采用了恒功率控制、负载敏感开式液压传动技术的开式系统，具有压力切断、恒功率控制、过载保护等特点。实现了泥浆泵车冲洗液输出压力对钻进负载的自适应，输出流量从零到额定流量范围内无级调节，其工作原理如图 6.14 所示。

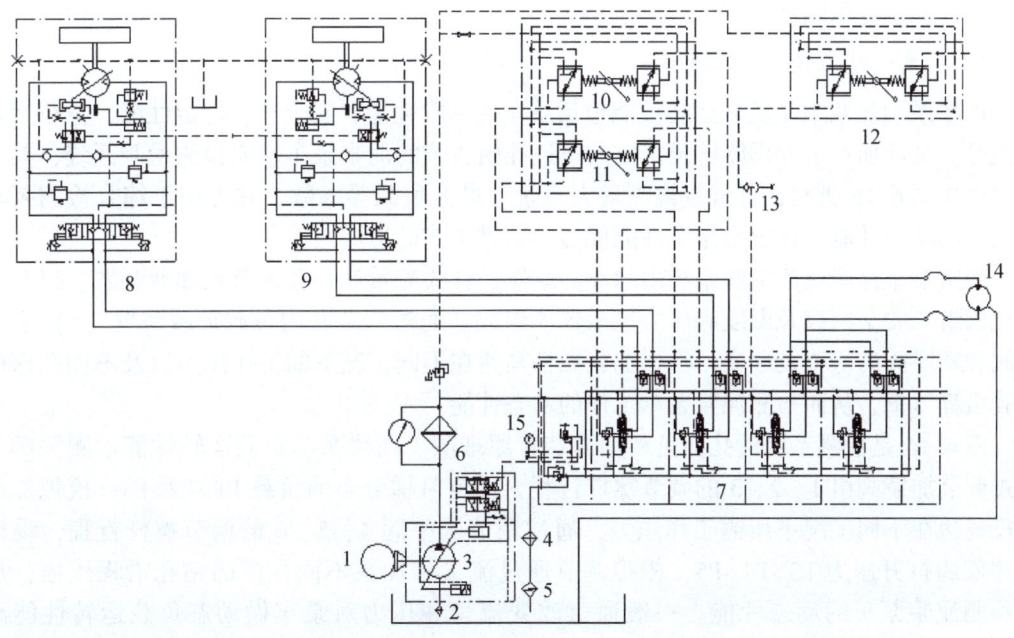

图 6.14　BLY390/12 型泥浆泵车液压系统

1. 电动机；2. 吸油滤油器；3. 液压泵；4. 冷却器；5. 回油滤油器；6. 高压过滤器；7. 多路换向阀；8. 左行走马达；9. 右行走马达；10. 远程控制阀1；11. 远程控制阀2；12. 远程控制阀3；13. 梭阀；14. 液压马达；15. 泵压力表

电动机 1 起动后，液压泵 3 经吸油滤油器 2 吸入低压油，同时输出的高压油经高压过滤器 6 进入液控多路换向阀 7，泵压力表 15 显示液压泵压力。用于操作的远程控制阀 10 和远程控制阀 11 用于远程控制液控多路换向阀 7 的第 1 联和第 4 联阀的启闭，多路换向阀 7 由四联组成，第 1 联控制左侧履带液压马达 8 的正转、反转和停止，第 4 联控制右侧履带液压马达 9 的正转、反转和停止；用于操作的远程控制阀 12 远程控制液控多路换向阀 7 的第 2 联和第 3 联阀的启闭，该中间的两联合流控制液压马达 14 的正转和停止。四联阀都处于中位时，液压泵 3 卸荷，马达 14 处于浮动状态，履带马达 8、9 自行制动。液压马达的回油由冷却器 4 冷却油液后和回油滤油器 5 流回油箱。

6.3.5 泥浆泵车性能检测检验

泥浆泵车性能检测是检验泵车性能、控制产品质量的关键环节，整个过程在国家安全生产西安勘探设备检测检验中心泥浆泵车整机性能综合实验台上进行。泥浆泵车性能检测依据《BLY390/12 型煤矿坑道钻机配套用履带式泥浆泵车》(Q/MKYX 076—2014) 中的相关规定对泵车的基本性能、安全性、行走性能、空载运转性能、负载运转性能、过载性能、温升、整机传动效率及噪声进行测试。《BLY390/12 型煤矿坑道钻机配套用履带式泥浆泵车》(Q/MKYX 076—2014) 参照煤炭行业标准《煤矿坑道勘探用钻机》(MT/T 790—2006)、《煤矿用全液压钻车通用技术条件》(MT/T 199—1996)、《煤矿坑道钻探用往复式泥浆泵》(MT/T1119—2011) 等相关规定，结合近年来煤矿用履带行走设备的相关要求制定。泵车检验所使用的检测检验仪器及设备除了电感流量计以外，其余与钻机检测检验使用的仪器及设备相同。

1. 负载运转性能检测及方法

BLY 系列泥浆泵车负载运转性能包括泵车的基本性能、安全性、行走性能、空载运转性能等。设计加工了专用能够模拟定向钻进孔内负载的泥浆泵车性能检测检验系统，其工作原理如图 6.15 所示，可直接检测最大流量、最大负载等参数，并可用于综合检测泵车泥浆泵的动态性能，评价出泵车性能优劣与钻进工艺的适应性。

泥浆泵车性能检测检验系统由脉冲消减器、针式流量计、孔内负载加载装置、组合式节流阀组、安全阀以及温度和压力显示仪器组成。通过调节孔内负载加载装置 (4) 上加载阀和顺序阀的行程及顺序，模拟加载螺杆马达在不同工况下的工作压力以及不同孔深的钻孔沿程压损，从而检测泥浆泵车工作的动态性能。

图 6.16 是检测系统的孔内负载加载装置原理图。泥浆泵车负载运转性能检测关键是通过调节加载阀组 1、2、3 的调节螺杆行程，设定阶梯分布的负载 P1>P2>P3，模拟加载螺杆马达在不同工况下所需工作压力；通过调节顺序阀 4、5、6 的调节螺杆行程，设定顺序阀的打开压力 P3>P4>P5，模拟调节通过流量和加载不同孔深的钻孔沿程压损，从而检测泥浆泵车的动态性能。一般通过改变流量和压力对泵车做动态负载运转性能测试，表 6.8 为泥浆泵车性能测试数据，反映了 BLY460/12 型泥浆泵车的部分负载运转性能。

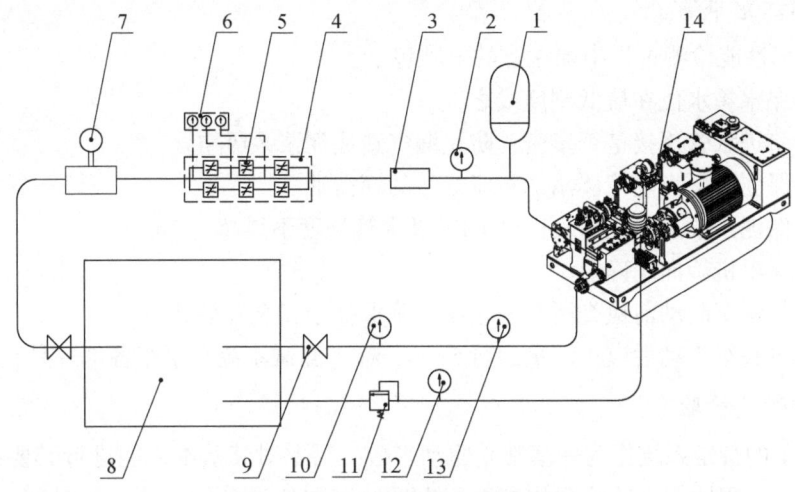

图 6.15 泥浆泵车性能检测检验系统

1. 脉冲消减器；2. 压力表；3. 针式流量计；4. 孔内负载加载装置；5. 组合式节流阀组；6. 压力表；7. 数显式流量计；8. 水箱；9. 截止阀；10. 压力表；11. 安全阀；12. 压力表；13. 温度计；14. 泵车

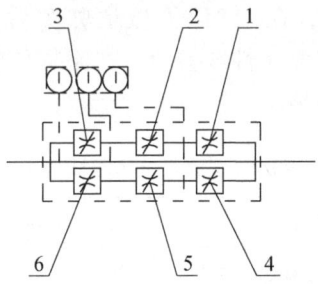

图 6.16 孔内负载加载装置原理图

1. 加载阀组 A；2. 加载阀组 B；3. 加载阀组 C；4. 顺序阀 A；5. 顺序阀 B；6. 顺序阀 C

表 6.8 泥浆泵车性能测试数据

序号	流量/(L/min)	出水口压力/MPa	功率/kW
1	0	0	6.09
2	210	1.35	21.22
3	325.5	3.36	44.36
4	370.4	4.64	63.12
5	460.3	6.04	88.53
6	462.0	6.04	88.66
7	461.2	6.02	88.59
8	406	12.97	132
9	405.3	13.09	133.8

2. 检测注意事项

泥浆泵车性能检测过程中须注意的事项包括：
(1) 确保水箱水位在最低刻度线之上。
(2) 检验进水管连接是否紧密，防止漏气造成泥浆泵吸空。
(3) 确保泥浆泵齿轮箱体添加相应标号的润滑油。
(4) 确保泥浆泵进水压力≤1.5MPa，吸水管长度不得超过5m。
(5) 确保电机旋向正确。
(6) 泥浆泵车起动前检查所有截止阀，确保处于完全开启状态。
(7) 泥浆泵车起动后应小流量运行5min，检查测试系统和泵车各部件是否正常。

3. 爬坡性能检验

泥浆泵车的行走系统作为一套独立驱动平台，需要对其基本性能进行必要检测，井下钻探设备专用的爬坡能力试验台的爬坡行走试验区包括设备行走准备调试区、15°坡道行走区、20°坡道行走区、水平混凝土地面-15°坡道平滑过渡（8°）、水平混凝土地面-20°坡道平滑过渡区（10°）。

泥浆泵车爬坡性能测试需要满足的基本要求为：起动、制动、爬坡行走时运行灵活、平稳，无异常声响及卡滞现象，在15°以下坡道驻车后不下滑。根据表6.9所列出的BLY390/12型泥浆泵车爬坡行走基本性能参数，在泥浆泵车性能试验台进行了爬坡性能测试，泵车的爬坡性能均达到基本要求。

表 6.9 BLY390/12 型泥浆泵车爬坡行走基本性能参数

电机功率/kW	爬坡角度/(°)	额定压力/MPa	质量/kg
110	15	25	5200

6.4 煤矿井下冲洗液固控技术装备

煤矿井下随钻测量定向钻进清水冲洗液"开式"循环固有局限性推动了井下冲洗液固控技术装备发展，为实现煤矿井下冲洗液"闭式"循环奠定了基础。

"闭式"循环是指冲洗液在孔口经泥浆泵加压后由钻杆中心孔流到孔底，做功后携带钻渣屑由环空返出至孔外，经过处理后由泥浆泵加压再次进入孔内、往复循环，固控与配套技术装备是实现煤矿井下冲洗液"闭式"循环的前提。

6.4.1 钻井液/冲洗液固相与固控

固控与配套技术装备是伴随着钻井液工艺技术的发展而发展起来的。

1. 钻井液/冲洗液中的固相

钻进时,钻井液/冲洗液"闭式"循环过程中往往携带着各种不同组分、不同性质和不同颗粒尺寸的固相。在油气勘探开发领域,钻井实践经验表明,钻井液中固相的含量及固相颗粒的大小对其性能有很大影响。国内外对钻井液中固相含量的影响进行了大量的室内单元试验和现场工业试验研究工作,结果表明:在一般情况下,增加固相含量,钻井液的密度、黏度、切力、滤饼厚度等均会增加,失水量则有所下降,这些性能变化将会明显降低钻速,增加钻头用量,甚至有增加井漏、气侵、卡钻的可能性,导致钻井总成本的大幅上升。图 6.17 是根据美国和加拿大上百口不同深度井平均统计数据绘制的固相含量对钻井速度、钻头用量以及钻井天数的影响曲线,据此可见:固相含量为零(即清水钻进)时钻速最高;随着固相含量增大,钻速显著下降,特别是在较低固相含量范围内钻速下降幅度更大。

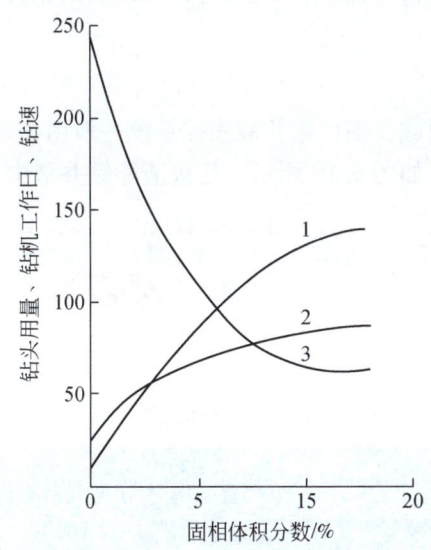

图 6.17 固相含量对钻进的影响曲线
1. 钻头用量/只;2. 钻机工作日/d;3. 钻速/(ft/d)

钻井液/冲洗液中的固相按其作用可分为两类:一类是有用固相(如膨润土、化学处理剂等),另一类是无用固相(如岩屑、砂粒等),其中无用固相含量高带来的危害很大:首先,无用固相含量高将导致液相流变特性变差,不仅影响井/孔内净化效果,且易引起抽吸、压力激动而造成漏失或坍塌;其次,无用固相含量高将使井/孔壁泥皮质量变差——疏松、韧性低,不仅失水量大、引起水化崩塌,还易引起泥皮脱落诱发复杂情况;最后,无用固相含量高导致钻具、钻头、泥浆泵缸套等磨损加剧,影响使用寿命。

固控就是要清除钻井液/冲洗液中的无用固相,以满足钻进工艺的要求。

2. 固控方法

固控(solids control)是钻井液/冲洗液固相控制的简称,是实现现代优化钻井的重要手段之一,在油气勘探开发钻井领域发展得最为完善、应用也最为广泛;此外,固控技术装备在地质岩心钻探、非开挖水平定向钻进等领域也得到了普遍应用。

钻井液/冲洗液中最主要的有害固相是钻屑,清除钻屑的固相控制方法主要有自然沉降法、稀释与替换法、机械法等。

自然沉降法是依靠钻屑自身重力作用在泥浆池内沉降、实现与钻井液/冲洗液分离,其原理简单,不需要增加辅助的技术措施,但存在分离效率低、占用场地面积大等不足。

稀释与替换法都是通过加入清水或其他较稀液体,进而将高固相含量的钻井液/冲洗液"稀释"成低固相含量的钻井液/冲洗液,再进行循环。有时采用稀释与替换法处理钻井液/冲洗液是必要的,甚至是理想的,但随着钻进作业的持续进行,总的钻井液/冲洗液量不断增加,成本较高。

机械法是通过固控系统利用机械设备以筛除技术、旋流分离技术和离心分离技术等强制清除钻井液/冲洗液的钻屑,其固相控制容易,处理后的钻井液/冲洗液性能稳定、损失量小,综合成本较低。

3. 固控系统

在油气勘探开发钻井领域,现代钻井液固控系统一般由振动筛、除砂器、除泥器和卧式螺旋沉降离心机等组成,如图6.18所示,逐级清除钻井液中不同粒度的固相颗粒。

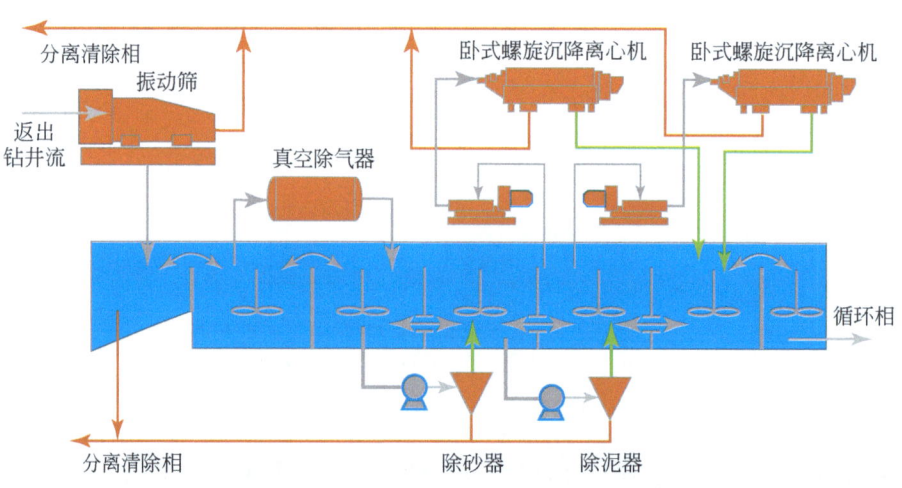

图 6.18 钻井液固控系统组成示意图

振动筛是最早发展起来并得到广泛应用的钻井液固控机械设备,于20世纪20~30年代由矿山设备引入石油工业,用于清除钻井液中的岩屑和其他有害固相颗粒。直到20世纪50年代初,清除钻井液中的固相颗粒主要使用单轴激振、椭圆振型的老式振动筛。随着钻井工艺的发展,特别是喷射钻井技术的迅速发展和推广,对固控的要求不断提高,老式常规振动筛已远不能满足要求,于是除采用了较细筛网的振动筛外,增加了水力旋流器,形成二级固控系统,继而又发展为三级固控系统。为了清除更细的有害固相,调节钻井液性能和回收重晶石,又增设了离心机,形成典型的四级固控系统。

目前，油气勘探开发钻井领域的固控系统所含设备越来越多、结构也越复杂，体积庞大，设备动力消耗大，使用和维护费用高。

6.4.2 煤矿井下冲洗液固相特性

煤矿井下随钻测量定向钻进时，冲洗液循环过程中携带的固相几乎全部来自钻头碎岩形成的钻屑。了解钻屑的固有特性是合理设计、使用固控系统的前提。钻进过程中，冲洗液中的钻屑颗粒大小、密度、形状与煤岩层自然属性、碎岩方法等密切相关，对分离设备的效率存在较大影响。

1. 煤岩层钻屑的自然属性

煤矿井下随钻测量定向钻进的主要地层类型为煤层，特殊情况为顶底板岩层。由于成煤的原始物质、生成环境及所受的变质作用不同，煤的种类很多，其物理性质和化学组成也有差别。

在煤层中钻进时，煤岩的物理性质——密度/容重、脆度、硬度等与固相控制相关，这些物理性质影响着冲洗液中的钻屑颗粒大小和密度，是选用恰当分离设备的基础，例如，大体积而且密度高的钻屑颗粒用振动筛、旋流除砂器和离心机就能很容易地清除。

煤的物理性质与煤中所含杂质有关，成分相同的煤的物理性质随变质程度而改变。煤的主要物理性质见表 6.10。

表 6.10 煤的主要物理性质变化表

变质程度		光泽	颜色	硬度（刻划硬度）	脆度	容重
褐煤		无光泽暗淡沥青光泽	褐色 黑褐色	2.0~2.5	脆度较小 有一定韧性	1.05~1.2
烟煤	长焰煤	沥青光泽	褐黑色	2.8		1.2~1.4
	气煤	强沥青光泽 弱玻璃光泽	黑色			
	肥煤	玻璃光泽		2.6		
	焦煤	强玻璃光泽		2.5	最大	
	瘦煤					
		金属光泽	黑色 黑灰色	2.6		
无烟煤		似金属光泽	灰黑色 铜灰色	3.5~4.0	最小	1.35~1.8

煤层顶、底板岩层（包括夹矸）作为含煤岩系的重要组成，是与煤层在同一成煤时期形成的，且彼此间大致连续沉积、在成因上有密切联系。由于沉积环境的差异，煤层顶、底板岩石性质各不相同。常见的煤层顶、底板岩石有碳质页岩、砂质泥岩、砂岩、石灰岩、黏土岩等。

2. PDC钻头碎岩特点

不同的钻进碎岩方式在一定程度上影响着钻屑颗粒大小和形状特征。煤矿井下随钻测量定向钻进普遍采用PDC钻头作为直接碎岩工具。

PDC钻头与刮刀钻头相似，同属于切削型钻头。钻进过程中，锐利的复合片刃口在轴压作用下切入煤岩层后，在回转动力作用下沿扭矩作用方向移动、剪切煤岩，因此，PDC钻头实质上就是微型切削片刮刀钻头，充分利用了煤岩抗剪强度低的特点。众多的资料统计表明，煤的弹性模量较顶底板岩石低，位于 $n \times 10^3$ MPa 数量级，泊松比较顶底板岩石高，在 0.25~0.40。总而言之，煤的机械强度相对较低、易被剪切破碎，且对于中硬煤层，PDC钻头切削形成的钻屑以大颗粒为主；顶底板岩层的机械强度相对较高，可钻性相对较差，PDC钻头切削形成的钻屑以细小颗粒为主。

然而，煤矿井下随钻测量定向钻进以近水平孔为主，钻屑随冲洗液流动过程中受管柱和孔壁的摩擦，大颗粒钻屑会被研细，且随孔深增加磨蚀作用增强。

3. 钻屑粒度分布特征

钻屑粒度分布特征研究是进行固控系统设计的基础，是确定冲洗液固控流程和配套装置参数的重要依据。针对井下随钻测量定向钻进技术装备应用较广泛、煤层地质条件具有代表性的晋城矿区实钻钻屑粒度特征进行室内测试分析。

1）钻屑粒度分析测试

在粒度测试分析的众多方法中，筛分法是一种传统和常用的粒度测试方法，它是使颗粒通过不同尺寸的筛孔来测试粒度的，能比较真实地反映样品的实际粒度分布。

针对煤屑样品含水，颗粒间黏附在一起而不利于直接筛分的特点，采用如图6.19所示的具体筛分步骤：称取一定量原始钻屑先进行湿法筛分，即借助水流进行样品的初级筛分；之后将初级筛分的样品进行烘干使颗粒表面干燥；接着利用振筛机进行机械筛分；最后将不同粒径范围内样品进行烘干后称重。

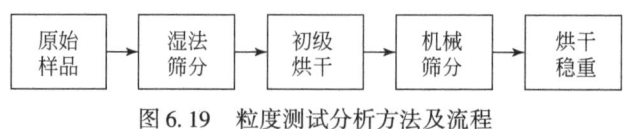

图6.19 粒度测试分析方法及流程

2）典型粒度测试结果

以晋城矿区寺河煤矿和成庄煤矿井下随钻测量定向钻进实钻煤屑为原始样品进行筛分测试，寺河矿筛分样品代号为S-S，成庄矿筛分样品代号为S-C，筛分样品中粒径大于74μm的颗粒筛余量计量结果见表6.11。

表 6.11 煤矿井下随钻测量定向钻进实钻煤屑粒度筛分实验数据

筛孔尺寸/mm	粒径范围/mm	质量/g		质量百分比/%		累计质量百分比/%	
		S-C	S-S	S-C	S-S	S-C	S-S
5.000	>5.000	36.60	66.01	7.32	13.20	7.32	13.20
2.000	2.000~5.000	241.73	179.31	48.35	35.86	55.67	49.06
0.900	0.900~2.000	93.30	117.35	18.66	23.47	74.33	72.53
0.450	0.450~0.900	70.76	85.03	14.15	17.01	88.48	89.54
0.200	0.200~0.450	39.12	36.02	7.82	7.20	96.30	96.74
0.125	0.125~0.200	12.04	10.12	2.05	2.02	98.71	98.77
0.100	0.100~0.125	3.44	3.32	0.69	0.66	99.40	99.43
0.074	0.074~0.100	3.01	2.84	0.60	0.57	100.00	100.00

基于上表数据绘制的 S-S 样品和 S-C 样品粒度分布直方图如图 6.20、图 6.21 所示,表明:定向钻进形成的、筛分直径大于 74μm 的煤屑以大尺寸颗粒为主,其中筛分直径大于 2.000mm 的煤屑约占总质量的 50% 左右(S-S 样品为 49.06%,S-C 样品为 55.67%)。

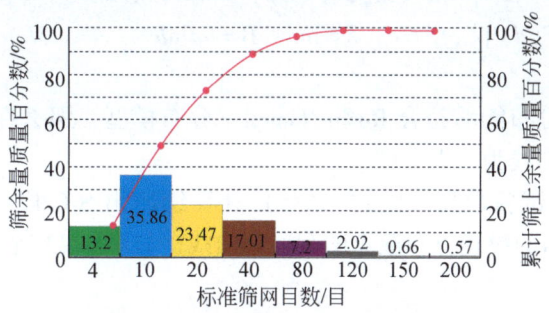

图 6.20 S-S 样品粒度分布直方图

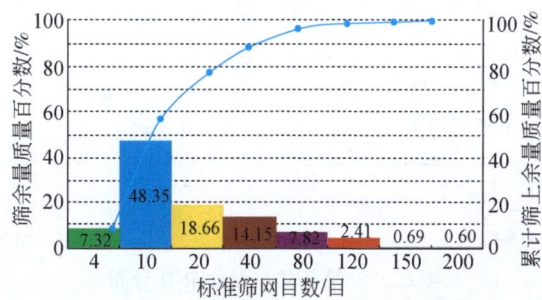

图 6.21 S-C 样品粒度分布直方图

钻屑的算数体积平均粒径的表达式[参照《粒度分析结果的表述》(GB/T 15445—2014)]为

$$d_a = \frac{1}{2} \sum_{i}^{n} \Delta Q_i (d_i + d_{i+1}) \tag{6.3}$$

式中,d_a 为钻屑算数体积平均粒径,mm;d_i 为第 i 个粒径间隔的下限,mm;d_{i+1} 为第 i 个粒径间隔的上限,mm;ΔQ_i 为第 i 个粒径间隔内的相对量。

将表 6.11 中数据代入式(6.3)中得:S-C 样品的算数体积平均粒径约为 4.18mm,S-S 样品的算数体积平均粒径约为 3.48mm。

3)煤屑粒度分布函数

国内外相关学者对破碎粉体粒度统计分布已做了大量研究工作,而所采用的众多模型和方法中,Rosin-Rammler 分布是最常用的描述粉尘粒度分布的一种形式,它实质是 Rosin 和 Rammler 将威布尔分布应用在碎屑分布研究上得到的。

Rosin-Rammler 分布函数的表达式为

$$F(d) = 1 - \exp\left[-\left(\frac{d}{b}\right)^n\right] \tag{6.4}$$

式中,$F(d)$ 为分布函数;d 为粒径尺寸,mm;n 为分布指数;b 为粒度特性系数。

Rosin-Rammler 分布函数是粉体粒度分布的累计分布形式,当式中 n 和 b 两个参数确定后,也就确定了所研究样品的唯一的粒径分布。

式(6.4)可写成如下形式:

$$\ln\{-\ln[1-F(d)]\} = n\ln d - n\ln b \tag{6.5}$$

令 $Y = \ln\{-\ln[1-F(d)]\}$,$A = n$,$X = \ln d$,$B = -n\ln b$

则有 $Y = AX + B$

所研究碎屑颗粒分布能够符合 Rosin-Rammler 分布模型,那么在双对数坐标系下,所绘制的粒径分布回归曲线为一条直线。

基于表 6.11 中的试验数据,由式(6.5)计算绘制出 S-C 样品和 S-S 样品用 Rosin-Rammler 分布函数表示的粒径分布散点图和回归曲线,如图 6.22 所示。

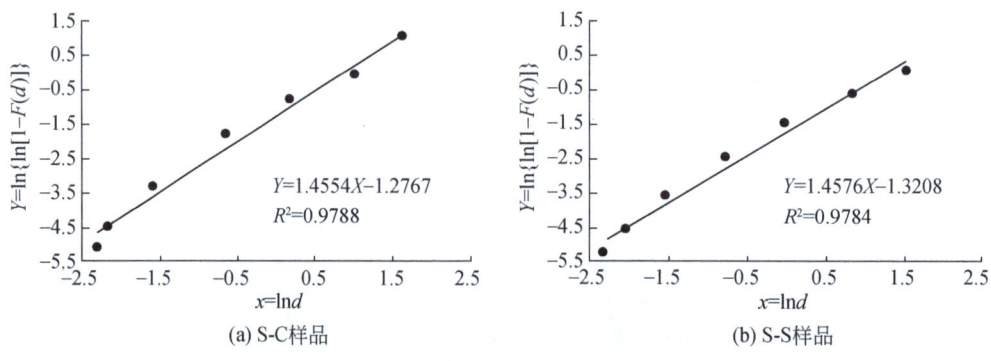

图 6.22 筛分样品粒度 R-R 分布

S-C 样品与 S-S 样品 R-R 分布对应的回归系数的绝对值分别为 0.9893($R^2 = 0.9788$)和 0.9891($R^2 = 0.9784$),说明它们线性回归良好,能很好地符合 Rosin-Rammler 分布函数。由 R-R 分布下的回归直线 $Y = 1.4554X - 1.2767$(S-C)可得其分布指数 $n = 1.4554$,粒度特性系数 $b = 2.4042$;由 R-R 分布下的回归直线 $Y = 1.4576X - 1.3208$(S-S)可得其分布指数 $n = 1.4576$,粒度特性系数 $b = 2.4443$。

S-C 和 S-S 样品的具体粒径分布函数表达式如下:

$$F(d)_{S-C} = 1 - \exp\left[-\left(\frac{d}{2.4042}\right)^{1.4554}\right] \qquad (6.6)$$

$$F(d)_{S-S} = 1 - \exp\left[-\left(\frac{d}{2.4443}\right)^{1.4576}\right] \qquad (6.7)$$

在双对数坐标下，分布指数 n 为回归直线的斜率，它的大小决定了回归直线的"陡缓"，间接反映了粒径 d 范围的大小和均匀程度。因此，根据回归直线的斜率可直观了解钻屑的粒径分布范围情况。粒度特性系数 b 反映了样品整体上的粒径粗细情况，其值越大表明钻屑颗粒粒径总体上偏向粗粒径端，反之，表明钻屑颗粒粒径总体上偏向细粒径端。S-C 样品与 S-S 样品的分布指数 n、粒度特性系数 b 表明寺河煤矿实钻煤屑样品的粒径范围相对较大、均匀程度相对较差，且粒径总体上偏向粗粒径端。

寺河煤矿和成庄煤矿位于同一矿区，主采煤层亦相同，但定向钻进形成的钻屑粒度分布特征差异性较大，不同矿区煤岩层差别明显，钻屑粒度分布特征差异性更大，因此，要求配套固控系统的设计处理范围应尽可能大。

6.4.3 煤矿井下冲洗液固控技术装备

煤矿井下冲洗液固控的基本原则是将尽可能多、尽可能细小的钻屑清除出循环系统，使高压冲洗液的固相含量满足泥浆泵、螺杆钻具等正常工作的要求，避免对泥浆泵、螺杆钻具的性能和使用寿命等指标产生明显影响。

1. 煤矿井下固控技术

煤矿井下钻进施工作业环境对固控技术装备发展提出了特殊要求：①井下作业空间小、运输能力低，巷道尺寸限制了设备运输高度、宽度，钻场尺寸限制了固控系统的体积，因此，占地面积大的固控技术和单体重量、体积大配套装备难以在井下应用；②井下爆炸性气体环境对设备有防爆要求，这使得地面成熟的固控系统不能通过简单的尺寸缩小而直接用到煤矿井下；③煤矿井下起吊方式单一、能力有限，大量组装工作需要人工完成，因此，要求井下固控系统组成尽可能简单，辅助安装工作量小。

综合对比自然沉降法、稀释与替换法、机械法等各种固控方法的优势和不足，结合煤矿井下钻进施工作业环境的特殊性，研发以机械法为主、其他方法为辅的煤矿井下冲洗液固控系统是首选方向。

在地面多级固控系统中，不同固控设备按一定先后顺序逐级清除不同粒度的钻屑，这些设备的处理能力和效率存在一定的差异，其中振动筛作为第一级固控设备，它的处理量大、效率高，不仅担负着清除大量大颗粒钻屑的任务，且要为后续设备正常工作创造条件；离心机作为最后一级固控设备，它的处理能力强，可以分离粒径小至几微米的钻屑。20 世纪 80 年代中期以来，研制既能满足越来越高的固控要求，又能简化结构、便于使用维护的新设备成为国内外固控设备发展的基本动向。随着固控技术装备的不断发展、完善，以改进振动筛性能为核心，简化现有固控系统，在一般使用条件下，利用"振动筛+离心机"组成的两级固控取代多级固控是一种趋势。

基于煤矿井下钻进施工作业的特殊性，西安研究院率先研发了井下用"细目振动筛+

高速离心机"两级固控系统。

2. 固控流程设计

煤矿井下随钻测量定向钻进过程中，钻孔环空返出的冲洗液通常为典型的三相流——气相瓦斯、液相水和固相钻屑，因此，冲洗液固控处理需分离气相瓦斯、降低液相中的固相钻屑含量，进而达到循环利用的目的。

煤矿井下冲洗液固控基本流程示意图如图6.23所示，首先处理气相瓦斯，即气液分离，再处理固相钻屑，即固液分离。

对于冲洗液中的气相瓦斯需借助井下负压抽采系统进行处理，原则是使其与液相水充分分离并进入专用的抽采管路中，防止溢散到钻场和巷道空间内，避免引起局部瓦斯超限。

对于冲洗液中的固相钻屑需要借助机械设备分两级进行处理，原则是将尽可能多、尽可能细小的钻屑清除出循环系统，降低高压冲洗液中的固相含量，避免对泥浆泵和孔底螺杆钻具的性能和使用寿命造成明显影响；分离出的固相钻屑以废渣形式运出钻场。

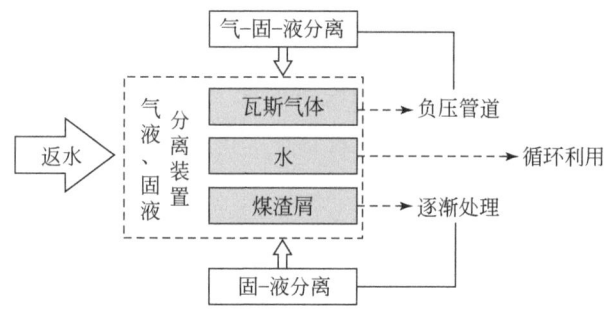

图6.23 煤矿井下冲洗液固控流程示意图

3. 振动筛分技术装备

在固控系统中，振动筛是一种利用振动筛分原理进行固相-液相分离的、过滤性的装置，是最早应用的固控设备，长期以来在地面钻井工程中得到了广泛应用，发挥着重要作用。

在地面油气勘探开发钻井领域，依据所用振动装置及筛箱特征点运动轨迹类型进行划分，钻井液振动筛在技术和功能上的发展大致经历了四个重要时间段，即普通（欠平衡）椭圆运动轨迹振动筛、圆形运动轨迹振动筛、直线运动轨迹振动筛和平衡（平动）椭圆轨迹振动筛。按照激振轴数量的多少，可将钻井液振动筛分为单轴振动筛、双轴振动筛和多轴振动筛。

国内有学者将我国现场上使用的振动筛归为两大类：单轴惯性式振动筛和双轴惯性式振动筛。

1) 单轴惯性式振动筛

单轴惯性式振动筛只采用一根带有偏心质量的激振轴。激振轴产生的离心惯性力矢量端是一个以激振轴的回转中心为圆心的圆，该圆心称为力心。根据惯性轴的安装位置不同可分为普通（欠平衡）椭圆振动筛和圆振动筛，如图6.24、图6.25所示。

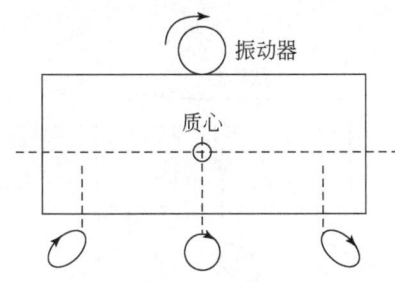 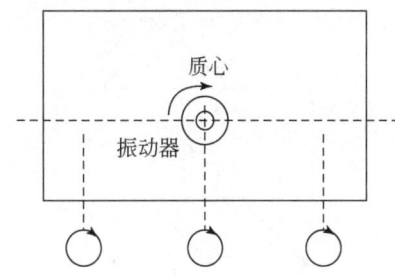

图 6.24　普通椭圆振动筛轨迹示意图　　　图 6.25　圆振动筛轨迹示意图

a. 普通（欠平衡）椭圆振动筛

普通（欠平衡）椭圆振动筛的激振装置——振动器固定在筛箱质心的正上方（即力心与参振质量的质心不重合），这使得振动筛的质心运动轨迹为圆形、质心两侧筛箱的运动轨迹为椭圆形，且椭圆的长轴倾角方向相反。普通（欠平衡）椭圆振动筛的横向振幅大于法向振幅，在进口处固相颗粒移动良好，而在出口处输送速度减慢，出现固相堆积现象，增加了固相颗粒的透筛率，影响处理效果；因此，要求筛箱倾斜一定角度，利用重力强行排渣，然而，筛箱倾斜确实改善了固相颗粒的移动性能，但振动筛的处理液量随之减少。普通（欠平衡）椭圆振动筛具有结构紧凑、维护简单、价格低廉、运行成本低等优点，它应用较粗的筛布，常常被用作粗级护网筛，清除大颗粒固相和黏泥，减少下一级振动筛的固相载荷。

b. 圆振动筛

圆振动筛的激振装置——振动器固定在筛箱质心上（即力心与参振质量的质心重合），这使得振动筛形成了整个振动筛面的圆周运动。相比于普通（欠平衡）椭圆振动筛，圆振动筛提高了固相到筛面末端的传送能力，圆周运动是在水平面上传输固相，因此，在保证固相传输能力的同时，不会降低处理液量。

2）双轴惯性式振动筛

双轴惯性式振动筛采用两根带有偏心质量的激振轴，同步反向转动带动筛箱运动。根据筛箱特征点运动轨迹的不同可进一步细分为直线振动筛和平衡椭圆振动筛两种，如图 6.26、图 6.27 所示。

a. 直线振动筛

直线振动筛靠两根带偏心块的主轴做同步反向旋转产生振动，其激振器的工作原理如图 6.28 所示，两个偏心块的质量相同，产生的离心力相同，偏心块做同步反向回转，在各瞬时位置，离心力沿振动方向（两根主轴剖面连线的垂线方向 KK）的分力相互叠加，而非振动方向（两根主轴剖面连线方向 EE）的分力总是相互抵消，因此，形成单一的沿 KK 向的激振力，驱动筛箱做直线振动。

直线振动筛克服了普通（欠平衡）椭圆振动筛和圆振动筛的诸多局限，直线运动提供了优越的固相输送能力和细目筛布的液相穿透能力。

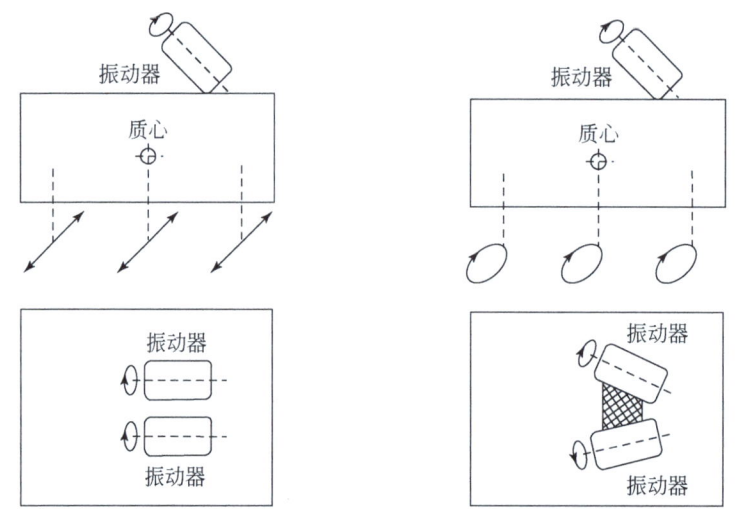

图 6.26 直线振动筛轨迹示意图　　图 6.27 平衡椭圆振动筛轨迹示意图

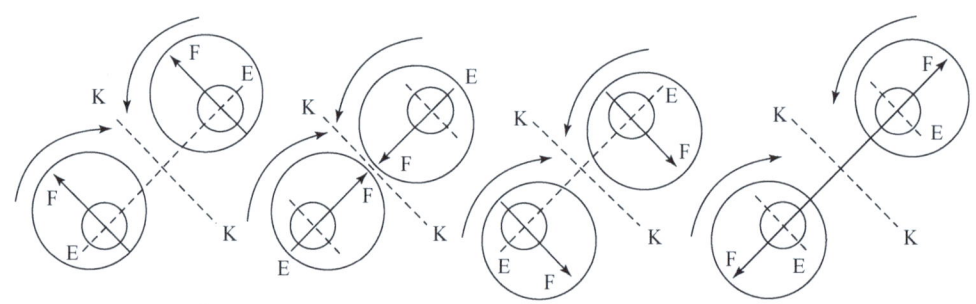

图 6.28 直线振动筛激振器工作原理示意图

b. 平衡椭圆振动筛

平衡椭圆振动筛由一对反向旋转、质量不等的偏心重轴提供动力，相对转动的两个激振器互成一定角度，筛箱特征点的运动轨迹均为椭圆形，且椭圆轴心都倾向于振动筛排出口方向，如图 6.27 所示，椭圆参数的比值（长轴除以短轴）由振动器之间的角度和两个平行振动器之间的质量差值来决定。增加短轴的角度，或增加振动器之间的夹角都会形成更宽的椭圆面，从而降低固相的传输能力，一般在 1.5~3.0，比值越低，固相传输能力越差，但筛布使用寿命越长。如果平衡椭圆振动筛向下倾斜的方向与排出口方向一致，则能有效清除黏泥。

在传统的普通（欠平衡）椭圆振动筛和圆振动筛的设计中，只有部分动力用于将钻屑沿着正确的排出口方向运送。平衡椭圆振动筛传送固相的方式与直线振动筛类似，即将固相传输到排出口末端，通过循环往复振动，平衡椭圆振动筛提高了有利于固相传输的作用力。

3）煤矿井下用振动筛选型

利用振动筛进行冲洗液初级固液分离的基本原则是：尽可能多地回收液相，最大限度地清除固相钻屑。

现场应用过程中,为获得良好的冲洗液固控处理效果,对振动筛的基本要求包括:①筛面上的固相应尽快排走,以提高处理量,回收液相;②固相颗粒在筛面上最好不做滑移运动,以减少筛网的磨损;③卡于网眼中的临界颗粒应易于通过筛孔或跳离筛面。

为满足上述要求,振动筛应使固相颗粒在筛面上做抛射运动,但是固相颗粒沿筛面法向加速度不应过大,只要使颗粒能克服它与钻井液之间的黏附力、摩擦力和表面张力而分离出来,让液相顺利过网即可;否则,过大的筛面法向加速度会增加颗粒下落时对筛网的冲击力,使部分颗粒团被粉碎,增加透筛率;同时,固相颗粒在筛网全长上停留的时间越短、跳动次数越少,则颗粒透筛的概率越低。

基于不同类型振动筛特征点轨迹类型,分析可知:普通(欠平衡)椭圆振动筛综合性能最差;圆振动筛性能较普通(欠平衡)椭圆振动筛有所改善,但抛射角度过大是其固有的弊端;直线振动筛有较高的固相颗粒输送速度,筛面可以水平安装,不存在钻屑堆积问题,只要振动方向适当,可实现较大处理量;平衡椭圆振动筛兼容了圆振动筛和直线振动筛的基本优点,椭圆的"长轴"是强化排除钻屑的分量,"短轴"是促进液相透筛的分量,可以提高固相钻屑在筛面上的输送速度,同时缩短在筛面上的停留时间。

针对煤矿井下近水平定向钻进施工作业特点和钻屑粒度分布特征,研发煤矿井下两级固控系统客观上要求专用振动筛具有良好性能和高可靠性,因此,直线振动筛和平衡椭圆振动筛是理想的选择。然而,技术先进的平衡椭圆振动筛仍处于完善推广阶段,稳定性和可靠性有待进一步提高,为此,确定井下振动筛选择直线型运动轨迹。直线振动筛在国内的应用广泛,技术成熟,加工制造及使用维护成本低。

4. 离心沉降技术装备

离心机是现代工业中常用的一种分离机械,是基于密度差,主要利用离心力来达到分离混合相的目的,如固-液、液-液、液-固-固及液-液-固分离。与其他分离机械相比,离心机不仅能得到含湿量低的固相和高纯度的液相,还具有节省劳力,减轻劳动强度,改善劳动条件,以及具有连续运转、自动遥控、操作安全可靠和占地面积小等优点。目前,离心机广泛用于化工、石油等行业,属于后处理设备,主要用于脱水、浓缩、分离、澄清、净化及固体颗粒分级等工艺过程。

1)钻井液离心机

钻井液离心机是现代固控系统中的重要分离设备之一,也是固相-液相分离能力最强的设备,可在全速运转下完成进料、离心沉降、卸料等各道工序。在地面油气勘探开发钻井领域,离心机在处理非加重钻井液时可除去细小颗粒的有害固相,降低其固相含量;在处理加重钻井液时可除去钻井液中多余的胶体,控制钻井液的黏度,回收重晶石;在处理旋流器底流时可回收钻井液液相,减少淡水或油的浪费。此外,离心机还是处理废弃钻井液,防止环境污染的一种理想设备。

钻井液固控系统所用的离心机绝大部分为卧式螺旋卸料沉降离心机,结构如图6.29所示,其工作过程和原理如下:电机带动转鼓及与转鼓同心安装的螺旋推料器以一定的差速同向高速旋转;物料由进料管连续进入螺旋推料器内筒,加速后进入转鼓,在离心力作用下,较重的固相沉积在转鼓壁上形成沉积层;螺旋推料器将沉积的固相物连续不断地推至转鼓锥端,经排渣口排出离心机;较轻的液相则形成内层液环,由转鼓大端溢流口连续溢出转鼓,经排液口排出离心机;进料、排液和排渣连续进行。

转鼓大端溢流口设有溢流挡板,通过调节溢流挡板位置、转鼓转速、转鼓与螺旋输送器的转速差和进料速度,可以改变沉积层的含湿量和澄清液的固相含量。卧式螺旋卸料沉降离心机在不同领域得到了广泛应用,其优势明显:①卧式螺旋卸料离心机没有滤网和滤布之类的易损件,能够自动、连续操作,长期运转,维修方便;②适用范围广,能用于固相脱水、液相澄清,可分离固相重度比液相轻的悬浮液,还可用于液-液-固分离和粒度分级,对物料的适应性较大,能分离的固相粒度范围广,并且颗粒大小不均、悬浮液浓度的波动也不影响分离效果;③结构紧凑,占地面积小,密封性好,单机分离能力强,分离质量高。

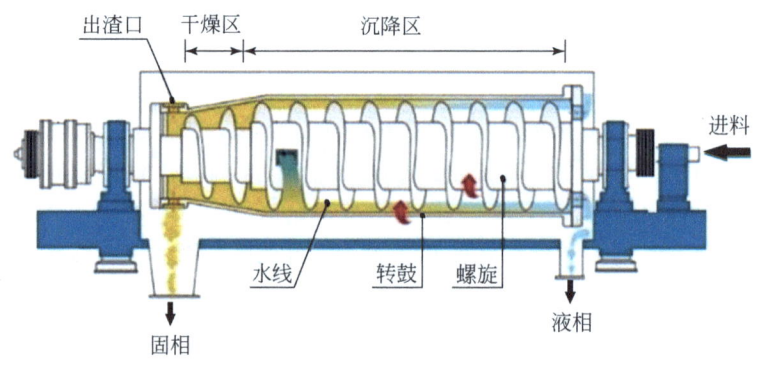

图 6.29 卧式螺旋卸料沉降离心机结构示意图

2) 钻井液离心机国内外发展情况

在钻井液固控领域,20 世纪 60 年代中期开始发展离心机,美国 Derrick、Swaco、Brandt 等几家公司都有定型产品,目前国内外钻井液处理用离心机的处理量向着大排量的方向发展。美国 AlfaLaval 公司研制出倾注式离心机,用于钻井液固相的分离,其转鼓的旋转速度可以达到 1000~4000r/min。美国 Swaco 公司于 20 世纪 80 年代首次推出了 $56m^3/h$ 的螺旋沉降离心机。在国内,中原石油管理局钻采院联合上海化工机械厂于 1992 年推出了国内第一台大排量螺旋沉降离心机;胜利石油管理局钻井工艺研究院从 1985 年开始,相继研制了液压离心机、电驱动形式离心机,随后对改型离心机进行放大设计,使其处理量达到 $60m^3/h$,分离中点在 $10\mu m$ 以上。此外,华北油田、辽河油田以及长庆油田也对钻井液专用螺旋卸料沉降离心机进行了深入的研究工作。

6.4.4 煤矿井下冲洗液固控系统

基于煤矿井下钻进施工作业特点和冲洗液循环利用要求,西安研究院研制了以"振动筛+离心机"两级分离设备为核心的井下专用冲洗液固控系统,其组成及连接关系如图 6.30 所示,主要由振动筛单元、离心机单元、辅助供液系统和电器开关等组成,具体包括气-液-固液分离器、振动筛、振动筛储液罐、离心机、离心机储液罐、真空电磁起动器、离心机供液泵及附属连接管路、电缆线等。

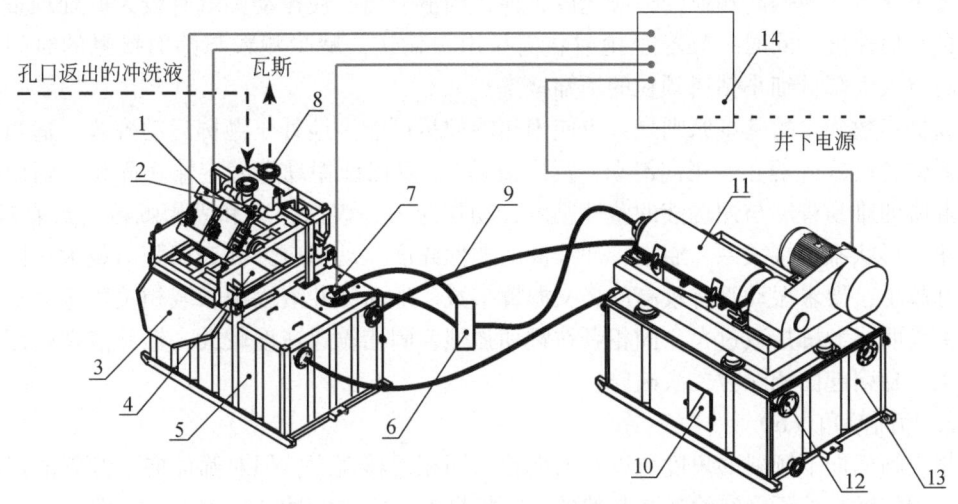

图 6.30 煤矿井下专用冲洗液固控系统组成示意图

1. 气-液-固液分离器；2. 冲洗液入口；3. 振动筛出渣口；4. 振动筛；5. 振动筛储液罐；6. 旁通分流控制阀；
7. 离心机供液泵；8. 负压抽吸管接口；9. 溢流管路；10. 离心机出渣口；11. 离心机；12. 出液口；
13. 离心机储液罐；14. 真空电磁起动器

1. 振动筛单元

振动筛单元主要由气液-固液分离器、振动筛、配套储液罐等组成，是煤矿井下冲洗液两级固控系统的第一级分离处理设备。

1) 振动筛动力学参数

振动筛是两级固控系统的关键设备，其核心参数是处理量，即在规定的试验条件下，振动筛允许通过的、含钻屑冲洗液的最大流量，通常用 m^3/h 或 L/min 作单位，它是一个多变量（包括振型、激振参数及冲洗液性能等）的函数。

冲洗液性能——主要是塑性黏度对振动筛处理量有很大影响，在其他条件不变的情况下，随着冲洗液塑性黏度的提高，处理量将明显下降；同时，由于冲洗液塑性黏度和动切应力的存在，大大增加了固相颗粒起跳的阻力，降低了固相颗粒的运移速度；此外，冲洗液中固相颗粒的形状、大小、含量和粒度分布，也直接影响振动筛的处理量和固相运移速度，特别是尺寸接近筛网孔眼的固相颗粒，容易嵌入筛网孔眼，形成堵筛现象，使其处理量大幅度降低。然而，冲洗液性能参数对于振动筛而言是不可改变的，因此，为满足固控要求需根据振型合理设计振动筛动参数，包括抛掷指数、筛面倾角、激振频率、振幅和振动方向角。

a. 抛掷指数（D）

抛掷指数表示加速度幅值与重力加速度在垂直筛面方向的分量之比，实质是筛面上颗粒所受到的驱动力与阻力之比。

由于振动筛运动轨迹、工作参数（振幅、频率、筛面倾角）、冲洗液性能、颗粒大小和形状的不同，固相颗粒在筛面上存在相对静止、正/反向滑动、抛掷运动等几种运动形式。抛掷运动是最有效的固相运移模式，在抛掷运动过程中，筛面的摩擦力未作用在固相颗粒团上能有效地提高颗粒的运移速度，促进固液分离，使振动筛既有较大的处理量又有较高的排屑速度；同时，颗粒呈抛射状向排出口输送，减少颗粒与筛面接触的时间和次数，可以大大降低细小钻屑颗粒的透筛概率。

抛掷指数确定的基本原则是：应使固相颗粒尽可能多地处于抛掷运动模式、适当地处于接触输送模式（静止、正向滑动、反向滑动），以保证振动筛稳定输送固相。筛面固相颗粒起跳的难易程度与冲洗液的塑性黏度、动切应力、表面张力和固相颗粒（或颗粒团）的大小、形状都直接关系。通常，冲洗液的塑性黏度、动切应力和表面张力越大，固相颗粒尺寸越小，要求振动筛有较高的名义抛掷指数。地面钻井液固控领域相关理论分析和实验研究表明：抛掷指数过大，固相颗粒跳动强烈，固相输送速度较大，钻井液在筛面上飞溅较大，易引起固相颗粒二次破碎。

b. 筛面倾角（α）

增大筛面向下倾斜的角度可以有效地提高固相运移速度，但对筛面向下倾斜的振动筛而言，固相颗粒的不稳定输送是必然的，并将导致一定量的冲洗液流失。筛面正倾角（向上倾斜）可以增加振动筛的处理量，但在过大的正倾角状态下，固相颗粒"爬坡"困难，钻屑在筛网上堆集，造成振动筛无法正常工作。相关研究表明：直线振动筛和椭圆振动筛可以采用较大的正倾角，圆振动筛则不能采用较大的正倾角。在振动筛设计中，一般不以加大筛面下倾角来加快排屑，因为排屑不畅的根本原因往往是筛箱产生摇摆以及振幅、频率的选择不当。实际应用过程中，筛面倾角的大小要根据冲洗液性能、振动筛的振型、所钻地层岩屑的粒度性质等因素来确定，因此，筛面倾角一般设计成可调的型式：圆振动筛，筛面倾角可取 $-5°\sim2°$；直线振动筛和椭圆振动筛筛面倾角可取 $-5°\sim5°$。

c. 激振频率（H）和振幅（λ）

在地面钻井液固控领域，理论分析和实验研究都证明：振动筛的处理量随振幅、激振频率的增加而增加，而振幅在远离共振区后受激振频率的影响不大，基本上是激振质量矩与参振质量的比值。激振频率与振幅的设计原则是：在给定抛掷指数后，在激振频率较高时振幅只能取小值，在频率较低时，振幅应取大值。大振幅可减少筛网孔眼的堵塞现象，且大振幅、低频率适用于高黏度冲洗液的净化处理。

d. 振动方向角

振动筛的筛网一般接近于水平安装，要使固相颗粒在筛面上运移必须有合适的振动方向角。固相颗粒在筛面上停留的时间与振动方向角的大小有关，振动方向角越大，抛掷运动的高度越大，固相颗粒在筛面上停留的时间越短，液相越容易透过筛网。地面钻井液固控领域相关研究分析表明：对于直线振动筛和椭圆振动筛，固相运移速度随振动方向角的增大而减小，一般振动方向角可取 $40°\sim60°$。

煤矿井下两级固控系统研究选用的是直线型振动筛，基于煤矿井下近水平定向钻进施工作业特点和钻屑粒度分布特征，专用振动筛的名义抛掷指数取 $D_{max}=7$，筛面倾角调节范围为 $\alpha=-3°\sim3°$，振幅设计为 $\lambda=2.5\sim4mm$、激振频率取 $H=18\sim25Hz$（对应转数 $1080\sim1500r/min$），振动方向角确定为 $45°$。

2) 专用振动筛关键结构与性能参数

筛面宽度和长度是振动筛的关键结构参数,二者直接决定了筛网面积大小,是影响振动筛处理量的重要因素。在相同类型、目数筛网条件下,振动筛的理论处理量随筛网面积的增大而增大。近年来,在地面油气勘探开发领域,国内外均在发展大筛面钻井液振动筛,有效宽度可达 1.22m、长度可达 2.55m,然而,地面钻井用振动筛的关键结构参数受循环罐尺寸及车辆运输要求的限制,筛网面积亦不能过大。

综合考虑处理量、巷道与钻场空间尺寸、运输能力等因素,煤矿井下振动筛的筛面宽度需≤900mm、长度需≤1600mm,KG-200-2J 型矿用冲洗液固控系统配套振动筛的关键结构与性能参数见表 6.12。

表 6.12 振动筛主要参数

振型	直线振动
抛掷指数/振动强度/G	6.5~7.0
振幅/mm	2.5~4
处理量/(m^3/h)	20~25
筛网面积/m^2	1.4
筛网尺寸/mm	750×900×27
筛网数量/片	2
筛网目数/目	40~120
振动噪音/dB	≤85
振动频率/Hz	18~25

3) 振动筛单元结构设计

常规直线振动筛一般由底座、筛箱、筛网、激振器(振动电机)、缓冲箱(进液仓)、调角装置、支撑弹簧、控制箱等组成。

针对煤矿井下施工作业环境的特殊性,专用振动筛采取分体式结构:调角装置、底座部分设计在配套罐体上;缓冲箱(进液仓)与气液-固液分离装置设计为一体;电器控制部分与离心机单元设计在一起。

a. 筛箱

筛箱是振动筛承受冲洗液进行筛分的构件,一般由筛箱侧板以及支撑筛网的托架和支撑横梁等组成。筛箱不仅承受被筛分混合相的重量,而且还要承受激振力,因此要求其结构必须牢固,不但要有足够的强度,还要有足够的整体刚度,保证不发生过大变形而损坏。

煤矿井下固控系统专用振动筛采用双轴惯性筛箱结构,由侧板、后挡板、激振器座、横梁、弹簧座、筛网托架和筋板等组成,三维结构如图 6.31 所示。

筛箱整体通过侧板支撑在弹性隔振系统上,因此侧板间接承受着物料和筛箱的重量,并将激振力传送到筛箱的各个部分。侧板采用 8mm 厚的低碳钢板制成,两块侧板通过多根横梁焊接在一起,侧板边缘压制成弯边以提高其刚度并方便连接激振器底座。为进一步提高侧板的刚度,在其外侧焊接加强筋,进行适当补强。

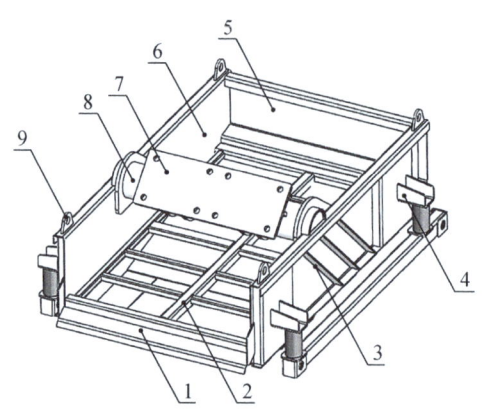

图 6.31 筛箱三维结构示意图

1. 出渣导板；2. 筛网支撑横梁；3. 加强筋板；4. 隔振固定座；5. 后挡板；
6. 侧箱板；7. 振动电机固定座；8. 激振横梁；9. 起吊挂钩

筛箱横梁可以采用矩形钢、无缝圆钢、工字钢、槽钢等几种形式，其中：无缝圆钢在各个方向的惯性矩相同，受力状态较好；矩形钢有利于承受两个方向的力，目前，经常采用一些大面积的筛箱；槽钢和工字钢是用钢板热压而成，可以制成所需的形状，在梁的转角处呈圆角，能够避免受力后产生应力集中，也用在受力较大的大面积筛箱上。基于不同形式型钢的特点，结合煤矿井下筛箱面积较小的客观条件确定激振器横梁采用无缝圆钢，其他横梁采用矩形钢和槽钢。

b. 激振器（振动电机）

激振器是振动筛的核心部件，对振动筛的工作效率、使用寿命以及应用场合起着决定性作用。目前，激振器按动力源可分为电动式、液压式和气动式三类，而生产实践中应用最广泛、技术最成熟的是电动式激振器，按结构可进一步细分为惯性式和电磁式两种，其中：惯性式激振器是由电动机带动偏心块以一定的角速度进行回转而产生周期激振力，由于这种类型的振动设备结构简单、制造安装比较容易，其应用十分广泛；电磁式激振器是由铁芯、线圈及衔铁组成，当交变电流或脉冲电流通过线圈，使电磁铁产生周期变化的磁吸力，从而带动激振器产生振动，这种类型的振动设备也广泛地运用在振动筛和振动实验设备上。

煤矿井下固控系统振动筛单元选用的是惯性式振动电机，其结构如图 6.32 所示，在电动机轴的两端装有偏心块，每组偏心块由固定偏心块和活动偏心块两部分组成，固定偏心块一般通过键固定在轴上，活动偏心块借助螺钉并通过偏心块上的切口夹紧在轴上。通过改变活动偏心块相对固定偏心块在圆周方向的相对位置，便可改变偏心块的合成偏心距，进而调整激振力的大小。目前，可满足煤矿井下使用要求的、具有安标证书的振动电机包括 YBZU-5、YBZU-10、YBZU-30、YBZU-50、YBZU-75、YBZU-100 等系列隔爆型产品，电压等级包括 660/1140V 和 380/660V 两种。

基于振动筛参数设计，选配的振动电机型号为 YBZU-30，其主要性能参数见表 6.13，主要结构尺寸及质量见表 6.14，外形结构如图 6.33 所示。

图 6.32 惯性式振动电机

表 6.13 YBZU-30 隔爆型振动电机主要性能参数

级数	额定激振力/kN	额定功率/kW	振动频次/(次/min)	绝缘等级	防护等级	工作定额
4	0~30	2.2	1410	F	IP55	SI

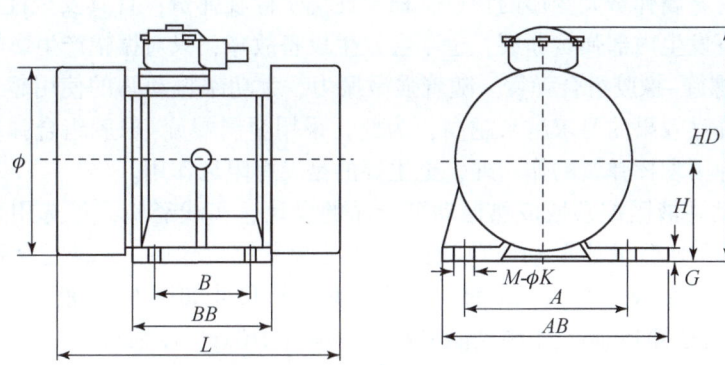

图 6.33 YBZU-30 隔爆型振动电机外形尺寸示意图

表 6.14 YBZU-30 隔爆型振动电机结构尺寸及质量

A/mm	B/mm	H/mm	AB/mm	BB/mm	G/mm	HD/mm	L/mm	M-ϕK	ϕ/mm	质量/kg
260	180	160	320	260	25	400	520	4-Φ33	260	110±3

c. 支撑弹簧

支撑弹簧是振动筛的重要组成部分。

地面油气勘探开发钻井领域相关理论及计算数据表明：振动筛是典型的惯性振动机械，即对振动系统的运动起主要作用的是惯性力，支撑弹簧的弹性力对筛箱振动状态的影响可以忽略不计。

然而，在振动筛的反复启动与关停的过程中，多次经历共振区时受到强共振的作用，由于共振作用的累积效应，可能引发筛箱的"一次性"强度破坏；此外，筛箱的弹性支撑系统除了给参振筛箱提供振动中心支承面外，还有一个重要的作用就是实现主动隔振，即尽可能地使筛箱系统的振动不向基座传递，一方面可以更好地降低机械噪声，另一方面可以减小基座振动对其他部件的不利影响。

目前，固控系统中振动筛所采用的支承弹簧有以下几种。

（1）螺旋弹簧。圆断面圆柱形弹簧是目前振动机械中应用最广的一种弹性元件，其机械性能不低于《弹簧钢》（GB/T 1222—2016）中 $60Si_2Mn$ 钢的规定；优点是制造较为方便，内摩擦小、能耗小，具有较长的寿命；不足是体积较大，容易产生噪声，调节刚度不便，横向刚度小，容易使机体出现横向摇晃。

（2）橡胶弹簧。它是一种高弹性体，可采用普通橡胶或耐油橡胶制作，其弹性模量小，能同时受多种载荷，受载后有较大的弹性变形，以吸收冲击和振动能量，容易实现非线性要求；同时，橡胶弹簧的形状不受限制，可以制成各种不同的形状和尺寸的产品；此外，橡胶弹簧的减振隔音效果良好，共振效应小，使用寿命长，成本低，具有良好气密性、防水性、电绝缘性等；然而，由于橡胶弹簧由高分子材料制成，比金属弹簧适应高低温的能力差，刚度受温度影响较大。

（3）橡胶-金属复合弹簧。它是在金属螺旋弹簧周围包裹一层橡胶材料复合而成的一种弹簧，性能优良，有许多普通弹簧无法比拟的优点，既具有橡胶弹簧的非线性和结构阻尼特性，又具有金属弹簧大变形的特点，稳定性优于橡胶弹簧；且其安全性高，即使在非正常使用条件下发生内部弹簧断裂，也不会发生设备故障，只对振幅产生影响。

（4）金属螺旋-橡胶组合弹簧。随着强激振力、大功率振动筛的使用越来越广泛，对支承弹簧减振降噪效果的要求越来越高，为此，采用金属螺旋-橡胶组合弹簧是很好的选择，其中橡胶除了发挥弹簧的作用外，更主要的是发挥阻尼作用。

依据地面钻井液固控领域成熟振动筛产品的设计、实践经验，可选用金属螺旋弹簧或橡胶-金属复合弹簧设计振动筛单元的弹性支承系统。橡胶-金属复合弹簧由黑色天然橡胶+金属螺旋弹簧（$60Si_2Mn$ 钢）组成，其外形尺寸如图 6.34 所示，高度 130mm，外径 Φ75mm、内径 Φ35mm。主要性能参数为：承载 210kg，压缩量 12~15mm，要求侧向具有足够的刚度。

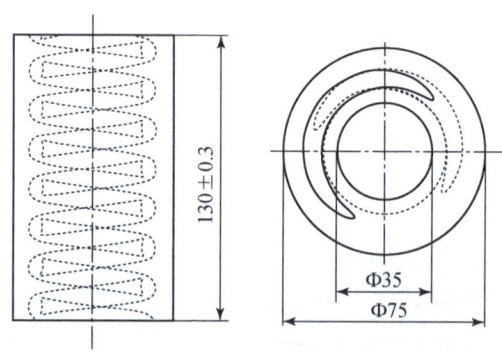

图 6.34 橡胶-金属复合弹簧外形尺寸

d. 筛网

对于过滤性的机械分离设备，筛网是振动筛实现固液分离的关键部件。振动筛工作过程中，比筛孔直径大的固相颗粒被分离出来，并通过颗粒间黏附作用将部分小于筛孔的固相颗粒分离出来，从筛面末端排出，而大部分比筛孔直径小的固相颗粒随液体一起穿过筛网。对于不同形式的振动筛，筛网的筛孔尺寸和形状对固相清除能力都有着重要影响。

目前，筛网根据安装形式可分为钩边筛网和框架筛网两大类。

钩边筛网（图6.35）是通过钩条将筛网绷紧在振动筛筛箱上，包括纵向绷紧和横向绷紧两种，根据结构型式可进一步细分为：①单层筛网——只有一层筛网通过制造钩边而形成；②叠层筛网——背衬为目数较小的筛网，由黏结剂将筛分层和支撑层黏结在一起通过制造钩边而形成；③衬板筛网——分为平板筛网（背衬为刚性孔板或薄钢板条框，由黏结剂将筛网和背衬黏结在一起通过制造钩边而形成）和波浪筛网（背衬为刚性孔板或薄钢板条框，筛网制成波浪形状由黏结剂将筛网和背衬黏结在一起通过制造钩边而形成）。

钩边筛网的使用寿命较长，主要用于圆振动筛或椭圆振动筛，由于其更换操作相对复杂，不适应煤矿井下作业环境。

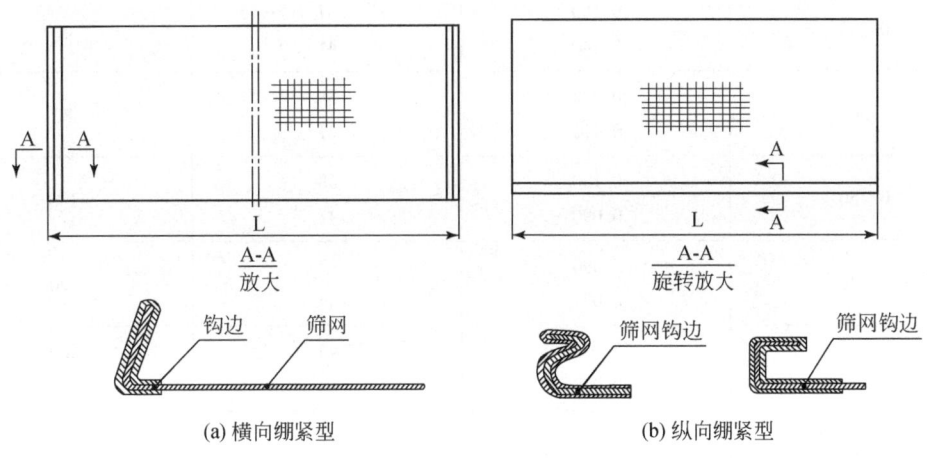

图6.35 典型钩边筛网结构示意图

框架筛网是通过楔块或压紧装置将筛网安装在振动筛筛箱上，根据结构型式可细分为：①框架平面网——背衬为厚度较大的钢框架结构，由黏结剂将筛网和框架背衬黏结在一起，筛网为平面；②框架波浪网——背衬为厚度较大的钢框架结构，筛网制成波浪形状由黏结剂将筛网和背衬黏结在一起，筛网为波浪曲面。

框架筛网多利用楔形块固定在筛箱上，安装、更换十分便捷，适应煤矿井下作业环境特点，因此，振动筛单元优先选用框架筛网，可选的筛网规格见表6.15，常用的筛网规格为40~120目。

表6.15 筛网规格

网孔基本尺寸/mm	金属丝直径/mm	筛分面积百分率/%	相当英制目数/(目/in)
2.000	0.500	64	10
	0.450	67	
1.600	0.500	58	12
	0.450	61	

续表

网孔基本尺寸/mm	金属丝直径/mm	筛分面积百分率/%	相当英制目数/(目/in)
1.000	0.315	58	20
	0.280	61	
0.560	0.280	44	30
	0.250	48	
0.425	0.224	43	40
	0.200	46	
0.300	0.200	36	50
	0.280	39	
0.250	0.160	37	60
	0.140	41	
0.200	0.125	38	80
	0.112	41	
0.160	0.100	38	100
	0.090	41	
0.140	0.090	37	120
	0.071	44	
0.112	0.056	44	150
	0.050	48	160
0.100	0.063	38	160
	0.056	41	
0.075	0.050	36	200
	0.045	39	
0.063	0.040	37	250
0.056	0.045	31	
0.050	0.030	39	325
0.045	0.032	34	

注：1in=2.54cm

e. 气液-固液分离装置

气液-固液分离装置是针对煤矿井下定向钻进冲洗液组成特点而专门设计的，它兼具气液分离、固液初级分离和振动筛进液缓冲三项功能，结构示意图如图 6.36 所示，孔内返出的"气液-固"三相混合流体经孔口装置（分离部分瓦斯气体）进入气液-固液分离装置：在锥形箱体内固液初级分离——大颗粒钻屑沉积并从出渣口排至筛网上；同时，大部分冲洗液携带细小钻屑经溢流通道进入气液分离箱体，并以"漫流"形式流动，实现气液相充分分离，瓦斯气体进入负压抽采管路，冲洗液则由排液口"散布"到振动筛网上，进行固液筛分分离。

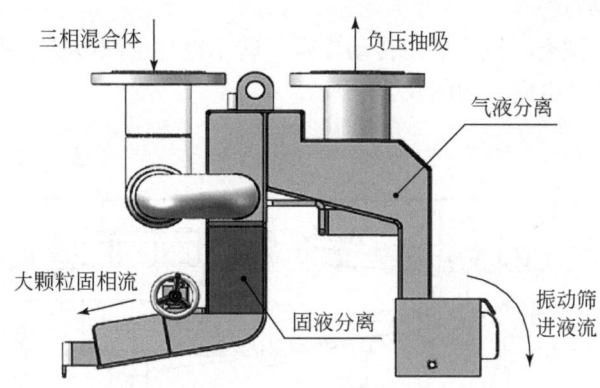

图 6.36 气液-固液分离装置结构示意图

f. 配套罐体

配套罐体是实现振动筛分的重要组成部分，具有双重作用：一是收集、存储透过筛网的冲洗液，作为离心机单元的"供液池"；二是安装支撑振动筛箱、实现调角等功能。

综合考虑井下搬迁、运输及在钻场内的摆放等要求，根据 ZDY 系列定向钻机的外形尺寸，确定配套罐体最大运输宽度须≤1.50m，最大运输长度须≤2.40m，最大高度须≤1.4m。

罐体框架采用槽钢、方形空心型钢等焊接而成，顶、底板为 3.5~5mm 的 Q235 钢板，立柱间焊接瓦楞形侧板，提高罐体承载能力和整体稳定性。

2. 离心机单元

离心机单元主要由高速离心机、配套储液罐、供液泵等组成，是煤矿井下冲洗液两级固控系统的第二级分离处理设备。

1）离心机主要技术参数

基于煤矿井下冲洗液的特点和循环处理要求，离心机单元配套的是 KWL300×1050D 型高速卧式螺旋卸料沉降离心机，其主要性能技术参数见表 6.16。

表 6.16 离心机主要设计技术参数

技术指标		参数
单机处理量		15~20m³/h
转鼓额定转速		3200r/min
分离因数		1719G
分离点		2~5μm
转鼓	直径	300mm
	长度	1050mm
差速器	差转速	8r/min
	螺旋扭矩	2000N·m
工作噪声		≤85dB（A）
振动烈度		≤5mm/s

2) 离心机结构型式

KWL300×1050D 型离心机主要由传动皮带、转子组件、减震器、机架、差速器、电动机、液力耦合器等部件组成，如图 6.37 所示。

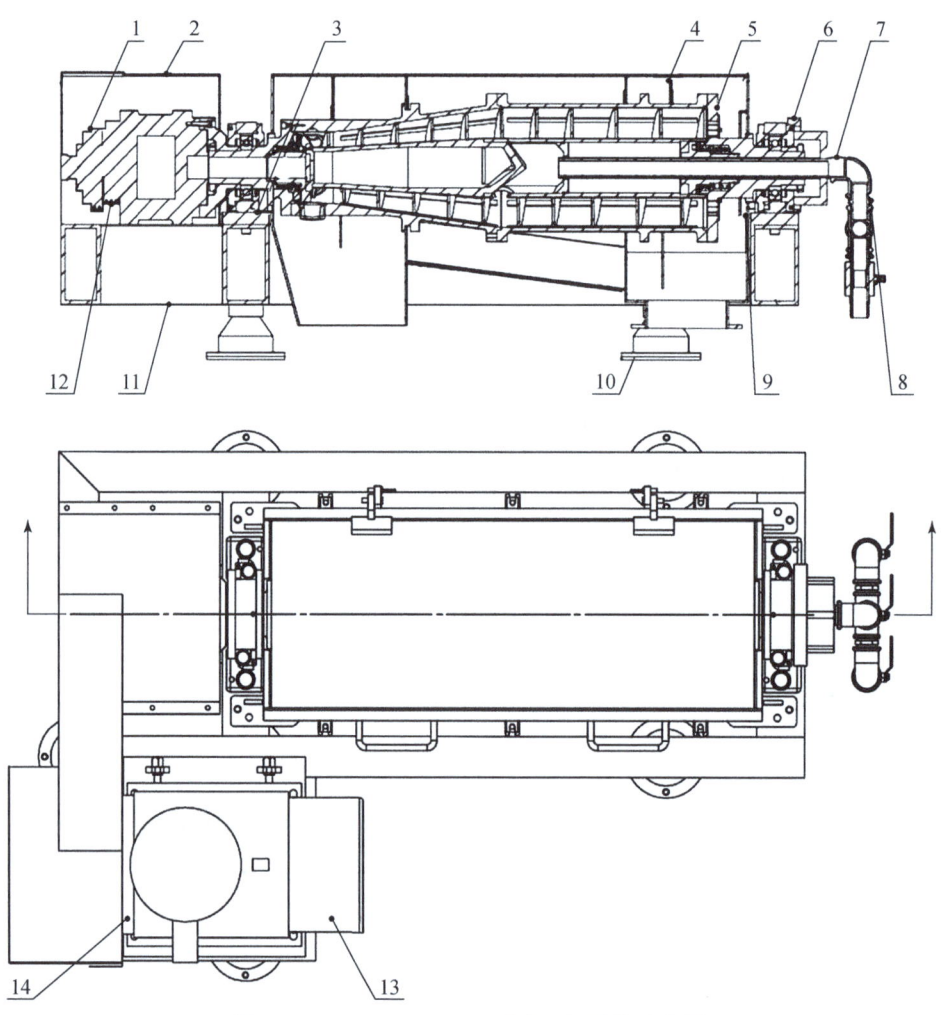

图 6.37　KWL300×1050D 型离心机结构示意图

1. 传动皮带；2. 电机罩；3. 轴承座；4. 转子上罩壳；5. 转子组件；6. 进料管座；7. 进料管；
8. 管接管组件；9. 转子下罩壳；10. 减震器；11. 机架；12. 差速器；13. 电动机；14. 液力耦合器

离心机转鼓内表面设计了纵向减摩条以保护内表面不被磨损；转鼓锥筒体出渣口设计可更换的耐磨陶瓷衬套；输送螺旋采取喷焊硬质合金保护层（厚度不小于 2mm）的特殊防磨措施；转鼓两端轴承座内分别安装深沟球轴承和圆柱滚子轴承，确保整机能长时间安全运行；机架通过减震装置安装在罐体上。

离心机防爆相关设计与技术措施：①配套电机为适应煤矿井下瓦斯气体环境的Ⅰ类电气设备，具有防爆合格证（防爆标志 ExdⅠ）和矿用产品安全标志证书。②传动皮带、液压胶管等配件为安标产品。③对于转子与转子上下壳体之间、在发生故障或零部件断裂失效等极端情况下的潜在接触碰撞部位，设计了铜合金材质的特殊防护部件。④温度控制方面，空运转时，主轴承温度不高于70℃、温升不大于35℃；负载运转时，主轴承温度不高于75℃、温升不大于40℃；离心机工作运转过程中，差速器油温不高于70℃、温升不大于40℃。

3）通用配套装置选型

a. 液力偶合器

KWL300×1050D型离心机由一台防爆电动机驱动，为实现"柔性"起动，在电动机输出端设置了液力偶合器。

液力偶合器是一种利用液体动能来传动功率的液力元件，其起动和制动的过载系数大、起动时间短，多适用于惯量大、要求起动快的传动系统中。液力偶合器按应用特性分普通型（YOP）、限矩型（YOX）、调速型（YOT）三种类型。

KWL300×1050D型离心机选配的是YOX限矩型液力偶合器，其功能特点是：①确保电动机不发生失速和闷车；②能使电动机在超载情况下起动，减少起动时间，减少起动过程中的平均电流，提高标准鼠笼式电动机的起动能力；③减少起动过程中的冲击与振动，隔离扭振，防止动力过载，延长机械使用寿命；④可按正常额定负荷的1.2倍选配结构简单的鼠笼式电动机，提高电网的功率因素；⑤在多台电动机的传动链中，能均衡各电机的负荷，减少电网的冲击电流，从而延长电机的使用寿命；⑥应用液力偶合器可节约能源，减少设备和降低运行费用；⑦液力偶合器结构简单可靠，无须特殊维护，使用寿命长。

b. 差速器

差速器是卧式螺旋沉降卸料离心机中最精密最重要的传动零部件，通常差速器的质量和性能直接决定了离心机的工作效率和稳定性。沉渣层在滚筒内表面上的输送是完全依靠差速器制造的螺旋推进器对滚筒的相对位移来实现的，滚筒与螺旋推进器的差速率在0.6%~4%。鉴于卧式螺旋卸料离心机的滚筒与螺旋推进器的转差率小，传递的扭矩较大的特点，国内外离心机所采用的差速器结构型式基本相同，一般多为双级2K-H、3K-K、H-V等型式行星渐开线齿轮差速器，或采用行星摆线针轮及渐开线齿轮差速器的组合形式。

KWL300×1050D型离心机采用的是周转轮系结构、内部使用渐开线行星齿轮的差速器。

4）离心机加工制造与检测要求

（1）加工装配要求：①转鼓、螺旋输送器等重要焊接件焊后进行热处理以消除内应力；②碳钢铸件进行消除内应力和改善金相组织的热处理或时效处理；③机架等碳钢焊件进行消除焊接应力处理；④离心机所有零件、部件需经质量检验部门检验合格，外购件需有合格证书并经质检部门复检合格后方能进行装配；⑤装配油封时唇边涂抹润滑脂，所有润滑部位按要求加足润滑油/润滑脂；⑥重要连接螺钉、螺栓用力矩扳手按要求力矩拧紧、上牢。

（2）检测要求：①离心机差速器连接盘等重要铸、锻件，热处理后进行磁粉探伤或超声探伤，符合《离心机、分离机锻焊件常规无损检测》(JB/T 9095—2008)的规定；②转鼓、螺旋输送器上的重要焊缝须经射线探伤检查，射线探伤不低于Ⅱ级；③焊接试样的机械性能测定按《焊接接头机械性能试验取样方法》(GB/T 2649—1989) 和《焊接接头拉伸试验方法》(GB/T 2651—2008) 规定方法进行，焊缝的机械强度不应低于对母材的要求；④离心机的转鼓、螺旋输送器及差速器外壳需分别做动平衡试验，动平衡精度不低于 G6.3 级。

5) 配套罐体

配套罐体是离心机单元的重要组成部分，一方面作为支撑基座固定离心机，另一方面作为"储液池"收集处理后的冲洗液、供泥浆泵抽吸。与振动筛配套罐体相似，框架采用槽钢、方形空心型钢等焊接而成，顶、底板为 3.5~5mm 的 Q235 钢板，立柱间焊接瓦楞形侧板，提高罐体承载能力和整体稳定性。

3. 控制系统

煤矿井下冲洗液两级固控系统配置了 4 台电动机：离心机驱动电机、离心机供液泵电动机、振动筛激振电机 (2 台)。根据振动筛单元与离心机单元起动、停机操控流程特点，采用 1 台 QJZ2 系列多回路矿用隔爆兼本安型真空电磁起动器 (图 6.38) 实现对多台电动机进行控制。

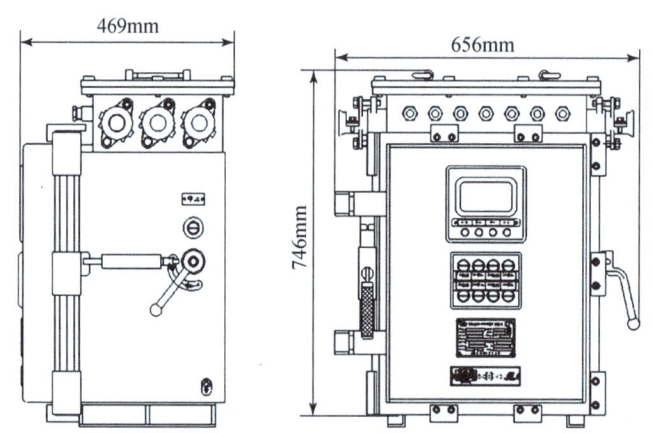

图 6.38 多回路矿用隔爆兼本安型真空电磁起动器外形结构示意图

1) 起动器特点

QJZ2 系列多回路矿用隔爆兼本安型真空电磁起动器具有以下特点。

(1) 保护和控制系统采用先进的可编程控制器 (PLC)，高精度的数据处理及先进保护算法，保护精度高，反应速度快；能完成漏电闭锁、过载、短路、断相、欠压和过电压保护功能；具有智能化程度高，性能稳定，控制方式多样，动作可靠等优点。

(2) 采用智能显示器，实现集中控制与通信管理；智能显示器全中文多媒体界面，菜单式操作；在用户界面上，可对开关的工作状态，参数和故障类型进行显示；具有友好的用户界面，良好的人机对话功能，可大幅提高判断故障和排除故障的效率。

(3) 所有模拟信号全部处理为数字信号，具有抗干扰能力强，接线简捷，信息量大，控制可靠等特点。

(4) 可实现近、远控制以及双速控制。

(5) 具有完备的自检、自诊断功能，可方便地检查保护和控制系统正常与否，组合开关具备现场按键设定、远程网络设定功能,组合开关具备标准的 RS-485 通信接口,国际标准的 Modbus 通信协议,开关具备远程遥测、遥控等功能,可直接构成矿用电力监控系统的一部分。

2) 主要技术参数

QJZ2 系列多回路矿用隔爆兼本安型真空电磁起动器的主要技术参数如下。①额定工作电压:1140/660V、50Hz,②隔离开关:每个额定电流 80A,③单台交流接触器:额定电流 20A。④单个回路电流整定范围:1~20A。⑤额定工作制:8 小时工作制。⑥允许电压波动范围:75%~110%。⑦操作方式:电动合闸、电动分闸。⑧电寿命 AC-3 负荷 60 万次;AC-4 负荷 5 万次。⑨机械寿命不少于 100 万次。

QJZ2 系列多回路矿用隔爆兼本安型真空电磁起动器保护功能的特性参数如下:①短路保护:整定值为 (3~10) Ie,动作时间为瞬动;②漏电闭锁保护:可对三相负载侧检测漏电故障。③三相不平衡:可对三相负载进行缺相及不平衡保护。④有过电压保护器。⑤故障(过载、漏电……)及运行等显示装置。

QJZ2 系列多回路矿用隔爆兼本安型真空电磁起动器保护动作特性见表 6.17。

表 6.17 保护动作特性

保护项目	动作条件		动作时间	起始状态	复位方式
	工作电流/整定电流				
过载保护	1.05		>1h (I≤63A) >2h (I>63A)	冷态	手动或自动
	1.20		5min<t<20min	热态	
	1.50		1min<t<3min	热态	
	6.00		8s<t<16s	冷态	
短路保护	3~10		0.2s<t<0.4s	冷态	断电手动
漏电闭锁	20kΩ+20% (660V)		—	—	手动
	40kΩ+20% (1140V)		—	—	手动
三相不平衡	任一相电流高于或低于其他相电流值65%		<20min	热态	手动
	任意两相	第三相			
断相保护	1.0	0.9	>1h (I≤63A) >2h (I>63A)	冷态	手动
	1.15	0	≤3min	热态	
过压保护	1.15		<5s	热态	手动
欠压保护	0.85		<5s	热态	手动

6.5 孔口装置

孔口装置是煤矿井下定向钻进冲洗液循环系统的重要组成部分,连接安装在孔口管

（包括封孔套管、止水套管等）上，是钻杆-孔壁环状流道与孔外循环系统间的关键连接、过渡节点，在瓦斯抽采，水害探查、治理等用途定向孔施工中发挥着重要作用，并辅助后续抽采、放水、注浆等作业。

6.5.1 基本功能与类型

在煤矿井下定向钻进配套冲洗液循环系统中，孔口装置与孔口管组合使用，其基本功能是将钻杆-孔壁环状流道转换成管流道，进而使孔内返出的冲洗液多相流有控制地进入孔外循环处理系统，一方面满足收集、处理、再循环利用的要求，另一方面保障钻场清洁、避免孔内返出的冲洗液直接喷溅在钻进设备上，改善施工作业环境。

实际应用中，因钻进目的、钻孔用途不同，配套孔口装置的结构型式和功能要求也不尽相同，可分为两大类：一类是以抽采瓦斯为主要目的的定向孔配套孔口装置，另一类是以水害防治为主要目的的定向孔配套孔口装置。

1. 瓦斯抽采定向孔配套孔口装置

施工瓦斯抽采定向孔过程中，孔内冲洗液携带钻渣屑沿钻杆-孔壁环状流道返出时常伴有气体（以孔壁煤岩层解吸的瓦斯为主）涌出，须对其进行收集处理、引入负压抽采系统，否则易引起钻场及周围局部区域风流瓦斯超限，威胁矿井安全生产，特别是本煤层定向长钻孔，分支孔多、煤层中有效距离长，钻进过程中瓦斯涌出量更大，在高瓦斯和突出煤层中还会发生瓦斯喷孔现象，因此，要求配套孔口装置具有良好的密封性和一定的防喷功能。

瓦斯抽采定向孔配套孔口装置一般由闸阀、多通道管件及钻杆密封件等组成，典型结构示意图如图 6.39 所示，包括 1 个闸阀、2 个四通和 1 个密封件，依次串联固定在孔口管上。

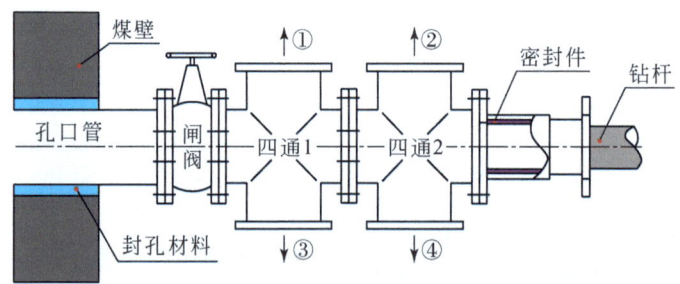

图 6.39 瓦斯抽采定向孔配套孔口装置典型结构示意图

闸阀通过法兰直接固定在封孔管上，其主要功能是在提出孔内钻具状态下关闭钻孔通道，阻止孔内瓦斯流出，辅助进行施工中途提钻-再下钻、提钻连接抽采管路等，钻进终孔后留置在孔口管上服务于后续抽采。

2 个四通（根据特殊需要，可替换成 1 个四通与 1 个五通的组合）依次串联在闸阀后端，其主要功能是提供多个管流通道，实现孔内返出冲洗液可控流动。四通组合中垂直钻杆轴线方向的出口①通常直接连在钻场负压抽采管上，且正常钻进时关闭流道，需要强抽时打开管路上的截止阀；出口②通常连接放水器后接入钻场负压抽采管路，正常钻进时将孔内涌入的大部分瓦斯气体抽进瓦斯管路；出口③和出口④通常连接气-液-固分离装置。钻进终孔后与闸阀连接的四通留置在孔口上继续服务于后续抽采。

密封装置根据密封材料和密封形式可分为多种类型，其中"盘根+压紧套"和"柔性有机材料板+压紧法兰"是最常用的两种，其主要功能是密封钻杆与孔口装置间的间隙，阻止钻杆-孔壁环状空间返出的冲洗液多相流直接流入钻场，同时阻止外部空气在压差作用下经孔口装置进入负压系统，实现钻杆柱与孔口装置之间的动态密封。

2. 水害防治定向孔配套孔口装置

煤矿水害防治定向钻孔往往肩负水患探查和预处理（如疏水降压、注浆加固、底板改造等）双重任务。施工水害防治定向孔过程中，揭露的地层承压水将涌入孔内并随冲洗液一起沿钻杆-孔壁环状流道返出，钻遇异常高压水体时须对孔口返水量进行有效控制甚至封闭孔口，以避免大量涌水淹没钻场、巷道，积水诱发危险，因此要求配套孔口装置具备一定的承压和防喷能力，一方面能够有效控制涌水、确保钻进安全，另一方面满足疏水、注浆等辅助作业要求。《煤矿防治水规定》中对探放水钻孔超前钻距和止水套管长度做了相应规定，预计水压大于 0.1MPa 的地点探放时，需预先固结套管、安装闸阀，并进行耐压试验，耐压值不得小于预计静水压值的 1.5 倍，兼做注浆钻孔的，综合注浆终压值确定，并保持 30min 以上；预计水压大于 1.5MPa 时，采用反压和有防喷装置的方法钻进。

煤矿水害防治定向钻孔配套孔口装置一般由闸阀、三通及密封装置等组成，特殊情况可选配闸板防喷器，连接固定在止水套管上，典型结构示意图如图 6.40 所示。闸阀连接固定在止水套管上，根据需要可调节或关闭钻孔通道，控制孔内承压水涌出量；三通配合密封件将钻杆-孔壁环空返出的冲洗液引至排水管路，避免冲洗液溢流、喷溅在钻进装备上。针对异常高压水体探查或难以预计出水压力的情况，可在孔口装置上增设专用的轻型手动闸板防喷器（图 6.41），其功能是钻进过程中如遇突然大量涌水可不提钻快速封闭钻孔环空流道。

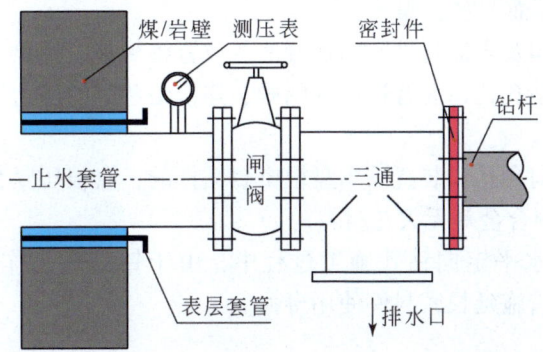

图 6.40 防治水定向孔配套孔口装置典型结构示意图

轻型手动闸板防喷器适应煤矿井下钻进作业环境和近水平孔施工工艺特点，结构简单、重量轻、性能可靠，目前可选用的产品型号为 SFZ110-14，其主要技术参数见表 6.18，实物如图 6.42 所示。

表 6.18　轻型手动闸板防喷器主要性能参数

技术指标	参数
公称通径/mm	110
额定工作压力/MPa	14
强度试验压力/MPa	18
关闭闸板旋转圈数/圈	14
闸板与密封直径规格/mm	63.5、73、89
质量/kg	65

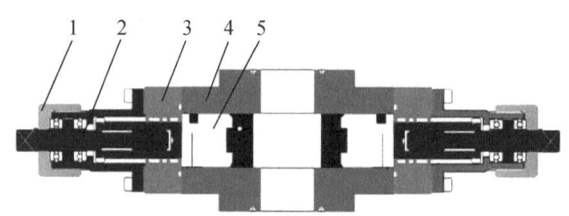

图 6.41　手动闸板防喷器结构图
1. 端盖；2. 旋转丝杠总成；3. 侧门；4. 壳体；5. 密封

图 6.42　轻型手动闸板防喷器实物图

6.5.2　安装使用

在煤矿井下钻进作业中，通常在开始实施定向钻进工艺前连接孔口装置，即先将钻头、单弯螺杆钻具等定向钻具组合下入开孔套管内，后依次连接闸阀、多通管件及钻杆密封件等，最后连接辅助抽采、排水等管线。

安装使用孔口装置的注意事项和措施如下。

（1）在非金属材质孔口管上安装孔口装置应采取辅助悬吊、张拉固定措施，避免钻进过程中孔口管意外损坏而漏水、漏气。

（2）孔口管、闸阀及多通管件间的连接法兰放置密封垫、螺栓上紧，防止泄露。

（3）探放水定向钻孔孔口装置选用的闸阀、连接法兰等的压力等级不应低于预计水压（或试压值）的 1.5 倍。

（4）瓦斯抽采定向孔孔口装置采用盘根密封钻杆的，盘根压紧套内孔应采用尼龙等抗静电阻燃有机材料或铜合金等无火花材料。

（5）煤矿井下近水平定向钻孔施工过程中，由于钻具重力作用易引起钻杆密封件"偏磨"，需采取必要措施延长密封件使用寿命。

第7章　煤矿井下近水平定向钻进工艺技术

定向钻进工艺技术是一门综合性的多学科技术，涉及钻具结构型式、钻孔结构、钻进工艺参数以及地层结构等方面，其研究内容主要包括定向钻孔轨迹设计、定向钻孔轨迹控制及定向钻进工艺参数的研究。自20世纪90年代以来近水平孔定向钻进技术在我国煤矿越来越受重视，经过广大科技工作者十几年的努力取得了近突破性进展。

7.1　定向钻孔轨迹设计方法

煤矿井下近水平定向钻孔轨迹和一般定向钻孔轨迹一样都是由若干空间直线或曲线组成的，所不同的是一般定向钻孔轨迹都是以地面为参照建立相应的空间坐标系，而煤矿井下近水平定向钻孔则必须以井下钻场为参照建立空间坐标系。因此进行钻孔轨迹设计时，应首先根据实际情况建立相应的空间坐标系，并确定表征钻孔轨迹空间位置的点、线、面和角之间的关系以及钻孔轨迹的描述方法和计算方法，建立钻孔轨迹设计和计算的理论基础。

定向钻孔轨迹根据空间曲线参数的构成可分为设计钻孔轨迹和实际钻孔轨迹。设计钻孔轨迹是人们出于某种需要希望实现的钻孔轨迹，它所代表的只是一种理想状态。实际钻孔轨迹是钻进过程中钻头中心点沿钻孔轴线移动时形成的几何路径，是由多个点连续组成的，但在实际操作中不可能对钻孔轨迹的每个点进行连续测量，因而实际钻孔轨迹是无法完整地绘制出来的，它仅具有抽象意义。钻孔实测轨迹是在钻进中对实际轨迹的某些特定点进行测量而得到的，这些点被称为测点，以测点的实测数据为基础绘制的钻孔轨迹实际为折线，其与实际轨迹近似的程度取决于测点的密集程度。

7.1.1　煤矿井下定向钻进相关名词术语

煤矿井下定向钻进技术从钻进原理、设备组成方面与石油钻井、地矿钻井技术基本相同，但煤矿井下实施钻探作业往往受井巷条件、使用条件及适用环境等因素限制，井下钻进方式和钻进要求有所不同，因此也产生了新的适用于煤矿井下的名词术语。

1. 定向钻孔

控制钻孔轴线沿设计轨迹延伸形成的钻孔。

2. 主孔

钻孔轴线被首先设计确定的定向钻孔。

3. 分支孔

定向钻孔内除主孔以外的其他孔段。

4. 多分支定向钻孔

具有三个及以上孔底的定向钻孔。

5. 集束型钻孔群

开孔点相对集中，由多个多分支定向钻孔组成、覆盖一定区域范围的钻孔群。

6. 梳状钻孔

在主孔中向同一目标层按照一定间距施工多个分支孔而形成的多分支定向钻孔。

7. 随钻测量

钻进过程中实现孔底信息实时测量和传输的技术。

8. 钻孔深度

孔口到孔底的钻孔轴线长度，以"L"表示，通常钻孔深度以孔内钻具总长度度量。

9. 钻孔倾角

钻孔轴线上某点沿轴线延伸方向的切线与水平面之间的夹角，以"θ"表示。钻孔倾角通常以水平面为基准，钻孔上仰为正，钻孔下斜为负，倾角范围为$-90°\sim90°$。

10. 钻孔方位线

钻孔轴线上某点沿轴线延伸方向的切线在水平面上的投影。

11. 钻孔方位角

以钻孔轴线上某点正北方位线为始边，顺时针旋转至该点钻孔方位线所转过的角度，以"α"表示。根据正北向代表真北和磁北的不同，钻孔方位角又可以分为真方位和磁方位，二者相差一个磁偏角。

12. 开孔方位

以钻孔轴线上开孔点正北方向线与该点钻孔方位线之间顺时针方向上的夹角。

13. 终孔方位

以钻孔轴线上终孔点正北方向线与该点钻孔方位线之间顺时针方向上的夹角。

14. 钻孔主设计方位

主孔设计轴线主延伸方向的参考方位。根据不同表示需要，可选择巷道轴线、工作面走向、特定磁方位等作为钻孔主设计方位。

15. 钻孔设计坐标系

以开孔点为坐标原点，钻孔主设计方位线延伸方向为 X 轴正方向、水平顺时针旋转 $90°$ 为 Y 轴正方向、竖直向上为 Z 轴正方向所形成的坐标系。

16. 偏角

钻孔主设计方位与实际钻孔轴线上某点方位的角度差，角度差范围为 $-180°\sim180°$。

17. 反扭角

螺杆钻具工作时产生的反扭矩使得孔底钻具逆时针方向转动的角度。

18. 水平位移

钻孔设计坐标系内，定向钻孔轴线上任一测点的 X 轴坐标值，以"x"表示。

19. 左右位移

钻孔设计坐标系内，定向钻孔轴线上任一测点的 Y 轴坐标值，以"y"表示。

20. 上下位移

钻孔设计坐标系内，定向钻孔轴线上任一测点的 Z 轴坐标值，以"z"表示。

21. 左右偏差

实钻钻孔轨迹左右位移与设计钻孔轨迹左右位移的差值称为左右偏差，正值为右偏，负值为左偏。

22. 上下偏差

实钻钻孔轨迹上下位移与设计钻孔轨迹上下位移的差值称为上下偏差，正值为上偏，负值为下偏。

23. 工具面

造斜工具弯曲角所确定的平面。

24. 工具面向角

在垂直于钻孔轴线平面上，以钻孔圆心指向钻孔圆周上的最高点的方向线（高边方向线）为始边，顺时针转到工具面的角度，以"ω"表示。

25. 钻孔弯曲强度

单位长度钻孔轴线上钻孔角度变化量。以弧度为单位的角度变化量，用曲率表征，以"K"表示，单位为（rad/m）。以角度为单位的角度变化量，用弯强表征，以"i"表示；单位长度钻孔轴线上倾角变化量称为倾角弯曲强度；单位长度钻孔轴线上方位角的变化量称方位角弯曲强度，单位长度钻孔轴线上全弯曲角变化量称为全弯曲强度。

26. 靶点

钻孔设计的目标点。

27. 靶区

以靶点为中心，以允许偏差所形成的区域。

28. 预留分支点

预先设计钻孔轨迹方向有明显变化且可满足施工分支孔的点。

29. 真倾角

某一倾斜构造面的倾向线与水平面之间的夹角。

30. 视倾角

某一倾斜构造面上斜交于走向线的任一直线与水平面之间的夹角。

31. 前进式开分支

在施工钻孔主孔过程中，由浅到深进行分支孔施工的钻进方法。

32. 后退式开分支

主孔施工完成后,由深及浅进行分支孔施工的钻进方法。

7.1.2 定向钻孔轨迹设计原则

钻孔轨迹是指钻孔轴线上各点空间位置的变化状态,并由其空间要素来表征。钻探工程中钻孔轨迹的特征通常用一条线来描述,这条线代表钻孔轴线。

定向钻孔施工前,需根据地质状况、工程要求和施工条件,对所要施工的钻孔进行轨迹轴线设计。钻孔轴线一般是连续的轨迹线,可为直线和曲线的不同组合。设计钻孔轴线要能达到工程目的要求,且在工程施工中容易被实现,对钻孔施工起指导作用。煤矿井下定向钻孔轨迹设计是定向钻孔施工的重要内容之一,其主要遵循以下原则。

1. 通用设计原则

(1) 钻孔设计时应选择合适的钻孔曲率。一般情况下钻孔倾角弯曲强度不大于 0.0087rad/m ($0.50°/\text{m}$);钻孔方位角弯曲强度不大于 0.0058rad/m ($0.33°/\text{m}$)。

(2) 钻孔轨迹设计时预留分支点。在钻孔施工过程中,因探测煤层顶底板的需要,每钻进一段距离需侧钻开分支;此外,当钻遇地质异常体或发生孔内事故时,也需侧钻开分支,所以在钻孔轨迹设计时每隔一段距离应适当预留分支点。预留分支点应设计在地层相对完整的煤岩层孔段,不宜在坚硬和破碎层段预留分支点。

2. 瓦斯抽采定向钻孔设计原则

(1) 能实现瓦斯抽采的目的。煤矿井下瓦斯抽采定向钻孔的目的是增加钻孔穿煤长度,保证钻孔轨迹在煤层中延伸,以达到较好的瓦斯抽采效果。

(2) 满足抽采煤层瓦斯的要求。在井下施工条件允许的情况下,定向钻孔轨迹设计应尽量以仰角为主,终孔后尽量减少或避免孔内积水,进而不易堵塞钻孔内煤层瓦斯解吸通道,在孔口负压的作用下孔内瓦斯气体能顺畅地被抽出孔外,达到降低工作面煤层瓦斯的目的。

(3) 确定合理的钻孔布置间距。不同区域煤层瓦斯抽采钻孔在某一流动时间内都有自己控制的一个瓦斯流场,瓦斯流场范围可用钻孔瓦斯抽采半径表征。不同矿区煤层钻孔抽采瓦斯范围不同,抽采半径也不同,因此需要在钻孔轨迹设计时针对不同矿区合理布置钻孔间距。

此外瓦斯抽采钻孔轨迹设计还应根据煤层条件和抽采目的选择定向钻孔型式,钻孔间距应根据抽、掘、采衔接及设计抽采时间合理调整。不同类型定向钻孔设计原则如下。

(1) 当采用集束型钻孔群预抽目标层瓦斯时,应根据瓦斯抽采影响半径均匀布孔,覆盖工作面所有区域,钻孔轨迹应在煤层中延伸。

(2) 当采用高位定向钻孔抽采采动及采空区瓦斯时,钻孔应布置在煤层顶板的采动裂隙带内。

(3) 当采用梳状钻孔预抽目标层瓦斯或抽采卸压瓦斯时,可将钻孔主孔布置在顶板或底板中,当钻孔布置在顶板中时应采用后退式开分支工艺进行定向钻进,当钻孔布置在底板中时应采用前进式开分支工艺进行定向钻进。

3. 防治水定向钻孔设计原则

防治水定向钻孔应根据防治水措施不同进行钻孔设计，不同防治水措施的定向钻孔设计原则如下。

（1）当以探查和疏放采空区及地层中的含水体为目的时，应在分析已有地质资料、水文资料、矿井资料及矿井开采资料的基础上，结合物探结果和轨迹控制精度，确定靶点和靶区。

（2）对加固煤层顶底板中软弱构造带或改造煤层顶底板含水层为目的的定向钻孔，应先根据地质资料、水文资料、物探资料和工程地质资料等选择加固或改造的目的层位，然后应根据注浆影响半径均匀布孔，覆盖加固区的所有区域，钻孔轨迹应在目的层中延伸。

4. 其他类型定向钻孔设计原则

以探测煤层条件、矿井地质构造和地质异常体为目的的钻孔，应根据煤层等高线、采掘揭露煤层信息设计定向钻孔轨迹和预留分支点位置。

7.1.3 钻孔轨迹设计基本参数及确定

定向钻孔轨迹形态可用任意轨迹处的孔深、倾角、方位角、上下位移、水平位移、左右位移、曲线段的曲率或弯曲强度等基本要素进行描述。其中孔深、倾角和方位角为基本要素，钻孔轨迹上任意一点的三维空间坐标可根据基本要素计算得到。

1. 钻孔孔深

钻孔孔深是指钻孔孔口到孔底的轴线长度，可直接通过测量钻杆长度的方式获得。钻孔孔深分为测点深度和钻头深度两种含义，其中测点深度是指孔内测量探管所在的位置，钻头深度是指孔内钻头所在的位置，两者相差的距离为孔内测量探管与孔底钻头之间的钻具长度之和。测点深度一般是钻孔轨迹设计和控制的基准。

钻孔轨迹设计时应以钻孔的测点深度为设计参数，钻孔深度应根据施工目的、设备能力、地层条件和工作环境等因素确定。钻孔设计深度不宜超过定向钻进设备最大钻进深度能力的80%。

2. 钻孔倾角

钻孔倾角设计主要体现在钻孔轨迹的垂直剖面设计上，设计值尽量与目的地层一致，实钻倾角可由随钻测量装置的孔内探管实时测量。钻孔倾角应根据定向钻孔轨迹延伸方向与地层走向之间的关系来确定，倾角设计时应注意以下因素。

（1）钻孔设计轨迹走向与地层倾向相同时，钻孔倾角弯曲强度在不大于 0.0087rad/m（0.50°/m）的情况下，随地层倾角变化，控制钻孔在目标地层中延伸。

（2）钻孔设计轨迹走向与地层倾向不同时，钻孔倾角变化即为地层倾角在钻孔轨迹上视倾角的变化；尤其是方位角造斜孔段，钻孔倾角与地层倾角间相互关系连续变化，应将地层的真倾角随钻孔变化的视倾角计算出来，为定向钻孔倾角设计和空间坐标确定提供依据。钻孔视倾角与地层真倾角的空间相互关系如图 7.1 所示，计算公式见式 (7.1)。

$$\tan\theta_2 = \cos\zeta \times \tan\theta_1 \tag{7.1}$$

式中，θ_1 为真倾角，(°)；θ_2 为视倾角，(°)；ζ 为真倾角与视倾角间的夹角，(°)。

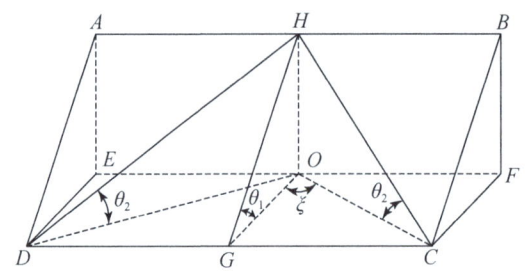

图 7.1　钻孔真倾角和视倾角的关系

3. 钻孔方位角

钻孔方位设计主要体现在钻孔轨迹的平面设计上。设计钻孔方位时，应根据目标方位或终孔点坐标、左右位移及靶区先确定开孔方位，然后选择造斜点并设计造斜孔段方位。造斜孔段方位角设计时钻孔方位角弯曲强度不大于 0.0058rad/m（0.33°/m）。

根据正北向代表真北和磁北的不同，方位又可以分为真方位和磁方位，二者相差一个磁偏角，如图 7.2 所示。若无特殊说明，以下所述北向均指磁北。

随钻测量装置实时采集的方位角一般均为磁方位角，其与真方位角的转换关系为

$$\alpha_2 = \alpha_1 + \delta \tag{7.2}$$

式中，α_1 为磁方位角，(°)；α_2 为真方位角，(°)；δ 为磁偏角，(°)。

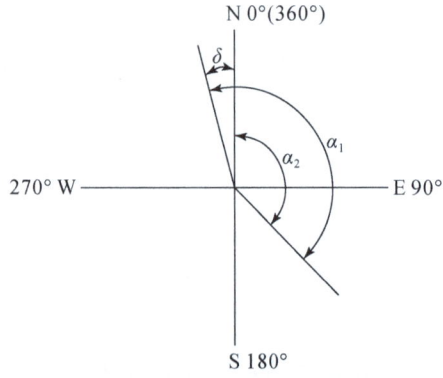

图 7.2　钻孔方位角示意图

钻孔方位主要体现在钻孔轨迹的平面设计上，方位值可以在煤矿井田平面图上获得，但在选取钻孔方位值时须满足以下条件：

（1）钻孔轨迹能覆盖整个工作面，尽量避免工作面瓦斯抽采盲区。

（2）满足钻孔合理间距的控制要求。

（3）开孔方位满足钻场内钻孔布置要求，避免钻孔之间的贯通；钻孔终孔方位必须满足方位造斜曲率的要求。

7.1.4 井下定向钻孔坐标系的研究

根据煤矿地质测量绘图、煤矿井下钻孔设计轨迹绘图、实钻轨迹绘图及钻孔轨迹控制的需要,目前煤矿井下定向钻进主要使用两种坐标系。

1. 相对地理坐标系

以孔口为原点,X 轴正向指向地理正北(与磁北间有磁偏角 δ),Y 轴指向地理正东,Z 轴铅垂指向地心。在此坐标系下,将磁方位角修正为地理方位角。若将孔口的绝对地理坐标叠加到计算出的各点相对坐标值上,相对地理坐标就转变为绝对地理坐标。

在相对地理坐标系中,利用公式计算出钻孔轨迹的水平位移及左右位移主要用于绘制钻孔设计轨迹、钻孔实钻轨迹的井田平面图,同时可以参考此坐标系中参数数据控制钻孔实钻轨迹在水平面上沿设计轨迹延伸。

2. 相对钻孔坐标系

相对钻孔坐标系如图 7.3 所示,以钻孔孔口为坐标系的原点 O,钻孔开孔方位为 X 轴正方向(即坐标系的纵线方位),顺时针旋转 90°为 Y 轴正方向,指向地面为 Z 轴正方向。$O\text{-}XYZ$ 构成左手直角坐标系。在相对钻孔坐标系下,各坐标值参数定义如下。

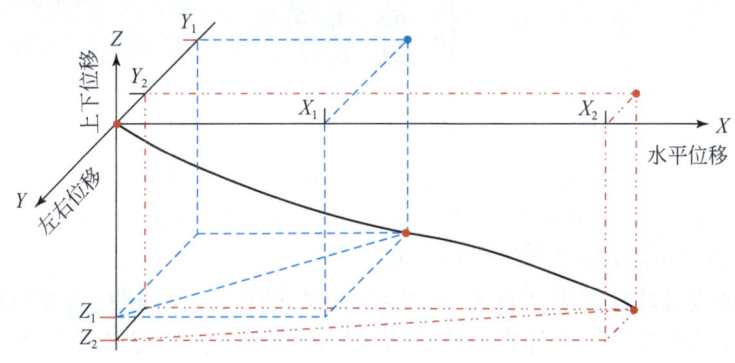

图 7.3 相对钻孔坐标系

1)水平位移

水平位移是指钻孔设计坐标系内,定向钻孔轴线上任一测点的 X 轴坐标值。用"x"表示,其计算公式见式(7.3)~式(7.5):

$$x = \sum_{i=1}^{n} \Delta L_i \times \cos\left(\frac{\theta_{i-1} + \theta_i}{2}\right) \times \cos\left(\frac{\alpha_{i-1} + \alpha_i}{2} - \alpha_a\right) \tag{7.3}$$

$$y = \sum_{i=1}^{n} \Delta L_i \times \cos\left(\frac{\theta_{i-1} + \theta_i}{2}\right) \times \sin\left(\frac{\alpha_{i-1} + \alpha_i}{2} - \alpha_a\right) \tag{7.4}$$

$$z = \sum_{i=1}^{n} \Delta L_i \times \sin\left(\frac{\theta_{i-1} + \theta_i}{2}\right) \tag{7.5}$$

式中,ΔL_i 为钻孔轴线测点 L_{i-1} 与 L_i 两点间钻孔轴线的长度,m;θ_i 为钻孔轴线 L_i 测点的钻孔倾角,(°);α_i 为钻孔轴线 L_i 测点的钻孔方位角,(°);α_a 为钻孔主设计方位角,(°);x

为钻孔的水平位移，m；y 为钻孔的左右位移，m；z 为钻孔的上下位移，m。

2）左右位移

左右位移是指钻孔设计坐标系内，定向钻孔轴线上任一测点的 Y 轴坐标值。用"y"表示，正值为右偏，负值为左偏，其计算公式见式（7.4）。实钻钻孔轨迹左右位移与设计钻孔轨迹左右位移的差值称为左右偏差。

3）上下位移

上下位移是指钻孔设计坐标系内，定向钻孔轴线上任一测点的 Z 轴坐标值。用"z"表示，正值为上偏，负值为下偏，其计算公式见式（7.5）。实钻钻孔轨迹上下位移与设计钻孔轨迹上下位移的差值称为上下偏差。

4）钻孔弯曲强度

钻孔弯曲强度是单位长度钻孔轴线上钻孔角度变化量。以弧度为单位的角度变化量，用曲率表征，以"K"表示，单位为（rad/m）。以角度为单位的角度变化量，用弯强表征，以"i"表示，单位为（°/m）。单位长度钻孔轴线上倾角变化量称为倾角弯曲强度；单位长度钻孔轴线上方位角的变化量称方位角弯曲强度，单位长度钻孔轴线上全弯曲角变化量称为全弯曲强度。计算方法见式（7.6）~式（7.7）：

$$\begin{cases} \theta = \dfrac{\Delta\theta}{\Delta L} = \dfrac{\theta_B - \theta_A}{L_B - L_A} \\ \alpha = \dfrac{\Delta\alpha}{\Delta L} = \dfrac{\alpha_B - \alpha_A}{L_B - L_A} \\ i = \dfrac{\gamma}{\Delta L} \end{cases} \quad (7.6)$$

$$\cos\gamma = \sin\theta_A \sin\theta_B + \cos\theta_A \cos\theta_B \cos(\alpha_A - \alpha_B) \quad (7.7)$$

式中，θ_A、θ_B 为 A、B 两点的倾角，（°）；α_A、α_B 为 A、B 两点的方位角，（°）；L_A、L_B 为 A、B 两点的孔深，m；γ 为钻孔的全弯曲角，（°）。

定向钻孔的设计轨迹多为"直线–曲线–直线"的形式，需根据地层情况和钻具的强度确定钻孔的弯曲强度，以此计算出钻孔曲线的曲率半径，从而完成定向孔轨迹的设计。在实际定向钻进过程中则要根据实钻轨迹参数计算相应孔段的弯曲强度来指导定向钻进，以防止实际钻孔的弯曲强度超出钻具的强度而造成钻具损坏。

7.1.5　煤矿井下钻孔轨迹设计方法

煤矿井下定向钻孔的实际轨迹为螺旋型曲线。由于钻孔轨迹在稳斜段倾角和方位角变化很小，钻孔基本围绕直线延伸，可近似地看做直线，因此煤矿井下近水平定向钻孔轨迹可近似为曲线与直线的组合，以"直线–曲线–直线"的形式为主。在设计钻孔轨迹时可近似将直线段定性为二维设计，曲线段为三维设计，但在实际钻孔设计过程中可根据煤层定向钻孔控制方法将钻孔轨迹设计分为平面和剖面两种二维设计。目前煤矿井下常用的钻孔设计方法为绘图法和计算法。

1. 绘图法

绘图法相当于机械制图中的视图表示法，在国内广泛使用，这种图示法包含两张图：水平投影图和垂直投影图。水平投影即俯视图，纵轴是左右偏差，横轴是水平位移；垂直投影图即侧视图，其投影选在水平方位线所在的铅垂平面上，纵轴是上下偏差，横轴是水平位移。绘图法生成的设计轨迹对于有利于钻孔施工，从设计图中就可以想象钻孔轨迹的空间状态，指导钻进需要增斜还是降斜，需要增方位还是减方位。

1）平面设计

钻孔平面设计主要体现在钻孔方位上的变化，反映钻孔的左右位移。钻孔轨迹是直线形式时钻孔方位是固定值，在平面上的投影就是一条直线。如果钻孔轨迹为"直线-曲线-直线"形式，设计钻孔平面轨迹时，首先要确定开孔点方位及终孔点方位，而曲线段设计是将开孔方位过渡为终孔方位的过程。目前钻孔平面上曲线设计多为圆弧线，在设计过程中首先确定钻孔方位造斜曲率，根据方位造斜曲率计算圆弧线的弧长和半径，利用半径画出相应圆弧并与直线段轨迹相切，轨迹设计示意图如图7.4和图7.5所示，计算公式见式（7.8）和式（7.9）：

$$K = \frac{\alpha}{l} \quad (7.8)$$

$$R = \frac{180l}{\pi\alpha} \quad (7.9)$$

式中，K 为钻孔方位造斜曲率，°/m；$\alpha = \alpha_2 - \alpha_1$，为钻孔方位变化的角度，(°)；$\alpha_1$ 为钻孔开孔方位角度，(°)；α_2 为钻孔终孔方位角度，(°)；R 为钻孔曲线段曲率半径，m；L 为钻孔曲线变化长度，m。

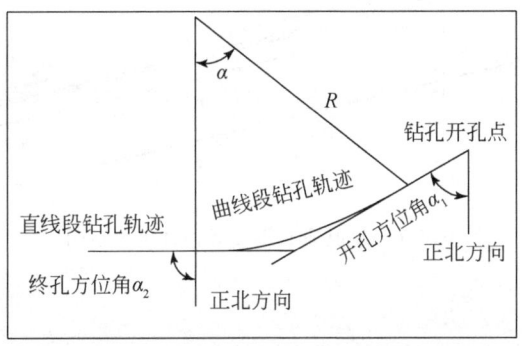

图 7.4 钻孔轨迹弧线段设计示意图

2）剖面设计

钻孔剖面设计依据煤层的起伏变化情况，主要体现在钻孔倾角方向的变化，反映钻孔的上下位移。但由于目前国内煤矿开采方式的不同，提供的煤层地质资料不尽相同，钻孔倾角主要从以下两方面进行计算。

a. 煤层地质资料较详尽

目前国内大多数煤矿利用定向钻进技术在已形成的采掘工作面上进行近水平长钻孔施工，目的是抽采工作面煤层中的瓦斯，解决煤层回采时瓦斯超限问题。在形成采掘工作面

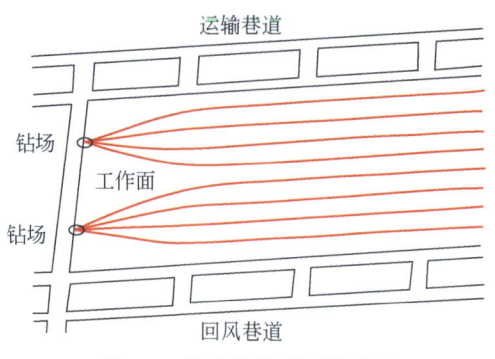

图 7.5 钻孔轨迹平面设计图

前已开掘出工作面运输顺槽、回风顺槽和切眼连巷,这样就可以较清楚地了解该工作面的煤层顶底板标高和地质构造情况,依据这些资料和设计的钻孔走向,即可运用三角函数关系计算出设计钻孔各孔段的倾角。由于实际钻孔设计轨迹不可能和运输顺槽或回风顺槽重合,钻孔轨迹往往与揭露的顺槽有一定的距离,在设计钻孔轨迹时要根据工作面的走向将顺槽煤层标高转化为钻孔轨迹处煤层标高,从而完成定向钻孔轨迹剖面的设计。图 7.6 所示为某煤矿掘进运输顺槽时测得的煤层标高及煤层顶底板标高;图 7.7 所示为某煤矿掘进工作面切眼剖面。根据图中给定的实测数据利用式(7.10)和式(7.11)计算得出钻孔轨迹倾角值。

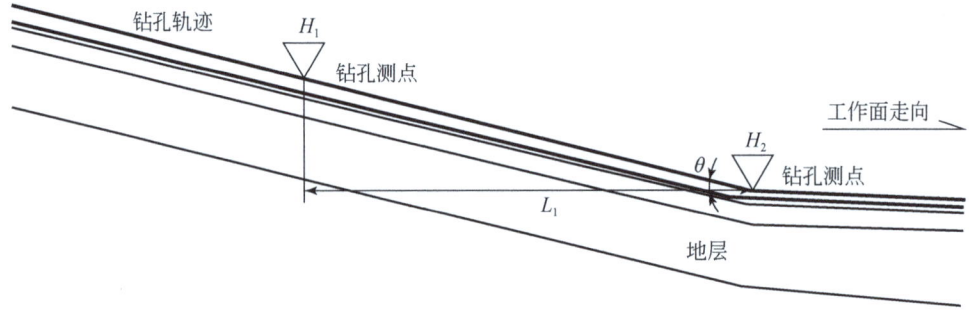

图 7.6 钻孔垂直剖面倾角计算示意图

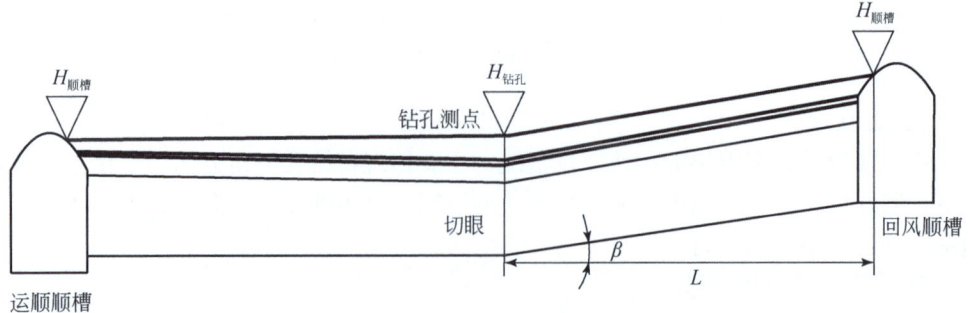

图 7.7 工作面切眼剖面钻孔测点标高计算示意图

$$\theta = \arctan\left(\frac{H_2 - H_1}{L_1}\right) \tag{7.10}$$

$$H_{钻孔} = H_{顺槽} + L \times \tan\beta \tag{7.11}$$

式中，θ 为钻孔倾角，(°)；H_1、H_2 为两测点地层标高，m；L_1 为两测点水平间距，m；L 为钻孔轨迹测点与工作面顺槽之间的水平距离，m；$H_{钻孔}$、$H_{顺槽}$ 为钻孔测点和工作面顺槽对应点标高，m；β 为工作面切眼（连巷）倾角，(°)。

b. 煤层地质资料不详

在高瓦斯突出矿井中，在形成采掘工作面过程中掘进运输顺槽或回风顺槽时易出现瓦斯超限或突出事故，因此在未形成工作面之前必须采用定向钻进技术进行工作面煤层瓦斯抽采。工作面在没有开掘出运输顺槽和回风顺槽的情况下，无法预知工作面的煤层顶底板标高，尤其是在地质构造变化较大的区段，煤层的起伏变化情况很难掌握，此时可根据井田平面图上工作面所在煤层的等高线分布，粗略推出煤层倾向和走向。在此种情况下进行钻孔轨迹设计时钻孔倾角可根据与钻孔设计轨迹相交的煤层等高线值及等高线之间的距离，利用三角函数式近似推测出煤层倾角，据此作出定向钻孔轨迹剖面的初步设计。

在初步设计了钻孔倾角，确定了钻孔剖面以后，在施钻中第一个钻孔必须按照一定的距离设计探顶（底）分支钻孔，根据探测的钻孔数据可计算出钻孔实钻轨迹的位置及所钻煤层的倾角，确定钻孔顶底板位置，从而对定向钻孔轨迹初步设计的剖面进行相应修订。与第一个勘探孔临近的其他钻孔可以直接利用已探明的地质资料进行钻孔轨迹剖面设计。图 7.8 所示为利用等高线计算煤层倾角，图 7.9 所示为钻孔施工探顶、探底剖面图，以修正煤层倾角。

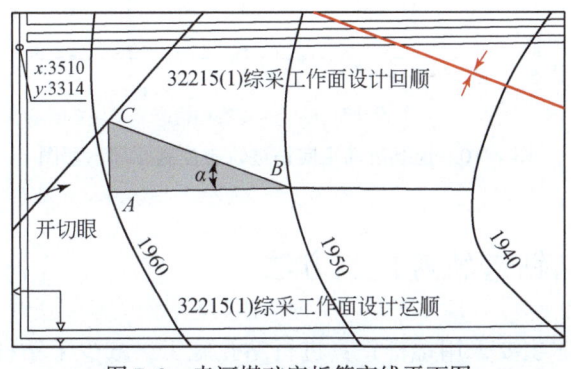

图 7.8 寺河煤矿底板等高线平面图

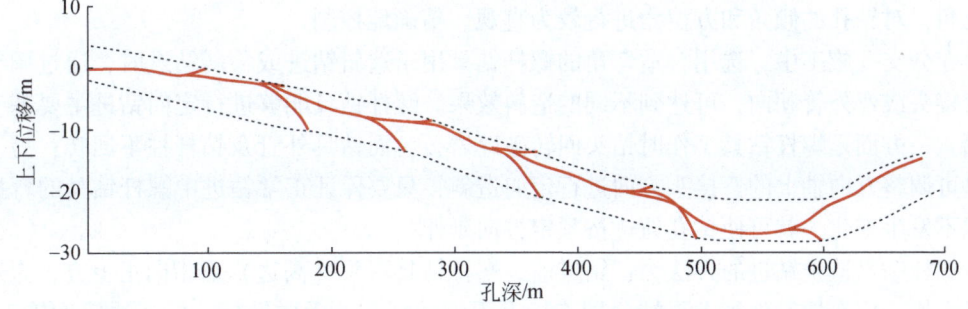

图 7.9 某钻孔探查煤层顶底板图

2. 计算法

计算法是适用于计算机时代的最先进方法,可适用于所有钻孔轨迹设计。设计根据钻孔轨迹的方位角、倾角和钻孔深度三个指标,利用均角全距法计算出钻孔设计轨迹的 (X, Y, Z) 坐标,然后绘出设计钻孔轨迹图,计算公式见式 (7.3)。以 (X, Y) 坐标利用计算机绘出钻孔设计平面图;以 (X, Z) 坐标利用计算机绘出钻孔设计轨迹的剖面图。

利用钻孔轨迹计算方法不但可以设计钻孔轨迹,还可以指导实钻轨迹控制,在钻进过程中,可根据式 (7.3) 计算出钻孔轨迹延伸方向实测点 X、Y 和 Z 值,并与设计轨迹的 X、Y 和 Z 值进行比较,确定钻孔轨迹调控趋势,通过调整螺杆钻具的工具面向角,使实钻轨迹尽量接近设计轨迹。

7.2 滑动定向钻进技术

煤矿井下滑动定向钻进技术是指钻进过程中保持钻杆不回转,孔底单弯螺杆钻具驱动钻头回转碎岩钻进,根据钻孔偏斜情况调整工具面控制钻孔轨迹,在水平面和垂直剖面内控制实钻轨迹围绕设计轨迹延伸,轨迹控制原理示意图如图 7.10 所示。

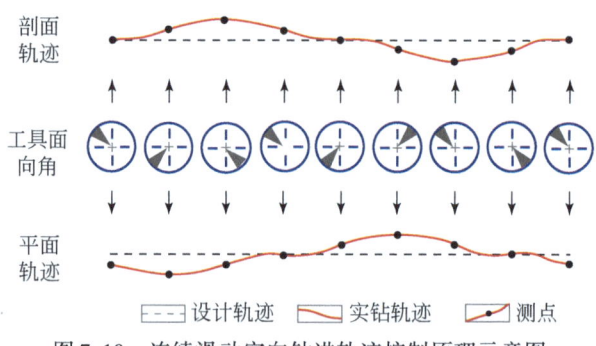

图 7.10 连续滑动定向钻进轨迹控制原理示意图

7.2.1 滑动定向钻进轨迹控制方法

滑动定向钻进技术主要采用螺杆钻具进行钻孔施工,减少了钻杆与孔壁的摩擦阻力,因而在较小动力损失的情况下就能获得较大的钻进能力,通过调整弯接头方向来调整工具面向角,对钻孔的倾角和方位角进行较为直观、精确地控制。

在分支孔施工中,选用合适弯角的螺杆钻具用于造斜钻进或稳斜钻进时,通过调节定向弯接头或弯外管朝向,可达到不同的造斜效果。螺杆钻具能够进行定向钻进主要基于两方面,一方面是螺杆钻具工作时钻头回转破碎岩石,而钻具外管及钻杆柱不回转;另一方面是可调整万向轴上的弯接头方向进行定向造斜,只要保证正常钻进中螺杆钻具的弯接头方向不发生变化,就可使钻孔轨迹按预定方向延伸。

螺杆钻具造斜钻进的方法为:钻进前,螺杆钻具弯头(高边)点指向正上方,为避免磁场干扰,应在探管外管上下端分别连接上无磁钻杆和下无磁钻杆,保证通信连接正常,利用测量探管监测和修正工具面。钻进过程中，根据实钻轨迹与设计轨迹的偏斜状况，调整工具面向角进行钻孔轨迹控制，以达到不起钻情况下造斜钻进的效果。

滑动定向钻进轨迹控制的关键是掌握螺杆钻具的造斜规律。不同工具面向角时，对钻孔倾角和方位角的影响不同。螺杆钻具工具面向角对钻孔倾角和方位角的影响如图7.11所示，当工具面位于Ⅰ象限时，其效应是增倾角、增方位；当工具面位于Ⅱ象限时，其效应是降倾角、增方位；当工具面位于Ⅲ象限时，其效应是降倾角、降方位；当工具面位于Ⅳ象限时，其效应是增倾角、降方位；当工具面向角 $\omega=0°$ 时，其效应是全力增倾角；当工具面向角 $\omega=90°$ 时，其效应是全力增方位；当工具面向角 $\omega=180°$ 时，其效应是全力降倾角；当工具面向角 $\omega=270°$ 时，其效应是全力降方位。

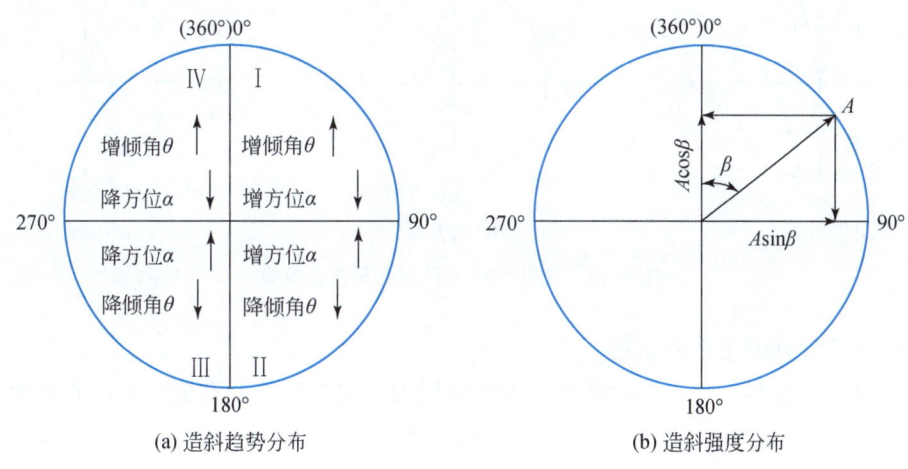

图7.11 工具面向角对钻孔倾角与方位角的影响

滑动定向钻进时，钻孔轨迹控制主要通过随钻测量系统采集的孔内工程参数，采用均角全距法计算出实钻轨迹即钻孔的空间位置，进而掌握钻孔轨迹的调整趋势，选择合理的螺杆钻具工具面向角是定向钻进钻孔轨迹控制的关键。根据定向钻孔轨迹变化情况，可进行以下6种工作面调整，如图7.12所示。

(1) 稳倾角钻进：当钻孔轨迹位于目的地层内、设计倾角稳定且钻孔倾角与地层倾角一致时，可采用稳倾角钻进或复合钻进，使钻孔倾角稳定在设计值附近，方位角在设计值左右变化。

(2) 增倾角造斜钻进：当钻孔设计倾角增加、实钻轨迹上下偏差为负值且大于允许偏差范围、实钻倾角比设计倾角小3°以上或预留分支点时，可采用增倾角工具面，缓增倾角时工具面靠近80°或280°，急增倾角时工具面靠近0°。

(3) 降倾角造斜钻进：当钻孔设计倾角下降、实钻轨迹上下偏差为正值且大于允许偏差范围、实钻倾角比设计倾角大3°以上或开分支时，可采用降倾角工具面，缓降倾角时工具面靠近100°或260°，急降倾角时工具面靠近180°。由于螺杆钻具质量较大，受重力作用，钻孔倾角增加能力不如下降能力，实钻中倾角降低应谨慎控制。

(4) 稳方位钻进：当钻孔轨迹左右偏差在允许范围内、设计方位角稳定且钻孔方位角与设计方位角相差小于3°时，可采用稳方位钻进或复合钻进，工具面应主要调整在0°附

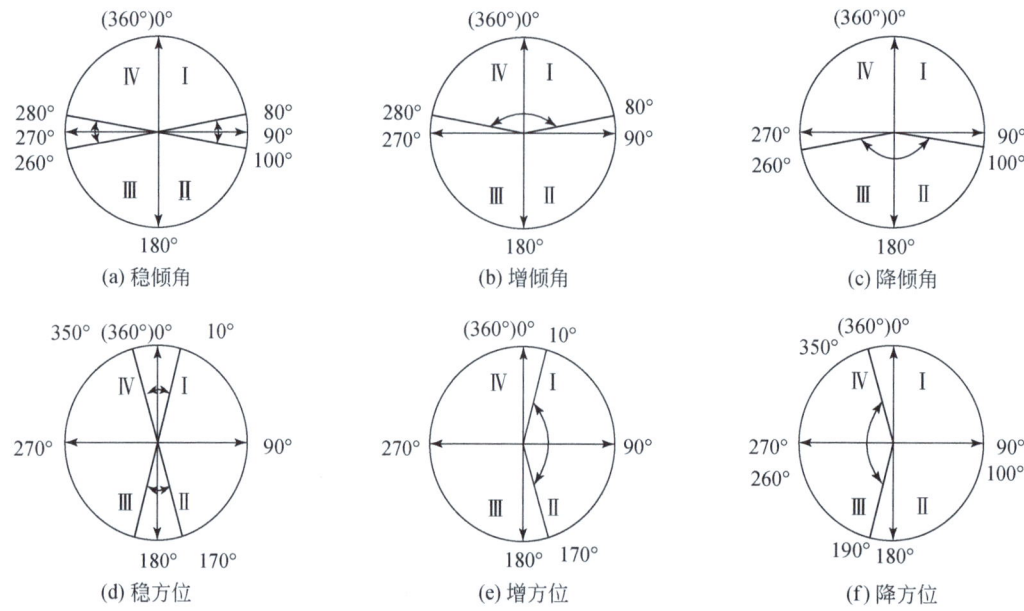

图 7.12 实钻常用工具面向角造斜效果

近,尽量少采用 180°工具面钻进。

(5) 增方位造斜钻进:当钻孔设计方位角增加、实钻轨迹左右偏差为负值且大于允许偏差范围或实钻方位角比设计方位角小 3°以上,可采用增方位工具面,缓增方位时工具面靠近 10°,急增方位时工具面靠近 90°。

(6) 降方位造斜钻进:当钻孔设计方位角下降、实钻轨迹左右偏差为正值且大于允许偏差范围或实钻方位角比设计倾角小 3°时,可采用降方位工具面,缓降方位时工具面靠近350°,急降方位时工具面靠近 270°。

7.2.2 单弯螺杆钻具造斜分析

钻孔轨迹是沿孔斜力方向延伸的,所以孔斜力分析即螺杆钻具组合受力变形分析是定向钻进钻孔轨迹控制的基础,也是优化孔底钻具组合(BHA)结构和钻进工艺参数的理论依据。本节主要研究螺杆钻具组合在二维和三维受力状态下的力学特性,求解钻头上侧向反力(变孔斜力 P_α 和变方位力 P_φ)。根据实际需要,通过软件编程分析在二维状况下弯外管螺杆钻具的结构参数、钻孔结构参数和工艺参数对钻头侧向力(二维状况下成为钻头孔斜力)的影响,以此作为钻孔轨迹控制计算与施工的基础。

下面以煤矿井下近水平定向钻进中常用的螺杆钻具组合为例进行受力变形分析。

1. 弯外管螺杆钻具组合受力变形力学模型

对螺杆钻具组合进行受力变形分析的数值方法主要有微分方程法、有限元法、能量法和纵横弯曲法四种。本节采用纵横弯曲法对弯外管螺杆钻具组合的受力变形进行分析研究。图7.13所示为弯外管螺杆钻具组合在水平定向钻进时的结构示意图。

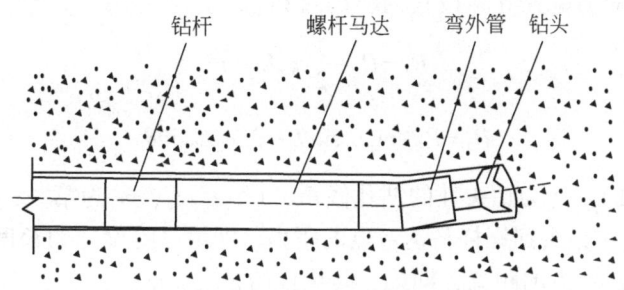

图7.13 弯外管螺杆钻具组合在水平定向钻进时的结构示意图

1) 基本假设

利用纵横弯曲法对螺杆钻具组合进行受力变形分析时，采用如下基本假设：

(1) 螺杆钻具组合被简化为等效钻杆柱（均匀、连续的等圆环截面梁柱）。
(2) 钻具组合各单元均处于弹性状态，钻具挠度相对其长度为无穷小量。
(3) 钻头底面中心位于钻孔中心线上，钻孔轨道为等效面圆柱体。
(4) 不考虑钻头与地层间的地层力和地层力偶作用（即 $M_0 = 0$）。
(5) 钻具组合在变形前后，其弯角顶点处两条切线保持不变。
(6) 弯外管弯点与孔壁为点接触，孔壁为刚性体，孔径不随时间变化（即 $y_0 = 0$）。
(7) 钻压为常量，作用在钻头中心处的钻孔轴线切线方向。
(8) 不考虑钻具转动、振动和冲洗液携带岩粉流动等动态因素的影响。
(9) 二维钻孔曲线为平面内的一段圆弧曲线，钻孔轨迹截面为圆形。
(10) 二维钻孔曲线中上切点以上钻柱一般因自重而躺在下孔壁上。

2) 力学模型的等效处理

建立用纵横弯曲法分析弯外管螺杆钻具组合受力变形的力学模型时，需进行以下几方面相应的等效处理。

a. 螺杆钻具组合整体等效处理

螺杆钻具组合可视为纵横弯曲梁柱，分为两跨进行分析，钻头、弯外管弯点以及上切点被视为三个支座。假设孔底几十米（一般不大于30m）的钻孔轴线为一条处于空间平面上的光滑圆弧曲线，在该段钻孔施工过程中，钻头上的侧向力可近似认为数值不变。

b. 叠加原理

当有多个横向载荷同时作用于轴向受压的梁柱时，梁柱的总变形（挠度、转角）可由每个横向载荷分别与轴向载荷共同作用所产生的变形（挠度、转角）线性叠加得到。

由此可知，受多种横向载荷的纵横弯曲简支梁柱均可以分解为横向均匀载荷 q 与轴向载荷 P 共同作用、左端力偶 M_i 与轴向载荷 P 共同作用、右端力偶 M_{i+1} 与轴向载荷 P 共同作用、横向集中力 Q 与轴向载荷 P 共同作用四种情况之和。

c. 轴向载荷的等效处理

根据材料力学理论，对于简支梁柱而言，两端的轴向力应相等。但实际钻进过程中，由于每跨内钻柱自重轴向分量的影响，梁柱上下两端的轴向压力并不相等。用纵横弯曲梁分析时，以梁柱中点的轴向载荷即上下两端的平均值作为该跨两端的轴向载荷。如图7.14所示，两跨内的轴向力见式（7.12）、式（7.13）：

$$P_1 = P_B - \frac{1}{2}m_1 L_1 \sin\theta_0 \tag{7.12}$$

$$P_2 = P_B - m_1 L_1 \sin\theta_0 - \frac{1}{2}m_2 L_2 \sin\theta_0 \tag{7.13}$$

式中，P_B为钻压，kN；θ_0为钻头处的钻孔倾角，(°)；m_1、m_2为第一、二跨（L_1、L_2）的线重量，kN/m；L_1为钻头到螺杆马达弯点的距离，即第一跨梁柱的长度，m；L_2为定向钻具上切点到螺杆马达弯点的距离，即第二跨梁柱的长度，m。

由理论分析可知，对于除受轴向力外还受自重影响的简支梁柱，用梁柱中点的轴向力代替两端的实际轴向力，对弹性稳定计算的精度完全可以满足。在实际钻进过程中，因为钻具自重的轴向分量一般比钻压小得多，所以利用梁柱中点的轴力代替两端的轴力进行计算，应能够满足定向钻进精度要求。

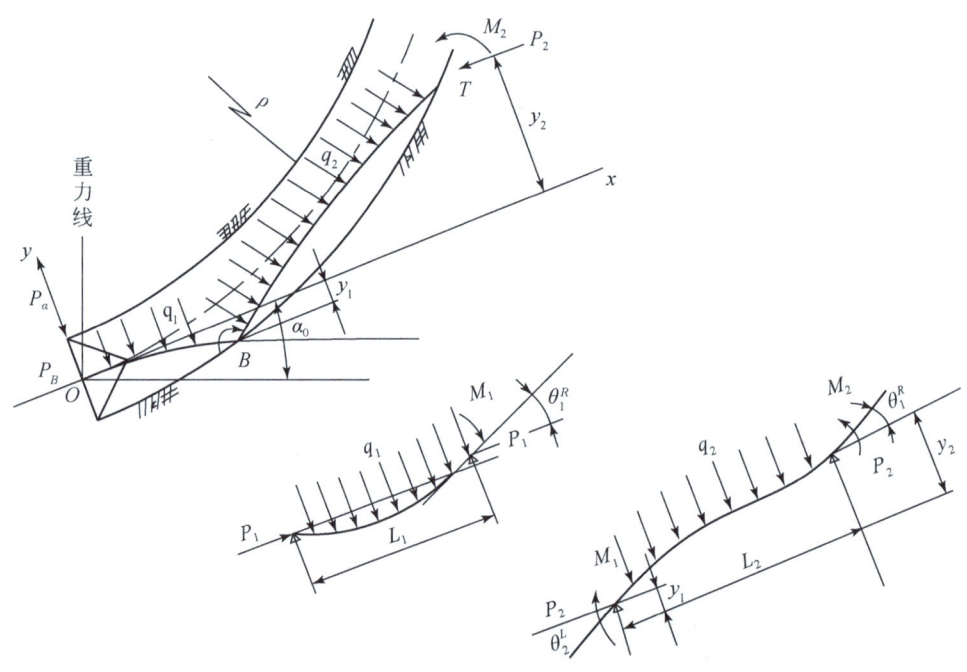

图7.14 弯外管螺杆钻具组合二维力学模型

d. 梁柱稳定系数u与放大因子$X(u)$、$Y(u)$、$Z(u)$

由纵横弯曲连续梁理论可知，当有轴向力P作用于梁柱时，分析过程中将用到梁柱稳定量系数u与放大因子$X(u)$、$Y(u)$、$Z(u)$。

钻孔过程中轴向力P一般为压力（即$P>0$），在此状况下：

$$u_i = \frac{L_i}{2}\sqrt{\frac{P_i}{EI_i}} \tag{7.14}$$

$$X(u_i) = \frac{3}{u_i^3}(\tan u_i - u_i) \tag{7.15}$$

$$Y(u_i) = \frac{3}{2u_i}\left(\frac{1}{2u_i} - \frac{1}{\tan 2u_i}\right) \tag{7.16}$$

$$Z(u_i) = \frac{3}{u_i}\left(\frac{1}{\sin 2u_i} - \frac{1}{2u_i}\right) \tag{7.17}$$

式中，$i=1,2$。

对于轴向力 P 为拉力（即 $P<0$），仍满足上述公式，但会涉及虚数运算，这里不予讨论。

e. 螺杆钻具组合的等效处理

应用纵横弯曲法分析计算时，钻具组合第一跨的抗弯刚度（EI_1）值要求已知。可将螺杆钻具组合与整个 BHA 部分视为一根等效钻杆柱，其外径、长度、线重量、受力变形的弯曲挠度等与原钻具组合总体等效，是一个均匀、连续、具有相同圆环横截面的梁柱。通过试验分析，把整个 BHA 简化为等效钻铤可以满足工程计算精度的要求。其中：

$$I_1 \approx I_2 \approx \frac{\pi(D^4 - d^4)}{64} \tag{7.18}$$

为简便起见，设等效钻杆柱材料为钢质，则 $E = 2.1 \times 10^6 \text{kgf/cm}^2$。

f. 螺杆钻具初始结构弯角的等效处理

采用纵横弯曲法进行分析时，应对螺杆钻具组合弯外管结构弯角 γ 的连续条件和上边界条件进行等效处理。如图 7.14 所示，连续梁柱 oBT 从弯外管弯点 B 处断开，则 B 点的连续条件为

$$\theta_1^R = -\theta_2^L \tag{7.19}$$

上边界条件为

$$\theta_T = \theta_2^R = K(L_1 + L_2) \tag{7.20}$$

式中，θ_1^R、θ_2^R 为第一、二跨梁柱的右端（R）转角，（°）；θ_2^L 为第二跨梁柱的左端（L）转角，（°）；L_1、L_2 为第一、二跨梁柱的长度，m；K 为钻孔曲率，°/m。

2. 弯外管螺杆钻具组合受力变形二维分析

实际近水平定向钻进过程中，由于钻孔常沿地层走向钻进，而且只要求轨迹在目的层延伸即可，因此一般对钻孔倾角及钻孔的二维状况更为重视。弯外管螺杆钻具组合在二维钻孔（即工具面向角 $\Omega=0$，钻孔曲率 $K \neq 0$ 的状况）中的受力变形模型如图 7.14 所示。

1）三弯矩方程的建立

将钻具组合 oBT 从钻头 o、弯外管弯点 B 和上切点 T 处断开，并附加内弯矩 M_1、M_2，即钻头、弯外管弯点和上切点把钻具组合分为两跨受纵横弯曲载荷的简支梁柱，弯点 B 处弯矩 M_1 和上切点位置 L_2 为待求量。

第一跨右端转角

$$\vartheta_1^R = \frac{q_1 L_1^3}{24EI_1}X(u_1) + \frac{M_1 L_1}{3EI_1}Y(u_1) + \frac{M_0 L_1}{6EI_1}Z(u_1) + \frac{y_1 - y_0}{L_1} \tag{7.21}$$

第二跨左右两端转角

$$\vartheta_2^L = \frac{q_2 L_2^3}{24EI_2} X(u_2) + \frac{M_1 L_2}{3EI_2} Y(u_2) + \frac{M_2 L_2}{6EI_2} Z(u_2) + \frac{y_2 - y_1}{L_2} + \gamma \quad (7.22)$$

$$\theta_2^R = \frac{q_2 L_2^3}{24EI_2} X(u_2) + \frac{M_2 L_2}{3EI_2} Y(u_2) + \frac{M_1 L_2}{6EI_2} Z(u_2) + \frac{y_2 - y_1}{L_2} \quad (7.23)$$

式中，M_0、M_1、M_2 为分别为 o、B、T 点处的力偶，$M_0 = 0$，kN·m；y_0、y_1、y_2 为分别为 o、B、T 点处的纵坐标，$y_0 = 0$，m；I_1、I_2 为第一、二跨梁柱（即等效钻铤）的截面轴惯性矩，mm^4。

可得到三弯矩方程组：

$$2M_1 \left[Y(u_1) + \frac{I_1 L_2}{I_2 L_1} Y(u_2) \right] + M_2 \frac{I_1 L_2}{I_2 L_1} Z(u_2)$$
$$= -\frac{q_1 L_1^2}{4} X(u_1) - \frac{q_2 L_2^3 I_1}{4 L_1 I_2} X(u_2) - \frac{6EI_1}{L_1} \left(\frac{y_1}{L_1} - \frac{y_2 - y_1}{L_2} + \gamma \right) \quad (7.24)$$

$$q_2 X(u_2) L_2^4 + 4 [2M_2 Y(u_2) + M_1 Z(u_2)] L_2^2 = 24EI_2 [L_2(L_1 + L_2) K - y_2 + y_1] \quad (7.25)$$

根据弯外管螺杆钻具水平定向钻进的实际状况及基本假设，上述受力变形分析计算公式中的一些近似等效量为

$$\omega_1 = \omega_2 、\quad I_1 = I_2 、\quad D_{S1} = D_{C2} = D \quad (7.26)$$

2）钻头孔斜力和钻头倾角的计算

如图 7.14 所示，由第一跨梁柱的静力平衡，可求出钻头的孔斜力 P_α，即对弯点中心 B 处求距，根据 $\sum M_B = 0$ 有钻头孔斜力 P_α 和钻头倾角 A_t 如下：

$$P_\alpha = -\frac{1}{L_1} \left(P_B y_1 + \frac{q_1 L_1^2}{2} + M_1 \right) \quad (7.27)$$

$$A_t = \frac{q_1 L_1^3}{24EI_1} X(u_1) + \frac{M_0 L_1}{3EI_1} Y(u_1) + \frac{M_1 L_1}{6EI_1} Z(u_1) + \frac{y_0 - y_1}{L_1} \quad (7.28)$$

$P_\alpha > 0$ 表示钻孔上仰，$P_\alpha < 0$ 表示钻孔下斜，$P_\alpha = 0$ 表示保直钻进。

从式（7.27）中可以看出，钻头孔斜力 P_α 值与弯外管弯角处内弯矩 M_1 有关，应先由三弯矩方程组求出 M_1，才可进一步求解出 P_α。

3. 弯外管螺杆钻具组合受力变形三维分析

近水平定向钻进过程中既有倾角变化，又有方位角变化，钻孔轨迹中心线是一条空间曲线，是钻孔倾角和方位角的综合体现。这涉及三维钻孔轨迹的控制问题，因此有必要对螺杆钻具组合的三维受力变形加以分析。

1）孔底钻具组合的三维分析及数学模型的建立

弯外管螺杆钻具 BHA 在三维钻孔（即工具面向角 $\Omega \neq 0$，钻孔曲率 $K \neq 0$）中的受力变形分析问题，可归结为将钻头侧向力 P_B 分解为变孔斜力 P_α 和变方位力 P_ϕ，即把斜平面 R 上的圆弧钻孔曲线向孔斜平面 P 和方位平面 Q 上投影，变孔斜力 P_α 在孔斜平面 P 中进行二维求解，变方位力 P_ϕ 则在方位平面 Q 中进行二维求解。这样，一个孔底螺杆钻具组

合的三维问题可分解为两个二维钻孔中受力变形的双二维问题。P、Q、R 三平面的关系如图 7.15 所示。

2）三维钻孔曲线的几何关系

设弯外管螺杆钻具 BHA 位于一条空间斜平面上成圆弧线的钻孔内，如图 7.15 所示，孔段 AB 位于空间某一斜平面 R 上，在 A 点和 B 点分别作切线 AC 和 BC 相交于 C 点，弦长 AB 一般不超过 30m。测点 A、B 的倾角和方位角分别为 α_A、α_B 和 ϕ_A、ϕ_B。孔斜平面 P 是由 AB 向量和 Z 轴确定的平面，方位平面 Q 通过 AB 并与 P 平面正交。

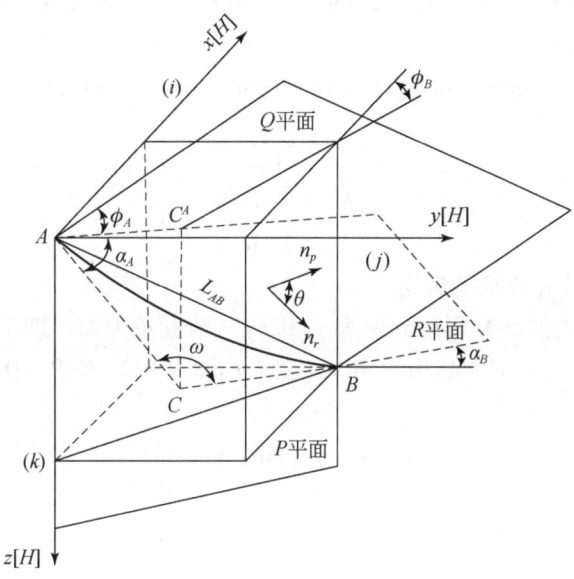

图 7.15 P、Q、R 三平面关系图

a. P、Q 平面内钻孔曲率的确定

空间斜平面 R 的法线矢量

$$\boldsymbol{n}_R = \begin{vmatrix} \boldsymbol{i} & \boldsymbol{j} & \boldsymbol{k} \\ \cos\alpha_A\cos\phi_A & \cos\alpha_A\sin\phi_A & \sin\alpha_A \\ \cos\alpha_B\cos\phi_B & \cos\alpha_B\sin\phi_B & \sin\alpha_B \end{vmatrix} \qquad (7.29)$$

如把孔段 AB 用直线 AB 代替，则钻孔倾角和方位角一般取为两端的平均值，则 B 点坐标

$$\begin{cases} x_B = L_{AB} \cdot \cos\dfrac{\alpha_A + \alpha_B}{2} \cdot \cos\dfrac{\phi_A + \phi_B}{2} \\ y_B = L_{AB} \cdot \cos\dfrac{\alpha_A + \alpha_B}{2} \cdot \sin\dfrac{\phi_A + \phi_B}{2} \\ z_B = L_{AB} \cdot \sin\dfrac{\alpha_A + \alpha_B}{2} \end{cases} \qquad (7.30)$$

P 平面的法线矢量

$$\boldsymbol{n}_P = \begin{vmatrix} \boldsymbol{i} & \boldsymbol{j} & \boldsymbol{k} \\ 0 & 0 & 1 \\ x_B & y_B & z_B \end{vmatrix} = -y_B \boldsymbol{i} + x_B \boldsymbol{j} \tag{7.31}$$

P 平面与 R 平面的夹角 θ

$$\cos\theta = \frac{\boldsymbol{n}_P \cdot \boldsymbol{n}_R}{|\boldsymbol{n}_P| \cdot |\boldsymbol{n}_R|} \tag{7.32}$$

设 K、K_P、K_Q 分别为 R、P、Q 三平面上的钻孔曲率，所取圆弧段两条切线向量 AC、BC 的夹角为 ε（狗腿角）。若某孔段 AB 孔身曲率为 K，且为常数，则孔斜曲率为 K_P，方位曲率为 K_Q，经计算有

$$\cos\varepsilon = \sin\alpha_A \sin\alpha_B + \cos\alpha_A \cos\alpha_B \cos(\phi_B - \phi_A) \tag{7.33}$$

$$K = \frac{\varepsilon}{L_{AB}} \tag{7.34}$$

$$K_P \approx K \cos\theta \tag{7.35}$$

$$K_Q \approx K \sin\theta \tag{7.36}$$

b. P、Q 平面内计算弯角的确定

设 P、Q 两平面内的计算弯角分别为 γ_P 和 γ_Q，装置角为 Ω（即工具面 R' 与垂直平面 P 间的夹角），则 γ_P 和 γ_Q 分别为结构弯角 γ（在工具面 R' 内）在 P、Q 两平面内的投影。其几何关系有

$$\gamma_P = \arctan(\tan\gamma \cdot \cos\Omega) \tag{7.37}$$

$$\gamma_Q = \arctan(\tan\gamma \cdot \sin\Omega) \tag{7.38}$$

因弯外管螺杆钻具的结构弯角很小（一般 $0° \leq \gamma \leq 3°$），因此上式可简化为

$$\gamma_P \approx \gamma \cdot \cos\Omega \tag{7.39}$$

$$\gamma_Q \approx \gamma \cdot \sin\Omega \tag{7.40}$$

3）P 平面上钻具组合三弯矩方程组与钻头变孔斜力 P_α 的计算

已知钻具组合中钻头处的倾角 α_0、钻孔曲率 $K_P = K\cos\theta$、各段的横向载荷 q_i、纵向载荷 P_i、抗弯刚度 EI_i、计算弯角 $\gamma_P \approx \gamma \cdot \cos\Omega$、上切点弯矩 $M_{2P} = EI_2 K_P$ 以及 $M_{0P} = 0$、$y_{0P} = 0$。分析计算思路是：只要把二维分析中的相关量加下标 P，即为三维分析中 P 平面的有关公式和三弯矩方程组。

a. 三弯矩方程组

$$2M_{1P}\left[Y_P(u_{1P}) + \frac{I_1 L_2}{I_2 L_1} Y_P(u_{2P})\right] + M_{2P}\frac{I_1 L_2}{I_2 L_1} Z_P(u_{2P})$$
$$= -\frac{q_{1P}L_1^2}{4}X_P(u_{1P}) - \frac{q_{2P}L_2^3 I_1}{4L_1 I_2}X_P(u_{2P}) - \frac{6EI_1}{L_1}\left(\frac{y_{1P}}{L_1} - \frac{y_{2P} - y_{1P}}{L_2} + \gamma_P\right) \tag{7.41}$$

$$q_{2P}X_P(u_{2P})L_2^4 + 4[2M_{2P}Y_P(u_{2P}) + M_{1P}Z_P(u_{2P})]L_2^2$$
$$= 24EI_2[L_2(L_1 + L_2)K_P - y_{2P} + y_{1P}] \tag{7.42}$$

b. 变孔斜力

$$P_\alpha = -\frac{1}{L_1}\left(P_B y_{1P} + \frac{q_{1P}L_1^2}{2} + M_{1P}\right) \tag{7.43}$$

$P_\alpha > 0$ 表示钻孔上仰，$P_\alpha < 0$ 表示钻孔下斜，$P_\alpha = 0$ 表示保直钻进。

c. 钻头倾角

$$A_{tP} = \frac{q_{1P}L_1^3}{24\mathrm{EI}_1}X_P(u_{1P}) + \frac{M_{1P}L_1}{6\mathrm{EI}_1}Z_P(u_{1P}) - \frac{y_{1P}}{L_1} \tag{7.44}$$

4) Q 平面上钻具组合三弯矩方程组与钻头变方位力 P_ϕ 的计算

已知 $\alpha_0 = 0$、$q_i = 0$（即重力效应全集中在 P 平面内考虑），各段轴向载荷 $P_i = P_B$、钻孔曲率 $K_Q = K\sin\theta$、抗弯刚度 EI_i、计算弯角 $\gamma_Q \approx \gamma \cdot \sin\Omega$、上切点弯矩 $M_{2Q} = \mathrm{EI}_2 K_Q$ 以及 $M_{0Q} = 0$、$y_{0Q} = 0$。分析计算思路是：只要把二维分析中的相关量加下标 Q，即为三维分析中 Q 平面的有关公式和三弯矩方程组。

a. 三弯矩方程组

$$2M_{1Q}\left[Y_Q(u_{1Q}) + \frac{I_1 L_2}{I_2 L_1}Y_Q(u_{2Q})\right] + M_{2Q}\frac{I_1 L_2}{I_2 L_1}Z_Q(u_{2Q}) = -\frac{6\mathrm{EI}_1}{L_1}\left(\frac{y_{1Q}}{L_1} - \frac{y_{2Q} - y_{1Q}}{L_2} + \gamma_Q\right) \tag{7.45}$$

$$[2M_{2Q}Y_Q(u_{2Q}) + M_{1Q}Z_Q(u_{2Q})]L_2^2 = 6\mathrm{EI}_2[L_2(L_1 + L_2)K_Q - y_{2Q} + y_{1Q}] \tag{7.46}$$

b. 变方位力

$$P_\phi = -\frac{1}{L_1}(P_B y_{1Q} + M_{1Q}) \tag{7.47}$$

c. 钻头倾角

$$A_{tQ} = \frac{M_{1Q}L_1}{6\mathrm{EI}_1}Z_Q(u_{1Q}) - \frac{y_{1Q}}{L_1} \tag{7.48}$$

$\Delta\phi \cdot P_\phi > 0$，$P_\phi$ 为增方位；$\Delta\phi \cdot P_\phi < 0$，$P_\phi$ 为减方位；$\Delta\phi \cdot P_\phi = 0$，则钻孔沿原方位延伸。

上述弯外管螺杆钻具三维受力变形分析计算公式中的一些近似等效量为

$$\omega_1 = \omega_2;\quad I_1 = I_2;\quad D_{S1} = D_{C2} = D \tag{7.49}$$

5) 判断上切点位置及弯外管弯点位置的基本原则

在理论分析和程序计算时，上切点 T 及弯外管弯点 B 的选择对计算结果影响很大，选择不当有可能造成 L_2 不收敛或 P_α 和 P_ϕ 严重失真。由此，这里作如下判定。

a. 判断上切点位置是否正确的原则

根据近水平定向钻进的特点，应保证 L_2 收敛到 30m 以内。

b. 判断弯外管弯点位置的原则

由式 (7.44) 可知，随工具面向角 Ω 取值的不同，γ_P、γ_Q 的值可为正、负或零，弯外管弯点可以在外（下）孔壁或内（上）孔壁，从而造成 y_1、y_2 取值的不同，判断原则见表 7.1。

表 7.1　γ_P、γ_Q、弯外管弯点位置和 y_i 取值关系

弯角取值		弯点 B	y_1	y_2
γ_P	≥0	在下孔壁	$y_{1P}=\dfrac{K_P L_1^2}{2}-\dfrac{1}{2}(D_0-D_{S1})$	$y_{2P}=\dfrac{K_P(L_1+L_2)^2}{2}-\dfrac{1}{2}(D_0-D_{C2})$
γ_P	≤0	在上孔壁	$y_{1P}=\dfrac{K_P L_1^2}{2}-\dfrac{1}{2}(D_0-D_{S1})$	$y_{2P}=\dfrac{K_P(L_1+L_2)^2}{2}-\dfrac{1}{2}(D_0-D_{C2})$
γ_Q	≥0	在外孔壁	$y_{1Q}=\dfrac{K_Q L_1^2}{2}-\dfrac{1}{2}(D_0-D_{S1})$	$y_{2Q}=\dfrac{K_Q(L_1+L_2)^2}{2}-\dfrac{1}{2}(D_0-D_{C2})$
γ_Q	≤0	在内孔壁	$y_{1Q}=\dfrac{K_Q L_1^2}{2}-\dfrac{1}{2}(D_0-D_{S1})$	$y_{2Q}=\dfrac{K_Q(L_1+L_2)^2}{2}-\dfrac{1}{2}(D_0-D_{C2})$

4. 弯外管螺杆钻具组合二维力学性能参数敏感性分析

煤矿井下近水平定向钻孔施工受诸多主客观因素的影响，但归根结底还是取决于钻头的受力状态。即使钻孔定向设计合理、操作规范，但如果钻头孔斜力达不到预期倾角和方位的基本要求，近水平定向钻进也不会成功。由于钻进过程中地层的不确定性，钻头碎岩钻进力的大小不易把握，因此定量分析钻进过程中各主要参数对钻头孔斜力影响的参数敏感性分析，具有一定现实意义。

钻头孔斜力与钻具结构参数（如钻具直径、弯角的大小和位置等）、钻孔结构参数（如倾角、钻孔曲率等）和钻进工艺参数（如钻压）密切相关，参数敏感性分析就是定量分析这三类参数对钻头孔斜力的影响，以便正确使用螺杆钻具组合及相应的工艺参数，为钻孔轨迹控制提供必要的理论支持。下面以寺河煤矿现场采用的 Φ73mm 单弯 1.25°型螺杆钻具为例进行分析，其结果可作为选择螺杆钻具和确定钻孔参数的参考。

1）力学性能分析基本参数

对于现场试验，力学性能分析所用的基本参数见表 7.2。

表 7.2　力学性能分析基本参数

名称	参数
钻头直径 D_0/mm	96
钻杆外径 D/mm	73
钻杆内径 d/mm	55
螺杆钻具外径 D_1/mm	73
螺杆钻具弯角 γ/(°)	1.25
弯角至钻头距离 L_1/m	0.93
线重量 ω_1/(kN/m)	0.21
等效抗弯刚度 EI/kN·m²	194.34
倾角 α_0/(°)	3
钻孔孔斜曲率 K/(°/30m)	3

名称	参数
工具面向角 $\Omega/(°)$	0
推荐钻压 P_B/kN	12

在分析某一个具体参数变化对钻头孔斜力影响时，其余参数保持基本不变。为了方便叙述，这里约定孔斜力以正值表示增孔斜力，以负值代表降孔斜力。

2) 钻头孔斜力参数敏感性分析

a. 螺杆钻具弯角（γ）对孔斜力的影响

图 7.16 列出了煤矿井下钻孔施工常用的几种螺杆钻具弯外管弯角变化与孔斜力的关系。由图可知，孔斜力随弯外管角度的增大而增大，两者呈近似线性关系，且变化较为显著。

b. 弯角至钻头距离（L_1）对孔斜力的影响

从图 7.17 可知，随着弯外管弯角到钻头距离的减小，钻头孔斜力逐渐增大，并且增大趋势愈加明显，可见其是影响螺杆钻具造斜性能的主要因素之一。

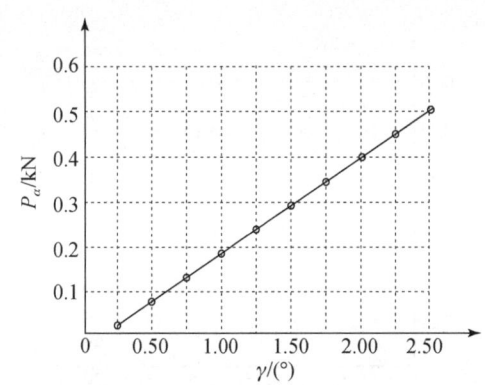 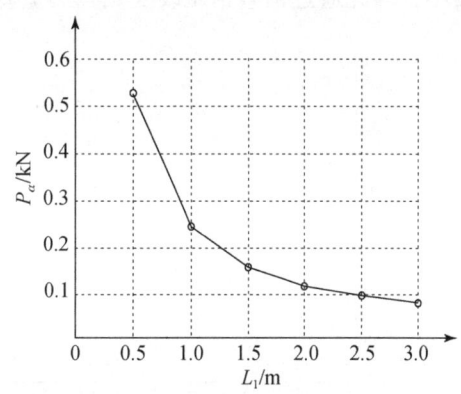

图 7.16　螺杆弯角对孔斜力的影响　　图 7.17　弯角至钻头距离对孔斜力的影响关系

c. 螺杆钻具等效抗弯刚度（EI）对孔斜力的影响

图 7.18 表示在二维钻孔中螺杆钻具等效抗弯刚度对钻头孔斜力的影响关系。通过对比煤矿常用螺杆钻具等效抗弯刚度与孔斜力关系可看出，随着螺杆钻具等效抗弯刚度的增大，钻头孔斜力不断增加，两者呈近似线性关系。

d. 倾角（α_0）对孔斜力的影响

由图 7.19 可知，钻孔倾角对弯外管螺杆钻具钻头孔斜力影响不大。随着钻孔倾角增大，钻头增斜力逐渐降低，两者呈线性关系，但降低的速率较小。这主要是由钻具自重造成的。

e. 钻孔孔斜曲率（K）对孔斜力的影响

由图 7.20 可知，当曲率 $K=0$ 时，钻头孔斜力最大。随着孔斜曲率增加，孔斜力增幅逐渐减小，而且减小速率较大，并可能呈现孔斜力 $P_\alpha<0$（即降斜）趋势。这主要是由于孔斜曲率增大造成钻具回弹力降低，使孔斜力与实际钻进方向可能相反。

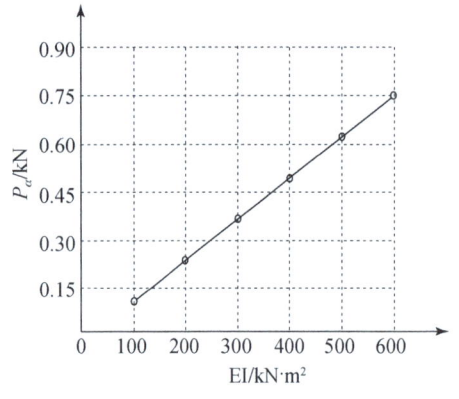

图 7.18 螺杆钻具等效抗弯刚度对孔斜力的影响关系

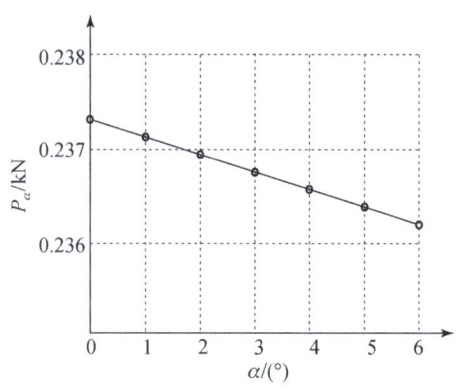

图 7.19 钻孔倾角对孔斜力的影响关系

f. 钻压（P_B）对孔斜力的影响

由图 7.21 可知，钻孔孔斜力随钻压的增大而逐渐增大，但影响很小，两者呈近似线性关系。在近水平孔钻孔施工过程中，由于使用的螺杆钻具外径都比较小，所施加钻压也较小，因此通过调整钻压改变钻具的造斜能力较为有限。

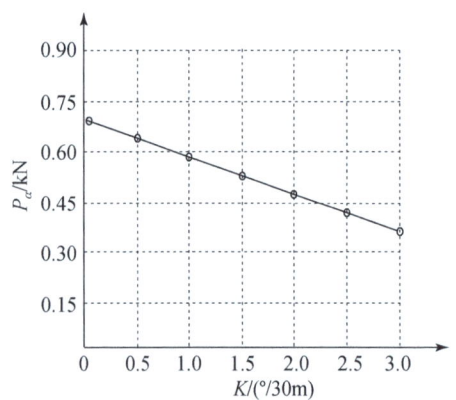

图 7.20 钻孔孔斜曲率对孔斜力的影响关系

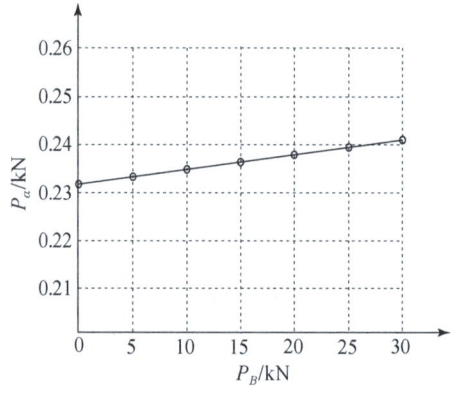

图 7.21 钻压对孔斜力的影响关系

从以上对影响钻头孔斜力的六个主要因素作定量敏感性分析可以得出，对孔斜力的影响从大到小的顺序为：$L_1>\gamma>K>EI>\alpha_0>P_B$。该结果可作为定向钻进过程中，优化钻具组合参数、钻孔结构参数和钻进工艺参数的参照。

7.3 复合定向钻进技术

复合定向钻进技术最早应用于石油钻井领域，是国内石油钻井领域使用比较普遍、高效的钻进技术，其原理是采用转盘或顶驱装置与井下滑动式造斜钻具相配合，在定向造斜孔段采用滑动式造斜钻具进行定向造斜；在稳斜段采用钻柱和孔底造斜钻具一起回转钻进，在转盘带动钻柱转动的同时，冲洗液驱动单弯螺杆钻具带动钻头旋转而形成复合钻进。

煤矿井下定向钻进与地面定向钻井略有不同，井下多以近水平定向钻孔为主，钻进过程中依靠坑道钻机给进机构主动加压钻进，因此煤矿井下实现复合钻进的方式则是由钻机回转器带动钻杆转动的同时，冲洗液驱动单弯螺杆钻具带动钻头旋转而形成复合钻进。本节主要介绍煤矿井下复合定向钻进技术原理和技术特性。

7.3.1 复合定向钻进技术原理

复合定向钻进工艺为滑动定向钻进和复合钻进相互结合。滑动定向钻进时，由孔底螺杆钻具提供钻头回转碎岩动力，定向钻机仅提供轴向钻压，钻杆不回转只以滑动方式钻进，因此可以调整螺杆钻具工具面向角，实现钻孔轨迹的控制。复合钻进过程中，孔底螺杆钻具旋转驱动孔底钻头切削煤岩层的同时钻机回转器带动孔内钻具一起回转，实现钻进速度矢量叠加，其中螺杆钻具转子旋转依靠泥浆泵通过钻杆内通孔泵入的高压水驱动，整个钻进过程中采用随钻测量装置按照一定钻进间隔测量出钻孔倾角和方位角，结合孔深可计算出钻孔实钻轨迹，并可与设计轨迹进行比较确定钻孔轨迹偏斜情况，在合适的时候进行干预，实施滑动定向钻进，保证钻孔按设计轨迹向前延伸。复合钻进工艺技术原理如图7.22所示。

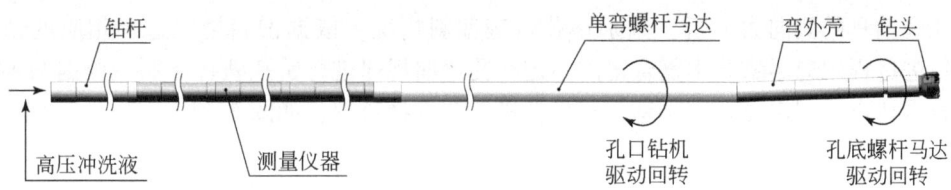

图 7.22　复合钻进工艺原理示意图

总之煤矿井下复合定向钻进工艺是滑动定向钻进工艺的改进、升级，二者钻进方式上的最大不同是：滑动定向钻进工艺在钻进过程中"只滑不转"连续造斜，复合定向钻进工艺在钻进过程中"有滑有转"间歇造斜。从轨迹控制角度讲，煤矿井下复合定向钻进工艺中的"复合"包含两层含义，一是"滑动造斜"与"回转稳斜"两种定向模式的复合，二是回转稳斜定向钻进过程中钻机回转器回转与孔底螺杆钻具回转两种碎岩动力的复合。

复合钻进时螺杆钻具工具面向角随钻杆旋转而不断变化，钻头侧向力呈周期性变化，因此钻进时无法控制钻孔轨迹。但复合钻进钻孔轨迹变化与螺杆钻具弯角、钻压、转速、钻孔扩大率及钻孔倾角变化密切相关，钻进过程中可综合分析各项参数对钻孔轨迹的影响情况，结合滑动钻进技术对钻孔轨迹进行人工控制。图7.23为复合定向钻进工艺应用实例示意图，图中钻孔轨迹实曲线表示滑动造斜钻进，钻孔轨迹虚曲线表示复合稳斜钻进。

实施复合钻进有以下目的：①防止钻具被卡，减少钻具摩阻造成的钻压传递效率降低；②可一定程度上保证定向钻孔中的稳斜段钻孔倾角和方位角变化趋势很小；③辅助螺杆钻具钻进。这种钻进方法的优点是：钻孔轨迹平滑，有利于孔内排渣，有利于减少钻孔事故的发生概率；机械钻进效率高，有利于实现深孔钻进。

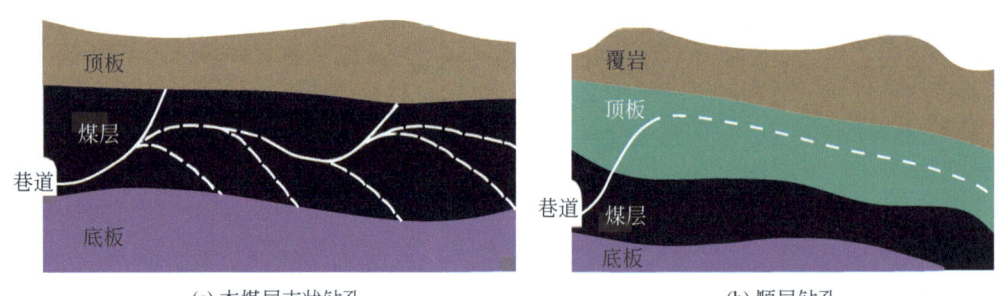

(a) 本煤层支状钻孔　　　　　　　　(b) 顺层钻孔

图 7.23　复合定向钻进工艺应用实例示意图

7.3.2　复合定向钻进工艺流程

复合定向钻进工艺技术的关键是对钻孔轨迹的人工控制,其核心是钻孔施工过程中对滑动定向钻进工艺与复合定向钻进工艺之间转换时机的把握。滑动定向钻进阶段,可通过调整螺杆钻具工具面向角实现钻孔轨迹弯曲方向的人工实时连续控制;复合定向钻进阶段,由于螺杆钻具工具面不断转动,无法实现钻孔轨迹的人工控制,但可通过复合钻进条件下孔底钻具的侧向力分析,判别钻孔轨迹偏斜情况,依据偏斜情况选择相应的钻进方法,钻进过程中应尽量利用复合定向钻进钻孔弯曲规律进行钻孔轨迹控制。根据两种钻进工艺技术特点,制定复合定向钻进技术钻进工艺选择流程,如图 7.24 所示。

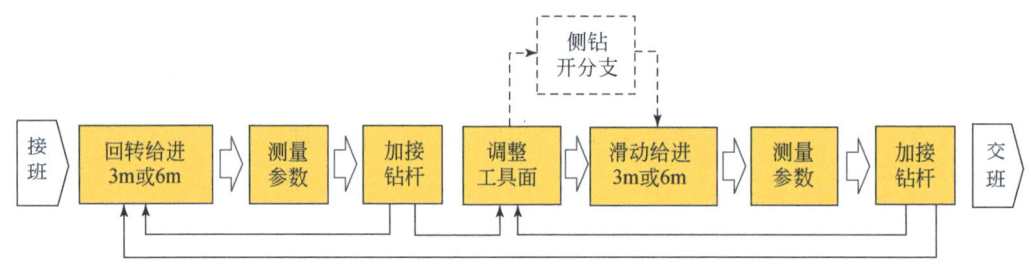

图 7.24　复合定向钻进技术钻进工艺流程图

7.3.3　复合定向钻进技术特性分析

复合定向钻进形成的实钻轨迹理论上由大量直线段与少量的空间曲线段交错衔接组成,与连续滑动钻进实钻轨迹相比,复合钻进在提高钻进切削效率、孔内排渣效率和钻孔轨迹平滑性及降低钻孔摩阻等方面具有显著的优势,结合复合钻进技术的特点从以下几个方面进行分析。

1. **钻进效率分析**

1) 钻头转速提高

在复合定向钻进工艺条件下,孔底钻头在螺杆钻具和钻机回转器驱动以不同的速度同

时、同向回转,即钻头回转速度存在"叠加",图7.25为复合钻进转速分解图,由图可得出复合钻进过程中钻头机械转速为

$$\omega = \sqrt{\omega_1^2 + \omega_2^2 + 2\omega_1\omega_2\cos\gamma} \tag{7.50}$$

$$n = \sqrt{n_1^2 + n_2^2 + 2n_1 n_2\cos\gamma} \tag{7.51}$$

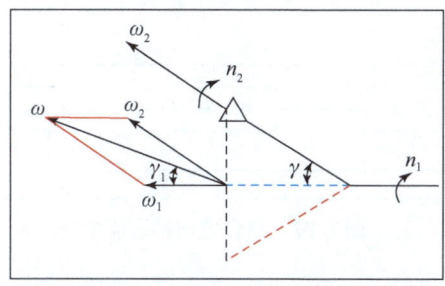

图 7.25 复合定向钻进转速分解图

煤矿井下常用的单弯螺杆钻具弯头弯角为 1.25°,假设复合定向钻进时,螺杆钻具外壳的转速为钻机转速,可知复合钻进时螺杆钻具转速与钻机回转器转速之和可近似为钻头的绝对转速,即

$$n \approx n_1 + n_2 \tag{7.52}$$

式中,n 为钻头复合转速,r/min;n_1 为螺杆钻具转子转速,r/min;n_2 为螺杆钻具随钻杆回转转速(钻机转速),r/min。

与滑动定向钻进相比,在相同水力学参数条件下,复合定向钻进的钻头绝对转速较滑动定向钻进有所提高,相同时间内钻头切削煤岩层次数增加,从而提高了复合钻进机械效率。

2) 钻进动力提高

复合钻进过程中,泥浆泵泵送高压水驱动孔底螺杆钻具转动的同时钻机回转器通过钻杆柱带动孔底螺杆钻具同向转动,钻机动力头旋转转矩(常规系列值包括 4000N·m、6000N·m、12000N·m 等)要远远大于孔底螺杆钻具转子转动转矩(通常<1500N·m)。当孔底钻头回转阻力较大时(钻进顶底板岩层过程中),滑动给进造斜钻进机械钻速降低明显,而回转给进稳斜钻进时,由于钻机提供一部分碎岩动力,可保证较高的机械钻速,但此时孔底钻头回转阻力将会增大,而钻头直接与螺杆钻具相连,泥浆泵压力也将随之升高。

3) 缩短辅助作业时间

井下滑动定向钻进作业一般流程如图 7.26 所示,复合定向钻进作业流程如图 7.27 所示,以寺河煤矿井下煤层钻孔数据为分析对象,两种钻进工艺作业各环节耗时见表 7.3。由于煤层自身强度较低,滑动定向钻进及复合定向钻进均能达到理想的机械钻速,所以煤层钻进中主要矛盾不在于机械钻速的提高,而在于孔内排渣效率,两种工艺机械钻速相当;两种工艺测量、加杆环节操作相同,耗时相同;复合定向钻进时无须调整工具面,因此调整工具面时间消耗为 0;复合定向钻进孔内排渣效率达到滑动定向钻进的 2~3 倍,平均每根钻杆排渣时间较滑动定向钻进有所缩短。

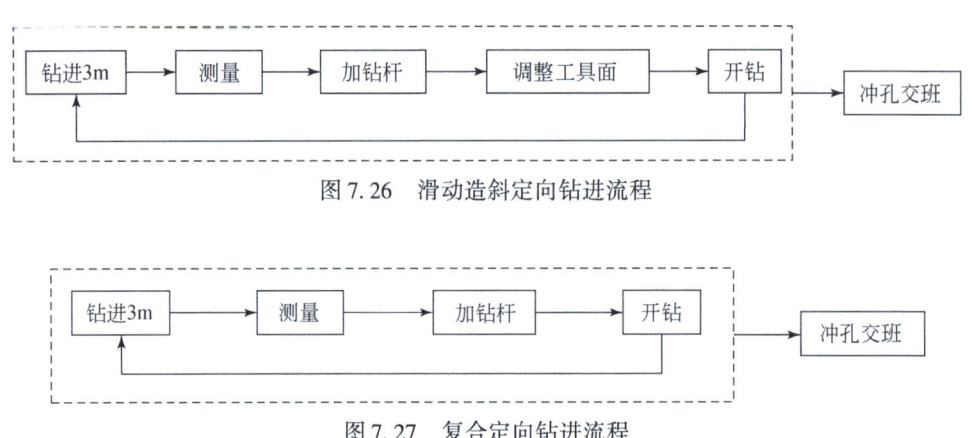

图 7.26 滑动造斜定向钻进流程

图 7.27 复合定向钻进流程

表 7.3 两种钻进工艺作业各环节耗时表

项目	钻进 3m 耗时 /min	测量耗时 /min	加钻杆耗时 /min	调整工具面耗时 /min	进尺 3m 冲孔耗时 /min
滑动定向钻进	5	1	1.5	1	1
复合定向钻进	5	1	1.5	0	0.5

2. 钻进安全性分析

滑动定向钻进过程中，钻具在孔内不回转只产生轴向运动，孔底螺杆钻具的工具面向角即造斜方向在某一孔段内保持不变，此时形成的钻孔轨迹呈螺旋状，这种条件下不利于排除钻孔内钻渣，钻具摩阻也相应增加。而复合钻进过程中孔内钻具在轴向运动的同时也进行回转转动，此时钻杆在轴向力（钻压）、钻机扭矩、离心力的共同作用下在孔内不断地进行着复杂的空间运动。钻具的这种运动可有效提高钻具的安全性：①钻具回转运动会不断扰动孔内的钻渣，使其便于被冲洗液携出钻孔，预防埋钻事故发生；②钻具在复合运动中可不断研磨大颗粒钻渣屑，避免大块煤岩屑堆积，预防卡钻事故发生；③钻具复合运动形成的钻孔轨迹相对较光滑，有利于降低孔壁摩阻和预防卡钻事故。

3. 深孔钻进分析

滑动定向钻进利用螺杆钻具弯角即工具面不断调整到不同造斜区域内连续钻进，实现钻孔轨迹连续控制；而复合钻进主要依靠均匀改变螺杆钻具弯角方向实现钻具稳斜钻进。依据现场试验证明，复合定向钻进钻孔轨迹平均弯曲强度明显小于滑动定向钻进。图 7.28 为晋煤集团寺河矿东区 5302 工作面顺煤层定向钻孔滑动定向钻进及复合定向钻进孔段钻孔轨迹全弯曲角变化情况对比曲线，复合定向钻进钻孔轨迹弯曲强度平均值在 0.2°/m 以内，远远小于滑动定向钻进。

滑动定向钻进由于钻进过程中钻具不回转，钻孔孔壁粗糙、孔壁底部沉渣多、钻孔弯曲曲率大，因此钻进过程中各项钻进参数都会随钻孔深度的不断加深迅速上升，当钻进参数达到钻进设备限制的额定能力时，可能无法继续钻进，因此滑动定向钻进不利于深孔钻进。

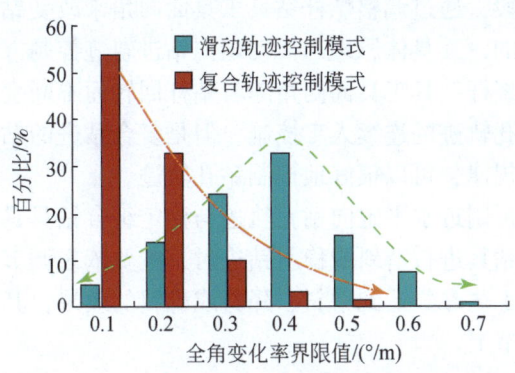

图 7.28 复合定向钻进钻孔轨迹弯曲变化特性

复合定向钻进由于钻进过程中钻杆回转,钻头侧向力孔壁光滑、孔壁沉渣少、钻孔曲率相对较小,钻进过程中钻具摩阻低,相同深度时钻进系统参数相对滑动钻进大幅度降低,因此,复合定向钻进有利于实现煤矿井下深孔钻进。

7.3.4 复合定向钻进轨迹控制

煤矿井下复合定向钻进过程中最关键环节是钻孔轨迹控制,钻进过程中孔底造斜钻具处于旋转状态时,钻孔轨迹变化情况很难确定,因此本节结合复合钻进技术特点建立复合动力条件下无稳单弯螺杆钻具组合钻孔轨迹控制分析模型,分析复合钻进条件下轨迹变化的影响因素。

1. 复合定向钻进轨迹控制方法

复合定向钻进过程中需要调整钻孔轨迹时则采用"滑动造斜"定向模式:保持钻杆不回转,以钻具滑动形式给进,单依靠孔底螺杆钻具驱动钻头回转碎岩,连续造斜。在不需要调整钻孔轨迹时则采用"回转稳斜"定向模式:钻机回转器带动钻杆回转给进,与孔底螺杆钻具复合,共同驱动钻头回转切削碎岩,稳斜钻进。在此过程中,钻机动力头带动钻杆回转具有双重作用,一是为孔底钻头切削碎岩提供动力,二是使孔底螺杆钻具造斜力呈周期性变化,进而抑制其定向造斜功能,使钻孔保持一定的姿态参数以接近直线轨迹延伸。复合定向钻进工艺轨迹控制原理如图 7.29 所示。

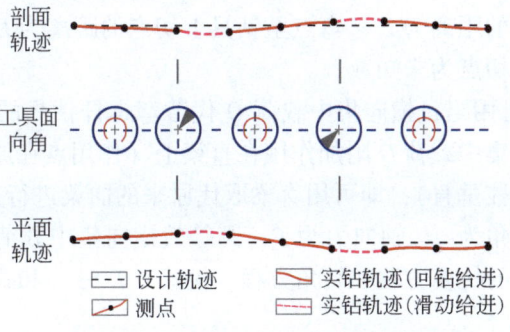

图 7.29 复合定向钻进轨迹控制原理示意图

在滑动定向钻进孔段，通过调整螺杆钻具工具面向角来改变钻头碎岩方向，从而达到改变钻孔轨迹变化的目的，其具体原理与滑动定向钻进轨迹控制方法一致。

复合钻进过程中，螺杆钻具工具面向角随着钻杆回转而不断变化，无法通过调整螺杆钻具工具面向角实现钻孔轨迹的连续人工控制，但是复合钻进的钻孔轨迹弯曲变化具有其自身的规律性，运用此规律，可以很好地控制钻孔轨迹。

利用复合钻进技术控制近水平定向钻孔轨迹与稳定组合钻具具有类似的技术原理。不同的是，利用稳定组合钻具进行造斜或稳斜钻进时，主要依靠调节钻头后方钻具的组合形式，并配以合适的钻进工艺参数达到增斜、降斜或稳斜的效果，其对钻孔轨迹的控制更多体现在对钻孔倾角的调节上。

2. 复合定向钻进轨迹控制效果分析

为进一步分析钻进参数和钻具组合形式对复合钻进轨迹控制影响，选择煤矿井下常用钻具组合进行分析，如图7.30所示。钻具组合形式为：Φ98mm PDC平底钻头+Φ73mm无磁弯外管螺杆钻具（1.25°或1.50°）+Φ76mm下无磁钻杆+Φ76mm无磁测量外管+Φ76mm上无磁钻杆+Φ73mm通缆钻杆。煤矿井下近水平定向钻进常用的导向钻具组合通常不带稳定器。

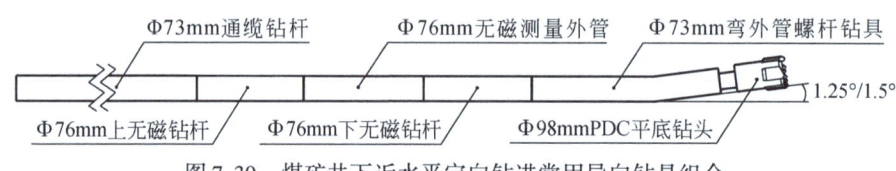

图7.30 煤矿井下近水平定向钻进常用导向钻具组合

在上述造斜钻具组合中，单弯螺杆钻具弯角使孔底钻具存在一个初始弯角。不仅如此，水平段通常以复合钻进方式为主，以滑动钻进方式为辅。复合钻进时孔内下部钻具存在自转和绕钻孔轴线公转两种运动方式，因此会在孔底产生一定的离心力，在模拟计算时将此离心力等效为一个横向载荷。那么求解导向钻具组合的力学特性时要解决以下三个关键问题：①螺杆钻具结构弯角的等效处理问题；②复合钻进时回转产生的离心力等效加载处理问题；③复合钻进时工具面随钻具回转不断变化，如何处理其三维简化问题。

1）结构弯角的等效处理方法

钻进过程中当造斜钻具工具面向角为0°时，上述导向钻具组合在P平面上的投影如图7.31所示。以钻头、螺杆钻具弯点及待定的上切点为支点形成两跨梁。其中，螺杆钻具的弯点至钻头中心的距离为L_1、弯点至钻具上切点的距离为L_2，由于孔底钻具没有稳定器，所以孔底钻具上切点为未知数。

如图7.31所示，可用当量横向集中载荷Q代替弯螺杆钻具的结构弯角对梁挠度的影响。把求出的当量横向集中载荷Q附加作用在直梁上（作用点在原来的弯点处，作用线位于弯角平面内且与直梁柱垂直），即可用直梁取代原来的曲梁进行变形分析。

设螺杆钻具结构弯角为γ，轴向力为P，则等效横向集中载荷$Q=P\gamma$。可以推导出该等效横向集中载荷对应的挠度方程和转角方程，见式（7.53）和式（7.54）。

$$\begin{cases} y_{Q1} = \gamma \dfrac{\sin kL_2}{k\sin kL_x}\sin kx - \gamma \dfrac{L_2}{L_x}x & (0 \leqslant x < L_1) \\ y_{Q2} = \gamma \dfrac{\sin kL_1}{k\sin kL_x}\sin k(L_x - x) - \gamma \dfrac{L_1}{L_x}(L_x - x) & (L_1 \leqslant x < L_x) \end{cases} \quad (7.53)$$

$$\begin{cases} y'_{Q1} = \left(\dfrac{\sin kL_2}{\sin kL_x}\cos kx - \dfrac{L_2}{L_x}\right)\gamma & (0 \leqslant x < L_1) \\ y'_{Q2} = -\left[\dfrac{\sin kL_1}{\sin kL_x}\cos k(L_x - x) - \dfrac{L_1}{L_x}\right]\gamma & (L_1 \leqslant x < L_x) \end{cases} \quad (7.54)$$

式中,$k^2 = \dfrac{P}{EI}$,$L_x = L_1 + L_2$。

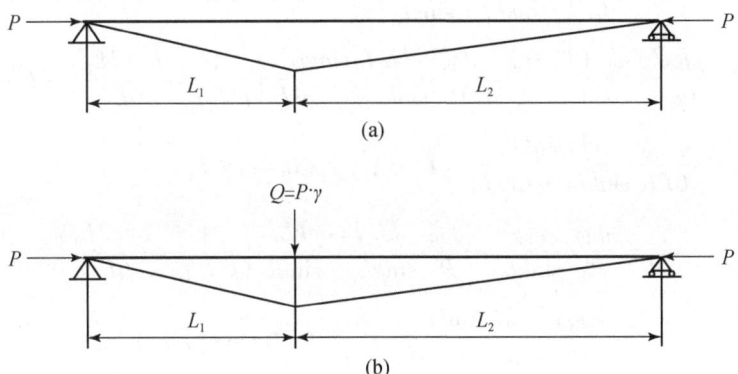

图 7.31 结构弯角处受力示意图

2) 复合钻进时离心力的等效处理方法

复合钻进条件下螺杆钻具旋转时由于存在结构弯角,旋转时孔内钻具围绕钻孔轴线公转产生离心力,等效于附加一个横向载荷,如图 7.32 所示。因此在结构弯角处会产生一个最大回转半径。假设在此过程中螺杆钻具未发生弯曲变形,则得出弯点处的横向位移 h。

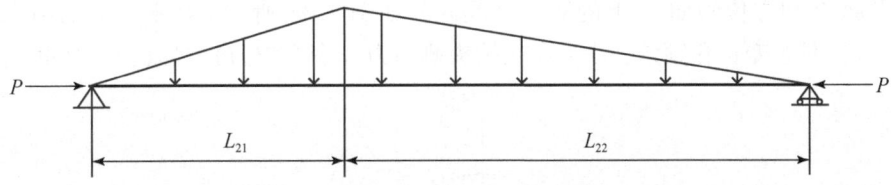

图 7.32 复合钻进时钻具离心力作用示意图

$$h = \dfrac{L_1 L_2 \sin\gamma}{\sqrt{L_1^2 + L_2^2 + 2L_1 L_2 \cos\gamma}} \quad (7.55\text{a})$$

因为 $\gamma \ll 1$,$\sin\gamma \approx \gamma$,$\cos \approx 1$,对上式简化如下:

$$h = \dfrac{L_1 L_2 \sin\gamma}{\sqrt{L_1^2 + L_2^2 + 2L_1 L_2 \cos\gamma}} \approx \dfrac{L_1 L_2 \gamma}{L_1 + L_2} = \dfrac{L_1 L_2 \gamma}{L_x} \quad (7.55\text{b})$$

弯点附近梁柱的等效离心力分布如下：

$$\begin{cases} \tilde{q}_1(x) = \dfrac{mh\omega^2}{L_1}x & (0 \leqslant x \leqslant L_1) \\ \tilde{q}_2(x) = \dfrac{mh\omega^2}{L_2}(L_x-x) & (L_1 \leqslant x \leqslant L_x) \end{cases} \quad (7.56)$$

仅有该等效离心力作用时，钻头中心至弯点、弯点至上切点的梁柱的挠度方程见式（7.57a）和式（7.57b），转角方程见式（7.58a）和式（7.58b）。

$$y_{\tilde{q}1} = \dfrac{mh\omega^2}{Pk^2}\dfrac{\sin kx}{\sin kL_1} - \dfrac{mh\omega^2}{P}\dfrac{kL_1L_2\sin kL_x}{\sin kL_1 \cdot \sin kL_2}\left(\dfrac{1}{k^2L_xL_1} + \dfrac{L_1+2L_2}{6L_x}\right)x$$
$$+ \dfrac{mh\omega^2}{6PL_x}\dfrac{kL_2\sin kL_x}{\sin kL_1 \cdot \sin kL_2}x^3 \quad (0 \leqslant x \leqslant L_1) \quad (7.57a)$$

$$y_{\tilde{q}2} = \dfrac{mh\omega^2}{Pk^2}\dfrac{\sin k(L_x-x)}{\sin kL_2} - \dfrac{mh\omega^2}{P}\dfrac{kL_2L_1\sin kL_x}{\sin kL_1 \cdot \sin kL_2}\left(\dfrac{1}{k^2L_xL_2} + \dfrac{L_2+2L_1}{6L_x}\right)(L_x-x)$$
$$+ \dfrac{mh\omega^2}{6PL_x}\dfrac{kL_1\sin kL_x}{\sin kL_1 \cdot \sin kL_2}(L_x-x)^3 \quad (L_1 \leqslant x \leqslant L_x) \quad (7.57b)$$

$$y'_{\tilde{q}1} = \dfrac{mh\omega^2}{Pk}\dfrac{\cos kx}{\sin kL_1} - \dfrac{mh\omega^2}{P}\dfrac{kL_1L_2\sin kL_x}{\sin kL_1 \cdot \sin kL_2}\left(\dfrac{1}{k^2L_xL_1} + \dfrac{L_1+2L_2}{6L_x}\right)$$
$$+ \dfrac{mh\omega^2}{2PL_x}\dfrac{kL_2\sin kL_x}{\sin kL_1 \cdot \sin kL_2}x^2 \quad (0 \leqslant x \leqslant L_1) \quad (7.58a)$$

$$y'_{\tilde{q}2} = -\dfrac{mh\omega^2}{Pk}\dfrac{\cos k(L_x-x)}{\sin kL_2} + \dfrac{mh\omega^2}{P}\dfrac{kL_2L_1\sin kL_x}{\sin kL_1 \cdot \sin kL_2}\left(\dfrac{1}{k^2L_xL_2} + \dfrac{L_2+2L_1}{6L_x}\right)$$
$$- \dfrac{mh\omega^2}{2PL_x}\dfrac{kL_1\sin kL_x}{\sin kL_1 \cdot \sin kL_2}(L_x-x)^2 \quad (L_1 \leqslant x \leqslant L_x) \quad (7.58b)$$

3）三维问题的等效处理方法

导向钻具组合的工具面向角在 0°~360°变化，当工具面向角 $\Omega \neq 0$ 时该问题可分解为在孔斜平面 P 和方位平面 Q 上的双二维问题，如图 7.33 所示。P 平面上的钻头侧向力（变孔斜力）只改变钻孔倾角，Q 平面上钻头侧向力（变方位力）只改变方位角。

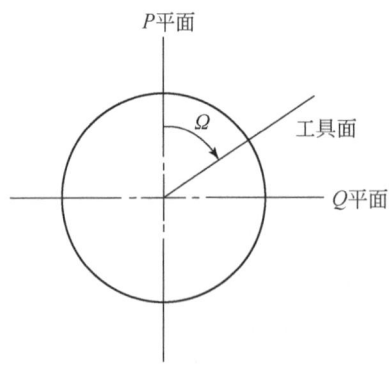

图 7.33 工具面向角 Ω 与 P 平面、Q 平面的关系

理论分析表明，工具面向角在 0°～360°连续变化时，钻头侧向力关于 P 和 Q 平面近似对称分布。现场实践表明，导向钻具复合钻进时可能出现稳斜、弱增斜或弱降斜效果，而稳方位效果总体上是比较好的。因此，仅选择工具面向角为 0°、180°两个特殊位置进行分析即可。

滑动钻进时，工具面向角 $\Omega=0°$ 为全力增斜、钻头侧向力和孔斜趋势角均大于 0°；工具面向角 $\Omega=180°$ 为全力降斜、钻头侧向力和孔斜趋势角均小于 0°；利用这两个特殊位置的计算结果估算造斜率大小。复合钻进时，分别计算出工具面向角 $\Omega=0°$、180°对应的钻头侧向力和孔斜趋势角，然后分别取二者的平均值来评价稳斜效果。

4）准动力学分析模型

复合钻进时上述导向钻具组合要承受轴向力、横向均布载荷（源于钻杆自重）、端部力偶、等效集中载荷以及等效离心力作用。以复合钻进为例建立准动力学分析模型，先分别求出横向均布载荷、端部力偶、等效集中载荷及等效离心力对应的挠度和转角，再应用纵横弯曲梁的叠加原理进行求解。显然，滑动钻进时令钻机回转器转速为 0 即可。

假定钻孔形状为二维圆弧，钻孔曲率为 K，钻头处弯矩为 M_0、螺杆钻具弯角处弯矩为 M_1、上切点处弯矩为 M_2、螺杆钻具弯点至上切点的距离为 L_2。通常情况下，弯矩 $M_0=0$，弯矩 $M_2=\mathrm{EI}_2 K$，求解弯矩 M_1 和切点位置 L_2 是问题的关键所在。

设井径为 D_h，螺杆钻具外径为 D_T，上切点处钻具外径为 D_c。考虑螺杆钻具弯角及钻孔弯曲影响时，支座高度 H_0、H_1、H_2 计算公式如下：

$$\begin{cases} H_0 = 0 \\ H_1 = \dfrac{1}{2}KL_1^2 \pm \dfrac{1}{2}(D_\mathrm{h}-D_\mathrm{T}) \\ H_2 = \dfrac{1}{2}KL_x^2 \pm \dfrac{1}{2}(D_\mathrm{h}-D_\mathrm{c}) \end{cases} \tag{7.59}$$

式（7.59）中"±"约定如下：上孔壁接触为"+"，下孔壁接触为"-"，下同。

利用上述转角连续条件及边界条件可以导出三弯矩方程组，最终形式见式（7.60a）和式（7.60b）：

$$M_0 Z(u_1) + 2M_1\left[Y(u_1) + \frac{L_2 I_1}{L_1 I_2}Y(u_2)\right] + M_2 \frac{L_2 I_1}{L_1 I_2} Z(u_2)$$

$$= -\frac{q_1 L_1^2}{4}X(u_1) - \frac{q_2 L_2^2}{4}\frac{L_2 I_1}{L_1 I_2}X(u_2) + \frac{6\mathrm{EI}_1}{L_1}\left(\frac{H_1-H_0}{L_1} - \frac{H_2-H_1}{L_2}\right) \tag{7.60a}$$

$$-\frac{6\mathrm{EI}_1}{L_1}\left[y'_{\bar{q}1}(L_1) + y'_{q2}(L_1) + y'_{Q1}(L_1) + y'_{Q2}(L_1)\right]\cos\Omega$$

$$M_1 Z(u_2) + 2M_2 Y(u_1) = -\frac{q_2 L_2^2}{4}X(u_2) + \frac{6\mathrm{EI}_2}{L_2}\left(KL_x + \frac{H_2-H_1}{L_2}\right)$$

$$-\frac{6\mathrm{EI}_1}{L_1}\left[y'_{\bar{q}2}(L_x) + y'_{Q2}(L_x)\right]\cos\Omega \tag{7.60b}$$

利用三弯矩方程组求出螺杆钻具弯角及上切点处对应弯矩之后，钻头侧向力 N_b、钻头转角 A_b 计算公式分别见式（7.61）和式（7.62）：

$$N_{\mathrm{b}} = \frac{P_1 \cdot H_1}{L_1} - \frac{M_1}{L_1} - \frac{q_1 \cdot L_1}{2} \tag{7.61}$$

$$A_{\mathrm{b}} = \frac{q_1 \cdot L_1^3}{24 \mathrm{EI}_1} X(u_1) + \frac{M_0 \cdot L_1}{3 \mathrm{EI}_1} Y(u_1) + \frac{M_1 \cdot L_1}{6 \mathrm{EI}_1} Z(u_1) + \frac{H_1 - H_0}{L_1} \tag{7.62}$$

当钻头接触上孔壁时钻头侧向力 $N_{\mathrm{b}} > 0$，钻头接触下孔壁时钻头侧向力 $N_{\mathrm{b}} < 0$；钻头转角 A_{b} 指向钻孔轴线之上为"+"，指向钻孔轴线之下为"-"。可以看出，钻头侧向力 N_{b} 与钻压 P_{B}（$P_{\mathrm{B}} \approx P_1$）、螺杆钻具弯角处内弯矩 M_1、钻孔间隙 e_1（相当于 H_1）、第 1 跨长度 L_1、线重量 q_1^*（$q_1 = q_1^* \sin \bar{\alpha}_1$）及钻孔倾角 $\bar{\alpha}_1$ 有关。

3. 钻进趋势预测模型

传统的钻进趋势预测模型仅考虑钻头侧向力影响，当钻头接触上井壁时钻头侧向力 $N_{\mathrm{b}} > 0$，称为"增斜力"，该值越大则增斜效果越好；钻头接触下井壁时钻头侧向力 $N_{\mathrm{b}} < 0$，称为"纠斜力"，其绝对值越大则降斜效果越好；钻头侧向力 $N_{\mathrm{b}} \approx 0$ 时稳斜效果好。实际情况中，钻进趋势和钻孔轨迹延伸方向不仅取决于与钻头和地层之间的相互作用的力学特性，还取决于钻头的结构和地层的各向异性，单纯以钻头侧向力为指标评价钻进趋势是不合理的，需要基于钻头与地层相互作用模型，综合考虑钻头侧向力及钻头转角对钻进趋势影响，准确评价滑动钻进造斜率和复合钻进稳斜效果。

1）钻头与地层相互作用模型

钻进时钻头切削速度沿轴向和侧向不同，在本节中其各向异性指数用 I_{b} 来表示，而钻头切削地层的各向异性指数用 I_{r} 来表示。考虑钻头和地层各向异性特性，如图 7.34 所示，钻头与地层相互作用模型的矢量形式如下。

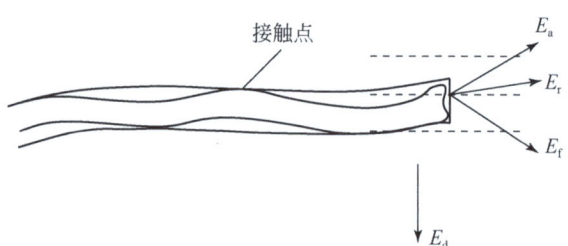

图 7.34 孔底钻具与地层参数关系示意图

$$r_{\mathrm{N}} \cdot \boldsymbol{E}_{\mathrm{r}} = I_{\mathrm{b}} \cdot I_{\mathrm{r}} \cdot \boldsymbol{E}_{\mathrm{f}} + I_{\mathrm{r}} \cdot (1 - I_{\mathrm{b}}) \cdot \cos A_{\mathrm{af}} \cdot \boldsymbol{E}_{\mathrm{a}} + (1 - I_{\mathrm{r}}) \cdot r_{\mathrm{N}} \cdot \cos A_{\mathrm{rd}} \cdot \boldsymbol{E}_{\mathrm{d}} \tag{7.63}$$

式中，$\boldsymbol{E}_{\mathrm{r}}$ 为钻进方向单位向量；$\boldsymbol{E}_{\mathrm{f}}$ 为钻头作用力的合力方向单位向量；$\boldsymbol{E}_{\mathrm{a}}$ 为钻头轴线方向单位向量；$\boldsymbol{E}_{\mathrm{d}}$ 为地层法向单位向量；r_{N} 为一般状态下的钻进效率；A_{af} 为钻头轴线方向与钻头上的合力方向的夹角，（°）；A_{rd} 为钻进方向与地层法向的夹角，（°）。

2）钻进趋势判别指标

尽管地层的正交各向异性模型比较全面，但同时也存在其复杂性。假定地层各向同性（$I_{\mathrm{r}} = 1$）、钻头各向异性（$I_{\mathrm{b}} \neq 1$），推导出了标量形式的三维钻速方程，并提出了"钻进趋势角"的基本概念、计算模型及使用方法。

如图 7.35 所示，在三维直角坐标系 $oxyz$ 中，在某个时刻钻速（合速度）R 沿 oB' 方向，沿三个坐标轴的分量分别为 R_x、R_y、R_z。oB' 在孔斜平面 yoz 上的投影 oC' 与 z 轴正方向夹角为 A_i，称为"孔斜趋势角"；在 xoz 平面上的投影 oA' 与 z 轴正方向夹角为 A_a，称为"方位趋势角"；孔斜趋势角和方位趋势角统称为"钻进趋势角"。

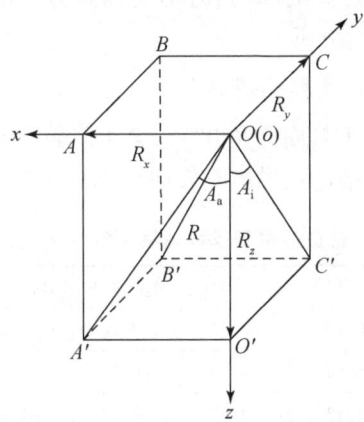

图 7.35　钻进趋势角示意图

在二维模型中不考虑孔斜角变化，仅计算孔斜趋势角即可，计算公式如下：

$$A_i = \tan^{-1} \frac{F_B(1-I_b)\tan A_b + N_b(\tan^2 A_b + I_b)}{F_B(1+I_b\tan^2 A_b) + N_b(1-I_b)\tan A_b} \tag{7.64}$$

通常情况下，钻头转角 A_b 较小，$\tan A_b \approx A_b$；钻头各向异性指数 I_b 也较小，$I_b < 0.1$；钻头侧向力 N_B 也小于钻压 F_B。孔斜趋势角近似计算公式如下：

$$A_i \approx \tan^{-1} \frac{F_B(1-I_b)A_b + N_b I_b}{F_B + N_b(1-I_b)A_b} \approx \tan^{-1}\left[(1-I_b)A_b + I_b \frac{N_b}{F_B}\right] \tag{7.65}$$

由式（7.65）可知：若钻头仅有轴向切削能力，此时计算公式中 $I_b=0$，得出孔斜趋势角 $A_i=A_b$，说明钻头沿其轴线方向钻进；若钻头各向同性，此时计算公式中 $I_b=1$，得出孔斜趋势角 $A_i=\tan^{-1}(N_b/F_B)$，说明钻头沿钻压 F_B、侧向力 N_b 的合力方向钻进。

从计算公式中分析孔斜趋势角 A_i 的变化，从其变化趋势上既可以得出钻孔轨迹增斜或降斜趋势，还能够反映出这种趋势变化的快慢。具体来说，当孔斜角趋势角 $A_i>0$ 时钻孔轨迹为增倾斜趋势，A_i 值越高钻孔轨迹增斜趋势越明显；当 $A_i<0$ 时钻孔轨迹为降倾斜趋势，A_i 值越小钻孔轨迹降斜趋势越明显；当 $A_i=0$ 时钻孔轨迹为稳斜趋势。

7.3.5　复合定向钻进轨迹影响因素分析

应用导向钻具组合分析模型及钻进趋势预测模型，模拟计算分析 Φ98mm 水平段中上述导向钻具组合的滑动钻进效果（全力增斜、全力降斜）和复合钻进效果。

钻具组合：Φ98mmPDC 平底钻头+Φ73mm 弯外管螺杆钻具+Φ76mm 下无磁钻杆+Φ76mm 无磁测量外管+Φ76mm 上无磁钻杆+Φ73mm 钻杆。

Φ73mm 无磁弯外管螺杆钻具：长度 3.3m，弯角 1.25°（距离下端面 1.0m）。

Φ76mm 下无磁钻杆：外径 Φ76mm、内径 Φ55mm。

钻孔参数：钻孔孔径扩大率小于10%。

钻进参数：钻压15kN、钻机回转器转速60r/min。

采用钻头侧向力和孔斜趋势角评价孔斜角变化趋势。通常情况下，增斜时钻头侧向力（N_b）和孔斜趋势角（A_i）均大于0；降斜时钻头侧向力（N_b）和孔斜趋势角（A_i）均小于0，下面取二者的绝对值进行分析。

1. 螺杆钻具弯角对钻进效果影响规律

滑动钻进全力增斜（重力工具面向角0°）、全力降斜（重力工具面向角180°）及复合钻进条件下，螺杆钻具弯角对钻进效果影响规律分别见表7.4和图7.36。

表7.4 钻进效果随螺杆钻具弯角（γ）变化规律

$\gamma/(°)$	N_{b0}/kN	$A_{b0}/(°)$	$A_{i0}/(°)$	N_{b1}/kN	$A_{b1}/(°)$	$A_{i1}/(°)$	N_b/kN	$A_b/(°)$	$A_i/(°)$
0.75	1.41	0.49	0.73	−0.34	−0.5	−0.54	0.54	−0.01	0.1
1	2.55	0.48	0.94	−1.39	−0.49	−0.73	0.58	−0.01	0.11
1.25	3.6	0.47	1.13	−2.43	−0.48	−0.92	0.59	−0.01	0.11
1.5	4.66	0.46	1.32	−3.48	−0.47	−1.11	0.59	−0.01	0.11

注：下标0表示全力增斜状态、1表示全力降斜状态、无数字表示复合钻进状态

(a) 滑动钻进全力增斜条件

(b) 滑动钻进全力降斜条件

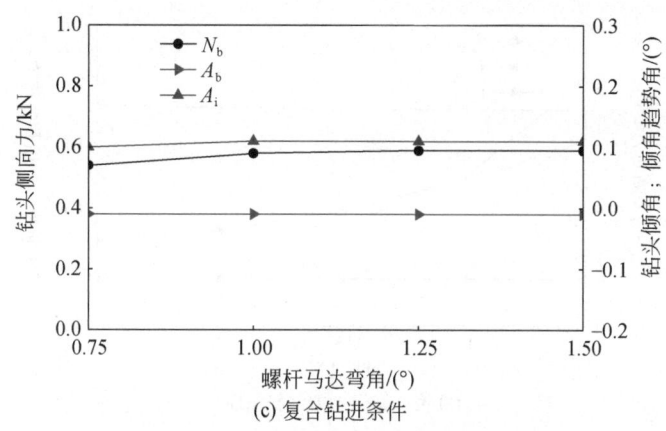

(c) 复合钻进条件

图 7.36 不同条件下侧向力和孔斜趋势角随螺杆钻具弯角变化规律

从计算数据和变化趋势曲线可知全力增斜和全力降斜时钻头侧向力及孔斜趋势角均随螺杆钻具弯角增大而增大,表明滑动钻进时较大的螺杆钻具弯角有助于提高造斜率;复合钻进时钻头侧向力及孔斜趋势角均稍大于0,均随螺杆钻具弯角增大而略增大,表明该钻具组合在复合钻进时略有增斜趋势,较大的螺杆钻具弯角不利于水平段稳斜钻进。

据上述分析结果,推荐螺杆钻具弯角为 1.25°或 1.0°,其次为 1.5°,既能够满足滑动钻进时造斜率要求,又有利于水平段复合钻进时稳斜要求。

2. 钻压对钻进效果影响规律

据《钻井技术手册》,Φ73mm 弯外管螺杆钻具的最大钻压不超过 25kN。全力增斜、全力降斜及复合钻进条件下,钻压对钻进效果影响规律分别见表 7.5 和图 7.37。

从计算数据和变化趋势曲线可知全力增斜和全力降斜时钻头侧向力随钻压增大而略增加、孔斜趋势角随钻压增大而明显减小,表明滑动钻进时较大钻压不利于提高造斜率;复合钻进时钻头侧向力和孔斜趋势角均稍大于0,且钻头侧向力随钻压增大而略增大、孔斜趋势角随钻压增大而明显减小,表明复合钻进时有增斜趋势,较大钻压有利于水平段稳斜钻进。

据上述分析结果,采用较大钻压有助于提高水平段钻进速度,但不能超过螺杆钻具最大钻压要求。

表 7.5 钻进效果随钻压 (W) 变化规律

W/kN	N_{b0}/kN	A_{b0}/(°)	A_{i0}/(°)	N_{b1}/kN	A_{b1}/(°)	A_{i1}/(°)	N_b/kN	A_b/(°)	A_i/(°)
5	3.59	0.47	2.49	-2.48	-0.48	-1.87	0.55	-0.01	0.31
10	3.59	0.47	1.47	-2.46	-0.48	-1.16	0.57	-0.01	0.16
15	3.6	0.47	1.13	-2.43	-0.48	-0.92	0.59	-0.01	0.11
20	3.62	0.47	0.96	-2.41	-0.48	-0.8	0.61	-0.01	0.08
25	3.65	0.47	0.86	-2.39	-0.48	-0.73	0.63	-0.01	0.07

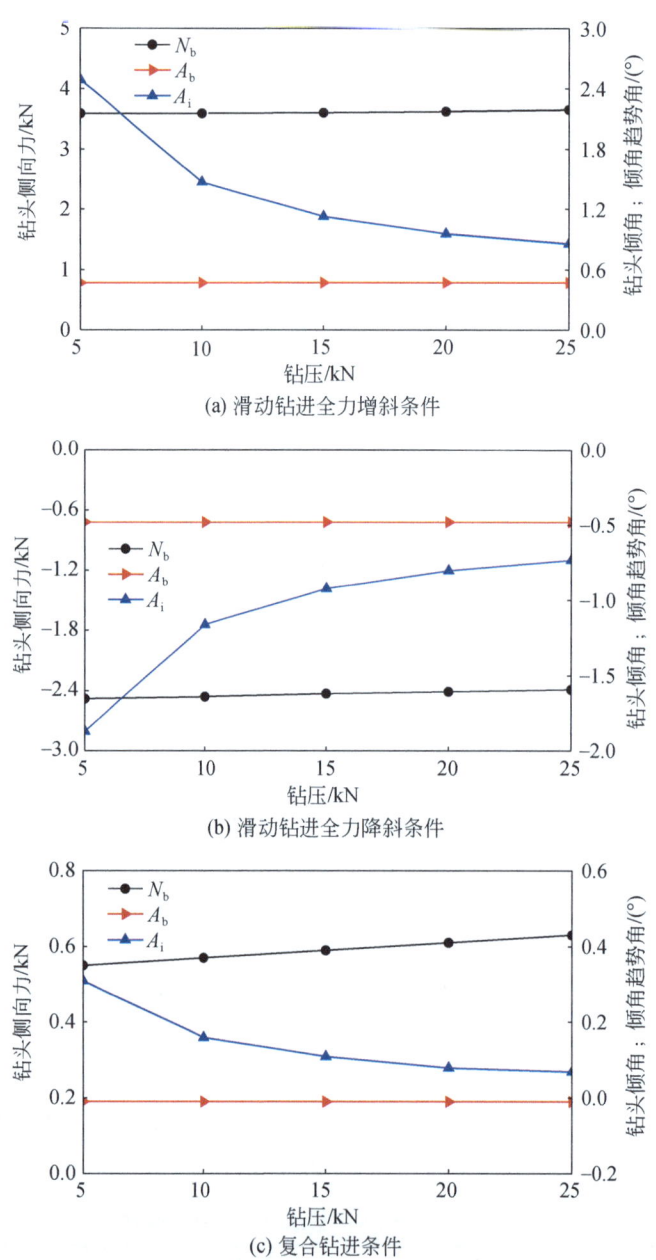

图 7.37 不同条件下侧向力和孔斜趋势角随钻压变化规律

3. 钻孔孔径扩大率对钻进效果影响规律

在煤层中钻进时普遍存在孔径扩大现象。全力增斜、全力降斜及复合钻进条件下，孔径扩大率对钻进效果影响规律分别见表 7.6 和图 7.38。

从计算数据和变化趋势曲线可知全力增斜和全力降斜时钻头侧向力随钻孔孔径扩大率增大而明显减小、孔斜趋势角随钻孔孔径扩大率增大而略增大，表明钻孔孔径扩大不利于滑动钻进时提高造斜率；复合钻进时钻头侧向力和孔斜趋势角均稍大于0，且钻头侧向力和孔斜趋势角均随井眼扩大率增大而略减小，表明复合钻进时略有增斜趋势，钻孔孔径扩大有利于水平段稳斜钻进。

据上述分析结果，建议综合考虑钻孔孔径扩大率对钻进效果影响，合理选择螺杆钻具弯角或合理选择钻头类型。比如，若钻孔孔径扩大导致滑动钻进造斜率较低，则适当增大螺杆钻具弯角，即可同时满足滑动钻进和复合钻进要求。

表7.6 钻进效果随钻孔孔径扩大率（I_h）变化规律

I_h	N_{b0}/kN	A_{b0}/(°)	A_{i0}/(°)	N_{b1}/kN	A_{b1}/(°)	A_{i1}/(°)	N_b/kN	A_b/(°)	A_i/(°)
0	4.9	0.18	1.11	−3.65	−0.19	−0.88	0.63	−0.01	0.11
0.025	4.25	0.32	1.12	−3.04	−0.34	−0.9	0.61	−0.01	0.11
0.05	3.6	0.47	1.13	−2.43	−0.48	−0.92	0.59	−0.01	0.11
0.075	2.95	0.61	1.14	−1.83	−0.62	−0.94	0.56	−0.01	0.1
0.1	2.23	0.76	1.14	−1.22	−0.77	−0.96	0.51	−0.01	0.09
0.125	1.58	0.9	1.15	−0.62	−0.91	−0.98	0.48	0	0.09

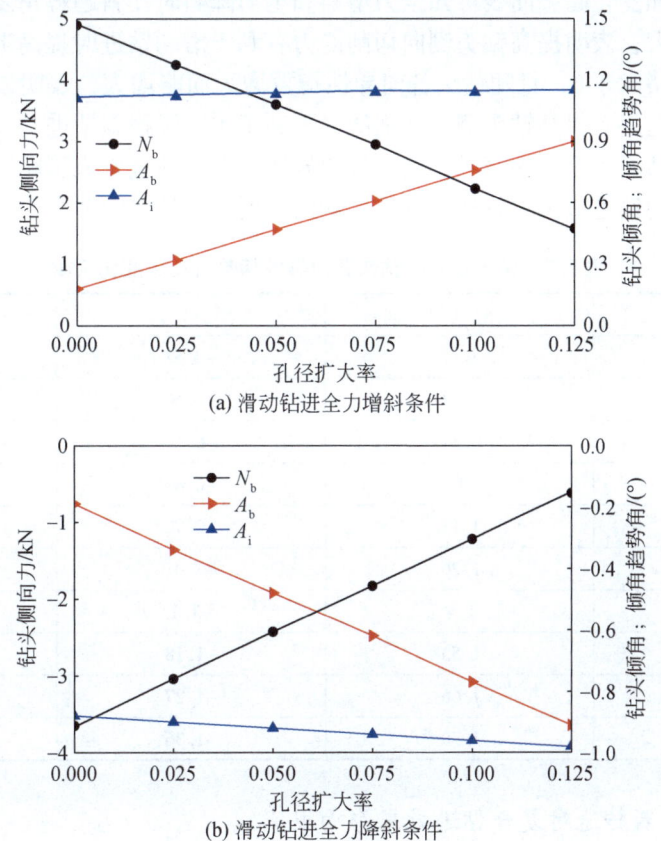

(a) 滑动钻进全力增斜条件

(b) 滑动钻进全力降斜条件

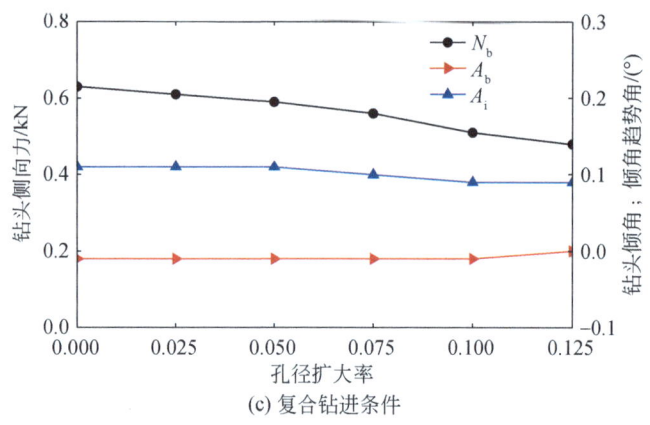

图 7.38 不同条件下侧向力和孔斜趋势角随孔眼扩大率变化规律

4. 钻头各向异性对钻进效果影响规律

钻头各向异性指数反映钻头的侧向切削能力。全力增斜、全力降斜及复合钻进条件下，钻头各向异性指数对钻进效果影响规律分别见表 7.7 和图 7.39。

从计算数据和变化趋势曲线可知全力增斜和全力降斜时孔斜趋势角随钻头各向异性指数增大而明显增大，表明提高钻头侧向切削能力有利于滑动钻进时提高造斜率；复合钻进时孔斜趋势角均略大于 0，且随钻头各向异性指数增大而略增大，表明该钻具组合在复合钻进时略有增斜趋势，提高钻头侧向切削能力不利于水平段稳斜钻进。

据上述分析结果，建议综合考虑钻头各向异性指数对钻进效果影响，合理选择钻头类型。比如，若滑动钻进造斜率较低，则选择侧向切削能力较强的钻头。

表 7.7 钻进效果随钻头各向异性指数 (I_b) 变化规律

I_b	$A_{i0}/(°)$	$A_{i1}/(°)$	$A_i/(°)$
0.01	0.6	−0.57	0.02
0.02	0.73	−0.66	0.04
0.03	0.87	−0.74	0.06
0.04	1	−0.83	0.08
0.05	1.13	−0.92	0.11
0.06	1.26	−1.01	0.13
0.07	1.4	−1.1	0.15
0.08	1.53	−1.18	0.17
0.09	1.66	−1.27	0.2
0.1	1.79	−1.36	0.22

5. 钻机回转器转速对复合钻进效果影响规律

在井下近水平孔钻进时通常以复合钻进方式为主，合理选择钻机回转器转速有助于提高钻进速度和孔内安全。复合钻进条件下钻机回转器转速对钻进效果影响规律分别见表 7.8 和

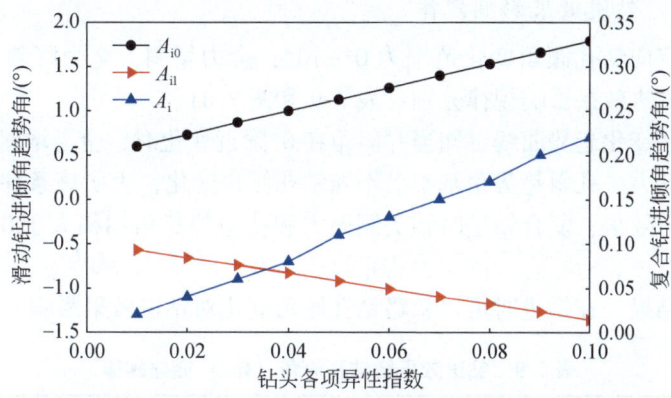

图 7.39 侧向力和孔斜趋势角随钻头各向异性指数变化规律

图 7.40。

从计算数据和变化趋势曲线可知随着钻机回转器转速增加,工具面转至高点和低点时钻头侧向力和孔斜趋势角均略增大,但是二者的平均值基本上不随转速变化,且均稍大于 0,表明该钻具组合在复合钻进时略有增斜趋势,提高钻机回转器转速对钻孔稳斜钻进效果影响很小。

据上述分析结果,建议综合考虑钻进速度及孔内钻具安全问题,合理选择钻机回转器转速。推荐钻机回转器转速控制在 60r/min 以内。

表 7.8 复合钻进效果随钻机回转器转速 (n) 变化规律

$n/(\text{r/min})$	N_{b0}/kN	$A_{b0}/(°)$	$A_{i0}/(°)$	N_{b1}/kN	$A_{b1}/(°)$	$A_{i1}/(°)$	N_b/kN	$A_b/(°)$	$A_i/(°)$
30	3.62	0.47	1.13	−2.44	−0.48	−0.92	0.59	−0.01	0.11
60	3.65	0.47	1.14	−2.48	−0.48	−0.93	0.59	−0.01	0.11
90	3.71	0.47	1.15	−2.53	−0.48	−0.94	0.59	−0.01	0.11
120	3.79	0.47	1.16	−2.61	−0.48	−0.95	0.59	−0.01	0.11

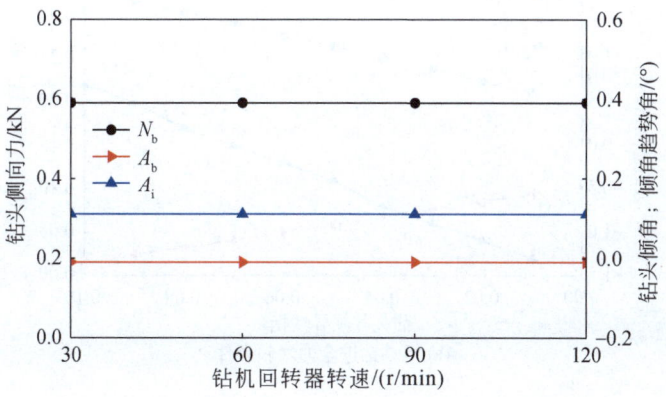

图 7.40 复合钻进效果随钻机回转器转速变化规律

6. 钻孔倾角对钻进效果影响规律

限定近水平定向钻孔倾角变化范围为 0°±10°，全力增斜、全力降斜及复合钻进条件下，钻孔倾角对钻进效果影响规律分别见表 7.9 和图 7.41。

从计算数据和变化趋势曲线可知当井斜角在 0°附近变化时，全力增斜、全力降斜及回转钻进时钻头侧向力、孔斜趋势角基本上不随钻孔倾角变化，表明该条件下钻孔倾角变化基本上不影响钻进效果；复合钻进时钻头侧向力和孔斜趋势角均稍大于 0，表明复合钻进时略有增斜趋势。

据上述分析结果，在钻进时可以忽略钻孔倾角变化对钻进效果影响。

表 7.9　钻进效果随钻孔倾角（Inc）变化规律

Inc	N_{b0}/kN	A_{b0}/(°)	A_{i0}/(°)	N_{b1}/kN	A_{b1}/(°)	A_{i1}/(°)	N_b/kN	A_b/(°)	A_i/(°)
10	3.59	0.47	1.13	-2.44	-0.48	-0.92	0.57	-0.01	0.10
8	3.59	0.47	1.13	-2.44	-0.48	-0.92	0.58	-0.01	0.10
6	3.60	0.47	1.13	-2.43	-0.48	-0.92	0.58	-0.01	0.11
4	3.60	0.47	1.13	-2.43	-0.48	-0.92	0.59	-0.01	0.11
2	3.60	0.47	1.13	-2.43	-0.48	-0.92	0.59	-0.01	0.11
0	3.60	0.47	1.13	-2.43	-0.48	-0.92	0.59	-0.01	0.11
-2	3.60	0.47	1.13	-2.43	-0.48	-0.92	0.59	-0.01	0.11
-4	3.60	0.47	1.13	-2.43	-0.48	-0.92	0.59	-0.01	0.11
-6	3.60	0.47	1.13	-2.44	-0.48	-0.92	0.58	-0.01	0.11
-8	3.60	0.47	1.13	-2.44	-0.48	-0.92	0.58	-0.01	0.10
-10	3.59	0.47	1.13	-2.44	-0.48	-0.92	0.58	-0.01	0.10

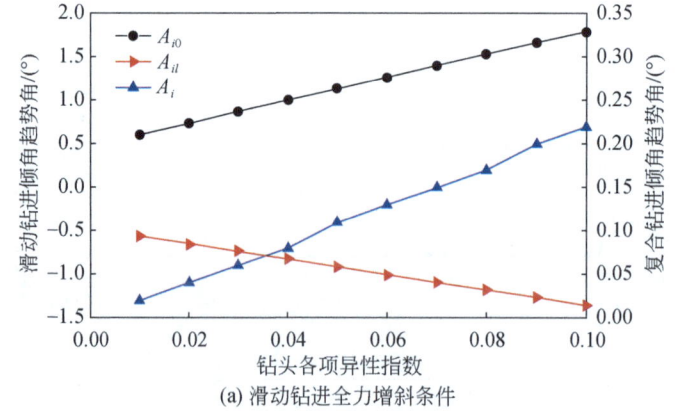

(a) 滑动钻进全力增斜条件

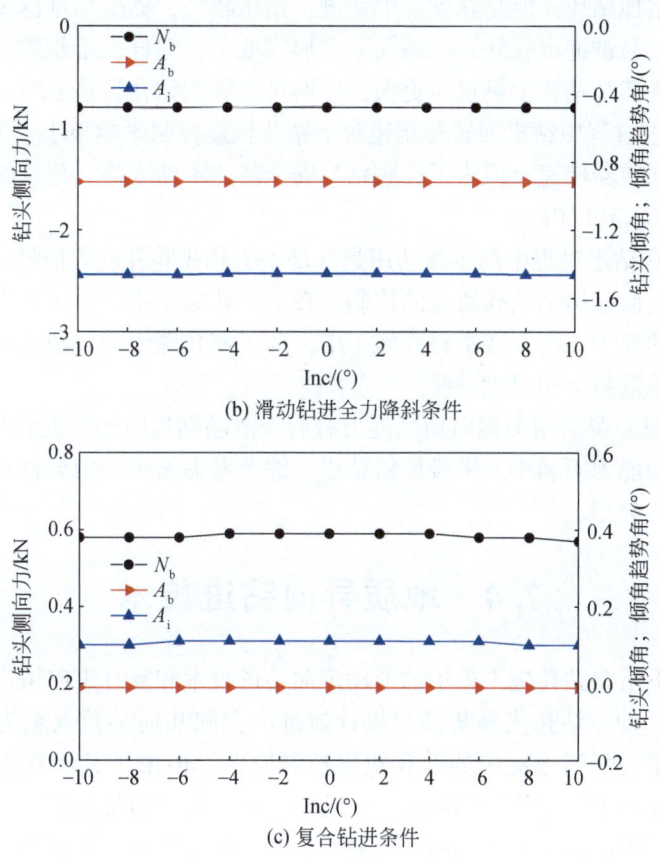

图 7.41 不同条件下侧向力和孔斜趋势角随钻孔倾角变化规律

7.3.6 复合定向钻进轨迹控制参数优化

综合考虑滑动钻进造斜率要求、复合钻进稳斜要求，以及钻进速度和井下安全问题，以 Φ98mm PDC 钻头+Φ73mm 无磁弯外管螺杆钻具+Φ76mm 下无磁钻杆+Φ76mm 无磁测量短节+Φ76mm 上无磁钻杆+Φ73mm 钻杆为钻具组合，钻进过程中钻孔轨迹控制参数优化方案如下。

(1) 复合钻进过程中，孔底钻具的侧向力会随着螺杆钻具弯角增大而略微增大，表明该钻具组合在复合钻进时略有增斜趋势，较大的螺杆钻具弯角不利于水平段稳斜钻进。而在煤矿井下近水平定向钻孔中采用复合钻进的目的是防斜打快，因此以轨迹稳斜为主，但又要兼顾滑动造斜钻进，因此孔底造斜钻具 Φ73mm 应选用弯角为 1.0°或 1.25°螺杆钻具，但若钻孔孔径扩大率较大，弯角应选择 1.5°。

(2) 在不考虑其他影响因素并保持转速不变的情况下，滑动定向钻进过程中较大钻压不利于提高造斜率；复合钻进时钻头侧向力和孔斜趋势角均稍大于 0，且钻头侧向力随钻压增大而略增大、孔斜趋势角随钻压增大而明显减小，表明复合钻进时有增斜趋势，较大钻压有利于定向钻孔稳斜钻进。因此复合钻进过程中在钻具强度允许的情况下，为了提高钻进速度可适当增加钻压。但是在煤层中钻进，钻压越大，钻头切削深度就越大，切削的颗粒就越大，不容易被冲出孔外，在钻孔下方形成堆积，钻杆在堆积物的支撑作用下，一定程度上迫使钻头切削钻孔上侧机会更大，因而可能导致钻孔轨迹上斜。

（3）复合钻进过程中钻机回转器转速对于钻孔轨迹控制影响很小，为了提高钻进速度可适当提高钻机回转器转速，但为了孔底钻具安全转速不能太高，建议煤矿井下回转器转速一般控制在60r/min以内。

（4）冲洗液在钻进过程中的主要功用是冷却钻头和排除孔底煤渣屑，冲洗液量大小不仅影响钻进效率，而且影响钻孔轨迹的控制。在上仰孔施工中，由于重力作用，煤屑容易被排出，对泵量的要求不高；在下斜孔施工中，为了使孔底干净，防止孔底煤渣屑堆积而使钻头上翘，冲洗液量宜相对大一些。

（5）滑动钻进时提高钻头侧向切削能力有利于滑动钻进时提高造斜率；而复合钻进时提高钻头侧向切削能力不利于水平段稳斜钻进。综合考虑钻头各向异性指数对钻进效果影响，合理选择钻头类型。

7.4 地质导向钻进技术

目前煤矿井下定向钻孔施工采用的滑动定向钻进技术和复合定向钻进技术均为"几何导向"钻进方法，即以钻孔实钻轨迹与设计轨迹的空间几何参数偏差为依据进行轨迹调控，解决了较厚平稳目标地层中的钻孔轨迹控制问题。但由于其不具备地层随钻识别功能，当目标地层厚度小、起伏变化大时，钻孔轨迹极易偏出目标地层，无法确保沿目标地层延伸，因此针对性研制了地质导向随钻测量装置和配套装备，并开发了地质导向定向钻进技术。

7.4.1 工艺技术原理

地质导向定向钻进工艺将地层识别技术、滑动定向钻进与复合钻进相结合，借助地层识别的钻孔空间定位功能、滑动定向钻进钻孔轨迹控制功能和复合钻进高效及轨迹平滑特点，在钻孔轨迹人工控制的同时发挥复合钻进的技术优势，提高了瓦斯抽采定向长钻孔钻进成孔率、煤层钻遇率和成孔效率。

7.4.2 工艺技术流程

地质导向定向钻进工艺技术的关键是对地层的识别和钻孔轨迹的人工控制，其核心是在钻探施工过程中如何根据钻孔实钻轨迹在空间中的位置对滑动定向钻进工艺与复合钻进工艺之间转换时机的把握。滑动定向钻进阶段，可通过调整螺杆钻具工具面向角实现钻孔轨迹弯曲方向的人工实时连续控制；复合钻进阶段，由于螺杆钻具工具面不断转动，无法实现钻孔轨迹的人工控制，但是根据试验数据发现，复合钻进时，钻孔轨迹方位角和倾角分别呈上升和下降趋势，其造斜率一般小于滑动定向钻进。利用这一规律，可根据钻孔轨迹实际偏斜情况和钻孔在地层中位置，选择相应的钻进方法，钻进过程中应尽量利用复合钻进钻孔弯曲规律进行钻孔轨迹控制，其工艺流程如图7.42所示，操作步骤如下。

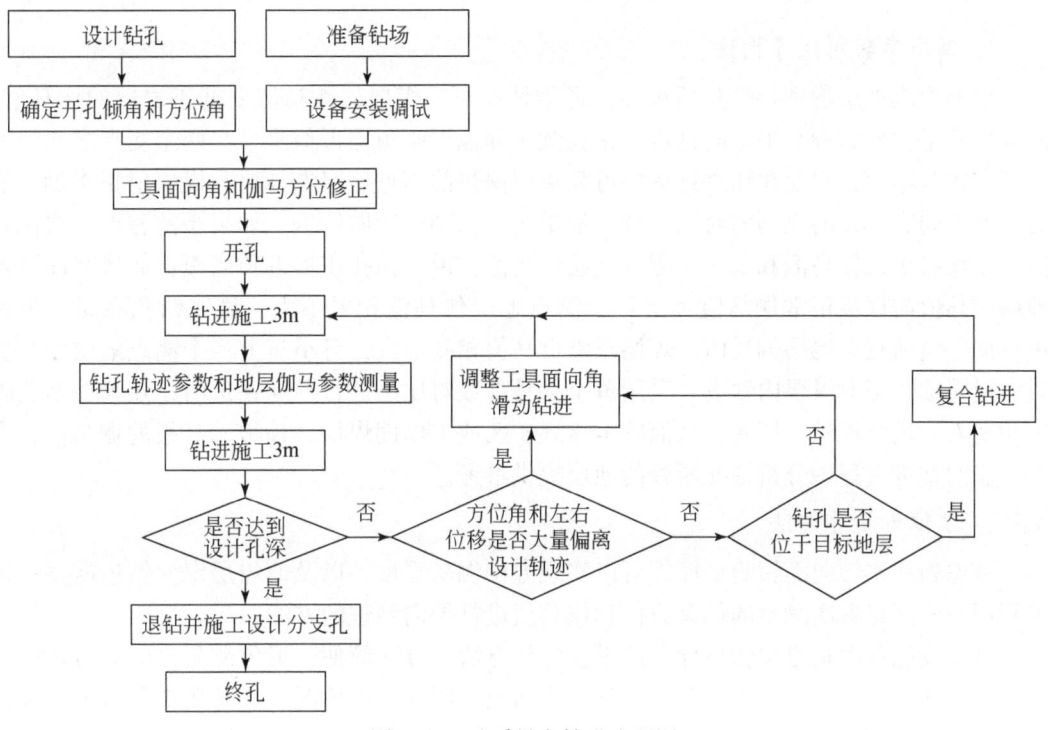

图7.42 地质导向钻进流程图

（1）准备钻场和仪器，完成钻孔轨迹设计并根据开孔倾角和方位角完成开孔操作。

（2）安装调试地质导向随钻测量仪器，并下入钻孔内。

（3）钻孔施工过程中或回次钻进完成后需要测量时，孔口防爆计算机通过有线传输通道给钻孔轨迹测量短节供电和下达操作指令，启动钻孔轨迹测量短节工作。

（4）钻孔轨迹测量短节采集钻孔轨迹参数，同时打开伽马电池筒控制开关，为方位伽马测量短节供电，从而启动方位伽马测量短节采集地层伽马参数。

（5）方位伽马测量短节将采集的地层伽马参数传输给钻孔轨迹测量短节，钻孔轨迹测量短节将接收到的地层伽马参数以及本体采集的钻孔轨迹参数进行数据编码，然后通过信号载波电路将测量信号加载到有线传输通道上。

（6）孔口防爆计算机接收并解调载波信号后，实时显示钻孔轨迹参数和地层伽马参数的数据，并绘制钻孔轨迹图。

（7）钻探施工人员根据钻孔轨迹与设计轨迹的偏差控制钻孔左右位移，根据伽马数据判断钻孔所处地层情况并控制钻孔上下位移。当实钻轨迹与设计轨迹偏斜不大时，直接采用复合钻进，当偏斜较大时，采用滑动定向钻进，保证钻孔轨迹沿着设计轨迹及目的层位延伸。

（8）达到设计孔深后，退钻并按设计施工分支孔，提高钻孔覆盖率和瓦斯抽采效果；分支孔施工完后，退钻封孔。

7.4.3 地层伽马参数处理及地质导向方法

1. 伽马参数对比导向法

根据含煤地层物理特性分析可知，通常情况下，煤层的伽马值要低于岩层的伽马值。而煤矿井下主要为近水平定向钻进，钻孔倾角和地层倾角均近似水平，两个测点之间的上下位移相差不大，因此在钻进过程中可简单根据当前测点地层伽马值与煤岩层正常伽马值对比及不同测点处的伽马值对比，进行地层快速识别和导向钻进。如果当前测点地层伽马值大于煤层正常伽马值和上一个测点地层伽马值，说明钻孔正靠近顶底板；如果当前测点地层伽马值与煤层正常伽马值和上一个测点地层伽马值相差不大，说明钻孔在煤层中钻进；如果当前测点地层伽马值与煤层正常伽马值相差不大，且小于上一个测点地层伽马值时，说明钻孔正向煤层内钻进。采用单个伽马参数对比法进行导向钻进时，建议在钻孔施工初期人为进行探顶、探底，从而确定该煤矿区或工作面煤层、顶板、底板的伽马值，为下一步的钻进过程中分析钻孔所处的地层提供参考。

2. 方位伽马导向法

考虑到地质导向随钻测量探管可以实现方位伽马测量，以及薄煤层定向钻进需要，提出利用当前测点多次测量的伽马方位和伽马值进行导向钻进的方法。

伽马玫瑰花图是方位伽马导向的重要分析方法，方法简便，形象醒目，能够清楚地反映出不同朝向的伽马值大小，有助于分析当前测点所处地层情况。伽马玫瑰花图坐标系如图 7.43 所示，即用圆周方位代表伽马方位值，用半径长度代表伽马数值，将同一测点不同伽马方位时的伽马数值在坐标系中标示出来，并顺次将相邻点连线，即形成了伽马玫瑰花图。根据伽马玫瑰花图可清楚看出钻孔各个方向的地层伽马情况，从而判断出钻孔所处的地层情况。

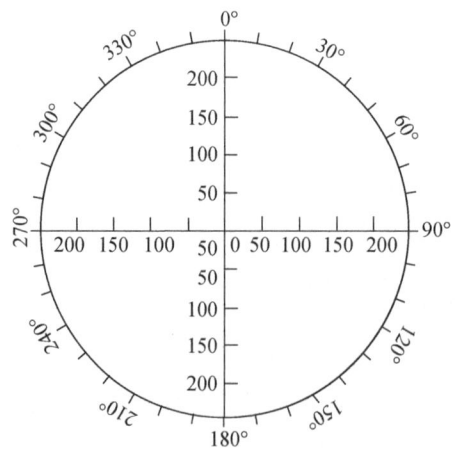

图 7.43 方位伽马玫瑰花图坐标系

伽马玫瑰花图一般适用于同一测点方位伽马测量数据组数较多时使用，钻进施工时，也可根据伽马方位为 0° 和 180° 左右时的伽马值进行导向钻进。伽马方位与工具面表示的信息相同，0° 时测量上端地层伽马参数，180° 时测量下端地层伽马参数，90°、270° 分别测量右端和左端。在实钻过程中，通过 0° 和 180° 左右时的伽马值判定现在的钻进趋势，并进行导向钻进的方法如下。

（1）上次测量处于煤层。分别将伽马方位调整到 0° 和 180°，并记录对应的伽马数据，若 0° 值大于 180° 值，说明趋于顶板，否则趋于底板。若变化不大，说明煤层较厚或处于煤层中央。

（2）上次测量处于岩层（顶板）。分别将伽马方位调整到 0° 和 180°，并记录对应的伽马数据，若 0° 值大于 180° 值，说明趋于顶板，否则趋于煤层。

（3）上次测量处于岩层（底板）。分别将伽马方位调整到 0° 和 180°，并记录对应的伽马数据，若 0° 值大于 180° 值，说明趋于煤层，否则趋于底板。

3. 伽马曲线分析导向法

除了伽马参数对比导向法和方位伽马导向法之外，还可以根据伽马曲线对钻孔进行分析并指导定向钻进。伽马曲线示意图如图 7.44 所示，以孔深为横坐标，以地层伽马参数为纵坐标，建立坐标系，将不同孔深时的伽马参数值在坐标轴中进行标示并依次连接起来。伽马曲线分析方法如下。

（1）根据曲线形状，画出多条垂直于横轴的对称平衡线，多条对称平衡线将地层伽马图划分为多个区域。

（2）以对称平衡线为对称轴，判断所述的对称平衡线两侧区域的伽马参数值变化曲线是否存在对称段，当所述的对称平衡线两侧的伽马曲线存在对称段时，说明钻头从某地层钻出后又钻回同一地层；当所述的对称平衡线两侧的伽马曲线不存在对称段时，说明钻头持续向某地层的底部或顶部钻进或从某地层钻出后继续向相邻地层钻进。

（3）同时结合钻头处的倾角大小及孔深，对钻头钻进方向和具体钻进位置进行综合判断，最终判断钻头是否从目的层钻出及钻出后的钻进趋势，再根据钻出趋势的分析判断结果对钻头钻进方向进行调整，以确保钻孔轨迹在目的层中延伸。

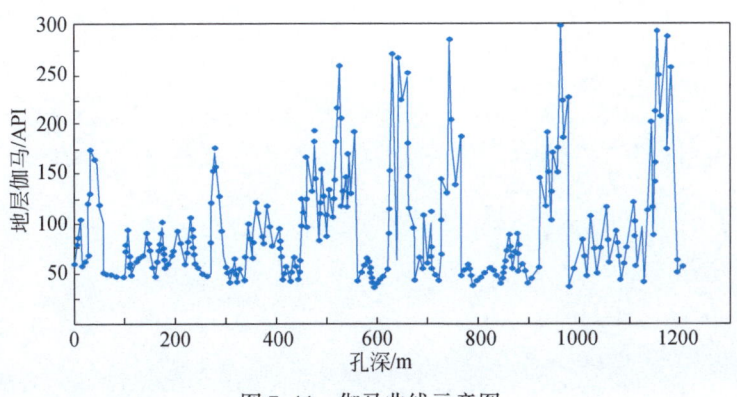

图 7.44　伽马曲线示意图

自然伽马曲线特点主要有以下几点。

（1）对于放射性物质含量均匀各向同性的岩层，当上、下围岩的放射强度相等时，曲线对称于地层中点。

（2）对称地层中点，曲线呈极大值，并且随着岩层厚度增加而增大，当厚度是孔径 3 倍时，极大值为常数，曲线的极大值与地层放射性强度成正比。

（3）当地层厚度是孔径 3 倍时，由曲线的半幅点确定的岩层厚度为真厚度。

影响自然伽马曲线的主要因素如下。

（1）地层的厚度。

（2）伽马参数测量速度和仪器时间常数。主要体现在以下几个方面：仪器时间常数不等于 0 的曲线与仪器时间常数等于 0 的曲线不重合，不同的仪器时间常数值测得的曲线只有起点是相互一致的；仪器时间常数越大曲线的幅度下降得越多；在仪器移动方向上，仪器时间常数越大，曲线拖尾越长；仪器时间常数越大曲线越不对称，其极大值和上下半幅点的位置分别对地层中点及上下边界点向仪器移动方向移动了一段距离；仪器时间常数越大，曲线的半幅宽越大，由半幅宽确定的视厚度大于真厚度；随地层厚度减小，仪器时间常数影响越大。

（3）仪器标准化的影响。

（4）钻孔参数的影响。在利用地层伽马参数进行地质导向钻进时，应注意钻孔参数对伽马测量结果存在影响，主要包括冲洗液、钻孔孔径、套管等。

第 8 章 定向钻孔事故处理工艺技术及配套钻具

煤矿井下近水平定向钻进工程是一项隐蔽的地下工程，在实践中存在着大量的模糊性、随机性和不确定性，对客观情况的认识不清（客观原因）或主观意识的决策错误（主观原因），往往会产生许多复杂情况，甚至造成严重的钻孔事故，轻则耗费大量人力物力和时间，重则导致钻具掉入孔内无法捞出，造成经济损失的同时，也会影响瓦斯抽采效果、威胁采掘安全（蒋希文，2006；刘广志，2009）。

煤矿井下定向钻进的对象以待采（掘）煤层、顶底板岩层为主，钻孔轨迹在空间形态上呈近水平状态分布，煤系地层生成条件、结构、构造及力学特性决定了其具有复杂多样的地质赋存状态，这又决定了煤矿井下定向钻孔工程会存在多种多样的孔内复杂情况。

本章对煤矿井下近水平定向钻进常见钻孔事故进行归类及成因分析，提出预防和处理措施。

8.1 定向钻孔常见钻孔事故及预防和处理

在钻孔施工过程中，存在各种原因造成孔内故障而中断正常钻进，通常把这些孔内故障统称为钻孔事故。煤矿井下定向钻孔施工常见钻孔事故类型包括塌孔卡钻、泥岩缩径卡钻、钻屑沉积卡钻和掉钻等（许超和石智军，2014）。

8.1.1 塌孔卡钻事故

塌孔卡钻事故是由于孔壁局部煤岩体失稳、塌落将钻具卡住，造成钻具回转、起下受阻，严重时可将钻具完全卡死（既不能转动又不能起下）的钻孔事故，事故原理如图 8.1 所示。

塌孔卡钻是煤矿井下定向钻进最为常见钻孔事故类型，具有普遍性、突发性和复杂性等特点，其事故处理工序复杂、劳动强度大、耗费时间长、风险高，极易发生钻具卡死的严重事故，导致钻孔报废及财产损失，因此在定向钻孔施工中应时刻预防此类事故发生，在发生事故后应认真分析事故原因，采取科学合理的技术措施进行事故处理，将损失降至最低（张杰等，2012）。

1. 事故原因

造成塌孔的原因分为地质、物化和工艺三个方面。

1）地质方面原因

a. 地应力影响

主要包括原始地应力和次生应力。原始地应力是地壳在不断运动中，煤岩层中形成的

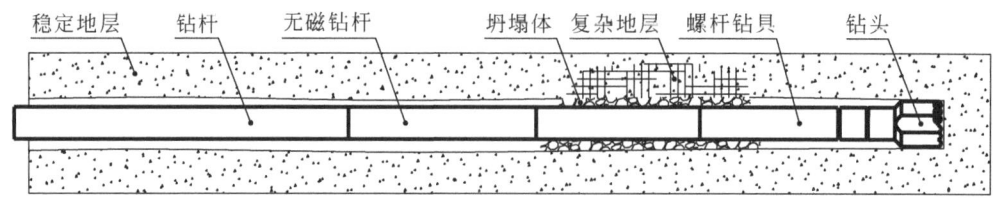

图 8.1 塌孔卡钻事故原理示意图

构造应力（挤压、拉伸、剪切等）；次生应力是在煤矿采掘过程中，由于人为因素对原始煤岩层扰动形成的应力，这种扰动改变了煤岩层原始受力边界条件，形成新的应力分布。当应力超过煤岩层本身强度时，便产生断裂而释放能量；当应力尚未达到煤岩层本身强度时，这些应力便以弹性应变能的形式存储在煤岩层中，待机释放。如当钻孔钻穿煤岩层后，钻孔孔壁产生自由面，孔壁周围煤岩层应力重分布，一部分应力向钻孔深部转移，一部分向孔壁径向方向释放，当孔壁应力超过煤岩层极限强度时便会发生破裂，造成钻孔煤岩体结构的损伤与破坏，导致钻孔塌孔，引发卡钻事故。

b. 地质构造影响

受构造运动影响，煤岩层发生断裂、滑动、升降等现象，使得本来稳定的煤岩层变得错综复杂，在地层中发育大量的破碎带和裂隙带，地层稳定性大大降低，钻遇此类地层极易发生钻孔塌孔卡钻事故。

c. 煤系地层自身特性影响

首先，我国大多数矿区煤岩层胶结性和连续性较差，造成钻进中孔壁自稳能力差，容易发生塌孔，造成卡钻事故；其次，煤层顶底板岩层层理发育，近水平定向钻进中容易发生岩层垮落，造成塌孔卡钻事故。

2）物化方面原因

煤矿井下定向钻进多以清水为循环介质，大量研究试验表明，当煤岩层遭遇清水浸入时，受水化、毛细作用影响，煤岩层内部会产生应力变化，削弱煤岩层的结构强度，这是造成钻孔坍塌的另一重要原因。

3）钻进工艺方面原因

a. 冲洗液流对孔壁的冲蚀作用

定向钻进中，为满足钻孔环空排渣需要，采用外平钻杆钻进要求钻孔环空返水流速一般不低于 1m/s，返水同时会对孔壁煤岩层产生冲蚀作用，当钻遇不稳定地层时，容易造成塌孔卡钻事故的发生。

b. 钻具对孔壁的撞击

复合钻进或冲孔时，经常会伴有钻具的转动，转动的钻具会将钻孔孔壁下缘沉积的钻屑搅起，以便水流将其携出孔外，有利于提高冲孔效率和改善冲孔效果。然而，钻具在孔内转动辅助排渣的同时也对孔壁产生持续撞击，造成孔壁煤岩层的应力状态发生变化，促使煤岩层裂隙扩展贯通，进而导致孔壁煤岩体产生破裂而失稳垮落，从而引起塌孔卡钻事故。

2. 事故预防措施

1）合理的钻孔布置设计

钻孔设计阶段，在满足生产需要的前提下，钻孔布置应尽可能避开断层、陷落柱、褶皱、高地压等地质异常区。

2）探明并避开危险层位

在地质资料不全的情况下，采用定向钻进技术主动探测危险地层，确定其准确位置及范围后，通过开分支技术或重新开孔纠正钻孔轨迹避开危险地层，原理如图8.2所示。

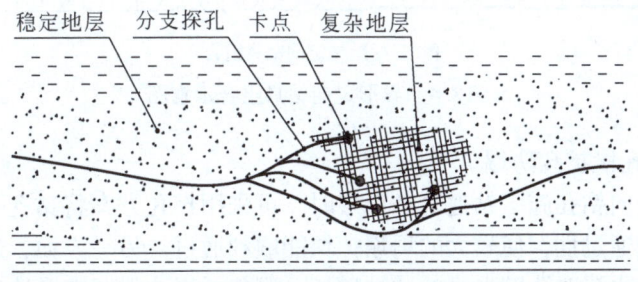

图 8.2　探明并避开危险层位示意图

3）采用带反向切削齿的窄翼片定向钻头

塌孔卡钻事故的卡点位置一般多位于钻头体台肩部，在存在安全隐患的地层中进行定向钻进施工应首选窄翼片定向钻头，这样可以有效降低卡钻后钻头台肩处的卡阻力，方便钻机自行解卡；同时，可在窄翼片钻头体肩部焊镶反向切削齿，在发生卡钻事故后，钻机通过提拉、回转钻具带动钻头切削其台肩后方堆积的坍塌体，从而提高钻头自行解卡能力。带反向切削齿的窄翼片定向钻头如图8.3所示。

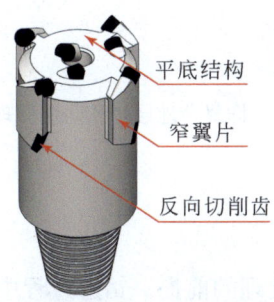

图 8.3　带反向切削齿的窄翼片定向钻头

4）采用异形定向钻具组合

在进行复杂地层定向钻孔施工时，为了预防塌孔卡钻事故，可以采用螺旋或三棱等异形结构定向钻具组合，配套复合定向钻进工艺技术，进行钻孔施工，钻具组合如图8.4所示。异形钻具旋转过程中，其外部螺旋结构或棱条能起到修整孔壁、破碎坍塌掉块的作用，同时搅动孔内岩屑，实现机械辅助排渣，提高水力排渣效率。

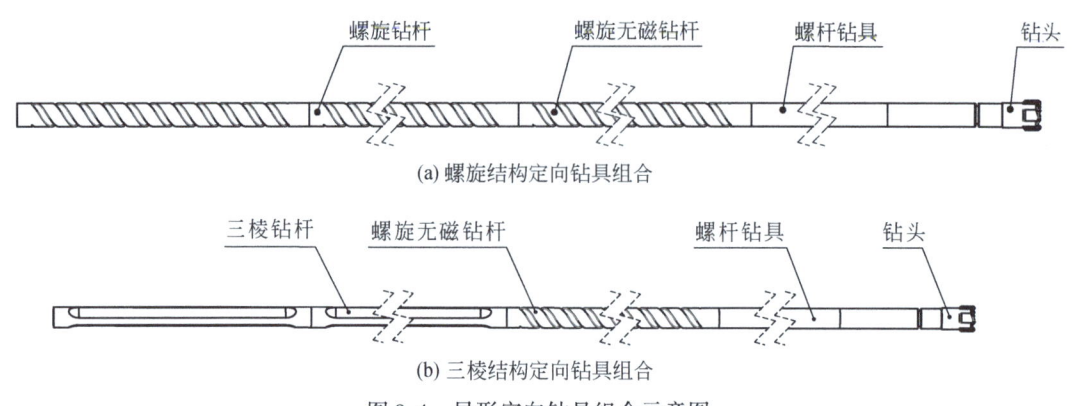

图 8.4　异形定向钻具组合示意图

5) 上仰穿层孔段扩孔防塌

在上仰穿层定向钻孔施工钻遇复杂地层时，可采用扩孔方案将钻孔孔径扩大，一方面提高钻孔环空通道通过性，使较大的坍塌掉块能顺利通过。另一方面，返水会沿孔壁下缘流过，减少了环空水流对孔壁上缘的冲蚀破坏，避免了塌孔引起憋泵造成高压水对孔壁的二次破坏，扩孔方案原理如图 8.5 所示。

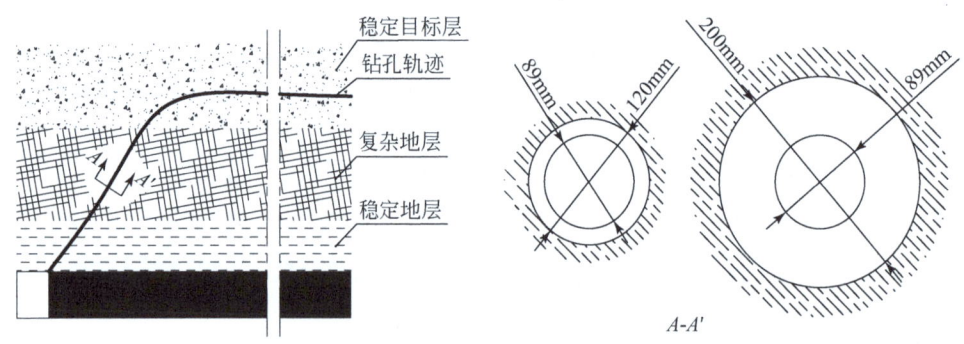

图 8.5　上仰复杂地层扩孔防塌原理示意图

3. 事故处理技术

1) 科学分析及处理孔内异常

钻孔事故的科学分析是事故处理的前提。钻进过程中应结合地层实际情况，根据钻进中给进压力、起拔压力、回转压力、泥浆泵压、钻进速度等参数的变化判断孔内是否出现了塌孔卡钻事故。塌孔最直接的影响是环空通道的缩小，造成钻进参数发生变化，一般根据坍塌体对环空通道的影响程度将塌孔卡钻划分为堵塞、半堵和畅通三种情况，其所表现出来现象及采用的处理工艺有所差异。

a. 堵塞状态

堵塞状态是指塌孔掉块将钻孔环空通道完全堵死，冲洗液循环无法建立。这种情况下，返水无法通过环空间隙，造成泥浆泵压力持续上升和孔口返水停止，此时钻头至堵塞点之间的环空水压也持续升高，堵塞点的坍塌煤岩体会受到环空中高压水挤压将钻杆紧紧

"抱住"，增大了钻进阻力，会出现给进压力增大、钻进困难的现象，提拉钻具时起拔压力也会明显增大，出现卡钻现象。随着泥浆泵压的不断升高，这些问题会愈加严重，甚至会出现钻具完全卡死的严重事故。

遇到塌孔卡钻造成环空通道完全堵塞的情况时，正确的处理方法是密切关注泥浆泵压变化，泵压异常升高值达到3MPa时应立即停泵并起钻，起钻过程中可以配合钻具回转来降低卡钻阻力，钻具提离复杂孔段后可以尝试带水回转复合扫孔来处理塌孔卡钻问题，尝试2~3次未果的情况下建议采用异形定向钻具组合进行剩余孔段施工。事故处理中严禁持续高泵压循环，因为这样除了会造成严重的卡钻事故外，环空的高压水还会对岩层产生压裂作用，对岩体结构造成重复破坏，使事故进一步恶化；此外，持续憋泵容易造成泥浆泵设备的损坏。

b. 半堵状态

半堵状态是指发生塌孔事故后，冲洗液循环通道受阻，但仍能够实现循环。这种情况下，钻孔返水基本正常，但泥浆泵压力较正常钻进有所升高并保持稳定，钻进可以正常进行，起钻时钻头通过堵塞点会有卡顿现象。随着钻进继续进行，堵塞点处由于通道变窄，钻屑可能会在该处堆积造成环空通道被完全堵塞的情况，造成严重卡钻事故。

遇到塌孔卡钻造成环空通道部分堵塞但仍能够继续钻进的情况时，应实时关注钻进系统参数变化，事故处理中严禁持续异常高泵压钻进。

c. 畅通状态

畅通状态是指发生塌孔事故后，冲洗液循环正常的情况。这种情况下，钻孔返水、泥浆泵压力与正常钻进没有明显差别，但钻进、起拔压力异常升高，无法正常进行，起钻时会有卡顿现象，甚至钻具被完全卡死。这种事故一般是由于钻孔局部孔段失稳，较大块的岩体从孔壁垮落造成的卡钻事故，这种事故突发性较强。

遇到该类事故，应立即停止钻进并起钻，起钻过程中可以配合钻具回转来降低卡钻阻力，钻具提离复杂孔段后可以尝试带水回转复合扫孔来处理卡钻问题，如果钻具完全被卡死，可采用强力或套铣打捞的方法来处理。

2) 强力打捞

强力打捞是处理坍塌卡钻事故的首选方法，该方法也是最为便捷和有效的方法。处理事故时，可采用正转转速快速变化和快速起下钻迅速反复转换结合的方法，将连续快速变化的扭矩和轴向力传递到孔内钻具卡钻处，在这种频繁变化的扭矩及轴向力作用下，钻具在孔内的变形也在不断地快速变化，这种变化可使卡钻处钻具对坍塌碎屑产生挤压和碾压作用，将煤屑压碎，使钻具松动；同时，钻具变形的快速变化，在钻具卡钻处产生震击的效果，有利于使卡钻处坍塌碎块产生松动，从而达到解卡的目的。强力打捞过程中，有时因钻机自身起拔力不足，导致卡钻事故处理困难，可考虑利用液压拔管机辅助强力起拔处理。

处理事故过程中，应时刻注意钻机系统压力的变化，结合操作判断解卡是否成功。例如，处理过程中，在采用回转、快速起下或两者结合的情况下，液压系统泵压力较起初相同操作有所降低，说明卡钻处钻具开始松动。同时，还应时刻关注孔口返水变化情况，在强力打捞处理坍塌卡钻时，钻孔循环水流可对坍塌区域的破碎块体产生冲蚀，加速钻具解卡。在孔内水流循环因卡钻中断的情况下，解卡处理过程中，应定时开泵，观察孔口返水。在循环通道重新连通的情况下连续开泵循环，有利于加速解卡。

3）套铣打捞

在强力打捞处理无效的情况下，可考虑采用套铣打捞法。该方法利用专用套铣打捞钻具，采用回转钻进工艺套取孔内定向钻具，打通卡钻部位阻塞，再分别将打捞钻具和定向钻具依次提出，完成打捞。

套铣打捞具有一定的风险性，因为在套铣打捞过程中，打捞钻具也存在着塌孔卡钻的危险，因此，在套铣打捞钻进过程中应时刻关注钻进参数及孔口返水变化，一旦发现异常应及时采取处理措施，防止事故恶化。

4）预设安全接手

有些情况下，受地层或钻孔条件影响，强力打捞和套铣打捞不适用时，可预先在钻具组合中连接安全接手，由于卡钻事故的卡点一般位于定向钻头或螺杆钻具弯头处，安全接手一般预设在下无磁钻杆与螺杆钻具之间或钻头与螺杆之间，如图8.6所示。由于安全接手强度较钻具组合其他部位低，在发生卡钻事故后，可以通过钻机强力扭断或拉断安全接手的方法来处理。

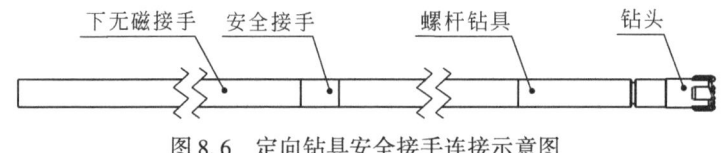

图8.6　定向钻具安全接手连接示意图

5）反丝（左旋）工具（公锥或母锥）打捞

在未安装安全接手，且强力打捞与套铣打捞无效的情况下，可采用反丝工具打捞，具体步骤是：首先利用钻机反转倒扣，使钻具从孔内某处解扣，将解扣处至孔口段钻具提出，然后下入反丝工具和反丝钻杆套取卡钻钻具并反转使其解扣，最后将其提离钻孔，如此反复作业，将孔内事故钻具打捞出来。受卡钻影响，一般情况下，反丝工具无法将孔内所有钻具打捞出来。此外，反丝工具打捞处理过程中，应考虑到工程工期和经济性。

6）采掘打捞

在拧断安全接手和反丝工具打捞完成后，孔内会遗留一部分定向钻具，如果遗留钻具位置处于待采掘区域，应准确记录和精确计算卡钻钻具的空间位置，在后期的回采或掘进时揭露事故钻具，从而完成打捞。

8.1.2　泥岩缩径卡钻事故

泥岩缩径卡钻是指钻头通过泥岩孔段时发生膨胀变形，使得孔径缩小，其直径小于钻头直径，钻头无法顺利回拖通过，造成卡钻事故，缩径卡钻原理如图8.7所示。缩径卡钻事故也是煤矿井下定向钻进中常见的钻孔事故，因其发展缓慢、征兆较明显，预防、处理较坍塌卡钻容易。

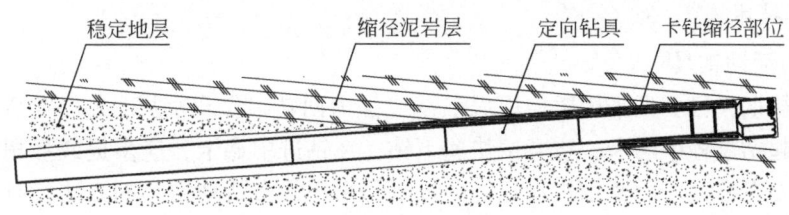

图 8.7 缩径卡钻原理示意图

1. 事故原因

在煤层的顶底板乃至煤层中，均普遍发育泥页岩层，其中有些水敏性泥页岩遇水发生膨胀、变形，导致钻孔发生缩径现象，从而造成卡钻事故。

有些煤层顶底板中发育着富水软泥岩，表现出很强的塑性变形，当钻穿这种岩层后，这种软泥岩在地应力作用下向孔内挤压，导致钻孔孔径缩小而卡钻。

2. 预防措施

1) 查明并避开缩径泥岩所在层位

通过查阅地质资料和定向钻进主动探测的方法探明缩径泥岩所在层位，通过钻进参数及孔口返水掌握其特点，采用开分支孔的方法避开缩径泥岩层。

2) 加强循环冲孔和扫孔

钻进至水敏性泥页岩时，由于泥岩水化速度较慢，因此在钻进中一般不会立即出现缩径卡钻情况，但是在后期的钻进、冲孔、扫孔、起下钻时会出现卡阻现象。大量实践表明：钻进水敏性泥页岩时孔口返水和其他非水敏性类型泥页岩无明显区别，因此在不得不穿越泥岩层的情况下，应加强泥岩孔段冲孔和扫孔。

3) 扩孔

在冲孔、扫孔处理未果的情况下，可采用扩孔手段来预防卡钻事故发生，通过扩孔可增大缩径孔段环空横截面积，提高该孔段通过性，缓解憋泵卡钻问题。

4) 螺旋钻具组合

孔内发生泥岩缩径卡钻时，可以采用螺旋结构定向钻具组合和配套复合定向钻进工艺技术，钻具组合如图 8.4（a）所示。螺旋钻具组合旋转过程中，其外部螺旋结构不断修整孔壁，限制泥岩缩径问题的发展，同时搅动孔内岩屑，实现机械辅助排渣，提高水力排渣效率，从而缓解泥岩缩径问题。

5) 及时发现并处理孔内异常

钻进含水的软泥岩层时，由于其塑性强，在地应力的作用下被挤入孔内，此时返水变得黏稠，并携有软泥块；钻进速度加快，泥浆泵压升高；钻机回转及起下钻阻力明显增大。在这种情况下应及时停止钻进，开泵循环，并大幅度活动钻具，将钻具提离危险孔段后，再做后期处理。

6) 停钻前将钻具提离缩径孔段

含有缩径泥岩孔段的定向钻孔在施工过程中需要暂时停钻时，应将钻具提离缩径孔段，防止泥岩孔段缩径导致孔内长时间静置的钻具被卡住。

3. 处理技术

1）强力活动钻具

在遇卡初期，可尝试采用类似坍塌卡钻"强力回转-起下钻法"大幅度活动钻具，争取解卡。在起钻过程中遇卡，应尝试快速下钻；在钻进中遇卡，应多提或强扭。捕捉时机非常重要，要在钻具安全及钻机稳定的前提下，采用强力活动钻具的方法，有可能迅速解决问题。如果活动数次（一般不超过10次）未能解卡，不可蛮干而应采用其他措施。

2）注入润滑剂

若采用上述措施仍无法解卡，可用泥浆泵向孔内注入油类、清洗剂或润滑剂，再配合活动钻具，尝试解卡。

3）强力破坏安全接手

当卡钻位置位于安全接手以下并采用大力活动钻具和注入润滑剂两种措施均无效的情况下，可采用强力扭断或拉断安全接手，将安全接手以上钻具提出钻孔。

4）反丝公锥、母锥打捞

在以上三种方法均不能解卡时，可考虑采用类似坍塌卡钻的处理方法，采用倒扣配合反丝公锥或母锥打捞剩余钻具。

8.1.3 沉渣卡钻事故

沉渣卡钻指钻屑在钻孔内沉积，发生埋钻导致的事故。沉渣卡钻相对坍塌卡钻和缩径卡钻严重程度较低，也更容易处理（汪海阁等，1993）。

1. 事故原因

1）工艺因素

在近水平定向钻进条件下，钻具长时间处于孔壁下缘，大大增加了钻孔钻屑清除难度，容易形成不稳定的钻屑床。根据固液两相流理论，从微观上分析，当环空水流经松散钻屑颗粒组成的钻屑床时，其表面钻屑颗粒将受到拖拽力和上举力的作用。对于研磨得很细的钻屑颗粒，抗拒水流作用力除了颗粒重力以外，还有相邻颗粒之间的黏结力。当大量的钻屑以推移形式向孔口运动时，这些颗粒间还存在着颗粒间离散力。

试验研究表明，在任意给定的岩屑浓度下，当由高到低逐渐降低固液混合物流速时，可以观察到四种不同的流动物理模型，如图8.8所示：①匀称流动。在高流速状态下，细颗粒和中等颗粒钻屑完全悬浮，它们虽然在环空中心轴周围分布不一定完全均匀，但却是匀称的，在适当的返速下，当冲洗液紊流且钻屑沉速小，就能达到匀称的浓度分布。②非匀称流动。当冲洗液流速、紊动强度和钻屑上升力降低时，浓度分布变形，特别是环空下部堆积较多的大颗粒钻屑，使环空底部的钻屑与钻杆壁发生碰撞，并回弹到液流中，这是非匀称悬浮流动物理模型。③移动床流动。在某一流速下，全部钻屑冲击钻杆壁，有的钻屑反弹到液流中，有的钻屑堆积于孔壁下缘，先是呈个别的沙丘形式堆积，然后形成连续的移动床，流体的剪切力作用，使钻屑旋转和跌落，床层是由沉降最大的钻屑所组成，具有中等沉降速度的钻屑处于非匀称悬浮中，最低沉降速度的钻屑处于匀称悬浮中。④固定床流动。当固液混合物流速进一步降低时,床层最底部的钻屑几乎停止运动,使床层增厚,形成淤积现象,结果使过流断面减小,较细的钻屑在床层上仍处于非匀称悬浮流动状态,最后,当流速连续降低且形成床层后,流动压力急剧增加,即阻力增大,若流速进一步降低,可能会导致堵塞。

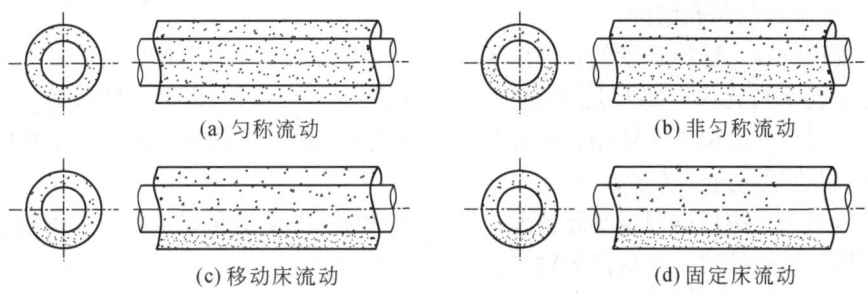

图 8.8　环空两相流物理模型图

顺煤层定向钻孔施工现场观测发现,钻进时,孔口反水明显呈黑色,并悬浮有大量细小颗粒,但是,中粗颗粒返渣量呈现出明显的规律性波动现象,时有时无、时多时少。结合上述研究结论,得出近水平定向钻孔孔内返渣特点是:连续钻进过程中,钻屑不断生成并随水流从孔底向孔口移动,颗粒较大的钻屑逐渐在孔内某处沉降形成松散的钻屑床,在下斜或下凹孔段钻屑更易堆积,由于水流速不够大,松散钻屑逐渐堵塞钻孔,形成"栓塞",如图8.9所示。然而这种"栓塞"仅仅是岩屑含量较高,由于其由松散的钻屑与水混合而成,因此具有一定的流动性,这使得"栓塞"在环空返水的推动下向孔口移动。

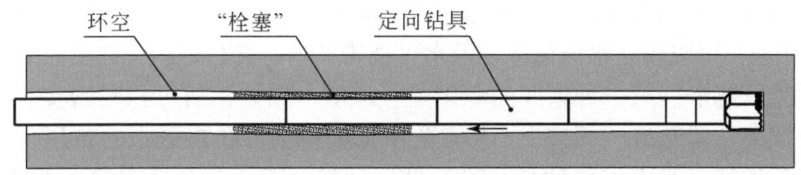

图 8.9　"栓塞"效应原理示意图

钻进过程中,较快的钻进速度会产生大量的大颗粒钻屑,根据钻孔环空固液两相流特点,大颗粒钻屑在近水平钻孔内很难被水流携带排出,这些大颗粒钻屑容易产生堆积导致卡钻。较大泥浆泵排量可提高钻孔返水速度,提高返水携渣能力,有利于避免沉渣卡钻事故的发生;定向钻进中,定期冲孔可有效减少孔壁下侧沉渣量,防止沉渣事故发生,冲孔过程中转动钻具有利于提高排渣效果。

同时,钻孔倾角对排渣也存在一定影响。在上仰孔段,由于水流方向和钻屑重力分量与钻渣下滑力方向相同,有利于返水将钻屑携出钻孔;在下斜孔段,水流方向和下滑力方向相反,水流需要克服钻屑的下滑力才能将钻屑携出,这大大降低了返水携渣的能力;水平孔段返水携渣能力介于上仰孔段和下斜孔段之间。

2) 突发事件

主要指钻进中遇到突发事件,如停电、设备故障等,泥浆泵无法向孔内泵水,钻具也无法提出,造成孔内钻屑堆积导致沉渣卡钻。

2. 预防措施

1) 做好施工准备工作

施工前，仔细检查设备，排除存在的故障隐患；定期对设备进行保养，保证设备正常运转。

2) 设计合理的钻孔结构

钻孔设计阶段，选择合理的钻场位置，尽可能将钻孔设计为上仰钻孔或水平钻孔，尽可能避免出现下斜孔段，尤其是大角度下斜孔段（≤-20°）的出现；钻进施工阶段，应在满足生产需要的前提下保证钻孔轨迹平滑，避免出现钻孔轨迹大幅度起伏变化的情况。

3) 选择合理钻进工艺参数

钻进施工中，应根据现场实际情况，选择合理的给进速度和泥浆泵量，保证在不产生大量大颗粒钻屑的情况下实现高效钻进。

4) 定期冲孔

正常定向钻进中应定期进行冲孔，一般每钻进 30m 冲孔一次，冲孔时间控制在 20~40min，冲孔时环空返水流速不低于 1m/s，为了提高冲孔效率，可配合钻机带动钻具回转辅助排渣，转速 40~80r/min。

3. 处理技术

1) 强力打捞

由于沉渣卡钻事故属于比较轻微的卡钻事故，一般可直接通过强力回转和起下钻就可使钻具解卡。在事故处理过程中，向孔内注水循环可能会出现两种情况：第一种情况是泥浆泵压力升高，钻机回转、起下钻压力较不开泵循环时不变或有所降低，第二种情况是泥浆泵压力升高，钻机回转、起下钻压力较不开泵时有明显上升。第一种情况的原因是：沉渣卡钻处钻屑沉积较松散，可以建立水流循环，返水可携带钻屑从孔口返出，如图 8.10（a）所示，这样有利于钻具解卡。第二种情况的原因是：沉渣卡钻处钻屑沉积较密实，在钻杆和孔壁环空中形成了一段钻屑"活塞"，水流循环无法建立，在高压水的挤压下"活塞"体的密实度显著增加，紧紧抱住钻具，导致钻机回转、起下钻压力升高，如图 8.10（b）所示，这样更不利于钻具解卡。可见，在处理沉渣卡钻时，应根据现场的具体情况采取

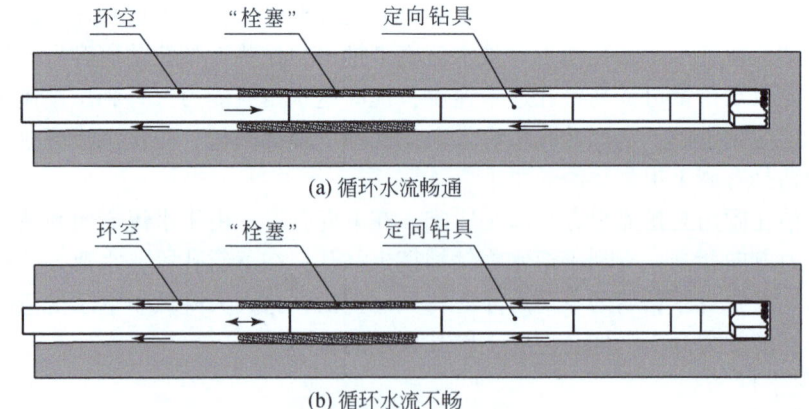

图 8.10 沉渣卡钻的两种不同孔内情况示意图

相应的处理措施。

2）套铣打捞

严重的沉渣卡钻事故处理可考虑采用套铣打捞方案。

8.1.4 掉钻事故

掉钻是煤矿井下定向钻进过程中经常遇到的事故。有的情况比较简单，处理起来比较容易，往往会一次成功。然而大多数掉钻事故均伴随着卡钻事故的发生，如果处理不慎，会酿成新的事故。

1. 事故原因

1）疲劳破坏

疲劳破坏是金属材料破坏的最基本的形式之一。钻杆在长期的工作中承受拉伸、压缩、弯曲、剪切等复杂应力，而且在某些情况下还承受频繁的交变应力，当钻杆受这种应力作用达到一定强度和交变次数时，钻杆便产生疲劳破坏。

2）机械破坏

钻具发生机械破坏包括多个方面的原因，主要如下。

（1）钻具生产制造中形成的缺陷导致钻具机械性能先天不足，进而导致钻具过早损坏。

（2）钻具在长期使用中的腐蚀和磨损，钻具某些部位管壁变薄，强度降低，在外力作用下容易从这些薄弱部位被拉断或扭断。

（3）处理钻孔事故时，不恰当地使用强力起拔，当起拔作用力超过钻具强度极限时，就会把钻具拉断。

（4）上扣不紧，使螺纹连接处钻具失去螺纹台肩的支撑，在公母螺纹连处产生频繁的交变应力，加速螺纹磨损和疲劳破坏。

（5）钻杆长期使用而不对连接螺纹定期检查，以致螺纹磨损造成钻具脱落。

3）事故破坏

（1）在卡钻事故处理中，将事故钻具反转从孔内某处卸扣后再采用反丝丝锥和钻具进行打捞。

（2）在卡钻事故处理中，为了减小经济损失，人为将卡钻钻具从安全接手处强力拧断，将螺杆钻具、定向钻头等留在孔内。

（3）由于操作者的失误造成钻具反转卸扣，将钻具掉入钻孔。

2. 预防措施

要有效防止掉钻事故，除了必须正确使用钻具外，还应做好钻具日常的维护、管理以及施工人员专业技术培训工作。

3. 处理技术

1）套铣打捞

在发生掉钻事故时，可以将原事故钻具沿钻孔下钻至孔内落断点处，再利用套铣打捞钻具将事故钻具套在内部进行套铣打捞，当套铣打捞钻具通过断点后便同时将掉钻钻具套住，继续套铣钻进至孔底将事故钻具完全套取后将原事故钻具、打捞钻杆依次提出，同时将钻具从孔内打捞出来。套铣打捞钻进工艺技术是一种无损的事故处理技术，在处理事故时不会损坏钻孔内事故钻具，因此特别适合孔内定向钻进用无磁钻杆、随钻测量仪器、螺杆钻具等昂贵设备的打捞处理。

2）公锥打捞

公锥按螺纹旋向可分为右螺纹公锥和左螺纹公锥（反丝公锥）。右螺纹公锥常应用于打捞非严重卡钻情况的掉钻事故，左螺纹公锥主要应用于严重卡钻时，钻具倒扣打捞的情况。两种不同类型的公锥的打捞原理是相同的，都是采用公锥高硬度的锥面丝扣在事故钻具断点通孔中攻丝造扣，将掉钻钻具和打捞钻具连接，可实现拉力、压力和扭矩的传递，最终通过提钻或倒扣将事故钻具打捞出来。

在煤矿井下定向钻进中，探管外管内安装有随钻测量探管，公锥打捞会对仪器造成损坏，所以不推荐使用公锥进行此类钻具的打捞。

3）母锥打捞

对于公锥不适于打捞探管外管的问题，用母锥打捞可以很好地解决，打捞原理是采用母锥通孔中高强度锥面丝扣在被其套住的钻具断头进行造扣，将掉钻钻具与母锥连接起来，并可传递拉力、压力和扭矩，再通过提钻或倒扣的方法打捞事故钻具。

4）开分支孔避开断落钻具

在多次打捞无效或经卡钻多次倒扣打捞后继续打捞的经济和时间效益不合理的情况下，可更换钻具选择合适的位置开分支，避开掉钻钻具，方法如图 8.11 所示。

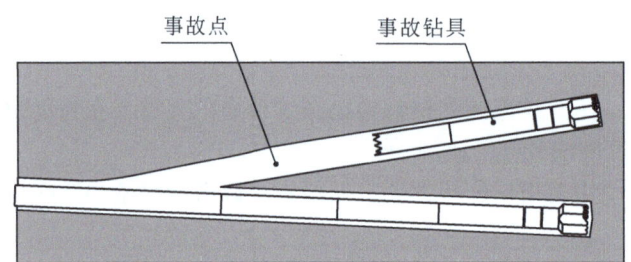

图 8.11　开分支孔避开断落钻具示意图

8.2　套铣打捞技术与配套装备

套铣打捞钻进工艺技术是一种适用于塌孔卡钻、沉渣卡钻、掉钻等多类钻孔事故的处理工艺方法。由于其事故处理成功率高、对事故钻具无损坏，套铣打捞技术及配套机具已成为煤矿井下定向钻进工艺技术和装备的重要组成部分，为煤矿井下定向钻进钻具安全提供重要的技术和装备保障（牟培英等，2013；赵建国等，2013）。

8.2.1 套铣打捞技术

套铣打捞技术可分为卡钻套铣打捞技术和掉钻套铣打捞技术。

在孔内发生塌孔卡钻或沉渣卡钻事故时,将事故钻具从孔口外卸扣依次将打捞钻头、打捞钻杆套在事故钻具上,进行套铣回转钻进。套铣钻进过程中,泥浆泵泵送冲洗液经过事故钻具与打捞钻具之间的环空和套铣打捞钻头,从套铣打捞钻杆与孔壁之间的环空返出孔口,将打捞钻进的钻屑从孔内排出钻孔。当打捞钻头沿事故钻具向前套铣钻进通过钻孔事故卡点时,将卡点处孔壁掉块或钻屑打通,从而实现钻具解卡,然后将打捞钻具和事故钻具依次提出钻孔,从而完成打捞,卡钻套铣打捞原理如图 8.12 所示。

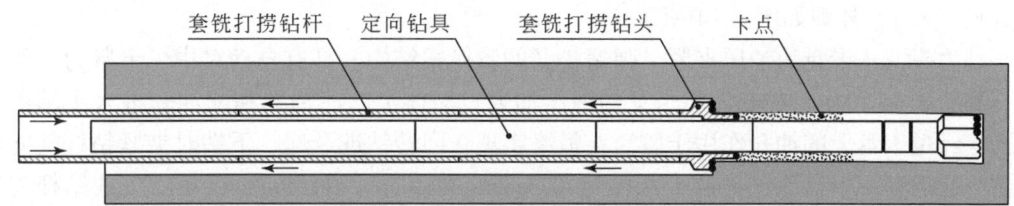

图 8.12 卡钻套铣打捞技术原理示意图

在发生掉钻事故时,将原事故钻具下钻至孔内断点处,将事故钻具从孔口外卸扣依次将打捞钻头、打捞钻杆套在事故钻具上,进行套铣回转钻进。打捞钻头沿事故钻具向前套铣钻进通过断点后,将断落钻具成功套取后继续向前套铣钻进至孔底螺杆钻具弯头处后,首先将事故钻具断点以上钻具从套铣打捞钻具内部提出,再将套铣打捞钻具从钻孔内提出,孔内掉钻钻具在套铣打捞钻具内随套铣打捞钻具一起提出钻孔,从而完成掉钻事故钻具的套铣打捞,掉钻套铣打捞原理如图 8.13 所示。

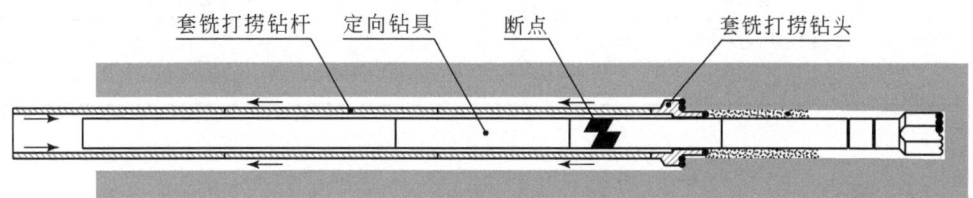

图 8.13 掉钻事故套铣打捞工艺技术原理图

套铣打捞钻进过程中,事故钻具位于套铣打捞钻具内部,套铣钻进过程中两种钻具之间产生摩擦,随着转速的提高,摩擦现象更加剧烈,会对事故钻具和打捞钻具造成损害。因此套铣打捞钻进过程中,不宜采用高转速钻进,转速宜控制在 30~60r/min。为了满足钻孔清洁的需要,机械钻速不宜高于 15m/h,避免大颗粒钻屑产生,从而改善钻孔排渣效果。

8.2.2 套铣打捞动力头及夹持器

钻机是套铣打捞的关键设备,煤矿井下定向钻进工艺技术发展早于套铣打捞技术,早期的 ZDY6000LD 系列定向钻机设计未考虑套铣打捞需要，钻机主轴通孔直径设计尺寸偏小，只能通过动力头前方加杆进行套铣打捞施工，这样带来了诸多的不便。为了与 ZDY6000LD 系列定向钻机配套、实现套铣打捞高效施工，专门设计了扭矩达到 12000N·m、主轴通孔直径达到 Φ135mm 的钻机动力头及其配套夹持器，满足了 Φ73mm 定向钻具套铣打捞用 Φ102mm 和 Φ127mm 打捞钻杆的使用要求，该部件可与 ZDY6000LD 系列定向钻机动力头和夹持器直接互换，套铣打捞与定向钻进共用一台钻机。

1. 套铣打捞动力头

12000N·m 打捞用动力头是基于 ZDY6000 系列煤矿用全液压坑道钻机平台研制的套铣打捞用动力头，主轴通孔直径扩大至 135mm，与原钻机相比动力头中心升高了 55mm。该打捞动力头由液压马达、齿轮箱、管夹、抱紧装置、液压卡盘和拖板组成，其主要技术参数见表 8.1，外观如图 8.14 所示。

动力头液压卡盘为油压夹紧、弹簧松开的胶筒式结构，具有自动对中、卡紧力大等特点，如图 8.15 所示。控制液压卡盘的液压油通过箱体上的滤油器和配油套进入主轴中的油孔，经过卡盘上的油孔作用于胶筒，最终实现在回转钻进及起、下钻时夹紧钻杆随同回转器一起运动。卡盘通过更换卡瓦可与 Φ73mm、Φ89mm、Φ102mm 和 Φ127mm 钻杆配套使用。

表 8.1　12000N·m 全液压坑道钻机打捞用动力头主要技术参数

项目	参数
额定转矩/N·m	12000~3500
额定转速/(r/min)	28~98
主轴通孔直径/mm	135
钻杆直径/mm	73/89/102/127
卡瓦/mm	73/89/102/127
额定压力/MPa	25
主轴额定制动转矩/N·m	1500

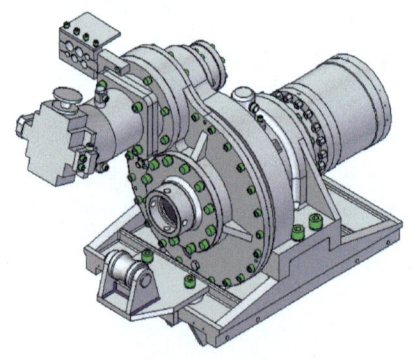

图 8.14　12000N·m 打捞动力头外观图

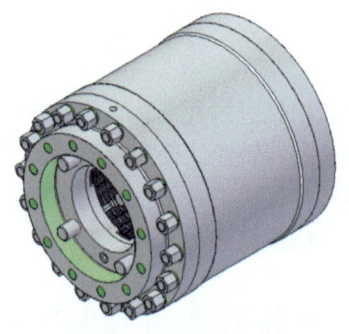

图 8.15　液压卡盘图

2. 配套大通孔夹持器

配套使用的夹持器如图 8.16 所示。为保证夹持器零部件的通用性，卡瓦的轴向定位不再采用插杆和紧定螺钉定位，而采用卡瓦凹面受压、螺栓连接的方法。更换夹持器卡瓦时，松开内六角圆柱头螺钉即可实现卡瓦的更换。

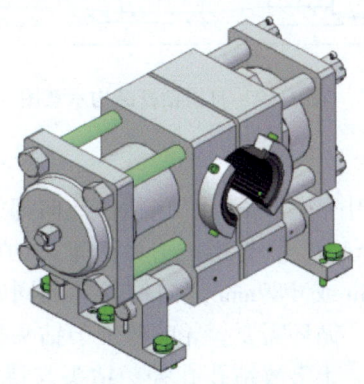

图 8.16　打捞动力头配套夹持器图

8.2.3　套铣打捞钻具

1. 套铣打捞钻杆

打捞钻杆是进行套铣打捞的关键装备，既要保证有足够的强度，又要确保钻杆内通孔能通过事故钻杆和冲洗液（牟培英，2016）。

煤矿井下套铣打捞钻杆有 $\Phi 102mm$ 和 $\Phi 127mm$ 两种规格，分别用于 $\Phi 73mm$ 和 $\Phi 89mm$ 定向钻具的打捞。套铣打捞钻杆采用内、外平结构设计，通过摩擦焊接技术将公接头、母接头和杆体焊接为一体，母接头和公接头外径均比中间杆体大，以提高钻杆接头螺纹部位的强度；焊接区采用机加工，确保钻杆接头与杆体的平稳光滑过渡；采用大通孔结构设计，加大钻杆的整体内径。经测试，$\Phi 102mm$ 和 $\Phi 127mm$ 两种规格套铣打捞钻杆抗扭能力分别达到 26000N·m 和 45000N·m，两种打捞钻杆结构参数见表 8.2，结构如图 8.17 所示。

表 8.2　打捞钻杆基本参数

钻杆名称	D/mm	d/mm	D_1/mm	L/mm
$\Phi 102mm$ 打捞钻杆	105	81	102	3000
$\Phi 127mm$ 打捞钻杆	132	103	127	3000

2. 套铣打捞钻头

套铣打捞过程中，套铣打捞钻头与打捞钻杆相连套在事故钻具外，引导打捞钻具沿原钻孔轨迹向前延伸，同时将孔径扩大。这要求打捞钻头同时具有大通孔特点以及导向和扩

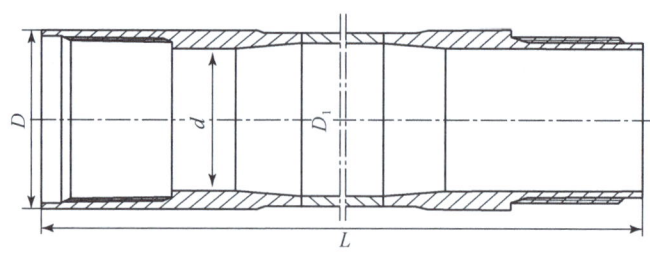

图 8.17　打捞钻杆结构示意图

孔功能。

先导型打捞钻头结构采用阶梯形设计，包括：导向部、扩孔切削部、水槽以及连接部，结构如图 8.18 所示。先导型套铣打捞钻头为钢体式 PDC 钻头，钻头体为大通径，以保证在通过事故钻具（Φ73mm 或 Φ89mm 定向钻具）的同时仍有足够的间隙满足冲洗液循环需要。导向部位于钻头顶部，没有内出刃，外径略小于事故钻孔孔径；钻头与待打捞钻具之间有一定的间隙，以保证打捞钻进过程中导向部能进入事故钻孔，从而起到有效的导向扶正作用；导向部顶部镶焊有 PDC 复合片，主要作用是清理事故钻孔内的沿程或卡点堆积的钻渣屑，以保证套铣打捞导向孔内畅通；导向部 PDC 复合片切削齿间加工有深度较小的水槽，以保证返水能顺利进入扩孔切削部。导向部向后为套铣打捞钻头的扩孔切削部，切削部为镶焊有 PDC 复合片的圆周呈均匀分布的切削翼片。打捞钻进过程中，翼片将钻孔孔径扩大，降低打捞钻头与孔壁的摩擦，保护打捞钻杆实现快速打捞。翼片间加工有水槽，冲洗液从事故钻具与套铣打捞钻具环空流经打捞钻头后经水槽返至孔壁与打捞钻具之间的环空中，以满足孔底冲洗的需要。打捞钻头连接部具有与所匹配打捞钻杆匹配的母扣螺纹，直接与打捞钻杆连接。

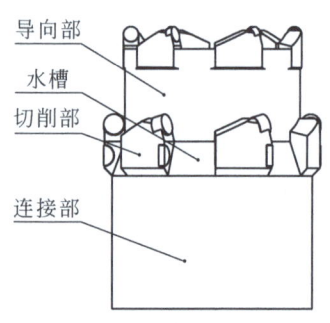

图 8.18　打捞钻头结构

先导型套铣打捞钻头规格有 Φ133/82mm 和 Φ153/104mm 两种，分别如图 8.19、图 8.20 所示，套铣打捞钻具配套见表 8.3。

图 8.19　Φ133/82mm 先导型复合片打捞钻头

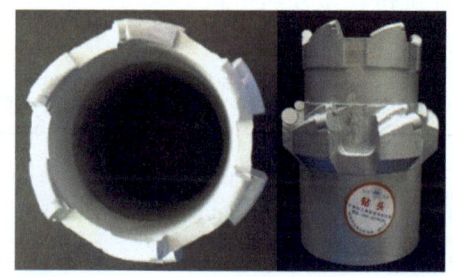

图 8.20　Φ153/104mm 先导型复合片打捞钻头

表8.3 套铣打捞钻具配套表

打捞钻头规格		打捞钻杆规格/mm	事故钻杆规格/mm
外径/mm	内通孔/mm		
133	82	102	73
153	104	127	89

8.3 事故打捞工具及安全接手

公、母丝锥打捞是掉钻事故最为常见且有效的打捞工具，主要用于处理断钻、掉钻等钻孔事故；安全接手是预防和处理卡钻事故的关键部件。

8.3.1 打捞公锥

1. 结构与性能

为了满足井下定向钻具打捞需要，研制了用于 Φ73mm 和 Φ89mm 定向钻杆打捞的普通公锥以及 Φ102mm、Φ127mm 打捞钻具用套管公锥，结构如图 8.21 所示。为了满足套铣打捞过程中对套铣钻杆的打捞设计了大通孔打捞公锥，结构如图 8.22 所示。公锥打捞范围见表 8.4。

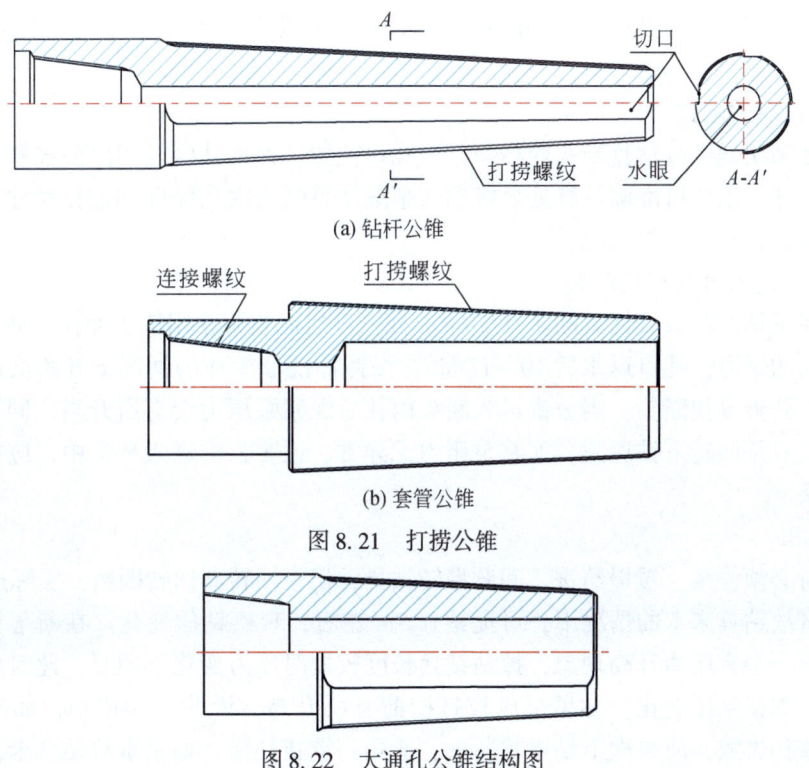

(a) 钻杆公锥

(b) 套管公锥

图 8.21 打捞公锥

图 8.22 大通孔公锥结构图

表 8.4 公锥打捞范围一览表

打捞范围 /mm	适用钻具			
	规格类型	最大外径/mm	最大内径/mm	最小内径/mm
43~75	Φ73mm 定向钻具	75	67	52
50~91	Φ89mm 定向钻具	91	83	60
76~105	Φ102mm 打捞钻具	105	97	81
98~130	Φ127mm 打捞钻具	130	120	103

打捞公锥由高强度合金钢锻造、车制并经热处理制成。其机械强度应符合下列要求：抗拉强度极限不小于 932MPa；屈服强度极限不小于 784MPa；断面收缩率不小于 40%；打捞螺纹表面硬度为 HRC60-65。

2. 适用范围

公锥是从事故钻具断头的内孔打捞孔内钻具的，它如同机械加工中的丝攻一样，从事故钻具内攻出螺纹，以此把打捞钻具与事故钻具连接起来。公锥适用于井下定向钻进用无缆和通缆钻具的打捞，在安装有探管的无磁钻杆打捞时，为了保护测量探管不被损坏，一般不采用公锥打捞。

3. 使用技术要求

1) 硬度检验

公锥打捞螺纹硬度必须大于打捞钻具材质硬度，否则无法造扣。在现场可用钻机卡瓦与公锥螺纹硬度进行比较，一般情况下，硬度等于或大于卡瓦硬度的公锥可满足使用要求。

2) 测量有关数据

首先必须明确事故钻具断头内径与其距孔口位置，根据其内径测出公锥螺纹的造扣部位及相关尺寸，依次可准确计算处公锥插入事故钻具断头内孔深度和造扣尺寸，有利于现场人员判断公锥在孔内的情况。

3) 公锥进入事故钻具断头

公锥在下钻至距事故钻具断头 0.5~1m 处，开启泥浆泵使用清水冲孔，冲洗断头及公锥丝扣表面的钻屑，孔口返水后 10~15min，保持冲洗液循环的情况下开始低速回转钻具并缓慢下入公锥寻找断头，当公锥进入断头内孔后泥浆泵压力会有所升高，同时回转、下钻遇阻。若只是回转下钻遇阻，泥浆泵压力无异常，说明公锥进入环空中，应提钻再次尝试寻找断头。

4) 造扣

造扣时必须停泵，缓慢给进，间歇慢转钻具，记录回转器回转圈数，实际造扣以 6~8 扣为宜。事故钻具未卡的情况下，可提钻 0.5m 左右，观察钻压变化。在断落钻具长度较大的情况下，会有压力升高现象，掉钻钻具长度较短时压力变化不明显，此时可采用短暂间歇开泵，观察泵压变化。如果泵压较打捞前有所升高，说明造扣成功，如果压力无变化，说明造扣失败，应再次下钻寻找断头、造扣，重新打捞。如果事故钻具卡死，钻具无法起拔,此时应采取其他相应的打捞措施。

5)起出事故钻具

若钻具未卡,应立即提出钻具。如果钻具已卡死,可配合强力起拔、回转或套铣打捞处理。事故处理中严禁回转器反转,以免公锥滑扣、钻杆倒扣。

6)其他注意事项

在重力的作用下事故钻具断头往往会贴住孔壁下侧,在钻孔孔径扩大的情况下往往不易寻找到断头,此时可把公锥顶加工成马蹄形,或在公锥上安装弯钻杆或弯接头,通过转动钻杆调整公锥在孔内姿态,有利于寻找断头。

4. 维护

公锥应存放在干燥通风的地方,以防止生锈。运输、储存时,应水平放置,严禁摔、碰及接触腐蚀性物质。

8.3.2 打捞母锥

1. 结构与性能

和公锥一样,母锥是由高强度合金钢锻造、车制并经热处理加工而成,结构如图8.23所示。母锥的性能要求和公锥相同。

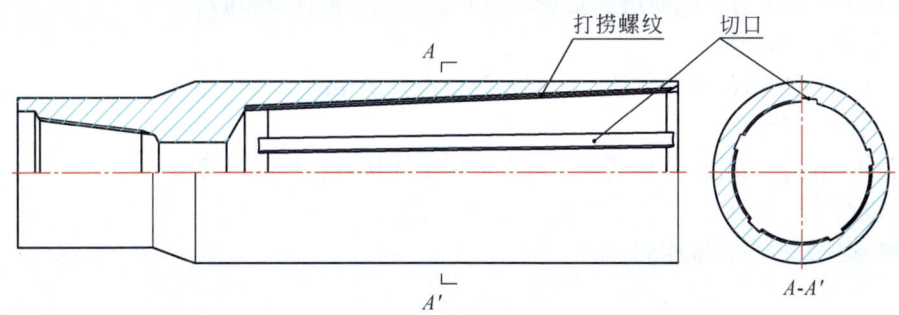

图 8.23 普通母锥结构图

根据煤矿井下定向钻进钻具配套,设计的母锥打捞范围见表8.5。

表 8.5 母锥打捞范围一览表

打捞范围/mm	适用钻具			
	规格类型	最大外径/mm	最大内径/mm	最小内径/mm
55~80	Φ73mm 定向钻具	75	60	52
71~96	Φ89mm 定向钻具	91	76	60
84~101	Φ95mm 打捞钻具	96	89	80
89~110	Φ102mm 打捞钻具	105	94	81
112~137	Φ127mm 打捞钻具	130	117	103

2. 适用范围

母锥是从事故钻具断点外部造扣的一种打捞工具,它不受钻具结构的限制,因此母锥适用于井下各类定向钻具的打捞。

3. 使用技术要求

1) 硬度检测

母锥螺纹硬度检测方法和公锥相同。

2) 测量有关数据

根据事故钻具断头位置及外径尺寸,预测母锥造扣位置,计算确定断头套入母锥尺寸,并绘制草图,标明各部分尺寸,以指导打捞作业。

3) 母锥套进鱼头

母锥在下钻至断头 0.5~1m 处,开启泥浆泵使用清水冲孔,冲洗断头及公锥丝扣表面的钻屑,孔口返水 10~15min 后,保持冲洗液循环的情况下缓慢下入母锥寻找断头,当下钻遇阻可间歇缓慢转动钻具,将断头导入钻具,待阻力消失后可继续下放钻具,到再次下钻遇阻,且泵压升高时,证明断头已进入母锥,可停泵造扣。如果下钻不遇阻,泥浆泵压不升高,说明母锥插到断头和孔壁间的环空当中,应提钻重新寻找。

4) 造扣

和公锥相比,母锥和事故钻具断头接触面积较大,造扣时需要采用较大的回转力,实际造扣以 5~7 扣为宜。判断造扣是否成功的方法和公锥打捞相同。

5) 起出事故钻具

母锥打捞起出事故钻具方法技术要求和公锥打捞相同。

6) 其他注意事项

与公锥相同,为便于寻找断头,可在母锥上连接弯钻杆或弯接头。

7) 维护

母锥维护方法与公锥相同。

8.3.3 安全接手

1. 功能特点

煤矿井下定向钻进卡钻事故的卡点一般多位于定向钻头和螺杆钻具弯头处,在发生严重卡钻事故时,为保证钻具安全、降低卡事故处理钻风险,可对定向钻头连接接手和下无磁与螺杆钻具连接的变径接手的结构进行改造,降低其抗拉和抗扭强度,其强度能满足正常钻进的需要。但在强力打捞处理时,在高负荷的扭、拉作用下较钻具其他部位更容易发生破坏、断裂,从而可以将安全接手至孔口的钻具提出钻孔,将事故损失降至最低。

2. 结构设计

由于钻杆连接丝扣的外螺纹根部易产生应力集中,所以在安全接手设计时,一般以外螺纹根部为基准平面进行加工。

安全接手设计应满足抗拉、抗扭强度条件,其中极限拉力满足式(8.1):

$$F = [\sigma] \cdot \Delta S \qquad (8.1)$$

式中，F 为安全接手所能承受的极限拉力，N；$[\sigma]$ 为安全接手材料的许用应力，Pa；ΔS 为基准面截面积，m^2；

安全接手极限扭矩满足式（8.2）：

$$T = [\tau] \cdot w_t \qquad (8.2)$$

式中，T 为安全接手所能承受的极限扭矩，N·m；$[\tau]$ 为接手材料的许用剪应力，Pa；w_t 为基准面处的截面系数，m^3；

设计时，首先确定安全接手所需承受的拉力或扭矩，再分别根据式（8.1）、式（8.2）计算出对应的基准面截面积，然后计算外螺纹根部内孔直径，便可设计出安全接手具体结构尺寸，两种安全接手结构分别如图 8.24 所示。

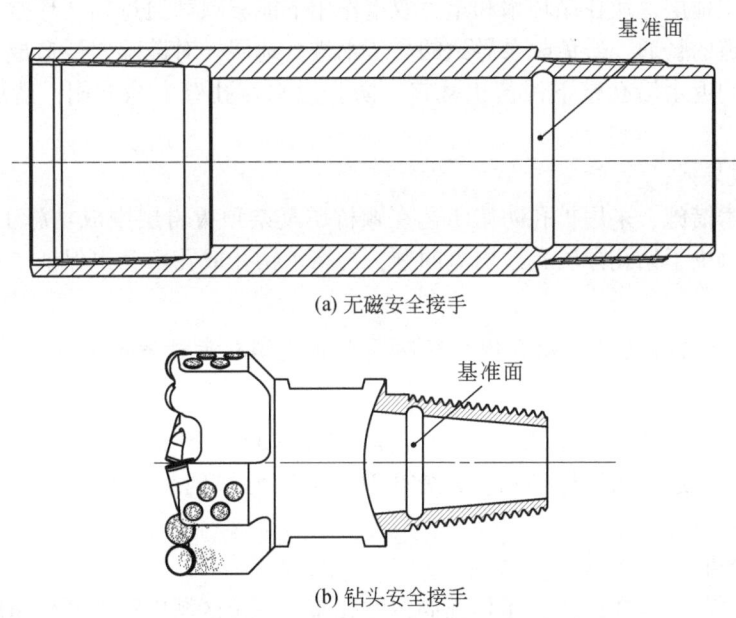

(a) 无磁安全接手

(b) 钻头安全接手

图 8.24 安全接手结构示意图

8.4 事故预防与处理典型案例

8.4.1 塌孔卡钻事故预防与处理

1. 顾桥矿中央区高位定向钻孔上仰孔段扩孔预防卡钻事故案例

1）事故概况

2016 年淮南矿业集团开始在顾桥矿 1123（3）工作面进行顶板高位大直径定向钻孔替代高抽巷的技术攻关试验，由于淮南矿区煤层顶板地层条件复杂，破碎地层普遍发育，试验初期，钻进穿层孔段时钻遇复杂地层常出现憋泵、卡钻等现象，导致钻进异常困难。通过定向钻进技术对高位定向钻孔穿层孔段复杂地层分布情况进行了勘探，探查结果表明：煤层顶板以上 0~22m 为破碎煤线、泥岩与完整砂岩互层、22~28m 为稳定砂岩层、28~30m 为易碎的花斑泥岩层、30~40m 为稳定泥质砂岩层。

2) 事故分析

高位定向钻孔穿层孔段的地层呈软硬互层分布，复杂地层孔段岩体受到冲洗液冲刷极易发生塌孔卡钻事故，塌孔卡钻又会造成泥浆泵压升高，高压水又对复杂孔段岩体起到压裂作用，使其变得更加破碎，从而造成塌孔卡钻事故进一步恶化。

3) 技术方案

针对以上情况，现场采用扩孔的方法解决穿层孔段塌孔卡钻问题，将穿层段孔径由 Φ120mm 扩大至 Φ248mm，增大孔壁与钻杆之间的环空间隙。一方面，提高钻孔环空通过能力，使不稳定地层掉块在循环水和重力双重作用下能够顺利通过钻孔环空排出，保持钻孔水力循环通道的畅通，避免憋泵导致的高压水进入地层，对破碎岩层造成二次破坏；另一方面，使孔内返水沿孔壁下缘流出孔口，防止返水对孔壁上缘冲刷，造成孔壁进一步坍塌。

4) 预防效果

基于该技术措施，采用扩孔防堵工艺在顾桥矿复杂顶板岩层中成功施工 10 个高位定向钻孔，有效解决了钻孔穿层孔段坍塌问题，提高了钻孔成孔率，也保证了后期抽采通道的畅通。

2. 顾桥矿南区螺旋定向钻具组合预防复杂孔段塌孔卡钻案例

1) 事故概况

2017 年 6 月，淮南矿业集团在顾桥矿南区 1212（3）工作面进行顶板高位定向钻孔技术示范，当钻孔轨迹进入目标层后，经常出现卡钻、憋泵问题，严重影响钻孔安全高效施工。

2) 事故分析

如图 8.25 所示，1212（3）工作面高位钻孔布孔层位区域内存在两个断层，断层破碎带是造成卡钻的直接原因。

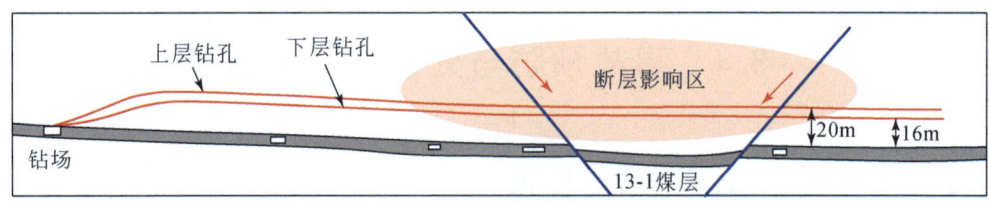

图 8.25 钻孔布置剖面图

3) 技术方案

采用带螺旋结构的定向钻具组合配合复合定向钻进工艺，利用螺旋叶片在回转过程中粉碎大颗粒钻渣屑，同时进行复合强排渣，提高钻孔排渣效果，保证钻孔环空通道畅通，预防憋泵卡钻事故。

4)成孔情况

利用螺旋定向钻具组合配合复合定向钻进工艺成功解决了顾南矿1212（3）工作面顶板高位定向钻孔穿越断层破碎带遇到的塌孔卡钻问题，成功完成7个顶板高位大直径定向钻孔，单孔深度均超过500m，达到了设计要求。

3. 寺河矿塌孔卡钻事故强力打捞工程案例

1）事故概况

2014年9月，在寺河矿53015巷20#横穿钻场2#本煤层超长定向钻孔施工过程中，钻进至1192m时，泥浆泵压力突然由7.8MPa升高至9MPa，起拔孔内钻具遇阻，强力提钻4m后，钻具完全卡死，回转、起拔、给进钻具均无移动迹象。孔内遗留钻具组合：Φ120mm定向钻头+Φ89mm无磁螺杆钻具+Φ89mm无磁变径+Φ89mm探管无磁外管（安装YHD5-1000T地质导向随钻测量装置探管）+Φ89mm无磁变径+Φ89mm上无磁+Φ89mm通缆钻杆×397根，事故钻孔轨迹剖面图如图8.26所示。

事故前期处理采用强力打捞的方法，多次尝试，均未能成功解卡。事故处理期间用泥浆泵向孔内泵入高压水，90min后孔内返水正常，泵压11MPa，泵量200L/min，冲孔过程中尝试强力回转和起拔，仍无法解卡。

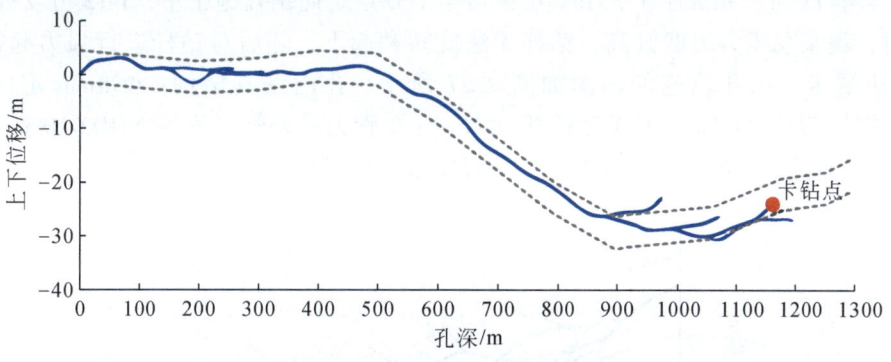

图8.26 事故钻孔轨迹剖面图

2）事故分析

从事故过程来看，该钻孔事故是一次典型塌孔卡钻事故，主要依据有：①钻孔卡钻事故突然发生，系统压力瞬间升高，沉渣卡钻和泥岩缩径卡钻一般情况下发展不会如此迅速；②尽管泥浆泵泵压突然由7.8MPa上升至9~11MPa，但是钻孔孔口返水正常，泵量可以达到200L/min，而沉渣卡钻和泥岩缩径卡钻发生后孔口返水会明显变小，甚至无返水。

3）技术方案

基于对钻孔事故状况的判断，此次事故处理将分别依次按照钻机强力打捞、套铣打捞以及拔管机强力起拔三个方案进行事故处理。

a. 方案一：钻机强力打捞

采用钻机强力打捞处理，即尝试通过钻机强力起下钻配合钻具回转的方法进行事故处理。

b. 方案二：套铣打捞

强力打捞未果的情况下，将考虑采用套铣打捞方案，钻孔事故钻具为 Φ89mm 定向钻具组合，需采用 Φ127mm 打捞钻具进行套铣打捞。

c. 方案三：拔管机强力起拔

在上述打捞未果的情况下，将采用拔管机强力起拔的方法尝试解卡。

4）打捞情况

2014 年 9 月 8 日 13 点班采用强力打捞处理，未能解卡；10 日 5 点班继续强力打捞处理，处理过程中发现钻杆沿轴向有 20cm 的位移量；21 点班继续处理，钻杆接头可以伸进孔口管无回弹，有解卡迹象；11 日 21 点班继续处理，发现测量探管工具面向角发生变化，解卡迹象更加明显；12~14 日持续处理事故，14 日 13 点班，测量探管工具面转动角度达到 21°，14 日 21 点班继续处理，强力起拔压力达到 16MPa 时，钻具解卡，泥浆泵压从 11MPa 降至 7MPa，排量 200L/min，从孔内冲出大块煤矸石碎屑。冲孔后，顺利提出孔内钻具，成功完成卡钻事故处理。

4. 成庄矿塌孔卡钻事故套铣打捞工程案例

1）事故概况

2014 年 11 月，在成庄矿 53144 巷 9#横穿 1#煤层定向钻孔施工中，1-13 分支孔钻进至 222m 时，泥浆泵压力突然升高，钻杆无法旋转和起下，随后对钻杆进行强力起拔处理，未能成功解卡，钻孔轨迹剖面图如图 8.27 所示。孔内钻具结构：Φ98mm 定向钻头+Φ73mm 螺杆钻具+Φ76mm 下无磁钻杆+Φ76mm 探管无磁外管（安装 YHD2-1000（A）随钻测量装置探管）+Φ76mm 上无磁钻杆+Φ73mm 通缆钻杆×71 根。

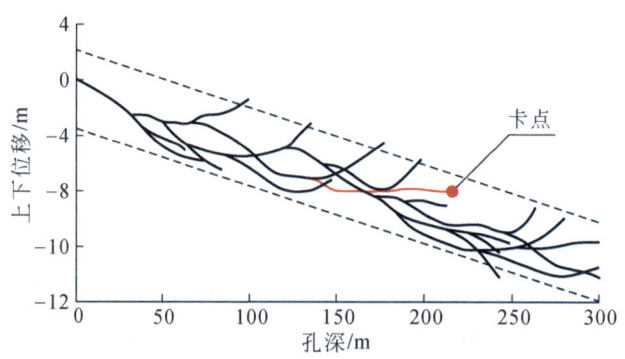

图 8.27 事故钻孔轨迹剖面图

2）事故分析

根据以往钻进经验，成庄矿 5314 工作面所采煤层为软硬复合煤层，煤层局部存在破碎带，给定向钻孔施工带来较大的安全隐患。同时，事故发生具有明显的突发性特征，可以判断此次事故是一起塌孔引起的卡钻事故。

3）技术方案

该事故钻孔穿过破碎带时发生复杂孔段孔壁的坍塌，造成整个复杂孔段钻具被卡，采用强力打捞的方法很难解卡，最佳的处理方案就是套铣打捞。

4) 打捞情况

套铣打捞采用 ZDY6000LD 定向钻机，配套 12000N·m 打捞动力头及配套夹持器，该动力头和夹持器可直接与 ZDY6000LD 定向钻机原动力头和夹持器互换，配套 Φ102mm 打捞钻杆和 Φ133/82mm 导向式打捞钻头。

套铣打捞钻进于 11 月 10 日开始，11 月 13 日套铣打捞钻进至 221m，成功解卡，安全退出所有孔内钻具。

8.4.2 泥岩缩径卡钻事故处理

1) 事故概况

2016 年在陕西彬长矿业集团有限公司文家坡煤矿高位定向钻孔试验中，多个钻孔钻遇缩径泥岩，发生卡钻事故。其中 M3 钻孔最为严重。

M3 钻孔深度达到 300m 后钻遇不连续泥岩层段，开始出现缩径卡阻现象，泥浆泵压高，钻机回转、给进阻力明显增大。针对上述情况，采用了单根复合扫孔、单班钻进结束后退钻扫孔等技术措施，泥岩缩径卡阻现象有所缓解，钻进持续进行，正常钻进至 444m 时，钻机发生故障，历经 5 小时钻机恢复正常后，钻机回转压力高达 16～20MPa，泥浆泵压骤增至 8MPa，提出两根钻杆后，泥浆泵压升高至 9MPa，由于长时间高压循环冲孔，钻具被完全卡死（钻孔轨迹剖面如图 8.28 所示），强力处理中多处稳固地锚被拉断。孔内事故钻具结构为：Φ120mm 定向钻头+Φ89mm 单弯螺杆钻具+Φ89mm 下无磁钻杆+Φ89mm 探管外管（安装 YHD2-1000A 随钻测量装置探管）+Φ89mm 上无磁钻杆+Φ89mm 有线随钻测量钻杆×146 根。

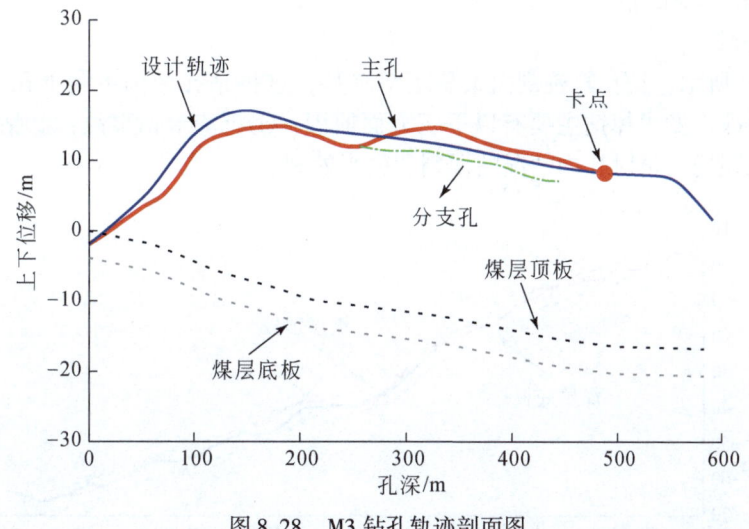

图 8.28 M3 钻孔轨迹剖面图

2) 事故分析

这是一起典型的泥岩缩径卡钻事故，正常钻进中，可通过复合扫孔缓解泥岩缩径对钻进带来的负面影响，保持继续钻进。但是钻机故障导致钻具长时间静置孔内，泥岩孔段缩径进一步发展，造成严重卡钻事故。现场人员处理过程中开启泥浆泵持续高压冲洗液循环，导致卡钻事故进一步恶化。

3）技术方案

在当前强力起拔难以解卡的情况下，现场制定了解卡剂浸泡和反丝工具打捞两套方案。首先将混合有表面活性剂、泥页岩分散剂的冲洗液注入钻孔，浸泡缩径泥岩，而后尝试强力解卡；浸泡解卡未果的情况下，采用反丝钻杆、丝锥工具进行反转卸扣打捞。

4）处理情况

事故处理分别尝试了 SR-2005 型解卡剂以及 ZKY202 型高效泥岩分散剂，均未成功解卡。随后采用了 Φ73mm 反丝打捞钻杆和 Φ89mm 钻杆反丝打捞母锥，经过 6 次打捞，成功退出 Φ89mm 通缆钻杆 153m，最后因矿方生产需要，被迫终止打捞。

8.4.3 沉渣卡钻事故强力打捞

1）事故概况

2015 年 9 月 5 日，在寺河矿西回风巷迎头钻场施工 1# 超长本煤层瓦斯抽采定向钻孔中，当钻进至 1566m 时，发现孔口返水逐渐变小，泥浆泵压力升高，随即提钻，提钻阻力明显增大，但无明显卡顿现象，提钻 33m 后发生严重卡钻事故，起拔压力达到 15MPa，回转压力达到 12MPa，泥浆泵压升到 12MPa，泵量降至 140~150L/min，强力处理过程中 Φ73mm 通缆钻杆从孔口处断裂，断点钻具伸出孔口约 0.5m，孔内遗留钻具 1533m，钻孔轨迹剖面如图 8.29 所示，孔内遗留钻具组合：Φ98mm 定向钻头 + Φ73mm 螺杆钻具 + Φ76mm 下无磁钻杆 + Φ76mm 探管外管（安装 YHD3-1500 型泥浆脉冲随钻测量系统）+ Φ73mm 通缆钻杆×505 根。

2）事故分析

如图 8.29 所示，钻孔轨迹剖面上呈下斜趋势，这种钻孔结构不利于孔内排渣，易造成沉渣卡钻事故。发生掉钻主要有以下三方面原因：①沉渣卡钻事故；②钻具接头磨损，强度降低；③现场人员对孔内情况的误判和失当处理。

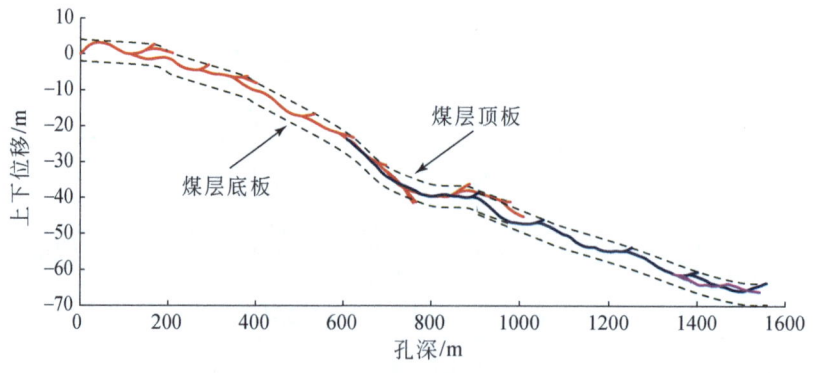

图 8.29 事故钻孔轨迹剖面图

3）技术方案

该事故是一次集卡钻和掉钻的复合型事故，由于孔内遗留钻具长度达到1533m，套铣打捞方案从安全性、经济型和高效性考虑均不适合。由于憋泵前孔内钻具未被完全卡死，可以考虑利用打捞丝锥套取事故钻具尝试强力打捞，而事故钻具断头位于孔口处，攻丝操作难度大大降低，最大的不利因素就是打捞丝锥造扣后的连接强度能否满足1533m长度钻具的强力解卡。为了提供更高的造扣强度，现场采用Φ73mm打捞母锥进行打捞。

4）打捞情况

连接Φ73mm通缆钻杆专用打捞母锥，从孔口套住事故钻具断点后开始旋转造扣，慢速回转压力慢慢由2MPa升至7MPa，为了保证造扣强度，正向回转造扣的同时进行给进操作，将钻具向孔底送入1m，然后尝试快速回转配合慢速起拔的方法进行打捞处理，回转压力稳定在6MPa，慢速起拔压力约为6MPa，起拔出约1m后回转压力升至6.5MPa，压力有明显波动，转速不稳定，此时起拔压力为9MPa，判断孔内仍存在卡阻现象，此时母锥连接正常，往复多次正转配合慢速起下钻操作，成功将全部钻具提出钻孔。处理过程中，明显卡阻孔段长约3m，母锥连接完好，未发生脱扣现象，如图8.30所示。提钻后检查，孔内全部钻具均完好无损。

图8.30　Φ73mm通缆钻杆专用打捞母锥

8.4.4　掉钻事故处理

1. 套铣打捞案例

1）事故概况

2014年3月，成庄矿53074巷迎头3#钻孔钻进至216m时，局部塌孔及瓦斯喷孔严重，导致卡钻事故，钻具被卡死。起钻至深度186m时，发生严重塌孔事故，钻具被完全卡死。孔内遗留钻具组合：Φ98mm定向钻头+Φ73mm螺杆钻具+Φ76mm下无磁钻杆+Φ76mm探管无磁外管（安装YHD2-1000随钻测量装置探管）+Φ76mm上无磁钻杆+Φ73mm通缆钻杆×59根。

在发生卡钻事故后，试图采用强力处理方法实现解卡，处理过程中，回转压力突然降低，泥浆泵泵压和起拔压力同时突然下降，卸下送水器后发现钻杆内返出污水，随钻测量系统无测量信号，钻具发生断裂。

2）事故分析

这是一起由卡钻引起掉钻的复合钻孔事故，较一般单纯的掉钻或卡钻事故复杂。

3）技术方案

这种卡钻与掉钻复合的钻孔事故最好的处理方法就是采用套铣打捞方案。套铣打捞采

用 Φ102mm 的打捞钻杆配套 Φ133mm/82mm 先导式打捞钻头，以原 Φ73mm 通缆钻杆作为导向，进行套铣，借助套铣打捞钻进套取孔内断落钻具，同时将断落钻具卡点扫除，实现解卡，将孔底断裂的钻具套住后，连同打捞钻杆一起提出。

4）打捞情况

打捞钻进时，将 Φ73mm 的通缆钻杆孔口端堵住，以保证打捞钻头处有足够的冲洗液量，打捞钻杆在 Φ73mm 通缆钻杆的导向作用下，缓慢钻进。在 0~170m 孔段，回转压力由 3MPa 逐渐上升至 5MPa，其他参数稳定。170m 以后回转压力为 6MPa，孔口返渣量急剧增加，倒杆、冲孔后继续钻进。继续套铣钻进至孔底（216m）后，回转压力和泥浆泵压力突然升高，停泵，稍加给进压力并将打捞钻杆旋转半圈，用打捞钻头将螺钻具的弯点处卡住。将 Φ102mm 打捞钻杆和全部 Φ73mm 事故钻杆交替从孔内提出，提钻后发现原 Φ73mm 定向钻具在距孔口 99m 处断裂，套铣打捞过程中打捞钻头内孔紧紧卡住螺杆钻具弯头处。

2. 丝锥打捞案例

1）事故概况

2014 年 10 月，寺河矿 53012 巷 12#横穿 4#顶板高位定向钻孔钻进至 1026m 后终孔提钻，随后下入 Φ73mm 无线随钻钻杆配合 Φ98mm/Φ120mm/Φ153mm 塔式扩孔钻头扩孔，扩孔至 510m，回转扭矩达到 12MPa；为确保 Φ73mm 钻杆安全，提钻更换 Φ102mm 套铣打捞钻杆扩孔，扩孔至 687m 时，由于顶板岩层孔壁局部坍塌，钻进卡顿严重，导致 Φ102mm 高强度大通孔钻杆从距孔口 252m 处断裂，断点位于钻孔轨迹爬升穿层孔段，如图 8.31 所示。孔内遗留钻具组合为：Φ98mm/120mm/153mm 塔式钻头组+3mΦ102mm 大通孔钻杆×145 根。

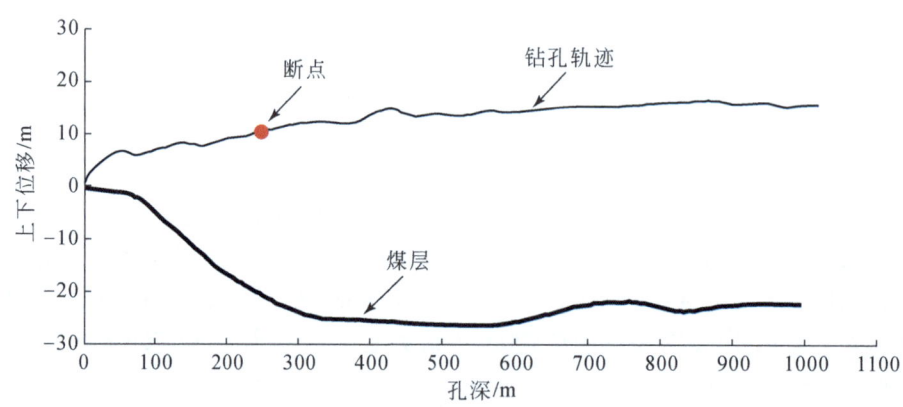

图 8.31 53012 巷 12#横穿 4#顶板高位定向钻孔掉钻事故示意图

2）事故分析

此次事故由孔壁局部坍塌卡钻引起，最终导致扩孔用 Φ102mm 套铣打捞钻杆断裂，是一起复合性事故。

3）技术方案

钻孔事故发生在钻进过程中，尽管钻具出现卡顿现象，但是未被卡死，因此可以尝试利用丝锥进行打捞。

4) 打捞情况

此次打捞分别采用Φ102mm套管公锥和Φ102mm打捞母锥，按照选择的打捞工具的不同，打捞工作分为两个阶段。

a. 第一阶段：Φ102mm套管公锥打捞

连接Φ102mm打捞公锥和Φ73mm钻杆下钻至252m探到断点，冲孔10min后开始攻丝造口，造扣压力在6~10MPa波动，施加钻压继续造扣，回转压力达到14MPa，造扣成功后提钻，起拔压力8MPa。为了保证公锥与事故钻具牢固连接，每间隔1~2根钻杆进行一次给进配合回转操作，回转压力6MPa。提钻120m后发现起拔、回转压力突然下降，原因可能是公锥脱扣，随即下钻，探到断点后突然启动快速回转，利用事故钻具的惯性进行造扣，然后按上述步骤继续提钻，共提钻65根后再次脱扣，多次造扣未果，提钻发现公锥磨损严重，然后更换新公锥下钻继续打捞，造扣压力达到18MPa，造扣后提钻压力达到18MPa，钻机发生显著移位，钻压加至8MPa时钻具无法继续下入，判断钻具被卡死。反转钻具使公锥脱扣并提钻，发现公锥表面有大量糊状泥岩，由此分析卡钻原因为：63~70m处为煤岩交界处，岩层稳定性差，易发生塌孔卡钻。打捞公锥成功造扣后提钻，Φ102mm事故钻具断头处受到塌孔点的阻挡无法顺利通过，从而导致公锥打捞失败，原理如图8.32所示。

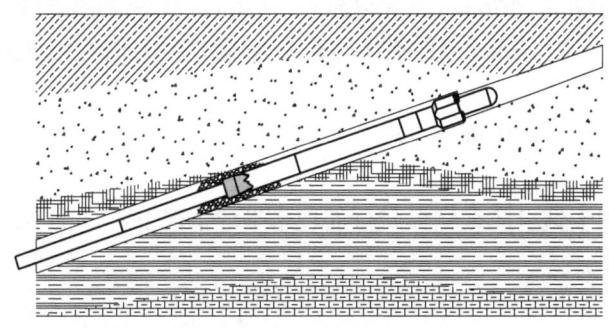

图8.32 公锥打捞原理图

基于对公锥打捞卡钻原因的判断，决定利用Φ102mm钻杆专用母锥进行打捞，断点距孔口63~66m，母锥套住事故钻具断点后，使断点免于受到塌孔的影响，可以保证钻具断点顺利通过复杂孔段，处理原理如图8.33所示。

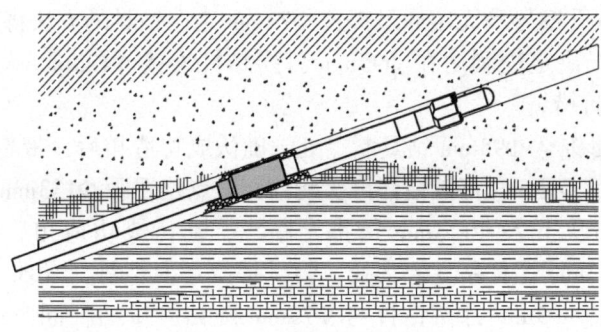

图8.33 母锥打捞原理图

b. 第二阶段

下入打捞母锥和 Φ102mm 钻杆至 60m 处遇卡，钻压由原来的 4MPa 增至 7MPa，钻机发生移动，回转压力逐渐升至 16MPa，判断母锥造扣成功，提钻时钻具无法活动，钻具被卡死；采用泥浆泵向孔内泵水冲孔，同时给进，钻具能顺利向孔内移动，以此方法下钻 9m 后，钻具卡阻现象消失，下钻 12m 时，无卡阻现象，由此可断定，事故钻具在孔深 60m 附近孔段卡死（煤岩交界段）；然后回转造扣，回转压力为 6～8MPa，造扣成功，压力平稳；开泵冲孔，发现孔口开始返水时间明显推迟，由此可断定冲洗液直接进入事故钻具，约 5min 后孔口开始返水，呈灰白色、较黏稠、带有软泥，回转冲孔后开始提钻，由于造扣压力较低，提钻时容易脱扣，通过突然启动快速回转，利用事故钻具的惯性进行造扣，保证造扣强度；提钻时钻机慢速转动配合慢速起钻，其间脱扣 3 次，重新造扣后继续打捞最终将事故钻具全部起出。

8.4.5 复杂钻孔事故处理

1）事故概况

2013 年 12 月，成庄煤矿 5313 工作面 53131 巷 3# 横穿条带 Y2-7 分支孔钻进至 354m 时发生严重卡钻，钻机强力起拔及扭转均未能解卡，孔内遗留钻具组合为：Φ98mm PDC 定向钻头+Φ73mm 螺杆钻具+Φ76mm 下无磁钻杆+Φ76mm 探管无磁外管（安装 YHD2-1000A 随钻测量装置探管）+Φ76mm 上无磁钻杆+Φ73mm 随钻测量通缆钻杆×115 根。

2）事故分析

此次钻孔事故是由煤层中破碎带塌孔造成的。

3）技术方案

套铣打捞是孔内卡钻事故在钻机强行处理未果的情况下首选的事故处理方案，现场计划采用套铣打捞方案。

4）打捞情况

事故处理过程中，根据事故的发展过程总共分为两个阶段：

a. 第一阶段

第一阶段事故处理利用 ZDY6000LD 定向钻机、Φ95mm 打捞钻杆、Φ133mm 打捞钻头进行套铣打捞。套铣打捞钻进至 252m 时 Φ95mm 打捞钻杆断裂，孔内遗留打捞钻具 108m，断点位于距孔口约 144m 处。Φ95mm 打捞钻杆断裂造成了钻孔事故进一步恶化，Φ95mm 打捞钻杆断点处插入孔壁导致无法通过提拉 Φ73mm 定向钻具的方法将两种钻具一起提出。针对这种情况，现场决定先利用在 Φ95mm 打捞钻杆连接 Φ123mm 大通孔打捞母锥进行 Φ95mm 打捞钻具的打捞。

下入 Φ123mm 母锥至 Φ95mm 钻具断点处，确认成功造扣后，带着打捞母锥继续套铣钻进，钻进约 30m 后 Φ95mm 打捞钻杆再次断钻，断点位置距 Φ133mm 套铣钻头 117m。

这种情况下，再次下入 Φ123mm 母锥至断点，确认成功造扣后继续套铣，钻进至 352m，已经接近 Φ73mm 螺杆钻具弯头处，尝试提拉定向钻具，发现 Φ73mm 定向钻具已解卡，随即提钻，将 Φ95mm 打捞钻杆与 Φ73mm 随钻测量钻杆同时退出，提钻至 288m

时，Φ95mm 打捞钻杆第三次断钻，断钻位置距套铣钻头 234m，距孔口 54m。孔内钻具结构如图 8.34 所示。

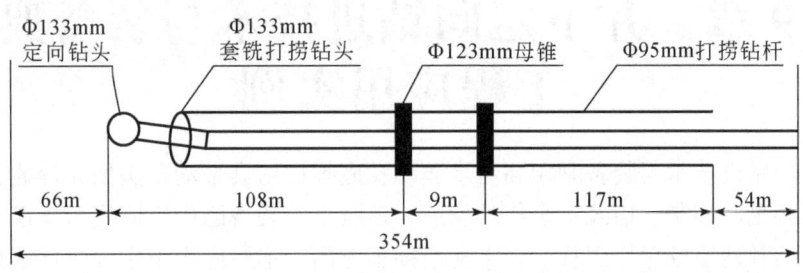

图 8.34　孔内事故钻具结构示意图

鉴于 Φ95mm 打捞钻杆频繁断裂和工期原因，决定采用 Φ102mm 打捞钻杆及 12000N·m 大通孔打捞母锥进行打捞。

b. 第二阶段

第二阶段打捞开始于 2014 年 1 月，此次打捞利用 Φ102mm 打捞钻杆配套 Φ95mm 钻杆打捞专用母锥进行打捞。第一次打捞：将 Φ73mm 随钻测量钻杆送至孔底 354m，利用 Φ102mm 打捞钻杆将 Φ120mm 母锥下放至 Φ95mm 打捞钻杆断点处，成功造扣后继续向前套铣钻进至孔底 352m 后提钻，提完 Φ102mm 打捞钻杆，并成功提出 Φ95mm 打捞钻杆 60m；再次下入 Φ120mm 母锥及 Φ102mm 打捞钻杆，在 Φ95mm 事故钻具断点造扣并套铣至孔底后提钻，提完 Φ102mm 打捞钻杆，并提出 6 根 Φ95mm 打捞钻杆；第三次下入 Φ120mm 母锥，孔深 165～198m 下钻遇阻，反复打捞后提钻，在 198～165m 处提钻遇阻，提完 Φ102mm 打捞钻杆，未捞出 Φ95mm 打捞钻杆，判断孔内再次出现坍塌，随后下入 Φ133mm 套铣钻头以及 Φ102mm 打捞钻杆进行扫孔，为下一次打捞做好准备；扫孔完成后下入 Φ120mm 母锥，下钻至断点处，反复数次造扣后提钻，均未捞出 Φ95mm 打捞钻杆。

在前几次打捞未果的情况下，现场决定利用 Φ146mm 打捞钻头配套 Φ102mm 打捞钻杆将孔径进一步扩大后再进行打捞。扩孔至第一母锥处后更换钻具下入 Φ120mm 母锥开始打捞，提出 Φ95mm 打捞钻杆两根；再次下入 Φ146mm 打捞钻头透孔，透孔至断点处后，在 Φ73mm 通缆钻杆尾部连接大直径接头，该接头无法直接通过 Φ102mm 打捞钻杆内通孔，开始将 Φ102mm 打捞钻杆提出钻孔，由于大直径接头的阻挡，Φ73mm 钻杆随 Φ102mm 钻杆一起提出钻孔。当 Φ95mm 打捞钻杆断点提至距孔口 180～150m 孔段时多次遇阻，每次遇阻时，采用 Φ102mm 带 Φ146mm 打捞钻头进行扫孔，消除卡阻后继续提钻，连续 4 次扫孔后顺利将 Φ95mm 事故钻具提离复杂孔段，最终全部事故钻具安全提出钻孔，打捞成功。Φ95mm 打捞钻具提出钻孔后发现孔内 Φ95mm 打捞钻具已断为 5 段。

第 9 章 井下定向钻进技术与装备典型工程应用实例

井下定向钻进技术与装备利用高压水驱动孔底螺杆钻具带动钻头回转碎岩，钻孔轨迹可人工精确测量和控制。历经十余年的发展，该技术与装备已广泛应用于煤矿井下瓦斯抽采、水害防治及地质勘探等工程。井下瓦斯抽采方面，主要应用于中硬煤层瓦斯抽采、松软煤岩层瓦斯抽采以及顶板采动影响区及采空区瓦斯抽采；水害防治方面，主要用于顶底板疏放水、老空水探放以及底板注浆加固等工程；地质勘探方面，主要应用于采掘影响区内的断层、陷落柱、采空区等地质异常体探查。本章将重点对井下定向钻进技术与装备的典型工程应用实例进行介绍。

9.1 瓦斯抽采定向钻进技术应用

针对瓦斯高效抽采需要，开发了中硬煤层集束型枝状定向钻孔群采前瓦斯区域预抽模式、碎软煤层梳状钻孔和顺层定向钻孔采前区域预抽模式、顶板岩层大直径高位定向钻孔采动卸压瓦斯抽采模式等，并在我国大范围推广，取得了显著的瓦斯抽采效果。

9.1.1 中硬煤层瓦斯抽采定向钻孔

中硬煤层指坚固性系数（普氏系数）$f \geqslant 1$ 的煤层，这类煤层稳定性、完整性较好，钻孔孔壁稳定，钻进安全性好，钻孔深度大，有利于实现瓦斯区域治理，井下定向钻进技术与装备最早就是为中硬煤层瓦斯区域治理开发的，随着技术与装备的不断发展，井下中硬煤层定向钻孔深度及瓦斯治理效率显著提高。

1. 寺河矿超长煤层定向钻孔

寺河矿 1881m 超长煤层定向钻孔结合"十二五"国家科技重大专项课题研究任务需要，采用国内首台套大功率定向钻进技术与装备，在寺河矿东五盘区 5301 工作面 3#煤层中完成的超长定向钻孔，该钻孔采用复合定向钻进工艺技术，最大主孔深度达到 1881m，创造了当时本煤层定向钻孔最大孔深世界纪录。

1) 矿井概况

寺河矿位于山西省晋城市西偏北方向，区域范围包括原寺河井田、潘庄井田（包括一号、二号）、大宁二号井田，为山西省晋城市所辖。矿井于 1995 年 8 月建设，设计于 2002 年投产，2006 年核定生产能力 1080 万 t/a。

2) 地质条件

a. 煤层情况

试验地点选择在晋煤集团寺河矿东五盘区 53015 巷定向钻场，目标煤层为 3#煤层，为寺河矿主采煤层。3#煤层位于山西组下部，煤层厚度在6.02~6.98m，平均6.50m。东五盘区3#煤层整体均匀、稳定，完整性较好。

b. 顶底板情况

直接顶一般为砂质泥岩，常含有薄层粉砂岩及细砂岩条带，厚度0~15.35m，平均2.79m；直接底多为灰黑色泥岩，均匀层理，局部为砂质泥岩，厚度0~4.9m，平均0.88m。

c. 瓦斯情况

东五盘区3#煤层瓦斯含量为8~14m³/t，盘区中部偏西南部煤层瓦斯含量相对较低，为8~10m³/t，盘区中部偏东北部瓦斯含量相对较高，为12~14m³/t。

3）钻孔设计

a. 钻孔结构设计

（1）开孔封孔：利用Φ120mm钻头回转开孔钻进9.5m，更换Φ193mm/120mm扩孔钻头扩孔9.5m后提钻，下入Φ160mm封孔管9m，采用"两堵一注"方式注水泥浆封孔。

（2）定向钻进：利用"Φ120mm PDC定向钻头+Φ89mm螺杆钻具+Φ89mm下无磁钻杆+Φ89mm无磁仪器外管（安装随钻测量探管）+Φ89mm上无磁钻杆+Φ89mm通缆钻杆"钻具组合进行定向钻进，钻孔结构如图9.1所示。

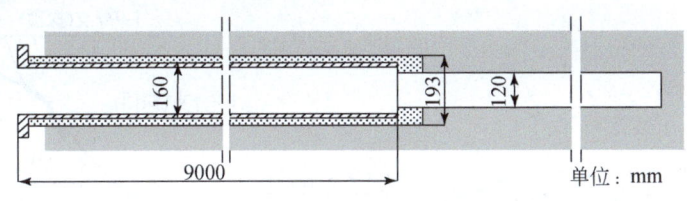

图9.1 钻孔结构示意图

b. 钻孔轨迹设计

钻场位于寺河矿53015巷20#横穿，试验钻孔设计深度1800m，钻孔设计轨迹平面布置如图9.2所示。

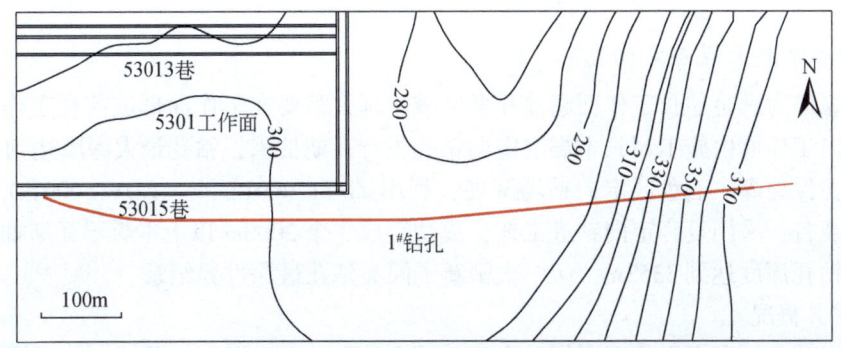

图9.2 53015巷20#横穿钻场试验钻孔设计轨迹平面布置图

4）配套装备

施工采用的主要装备有ZDY12000LD型定向钻机、BLY390/12型泥浆泵车、YHD2-

1000（A）有线随钻测量系统、Φ89mm 螺杆钻具、Φ89mm 通缆钻杆和 Φ120mmPDC 定向钻头，具体见表 9.1。

表 9.1 配套装备清单

序号	名称	规格型号
1	定向钻机	ZDY12000LD
2	泥浆泵车	BLY390/12
3	随钻测量系统	YHD2-1000（A）
4	螺杆钻具	Φ89mm
5	通缆钻杆	Φ89mm，L=3000mm
6	定向钻头	Φ120mm

5）施工情况

试验钻孔于 2014 年 8 月 10 日开钻，8 月 22 日完成主孔深度 1881m 定向钻孔施工，单孔总进尺 2601m，分支孔 11 个，其中探顶分支 7 个、探底分支 4 个，钻孔的实钻轨迹剖面图如图 9.3 所示，钻孔施工平均日进尺 210m，复合钻进孔段占总进尺的 72%。

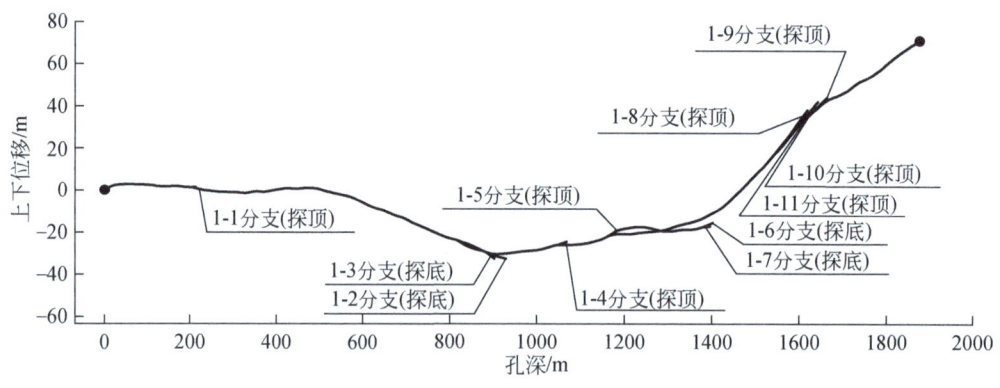

图 9.3 寺河矿 1881m 试验孔实钻轨迹剖面图

2. 保德矿超长煤层定向钻孔

保德煤矿为满足超长工作面超前瓦斯区域治理，需要在工作面形成前在工作面两端的盘区大巷向工作面内施工超长本煤层定向钻孔进行瓦斯抽采，钻孔最大深度达到 2000m 以上。试验在保德煤矿五盘区定向钻场开展，利用 ZDY12000LD 型、ZDY15000LD 型大功率定向钻进装备，采用复合定向钻进工艺，成功完成 3 个 2000m 以上本煤层瓦斯抽采定向钻孔，最大钻孔深度达到 3353m，又一次刷新了同类钻孔最深世界纪录。

1）矿井概况

保德煤矿是神东煤炭集团所属的大型石炭-二叠纪出口煤配煤基地，位于山西省保德县，最初由康家滩井与孙家沟井两部分组成，后两井合并 2002 年投产，生产规模为 800 万 t/a，2003 年开发孙家沟井田南部区，改扩建为后生产能力为 1200 万 t/a。

2) 地质条件

a. 煤层情况

施工地点位于保德煤矿五盘区一号回风大巷，钻孔布置在东二盘区规划的 81210 工作面，目标煤层为 8# 煤层，该煤层为保德煤矿目前主采煤层，属于石炭-二叠纪煤，开采深度标高为 +940~+420m，埋藏深度 122~663m。煤层倾角平均 3.5°，厚度 8m。煤层含夹矸 1~8 层，一般 3~4 层，平均厚度 1.06m，以泥岩为主。

b. 顶底板情况

煤层直接顶为砂质泥岩，灰色至深灰色，水平层理，层厚约 8m，可作为钻孔施工的标志层来判断煤层起伏情况，为钻孔轨迹沿煤层控制延伸提供参考依据；伪底为灰褐色薄层泥岩，遇水膨胀变软，厚 0.10~0.20m，直接底为泥岩、砂质泥岩，半坚硬，泥质胶结，厚 2.0m。

c. 瓦斯情况

二盘区整体属于未开采区域，为保德煤矿深部区域，工作面原位样品测试显示，原始瓦斯含量在 4.87~8.96m³/t，钻孔所在的 81210 工作面推算原始瓦斯含量为 8.48m³/t。

3) 钻孔设计

a. 钻孔结构设计

（1）开孔封孔：利用 Φ120mm 钻头回转开孔钻进 15.5m，更换 Φ193mm/120mm 扩孔钻头扩孔 15.5m 后提钻，下入 Φ159mm 封孔管 15m，采用"两堵一注"方式注水泥浆封孔。

（2）定向钻进：利用 Φ120mm PDC 定向钻头+Φ89mm 螺杆钻具+Φ89mm 下无磁钻杆+Φ89mm 无磁仪器外管（安装随钻测量探管）+Φ89mm 上无磁钻杆+Φ89mm 通缆钻杆钻具组合进行定向钻进，孔身结构设计如图 9.4 所示。

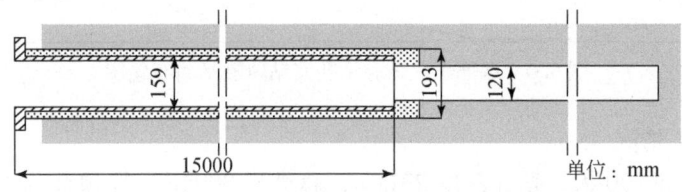

图 9.4　钻孔结构设计示意图

b. 钻孔轨迹设计

试验钻孔钻场位于五盘区一号回风大巷 27 联巷，钻孔沿东二盘区 81210 工作面走向延伸，设计主孔 1 个、主分支孔 1 个，设计孔深均为 2000m，设计钻孔倾角范围 -2°~3.5°，方位范围 170°~190°，设计主方位 184.06°。钻孔剖面沿 8# 煤层延伸，间距 20m 左右。钻孔设计平面布置如图 9.5 所示。

4) 钻进装备

钻进装备配置见表 9.1。

5) 施工情况

自 2017 年 11 月 16 日至 2018 年 1 月 15 日，钻进用时 34 天，施工完成孔深超过

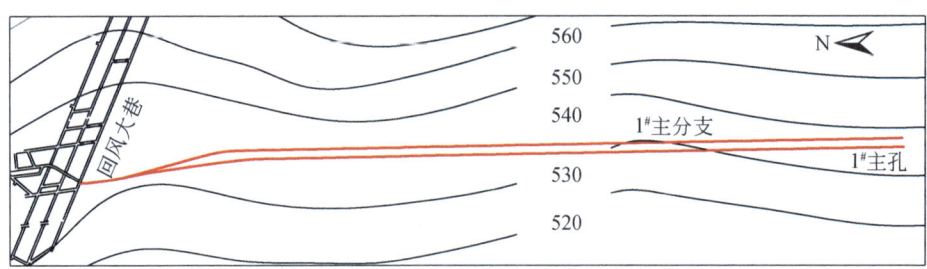

图 9.5　保德矿 81210 工作面超长定向钻孔设计平面布置图

2000m 的本煤层超长定向钻孔主孔和主分支孔各 1 个，钻孔详细施工数据见表 9.2。钻孔实钻轨迹平面位置如图 9.6 所示。

表 9.2　本煤层定向长钻孔试验钻孔实钻数据

钻孔编号	主孔深度/m	分支孔		孔径/mm	终孔原因	进尺/m	总进尺/m
		探顶次数	探底次数				
1#主孔	2311	15	0	120	达到设计要求	3094	5204
1#主分支	2008	2	0	120	达到设计要求	2110	

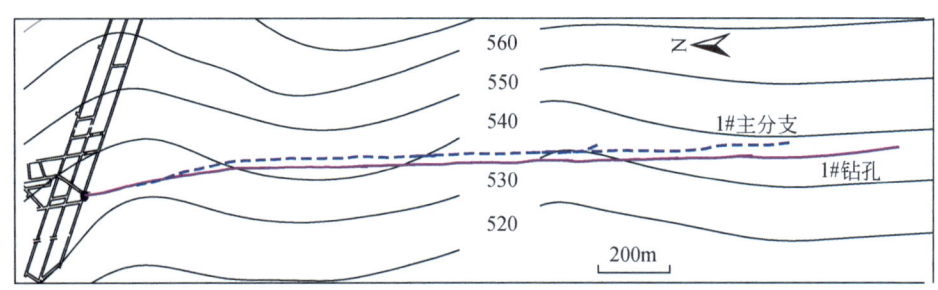

图 9.6　保德煤矿试验钻孔实钻轨迹平面布置图

a. 1#钻孔施工情况

1#钻孔钻进用时 20 天，钻孔深度 2311m，总进尺 3094m，探顶开分支 15 次，平均日进尺 150m 以上，复合钻进孔段占总进尺的 65%，轨迹剖面如图 9.7 所示。

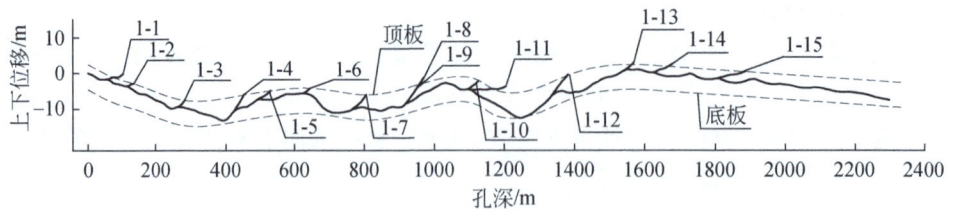

图 9.7　保德煤矿 1#钻孔实钻轨迹剖面图

b. 1#主分支孔施工情况

1#主分支孔钻进用时 14 天，钻孔深度 2008m，总进尺 2110m。探顶分支 2 个，平均日进尺 150m 以上。复合钻进孔段占总进尺的 50% 以上，钻孔的实钻轨迹剖面图如图 9.8 所示。

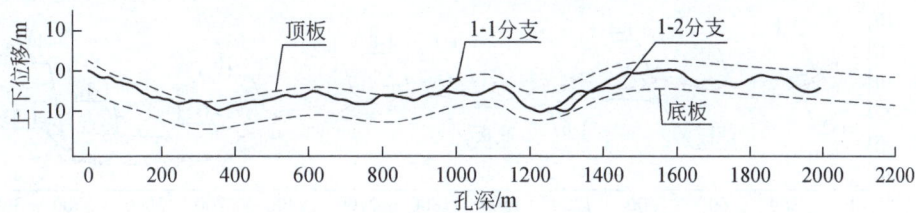

图 9.8　保德煤矿 1# 主分支孔实钻轨迹剖面图

6）瓦斯抽采情况

钻孔施工完成后接入瓦斯抽放管路，截至 2018 年 11 月已连续抽采超过 300 天，单孔抽采瓦斯总量超过 110 万 m^3。由图 9.9 可看出，最大抽采瓦斯纯量达到 $4.26m^3/min$，最大瓦斯抽采浓度达到 80.6%。抽采前期，1# 主分支孔未施工，钻孔抽采瓦斯纯量保持在 $1.7m^3/min$ 左右，瓦斯抽采浓度保持在 58% 左右；当 1# 主分支孔施工完成后，瓦斯纯量和抽采浓度呈现跳跃性增长，且衰减缓慢，实现了钻孔瓦斯的长时间、稳定高效抽采，进一步验证了顺煤层超长定向钻孔在瓦斯抽采中的技术优势。

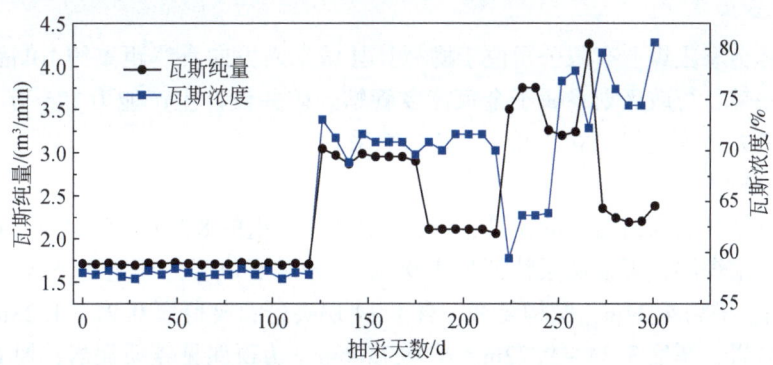

图 9.9　保德煤矿试验钻孔瓦斯抽采数据曲线

7）3353m 超长定向钻孔工程示范

在总结前期超深定向钻孔成功经验的基础上，利用 YHD3-1500 型泥浆脉冲无线随钻测量系统进行信号测量和传输，解决有线随钻测量系统信号传输受通缆钻杆影响的问题；采用超长定向孔滑动定向钻进减阻及轨迹控制技术解决深孔钻进钻压传递效率低、轨迹控制困难等问题。通过钻探技术装备的不断改进、完善，顺煤层超深定向孔深度普遍能够达到 3000m 以上，工程示范钻孔目标深度达到 3300m 以上。

2019 年 9 月，在保德煤矿 81210 工作面，历时 21 天，成功完成了主孔深度 3353m 的顺煤层超深定向钻孔，该钻孔贯穿盘区工作面，与对侧巷道精确贯通，又一次创造了煤矿井下顺煤层定向钻孔最深纪录，同时创造了煤矿井下无线随钻测量信号传输距离最长纪录，有效验证了泥浆脉冲无线随钻测量系统在超深钻孔信号传输中的稳定性和可靠性，为超深孔安全、高效钻进发挥了关键作用。施工总进尺 4428m，分支孔 13 个，钻孔探顶 10 次、探底 3 次，煤层钻遇率 100%，孔径 Φ120mm，正常钻进情况下日平均进尺达到 210m

以上，钻孔轨迹剖面图如图 9.10 所示。

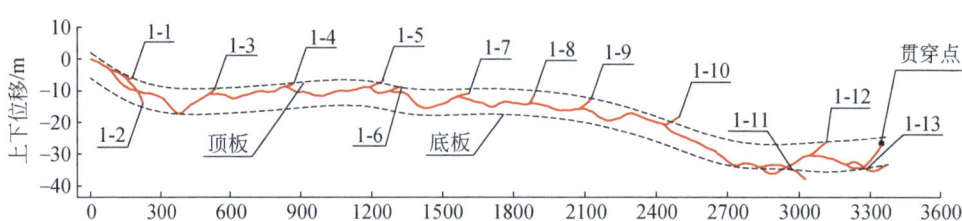

图 9.10　保德煤矿 3353m 顺煤层超长定向钻孔轨迹剖面图

3. 山西柳林金家庄矿巷道掘进瓦斯抽采定向钻孔

山西柳林金家庄煤业有限公司为有效解决轨道大巷掘进期间回风巷道瓦斯浓度高的问题，利用 ZDY12000LD 型大功率定向钻进装备，施工本煤层瓦斯抽采长钻孔，对轨道大巷进行远距离瓦斯预抽，掩护轨道大巷安全掘进。施工完成 2 个本煤层定向长钻孔，最大钻孔深度 936m，瓦斯抽采效果显著，有效降低了轨道大巷掘进期间回风瓦斯浓度，保证了巷道安全、高效掘进。

1）矿井概况

山西柳林金家庄煤业有限公司位于柳林县县城东南方向直线距离约 10km 的金家庄乡—双枣圪塔一带，行政区划隶属于金家庄乡管辖。矿井设计生产能力 175 万 t/a，为高瓦斯矿井，开拓方式为主斜副立，开采工艺为综采。

2）地质条件

井田内可采煤层为山西组的 3 号、4 号煤层和太原组的 8-1 号、8-2 号、9 号煤层，为稳定的全区可采煤层，可采煤层特征见表 9.3。9 号煤层位于太原组中下部，煤层厚度为 3.01~5.38m，平均 4.24m，结构复杂，含 1~4 层夹矸，夹矸厚 0.21~1.23m。直接顶板为泥岩、细砂岩，厚度 3.34~9.72m，平均 7.06m，伪顶偶见碳质泥岩，厚 0.28m 左右；底板岩性为泥岩、砂质泥岩。

表 9.3　可采煤层特征表

煤层号	煤层厚度/m	结构 夹矸数	稳定性	可采性
3	$\dfrac{0.99~1.92}{1.55}$	简单 0~1	稳定	全区可采
4	$\dfrac{1.41~4.38}{3.19}$	简单 0~2	稳定	全区可采
8-1	$\dfrac{0.70~1.14}{0.90}$	简单 0	稳定	全区可采
8-2	$\dfrac{0.80~1.16}{0.96}$	简单 0~1	稳定	全区可采
9	$\dfrac{3.01~5.38}{4.24}$	复杂 0~4	稳定	全区可采

3) 钻孔设计

钻孔目的是对轨道大巷进行远距离瓦斯预抽,以降低轨道大巷掘进期间瓦斯涌出量,保障轨道大巷安全掘进,该大巷沿 9 号煤层掘进,掘进断面尺寸为 5m×4m,待掘进距离约 1000m。因此,钻孔设计沿 9 号煤层布孔,钻孔设计深度 850～950m,钻孔平面布置在轨道大巷侧帮 5m 范围内。

a. 钻孔结构设计

(1) 开孔封孔:先采用 Φ120mm PDC 定向钻头+Φ89mm 外平钻杆,回转钻进 15.5m,换用 Φ120mm/153mmPDC 扩孔钻头、Φ153mm/250mm PDC 扩孔钻头将孔径扩至 250mm,并下入 Φ200mm 孔口管 15m,采用"两堵一注"方式注水泥浆封孔。

(2) 定向钻进:采用"Φ120mm PDC 定向钻头+Φ89mm 螺杆钻具+Φ89mm 下无磁钻杆+Φ89mm 无磁仪器外管(安装随钻测量探管)+Φ89mm 上无磁钻杆+Φ89mm 通缆钻杆"钻具组合,采用定向钻进工艺钻进至设计孔深,孔身结构设计示意图见图 9.11。

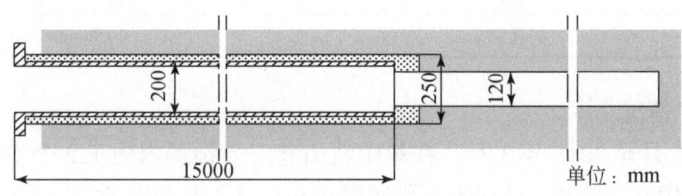

图 9.11 钻孔结构设计示意图

b. 钻孔轨迹设计

设计定向钻孔 3 个,主孔开孔高度 1.6m(距离底板),开孔间距 0.8m,终孔间距 5m,设计孔深 900m,设计参数见表 9.4,轨迹平面设计示意图如图 9.12 所示。

表 9.4 轨道大巷定向钻孔设计参数

孔号	开孔倾角/(°)	开孔方位角/(°)	终孔方位/(°)	终孔位置
1#	6	69	75	距轨道大巷左帮 5m
2#	6	72	75	轨道大巷中心
3#	6	75	75	距轨道大巷右帮 5m

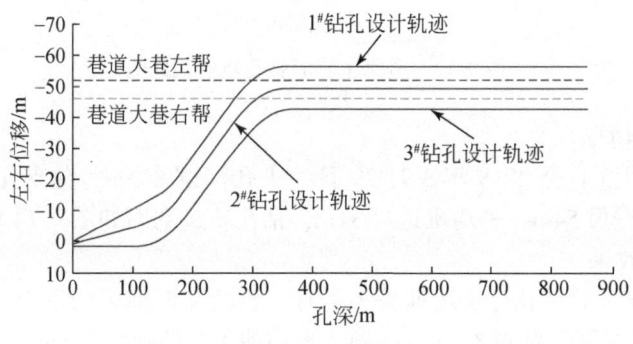

图 9.12 定向钻孔轨迹平面设计示意图

4）钻进装备

钻进装备配置具体见表9.5。

表9.5 配套装备清单

序号	名称	规格型号
1	定向钻机	ZDY12000LD
2	泥浆泵车	BLY390/12
3	随钻测量系统	YHD2-1000（A）
4	螺杆钻具	Φ89mm-5
5	通缆钻杆	Φ89mm，L=3000mm
6	外平钻杆	Φ89mm，L=1500mm
7	定向钻头	Φ120mm
8	扩孔钻头	Φ120mm/153mm
9	扩孔钻头	Φ153mm/250mm

5）钻孔施工情况

自2017年11月至2018年3月，在集中轨道巷定向钻场内施工2个本煤层瓦斯抽采钻孔，累计进尺4610m，其中，1#钻孔主孔深度936m，1-1分支孔深度915m，1-2分支孔深度858m，2#钻孔主孔深度855m，均达到设计要求。

a. 1#钻孔施工情况

自2017年11月2日至2017年12月27日，主孔深度936m，分支孔10个，累计进尺2673m，单班最大进尺60m，平均班进尺24m，钻孔轨迹剖面如图9.13所示。

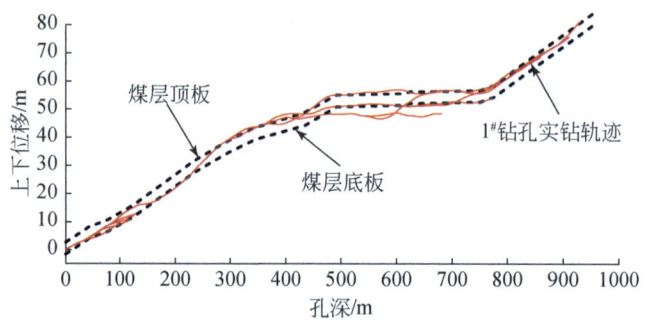

图9.13 金家庄矿1#钻孔轨迹剖面图

b. 2#钻孔施工情况

自2018年1月3日至2018年3月29日，主孔深度855m，分支孔11个，累计进尺1937m，单班最大进尺54m，平均班进尺31m，钻孔轨迹剖面如图9.14所示。

6）瓦斯抽采效果

由图9.15可知，1#钻孔已连续抽采3个月，最高瓦斯抽采浓度70%，平均瓦斯抽采浓度54%，最高抽采瓦斯纯量8.57m³/min，平均抽采瓦斯纯量5.8m³/min，有效降低了轨道大巷掘进期间的瓦斯浓度，达到了预期施工目的。

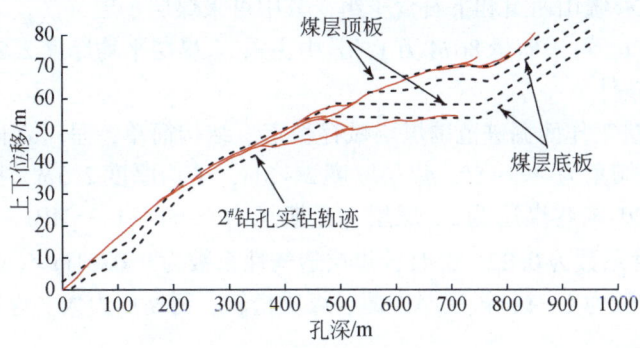

图 9.14 金家庄矿 2#钻孔轨迹剖面图

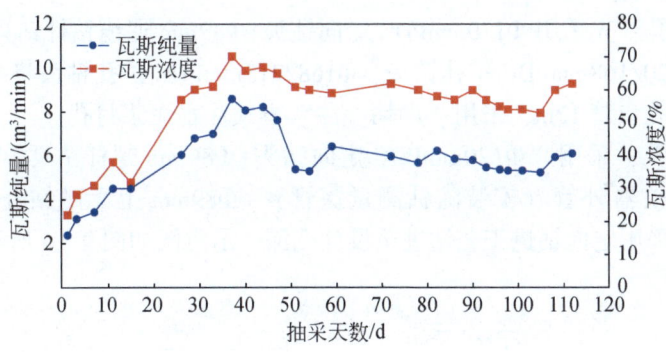

图 9.15 1#钻孔瓦斯抽采数据曲线

9.1.2 碎软煤层瓦斯抽采定向钻孔

由于碎软煤层瓦斯大、煤质软、成孔难,瓦斯治理难度极大。目前碎软煤层瓦斯区域预抽手段缺乏,其瓦斯治理常采用底板穿层钻孔预抽消突,施工成本居高不下。近年来,基于煤矿井下随钻测量定向钻进技术的碎软煤层定向钻进技术装备取得了长足发展,本节主要从梳状定向钻孔钻进技术、异形钻杆复合定向钻进技术和空气螺杆钻具定向钻进技术三个方面分别介绍定向钻进技术在碎软煤层瓦斯抽采钻孔施工中的应用情况。

1. 梳状定向钻孔钻进技术

河南神火集团薛湖煤矿为解决底板穿层钻孔治理条带瓦斯存在底板/顶板岩巷施工工程量大、采掘工作面准备时间长、安全管理难度大的问题,尝试在 29 采区 29020 风巷开展采用底板梳状钻孔替代穿层钻孔预抽煤巷条带煤层瓦斯的试验,共施工 2 个底板梳状钻孔,累计进尺 4037m,煤孔段进尺 1182m,钻孔平均瓦斯浓度稳定在 31% 左右,平均瓦斯纯量约 0.9m³/min,达到了区域消突的目的。

1) 矿井概况

薛湖煤矿位于河南省永城市北部薛湖镇,属于煤与瓦斯突出矿井,设计生产能力 1.2 万 t/a,服务年限 51.6 年。井田东西长 16km,南北宽 2.8~6.5km,面积约 73.95km²,主要含煤地层为下二叠统山西组和下石盒子组,其中可采煤层3层(二$_2$、二$_{22}$、三$_3$),井田地质储量20210万t,可采储量8674万t,其中主采二$_2$煤层平均厚度2.23m,层位稳定。

2)瓦斯地质条件

29020风巷掘进工作面掘进范围煤层赋存稳定,结构简单,呈一走向近东西,倾向北的单斜构造,煤层倾角为-6°~5°,煤层厚度2~3m,平均厚度2.5m,掘进期间可能有未知断层发育。29020风巷煤层为二$_2$煤层,瓦斯压力0.69~1.35MPa,瓦斯含量6.15~14.10m³/t,坚固性系数为0.22~0.41,煤层透气性系数为0.0861m²/(MPa²·d),百米钻孔瓦斯流量衰减系数为1.38,煤层厚度薄、煤质松软、瓦斯压力大、煤层走向和倾向上角度变化大。

3)钻孔设计

a. 钻孔结构设计

(1)开孔封孔:先采用Φ120mmPDC定向钻头+Φ89mm通缆钻杆钻具组合,回转钻进12.5m,换用Φ120/168mmPDC扩孔钻头、Φ168/215mmPDC扩孔钻头将孔径扩至215mm,并下入Φ178mm孔口管12m,采用"两堵一注"方式注水泥浆封孔。

(2)定向钻孔:采用"Φ120mmPDC定向钻头+Φ89mm螺杆钻具+Φ89mm下无磁钻杆+Φ89mm无磁仪器外管(安装随钻测量探管)+Φ89mm上无磁钻杆+Φ89mm通缆钻杆"钻具组合,采用定向钻进工艺钻进至设计孔深,示意图如图9.16所示。

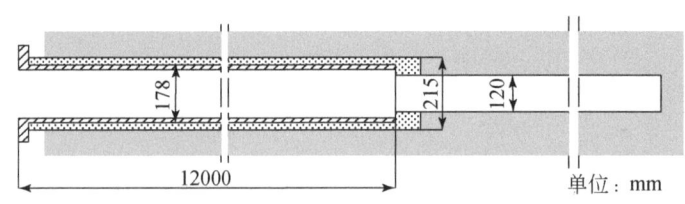

图9.16 钻孔结构设计示意图

b. 钻孔轨迹设计

设计定向钻孔2个,主孔开孔高度1.8m,开孔间距1m,终孔间距5m,设计孔深600m,设计参数见表9.6,设计轨迹如图9.17和图9.18所示。

表9.6 29020风巷底板梳状孔钻孔设计参数

孔号	开孔倾角/(°)	开孔方位/(°)	分支孔数/个	首次见煤点/m	终孔位置/m	岩孔总长度/m	煤孔总长度/m	钻孔总长/m
1#	5.5	275.9	15	96	600	1500	500	2000
2#	5.5	280.9	15	96	600	1500	500	2000

4)钻进装备

钻进装备配置具体见表9.5。

5)钻孔施工情况

现场施工从2017年9月至2018年1月,施工完成2个钻孔,总计进尺4037m,钻孔轨迹平面布置如图9.19所示。

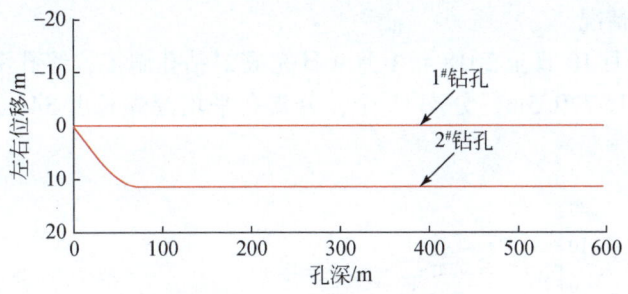

图 9.17　钻孔轨迹设计平面图

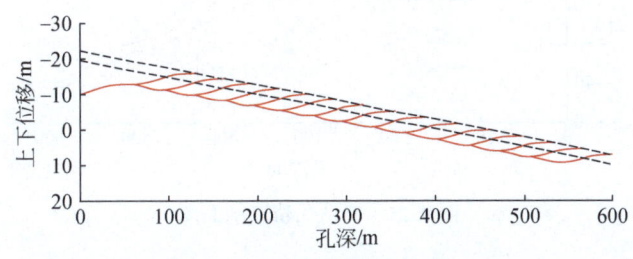

图 9.18　钻孔轨迹设计剖面图

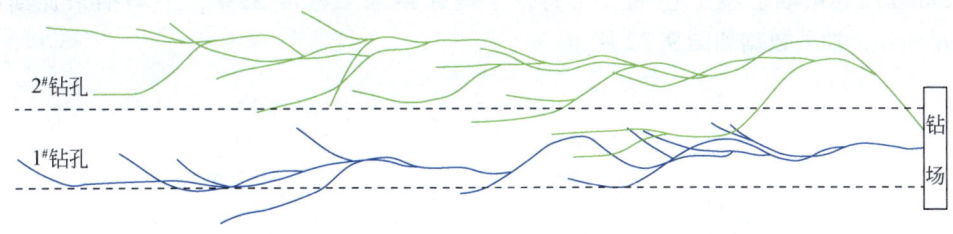

图 9.19　实钻轨迹平面布置图

a. 1#钻孔施工情况

自 2017 年 9 月 18 日至 2017 年 11 月 2 日，完成 1#钻孔施工，终孔深度 612m，总进尺 1501m，煤孔段进尺 402.5m，开分支 12 个，分支孔平均穿煤长度 33.5m，钻孔轨迹剖面如图 9.20 所示。

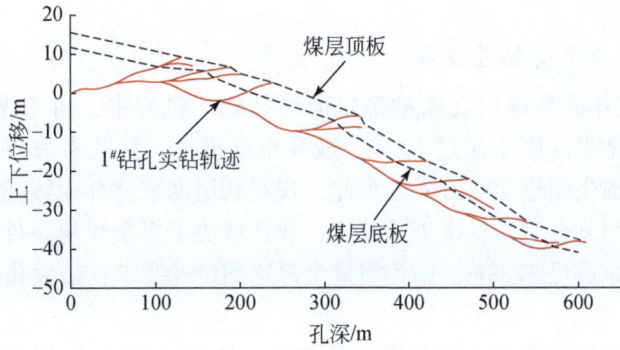

图 9.20　1#钻孔轨迹剖面图

b. 2#钻孔施工情况

自2017年11月10日至2018年1月9日完成2#钻孔施工，终孔深度594m，总进尺2536m，煤孔段进尺779.5m，分支15个，分支孔平均穿煤长度34m，钻孔轨迹剖面如图9.21所示。

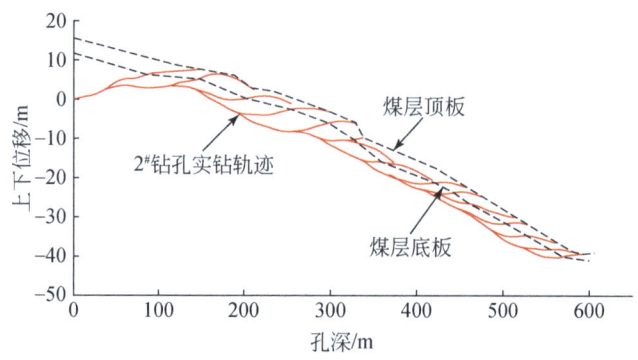

图9.21 2#钻孔轨迹剖面图

6）瓦斯抽采效果

29020风巷钻场已集中连抽2个月，平均瓦斯抽采浓度32%，平均抽采瓦斯纯量0.95m³/min，抽采数据如图9.22所示。

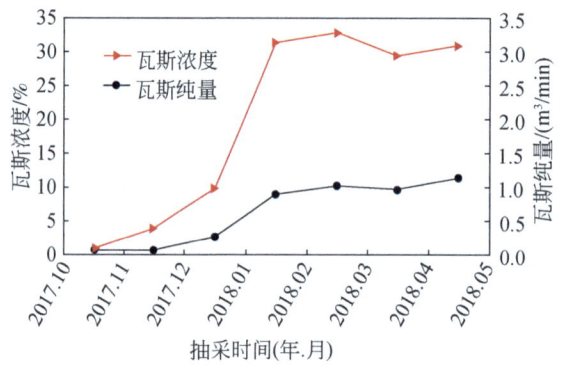

图9.22 29020风巷瓦斯抽采抽采数据图

2. 异形钻杆复合定向钻进技术

成庄矿4312工作面顺煤层瓦斯抽采定向钻孔施工过程中，由于煤层局部松软破碎，常规定向钻具组合钻进深度不超过100m，成孔难度极大、钻孔事故频发，已发生两起掉钻事故，直接经济损失超过300万元。为此，现场利用泥浆脉冲无线随钻测量系统配套整体式螺旋钻杆，采用复合定向钻进工艺技术，成功解决了复杂煤层条件成孔问题，完成了三组枝状钻孔群，总进尺3728m，钻孔质量全部达到设计要求，最大孔深402m。

1）矿井概况

晋煤集团成庄矿位于沁水煤田南翼，晋城市西北20km处，跨泽州和沁水两县。成庄矿于1997年9月19日正式验收投产，原设计生产能力400万t/a，2005年核实生产能力为800万t。

2）地质条件

a. 煤层情况

定向钻孔位于成庄矿4312综放工作面的3#煤层，该煤层赋存于山西组下段上部，结构简单、沉积稳定，为本区主要可采煤层之一，厚4.75~7.15m，平均厚6.44m。该工作面3#煤层松软破碎，常规定向钻具组合成孔性差，钻孔事故频发。

b. 顶底板情况

直接顶为粉砂岩，灰黑色、致密、性脆，厚度约1.72m；直接底为泥岩，黑色、质均，厚度约0.69m，均可作为钻进标志层。

c. 瓦斯情况

成庄矿4312综放工作面的3#煤层瓦斯相对涌出量为10.0m^3/t，瓦斯绝对涌出量为189.7m^3/min。

3）钻孔设计

（1）开孔封孔：利用Φ98mm钻头回转开孔钻进10m，更换Φ153mm/98mm扩孔钻头扩孔9m后提钻，下入Φ127mm封孔管9m，采用"两堵一注"方式注水泥浆封孔。

（2）定向钻孔：采用"Φ98mmPDC定向钻头+Φ73mm螺杆钻具+Φ80mm螺旋下无磁钻杆+Φ80mm螺旋无磁仪器外管（安装YHD3-1500泥浆脉冲随钻测量探管）+Φ73mm三棱钻杆"钻具组合进行复合定向钻进，孔身结构设计如图9.23所示。

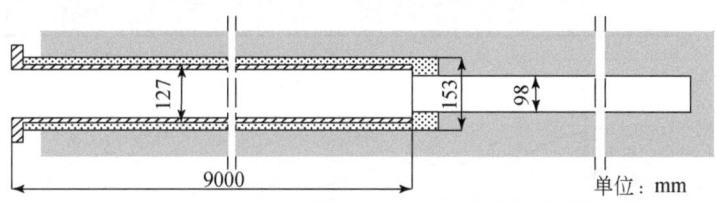

图9.23 钻孔结构设计示意图

4）钻进装备

钻进采用主要装备明细见表9.7。

5）钻孔施工情况

现场试验共完成本煤层定向钻孔6个，最大钻孔深度402m，总进尺5780m，实钻数据见表9.8。其中在43122巷道切眼钻场完成1个钻孔，主孔深度402m，总进尺863m，钻孔实钻轨迹平面图和剖面图如图9.24、图9.25所示。在43213巷道A8#横穿钻场完成5个钻孔，最大主孔深度324m，总进尺4917m。

现场试验与常规钻进技术对比可知，采用泥浆脉冲随钻测量装置提高了信号传输可靠性，降低了钻杆要求，使异形钻杆应用于定向钻进成为可能；利用螺杆马达进行轨迹调控的同时采用异形钻杆进行强化排渣，实现了软硬互层煤层中顺煤层随钻测量定向钻进，提高软硬互层煤层钻孔深度和轨迹调控精度，钻孔成孔率显著提升，并可有效降低钻孔事故风险，保障孔内钻具安全。

表 9.7 配套装备清单

序号	名称	规格型号
1	定向钻机	ZDY6000LD
2	泥浆泵	3NB-300
3	随钻测量系统	YHD3-1500
4	螺杆钻具	Φ73mm-3
5	螺旋无磁钻杆	Φ73mm
6	三棱钻杆	Φ73mm，$L=1500$mm
7	定向钻头	Φ98mm
8	扩孔钻头	Φ153mm/98mm

表 9.8 成庄矿试验钻孔实钻参数

施工钻场	钻孔编号	主孔深度/m	分支孔数	总进尺/m	终孔原因
43122 巷道切眼钻场	1	402	6	863	达到设计孔深
43213 巷道 A8# 横穿钻场	3	324	4	516	达到设计孔深
	4	219	3	342	开孔角度偏大
	5	285	33	2574	达到设计孔深
	6	147	8	420	开孔层位偏高
	7	282	16	1065	达到设计孔深

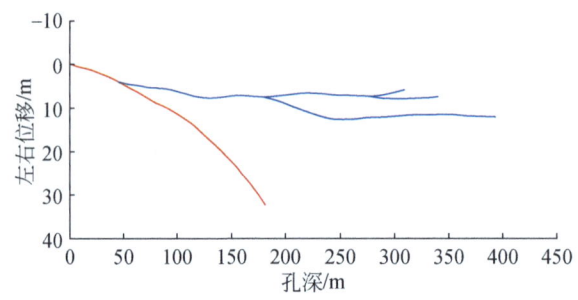

图 9.24 成庄矿 43122 切眼 1# 试验钻孔轨迹平面图

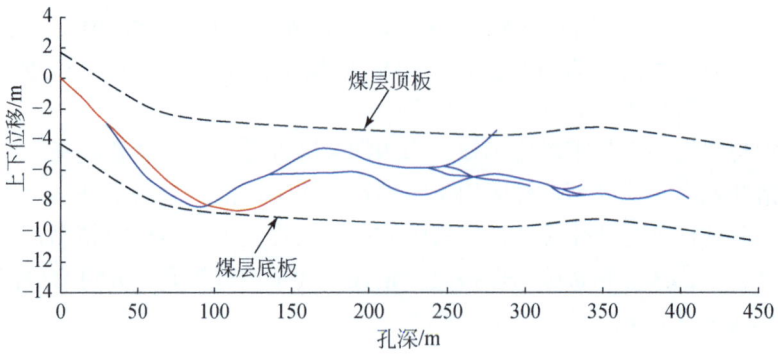

图 9.25 成庄矿 43122 切眼 1# 试验钻孔轨迹剖面图

3. 空气螺杆钻具定向钻进技术

针对碎软煤层瓦斯抽采定向钻孔施工困难的难题，开发了空气复合定向钻进技术与装备，在贵州黔西能源开发有限公司青龙煤矿进行了工业性试验，完成碎软煤层顺层定向钻孔主孔及主分支孔 27 个，其中主孔 20 个、主分支孔 7 个，总进尺 11467m，最大成孔深度达到 406m，累计瓦斯抽采量超过 170 万 m^3，取得了碎软煤层定向钻孔成孔深度和瓦斯抽采效果的突破。

1) 矿井概况

青龙井田位于贵州省西北部的黔西县，隶属毕节地区。青龙煤矿位于黔北煤田中部，区域内地质构造复杂，整体上处于北东向的格老寨背斜的北西翼，发育多组逆断层，含煤岩系为上二叠统龙潭组。矿井开拓方式为斜井开拓，设计生产能力 120 万 t/a，可采煤层为 16、17（局部可采）、18 煤层，其中 16 煤层平均可采厚度为 2.88m，17 煤层平均可采厚度为 1.2m，18 煤层平均可采厚度为 3.18m。

2) 地质条件

a. 矿井瓦斯概况

矿区可采煤层（16、17、18）均为高瓦斯高变质煤，随着煤层埋深的增加，同煤层瓦斯含量逐渐增大。由于井田内煤层受地质条件的影响，构造"圈闭"条件好，封闭型地质构造有利于瓦斯储存，且该煤系地层煤质机械强度低，透气性差，游离态和吸附态的瓦斯一般不容易释放。在采掘过程中，游离态和吸附态的瓦斯会在瞬间释放，容易诱发煤与瓦斯突出。

16 煤层瓦斯含量为 12.16~18.28m^3/t，平均含量为 15.62m^3/t（不含残存瓦斯含量）；17 煤层瓦斯平均含量为 14.68m^3/t（不含残存瓦斯含量）；18 煤层瓦斯含量为 6.20~24.35m^3/t（不含残存瓦斯含量），平均含量为 16.41m^3/t。经鉴定，青龙煤矿 16、18 煤层为煤与瓦斯突出煤层，故青龙煤矿属煤与瓦斯突出矿井。

b. 试验煤层

现场工业性试验煤层为青龙煤矿二采区 16 煤层，最大瓦斯压力达到 1.73MPa、瓦斯放散初速度指标 38mmHg、硬度系数 0.37、平均透气性系数 7.61m^2/(MPa·d)。16 煤层结构简单，一般不含或含 1~2 层夹矸，多数夹矸厚度在 0.40m 以下，夹矸厚度变化规律不明显，下距 18 煤层顶板 12.25~51.92m，平均 25.79m；16 煤层顶板岩性以粉砂岩、泥质粉砂岩、泥岩为主，由西向东岩性由粉砂岩、泥质粉砂岩逐渐相变为泥岩及碳质泥岩；底板以黏土岩为主，并富产植物化石。

3) 钻孔设计

a. 钻孔结构设计

试验定向钻孔结构设计由套管孔段和定向孔段组成，如图 9.26 所示。

(1) 套管孔段：分三开施工，首先采用 Φ108mm 钻头+Φ73mm 普通钻杆+⋯+Φ73mm 普通钻杆+Φ73mm 普通水便施工 Φ108mm 孔径先导孔，然后换用 Φ98mm/Φ153mm 钻头二开扩孔至 Φ153mm 孔径，再换用 Φ153mm/Φ193mm 钻头三开扩孔至 Φ193mm，最后下入 Φ127mm 钢套管。

(2) 定向孔段：采用 Φ108mm 定向钻头+Φ73mm 空气螺杆钻具+Φ76mm 下无磁钻杆+

Φ76mm 探管外管（内部安装有 YHD2-1000（A）随钻测量装置探管）+Φ76mm 上无磁钻杆+Φ73mm 通缆钻杆+…+Φ73mm 通缆钻杆+Φ73mm 大通孔送风器的钻具组合，利用随钻测量定向钻进工艺进行施工，钻孔孔径为 Φ108mm。

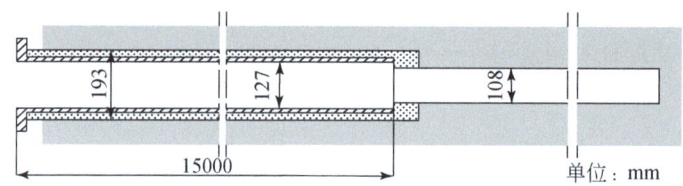

图 9.26　青龙煤矿试验钻孔结构设计示意图

b. 钻孔轨迹设计

试验钻孔开孔方位角设计要保证钻孔能覆盖整个抽采区域，达到良好的瓦斯抽采效果。开孔倾角的设计主要考虑三方面因素：①由于钻孔是在煤层底板开孔，因此要保证钻孔出套管段后尽快见煤，且要保证钻孔轨迹与煤层平行角度进行延伸。②套管段位于煤层底板，地层相对破碎不稳定，易发生各种塌孔、卡钻等事故，应尽量减少该孔段距离。③考虑到空气螺杆钻具造斜能力、通缆钻杆弯曲强度，设计钻孔轨迹造斜强度为（0.5°～1°）/3m，每隔 50～80m 进行一次探顶，查明煤层倾角，然后控制钻孔倾角保证钻孔轨迹在煤层内延伸。

现场试验共设计定向钻孔 20 个，其中 21606 轨顺北段钻场施工钻孔类型为工作面区域瓦斯抽采钻孔，设计钻孔 6 个，孔深 300m；21608 运顺钻场和 21601 运顺钻场施工钻孔类型为超前掩护巷道掘进的顺煤层瓦斯抽采定向钻孔，各设计钻孔 7 个，孔深 300m，覆盖待掘巷道两侧 20m。试验钻孔设计参数见表 9.9。

表 9.9　青龙煤矿试验钻孔设计参数

钻场	孔号	开孔方位/(°)	开孔倾角/(°)	套管段长度/m	终孔方位/(°)	左右位移/m	孔深/m
21606 轨顺北段钻场	1	45	2	15	59.9	−25	300
	2	55	6	15	59.9	−5	300
	3	62	8	15	59.9	5	300
	4	82	10	15	59.9	40	300
	5	87	12	15	59.9	55	300
	6	90	14	15	59.9	65	300
21608 运顺钻场	1	49	2	15	61.5	−21	300
	2	52	3	15	61.5	−14	300
	3	55	3	15	61.5	−7	300
	4	61.5	4	15	61.5	0	300
	5	67	4	15	61.5	7	300

续表

钻场	孔号	开孔方位/(°)	开孔倾角/(°)	套管段长度/m	终孔方位/(°)	左右位移/m	孔深/m
21608 运顺钻场	6	74	5	15	61.5	14	300
	7	78	5	15	61.5	21	300
21601 运顺钻场	1	32	−1	15	48.5	−21	300
	2	37	−1	15	48.5	−14	300
	3	43	−1	15	48.5	−7	300
	4	48	−1	15	48.5	0	300
	5	53	−1	15	48.5	7	300
	6	57	−1	15	48.5	14	300
	7	62	−1	15	48.5	21	300

4）钻进装备

青龙煤矿试验定向钻孔施工时利用定向钻机提供孔内钻具的给进力及回转力，利用有线随钻测量系统配套通缆钻杆进行钻孔轨迹参数测量，采用矿用空压机输出的压缩空气驱动孔底空气螺杆钻具带动钻头碎岩，同时利用压缩空气进行孔内排渣和钻具冷却，利用孔口除尘装置进行高效除尘。配套装备、机具及测量系统见表9.10。

表9.10 钻进装备、机具及测量系统

序号	名称	规格型号
1	定向钻机	ZDY6000LD（FA）
2	空气螺杆钻具	Φ73mm
3	随钻测量系统	YHD2-1000（A）
4	矿用空压机	MLGF17.5/12.5-132G
5	通缆钻杆	Φ73mm×3m
6	PDC定向钻头	Φ108mm
7	湿式气射流除尘器	KCS-12QS

5）钻孔施工

现场试验共完成碎软煤层顺煤层定向钻孔主孔及主分支孔27个，其中主孔20个、主分支孔7个，总进尺11467m，最大孔深406m，最大钻孔垂深落差达到−34.20m，钻孔轨迹控制精度达到孔深的5‰以内，300m以上钻孔成孔率达到75%以上，成孔效果显著。

a. 21606 轨顺北段钻场

21606 轨顺北段钻场于2018年3月31日早班开始施工，至5月21日结束，共完成碎软煤层定向钻孔主孔及主分支孔7个，其中主孔5个、主分支孔2个，总进尺3014m，最大孔深385m，试验钻孔实钻详细信息见表9.11，实钻轨迹平面图如图9.27所示。

表 9.11　青龙煤矿 21606 轨顺北段钻场试验钻孔实钻详细信息

孔号	孔深/m	进尺/m	终孔原因
1#	340	667	达到设计孔深
2#	385	499	达到设计孔深
3#	382	775	达到设计孔深
3-1#	352		达到设计孔深
4#	103	223	局部煤层变薄
5#	295	850	钻遇断层破碎带
5-1#	292		钻遇断层破碎带

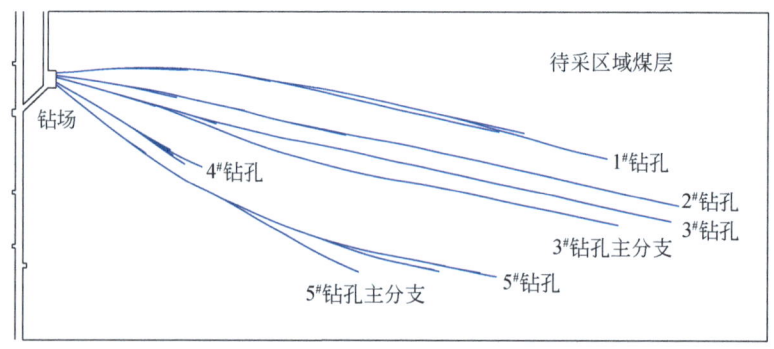

图 9.27　青龙煤矿 21606 轨顺北段钻场试验钻孔实钻轨迹平面图

b. 21608 运顺钻场

21608 运顺钻场于 2018 年 6 月 15 日开始施工，至 8 月 20 结束，共完成碎软煤层定向钻孔主孔及主分支孔 9 个，其中主孔 7 个、主分支孔 2 个，总进尺 3929m，300m 以上钻孔成孔率达到 88.9%，试验钻孔实钻详细信息见表 9.12，实钻轨迹平面图如图 9.28 所示。其中 2# 钻孔实钻最大孔深达到 406m（图 9.29），该钻孔含分支孔 4 个，总进尺 746m，最大垂深-8.65m，钻孔轨迹在煤层中延伸。

表 9.12　青龙煤矿 21608 运顺钻场试验钻孔实钻详细信息

孔号	孔深/m	进尺/m	分支孔数量/个
1#	274	517	9
2#	406	746	4
2-1#	307		
3#	301	409	3
4#	307	760	9
5#	328	580	3
5-1#	307		
6#	307	448	3
7#	322	469	3

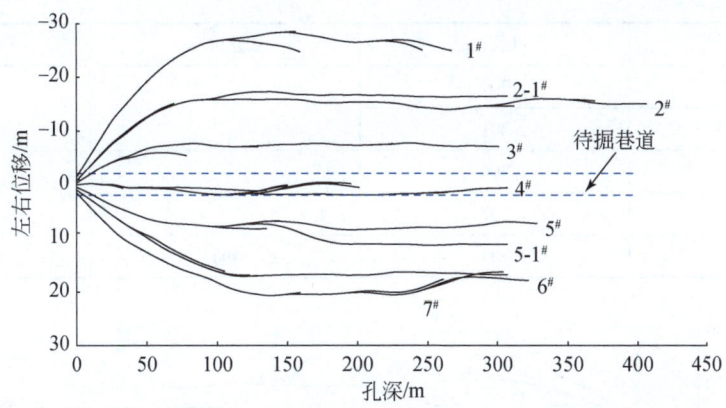

图 9.28　青龙煤矿 21608 运顺钻场试验钻孔实钻轨迹平面图

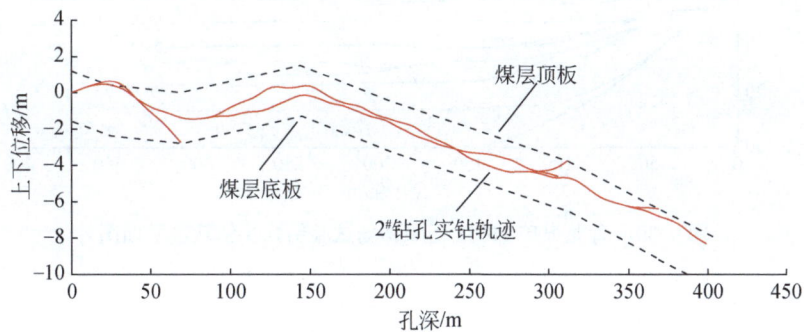

图 9.29　青龙煤矿 21608 运顺钻场 2#试验钻孔（孔深 406m）实钻轨迹剖面图

c. 21601 运顺钻场

21601 运顺钻场于 2018 年 9 月 6 日开始施工，至 11 月 29 日结束，成功穿越了 F17 逆断层，共完成碎软煤层定向钻孔主孔及主分支孔 11 个，其中主孔 8 个、主分支孔 3 个，总进尺 4524m，300m 以上钻孔成孔率达到 75%。试验钻孔实钻详细参数见表 9.13，实钻轨迹平面图如图 9.30 所示。2#钻孔实钻最大孔深达到 385m，最大垂深达到-34.20m，通过对相邻钻孔轨迹的分析判断，实现一孔到底，如图 9.31 所示。

表 9.13　青龙煤矿 21601 运顺钻场试验钻孔实钻详细参数

孔号	孔深/m	总进尺/m	分支孔数量/个
1#	121	348	6
B1#	124	172	1
2#	385	593	2
2-1#	328		
3#	301	496	5
4#	286	460	8
B4#	307	514	4

续表

孔号	孔深/m	总进尺/m	分支孔数量/个
5#	301	685	5
5-1#	301		
6#	304	763	7
6-1#	307		
7#	307	493	4

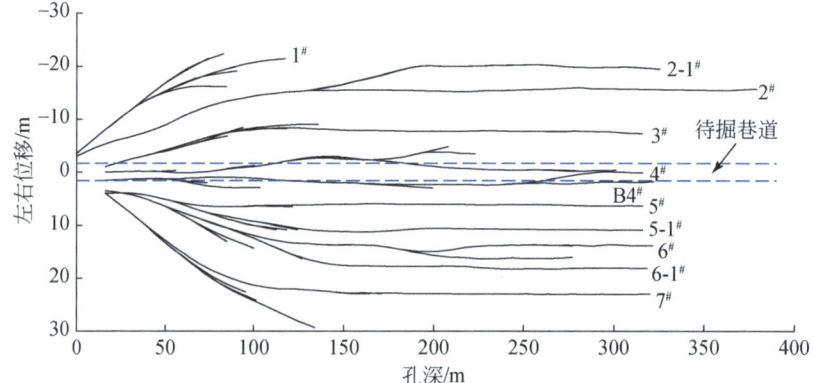

图 9.30　青龙煤矿 21601 运顺钻场试验钻孔实钻轨迹平面图

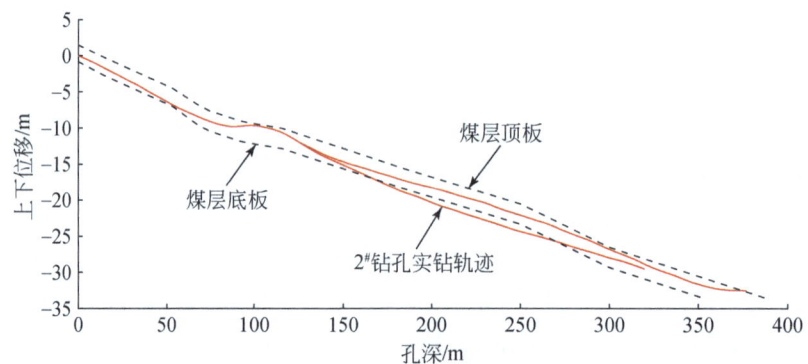

图 9.31　青龙煤矿 21601 运顺钻场 2#钻孔实钻轨迹剖面图

6) 瓦斯抽采情况

定向钻孔施工完成后进行了瓦斯抽采利用，瓦斯抽采浓度均超过 60%，抽采初期，最大单孔瓦斯抽采纯量超过 2.55m³/min；抽采时间已超过 8 个月，单孔瓦斯抽采纯量仍为 0.3m³/min 左右，截至 2018 年 12 月 20 日，累计抽采瓦斯纯量超过 170 万 m³。与常规钻孔相比，顺煤层定向钻孔的抽采纯量是常规钻孔的 10 倍以上，抽采浓度提高了 50% 左右，瓦斯抽采效果显著。

a. 21606 轨顺北段钻场

21606 轨顺北段钻场抽采数据如图 9.32 所示。统计周期开始时抽放主管路瓦斯浓度

63.5%，纯量 1.59m³/min；统计周期结束时抽放主管路瓦斯浓度 65.3%，纯量 1.32m³/min；截至 2018 年 12 月 20 日，平均瓦斯浓度 63.3%，平均纯量 2.54m³/min，累计抽采瓦斯 54.9 万 m³。

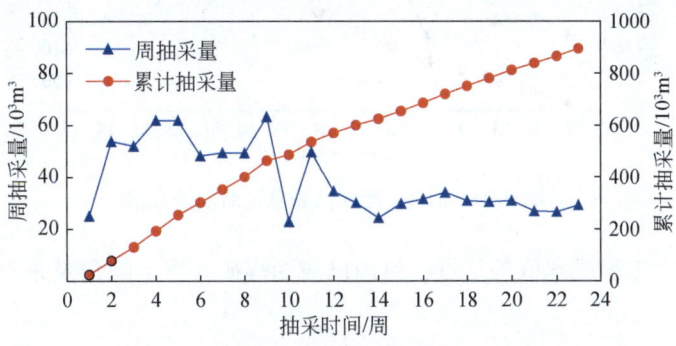

图 9.32 21606 轨顺北段钻场总瓦斯抽采数据

b. 21608 运顺钻场

21608 运顺钻场抽采数据如图 9.33 所示。统计周期开始时抽放主管路瓦斯浓度 66.3%，纯量 4.77m³/min；统计周期结束时抽放主管路瓦斯浓度 73%，纯量 2.89m³/min；截至 2018 年 12 月 20 日，平均瓦斯浓度 71.6%，平均纯量 3.85m³/min，累计抽采瓦斯 89.3 万 m³。

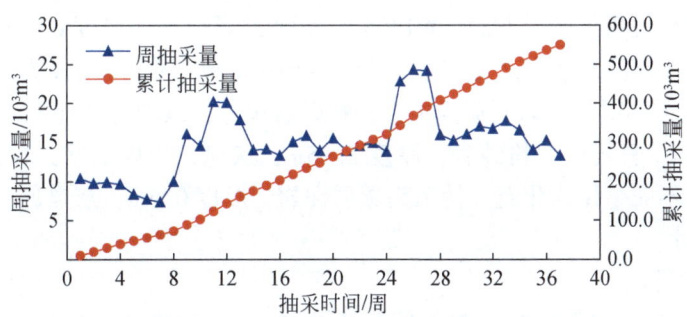

图 9.33 21608 运顺钻场总瓦斯抽采数据

c. 21601 运顺钻场

21601 运顺钻场抽采数据如图 9.34 所示。统计周期开始时抽放主管路瓦斯浓度 63.9%，纯量 2.57m³/min；统计周期结束时抽放主管路瓦斯浓度 59.3%，纯量 1.5m³/min；截至 2018 年 12 月 20 日，平均瓦斯浓度 61.4%，平均纯量 1.9m³/min，累计抽采瓦斯 29 万 m³。

9.1.3 顶板岩层瓦斯抽采高位定向钻孔

煤矿开采后，本煤层及临近层瓦斯卸压解吸并在工作面顶板裂隙带及采空区聚集，受工作面风流影响，容易造成上隅角和回风巷瓦斯超限，控制和管理好这部分瓦斯涌出，对保证工作面的安全生产具有重要意义。顶板高位定向钻孔具有施工效率高、抽采效果稳

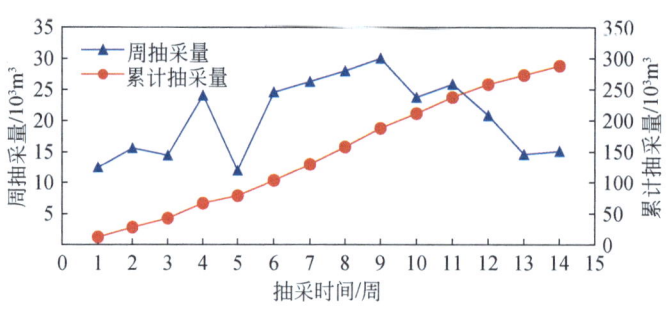

图 9.34　21601 运顺钻场总瓦斯抽采数据

定、抽采范围广、工程成本低等优点,目前已成为煤矿井下上隅角及采空区瓦斯治理的重要手段。

1. 稳定顶板岩层高位钻孔

2013～2014 年,寺河矿为解决工作面回风瓦斯超限难题,基于工作面采空及采动影响区瓦斯运移规律,尝试利用顶板高位定向钻孔进行工作面采空及采动影响区瓦斯抽采,并在 W1305 工作面进行了示范,完成三组共 12 个高位定向钻孔,总进尺 4416m,最大孔深 402m,累计抽采瓦斯 466 万 m^3,回风巷最高瓦斯浓度由 0.7% 降为 0.4%。

1) 工作面概况

W1305 工作面走向长度 739.8m,倾斜长度 226.04m,工作面采用走向长壁大采高自然冒落后退式综合机械化采煤方法。W1305 工作面 3# 煤层平均厚度 6.1m,倾角 0°～10°,煤体普遍松软,以亮煤为主,光亮型,煤层结构简单。煤层顶板为细粒砂岩,厚度 19.87m,浅灰色,厚层状,以石英为主,含粉砂岩包体,以均匀层理为主,老顶为细粒砂岩,厚度 17.12m,直接顶为粉砂岩,厚度 2.15m,灰色,中厚层状,含云母,以小型交错层理为主。含不完整植物化石,伪顶为碳质泥岩,厚度 0.6m,灰黑色。

2) 钻孔设计

a. 钻孔结构设计

(1) 开孔封孔:采用 Φ98mm 钻头回转钻进 12.5m,更换 Φ98/Φ193mm 扩孔钻头,回转扩孔钻进至 12m,下入 Φ160mm 封孔管 12m,采用"两堵一注"方法注入水泥浆封孔,候凝 8h。

(2) 先导孔定向钻进:采用"Φ98mm 定向钻头+Φ73mm 螺杆钻具+Φ76mm 下无磁钻杆+Φ76mm 探管外管(安装 YHD2-1000(A)随钻测量探管)+Φ76mm 上无磁钻杆+Φ73mm 通缆钻杆+…+Φ73mm 通缆钻杆+Φ73mm 通缆水便"钻具组合,定向钻进至设计孔深。

(3) 回转扩孔钻进:采用"Φ153/98mm 螺旋刀翼型组合式扩孔钻头+Φ73mm 高韧性钻杆+…+Φ73mm 高韧性钻杆+Φ73mm 普通水便"钻具组合回转扩孔至孔底,钻孔结构如图 9.35 所示。

b. 钻孔轨迹设计

根据寺河矿生产经验,高位定向钻孔有效抽采孔段主要布置在煤层顶板以上 27～

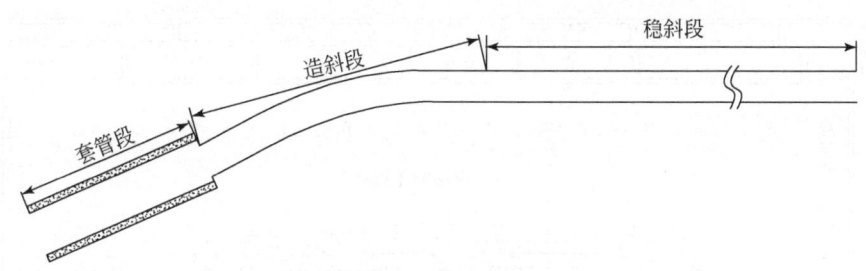

图 9.35 顶板高位定向长钻孔结构示意图

30m,平面投影距巷帮 10~60m,布孔参数见表 9.14。

表 9.14 配套装备清单

孔号	设计开孔参数			距回风巷煤壁距离/m	距煤层顶板距离/m
	方位角/(°)	倾角/(°)	孔深/m		
1#	140	15	372	15	27
2#	135	15	378	30	27
3#	130	16	384	40	27
4#	125	16	390	55	30

3)设备配套

高位定向钻孔配套装备见表 9.15。

表 9.15 配套装备清单

序号	名称	规格型号
1	定向钻机	ZDY6000LD(A)
2	随钻测量系统	YHD2-1000(A)
3	螺杆钻具	Φ73mm
4	通缆钻杆	Φ73mm,$L=3000$mm
5	高韧性钻杆	Φ73mm,$L=3000$mm
6	定向钻头	Φ98mm
7	扩孔钻头	Φ98mm/120mm/153mm
8	扩孔钻头	Φ153mm/193mm

4)钻孔施工情况

自 2013 年 12 月至 2014 年 2 月,分别在 W1305 工作面 W13052 巷 9#、6# 和 3# 横穿先后进行了高位定向长钻孔的施工,共施工钻孔 12 个,最大孔深达到 402m,总进尺 4416m,钻孔主抽采孔段均位于设计煤层以上 24~60m。实钻平面轨迹如图 9.36 所示,钻孔实钻参数见表 9.16。

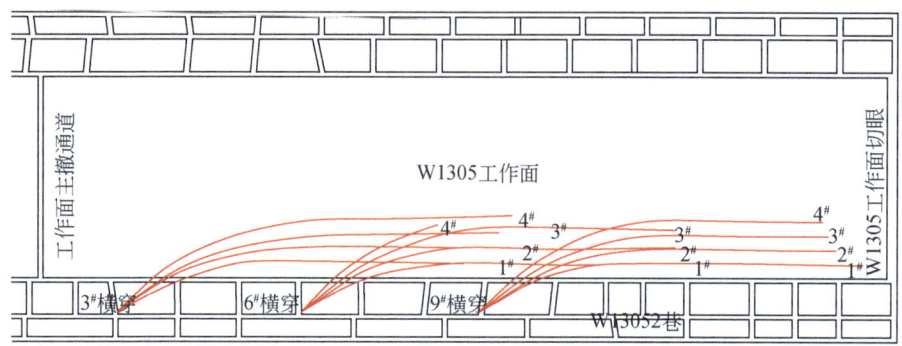

图 9.36　W1305 工作面高位定向钻孔实钻平面轨迹

表 9.16　1305 工作面高位钻孔实钻参数表

钻场	孔号	设计开孔参数			距 13053 巷内帮距离/m	距煤层顶板高度/m	先导孔成孔周期/h	双驱动钻进比例/%	钻进工艺	孔径/mm
		方位角/(°)	倾角/(°)	孔深/m						
9#横穿	1	139	13.6	375	12.26	26.8	81	0	滑动	153
	2	138	15.3	354	28.64	27.2	85	0	滑动	153
	3	133	14.17	354	43.3	27.05	65	65	复合	153
	4	127	12.66	348	59.47	32.34	57	53	复合	153
6#横穿	1	134	14.01	378	14.36	45.65	65	60	复合	153
	2	141	13.55	378	31.53	59.07	70	63	复合	98
	3	140	14.08	381	50.89	34.24	65	68	复合	153
	4	131	11	168	56.1	—	—	—	复合	98
	补4	131	11.99	117	45.1	—	—	—	复合	98
3#横穿	1	143	13.5	381	14.87	26.76	69	64	复合	98
	2	141	14.2	381	32.13	20.63	67	67	复合	98
	3	137	13.8	399	47.73	27.21	70	59	复合	98
	4	129	14.7	402	50.31	26.57	69	63	复合	98

5）瓦斯抽采效果

W1305 工作面共布置 6 条顺槽，工作面采用 4 进 2 回偏 Y 形通风方式。结合寺河煤矿 3# 煤层顶板覆岩变形破坏特性及工作面通风特点，将高位定向钻孔钻场布设于 W13052 巷 3#、6# 和 9# 横穿，以保证相邻两个钻场钻孔在水平方向上搭接，实现瓦斯连续抽采，每个钻场布置 4 个高位定向钻孔，共计 12 个钻孔。有效抽采期内，3#、6# 和 9# 横穿高位定向钻孔累计抽采量达到 466 万 m^3。以 9# 横穿瓦斯抽采数据为例，9# 横穿 4 个钻孔抽采量最大达到 354 万 m^3，最大抽采量为 54.28m^3/min，有效瓦斯抽采天数超过 40 天，抽采量在 20m^3/min 以上天数为 19 天，平均单孔瓦斯抽采流量达到 9.89m^3/min，单孔最大抽采流量超过 30m^3/min，取得了良好的抽采效果。

a. 瓦斯抽采效果分析

由图9.37、图9.38对高位定向长钻孔瓦斯抽采效果分析如下。

(1) 初期阶段：当工作面推进至30m时，4#钻孔进入有效抽采孔段，纯瓦斯流量值达到30m³/min，之后逐步降低。当工作面推进至80m时，1#、2#和3#钻孔才开始进入有效抽采孔段，但瓦斯流量较低；由于4#钻孔靠近采空区中部，因此，4#钻孔在初期阶段抽采纯瓦斯流量较高。

(2) 增长阶段：当工作面推进至100m时，1#、2#和3#钻孔逐步进入稳定抽采阶段，抽采瓦斯流量逐渐增加，当推进至204m时，3个钻孔达到抽采瓦斯流量峰值，其中1#钻孔瓦斯流量达到30m³/min以上，而4#钻孔随着工作面的推进，瓦斯流量逐渐降低。

(3) 衰减阶段：当工作面推进至204m后，2#、3#和4#钻孔瓦斯纯量迅速衰减，最终降为零，而1#钻孔瓦斯纯量却保持在15m³/min以上，表明1#钻孔能稳定存在于煤层顶板的裂隙发育带内，实现瓦斯高效连续抽采。

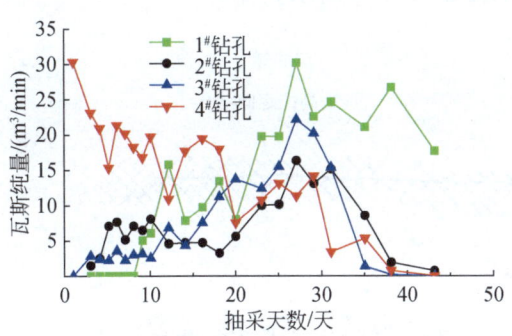

图9.37 瓦斯纯量随抽采时间变化曲线

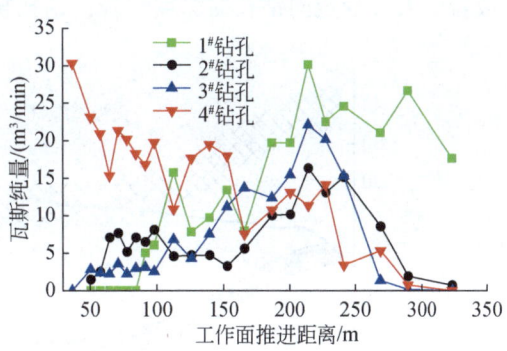

图9.38 瓦斯纯量随工作面推进变化曲线

b. 回风瓦斯浓度变化分析

通过对W1305工作面开采期间，工作面上隅角、回风巷风流和巷口瓦斯浓度进行对比，来判断高位定向长钻孔对工作面瓦斯的治理效果。采集W1305工作面风流、上隅角、W13052巷风流、W1305巷口、W13054巷风流、W1305巷口6组在工作面回采期间的瓦斯浓度数据。从图9.39可以看出，在高位定向钻孔介入瓦斯抽采前，回风巷各采集点的瓦斯浓度较高，当回采工作面推进到钻孔有效抽采范围内后，瓦斯浓度明显下降。其中，W13054巷风流和巷口的下降比例最大，由0.7%降为0.4%，这表明瓦斯抽采效果显著。随着工作面的推进，上隅角及回风巷各浓度基本保持不变。当工作面推进至150m后，主抽采孔段逐渐缩短，使得各采集点的瓦斯浓度有所升高。当工作面推进至260m后，进入下一钻场的主抽采孔段后，瓦斯浓度再次呈现下降趋势，这充分体现了高位定向长钻孔在上隅角及回风巷瓦斯治理工作中的显著成效。

6) 1026m超长高位定向钻孔施工

2014年9月至2015年5月，利用ZDY12000LD大功率定向钻进装备在寺河矿东五盘区5301工作面和5302工作面进行了高位定向钻孔施工，钻孔施工采用"定向+扩孔"的成孔方案，先导定向孔孔径98mm，扩孔直径为153mm。共施工顶板高位瓦斯抽采钻孔17个，总进尺到9474m，其中53012巷12#横穿钻场4#钻孔孔深达到1026m，创造了我国顶

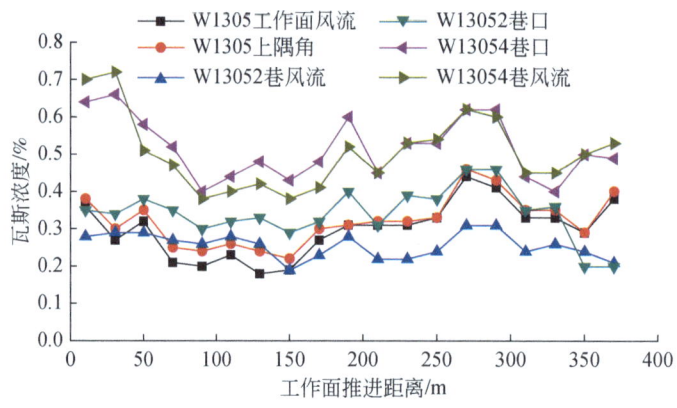

图 9.39　W1305 工作面各点瓦斯浓度变化

板岩层大直径定向钻孔的深度纪录，钻孔轨迹剖面如图 9.40 所示。

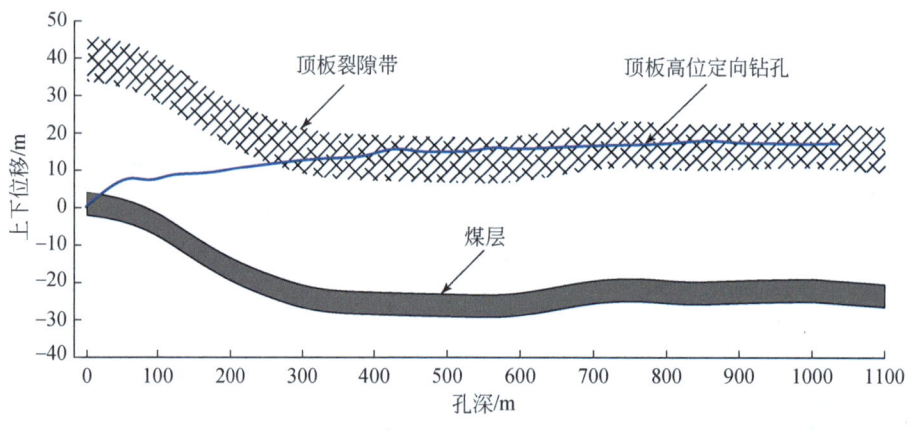

图 9.40　1026m 顶板高位定向长钻孔轨迹剖面图

2. 复杂顶板岩层高位定向钻孔

2016～2017 年，淮南矿业集团在顾桥矿开展了井下顶板高位定向钻孔代替高抽巷（即"以孔代巷"）的工程示范，在顾桥矿 1123（3）工作面完成顶板高位定向钻孔 10 个，总进尺 4643m，累计瓦斯总量达 64.3 万 m^3，钻孔抽采瓦斯纯量平均达到 11.07m^3/min，平均浓度达到 31.39%，与邻近高抽巷瓦斯抽采水平相当。

1）工作面概况

淮南矿区顾桥矿 1123（3）工作面走向长 1937m，倾向长 260m，断层较发育，开采 13-1 煤层，煤层厚约 4.1m，埋深 -780m，倾角 1°～4°，瓦斯含量约 5.3m^3/t，瓦斯压力 0.2～0.5MPa，瓦斯涌出量平均达到 27.4m^3/min，存在煤与瓦斯突出危险。工作面为复合顶板岩层，直接顶由厚度 4.19m 的灰色泥岩、细砂岩、砂质泥岩和 13-2 煤层组成，力学强度差；老顶主要由厚度为 3.25m 的中砂岩组成。采用全部垮落法管理顶板。根据淮南矿区生产实践，13-1 煤层开采后，来自上邻近层的瓦斯涌出量占全部瓦斯涌出量的 17%～36%，加上工作面底部遗煤涌出的瓦斯，构成采空区主要的瓦斯来源，易造成工作面上隅角和回风巷瓦斯超限。

2）钻孔设计

a. 钻孔结构设计

（1）开孔封孔：采用Φ120mm钻头回转钻进12.5m，更换Φ120/Φ250mm扩孔钻头，回转扩孔钻进至12m，下入Φ200mm封孔管12m，采用"两堵一注"方法注入水泥浆封孔，候凝8h。

（2）先导孔孔定向钻进：采用"Φ120mm定向钻头+Φ89mm螺杆钻具+Φ89mm下无磁+Φ89mm探管外管［安装YHD2-1000（A）随钻测量探管］+Φ89mm上无磁+Φ89mm通缆钻杆+…+Φ89mm中心通缆式钻杆逆止阀+…+Φ89mm通缆钻杆+Φ89mm通缆水便"钻具组合，定向钻进至设计深度。

（3）回转扩孔钻进：采用"Φ153/120mm螺旋刀翼型组合式扩孔钻头+Φ89mm常规钻杆+…+Φ89mm常规钻杆逆止阀+…+Φ89mm常规钻杆+Φ89mm普通水便"钻具组合，对钻孔全孔段进行回转扩孔钻进。

b. 钻孔轨迹设计

煤层顶板以上22~28m和30~40m为稳定岩层，结合顶板裂隙发育特征和顾桥矿生产实践经验，最终确定布孔层位为25m和38m。在38m层位布置1#~3#钻孔，在25m层位布置4#~10#钻孔，其中1#~7#钻孔设计孔深500m，8#~10#钻孔设计孔深350m，钻孔设计数据见表9.17，孔位布置如图9.41所示。

表9.17 顾桥矿1123（3）轨道顺槽顶板高位定向钻孔设计轨迹参数表

孔号	设计开孔参数			距回风巷煤壁距离 /m	距煤层顶板距离 /m
	方位角/(°)	倾角/(°)	孔深/m		
1#	23	15	500	35	37
2#	27	20	500	25	37
3#	33	18	500	45	37
4#	18	15	500	22	25
5#	14	8	500	30	25
6#	25	8	500	48	25
7#	28	8	500	55	25
8#	19	15	350	60	25
9#	10	9	350	14	25
10#	14	9	350	27	25

3）钻进装备

高位定向钻孔配套钻进装备见表9.18。

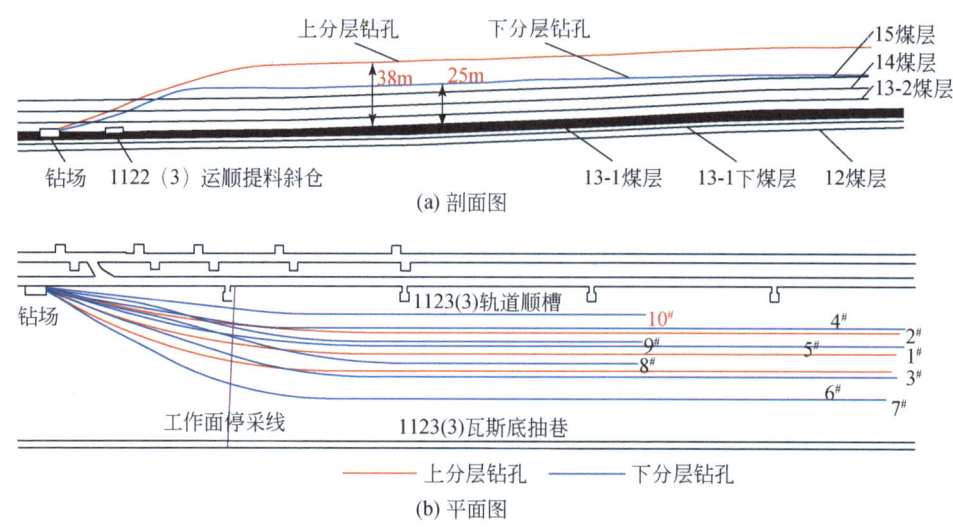

图 9.41 顶板高位大直径定向钻孔布置示意图

表 9.18 配套装备清单

序号	名称	规格型号
1	定向钻机	ZDY12000LD
2	泥浆泵车	BLY460/12
2	随钻测量系统	YHD2-1000（A）
3	螺杆钻具	Φ89mm-4
4	通缆钻杆	Φ89mm，$L=3000$mm
5	高韧性钻杆	Φ89mm，$L=1500$mm
6	定向钻头	Φ120mm
7	扩孔钻头	Φ153mm/120mm
8	扩孔钻头	Φ248mm/120mm

4）钻孔施工情况

自 2016 年 10 月至 2017 年 5 月，钻进用时 82 天，成功施工高位定向钻孔 10 个，孔深 500m 以上钻孔 7 个，总进尺 4643m，孔径 Φ153mm，全部达到设计要求。其中上分层钻孔 3 个，有效孔段距煤层高约 38m，下分层钻孔 7 个，有效孔段距煤层高约 25m，钻孔实钻轨迹参数见表 9.19，实钻轨迹平面图如图 9.42 所示。

表 9.19 顾桥矿 1123（3）轨道顺槽顶板高位定向钻孔实钻轨迹参数表

孔号	设计孔深/m	实钻孔深/m	孔径/mm	左右位移/m	上下位移/m	施工周期/天	层位
1#	500	510	153	36	38	9	上分层
2#	500	510	153	24	38	6	上分层
3#	500	510	153	48	38	13	上分层

续表

孔号	设计孔深/m	实钻孔深/m	孔径/mm	左右位移/m	上下位移/m	施工周期/天	层位
4#	500	503	153	22	25	9	下分层
5#	500	503	153	34	25	10	下分层
6#	500	503	153	44	25	9	下分层
7#	500	508	153	54	25	11	下分层
8#	350	380	153	42	25	4	下分层
9#	350	358	153	15	25	4	下分层
10#	350	358	153	30	25	6	下分层

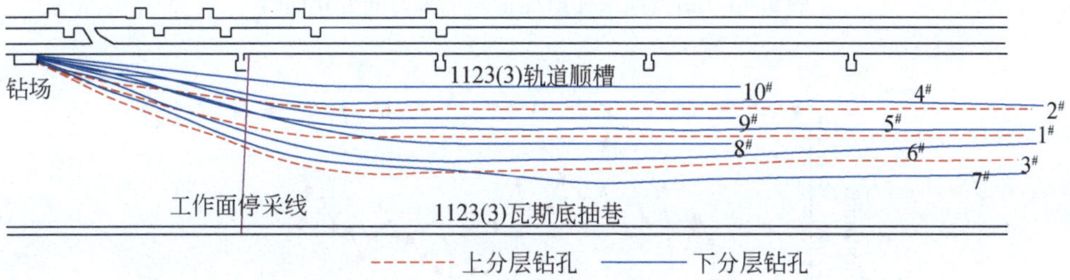

图9.42 顾桥矿1123（3）轨道顺槽顶板高位定向钻孔实钻轨迹平面图

5）瓦斯抽采效果

当工作面推进过顶板高位大直径定向钻孔孔底一定距离后，瓦斯在抽采负压作用下开始流入钻孔并进入瓦斯抽放管路，自2017年8月18日至2017年9月13日已稳定抽采35天，单孔最大抽采瓦斯纯量达9.41 m^3/min，累计抽采瓦斯总量达64.3万 m^3，见表9.20。

表9.20 钻孔瓦斯抽采数据

孔号	实钻孔深/m	浓度/%	混量/(m^3/min)	纯量/(m^3/min)	总量/万 m^3
1#	510	80	2.51	2	8.630
2#	510	76	8.25	6.17	31.118
3#	510	50	1.99	1.02	4.258
4#	503	16	7.31	0.9	4.532
5#	503	15	5.44	0.65	2.716
6#	503	22	2.05	0.33	1.386
7#	508	27	5.52	0.98	4.097
8#	380				
9#	358	14	17.49	2.51	7.600
10#	358				

图9.43和图9.44为钻孔瓦斯纯量随抽采时间及工作面过终孔点距离变化曲线，具体分析如下。

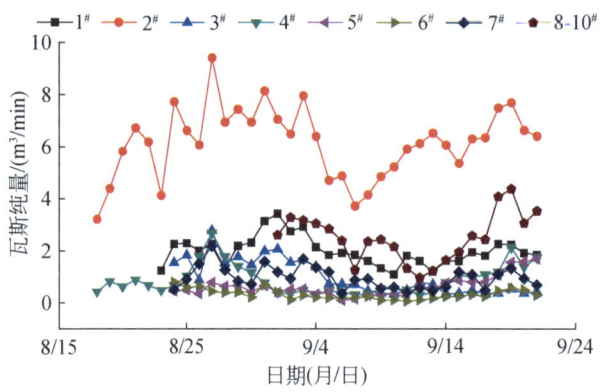

图9.43 钻孔抽采瓦斯纯量随抽采时间变化曲线

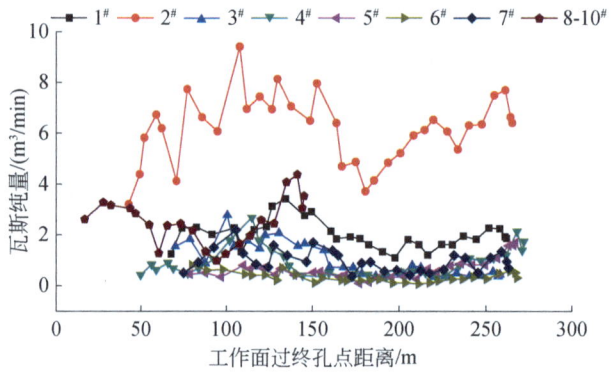

图9.44 钻孔抽采瓦斯纯量随工作面过终孔点距离变化曲线

a. 初期阶段

当工作面推进至钻孔终孔点时,钻孔流量计无流量显示;当工作面推进过 $1^{\#} \sim 7^{\#}$ 孔终孔点约37m时,总计标况瓦斯纯量达到 $3.76 m^3/min$;当工作面推进至终孔点43m时,$2^{\#}$ 和 $4^{\#}$ 钻孔瓦斯纯量明显增大,其中 $2^{\#}$ 钻孔瓦斯纯量达到 $3.21 m^3/min$。

b. 稳定阶段

随着工作面持续推进,各钻孔瓦斯流量和浓度逐渐增加。当工作面推进过终孔点约77m后,钻孔瓦斯抽采流量逐步进入稳定阶段,其中 $2^{\#}$ 钻孔瓦斯抽采流量稳定在 $7m^3/min$ 左右;当工作面推进过 $1^{\#} \sim 7^{\#}$ 终孔点108m时,$1^{\#} \sim 7^{\#}$ 钻孔总计标况纯量为 $9.63 m^3/min$,瓦斯浓度达到65%。当工作面推进过终孔点137m后,$8^{\#} \sim 10^{\#}$ 钻孔开始有流量显示,3个钻孔瓦斯纯量为 $9.63 m^3/min$。

c. 衰减阶段

当工作面推采过 $1^{\#} \sim 7^{\#}$ 钻孔终孔点约180m时,$1^{\#} \sim 7^{\#}$ 孔开始进入衰减期,瓦斯流量和浓度均开始衰减,其中以 $3^{\#}$、$4^{\#}$、$5^{\#}$、$6^{\#}$、$7^{\#}$ 钻孔衰减最为明显,$1^{\#} \sim 7^{\#}$ 钻孔平均浓度为25%,瓦斯纯量为 $9.63 m^3/min$。

6）工作面上隅角瓦斯浓度分析

1123（3）工作面在回采初期采用顶板常规高位钻孔抽采瓦斯，由图9.45可知，回采初期工作面上隅角最大瓦斯浓度超过0.18%。自8月18日开始，全部采用高位大直径定向钻孔进行瓦斯抽采。随着高位定向钻孔瓦斯抽采纯量的增加，上隅角瓦斯浓度逐渐降低，当抽采瓦斯纯量达到 $10.35m^3/min$ 时，上隅角瓦斯浓度降低为0.029%。在顶板高位大直径定向钻孔瓦斯有效抽采期间，上隅角瓦斯浓度始终保持在0.035%左右。此外，采用顶板高位定向钻孔抽采瓦斯期间，工作面回风巷瓦斯浓度也均在临界值以下，满足工作面上隅角及回风巷瓦斯高效治理需要。

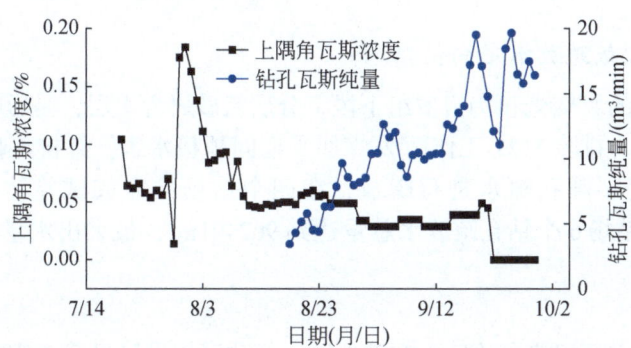

图9.45 上隅角瓦斯浓度随高位钻孔抽采瓦斯纯量变化曲线

7）高抽巷与高位定向钻孔瓦斯抽采效果对比

选择与1123（3）工作面邻近的1116（3）工作面高抽巷的抽采效果进行对比分析，由图9.46和图9.47可知，在工作面回采初期，高抽巷瓦斯纯量在 $10m^3/min$ 左右，而高位定向钻孔瓦斯纯量在 $5m^3/min$ 左右，但高位定向钻孔瓦斯浓度在瓦斯抽采初期能达到60%以上，高抽巷抽采瓦斯浓度稳定在30%以下。随着工作面的持续推进，高位定向钻孔抽采瓦斯纯量逐步达到 $10m^3/min$，最大瓦斯纯量接近 $20m^3/min$。在1116（3）工作面回采期间，高抽巷抽采瓦斯纯量稳定在 $11m^3/min$ 左右，浓度稳定在25%左右；而在1123（3）工作面高位定向钻孔抽采期间，钻孔抽采瓦斯纯量平均达到 $11.07m^3/min$，平均浓度达到31.39%，与邻近高抽巷瓦斯抽采水平相当。

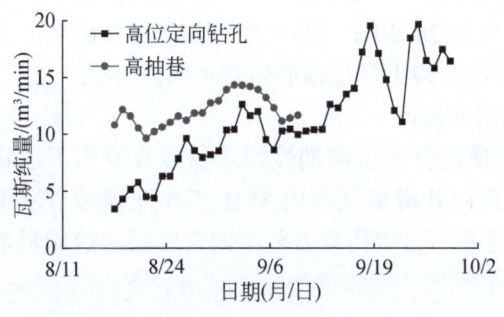 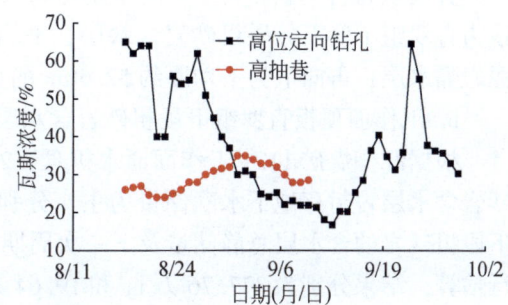

图9.46 标况下抽采瓦斯纯量对比图　　图9.47 标况下抽采瓦斯浓度对比图

9.2 水害防治定向钻进技术应用

我国井工开采煤矿受水害威胁严重，为保证矿井安全生产，定向钻进技术被广泛应用于井下水害防治工程，应用范围包括顶底板含水层疏放水、老空水探放以及顶底板岩层注浆加固改造等工程，为井下水害防治做出了重要贡献。

9.2.1 顶板疏放水定向钻孔

1. 红柳煤矿顶板疏放水定向钻孔

红柳煤矿主采的2#煤老顶为直罗组下段下分层粗砂岩含水层，是影响井田安全开采的主要充水含水层，为排除3121工作面2#煤回采期间顶板水害，红柳煤矿采用定向钻孔对顶板直罗组粗砂岩裂隙孔隙水进行疏放，在四个钻场共完成试验钻孔21个，总进尺9762m，通过试验钻场6个钻孔疏放水总量达到962401m^3，最大出水量216m^3/h，平均出水量133.7m^3/h。

1）矿井概况

红柳煤矿位于宁夏回族自治区中东部地区，行政区划隶属灵武市宁东镇和马家滩镇管辖。距银川市约66km，在灵武市以东约50km处。井田呈NW-SE条带状展布，北以新碱沟北正断层和杨家窑正断层为界，南至第32勘探线；西以李新庄西侧断层和长梁山-冯记沟向斜轴为界，东至马柳断层。井田南北走向长约15km，东西倾向宽约5.5km，面积约85km^2。井田北部与石槽村井田相邻，西部与麦垛山井田接壤，南至马家滩镇驻地，东部为广袤的毛乌素沙漠。

2）地质条件

a. 工作面概况

3121工作面走向长1154m，倾斜长300m，煤层平均厚度4.5m，可采储量274万t，煤岩层走向60°~155°，倾向NW-NE，倾角8°~26°，平均18°。工作面所采煤层为2#煤，煤层简单、结构稳定。

直接顶为粉、细砂岩，平均厚度约6.78m，其上为平均厚度约3.48m的碳质泥岩；老顶为直罗组下段下分层粗砂岩含水层，平均厚度约26.60m；其上为平均厚度约6.45m的泥岩隔水层；再向上为平均厚约52.50m的直罗组下段上分层粗砂岩含水层。

b. 工作面顶板直罗组下段粗砂岩含水层静储量预计

根据红柳煤矿1121工作面涌水机理，2#煤顶板含水层周期性涌水量以直罗组下段粗砂岩含水层古封存地下水静储量为主，分别对定向孔覆盖范围内3121工作面顶板直罗组下段粗砂岩的含水层总静储量及下一次周期来压井下定向孔覆盖范围内含水层的静储量进行估算，结果分别为377.76万m^3和19.64万m^3。

3）钻孔设计

a. 钻场布置

根据工作面周边巷道、现有排水通道情况及工作面倾斜情况，3121工作面探放水施工共布置了四个钻场，分别为试验钻场、一号钻场、二号钻场和三号钻场。其中，试验钻场用于对所研制的防治水定向钻进技术和装备进行前期试验，试验结果达到设计要求后再施工其他定向孔。试验钻场位于 31 采区回风联络巷与原 3121 工作面设计边界泄水巷交汇处，一号钻场布置在工作面开切眼以北 40m 位置处，二号钻场布置在 3121 工作面运输巷二部皮带安装联络巷内，钻场中线距离 L3 测点东 27.4m 处，三号钻场布置在 3121 工作面回风巷内，距离 CH5 测点北 29m 的倒车硐室处。

b. 钻孔结构设计

井下定向探放水钻孔均自煤层顶板完整粉砂岩段开孔，钻孔开孔至煤层直接顶板粉砂岩、泥岩段。其中，施工下分层含水层钻孔采用 Φ165mm 扩孔钻头扩孔过泥岩段 0.5~1m 后下入 Φ127mm、壁厚 6mm 的孔口管固孔，在含水层中以 Φ98mm 裸孔钻进至终孔位置；施工上分层含水层钻孔采用 Φ193mm 扩孔钻头进行扩孔后下入 Φ159mm、壁厚 8mm 的孔口管固孔，在含水层中以 Φ98mm 裸孔钻进至终孔位置。

c. 钻孔轨迹设计

(1) 钻孔平面布置：定向探放水钻孔影响半径根据试验钻孔影响半径按照 50m 进行布置，工作面共布置了 21 个主孔。其中试验钻场布置了 6 个钻孔，一号钻场布置了 7 个钻孔，二号钻场布置了 4 个主孔，三号钻场布置了 4 个主孔。

(2) 钻孔空间位置：工作面目标区域 2# 煤老顶直罗组粗砂岩裂隙孔隙含水层是影响本井田的主要含水层，该含水层分上分层含水层和下分层含水层，钻孔空间层位分别在上分层和下分层含水层中进行布置。其中下分层含水层中布置的钻孔有：一号钻场的 1#、4#、6# 钻孔；试验钻场的 2#、4# 钻孔。

定向探放水钻孔在上分层中共布置了 16 个钻孔，在下分层中共布置了 5 个钻孔，定向疏水钻孔预计工程总量为 8822m，钻孔平面布置如图 9.48 所示，设计参数见表 9.21。

表 9.21　红柳煤矿 3121 工作面探放水定向孔设计参数表

钻场	孔号	方位角/(°)	倾角/(°)	孔深/m	终孔层位
试验钻场	1	142.3	30	456	上分层粗砂岩
	2	155	25	459	下分层粗砂岩
	3	161.6	30	480	上分层粗砂岩
	4	172.5	25	515	下分层粗砂岩
	5	181.2	30	594	上分层粗砂岩
	6	153.6	30	288	上分层粗砂岩
一号钻场	1	153	30	456	下分层粗砂岩
	2	160.7	25	498	上分层粗砂岩
	3	168.6	30	522	上分层粗砂岩
	4	180.9	25	552	下分层粗砂岩
	5	197.8	30	450	上分层粗砂岩
	6	211.4	25	279	下分层粗砂岩
	7	230	30	222	上分层粗砂岩

续表

钻场	孔号	方位角/(°)	倾角/(°)	孔深/m	终孔层位
二号钻场	1	210.6	25	390	上分层粗砂岩
	2	198.2	30	432	上分层粗砂岩
	3	185.5	30	513	上分层粗砂岩
	4	229.2	30	372	上分层粗砂岩
三号钻场	1	18.6	25	384	上分层粗砂岩
	2	39.3	30	342	上分层粗砂岩
	3	54.4	30	306	上分层粗砂岩
	4	71.4	30	312	上分层粗砂岩

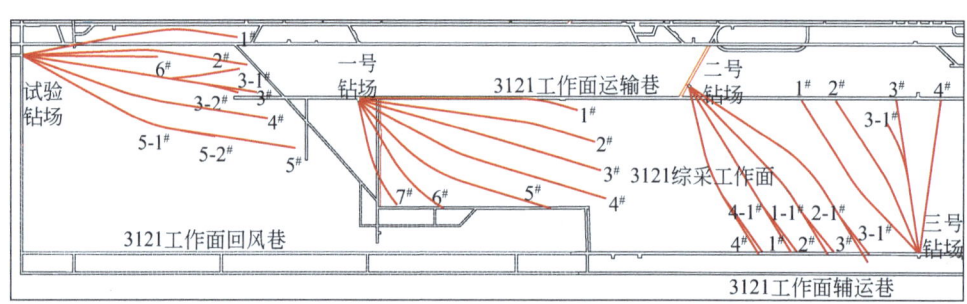

图 9.48 红柳煤矿 3121 工作面探放水定向孔设计平面图

4）钻进装备

疏放水定向钻孔配套装备见表 9.22。

表 9.22 配套装备清单

序号	名称	规格型号
1	定向钻机	ZDY6000LD（A）
2	随钻测量系统	YHD2-1000
3	螺杆钻具	$\Phi 73mm$-3
4	通缆钻杆	$\Phi 73mm$，$L=3000mm$
5	定向钻头	$\Phi 98mm$
6	扩孔钻头	$\Phi 165mm/98mm$、$\Phi 193mm/98mm$

5）钻孔施工情况

2011 年 8～11 月在试验钻场共施工 6 个定向孔，5 个分支孔，钻孔总进尺达到 3363m，最大孔深为 594m，最大出水量 216m³/h，实钻轨迹严格按照设计轨迹延伸，探放水效果显著。2011 年 12 月至 2012 年 4 月按设计完成了其余 14 个主孔和 5 个分支孔施工，累计进尺 6399m，最大钻孔深度 552m。最终红柳煤矿 3121 工作面共完成疏放水定向孔钻共 21 个，总进尺达到 9762m，钻孔施工数据统计见表 9.23，实钻平面图如图 9.49 所示。

表 9.23 红柳煤矿 3121 工作面探放水定向孔实钻情况统计表

钻场	孔号	开孔时间 (年.月.日)	终孔时间 (年.月.日)	方位角/(°)	倾角/(°)	孔深/m	进尺/m	终孔层位
试验钻场	1	2011.9.20	2011.10.2	142.3	29.8	456	456	上分层粗砂岩
	2	2011.8.25	2011.9.2	150	22.4	459	459	下分层粗砂岩
	3	2011.10.3	2011.10.11	161.6	28.3	480	744	上分层粗砂岩
	4	2011.9.2	2011.9.11	172.5	25.6	492	492	下分层粗砂岩
	5	2011.10.17	2011.11.10	180.19	29.3	594	924	上分层粗砂岩
	6	2011.9.12	2011.9.19	153.6	28.8	288	288	上分层粗砂岩
一号钻场	1	2012.2.10	2012.2.23	154.1	29.4	456	456	下分层粗砂岩
	2	2012.2.10	2012.2.16	160.6	25	498	498	上分层粗砂岩
	3	2012.1.18	2012.2.7	167.39	27.8	522	522	上分层粗砂岩
	4	2012.1.18	2012.2.1	181.69	25.9	552	552	下分层粗砂岩
	5	2012.1.8	2012.1.17	197.8	30	450	450	上分层粗砂岩
	6	2011.12.19	2011.12.25	212	25.1	279	279	下分层粗砂岩
	7	2012.1.3	2012.1.7	230.1	30.5	222	222	上分层粗砂岩
二号钻场	1	2012.2.29	2012.3.4	209.39	24.3	393	471	上分层粗砂岩
	2	2012.2.29	2012.3.9	198	29.9	432	594	上分层粗砂岩
	3	2012.3.12	2012.3.20	185.5	30	513	513	上分层粗砂岩
	4	2012.3.20	2012.3.25	229.8	30.5	372	660	上分层粗砂岩
三号钻场	2	2012.4.11	2012.4.16	39.79	29	342	342	上分层粗砂岩
	3	2012.4.2	2012.4.9	54.5	29	318	486	上分层粗砂岩
	4	2012.4.1	2012.4.6	71.8	31	312	312	上分层粗砂岩

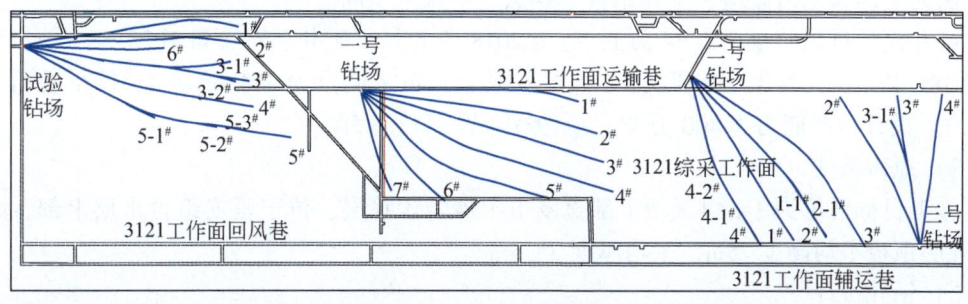

图 9.49 红柳煤矿 3121 工作面探放水定向孔实钻平面图

6) 疏放水效果

对 3121 工作面试验区的 6 个定向孔的疏放水数据进行了统计分析,单孔最大出水量 216m³/h,平均出水量 133.68m³/h。自 2011 年 8 月 25 日至 2012 年 3 月 30 日,累计疏放水量为 962400m³,钻孔疏放水详细数据见表 9.24。

由表9.24数据可知，通过试验区6个定向钻孔疏放水，顶板含水层的水量、水压、水温都发生了显著变化，表明通过疏放水定向孔实现了顶板水害的有效治理。

表9.24　红柳煤矿3121工作面试验钻场探放水定向孔水文参数统计表

孔号	终孔深度/m	水量			水温/℃		水压/MPa	
		平均水量/(m³/h)	终孔水量/(m³/h)	放水量/m³	终孔	目前	终孔	目前
1#	456	14.7	90	28191	14	18	1.3	0.02
2#	459	22.9	129	90840	23	18	0.85	0.06
3#	480	94.1	162	337744	14	18.2	1	0.25
4#	492	33.6	129	111874	23	18	0.4	0.13
5#	594	120	120	336442	14	18.5	1	0.6
6#	288	49.9	216	57309	18	18	1.2	0.05
合计	3363	—	—	962400	—	—	—	—

2. 巴彦高勒煤矿顶板疏放水定向钻孔

巴彦高勒煤矿顶板直罗组中砂岩中含有大量水体，在311202工作面利用定向钻孔对含水层内水体进行长距离疏放，以保证工作面安全回采。现场应用共完成疏放水定向钻孔1个，累计进尺1619m，其中，1#钻孔主孔深度1118m，1-1#分支孔深度843m。钻孔轨迹沿直罗组砂岩含水层延伸600m，疏放垂高达到93.54m，钻孔最大涌水量88.5m³/h，平均涌水量15m³/h。

1）矿井概况

巴彦高勒煤矿位于内蒙古自治区鄂尔多斯市乌审旗，行政区划属鄂尔多斯市乌审旗乌兰陶勒盖镇管辖。根据煤层赋存状况及开采技术条件，矿井设计开拓方式为立井开拓，采煤方法为走向长壁与倾斜长壁相结合采煤法，一次采全高。

矿井设计可采储量592.34万t，截至2018年3月，矿井总资源量1025.58万t，可采储量582.17万t，其中一水平（3-1煤层及以上）可采储量为344.08万t，储量备用系数取1.4。设计生产能力为400万t/a，服务年限为113.6年。

2）地质条件

施工目标层位为3-1煤顶板上部直罗组中砂岩含水层，位于延安组含水层上部，距离3-1煤层顶板平均高度75m，平均厚度25.5m。

3）钻孔设计

a. 钻孔结构设计

（1）一级套管施工：采用Φ98mm PDC定向钻头+Φ73mm外平钻杆，回转钻进12m，先后更换Φ94mm/133mm PDC扩孔钻头、Φ133mm/153mm PDC扩孔钻头、Φ153mm/193mm PDC扩孔钻头、Φ153mm/250mm PDC扩孔钻头将孔径扩至250mm，下入Φ180mm孔口管10m，注浆封孔。

（2）二级套管施工：采用"Φ98mm定向钻头+Φ73mm螺杆钻具+Φ76mm下无磁钻杆+

Φ76mm 探管外管（安装 YHD2-1000A 随钻测量探管）+Φ76mm 上无磁钻杆+Φ73mm 通缆钻杆+Φ89mm 通缆水便"组合钻具定向钻进至 66m，换用"Φ98mm 定向钻头+Φ73mm 普通钻杆+Φ94mm 扶正器+Φ73mm 普通钻杆+Φ94mm 扶正器+Φ73mm 普通钻杆"组合钻具钻进至 72m，换用 Φ94mm/153mm PDC 扩孔钻头扩孔至 72m，并下入 Φ127mm 套管 70m，注浆固管。

（3）定向钻进：采用"Φ98mm 定向钻头+Φ73mm 螺杆钻具+Φ76mm 下无磁钻杆+Φ76mm 探管外管［安装 YHD2-1000（A）随钻测量装置探管］+Φ76mm 上无磁钻杆+Φ73mm 通缆钻杆+Φ73mm 通缆水便"组合钻具定向钻进至设计孔深，孔身结构设计参数见表 9.25，示意图如图 9.50 所示。

表 9.25 钻孔结构设计参数

工序	孔深/m	钻头外径/mm	套管外径/mm	套管下入深度/m
一级套管	12	98/133/153/193/250	180	10
二级套管	72	98/153	127	70
定向钻进	800	98	无	无

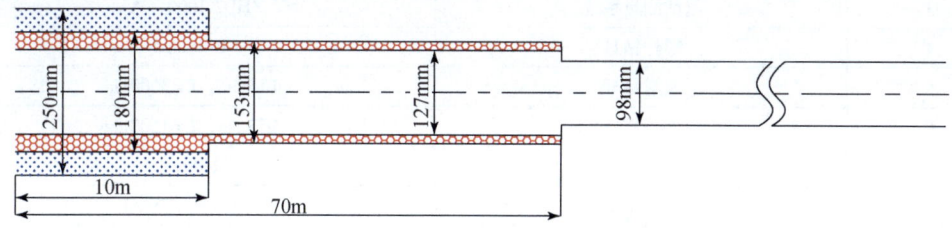

图 9.50 巴彦高勒煤矿试验钻孔孔身结构示意图

b. 钻孔轨迹设计

设计定向钻孔 1 个，主孔开孔高度 2.6m（距离 3-1 煤底板），设计孔深 800m、开孔倾角 15°、开孔方位 274.69°、终孔方位 274.69°，终孔位置位于直罗组中砂岩含水层中，设计轨迹如图 9.51、图 9.52 所示。

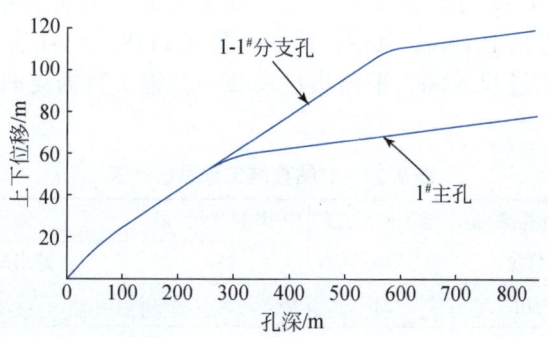

图 9.51 巴彦高勒煤矿试验定向钻孔剖面轨迹设计示意图

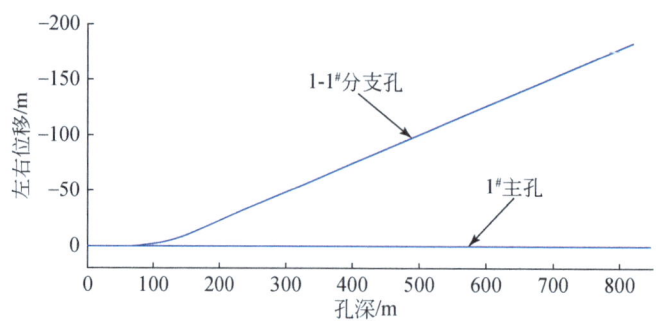

图 9.52 巴彦高勒煤矿试验定向钻孔平面轨迹设计示意图

4）钻进装备

施工装备配套见表 9.26。

表 9.26 配套装备清单

序号	名称	规格型号
1	定向钻机	ZDY6000LD（F）
2	泥浆泵车	FMC260
3	随钻测量系统	YHD2-1000（A）
4	螺杆钻具	Φ73mm-5
5	通缆钻杆	Φ73mm，$L=3000$mm
6	外平钻杆	Φ73mm，$L=1500$mm
7	定向钻头	Φ98mm
8	扩孔钻头	Φ94mm/133mm
9	扩孔钻头	Φ94mm/153mm
10	扩孔钻头	Φ133mm/153mm
11	扩孔钻头	Φ153mm/193mm
12	扩孔钻头	Φ153mm/250mm

5）钻孔施工情况

现场施工从 2017 年 12 月至 2018 年 2 月，在 311202 工作面转载巷钻场施工长距离疏放水钻孔 1 个，累计进尺 1619m。其中，1#主孔深度 1118m，1-1 分支孔深度 843m，均达到设计要求，单班最大进尺 42m，平均班进尺 23m，施工数据见表 9.27，钻孔轨迹图如 9.53、图 9.54 所示。

表 9.27 1#钻孔施工数据统计表

孔号	起止孔深/m	累计孔深/m	施工班次/班	平均班进尺/m	终孔原因
1#	0~1118	1118	49	23	超出设计，保证钻具安全
1-1#	342~843	501	21	24	达到设计要求
合计	—	1619	77	—	—

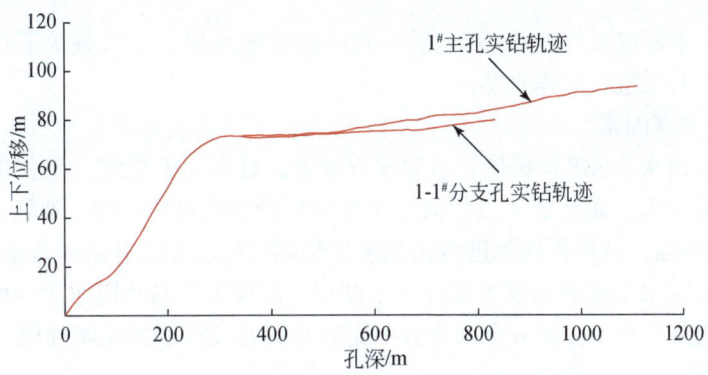

图9.53　巴彦高勒煤矿1#试验钻孔轨迹剖面图

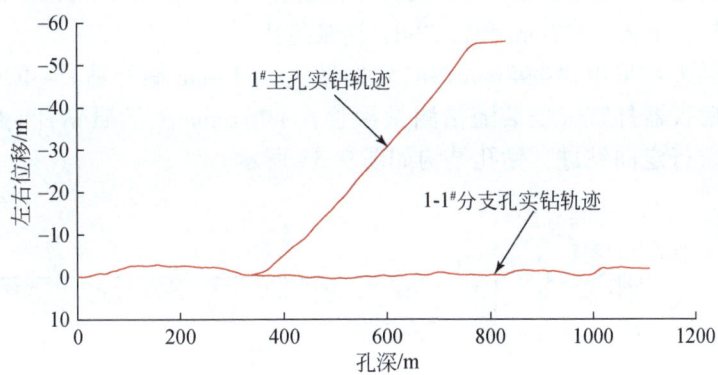

图9.54　巴彦高勒煤矿1#试验钻孔轨迹平面图

6）探放水情况

1#钻孔主孔深度达到1118m，钻孔轨迹穿过延安组含水层，并在直罗组含水层中延伸长度超过600m，钻孔轨迹探放高度达到93.54m，施钻期间，钻孔最大涌水量达到88.5m³/h，平均涌水量15m³/h，保障了311202工作面安全回采。

3. 唐家会煤矿顶板疏放水定向钻孔

1）矿井概况

唐家会煤矿位于内蒙古自治区准格尔煤田东孔兑普查区西南部，行政区划隶属于准格尔旗大路镇管辖。井田可采煤层5层，分别为4、5、6、9$_上$、9$_下$煤层，其中主采煤层6煤为全区可采的较稳定煤层，其余煤层均为局部可采的不稳定煤层，6煤平均采厚约18m，采用综合机械化放顶煤开采工艺。矿井设计生产能力500万t/a，2015年进入联合试运转，2017年核定生产能力900万t/a。

2）水文地质条件

a. 含水层

区内含水层主要包括第四系松散潜水含水层、下白垩统志丹群孔裂隙承压水含水层，石炭系—二叠系碎屑岩类承压水含水层。

b. 隔水层

区内隔水层主要包括古近系-新近系半胶结岩层隔水层、下二叠统下石盒子组底部隔水层和上石炭统太原组底部隔水层。

c. 6煤主要水害因素

（1）顶板砂岩水。6煤顶板砂岩裂隙发育较差，且多为干裂隙，富水性弱。

（2）底板奥灰水。矿区处于黑岱沟以北奥陶系岩溶水强径流带，裂隙、溶孔和溶洞发育，富水性中等-强，钻进揭露深度内出现多层裂隙破碎段和测井解释含水层出水段。

（3）断层裂隙水。多数断层为张性导水断层，断层不但减小隔水层的厚度，而且破坏了隔水层的完整性，对工作面安全回采有一定威胁，必须探明并注浆加固。

3）钻孔设计

a. 钻孔结构设计

（1）开孔封孔：采用Φ98mm钻头回转开孔钻进78m，更换Φ153mm/98mm扩孔钻头扩孔78m后提钻，下入Φ127mm套管77m，注浆封孔。

（2）定向钻进：采用"Φ98mm PDC定向钻头+Φ73mm螺杆钻具+Φ76mm下无磁钻杆+Φ76mm无磁仪器外管（安装随钻测量探管）+Φ76mm上无磁钻杆+Φ73mm通缆钻杆"钻具组合进行定向钻进，钻孔结构如图9.55所示。

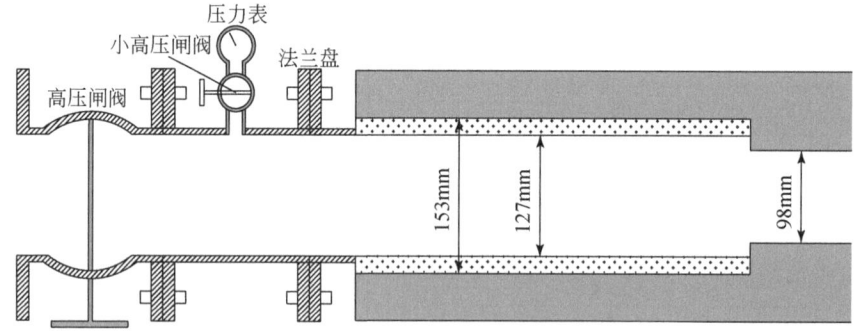

图9.55 钻孔结构示意图

b. 钻孔轨迹设计

钻场位于唐家会矿61303工作面运输顺槽，6#钻孔设计数据见表9.28，平面布置图如图9.56所示。

表9.28 唐家会矿61303工作面顶板定向钻孔设计参数表

孔号	开孔孔段		终孔孔段		孔深 /m
	方位/(°)	倾角/(°)	方位/(°)	最大左右位移/m	
6-1#	255	18	251	10	900
6-2#	275	18	251	120	900

4）配套装备

施工采用的主要装备有ZDY6000LD型定向钻机、BW320泥浆泵、YHD2-1000（A）

有线随钻测量系统、Φ73mm 螺杆钻具、Φ73mm 通缆钻杆和 Φ98mm PDC 定向钻头，具体见表 9.29。

表 9.29 配套装备清单

序号	名称	规格型号
1	定向钻机	ZDY6000LD
2	泥浆泵	BW320
3	随钻测量系统	YHD2-1000（A）
4	螺杆钻具	Φ73m
5	通缆钻杆	Φ73mm，L=3000mm
6	定向钻头	Φ98mm

5）施工情况

自 2017 年 6 月 22 日至 8 月 17 日，在 61303 工作面运输顺槽 6# 钻场完成顶板疏放水定向钻孔 2 个，总进尺 1926m，最大孔深 966m，钻孔详细数据见表 9.30。

表 9.30 唐家会矿 61303 工作面运输顺槽 6# 钻场钻孔实钻数据

孔号	孔深/m	终孔水量/(m³/h)	孔径/mm	钻进工艺	终孔原因	进尺/m	总进尺/m
6-1#	960	130	98	滑动+复合	达到设计要求	960	1926
6-2#	966	36	98	滑动+复合	达到设计要求	966	

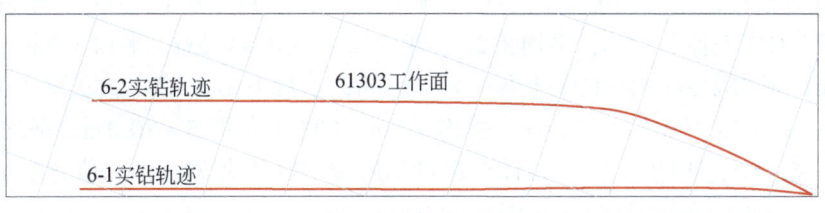

图 9.56 唐家会矿 61303 工作面运输顺槽 6# 钻场钻孔实钻轨迹平面布置图

其中 6-1 钻孔于 2017 年 6 月 22 日开钻，7 月 18 日完成钻孔深度 960m 施工，钻孔的实钻轨迹剖面图如图 9.57 所示。

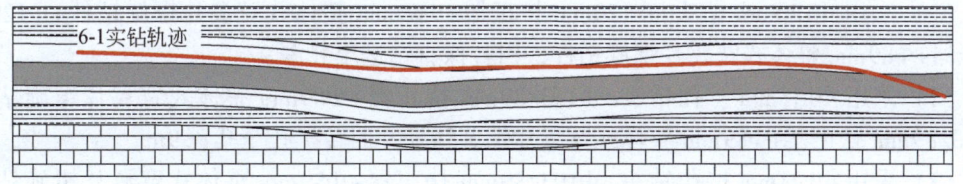

图 9.57 唐家会矿 6-1 钻孔实钻轨迹剖面图

6）应用效果

顶板砂岩疏放水定向钻孔单孔最大疏放水量 158m³/h，覆盖了 61101、61103、61201 及 61303 四个工作面，疏放水效果明显，并为工作面安全开采奠定了基础。61101 工作面定向长钻孔累计疏放 5、6 煤顶板砂岩水 52.5 万 m³，61103 工作面累计疏放 5、6 煤顶板砂岩水 14.32 万 m³，疏放水量占静储量的一半以上，疏放效果明显。61101、61103 及 61201 三个工作面均已安全回采。

9.2.2 底板疏放水定向钻孔

淮南矿业集团张集煤矿根据生产需要，采用 ZDY12000LD 型定向钻进装备，进行了定向钻孔探放底板灰岩水的试验研究，对待采区域进行水害超前探查与疏放。在西二 1、西三 1 煤集中矸石胶带机巷三岔门处朝西二 1 煤采区施工 1 个底板灰岩定向钻孔，孔径 120mm，主孔孔深 620.6m，累计总进尺 970.6m，综合台月效率 642m。经过该定向钻孔疏放，地面该层位的水文观测孔补 Y1 孔水位下降 300 余米，共疏放水 10 余万立方米。

1. 矿井概况

淮南矿业集团张集煤矿位于凤台县，井田位于潘谢矿区的西部，地处陈桥背斜的东南倾伏端。井田东西走向长约 12km，南北倾斜宽约 9km，面积约 71km²，主采煤层 5 层，可采总厚度 21.08m，矿井资源储量 18.23 亿 t，矿井储量 9.23 亿 t。矿井由中央区、北区和风井区组成，为"一矿三区"，采用前进式开采方式。中央区和北区采用分区开拓、分区通风，分别集中出煤的开采方式。

2. 地质条件

A 组煤直接底板主要为砂质泥岩和粉细砂岩互层，平均厚 17m；C31 组灰岩总厚约 20m，其中，C31 灰厚 2~5m，平均 3.2m，距 C32 灰 3.1~9.3m，平均 5.2m，；C32 灰厚 1.5~3.3m，平均 2.3m，距 C33 上灰 0.8~2.5m，平均 1.7m，C33 上灰厚 3.7~10.9m，平均 6.5m，距 C33 下灰 1.3~9.4m，平均 4.2m；C33 下灰厚 5~10.1m，平均 8.1m，距 C34 灰岩 0.6~5m，平均 2.3m。设计钻进目标层位 C33 下灰岩，该层位含水量较大、水压高。

3. 钻孔设计

1）钻孔结构设计

a. 一级钻孔

（1）采用 Φ120mm 钻头+Φ120mm 扶正器+Φ89mm 整体式宽翼片螺旋钻杆+Φ120mm 扶正器+Φ89mm 整体式宽翼片螺旋钻杆，回转保直钻进至孔深 9m。

（2）采用 Φ153mm 扩孔钻头+Φ153/89mm 扶正器+Φ89mm 整体式宽翼片螺旋钻杆+Φ153/89mm 扶正器+Φ89mm 整体式宽翼片螺旋钻杆，回转扩孔至孔深 9m。

（3）采用 Φ193mm 扩孔钻头+Φ193/89mm 扶正器+Φ89mm 整体式宽翼片螺旋钻杆+Φ193/89mm 扶正器+Φ89mm 整体式宽翼片螺旋钻杆，回转扩孔至孔深 9m。

(4) 下入 Φ178mm 套管至孔深 8m 位置，返浆固管。

b. 二级钻孔

(1) 采用 Φ120mm 钻头+Φ120mm 扶正器+Φ89mm 整体式宽翼片螺旋钻杆+Φ120mm 扶正器+Φ89mm 整体式宽翼片螺旋钻杆，回转保直钻进至孔深 30m。

(2) 采用 Φ153mm 扩孔钻头+Φ153/89mm 扶正器+Φ89mm 整体式宽翼片螺旋钻杆+Φ153/89mm 扶正器+Φ89mm 整体式宽翼片螺旋钻杆，回转扩孔至孔深 30m。

(3) 下 Φ146mm 套管至孔深 25m 位置，返浆固管。

c. 三级钻孔

采用"Φ120mm PDC 定向钻头+Φ89mm 螺杆钻具+Φ89mm 下无磁钻杆+Φ89mm 无磁仪器外管（安装随钻测量探管）+Φ89mm 上无磁钻杆+Φ89mm 通缆钻杆"钻具组合，采用定向钻进工艺钻进至设计孔深，孔身结构设计参数见表9.31，示意图如9.58所示。

表 9.31 钻孔结构设计参数表

工序	孔深/m	钻头外径/mm	套管外径/mm	套管下入深度/m
一开	9	120/153/193	178	8
二开	30	120/153	146	25
三开	612	120	—	—

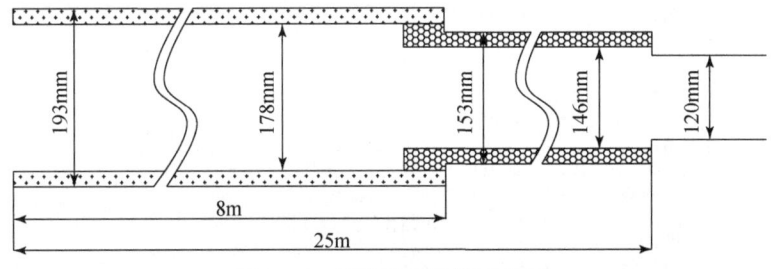

图 9.58 钻孔结构设计示意图

2) 钻孔轨迹设计

设计定向钻孔 1 个，开孔高度距离巷道底板 1m，设计参数见表 9.32。

表 9.32 轨道大巷定向钻孔设计参数表

孔号	开孔倾角/(°)	开孔方位角/(°)	终孔方位/(°)	终孔位置
1#	−15	39.3	39.3	左右位移95m

4. 钻进装备

施工主要装备见表 9.33。

表 9.33 配套装备清单

序号	名称	规格型号
1	定向钻机	ZDY12000LD
2	泥浆泵车	BLY390/12
3	随钻测量系统	YHD2-1000（A）
4	螺杆钻具	Φ89mm-5
5	通缆钻杆	Φ89mm，L=3000mm
6	定向钻头	Φ120mm
7	扩孔钻头	Φ120mm/153mm
8	扩孔钻头	Φ153mm/193mm

5. 钻孔施工情况

2017年1月1日至2017年2月24日在西二$_1$、西三$_1$煤集中矸石胶带机巷三岔门处朝西二1煤采区施工1个底板灰岩定向钻孔，孔径120mm，主孔孔深620.6m，1#分支孔孔深569m。为了进一步确定断层的含导水性，在孔深161m处开2#分支孔，并于293m处再次探查到断层，钻孔轨迹如图9.59所示。

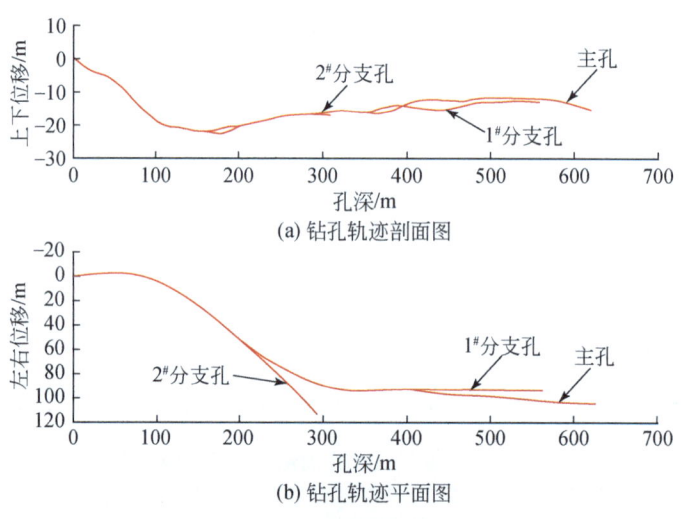

(a) 钻孔轨迹剖面图

(b) 钻孔轨迹平面图

图9.59 底板灰岩钻孔轨迹图

6. 疏放水情况

该钻孔于2017年1月18日出水，截至2017年4月26日，共疏放水10万 m^3，地面该层位的水文观测孔补Y1孔水位下降310m，疏放水效果明显，观测数据如图9.60所示。

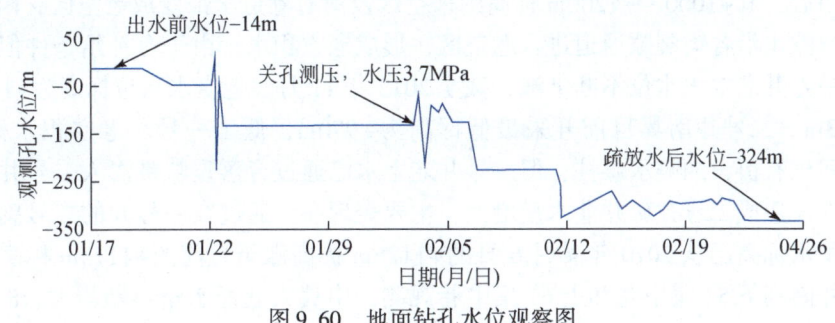

图 9.60 地面钻孔水位观察图

9.2.3 老空水探放定向钻孔

1. 石炭井焦煤公司一号井（简称一号井）老空水探放定向钻孔

石炭井一、二号井间以 F0 正断层和Ⅷ勘探线为界，为防止一号井老空水对低于其水位标高的二号井开采造成威胁，勘探线两侧煤层自上而下留设梯形隔离煤柱，但在实际开采过程中，由于部分地段煤柱小于规定值，一号井老空积水通过岩层裂隙渗入二号井南翼的老空区，严重威胁了二号井安全生产，为了消除一号井老空积水对二号井的威胁，从二号井向一号井老空积水区施工了 4 个定向钻孔，利用其排放一号井的老空积水，单孔最大初始排水量均达到 $80 m^3/h$ 以上，最高达到 $130 m^3/h$，取得了显著疏放效果。

1）矿井概况

一号井位于石炭井矿区中南部，北与原石炭井三矿相邻，南与松山工贸公司相望。井田总面积 $11.802 km^2$。井田南北走向长 7km，倾斜宽 1.75km。井田地形为山间丘陵盆地，地势北高南低。

一号井于 1959 年 1 月开工建设，1966 年 10 月 1 日投产，设计生产能力为 90 万 t/a，设计服务年限 59 年。井田共分为三个水平开采，第一水平设计标高为 +1200m 及以上，第二水平设计标高为 +1200～+1000m，第三水平设计标高为 +1000～+800m。一水平已于 1990 年 5 月开采结束，二水平已于 2007 年 12 月开采结束。2009 年 3 月，一号井 +1200m 标高以下全部进行封闭，暂缓开采，封闭前开采最低标高为 +1000m。

二号井三水平延深完成后，其开采深度为 +1100～+900m 标高。

2）一号井老空积水治理背景

a. 一号井与二号井边界关系

一、二号井间以 F0 正断层和Ⅷ勘探线为界，勘探线两侧煤层自上而下留设梯形隔离煤柱，$3^\#$ 煤层留设 40m，$4^\#$ 煤层留设 50m，$5^\#$ 煤层留设 60m，$8^\#$ 煤层留设 40m，$9^\#$ 煤层留设 44m，$10^\#$ 煤层留设 62m，$13^\#$ 煤层留设 98m。但在实际开采过程中，大多数煤层个别地段煤柱小于规定值。

b. 一、二号井间水力联系

进入 2010 年后，二号井矿井涌水量逐渐增大，经 1～12 月监测，矿井平均涌水量由 2009 年以前的 $100 m^3/h$ 已增大到 $220 m^3/h$。经调查分析认为：矿井涌水量增大主要是由于一号井封闭后，其+1000～+1200m标高的采空区及所有巷道全部变成老空区，雨季水及含水层岩层裂隙水沿各类裂隙通道进入老空区，形成老空积水，由于有补给条件但无矿井排水系统，一号井老空水水位不断上涨，截至2012年11月，老空水水位标高为+1173m，积水高差173m。二号井南翼目前开采最低标高为+970m，低于一号井老空积水标高。一、二号井之间虽有留设的隔水煤柱，但一号井老空水已通过冒落裂隙带渗入二号井南翼各煤层老空区内，造成二号井矿井涌水量增大，主要表现在：通过在一号井的二号副斜井内观测，老空积水标高已从2010年4月6日的+1126m标高涨至目前的+1173m标高，同时通过在二号井南翼下51集中巷和上61集中巷观测，南翼大巷涌水量不断增大，8个月内增大了40m³/h，说明一号井老空积水已通过岩层裂隙进入二号井。

c. 一号井老空积水对二号井的安全危害

由于一号井老空积水水位增高，受压力和水位影响，一号井积水会对二号井持续补给，如不抽排一号井积水，二号井涌水量预计还将进一步增大。

原来两井的隔离煤柱是矿界保护煤柱，并非专门的防隔水煤柱，并且4#、5#、10#煤层实际留设隔离煤柱小于规定值，故一号井老空积水对二号井形成水害威胁，需及早采取措施。

结合矿井生产及排水条件，从二号井施工定向长钻孔与一号井老空区对接，将老空积水导入，并从二号井排出。

3）钻孔设计

a. 钻孔结构设计

井下定向探放水钻孔均自煤层顶板完整粉砂岩段开孔，钻孔开孔至煤层直接顶板粉砂岩、泥岩段，钻孔采用Φ165mm扩孔钻头扩孔过泥岩段0.5～1m后下入Φ127mm、壁厚6mm的孔口管固孔，在含水层中定向钻进至设计深度。

b. 钻孔轨迹设计

定向疏放水钻孔根据目标区域范围及钻机施工能力，共布置了4个钻孔，钻孔编号依次为1#、2#、3#和4#，平面终孔间距按照43～78m进行布置。

定向钻孔设计参数见表9.34，平面布置如图9.61所示。

表9.34　石炭井焦煤公司一号井老空积水探放定向孔设计参数表

孔号	开孔方位角/(°)	开孔倾角/(°)	套管长度/m	孔深/m
1#	139.1	9.2	25	427
2#	147.5	5.5	25	418
3#	155.6	5.3	25	415
4#	161.3	5.0	25	465

4）钻进装备

石炭井一号井老空区放水定向钻孔配套装备见表9.35。

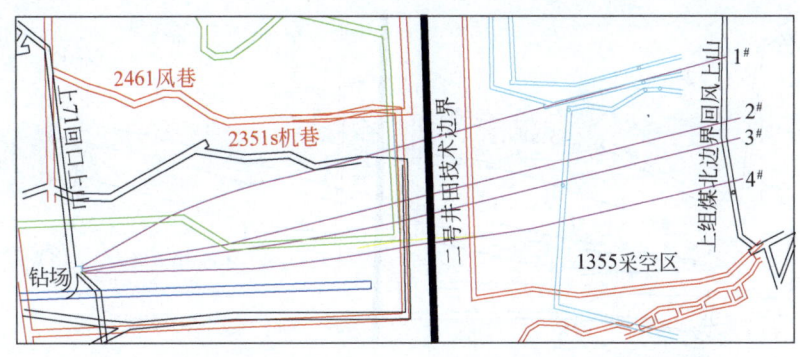

图 9.61 石炭井焦煤公司一号井老空积水探放定向孔设计平面图

表 9.35 配套装备清单

序号	名称	规格型号
1	定向钻机	ZDY6000LD（A）
2	随钻测量系统	YHD1-1000（A）
3	螺杆钻具	Φ73mm-3
4	通缆钻杆	Φ73mm，L=3000mm
5	定向钻头	Φ98mm
6	扩孔钻头	Φ165mm/98mm

5）钻孔施工与探放水情况

石炭井焦煤公司一号井老空积水探放定向孔于 2012 年 11 月 5 日开始施工，至 2013 年 2 月 25 施工结束，共完成 4 个主孔和 4 个分支孔，累计进尺 2103m；最大钻孔深度 438m，最大放水量 130m³/h。钻孔施工情况统计见表 9.36，钻孔实钻总平面图如图 9.62 所示。

表 9.36 石炭井焦煤公司一号井老空积水探放定向孔实钻参数表

孔号	主孔孔深/m	分支孔个数/个	分支孔进尺/m	总进尺/m	最大出水量/(m³/h)	水压/MPa
1#	438	0	0	438	130	—
2#	426	1	57	483	109	1.8
3#	423	2	294	717	80	—
4#	417	1	80	497	130	—
合计	—	4	431	2135	—	—

2．王家岭煤矿老空水探放定向钻孔

王家岭煤矿 20103 工作面北临已回采完成的 20105 工作面，由于采空区积水严重，严重威胁 20103 胶带巷掘进安全，为保证掘进安全，必须预先施工疏放水。施工疏放水定向钻孔 2 个，利用定向钻进技术与采空区精确对接，两个钻孔日疏放水量在 1500m³。

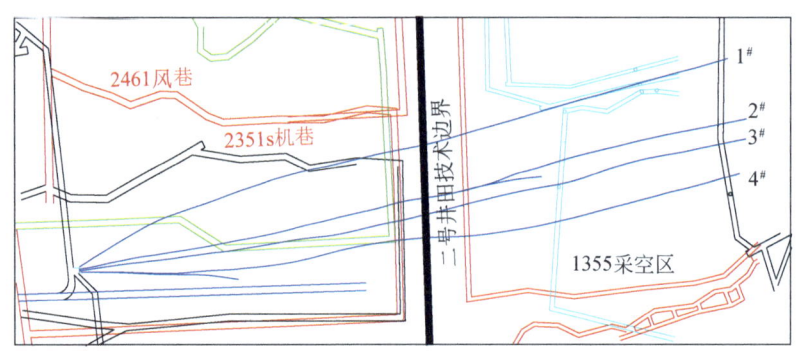

图 9.62　石炭井焦煤公司一号井老空积水探放定向孔实钻平面图

1）矿井概况

王家岭矿位于山西省乡宁县和河津市，井田面积约 180km²，地质储量 23.42 亿 t，可采储量 10.36 亿 t，主要开采 2 号煤、10 号煤，2009 年 10 月竣工投产，2010 年实现 600 万 t 原煤生产能力。

2）工作面概况

20103 工作面北临 20105 工作面，东临 2#煤中央回风大巷，西侧以孟庄村庄保护煤柱为界，南部为预留的 20101 工作面。工作面走向长 1336.6m，设计工作面倾向长度 261m，煤层厚度 5.6~6.5m，平均厚度 6.05m，工作面煤层倾角在-3°~4°，平均倾角-1°。煤层赋存稳定，一般含 1~2 层碳质泥岩、泥岩夹矸，碎块-粉末状，半暗-半亮型煤。在受构造影响地段煤层厚度变化较大。

北邻 20105 工作面已回采完成，但采空区积水严重，严重威胁 20103 胶带巷掘进安全。为保证掘进安全，必须预先施工疏放水。采用常规回转钻进技术与装备不能准确钻进至设计区域对老空积水进行疏放，同时常规钻孔工作量大、施工周期长、施钻人员劳动强度高、疏放水效率低，不能满足掘进的急迫要求。

为提高疏放水进度，采用定向钻进技术与装备在 20103 回风巷 580m 处向 20105 采空区域施工长距离定向钻孔进行采空区疏放水。

3）疏放水定向钻孔设计

a. 钻孔结构

（1）孔口套管段：利用 Φ98mm 钻头开孔 6.5m，更换 Φ153mm/98mm 扩孔钻头扩孔 6m，下入直径 Φ127mm、长度 6m 孔口钢套管，采用水泥带压封孔，候凝 8 小时。

（2）定向钻进孔段：采用随钻测量定向组合钻具定向钻进至目标孔深，精确控制钻孔轨迹与设计靶区对接，钻孔直径为 Φ98mm。

b. 倾角和方位角设计依据

依据地质资料及钻孔的开孔点和终孔点要求，钻孔设计为直孔，钻孔轨迹倾角和方位角保持不变，钻孔具体设计参数见表 9.37。

表 9.37 定向钻孔设计参数

孔号	设计开孔倾角/(°)	设计开孔方位角/(°)	终孔方位角/(°)	设计孔深/m
1#	0.18	349.59	349.59	274
2#	0	330.71	330.71	304

4)钻进装备

定向钻进配套装备见表 9.38。

表 9.38 配套装备清单

序号	名称	规格型号
1	定向钻机	ZDY6000LD（A）
2	泥浆泵	BW320
3	随钻测量系统	YHD2-1000（A）
4	螺杆钻具	Φ73mm-3
5	通缆钻杆	Φ73mm，$L=3000$mm
6	定向钻头	Φ98mm
7	扩孔钻头	Φ153mm/98mm

5)钻孔施工情况

1#钻孔、2#钻孔的实钻轨迹平面图如图 9.63 所示,均严格按照设计轨迹延伸,并成功钻穿靶点。

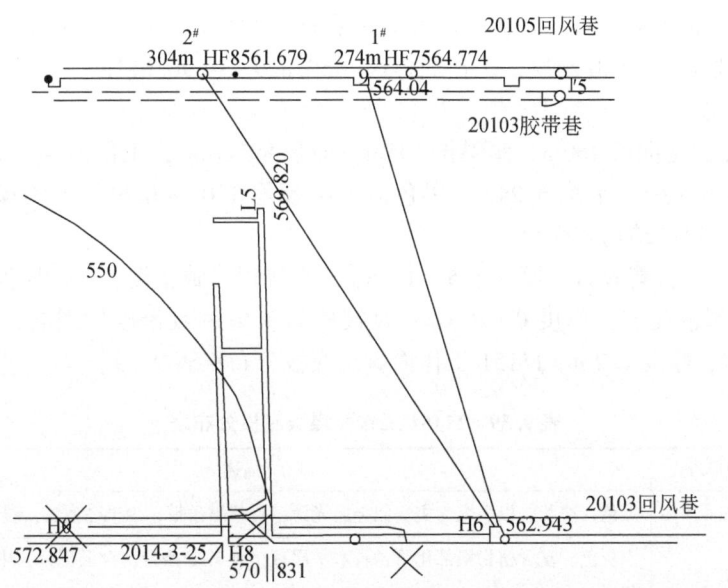

图 9.63 定向钻孔实钻轨迹平面图

6)疏放水情况

钻孔成孔后对采空区积水进行了疏放,其中 1#孔最大出水量 32m³/h,2#孔最大出水量29m³/h，出水量稳定，日疏放水量1500m³，有效保证了20103工作面回风巷的安全掘进。

9.2.4 底板注浆加固定向钻孔

1. 赵固一矿底板注浆加固定向钻孔

赵固一矿二₁煤层底板隔水层厚度平均在25~28.7m，受区域地质构造及采动应力影响，抗压强度较弱的隔水底板将失去隔水功能，必须在煤层回采前施工钻孔，预先对破碎的隔水底板注浆加固，并将灰岩含水层改造成隔水层。工程应用中采用井下定向钻孔对11151工作面底板进行注浆加固，共完成定向注浆孔6个，钻孔最大出水量36m³/h，注浆总量18310.81m³，水泥1642.09t，黏土4289.012t，干料合计5931.102t，底板加固效果良好，有效保证了该工作面的安全回采。

1）矿井概况

赵固一矿是河南煤化集团重组以来焦煤公司建设的第一个大型矿井，位于焦作煤田东部、太行山南麓，行政区划隶属辉县市管辖，井田中心东南距新乡市39km，西南距焦作市50km，东北至辉县市17km。井田二₁煤层含煤面积43.77km，总资源储量3.73亿t，可采储量1.65亿t，年设计生产能力240万t/a，服务年限56.9年。矿井井筒深度634.8m，属低瓦斯矿井。

2）工作面概况

a. 工作面位置

井下位置：北邻东翼回风大巷，东为未开采的11171工作面，西为未开采的11131工作面，南为三维地震DF40断层。工作面标高-450.829~-396.672m。

b. 地层情况

11151工作面走向长460m，倾斜长195m，面积89700m²，工作面煤层为二₁煤层，煤层厚度在6.1~6.39m，平均6.24m。黑色，煤层倾角在0°~6.6°，平均煤层倾角3.1°，煤层赋存稳定，煤层结构较简单。

老顶为深灰色石英砂岩，厚度1.5~11.5m，直接顶为致密泥岩、砂质泥岩，厚度0~4.9m，伪顶为黑色泥岩，厚度0~0.4m；直接底为灰黑色致密砂质泥岩，厚度13.58m，老底为L9灰岩，厚度2.2m。11151工作面煤层底板分布见表9.39。

表9.39 11151工作面煤层底板分布表

岩层	层厚/m	描述
二₁煤	6.45	黑色，块状，以亮煤为主，似金属光泽，夹暗煤条带，为半亮型煤，裂隙中具方解石脉
砂质泥岩	7.87	深灰色，富含植物根部化石，具水平层理，夹砂岩条带，含云母片，中下部夹两层薄层灰岩
泥岩	6.32	黑色，致密，块状，含少量植物化石碎片，含黄铁矿晶体，上部夹石灰岩薄层
9石灰岩	2.2	灰色，隐晶质，遇稀酸有气泡，含动物化石，含黄铁矿晶体，具不规则方解石脉
中粒砂岩	1	浅灰色，成分以石英为主，次为岩屑，泥质胶结，富含菱铁质鲕粒，豆状结构

续表

岩层	层厚/m	描述
砂纸泥岩	3	深灰色，具水平层理，夹砂岩条带，含少量黄铁矿晶体，下部夹石灰岩薄层
泥岩	7.33	灰黑色，致密，块状，夹石灰岩薄层，含黄铁矿晶体
8石灰岩	10.73	灰色，隐晶质，遇稀酸有气泡，含动物化石，含黄铁矿晶体，具不规则方解石脉
砂质泥岩	3.27	深灰色，块状，富含黄铁矿晶体，含云母片
7石灰岩	0.3	灰色，隐晶质结构，遇稀酸有气泡，含少量动物化石，具方解石脉
中粒砂岩	6.25	深灰色，成分以石英为主，次为长石，泥硅质胶结，含黄铁矿晶体，岩心破碎

c. 地质构造情况

该工作面地质构造简单，总体呈单斜构造。

d. 水文地质情况

该工作面水文地质条件较复杂。L8灰岩厚7.8~9m，隔水层厚度为24~27m，水压为4.8~5.4MPa，突水系数为0.225MPa/m，存在有突水危险性。顶板砂岩厚度较薄，且局部直接覆盖于二$_1$煤之上，遇构造破碎带将会有滴淋水现象。

3) 钻孔设计

a. 钻孔结构设计

(1) 1#钻孔结构设计

为保证钻孔安全，1#定向孔设计了三级套管，以便于后期定向钻进施工。

第一级套管设计长度按照至孔口以下垂距10m设计，设计直径为Φ178mm，目的是封固孔口煤层和不稳定地层，为二级套管返浆上压提供基础。套管试压要求为7MPa。

第二级套管设计长度为从孔口至L9灰岩底面以下垂距3m位置，设计直径为Φ146mm，目的是封固L9灰以上不稳定泥岩，堵住L9灰中可能的出水，并为第三级套管下入和返浆上压提供基础。套管试压要求为13MPa。

第三级套管设计长度为从孔口至进入L8灰岩1m的位置，设计直径为Φ127mm，目的是封固L8灰以上不稳定泥岩，为后期出水注浆提供保障，同时保障定向钻进的安全。套管试压要求为13MPa。

(2) 2#、3#、4#、5#钻孔套管改进设计

由于1#定向孔施工时，L8灰岩与L9灰岩间的泥岩段相对稳定，因此2#、3#、4#和5#定向孔只设计了二级套管，简化了套管段结构，节约了施工时间。

第一级套管长度按照至孔口以下垂距10m设计，设计直径为Φ146mm，套管试压要求为7MPa。

第二级套管设计长度为从孔口至L9灰岩底面以下垂距3m位置，设计直径为Φ127mm，套管试压要求为13MPa。

b. 钻孔轨迹设计

因生产需要，11151工作面设计两个钻场以达到整个工作面注浆加固目的，其中一号钻场位于11151工作面胶顺迎头，布置了1#、5#钻孔，用于对11151上巷和下巷底板进行注浆加固，保障巷道掘进安全，并实现约束注浆。二号钻场位于东回风巷道内11151胶带

顺槽以西75m处,设计了2#、3#和4#三个定向孔,用于对11151工作面底板进行区域超前注浆加固。钻孔设计深度均达到400m以上,水平间距约50m,钻孔剖面目标层位于L_8灰岩下砂岩层(L_8灰岩下垂距3~9m)富水区段和导水通道(发育有断层、裂隙带、陷落柱),钻孔设计参数见表9.40,钻孔轨迹平面布置如图9.64所示。

表9.40 11151工作面二号钻场定向孔设计参数表

钻场	钻孔编号	开孔方位/(°)	开孔倾角/(°)	分段孔深/m 直孔段	分段孔深/m 造斜段	分段孔深/m 稳斜段	孔深/m
一号钻场	1#	149.3°	−20°	114	69	>211	>400
一号钻场	5#	164.3°	−20°	85	71	>244	>400
二号钻场	2#	139.3°	−20°	72	60	>268	>400
二号钻场	3#	159.3°	−20°	78	57	>265	>400
二号钻场	4#	174.3°	−20°	84	69	>247	>400

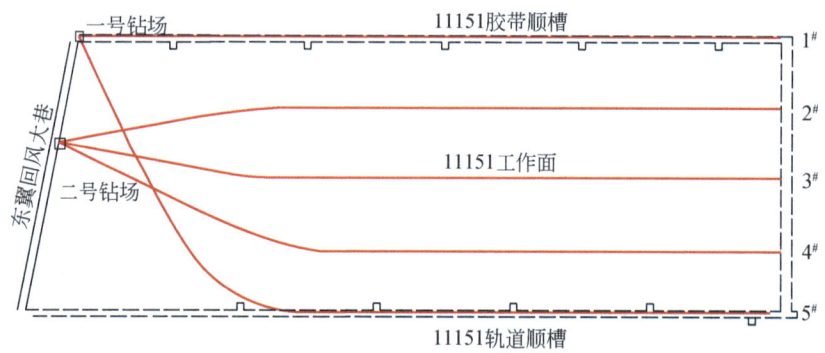

图9.64 赵固一矿11151工作面底板注浆加固定向孔设计轨迹平面布置图

4)钻进装备

定向钻进配套装备见表9.41。

表9.41 配套装备清单

序号	名称	规格型号
1	定向钻机	ZDY6000LD
2	泥浆泵	BW300
3	随钻测量系统	YHD1-1000(A)
4	螺杆钻具	Φ73mm-3
5	通缆钻杆	Φ73mm,L=3000mm
6	定向钻头	Φ98mm
7	扩孔钻头	Φ153mm/98mm、Φ193mm/153mm

5）钻孔施工情况

现场试验在赵固一矿东区11151工作面胶带顺槽迎头和东回风巷道内11151胶带顺槽以西75m处两个钻场进行。在东区11151工作面胶带顺槽迎头共施工2个钻孔，分别为1#钻孔和5#钻孔。在东回风巷道内11151工作面胶带顺槽以西75m处钻场，施工4个钻孔，分别为2#、4#、3#和5-补#钻孔。钻孔施工参数见表9.42，钻孔实钻轨迹平面图如图9.65所示。共完成6个钻孔，终孔孔径均为98mm，钻孔深度均大于400m，总进尺3455m，钻孔最大出水量36m³/h。

表9.42 赵固一矿11151工作面底板注浆加固定向孔施工情况表

钻场	孔号	进尺/m	孔深/m	备注
一号	1#	610.5	610.5	无分支孔，钻孔注浆量14889.303m³
	5#	687	426	主孔内侧钻两个分支
二号	2#	519	519	无分支孔
	3#	596	495.5	1个分支孔
	4#	594.5	527	1个分支孔
	5-补#	338	500	在4#钻孔内192m开分支，有效进尺338m
合计进尺/m				3455

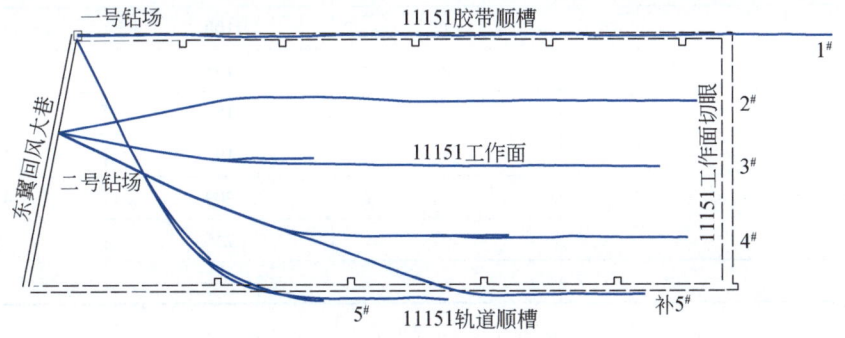

图9.65 赵固一矿11151工作面底板注浆加固定向孔实钻轨迹平面图

6）注浆加固效果

a. 定向孔出水及注浆情况

现场试验施工过程中，采取分段注浆的形式进行底板加固，以保证钻孔的注浆效果，即钻孔遇出水大于30m³/h或钻孔进尺达到100m，则提钻进行高压注浆，每次注浆压力达到13MPa后，注浆结束。完成的6个定向孔详细出水数据见表9.43。

表9.43 钻孔出水点位置统计表

孔号	出水点数量/个	序号	出水深度/m	出水量/m³
1#	9	1	84	4
		2	89.5	5

续表

孔号	出水点数量/个	序号	出水深度/m	出水量/m³
1#	9	3	130	1
		4	149.5	8
		5	220	7
		6	230	25
		7	411	10
		8	453	2
		9	559	35
2#	3	1	120	1
		2	144	10
		3	258	5
3#	1	1	163	1
4#	5	1	123	1
		2	150	2.6
		3	153	8.4
		4	427	2
		5	475	2
5#	6	1	108	1
		2	135	10
		3	156	5
		4	192	2.5
		5	209	4.5
		6	246	6
5-补#	0	—	—	—

  6个定向孔共注入黏土水泥浆18310.81m³，水泥1642.09t，黏土4289.012t，干料合计5931.102t，1#定向孔单孔注浆最大，达到14889.3m³，最后施工的5-补#定向孔注浆量只有58.938m³。钻孔注浆数据及出水次数如图9.66和图9.67所示。

  从钻孔出水量和注浆量可以看出先施工的定向孔出水最多，同时注浆量也最多，先施工的定向孔区域注浆影响使得后施工的定向孔出水量和注浆量明显减少，充分体现了定向孔区域注浆的效果。

  b. 11151工作面定向孔注浆加固效果的直接验证

  （1）巷道掘进情况验证

  1#定向孔施工完成后，开始掘进11151工作面胶带顺槽。所有定向孔施工完成后，掘进11151工作面轨道顺槽。胶带顺槽和轨道顺槽已经掘进完成，掘进过程顺利，掘进时未发生底鼓或突水情况。目前11151工作面已回采完毕，未出现突水现象。

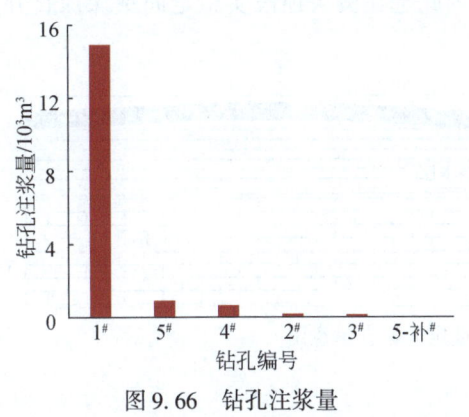
图 9.66 钻孔注浆量

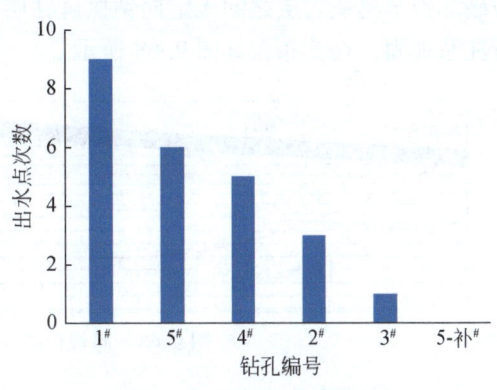
图 9.67 钻孔出水点次数

(2) 常规钻孔施工出水及注浆情况验证

为检验定向孔底板注浆加固效果并进行补充加固，矿方采用常规底板注浆钻孔设计原则布置常规钻孔进行实钻验证。在工作面胶带顺槽布置 6 个钻场，在轨道顺槽布置 4 个钻场，另在 11131 工作面胶带顺槽东帮布置 2 个钻场，共计 12 个钻场，布置钻孔 119 个，设计总钻探工程量 17564m。实钻共完成钻孔 89 个，其中常规布置钻孔 67 个，检验孔 22 个，总进尺 13064m，定向孔注浆加固范围内钻孔出水量均未超过限定值 5m³/h。

2. 桑树坪矿底板注浆加固定向钻孔

桑树坪煤矿为消除 11#煤层采掘期间奥灰突水危险，利用井下近水平定向钻探技术对 11#煤底板奥灰顶部的构造及岩溶裂隙发育情况进行探查和改造，完成井下近水平定向钻孔进尺 30382m，探查工程显示，钻孔所揭露的奥灰岩层富水性弱，且奥灰岩层裂隙不发育，未开展注浆工程，仅进行了封孔注浆。

1) 矿区概况

桑树坪煤矿主要开采山西组 2#煤、3#煤和太原组 11#煤。其中，3#煤属于煤与瓦斯突出煤层，11#煤为 3#煤的下保护层，需要提前开采。11#煤底板主要由石英砂岩、砂岩和铝土质泥岩组成，厚度为 6.95~29.9m。11#煤底板以下为奥陶系灰岩，其中奥灰岩顶部为峰峰二段含水层。该段岩层为深灰色、灰黑色厚层灰岩，致密坚硬且质纯，厚度为 0~44.31m，水压为 1.6MPa，突水系数为 0.23MPa/m，属于强含水层，岩溶裂隙及小溶洞发育，其富水性和透水性相对较强，桑树坪煤矿曾发生过两次奥灰突水事故，最大涌水量达到 1530m³/h。因此，11#煤层采掘期间存在奥灰突水危险。

2) 水害防治总体方案

桑树坪煤矿 11#煤层底板奥灰水防治总体方案是利用井下近水平定向钻探技术对 11#煤底板奥灰顶部的构造及岩溶裂隙发育情况进行探查，并加以利用改造。11#煤层底板奥灰上段岩层构造简单，岩溶裂隙不发育，富水性弱时，可将奥灰岩层作为隔水层加以利用；当奥灰上段岩层构造复杂，溶岩裂隙发育，富水性强时，则对该段奥灰岩层进行注浆改造，即通过对奥灰顶部岩层富水区及裂隙发育区进行注浆，将该区域改造为相对隔水层段后加以利用。

11#煤层工作面存在突水危险，需要进行底板探查、注浆及检查工作。但由于 11#煤底板破坏带至奥灰岩层之间无定向钻探可钻层位，因此选在奥灰顶段实施定向钻探探查并进行注浆加固，钻孔布置如图9.68所示。

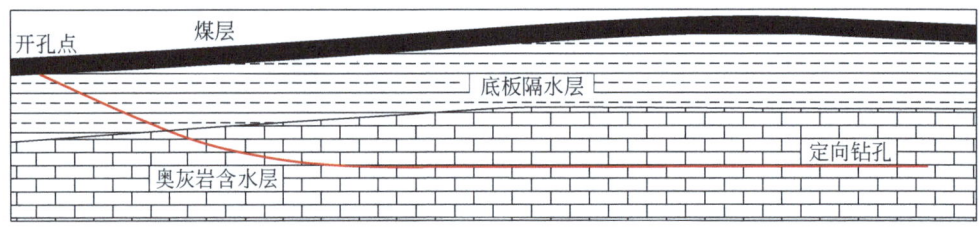

图9.68 底板探查注浆改造定向钻孔示意图

3）钻孔设计

a. 钻孔结构设计

根据《煤矿防治水规定》，要求钻孔水平投影均匀布满探测区域，沿着走向平行孔段间距约为40m。掩护巷道掘进钻孔平行于巷道布置，钻孔水平投影距离巷帮6m。同时，按照奥灰岩层注浆改造层厚度进行钻孔剖面设计，即定向钻孔进入奥灰岩层垂直深度为20～30m。定向钻孔结构如图9.69所示。

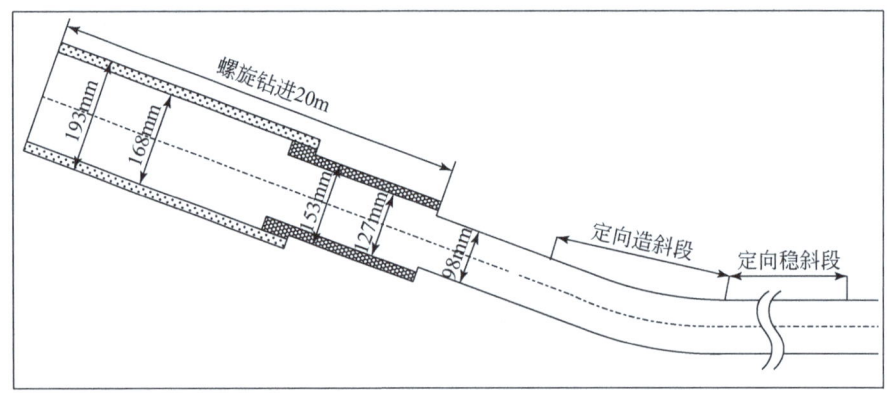

图9.69 设计定向钻孔结构示意图

b. 套管设计

（1）一级套管段施工：开孔段先采用Φ153mm取心钻头+Φ146mm×2m岩心管+异径接头+Φ73mm摩擦焊钻杆的钻具组合钻进2m。更换Φ153mm四翼内凹PDC钻头+变径接头+Φ130mm螺旋钻杆+Φ73mm摩擦焊钻杆组合钻具，采用压风配极少量清水作为循环介质，螺旋钻进至套管设计深度；最后更换Φ153mm/193mm扩孔钻头+变径接头+Φ130mm螺旋钻杆+Φ73mm摩擦焊钻杆的钻具组合，进行回转扩孔钻进至设计深度，提钻下Φ168mm套管至设计深度，带压注浆封孔，注浆压力4～5MPa，憋压时间不少于60min。

（2）二级套管段施工：采用Φ153mm四翼内凹PDC钻头+变径接头+Φ73mm摩擦焊钻杆+Φ151mm稳定器+Φ73mm摩擦焊钻杆的钻具组合，回转钻进至稳定岩层中1～2m，提钻下Φ127mm套管至设计深度，带压注浆封孔，注浆压力4～5MPa，憋压时间不少于60min。

4）钻进装备

定向钻进配套装备见表9.44。

表9.44 配套装备清单

序号	名称	规格型号
1	定向钻机	ZDY6000LD
2	泥浆泵	BW-600/10
3	随钻测量系统	YHD2-1000（A）
4	螺杆钻具	Φ73mm-4
5	通缆钻杆	Φ73mm，$L=3000mm$
6	定向钻头	Φ98mm
7	扩孔钻头	Φ153mm/98mm、Φ193mm/153mm

5）施工情况及效果

桑树坪煤矿11#煤层底板注浆加固定向钻孔工程共覆盖了四个工作面，历时四年，累计完成了63个定向钻孔，完成井下近水平定向钻孔进尺30382m，定向钻孔稳斜段基本均位于煤层底板以下45m，即进入奥灰岩层顶界面15~20m进行长距离近水平钻进，工作面钻孔平面轨迹示意图如图9.70所示，定向钻孔探查工程显示，钻孔所揭露的奥灰岩层富水性弱，且奥灰岩层裂隙不发育，未开展注浆工程，仅进行了封孔注浆。

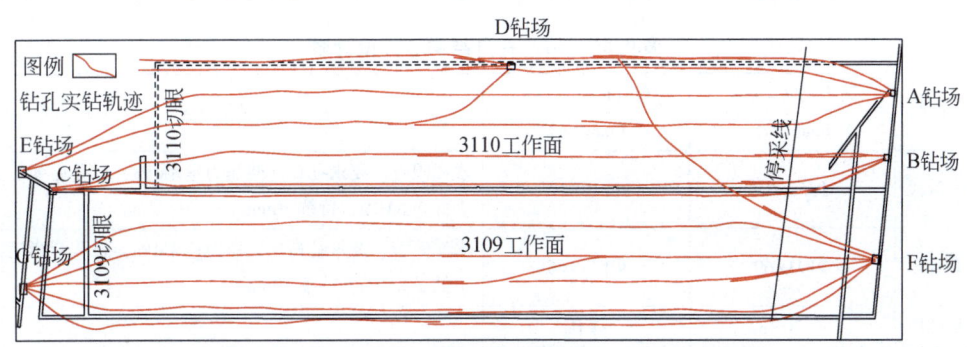

图9.70 3110、3109工作面定向钻孔平面轨迹示意图

3. 龙王沟煤矿61605工作面顶底板定向钻工程

龙王沟煤矿主采的6#煤层受底板奥灰水和顶板砂岩水双重威胁，为保障回采安全，该矿利用定向钻孔对61605工作面顶、底板岩层的富水性以及底板隔水岩层导水构造发育情况进行探查，并通过定向钻孔对富水异常区、构造复杂区域进行注浆改造，对顶板富水异常区的砂岩水进行疏放。

1）矿井概况

龙王沟煤矿位于内蒙古自治区鄂尔多斯市以东120km处，行政区划属鄂尔多斯市准格尔旗薛家湾镇管辖，面积51.149km²，开采标高为1100~575m。龙王沟井田内奥陶纪灰岩水水位实测标高870m，主采煤层为6#煤层，可采范围内底板标高645~906m，含煤地层东高西低，井田 870m 等高线以西（包括首采区）均属带压开采。

2）地质条件

61605 工作面切眼设计长度 255m，回采长度约 750m，开采面积约 0.18km²，工作面可采储量 546.8 万 t，采用综采放顶煤一次采全高工艺。所采煤层为 6#煤，长焰煤，煤层厚度 20.80~24.95m，均厚 23.10m。工作面地面标高 1173.1~1290.9m，煤层底板标高 826~856m，处于奥灰水水位以下 14~50m，工作面底板距奥灰顶界面 44.3m，之间以泥岩、砂岩互层为主。61605 工作面顶板充水水源有山西组砂岩含水层和上、下石盒子组砂岩含水层，含水性弱–中等。工作面采用综采放顶煤一次采全高工艺，开采后顶板裂隙带具有导通三个含水层的可能性。

3）钻孔设计

a. 钻场布置

钻场布置在 61605 工作面主运顺槽绕道和辅运顺槽处。

b. 钻孔结构设计

根据龙王沟煤矿防治水工程设计要求，底板水平钻孔位于 6#煤底板以下约 37m，起到 6#煤底板探查及注浆加固的目的；主运侧顶板水平钻孔位于 6#煤顶板以上约 6m，辅运侧顶板水平钻孔位于 6#煤顶板以上约 11m，起到疏放山西组下部砂岩水的目的。

钻孔采用三级孔身结构，一级孔身结构主要目的为下入孔口管，安装控水阀门；二级孔身结构主要是穿过泥岩、煤层等不稳定地层；三级孔身结构为定向造斜段和定向稳斜段，目的是使实钻轨迹沿目标层位延伸。孔身结构参数设计见表 9.45。

表 9.45 钻孔孔身结构参数设计表

开钻次序	钻头尺寸×深度（mm×m）	套管尺寸×下深（mm×m）	固孔要求
一级套管段	Φ250×15	Φ219×12	水泥固管，要求孔口注浆压力达 4MPa，封孔后耐压试验不低于 8MPa，持续 30min
二级套管段	Φ193×69	Φ146×66	水泥固管，要求孔口注浆压力达 4MPa，封孔后耐压试验不低于 8MPa，持续 30min
三级裸孔段	Φ120×n	裸孔	

c. 钻孔轨迹设计

在 61605 主运顺槽绕道和辅运顺槽各布置一个钻场（1#钻场、22#钻场）。1#钻场布置 3 个底板定向孔（1D-1、1D-2、1D-3），1 个顶板定向孔（1F-4）；22#钻场布置 2 个底板定向孔（22D-1、22D-2），1 个顶板定向孔（22F-3）。其中两个钻场的底板定向孔沿铝土质泥岩顶部的细砂岩布置，位于煤层底板以下约 37m，平行工作面顺槽方向布置，底板孔间距 40m，外侧钻孔距两侧顺槽均 47m；顶板定向探查孔探查层位布置在山西组砂岩中，沿顶层砂岩、底层砂岩各布置 1 个钻孔，平行工作面顺槽方向布置，顶板孔间距 95m，距两侧顺槽均为 80m。钻孔平面布置如图 9.71 所示，设计参数见表 9.46。

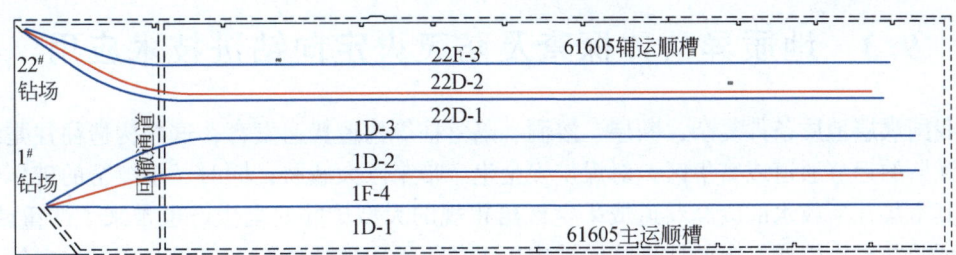

图 9.71 龙王沟煤矿 61605 工作面顶底板定向钻孔平面轨迹示意图

表 9.46 龙王沟煤矿 61605 工作面顶底板定向钻孔设计参数表

钻场	孔号	开孔方位角/(°)	开孔倾角/(°)	终孔方位角/(°)	终孔倾角/(°)	设计深度/m
1#钻场	1D-1	51	−18	51	0	1020
	1D-2	35	−18	51	0	1020
	1D-3	23	−18	51	0	1030
	1F-4	38	18	51	0	1000
22#钻场	22D-1	82	−18	51	0	1020
	22D-2	67	−18	51	0	1010
	22F-3	76	18	51	0	1000

4）钻进装备

定向钻孔配套装备见表 9.47。

表 9.47 配套装备表

序号	名称	规格型号
1	定向钻机	ZDY12000LD
2	随钻测量系统	YHD3-1500
3	螺杆钻具	Φ89mm-4
4	普通钻杆	Φ89mm，$L=1500$mm
5	定向钻头	Φ120mm
6	扩孔钻头	Φ120mm/Φ153mm
7	扩孔钻头	Φ153mm/Φ193mm
8	扩孔钻头	Φ193mm/Φ250mm

5）钻孔施工情况

截至 2018 年 12 月 21 日，完成底板探水注浆定向孔 2 个，总进尺 2343m。其中 2018 年 11~12 月施工完成的 1D-1 孔终孔孔深 1227m，刷新了煤矿井下岩层定向钻孔深度的国内纪录。

9.3 地质异常体探查及防灭火定向钻进技术应用

我国煤层地质条件复杂，断层、溶洞、陷落柱等构造普遍发育，这些构造往往是地下水或瓦斯的运移通道或富集区，对煤矿安全生产带来巨大威胁；同时，小煤窑的破坏性开采，其富集瓦斯或水的废弃巷道或采空区给正规的大型矿井安全生产也带来了严重威胁。为保证矿井安全生产，定向钻进技术被应用于井下地质异常体探查工程，通过定向钻进技术对异常区进行精确定位，为矿井安全生产提供保障。

9.3.1 断层探查定向钻孔

孟村矿三维地震解释结果显示，在布置的首采工作面 401101 工作面可能存在一条断层（DF29），为了保证安全生产，在 4#煤层中利用定向钻孔对该工作面中的 DF29 断层的走向、断距进行精确探测，确保了后期巷道掘进及采煤工作正常进行。

1. 孟村矿区概况

孟村矿井位于陕西省彬长矿区中北部，地处咸阳市长武县，隶属长武县管辖。井田东西长 10.5km，南北宽 6.5km，面积 61.2km²，是彬长公司重点建设的骨干矿井之一。矿井设计生产能力 6.0 万 t/a，矿井主采煤层为 4#煤层。

2. 孟村矿 401101 工作面 DF29 断层探测方案

根据"有疑必探、先探后掘、经济有效"探测原则，先施工 2#定向钻孔探测验证 DF29 断层是否存在，然后采用后退开分支法施工分支孔精确查明断层位置。钻遇断层后首先各钻孔继续往前钻进 30~60m，对断层面前后地层岩性进行分析，以进一步验证断层带宽度，最后退钻到断层后 150~200m 的位置，采用增斜钻进方式，穿过断层面，探测断层下盘煤层及其顶底板，进而确定断层的走向、断距等数据。施工钻孔剖面如图 9.72 所示，平面如图 9.73 所示。

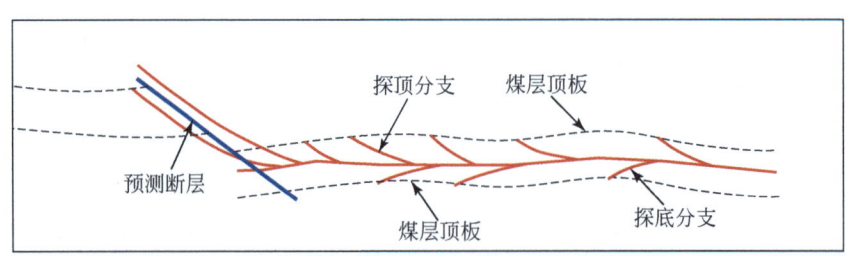

图 9.72 探查定向钻孔设计轨迹剖面示意图

3. 施工情况

2#孔于 2013 年 7 月 29 日开钻，采用前进式开分支钻探方式钻进，为了掌握煤层顶底板数据和煤层倾向，施工过程中实际探顶 6 次，分支孔施工累计进尺 892m，主孔施工孔深为 631m，总进尺 1523m。根据 2#孔的分支孔的实钻：在分支孔孔底一定区域（孔深 585~

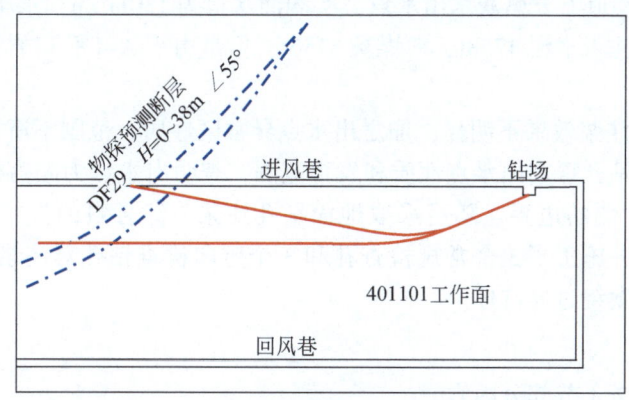

图 9.73 探查定向钻孔设计轨迹平面示意图

631m）内地层破碎，并且越靠近 DF29 断层，钻进困难，频繁出现塌孔、卡钻、憋泵现象，同时从上述几个分支孔施工情况来观察，返出的煤屑距断层越接近煤块越细小，尤其是最后钻进分支孔到 631m 时，泥浆泵压力憋到 8MPa，钻机的给进起拔压力一度达到 21MPa（正常钻进时为 4~6MPa），通过多次强力回转和起拔，最终才将钻具从孔内安全起出。

为了进一步验证断层存在，又施工了下探分支孔，钻进至 588~591m 时施工难度加大，同时在孔深 591m 返出块状泥岩，通过轨迹计算确定，孔底 591m 处距预测煤层底板垂深为 10.51m。在煤层中下部能有块状泥岩返出，同时塌孔、卡钻严重，无法继续实施定向钻进和回转钻进，结合地质情况及钻进情况，经过分析初步判定，该分支孔已钻遇 DF29 断层，为了确保施工安全，终止该下探分支孔的施工。

根据三维地震探测结果，结合 2# 孔实钻和返出岩样，综合分析后初步确定：DF29 断层存在。2# 孔的分支孔可能已钻进到断层带，同时，下探分支孔钻进至 591m 处，距预测底板 10.51m 时返出泥岩碎块，说明已到断层，并且底板的铝质泥岩厚度（根据探测孔 M4-3 岩性描述）大约为 12.06m，对以上数据进行分析，在施钻区域内，DF29 断层断距为 10.51~22.57m。

9.3.2 陷落柱探查定向钻孔

1. 矿井概况

桑树坪煤矿是隶属于陕煤韩城矿业有限公司的一座现代化主力矿井。位于陕西省韩城市北部距市区 34km 的桑树坪镇。矿井始建于 1975 年，于 1977 年 12 月建成投产，现核定生产能力为 165 万 t/a。

2. 工程概况

桑树坪煤矿 11# 煤层属带压开采，防治水方案是利用井下近水平定向孔对 11# 煤底板奥灰岩层顶部的构造及岩溶裂隙发育情况进行探查和注浆改造。

230m 运输巷是南一采区 11# 煤层开采系统巷道，采用定向钻孔进行顶板注浆加固时，

A-4 定向钻孔揭露巷道下方奥灰水出水点,实测涌水量为 130m³/h,水压为 1.4MPa。对出水点进行注浆,共注入水泥 4758t,粉煤灰 5256t,但是由于 A-4 孔口岩石破碎,注浆效果不明显。

由于 A-4 钻孔注浆效果不明显,加之出水点异常区性质、范围不清,特布置了 3 个常规钻孔和 1 个定向钻孔探查出水点性质和发育范围,查明出水点为陷落柱富水异常体,且靠近 3109 工作面一侧的边界。随后采取地面钻孔注浆、注骨料的方式封堵富水异常体。注浆结束后,设计并施工了 3 个常规检查孔和 3 个定向检查钻孔对注浆效果进行了检查,并采取留设煤柱方案绕过异常体。

3. 地质条件

地质条件见 9.2.4 节部分内容。

4. 钻孔设计

井下溶洞探查钻孔工程分为常规钻孔、定向钻孔,各钻孔均兼具探查异常体边界、注浆、探查异常体富水性的功能,钻孔分别布置在 250 专回巷道及 230 皮带巷。

1)常规钻孔

a. 钻孔结构设计

常规钻孔由套管孔段、裸孔段组成。常规钻孔孔身结构示意图如图 9.74 所示。

钻孔套管孔段:该孔采用二级套管结构,首先依次采用 Φ98mm、Φ153mm、Φ193mm 钻头+Φ73mm 普通钻杆的钻具组合分别钻进、扩孔钻进至合理深度,下入 Φ168mm 一级套管;二级套管依次采用 Φ98mm、Φ153mm 钻头+Φ73mm 普通钻杆的钻具组合分别钻进、扩孔钻进至合理深度,下入 Φ127mm 二级套管。一、二级套管长度根据钻遇地层情况决定。

裸孔段:采用 Φ98mm 钻头+Φ73mm 普通钻杆的钻具组合钻进至终孔。

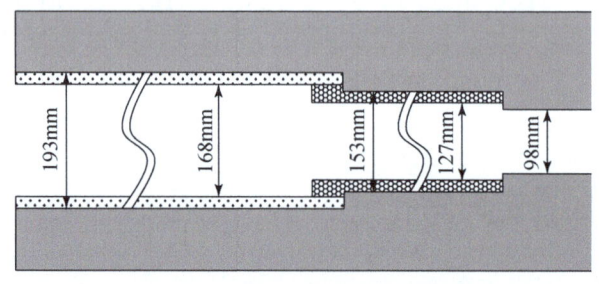

图 9.74 常规钻孔孔身结构示意图

b. 钻孔轨迹设计

常规钻孔施工钻场位于 250 专回,共布置了 6 个常规钻孔,分别为注-1 孔、注-2 孔、注-3 孔、JZ7 孔、JZ8 孔、JZ9 孔。其中注-1 孔、注-2 孔、注-3 孔是常规探查钻孔,JZ7 孔、JZ8 孔、JZ9 孔是常规检查钻孔,钻孔轨迹设计数据见表 9.48。

表 9.48 常规钻孔设计参数

孔号	倾角/(°)	方位角/(°)	孔深/m	类型
注-1 孔	−86	6	70	探查孔
注-2 孔	−85	145	70	
注-3 孔	−79	165	70	
JZ7	−55	30	70	检查孔
JZ8	−73	30	70	
JZ9	−71	10	70	

2) 定向钻孔

a. 钻孔结构设计

定向钻孔由套管孔段（回转钻进孔段）、定向造斜孔段和定向稳斜孔段组成。

钻孔套管孔段：采用二级套管结构，首先依次采用 Φ98mm、Φ153mm、Φ193mm 钻头+Φ73mm 普通钻杆的钻具组合分别钻进、扩孔钻进至合理深度，下入 Φ168mm 一级套管；二级套管依次采用 Φ98mm、Φ153mm 钻头+Φ73mm 普通钻杆的钻具组合分别钻进、扩孔钻进至合理深度，下入 Φ127mm 二级套管。一、二级套管长度根据钻遇地层情况决定。

回转钻进孔段：采用 Φ98mm 钻头+Φ73mm 普通钻杆的钻具组合用于开孔孔段、套管孔段施工及稳斜段钻进施工。

定向造斜孔段：采用 Φ98mm 钻头+Φ73mm 螺杆钻具+Φ76mm 下无磁钻杆+Φ76mm 无磁仪器外管（安装随钻测量探管）+Φ76mm 上无磁钻杆+Φ73mm 通缆钻杆的钻具组合进行定向钻进。

b. 钻孔轨迹设计

230 皮带巷布置了 4 个定向钻孔，其中探-1 孔主要探查 230 运输巷工作面一侧异常区发育范围；JZ1、JZ2、JZ3 定向钻孔主要用于检查注浆质量，并兼做探查和注浆孔，进一步揭露异常体赋存、分布范围，对奥灰强富水异常体进行补浆工作，保证巷道安全掘进。定向钻孔钻场位于 230 运输巷，钻孔轨迹设计数据见表 9.49。

表 9.49 定向钻孔设计参数

孔号	开孔孔段		终孔孔段		孔深/m	钻孔性质
	倾角/(°)	方位角/(°)	方位角/(°)	最大左右位移/m		
探-1 孔	−20	214	210	10.38	260	探查孔
JZ1 孔	−20	222	210	14.35	300	检查孔
JZ2 孔	−20	222	210	14.81	300	
JZ3 孔	−10	222	210	20.82	240	

5. 配套装备

施工采用的主要装备见表 9.50。

表 9.50 配套装备清单

序号	名称	规格型号
1	定向钻机	ZDY6000LD
2	煤矿用全液压坑道钻机	ZDY4000S
3	煤矿用全液压坑道钻机	ZDY3200S
4	泥浆泵	3NB-320/8-30
5	随钻测量系统	YHD1-1000（A）
6	螺杆钻具	Φ73mm
7	通缆钻杆	Φ73mm
8	普通钻杆	Φ73mm
9	三翼抛物线式 PDC 钻头	Φ98mm
10	三翼抛物线式 PDC 钻头	Φ153mm
11	扩孔钻头	Φ193mm

6. 施工情况

现场施工时，在井下先后施工了注-1、注-2、注-3 孔、探-1 孔查明异常体分布范围，其中注-1、注-3、探-1 均揭露异常体，之后在地面施工了定向钻孔，通过钻孔对异常体注浆注沙后，施工了 JZ1、JZ2、JZ3、JZ7、JZ8、JZ9 检查孔，钻孔详细数据见表 9.51、表 9.52，钻孔实钻轨迹平面布置图及钻孔实钻轨迹剖面图如图 9.75 和图 9.76 所示。

表 9.51 常规钻孔实钻数据

钻孔编号	孔深/m	是否出水	见水深度/m	涌水量/(m³/h)	终孔原因
注-1 孔	43	是	41.7	200	达到设计要求
注-2 孔	81	否	—	0	
注-3 孔	45.1	是	39.9	400	
JZ7	49	是	49	80	
JZ8	47.5	是	45.7	100	
JZ9	49.7	是	49.1	32	

表 9.52 定向钻孔实钻数据

孔号	孔深/m	是否出水	见水深度/m	涌水量/(m³/h)	终孔原因
探-1 孔	255	是	210	320	达到设计要求
JZ1 孔	303	否	—	0	达到设计要求
JZ2 孔	300	否	—	0	达到设计要求
JZ3 孔	186	否	—	0	卡钻事故终孔

7. 应用效果

根据以上钻孔揭露异常体情况，确定了该富水异常体为陷落柱，并对其范围进行了推

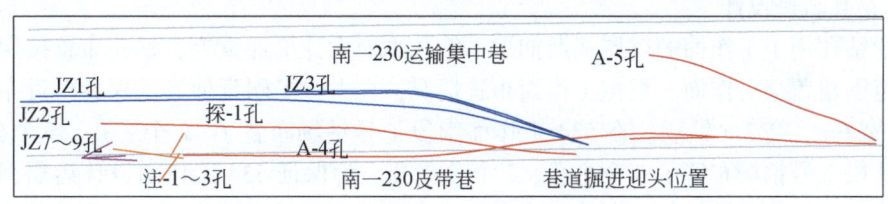

图 9.75 钻孔实钻轨迹平面布置图

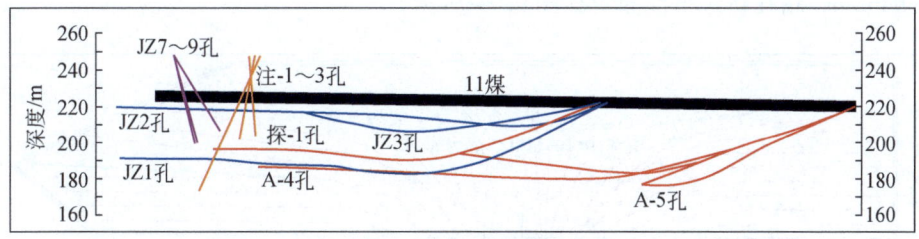

图 9.76 钻孔实钻轨迹剖面图

测分析。目前该陷落柱沿 250 专回巷道北、西、南侧边界初步可确定,其东侧边界尚未有钻孔控制,建议矿方采取留设陷落柱防水煤柱的方案对该区域 11 号煤层进行安全开采。

9.3.3 采空巷道探查定向钻孔

汝箕沟煤矿 534 工作面在进行本煤层瓦斯定向钻孔施工过程中发现钻遇空洞,经分析为小煤窑巷道,通过进一步定向钻孔施工确定了 534 工作面小煤窑巷道的范围,为工作面安全开采提供了重要信息。

1. 矿井概况

汝箕沟煤矿位于贺兰山煤田汝箕沟勘探区最南端,是宁煤集团所属的大中型骨干企业之一,所产煤炭为享誉国内外的太西煤(优质无烟煤),2007 年矿井设计生产能力为 0.9 万 t/a。该矿井煤层瓦斯赋存量较大,$二_2$煤、三煤工作面回采期间绝对瓦斯涌出量最高达 $59.47m^3/min$,相对瓦斯涌出量最高达 $15.79m^3/t$,属于高瓦斯矿井。

2. 工作面概况

534 工作面所开采的煤层为三煤,该煤层上距$二_2$煤 26.90m,属于较稳定的中厚煤层,结构复杂,厚度及结构变化大,含主要夹矸一层于煤层中部,岩性为砂质泥岩-粉砂岩与煤线互层,煤层平均厚度 2.92m,倾角 8°~15°。三煤属低灰、特低硫、低磷、高发热量优质无烟煤,其原始瓦斯含量为 $13.326m^3/t$,原始瓦斯压力为 0.7MPa。

3. 钻孔设计

1) 钻孔结构设计

开孔封孔:采用 Φ98mm PDC 钻头钻至 10m,退钻换 Φ153mm PDC 扩孔钻头扩至 5m 退钻,下入 5m 长的 Φ133mm 护孔管,用聚氨酯固孔。

2）钻孔轨迹设计

由于钻孔用于工作面顺煤层瓦斯抽采，钻孔平面设计更加重要，钻孔布置按照抽采半径影响范围覆盖全工作面。根据工作面布置情况，在大岭平硐延伸巷的探巷附近布置两个长6m、宽6m、高3m钻场，在534工作面南段1号钻场布置了12个主孔、5个分支孔；工作面北段2号钻场布置了8个主孔、7个分支孔。为保证534工作面设计运顺掘进时的安全生产，南、北段钻场的1#钻孔都布置在534工作面设计运顺中部，钻孔设计终孔间距均为15m，沿工作面倾斜方向布置，每个钻孔沿走向设计为300~540m，目标区域钻孔总进尺为9408m，钻孔轨迹平面布置如图9.77所示。

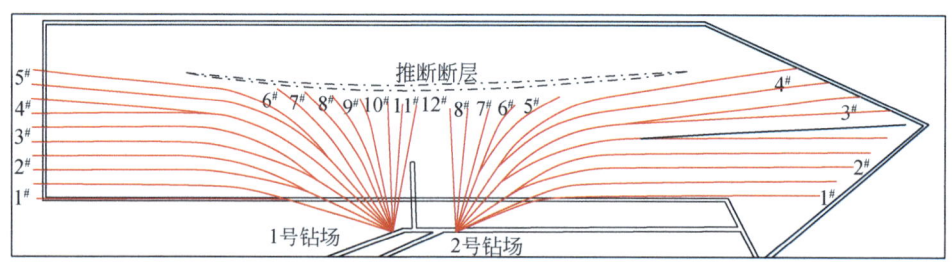

图9.77　534工作面瓦斯抽采钻孔平面布置图

4. 钻进装备

定向钻孔配套装备见表9.53。

表9.53　配套装备清单表

序号	名称	规格型号
1	定向钻机	ZDY6000LD（A）
2	随钻测量系统	YHD2-1000（A）
3	螺杆钻具	Φ73mm-3
4	通缆钻杆	Φ73mm，$L=3000$mm
5	定向钻头	Φ98mm
6	扩孔钻头	Φ153mm/98mm

5. 钻孔施工情况

钻孔施工前，推测该工作面内可能存在废弃小煤窑巷道或采空区，并要求探明其准确位置。1号钻场1#钻孔施工过程中，410m孔深钻遇异常区域，孔口返水停止，瓦斯喷孔严重，泥浆泵压力、钻机给进压力突然下降，钻速加快。在停止钻进状态下，钻具向钻孔内下入约3.8m，钻头前方煤层缺失，由此推测可能钻遇小煤窑巷道。接下来又分别施工了2#钻孔、2-1#分支孔、3#钻孔、3-1#分支孔、4#钻孔和4-1#分支孔，结果均钻遇异常区，且征兆与1#钻孔相似，由此可断定钻孔钻遇的缺失煤层为小煤窑巷道。各钻孔详细信息见表9.54。

对上述钻孔轨迹参数进行计算后，绘制了钻孔轨迹平面图，判断该巷道位置及走向如

图 9.78 所示。

表 9.54　汝箕沟煤矿 534 工作面定向钻孔施工详细信息表

孔号	孔段深度		终孔原因
	起始深度/m	终孔深度/m	
1#	0	405	405m 钻遇巷道
2#	0	408	408m 钻遇巷道
2-1#	51	396	396m 钻遇巷道
3#	0	399	399m 钻遇巷道
3-1#	66	216	216m 钻遇巷道
4#	0	222	222m 钻遇巷道
4-1#	54	210	210m 钻遇巷道

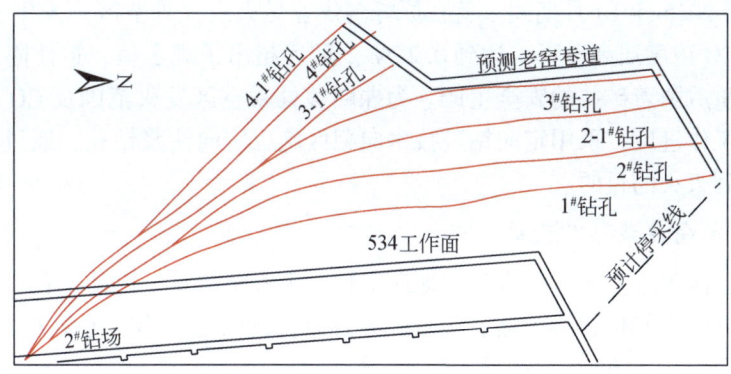

图 9.78　534 工作面定向钻孔探测老窑巷道平面图

9.3.4　火区探查及防灭火注浆定向钻孔

煤矿火灾严重制约着煤矿安全生产，煤炭自然发火是煤矿火灾的最主要诱因。采空区有利的供氧漏风条件，使其中的浮煤不断氧化增温，形成自然发火，随着煤岩破碎释放的瓦斯聚集，易造成瓦斯爆炸，严重威胁矿井的安全生产。同时伴随着煤炭氧化过程而释放出一系列有毒、有害气体，CO 是其中主要的灾害气体之一，《煤矿安全规程》规定井下 CO 浓度最大允许值为 0.0024%，超量的 CO 对矿工的生命安全和健康造成严重威胁。因此，煤矿采空区防灭火治理工作显得尤为重要。

目前常用的煤矿采空区防灭火治理方法有堵漏、均压、三相泡沫、灌浆、阻化剂、惰气、惰泡、胶体防灭火技术等。当井下发生灾情时，通常需要利用钻孔向灾情点注浆、注水或注其他防灭火材料，常规钻孔由于不能实现轨迹的实时控制，往往不能准确钻进至受灾区域，延误了抢险治理时间，给防灭火工作造成很大困难。

煤矿井下定向钻进技术是指采用专用设备及仪器使钻孔轨迹按设计要求钻进至目标区域的一种钻探方法。利用带一定弯角的螺杆钻具定向钻进时，能够在钻具不回转情况下，通过实时调整螺杆钻具弯头朝向（工具面向角），从而实现钻孔实钻轨迹沿设计轨迹延伸的目的。定向钻进技术已经广泛应用于煤矿井下底板注浆加固改造、地质异常体探测及高位瓦斯抽采钻孔施工中，取得了良好的效果，现在逐渐在井下防灭火治理工程中推广应用。

1. 矿区概况

山西华晋韩咀煤业有限责任公司位于山西省乡宁县西南部，行政区划属西坡镇管辖。井田呈不规则多边形，南北宽大约3.4km，东西长约8km，面积为26.5467km²，地质储量3.07亿t，可采储量1.98亿t，主采2号和10号煤层，设计生产能力300万t/a。

根据临汾市煤炭中心化验室对本井田2号煤层煤尘爆炸危险性及自燃倾向性鉴定结果，火焰长度60mm，抑制煤尘爆炸最低岩粉用量65%，鉴定结论：2号煤层煤尘有爆炸性危险，吸氧量$0.70cm^3/g$，自燃倾向性等级为Ⅱ类，属自燃煤。本井田周边矿井及小窑较多，老空巷道错综复杂，采空区内多次发生煤炭自然发火、CO浓度严重超标事故，仅2014年11月至2015年10月期间，就在原峰鑫煤业见火点（采空区）发生3次着火事故，火区范围大，CO浓度居高不下，达到0.26%，远远超出了规定值，迫使附近的两条巷道停止掘进，严重威胁着矿井的安全生产。为探明该处采空区发火范围及CO异常情况，加快防灭火治理工作进度，采用定向钻进技术向靶区施工定向注浆钻孔，通过灌注黄泥浆及防灭火材料达到灭火的目的。

2. 防灭火定向注浆钻孔设计

由于目标靶区为采空区，结合矿方地质资料，为安全起见，设计钻孔轨迹沿煤层顶板延伸，最终向靶区降倾角到达靶点。经与矿方协商，目标靶点确定为距CO富集区底板标高25m处。

1）钻孔结构设计

防灭火定向注浆钻孔由孔口套管孔段、定向孔段两级孔身结构组成，孔口套管规格为Φ127mm，下入稳定岩层中，满足耐压要求，定向钻孔孔身结构及钻进参数见表9.55。

表9.55　定向钻孔孔身结构及钻进参数

开钻次序	孔径/mm	钻压/kN	转速/(r/min)	泵排量/(L/min)	备注
一开开孔	Φ98	10~20	55~65	230	开孔
二开扩孔	Φ153	10	25~30	230	下入孔口套管
三开定向	Φ98	30~50		320	定向钻进

2）钻孔布置及倾角、方位角设计

根据矿方要求，在副斜井F11控制点附近布置A钻场，布设A-1、A-2定向钻孔，终孔点进入原峰鑫煤业温度异常区。

经过计算，A-1孔设计开孔倾角为0°，设计开孔方位为279.42°，上下位移控制为0m，进行定向钻进；A-2孔设计开孔倾角为10°，设计开孔方位为281.19°，上下位移控制为10m，进行定向钻进。钻孔具体设计参数见表9.56。

表 9.56　定向钻孔设计参数表

孔号	开孔方位角/(°)	开孔倾角/(°)	终孔方位角/(°)	终孔倾角/(°)	设计孔深/m
A-1	279.42	0°	278.6	0	170
A-2	281.19	10	258.5	−13	260

3. 配套装备

定向钻孔配套装备见表 9.57。

表 9.57　配套钻进装备

序号	名称	规格型号
1	定向钻机	ZDY6000LD（A）
2	随钻测量系统	YHD2-1000（A）
3	螺杆钻具	Φ73mm-3
4	通缆钻杆	Φ73mm，$L=3000$mm
5	定向钻头	Φ98mm
6	扩孔钻头	Φ153mm/98mm

4. 钻孔施工情况

1）开孔与封孔

开孔：Φ98mm PDC 钻头+Φ73mm 普通钻杆串，钻进至孔深 11m。

扩孔：Φ98mm/Φ153mm PDC 钻头+Φ73mm 普通钻杆串，扩孔至孔深 11m。

下入孔口管：Φ127mm 孔口管×10m，进入岩层中，注浆、封孔。

开孔及扩孔钻进中，为确保套管顺利下入孔内，要求钻孔轨迹要平直，孔内沉渣少。

2）定向钻进

为保证钻孔顺利达到目标靶区，即钻孔终孔点位置要落在距 CO 异常富集区底板标高 25m 或 25m 以下位置，必须严格控制钻孔轨迹。根据开孔点标高和靶点位置标高，计算出钻孔轨迹的预计垂深变化，并将此反映在每一次的工具面向角调整上来。考虑到使用的螺杆钻具造斜能力，以及通缆钻杆弯曲强度，设计造斜强度为 0.75°/3m。

经过 10 天的施工，A-1、A-2 定向钻孔顺利完成，实钻轨迹基本按照设计轨迹进行，最终钻遇采空区时，孔口返水变小，有卡钻现象，提前终孔。钻孔实钻参数见表 9.58。

表 9.58　定向钻孔实钻参数表

孔号	实钻开孔方位角/(°)	实钻开孔倾角/(°)	实钻终孔方位角/(°)	实钻终孔倾角/(°)	终孔孔深/m
A-1	279.17	0.5	278.2	0.2	117
A-2	281.34	10.6	257.9	−12.8	215

两个定向钻孔靶点处实钻轨迹参数与设计轨迹数据见表 9.59，计算表明该组钻孔的轨迹偏差均控制在 5‰以内，满足设计要求。

表 9.59　靶点实钻轨迹参数与设计轨迹数据表

孔号	孔深/m	实钻/m		设计/m		偏差/m		偏差率/‰	
		上下位移	左右位移	上下位移	左右位移	上下位移	左右位移	上下位移	左右位移
A-1	117	−0.34	0.36	0	0	0.34	0.36	2.9	3.1
A-2	215	−5.16	3.97	5.82	−4.65	0.66	0.68	3.1	3.2

A-1、A-2 定向钻孔的实钻水平轨迹及剖面轨迹如图 9.79 和图 9.80 所示。可以看出，实钻轨迹基本按照设计轨迹钻进，并根据实际情况进行调整，确保孔内钻具安全的前提下，精确中靶。

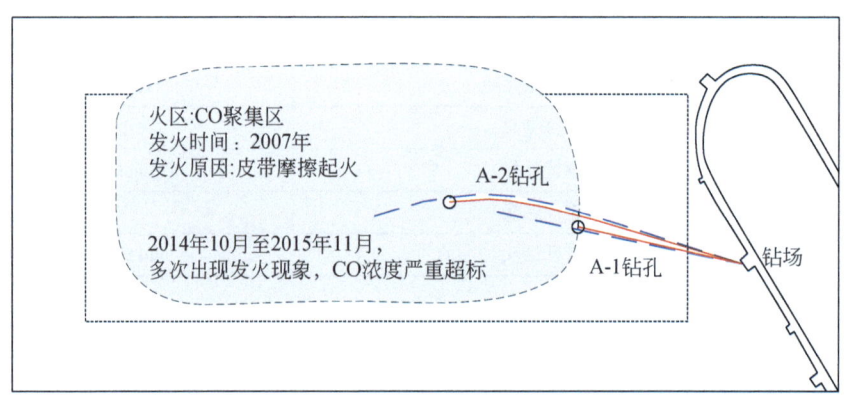

图 9.79　防灭火定向钻孔平面轨迹图

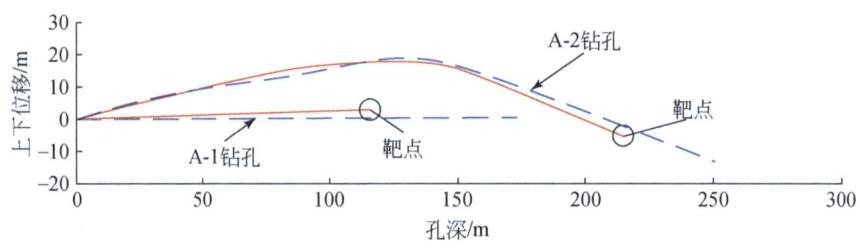

图 9.80　防灭火定向钻孔剖面轨迹图

5. 防灭火效果

定向钻孔施工完成后，立即开始向目标靶区灌注黄泥浆及防灭火材料，累计注浆 200 余小时，注入黄泥浆材料 20000m³ 以上。经检测，CO 异常区黄泥浆温度为 35℃，CO 浓度也已经下降至安全值范围内，有效治理了采空区的自然发火和 CO 浓度超标问题。

参 考 文 献

曹明. 2014. 煤矿坑道钻探用外平钻杆疲劳试验及寿命预测研究. 煤炭科学研究总院博士学位论文.
陈中山. 2016. 自然伽马曲线在地层划分、煤层对比中的应用. 中国煤炭地质, 28 (6): 78-82.
狄勤丰. 2012. 双台肩钻杆接头三维力学分析. 石油学报, 33 (5): 871-877.
刁文庆, 唐大勇. 2013. 定向钻进用胎体式 PDC 钻头烧结工艺研究. 煤炭科学技术, 41 (3): 21-23.
董昌乐, 田东庄, 赵建国, 等. 2018. 煤矿井下大直径定向长钻孔扩孔用钻杆研制. 煤炭科学技术, 46 (09): 196-201.
董萌萌. 2017. 煤矿井下用 Φ73mm 高韧性高强度钻杆的研制及应用. 煤田地质与勘探, 45 (2): 152-156.
董萌萌, 田东庄, 朱宁. 2017. 顶板高位大直径水平长钻孔配套钻具研制. 探矿工程 (岩土钻掘工程), 44 (03): 48-52.
范业活, 李天禄, 杨志强. 2016. 随钻无线传输技术分析与比较. 测井技术, 40 (4): 455-459.
方俊. 2017. 矿用有线地质导向随钻测量装置及钻进技术. 煤炭科学技术, 45 (11): 168-173.
方俊, 石智军, 李泉新, 等. 2015. 新型煤矿井下定向钻进用有线随钻测量装置. 工矿自动化, 41 (8): 1-5.
方鹏. 2019. 煤矿坑道定向钻机钻进参数检测系统设计. 工矿自动化, 45 (1): 1-5.
方鹏, 姚克, 邵俊杰, 等. 2018. 履带式中深孔定向钻进装备设计关键技术研究. 煤炭科学技术, 46 (34): 71-75, 87.
冯美贵, 朱迪斯, 翁炜, 等. 2016. 地质岩心钻探冲洗液固控系统及配套工艺研究. 探矿工程 (岩土钻掘工程), 43 (05): 67-70, 75.
高珺. 2016. 矿用随钻测量系统中数据传输技术研究. 中州煤炭, (4): 115-117, 121.
葛玉平. 2011. 钻机固控系统设备的配置与安全评价研究. 中国石油大学 (华东) 硕士学位论文.
郭东琼. 2011. 煤矿井下随钻测量定向钻进用 PDC 钻头的研制. 金刚石与磨料磨具工程, (3): 31-34.
郝世俊. 2007. 煤矿井下大直径定向钻孔的成孔工艺及瓦斯抽采效果研究. 煤炭科学研究总院博士学位论文.
侯成, 李根生, 黄中伟, 等. 2010. 定向喷嘴 PDC 钻头井底流场特性研究. 石油钻采工艺, 32 (2): 15-18.
黄麟森, 张先韬. 2015. 回转钻进随钻测量装置数据处理软件设计. 工矿自动化, 41 (7): 112-114.
黄英勇, 李根生, 宋先知, 等. 2011. PDC 钻头定向喷嘴井底流场数值模拟. 石油钻探技术, 39 (6): 99-103.
江浩, 燕斌. 2016. 基于 PNI 磁感式传感器的钻孔测斜仪的研究. 煤田地质与勘探, 44 (4): 132-135.
江泽宇, 谢洪波, 文广超, 等. 2017. 煤矿井下电磁波无线随钻轨迹测量系统设计与应用. 煤田地质与勘探, 45 (3): 156-161.
蒋希文. 2006. 钻井事故与复杂问题 (第 2 版). 北京: 石油工业出版社.
康厚清. 2019. 煤矿井下电磁无线随钻测量信号滤波研究. 工矿自动化, 45 (1): 40-44.
李红涛, 李皋, 孟英峰, 等. 2012. 充气钻井随钻测量脉冲信号衰减规律. 石油勘探与开发, 39 (2): 233-237.
李明谦, 赵红超. 2008. 螺杆钻具马达定子失效机理及措施分析. 石油机械, 36 (10): 8-11.
李平, 童碧, 许超. 2018. 顶板复杂地层高位定向钻孔成孔工艺研究. 煤田地质与勘探, 46 (4): 197-201.
李泉新. 2018. 煤矿井下复合定向钻进及配套泥浆脉冲无线随钻测量技术研究. 煤炭科学研究总院博士学

位论文.

梁晓军,陈光柱,蒋成林,等.2015.矿用随钻轨迹测量系统误差补偿方法.工矿自动化,41(9):80-83.

林元华,罗宏志,邹波,等.2004.钻柱失效机理及其疲劳寿命预测研究.石油钻采工艺,26(1):19-22.

刘广志.2009.金刚石钻探手册.北京:地质出版社.

刘睿全.2013.中心通缆钻杆及其在煤矿井下定向钻进中的应用.探矿工程(岩土钻掘工程),40(5):44-47.

刘修善,苏义脑.2000.泥浆脉冲信号的传输速度研究.石油钻探技术,28(5):24-26.

骆庆锋,王铁永,梁羽佳,等.2012.方位自然伽马探测器设计研究.石油仪器,26(4):1-3.

马哲,杨锦舟,赵金海.2007.无线随钻测量技术的应用与发展趋势.石油钻探技术,35(6):112-115.

孟召平,刘珊珊,王保玉,等.2015.晋城矿区煤体结构及其测井响应特征研究.煤炭科学技术,43(2):58-63.

牟培英.2016.套铣打捞钻杆的研究及应用.煤矿机械,37(10):88-91.

牟培英,董萌萌,许翠华,等.2013.定向钻进套铣打捞钻杆的设计.探矿工程(岩土钻掘工程),40(8):64-66.

申宝宏,刘见中,张弘.2007.我国煤矿瓦斯治理的技术对策.煤炭学报,32(7):673-679.

石智军.2007.煤矿坑道近水平钻探机具与定向钻进技术//煤炭科学研究总院五十周年院庆科技论文集.

石智军,胡少韵,姚宁平,等.2008.煤矿井下瓦斯抽采(放)钻孔施工新技术.北京:煤炭工业出版社.

石智军,田宏亮,田东庄,等.2012.煤矿井下随钻测量定向钻进使用手册.北京:地质出版社.

石智军,董书宁,姚宁平,等.2013a.煤矿井下近水平随钻测量定向钻进技术与装备.煤炭科学技术,41(3):1-6.

石智军,温榕,方俊,等.2013b.煤层井下定向钻进用随钻测量系统的研制.煤炭科学技术,41(3):16-20,69.

石智军,李泉新,姚克.2015.煤矿井下1800m水平定向钻进技术与装备.煤炭科学技术,43(2):109-113.

石智军,刘建林,李泉新.2018.我国煤矿区钻进技术装备发展与应用.煤炭科学技术,46(4):1-6.

苏义脑,谢竹庄.1985.螺杆钻具和多头单螺杆马达的基本原理.石油钻采机械,4(1):30-35.

孙保山.2014.ZDY6000LD(B)履带式全液压坑道钻机.煤田地质与勘探,42(4):103-105.

孙荣军,石智军,李锁智.2014.煤矿井下定向钻进配套钻头的选型与使用.煤田地质与勘探,(1):83-86.

田东庄,彭腊梅,牟培英,等.2009.一种中心通缆式定向送水器,ZL200910219257.5.

田东庄,石智军,龚城,等.2013.煤矿井下近水平定向钻进配套钻杆的研制.煤炭科学技术,41(3):24-27.

涂兵,李德胜,贺建,等.2010.MWD泥浆脉冲信号互相关滤波算法的研究.仪器仪表学报,31(8):43-46.

汪海阁,刘希圣,丁岗.1993.水平井段偏心环孔中岩屑运移机理的研究.石油钻采工艺,(6):8-17,34.

汪凯斌.2018.矿用电磁波随钻方位伽马测井系统的研究与实现.煤田地质与勘探,46(3):145-151.

王家豪,董浩斌,石智军,等.2015.煤矿井下随钻测量电磁传输信道建模.煤炭学报,40(7):1705-1710.

王清峰，黄麟淼. 2013. 基于外部供电的矿用随钻测量装置研究及应用. 煤炭科学技术，41（3）：12-15.
王想. 2017. 带环向表面裂纹矿用钻杆静扭试验及应力场分析. 煤炭工程，49（6）：99-102.
王小龙. 2016. 矿用随钻方位伽马测井仪的设计与试验. 煤炭科学技术，44（8）：161-167，20.
许超，石智军. 2014. 煤矿井下定向钻进钻孔事故的预防及处理. 煤田地质与勘探，42（3）：100-104.
姚克. 2016. ZDY12000LD大功率定向钻机装备研发及应用. 煤田地质与勘探，44（6）：164-168.
姚克，张占强，李栋，等. 2016. 煤矿井下钻探用系列泥浆泵研制. 煤田地质与勘探，44（4）：153-156.
姚克，张锐，孙保山. 2017. 松软煤层ZDY5000RF大功率两体式履带钻机研制. 金属矿山，（5）：131-134.
姚克，何玢洁，方鹏，等. 2018. 工业造型设计在ZDY系列定向钻机中的应用研究. 煤炭科学技术，46（4）：88-92.
姚宁平. 2008. 我国煤矿井下近水平定向钻进技术的发展. 煤田地质与勘探，36（4）：78-80.
易先中，高德利，何俊松，等. 2004. 螺杆马达定转子共轭线形的优化设计模型研究. 石油矿场机械，33（2）：1-4.
张杰，蒋玉玺，姚宁平. 2012. 九里山矿井下定向钻孔卡钻事故处理实践. 煤矿安全，43（11）：125-127.
张幼振，石智军，田东庄，等. 2010. 高强度大通孔钻杆接头圆锥梯形螺纹的有限元分析及改进设计. 煤炭学报，35（7）：1219-1223.
赵常青，刘凯. 2014. 随钻正脉冲测井仪压力信号生成特性研究. 西安理工大学学报，30（1）：8-12.
赵建国，牟培英，许超，等. 2013. 套铣打捞技术在定向钻进事故处理中的应用. 中州煤炭，（8）：75-77，79.
郑宏远，白锐，律水静，等. 2016. 基于CFD仿真技术的钻井液传输数据能力分析. 系统仿真学报，28（11）：2716-2722.
朱桂清，章兆淇. 2008. 国外随钻测井技术的最新进展及发展趋势. 测井技术，32（5）：394-397.
朱利，万里平，李红涛，等. 2014. 深井钻井随钻测量压力脉冲信号传播规律研究. 石油天然气学报，36（6）：108-113.
邹德永，王家骏，于金平，等. 2014. 定向钻井PDC钻头切削参数计算方法. 石油钻采工艺，36（5）：5-9.